CAD/CAE/CAM
工程软件实践丛书

UG NX
高级曲面设计方法
与案例解析 微课视频版

赵勇成 邵为龙 国双权 ◎ 编著

清华大学出版社
北京

内 容 简 介

本书针对有一定UG NX使用基础的读者，循序渐进地介绍使用UG NX进行产品造型设计的相关内容，包括曲面设计概述、基本空间曲线、样条曲线、螺旋线、投影曲线、相交曲线、偏置曲线、桥接曲线、镜像曲线、截面曲线、等参数曲线、抽取曲线、文本曲线、曲线的分析、拉伸曲面、旋转曲面、扫掠曲面、有界平面、填充曲面、直纹曲面、通过曲线组曲面、通过曲线网格、艺术曲面、N边曲面、桥接曲面、偏置曲面、曲面的修剪、曲面的延伸、曲面的分割、曲面的缝合、曲面的删除、规律延伸、扩大曲面、曲面圆角、曲面展平、开放曲面实体化、封闭曲面实体化、修剪体、替换、渐消曲面设计专题、曲面的拆分与修补、曲面中的自顶向下设计、曲面设计综合案例等。

为了能够使读者更快地掌握该软件的基本功能，在内容安排上，书中结合大量的案例对UG NX软件中的一些抽象的概念、命令和功能进行讲解；在写作方式上，本书采用软件的真实操作界面以及对话框、操控板和按钮进行具体讲解，可以让读者直观、准确地操作软件进行学习，从而尽快入手，提高读者的学习效率；另外，本书中的案例都是根据国内外著名公司的培训教案整理而成的，具有很强的实用性。

本书内容全面，条理清晰、实例丰富、讲解详细、图文并茂，可作为工程技术人员学习UG NX的自学教材和参考书，也可作为高等院校学生和各类培训学校学员的UG NX上课或者上机练习素材。

版权所有，侵权必究。举报：010-62782989，beiqinquan@tup.tsinghua.edu.cn。

图书在版编目（CIP）数据

UG NX高级曲面设计方法与案例解析：微课视频版/赵勇成，邵为龙，国双权编著. -- 北京：清华大学出版社，2025.4. -- (CAD/CAE/CAM工程软件实践丛书). -- ISBN 978-7-302-68970-6

Ⅰ．TH122

中国国家版本馆CIP数据核字第2025E96T63号

责任编辑：赵佳霓
封面设计：郭　媛
责任校对：时翠兰
责任印制：宋　林

出版发行：清华大学出版社
　　　网　　　址：https://www.tup.com.cn，https://www.wqxuetang.com
　　　地　　　址：北京清华大学学研大厦A座　　邮　编：100084
　　　社　总　机：010-83470000　　　　　　　　邮　购：010-62786544
　　　投稿与读者服务：010-62776969，c-service@tup.tsinghua.edu.cn
　　　质　量　反　馈：010-62772015，zhiliang@tup.tsinghua.edu.cn
　　　课　件　下　载：https://www.tup.com.cn，010-83470236
印 装 者：涿州市般润文化传播有限公司
经　　销：全国新华书店
开　　本：186mm×240mm　　　印　张：24.75　　　字　数：572千字
版　　次：2025年6月第1版　　　　　　　　　　　　印　次：2025年6月第1次印刷
印　　数：1～1500
定　　价：99.00元

产品编号：101960-01

前言
PREFACE

UG（Unigraphics）NX 是 Siemens PLM Software 公司出品的一个产品工程解决方案，它为用户的产品设计及加工过程提供了数字化造型和验证手段。UG NX 针对用户的虚拟产品设计和工艺设计的需求，并且满足各种工业化的需求，提供了经过实践验证的解决方案，其内容覆盖了产品从概念设计、工业造型设计、三维模型设计、分析计算、动态模拟与仿真、工程图输出到加工生产的全过程，其应用范围涉及航空航天、汽车、机械、造船、通用机械、医疗机械、家居家装、数控加工和电子等诸多领域。

由于具有强大完美的功能，UG 近几年几乎成为三维 CAD/CAM 领域的一面旗帜和标准，它在国内高等学校已经成为工程专业的必修课程，也成为工程技术人员必备的技术。UG NX 2206 在设计创新、易学易用和提高整体性能等方面都得到了显著加强。

本书系统、全面地讲解 UG NX 高级曲面造型设计，主要特色如下。

（1）内容全面：涵盖了曲面设计概述、曲面设计一般过程、曲面基准特征的使用、曲面线框的搭建、曲面的创建、曲面的编辑、曲面实体化、渐消曲面、曲面的拆分与修补、曲面中的自顶向下等。

（2）讲解详细，条理清晰：保证自学的读者能独立学习和实际使用 UG NX 软件进行曲面造型设计。

（3）范例丰富：本书对软件的主要功能和命令，先结合简单的范例进行讲解，然后安排一些较复杂的综合案例帮助读者深入理解、灵活运用。

（4）写法独特：采用 UG NX 真实对话框、操控板和按钮进行讲解，使初学者可以直观、准确地操作软件，大大地提高学习效率。

（5）附加值高：本书根据几百个知识点、设计技巧和工程师多年的设计经验，制作了具有针对性的实例教学视频，时间长达 1482 分钟。扫描目录上方二维码可下载本书配套资源。

本书由兰州职业技术学院赵勇成、济宁格宸教育咨询有限公司的邵为龙、辽宁铁道职业学院的国双权编著，参加编写的人员还有罗俊、汪静、吕广凤、邵玉霞、石磊、邵翠丽、陈瑞河、吕凤霞、孙德荣、吕杰。本书虽经过多次审核，但仍难免有疏漏之处，恳请广大读者予以指正，以便及时更新和改正。

编者
2025 年 5 月

目 录
CONTENTS

第 1 章 UG 曲面设计概述（46min） ... 1
1.1 曲面设计的发展概述 ... 1
1.2 曲面造型的基本数学概念 ... 2
1.3 曲面光顺的控制技巧 ... 4
1.4 UG 常用曲面建模方法 ... 5
1.5 UG 曲面设计的一般过程 ... 8

第 2 章 曲面基准特征的创建（75min） ... 19
2.1 基准面 ... 19
2.2 基准轴 ... 31
2.3 基准点 ... 37
2.4 基准坐标系 ... 43

第 3 章 曲面线框设计（276min） ... 45
3.1 基本空间曲线 ... 45
    3.1.1 空间直线 ... 45
    3.1.2 空间圆弧 ... 52
    3.1.3 基本空间曲线案例：节能灯 ... 53
3.2 样条曲线 ... 57
    3.2.1 平面样条曲线 ... 57
    3.2.2 空间样条曲线 ... 62
    3.2.3 规律曲线 ... 66
    3.2.4 样条曲线案例：灯罩 ... 69
3.3 螺旋线 ... 72
    3.3.1 螺旋线的一般操作 ... 72
    3.3.2 螺旋线案例：扬声器口 ... 80
    3.3.3 涡状线（平面螺旋） ... 85

3.4 投影曲线 86
    3.4.1 投影曲线基本操作 86
    3.4.2 投影曲线案例：足球 89
    3.4.3 组合投影基本操作 94
    3.4.4 组合投影案例：异形支架 96
    3.4.5 缠绕/展开曲线 97
3.5 相交曲线 98
    3.5.1 相交曲线的一般操作过程 99
    3.5.2 相交曲线案例：异形弹簧 99
3.6 偏置曲线 101
    3.6.1 距离偏置曲线的一般操作过程 101
    3.6.2 拔模偏置曲线的一般操作过程 104
    3.6.3 规律控制偏置曲线的一般操作过程 105
    3.6.4 3D 轴向偏置曲线的一般操作过程 106
    3.6.5 在面上偏置的一般操作过程 106
3.7 桥接曲线 108
    3.7.1 桥接曲线的一般操作过程 108
    3.7.2 桥接曲线案例：加热丝 110
    3.7.3 在约束面上创建桥接曲线 113
3.8 其他常用曲线 114
    3.8.1 镜像曲线 114
    3.8.2 截面曲线 114
    3.8.3 等参数曲线 117
    3.8.4 抽取曲线 118
    3.8.5 文本曲线 120
3.9 曲线的分析 121
    3.9.1 曲率梳分析 122
    3.9.2 峰值分析 124
    3.9.3 拐点分析 125

第 4 章　UG NX 曲面设计（▶ 315min） 126

4.1 拉伸曲面 126
    4.1.1 拉伸曲面的一般操作 126
    4.1.2 拉伸曲面案例：风扇底座 127
4.2 旋转曲面 132
    4.2.1 旋转曲面的一般操作 132

4.2.2　旋转曲面案例：花洒喷头 132
4.3　扫掠曲面 136
　　4.3.1　一般扫掠曲面 136
　　4.3.2　带有多条引导线的扫掠曲面 137
　　4.3.3　带有多个截面的扫掠曲面 138
　　4.3.4　扫掠曲面案例：香皂 138
　　4.3.5　扫掠曲面案例：饮水机手柄 142
4.4　有界平面 149
　　4.4.1　有界平面的一般操作 149
　　4.4.2　有界平面曲面案例：充电器外壳 150
4.5　填充曲面 155
　　4.5.1　填充曲面的一般操作 155
　　4.5.2　带有约束曲线的填充曲面 157
　　4.5.3　填充曲面案例：儿童塑料玩具 158
4.6　直纹曲面 166
4.7　通过曲线组曲面 167
　　4.7.1　通过曲线组曲面的一般操作 167
　　4.7.2　带有连续性控制的通过曲线组 168
　　4.7.3　截面不类似的通过曲线组 168
　　4.7.4　通过曲线组曲面案例：公园座椅 169
4.8　通过曲线网格 174
　　4.8.1　通过曲线网格的一般操作 174
　　4.8.2　带有连续性控制的通过曲线网格 176
　　4.8.3　通过曲线网格案例：自行车座 177
4.9　艺术曲面 181
　　4.9.1　艺术曲面的一般操作 181
　　4.9.2　艺术曲面案例：塑料手柄 183
4.10　N 边曲面 190
4.11　桥接曲面 192
4.12　偏置曲面 194
　　4.12.1　偏置曲面的一般操作 194
　　4.12.2　偏置曲面案例：叶轮 194

第 5 章　UG 曲面编辑（▶ 148min） 199
5.1　曲面的修剪 199
　　5.1.1　修剪片体 199

5.1.2　修剪与延伸 201
　　　　5.1.3　曲面修剪案例：花朵 203
5.2　曲面的延伸 209
5.3　曲面的分割 211
　　5.3.1　分割面基本操作 211
　　5.3.2　分割面案例：小猪存钱罐 211
5.4　曲面的缝合 221
　　5.4.1　曲面缝合的一般操作 221
　　5.4.2　曲面缝合案例：门把手 222
5.5　曲面的删除 231
5.6　规律延伸 231
5.7　扩大曲面 233
5.8　曲面圆角 235
5.9　曲面展平 236

第 6 章　UG NX 曲面实体化（▶ 61min） 237

6.1　开放曲面实体化 237
6.2　封闭曲面实体化 241
6.3　修剪体 246
6.4　替换 250

第 7 章　UG NX 特殊曲面创建专题（▶ 55min） 251

7.1　渐消曲面设计专题 251
7.2　曲面的拆分与修补 253

第 8 章　自顶向下的设计方法（▶ 64min） 263

8.1　自顶向下设计基本概述 263
8.2　自顶向下设计案例：轴承 267
8.3　自顶向下设计案例：鼠标 272

第 9 章　UG NX 曲面设计综合案例（▶ 442min） 286

9.1　曲面设计综合案例：电话座机 286
9.2　曲面设计综合案例：电话听筒 353

第 1 章

UG 曲面设计概述

1.1 曲面设计的发展概述

随着时代的进步，人们的生活水平和质量都在不断提高，人们在要求产品功能日益完备的同时，也越来越追求外形的美观，因此产品设计人员很多时候需要用复杂的曲面来表现产品外观。

曲面造型是随着计算机技术和数学方法的不断发展而逐步产生和完善起来的。它是计算机辅助几何设计和计算机图形学的一项重要内容，主要研究在计算机图像系统的环境下对曲面进行表达、创建、显示及分析等。

早在 1963 年，美国波音飞机公司的 Ferguson 首先提出将曲线曲面表示为参数的向量函数方法，并且引入了参数三次曲线，从此曲线曲面的参数化形式成为形状描述的标准形式。到了 1971 年，法国雷诺汽车公司的 Bezier 又提出了一种控制多边形设计曲线的新方法，这种方法可以很好地解决整体形状控制问题，从而将曲线曲面的设计向前推进了一大步，然而 Bezier 方法仍然存在曲面连接问题和局部修改问题。直到 1975 年，美国 Syracuse 大学的 Versprille 首次提出具有划时代意义的有理 B 样条方法（NURBS），NURBS 方法可以精确地表示二次规则曲线曲面，从而能用统一的数学形式表示规则曲面与自由曲面，这一方法的提出终于使非均匀有理 B 样条方案成为现代曲面造型中最为流行的曲面造型技术。

随着计算机图形技术及工业制造技术的不断发展，曲面造型技术在近几年得到了长足发展与进步，主要表现在以下几个方面：

（1）从研究领域看，曲面造型技术已经从传统的研究曲面表示、曲面求交和曲面拼接扩充到曲面变形、曲面重建、曲面简化、曲面转换和曲面等距性等。

（2）从表示方法看，以网格细分为特征的离散造型方法得到了高度运用，这种曲面造型方法在生动逼真的特征动画和雕塑曲面的设计加工中具有独特优势。

（3）从曲面造型方法看，出现了很多新的曲面造型方法，例如基于物理模型的曲面造型方法、基于偏微积分方程的曲面造型方法、流曲线曲面造型方法。

当今在 CAD/CAM 系统的曲面造型领域，有一些功能强大的软件系统，例如德国西门子公司的 UG、SolidEdge，法国达索系统的 CATIA、SOLIDWORKS，美国 PTC 公司的 Creo，美国 SDRC 公司的 I-DEAS 等，它们各具特色与优势，在曲面造型领域发挥着举足轻重的作用。

如今，人们对产品的使用远远超过了只要求性能符合要求的底线，在此基础上人们更愿意接受能在视觉上带来冲击的产品。在较为生硬的三维建模中，曲面扮演的就是让模型更活泼，甚至更具有装饰性的角色。不仅如此，在普通产品的设计中也对曲面的连续性提出了更高的要求，由原来的点连续提高到了相切连续甚至更高。在生活中，人们随处可见的电子产品、儿童玩具及办公用品等产品的设计中都可以见证曲面设计的必要性及重要性。

1.2 曲面造型的基本数学概念

曲面造型技术随着数学相关研究领域的不断深入而得到长足的发展，多种曲线、曲面被广泛地应用。在具体学习曲面前我们有必要简单地了解曲线与曲面的基础理论与构造方法，从而在概念和原理上有一个大致的了解。

1. 贝塞尔曲线与曲面

贝塞尔曲线与曲面是法国雷诺汽车公司的 Bezier 提出的一种构造曲线曲面的方法，是一种三次曲线的形成原理，此曲线是由 4 个位置向量 Q_0、Q_1、Q_2 与 Q_3 定义的曲线，通常将 Q_0，Q_1，…，Q_n 组成的多边形折线称为 Bezier 控制多边形，多边形的第 1 条折线和最后一条折线代表曲线的起点和终点方向，其他曲线用于定义曲线的阶次与形状。

2. B 样条曲线与曲面

B 样条曲线继承了 Bezier 曲线的优点，仍然采用特征多边形及权函数定义曲线，所不同的是权函数不采用伯恩斯坦基函数，而是采用 B 样条基函数。B 样条曲线与特征多边形十分接近，同时便于进行局部修改，与 Bezier 曲面生成过程类似，由 B 样条曲线可以非常容易地推广到 B 样条曲面。

3. 非均匀有理 B 样条曲线与曲面

非均匀有理 B 样条（Non-Uniform Rational B-Splines，NURBS）中的 Non-Uniform 指能够改变控制顶点的影响力范围。当创建一个不规则的曲面时，这一点非常重要，同样统一的曲线和曲面在透视投影下也不是无变化的，对于交互的三维模型来讲属于严重的缺陷；Rational 指每个 NURBS 物体都可以用数学表达式来定义；B-Splines 指用路径来构造一条曲线，在一个或更多的点之间以内差值替换。

NURBS 技术提供了对标准解析结合和自由曲线、曲面的统一数学描述方法，它可以通过调整控制顶点和因子方便地改变曲面的形状，同时也可以方便地转换对应的 Bezier 曲面，因此 NURBS 方法已经成为曲线、曲面建模中最流行的技术。

4. NURBS 曲面的特性

NURBS 是用数学方式来描述形体的，由于采用的解析几何图形、曲线或曲面上的任意一点都有其对应的坐标(x, y, z)，所以具有高度的精密性，NURBS 曲面可以由任意曲线生成。

对于 NURBS 曲面来讲，剪切是不会对曲面的 UV 方向产生影响的，也就是说不会对网格产生影响，如图 1.1 所示。剪切前后网格不会发生实际的改变，这也是通过剪切四边面来构造三边面或者五边面等多边面的基础理论原理。

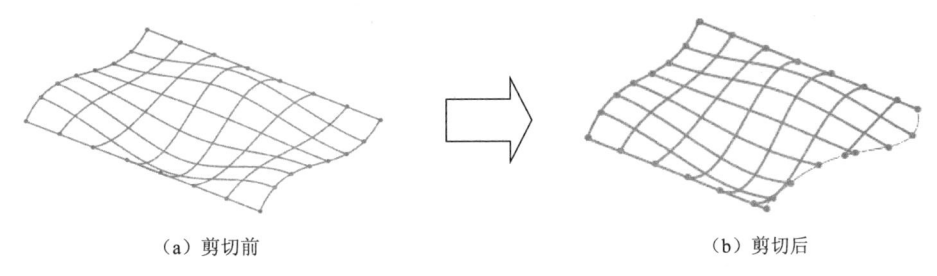

(a) 剪切前　　　　　　　　　　　(b) 剪切后

图 1.1　剪切曲面

5. 曲面连续性

Gn 用于表示两个几何对象间的实际连续程度，包括 G0、G1、G2 与 G3，G0 表示两个几何对象的位置是连续的，如图 1.2 所示。

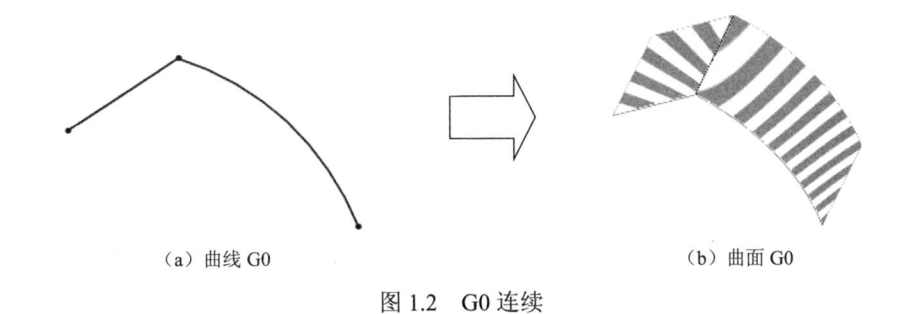

(a) 曲线 G0　　　　　　　　　　　(b) 曲面 G0

图 1.2　G0 连续

G1 表示两个几何对象光滑连接，一阶微分连续，或者相切连接，如图 1.3 所示。

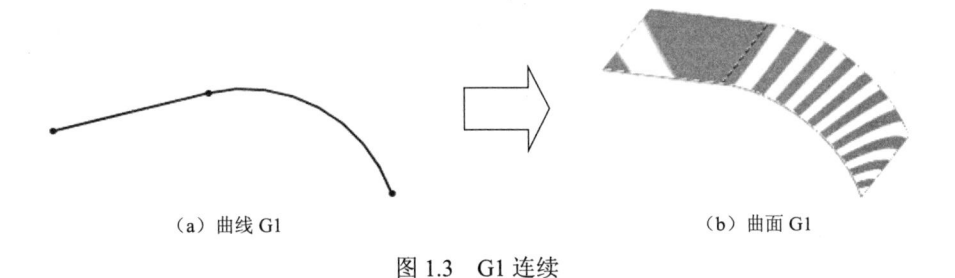

(a) 曲线 G1　　　　　　　　　　　(b) 曲面 G1

图 1.3　G1 连续

G2 表示两个几何对象光滑连接，二阶微分连续，或者两个对象的曲率是连续的，如图 1.4 所示。

G3 表示两个几何对象光滑连接，三阶微分连续。

(a) 曲线 G1　　　　　　　　　　　　(b) 曲面 G2

图 1.4　G2 连续

1.3　曲面光顺的控制技巧

一个美观的产品外形往往是光滑且圆顺的。光滑的曲面从外表看流线顺畅，不会引起视觉上的凹凸感，从理论上是指具有微分连续、不存在奇点与多余拐点、曲率变化较小及应变较小等特点的曲面。如果要保证构造的曲面既光滑又能满足一定的精度要求，就必须掌握一定的曲面造型技巧，下面介绍常用的曲面造型技巧。

1. 区域划分，先局部再整体

对于一个产品的外形，用一个曲面去描述往往是不切实际和不可行的，这时就需要根据应用软件曲面造型方法，结合产品的外形特点，将其划分为多个区域来构造多个曲面，然后将它们缝合在一起，或者用过渡面将其连接。如今三维 CAD 系统中的曲面大部分定义在四边形区域上，也就是四边面居多，因此在划分区域时，应尽量将各个区域定义在四边形区域内，即每个子面片都有四条边。

2. 创建光滑曲面创建光滑控制曲线是关键

控制曲线的光滑程度往往直接决定了曲面的品质。要想创建一条高质量的曲线可以从以下几个方面控制：①曲率主方向尽可能一致；②曲线曲率需要大于将做圆角过渡的半径值；③达到基本的精度要求。

在创建步骤上，首先利用投影、光顺等手段创建样条曲线，然后后期根据曲率图的显示来调整曲率变化明显的曲线段，从而达到光顺效果。也可以通过调整空间曲线的参数一致性或者生成足够多的曲线上的点，再通过这些点重新拟合曲线以达到光顺的目的。

3. 光滑连接曲面片

曲面片的光滑连接应具备两个条件：保证各连接面片具有公共边；保证各曲面片的控制线连接光滑。第 2 条是保证曲面片连接光滑的必要条件，用户可以通过调整控制线的起点、终点约束条件，使其曲率或切线的接点处保证一致。

4. 还原曲面，再塑轮廓

一个曲面的曲面轮廓往往是已经修剪过的，如果我们直接利用这些轮廓来构造曲面，则一般很难保证曲面的光滑度，所以具体造型时需要充分考察零件的几何特点，利用延伸、投影等方法将三维空间轮廓线还原为二维轮廓线，并去除细节部分，然后还原出原始曲面，最后利用曲面的修剪工具获得理想的曲面外轮廓。

5. 注重实际，从模具角度考察曲面质量

再漂亮的曲面造型，如果不注重实际的生产制造，则毫无用处。产品三维造型的最终目的是制造模具，产品零件大部分需要通过模具生产出来，因此在进行三维造型时，要从模具的角度考虑，在确定产品的出模方向后，应及时检查能否顺利出模，以及是否会出现倒扣现象（拔模角为负值），如果发现问题，则应对曲面进行修改或者重新构造曲面。

6. 随时检查，以便及时修改

在进行曲面造型时，要随时检查所建曲面的状况，注意检查曲面是否光顺，有无扭曲、曲率变化等情况，以便及时修改。

检查曲面光滑程度的方法主要有两种：①对曲面进行高斯曲率分析，进而显示高斯曲率的彩色光栅图像，这样可以直观地了解曲面的光滑度情况；②对构造曲面进行渲染处理，可以通过透视、透明度和多重光源等处理手段产生高清晰的逼真彩色图像，再根据处理后图像的光亮度的分布规律来判断曲面的光滑度，如果图像明暗变化比较均匀，则曲面光滑度好。

1.4 UG 常用曲面建模方法

在 UG 中软件向用户提供了很多曲面建模的方法，下面介绍几种比较常见的曲面设计方法。

1. 拉伸曲面

将截面轮廓沿着给定的线性方向伸展所得到的曲面称为拉伸曲面，如图 1.5 所示。

（a）拉伸截面　　　　　　　　（b）曲面

图 1.5　拉伸曲面

2. 旋转曲面

将截面轮廓绕着给定的中心轴旋转一定的角度所得到的曲面称为旋转曲面，如图 1.6 所示。

3. 扫掠曲面

将截面轮廓沿着给定的曲线路径掠过所得到的曲面称为扫掠曲面，如图 1.7 所示。截面轮廓与路径都可以是多条，截面形状可以不类似，可以开放或者封闭，创建扫掠时，系统会自动过渡创建光滑曲面。

4. 曲线网格曲面

曲线网格曲面可以用两个方向的曲线为控制对象创建曲面，两个方向的曲线需要满足相交，如图 1.8 所示。

（a）旋转截面　　　　　　　　　　　　（b）曲面

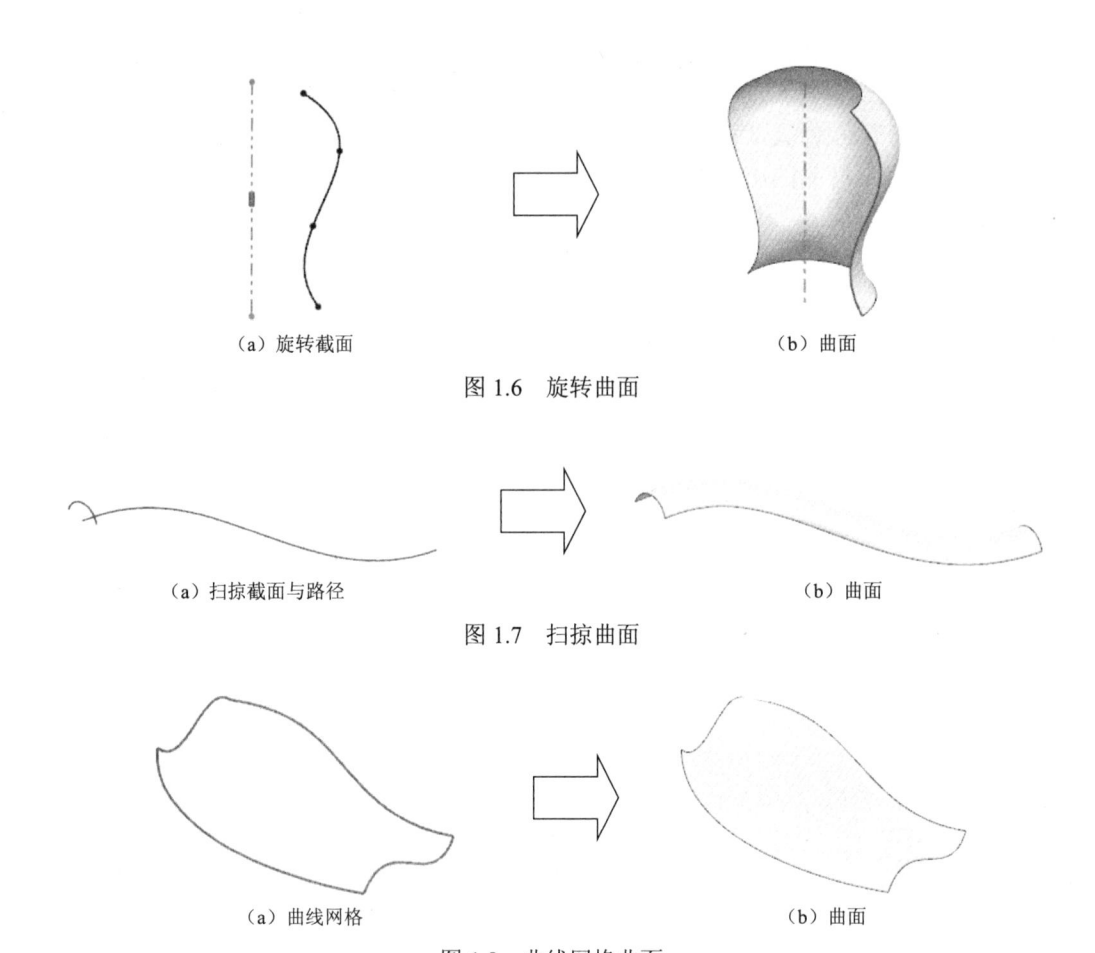

图 1.6　旋转曲面

（a）扫掠截面与路径　　　　　　　　　（b）曲面

图 1.7　扫掠曲面

（a）曲线网格　　　　　　　　　　　　（b）曲面

图 1.8　曲线网格曲面

5. 直纹曲面

将两条曲线轮廓用一系列直线连接而形成的曲面，曲线轮廓可以是单个对象，也可以是多个对象，既可以开放也可以封闭。创建直纹曲面时需要注意截面轮廓的方向应相同，否则会出现扭曲或者失败情况，如图 1.9 所示。

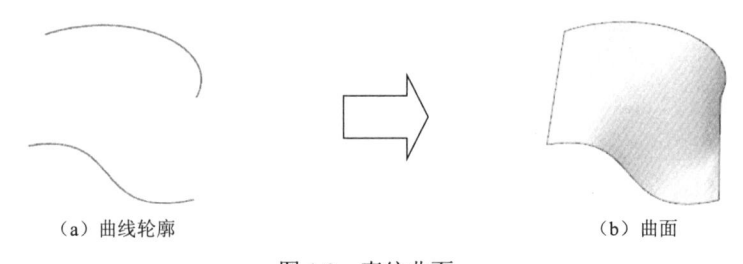

（a）曲线轮廓　　　　　　　　　　　　（b）曲面

图 1.9　直纹曲面

6. 有界平面

使用非相交草图、一组闭合曲线或者多条共有平面线来创建平面区域,如图 1.10 所示。

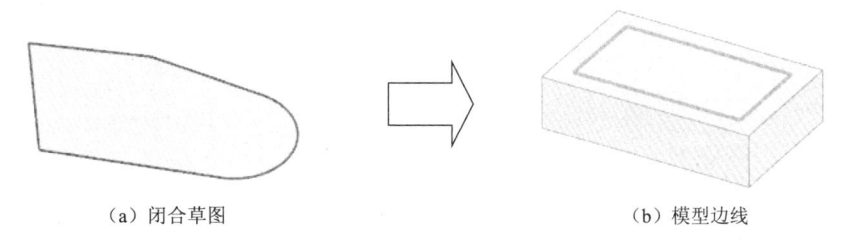

(a)闭合草图　　　　　　　　　(b)模型边线

图 1.10　平面区域

7. 填充曲面

在由边线、草图或者曲线所定义的边界内修补创建的曲面称为填充曲面,如图 1.11 所示。

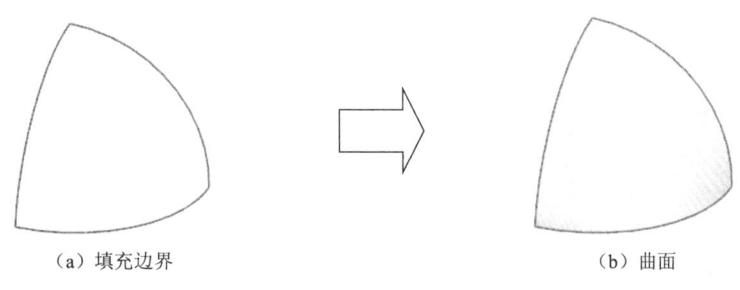

(a)填充边界　　　　　　　　　(b)曲面

图 1.11　填充曲面

8. 等距曲面

等距曲面就是将现有的面沿着某一方向移动一定的距离来创建新的曲面,如图 1.12 所示。

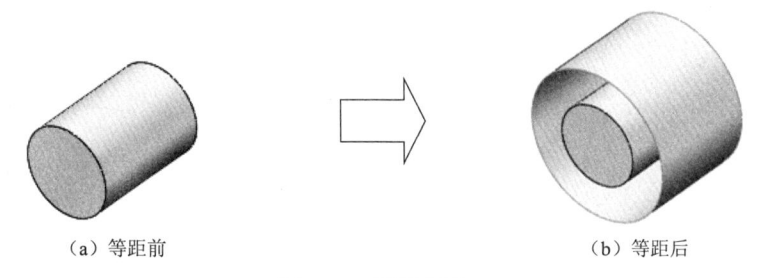

(a)等距前　　　　　　　　　(b)等距后

图 1.12　等距曲面

9. 通过曲线组

通过曲线组可以通过同一方向上的一组曲线创建曲面(当截面封闭时可以生成实体或者曲面),曲线可以是单个对象或者多个对象,可以是曲线或者实体边线,如图 1.13 所示。

（a）截面曲线　　　　　　　　　　　（b）通过曲线组曲面

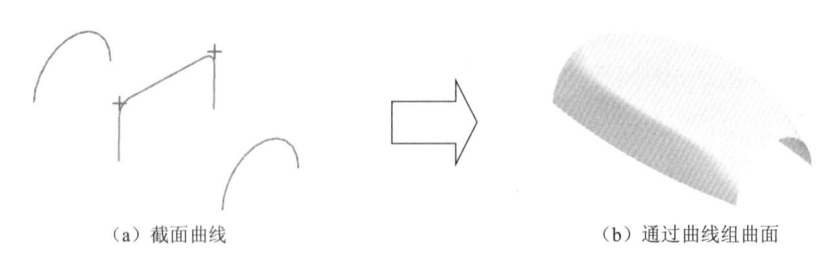

图 1.13　通过曲线组

1.5　UG 曲面设计的一般过程

使用 UG 创建曲面模型一般会经历以下几个步骤：
（1）新建模型文件。
（2）搭建曲面线框。
（3）创建曲面。
（4）编辑曲面。
（5）曲面实体化。

接下来就以绘制如图 1.14 所示的吹风机外壳模型为例，向大家进行具体介绍。

步骤 1：新建文件。选择"快速访问工具条"中的 命令，在"新建"对话框中选择"模型"模板，在名称文本框中输入"吹风机外壳"，将工作目录设置为 D:\UG 曲面设计\work\ch01.02\，然后单击"确定"按钮进入零件建模环境。

步骤 2：绘制草图 1。单击 主页 功能选项卡"构造"区域中的 按钮，系统会弹出"创建草图"对话框，在系统的提示下，选取"XY 平面"作为草图平面，绘制如图 1.15 所示的草图。

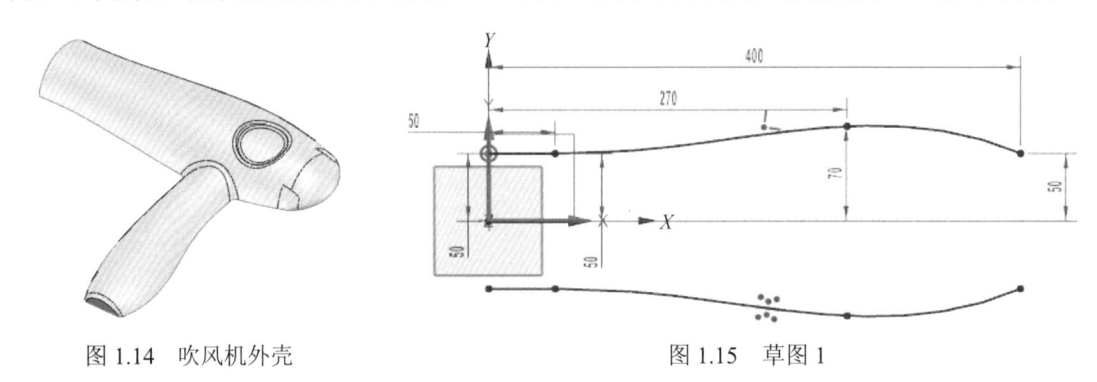

图 1.14　吹风机外壳　　　　　　　　图 1.15　草图 1

说明：样条曲线左侧端点与水平直线相切约束。

步骤 3：绘制草图 2。单击 主页 功能选项卡"构造"区域中的 按钮，系统会弹出"创建草图"对话框，在系统的提示下，选取"YZ 平面"作为草图平面，绘制如图 1.16 所示的草图。

第1章　UG曲面设计概述

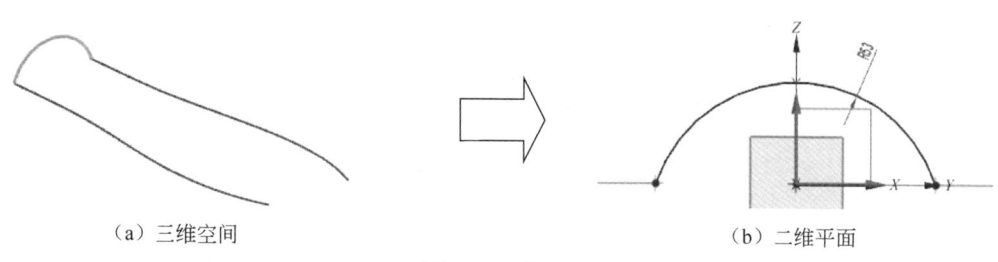

（a）三维空间　　　　　　　　　　　（b）二维平面

图1.16　草图2

步骤4：创建基准平面1。单击 主页 功能选项卡"构造"区域 ◇ 下的 · 按钮，选择 ◇ 基准平面 命令，在"类型"下拉列表中选择"按某一距离"类型，选取"YZ 平面"作为参考平面，在"偏置"区域的"距离"文本框中输入偏置距离90，单击"确定"按钮，完成基准平面1的定义，如图1.17所示。

（a）轴侧方位　　　　　　　　　　　（b）平面方位

图1.17　基准平面1

步骤5：绘制草图3。单击 主页 功能选项卡"构造"区域中的 ✎ 按钮，系统会弹出"创建草图"对话框，在系统的提示下，选取步骤4创建的"基准平面1"作为草图平面，绘制如图1.18所示的草图。

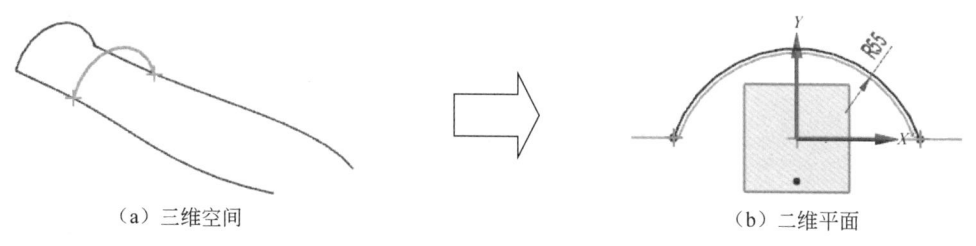

（a）三维空间　　　　　　　　　　　（b）二维平面

图1.18　草图3

注意：绘制圆弧前创建与草图1的交点，圆弧两侧的端点与交点具有重合约束。

步骤6：创建基准平面2。单击 主页 功能选项卡"构造"区域 ◇ 下的 · 按钮，选择 ◇ 基准平面 命令，在"类型"下拉列表中选择"按某一距离"类型，选取"YZ 平面"作为参考平面，在"偏置"区域的"距离"文本框中输入偏置距离270，单击"确定"按钮，完成基准平面2的定义，如图1.19所示。

（a）轴侧方位　　　　　　　　　　　　（b）平面方位

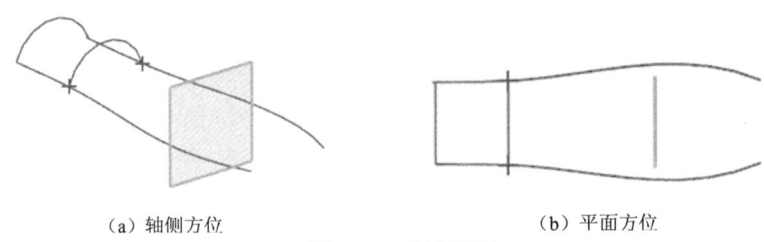

图 1.19　基准平面 2

步骤 7：绘制草图 4。单击 主页 功能选项卡 "构造" 区域中的 按钮，系统会弹出 "创建草图" 对话框，在系统的提示下，选取步骤 6 创建的 "基准平面 2" 作为草图平面，绘制如图 1.20 所示的草图。

（a）三维空间　　　　　　　　　　　　（b）二维平面

图 1.20　草图 4

注意：绘制圆弧前创建与草图 1 的交点，圆弧两侧的端点与交点具有重合约束。

步骤 8：创建基准平面 3。单击 主页 功能选项卡 "构造" 区域 下的 · 按钮，选择 基准平面 命令，在 "类型" 下拉列表中选择 "曲线和点" 类型，在 "子类型" 下拉列表中选择 "点和平面/面"，选取如图 1.21 所示的点作为参考点，选取 "YZ 平面" 作为平面参考，单击 "确定" 按钮，完成基准平面 3 的定义，如图 1.22 所示。

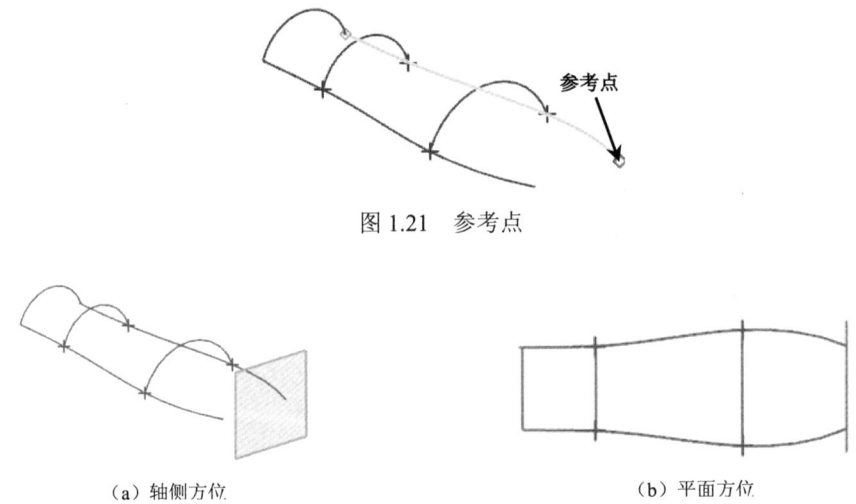

参考点

图 1.21　参考点

（a）轴侧方位　　　　　　　　　　　　（b）平面方位

图 1.22　基准平面 3

步骤 9：绘制草图 5。单击 主页 功能选项卡"构造"区域中的 按钮，系统会弹出"创建草图"对话框，在系统的提示下，选取步骤 8 创建的"基准面 3"作为草图平面，绘制如图 1.23 所示的草图（投影复制草图 2）。

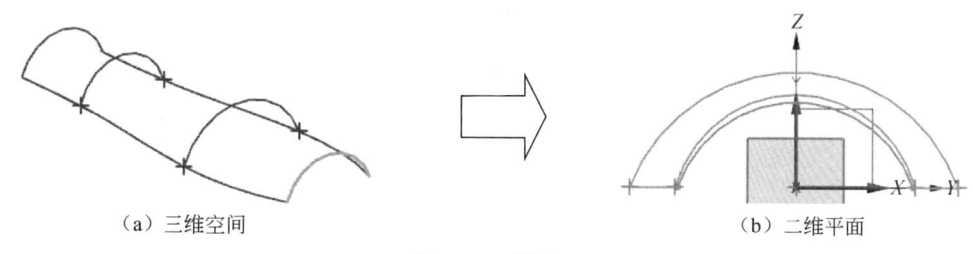

（a）三维空间　　　　　　　　　　　（b）二维平面

图 1.23　草图 5

步骤 10：绘制草图 6。单击 主页 功能选项卡"构造"区域中的 按钮，系统会弹出"创建草图"对话框，在系统的提示下，选取"XY 平面"作为草图平面，绘制如图 1.24 所示的草图（圆弧与草图 1 样条曲线相切）。

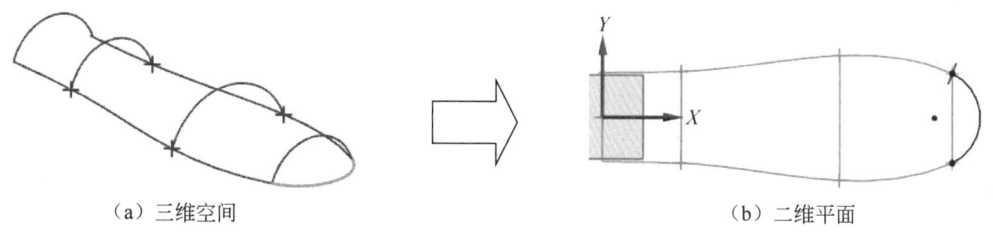

（a）三维空间　　　　　　　　　　　（b）二维平面

图 1.24　草图 6

步骤 11：绘制草图 7。单击 主页 功能选项卡"构造"区域中的 按钮，系统会弹出"创建草图"对话框，在系统的提示下，选取"XY 平面"作为草图平面，绘制如图 1.25 所示的草图。

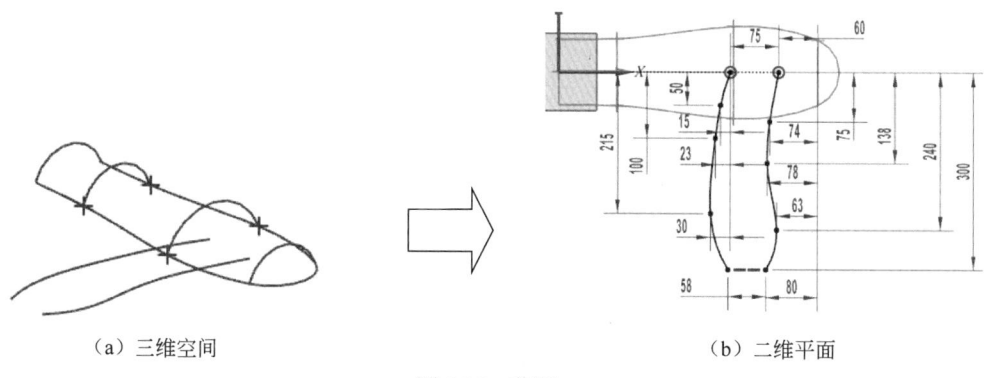

（a）三维空间　　　　　　　　　　　（b）二维平面

图 1.25　草图 7

步骤 12：绘制草图 8。单击 主页 功能选项卡"构造"区域中的 按钮，系统会弹出"创建草图"对话框，在系统的提示下，选取"ZX 平面"作为草图平面，绘制如图 1.26 所示的草图（圆弧端点与草图 7 的样条曲线端点重合）。

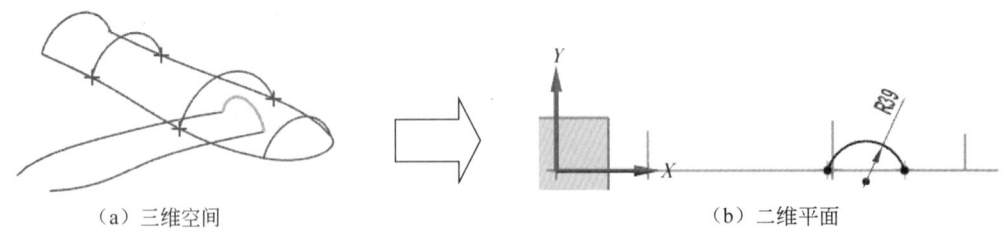

（a）三维空间　　　　　　　　　　　　　（b）二维平面

图 1.26　草图 8

步骤 13：创建基准平面 4。单击 主页 功能选项卡"构造"区域 下的 · 按钮，选择 基准平面 命令，在"类型"下拉列表中选择"曲线和点"类型，在"子类型"下拉列表中选择"点和平面/面"，选取如图 1.27 所示的点作为参考点，选取"ZX 平面"作为平面参考，单击"确定"按钮，完成基准平面 4 的定义，如图 1.28 所示。

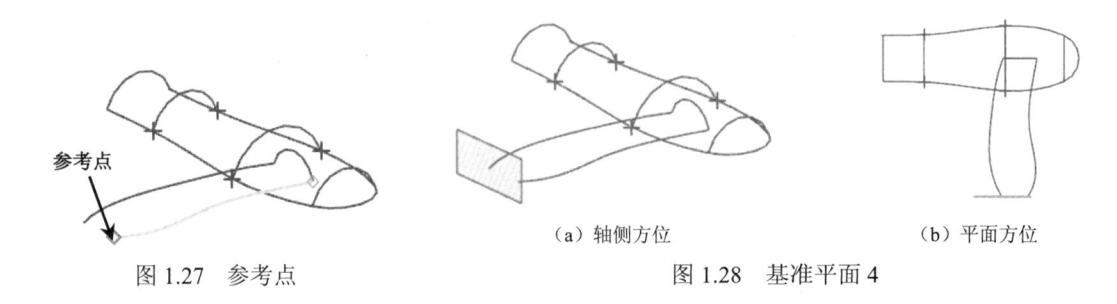

图 1.27　参考点

（a）轴侧方位　　　　　　　　（b）平面方位

图 1.28　基准平面 4

步骤 14：绘制草图 9。单击 主页 功能选项卡"构造"区域中的 按钮，系统会弹出"创建草图"对话框，在系统的提示下，选取"基准面 4"作为草图平面，绘制如图 1.29 所示的草图（圆弧端点与草图 7 的样条曲线端点重合）。

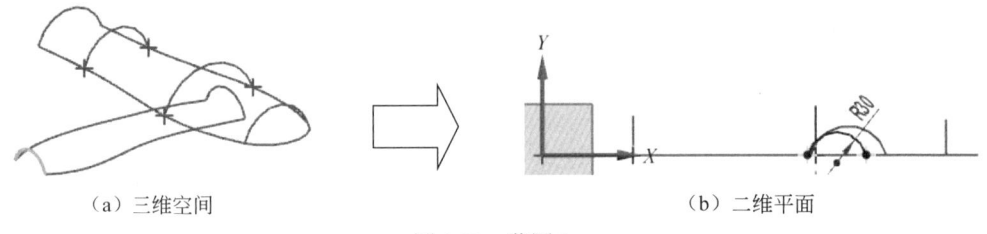

（a）三维空间　　　　　　　　　　　　　（b）二维平面

图 1.29　草图 9

步骤 15：绘制如图 1.30 所示的通过曲线网格曲面 1。单击 曲面 功能选项卡"基本"区域中的 （通过曲线网格）按钮，在图形区依次选取草图 2、草图 3、草图 4 与草图 5 作为主曲线（注意选取时靠近同一侧选取），选取如图 1.31 所示的交叉曲线 1 与交叉曲线 2，单击"确定"按钮完成通过曲线网格曲面 1 的创建。

图 1.30　通过曲线网格曲面 1

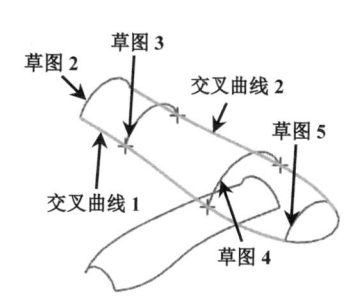

图 1.31　交叉曲线

步骤 16：绘制如图 1.32 所示的通过曲线组曲面 1。单击 曲面 功能选项卡"基本"区域中的 （通过曲线组）按钮，在绘图区选取如图 1.33 所示的边线 1 与草图 6（方向如图 1.33 所示）作为截面，在"连续性"区域的"第 1 个截面"的下拉列表中选择"G1 相切"，然后选取步骤 15 所创建的通过曲线网格曲面作为参考，选中"对齐"区域中的"保留形状"复选框，在"通过曲线组"对话框中单击"确定"按钮，完成操作。

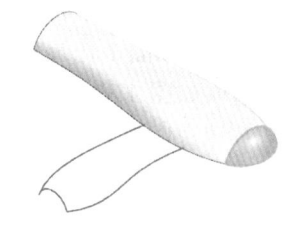

图 1.32　通过曲线组曲面 1

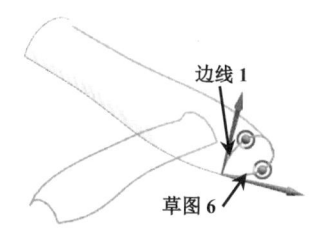

图 1.33　通过曲线组截面

步骤 17：绘制如图 1.34 所示的通过曲线网格曲面 2。单击 曲面 功能选项卡"基本"区域中的 按钮，在图形区依次选取草图 8 与草图 9 作为主曲线（注意选取时靠近同一侧选取），选取如图 1.35 所示的交叉曲线 1 与交叉曲线 2，单击"确定"按钮完成通过曲线网格曲面 2 的创建。

图 1.34　通过曲线网格曲面 2

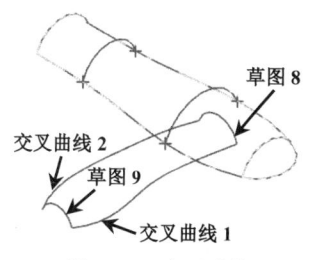

图 1.35　交叉曲线

步骤 18：绘制草图 10。单击 主页 功能选项卡"构造"区域中的 按钮，系统会弹出"创建草图"对话框，在系统的提示下，选取"基准面 4"作为草图平面，绘制如图 1.36 所示的草图。

(a) 三维空间　　　　　　　　　　(b) 二维平面

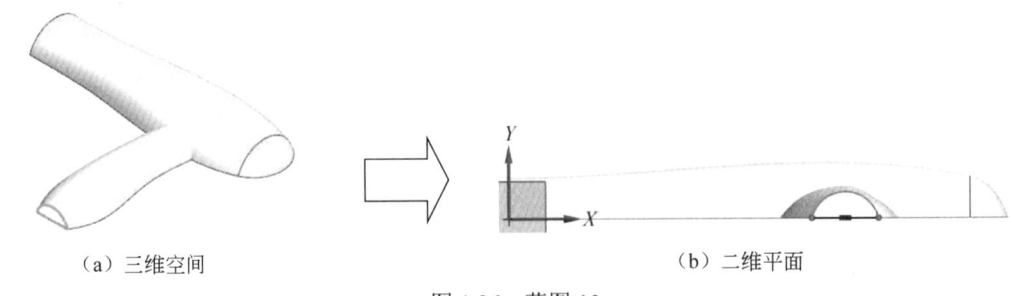

图 1.36　草图 10

步骤 19：绘制如图 1.37 所示的有界平面。单击 曲面 功能选项卡"基本"区域中的"更多"节点下的 ◇ 有界平面 按钮，选取步骤 18 创建的草图作为曲线参考，单击"确定"按钮完成有界平面的创建。

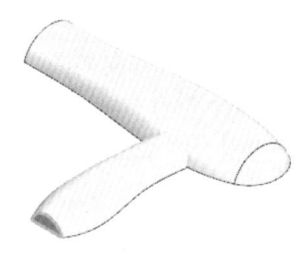

图 1.37　有界平面

步骤 20：创建如图 1.38 所示的裁剪曲面。单击 曲面 功能选项卡"组合"区域中的 ◇ 修剪和延伸 按钮，在"类型"下拉列表中选择 ◇ 制作拐角 类型，选取如图 1.39 所示的曲面 1 作为目标面，单击 ⊠ 按钮使方向如图 1.39 所示，选取如图 1.39 所示的曲面 2 作为工具面，单击 ⊠ 按钮使方向如图 1.39 所示，单击"确定"按钮完成曲面修剪的创建。

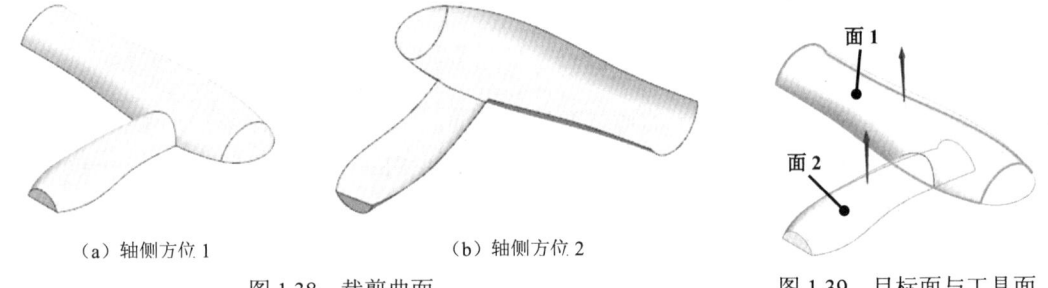

(a) 轴侧方位 1　　　　　　(b) 轴侧方位 2

图 1.38　裁剪曲面

图 1.39　目标面与工具面

步骤 21：绘制草图 11。单击 主页 功能选项卡"构造"区域中的 ◇ 按钮，系统会弹出"创建草图"对话框，在系统的提示下，选取"XY 平面"作为草图平面，绘制如图 1.40 所示的草图。

步骤 22：创建如图 1.41 所示的分割面。单击 曲面 功能选项卡"组合"区域"更多"节点下的 ◇ 分割面 按钮，系统会弹出"分割面"对话框，选取如图 1.42 所示的面作为分割面，在 分割对象 区域的 工具选项 下拉列表中选择 对象 类型，选取步骤 21 创建的草图作为分割对象，在 投影方向 下拉列表中选择 ◇ 垂直于曲线平面 ，方向沿 z 轴正方向，单击"确定"按钮完成分割面的创建。

步骤 23：创建如图 1.43 所示的偏置曲面。单击 曲面 功能选项卡"基本"区域"更多"区域中的 ◇ 偏置曲面 按钮，系统会弹出"偏置曲面"对话框，在选择过滤器中选择 单个面 ，选取

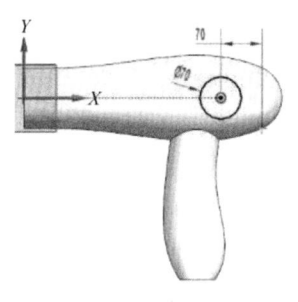

图 1.40　草图 11　　　　　　图 1.41　分割面　　　　　　图 1.42　参考面

如图 1.44 所示的面作为偏置参考面，在 偏置1 文本框中输入 5，方向向内，单击"确定"按钮完成偏置曲面的创建。

步骤 24：创建如图 1.45 所示的删除面。单击 主页 功能选项卡"同步建模"区域中的 （删除）按钮，在"类型"下拉列表中选择 面 类型，选取如图 1.44 所示的面作为参考，在"设置"区域中取消选中 □ 修复 选项，单击"确定"按钮完成删除面的创建。

图 1.43　偏置曲面　　　　　　图 1.44　参考面　　　　　　图 1.45　删除面

步骤 25：绘制草图 12。单击 主页 功能选项卡"构造"区域中的 按钮，系统会弹出"创建草图"对话框，在系统的提示下，选取"XY 平面"作为草图平面，绘制如图 1.46 所示的草图。

步骤 26：创建如图 1.47 所示的修剪曲面。单击 曲面 功能选项卡"组合"区域中的 （修剪片体）按钮，选取步骤 23 创建的偏置曲面作为目标面，激活"边界"区域的"选择对象"，选取步骤 25 创建的草图 12 作为边界对象，在 投影方向 下拉列表中选择 垂直于曲线平面 ，在 区域 选中 ⊙ 保留 单选项，选取如图 1.48 所示的面作为要保留的区域，单击"确定"按钮完成修剪曲面的创建。

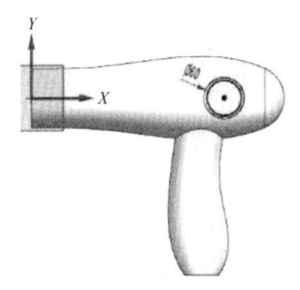

图 1.46　草图 12　　　　　　图 1.47　修剪曲面　　　　　　图 1.48　保留面

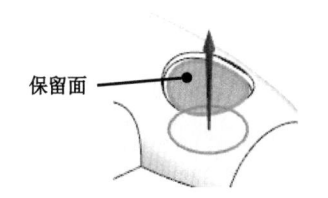

步骤 27：绘制如图 1.49 所示的通过曲线组曲面 2。单击 曲面 功能选项卡"基本"区域中的 按钮，在绘图区选取如图 1.50 所示的边线 1 与边线 2（方向如图 1.50 所示）作为截面，在"连续性"区域的"第 1 个截面"的下拉列表中选择"G1 相切"，然后选取如图 1.50 所示的面 1 作为参考，在"最后一个截面"的下拉列表中选择"G1 相切"，然后选取如图 1.50 所示的面 2 作为参考，选中"对齐"区域中的"保留形状"复选框，在"通过曲线组"对话框中单击"确定"按钮，完成操作。

步骤 28：创建缝合曲面 1。单击 曲面 功能选项卡"组合"区域中的 按钮，选取所有曲面作为要缝合的对象，单击"确定"按钮完成缝合操作。

步骤 29：创建如图 1.51 所示的边倒圆特征 1。单击 主页 功能选项卡"基本"区域中的 （边倒圆）按钮，系统会弹出"边倒圆"对话框，在系统的提示下选取如图 1.52 所示的边线作为圆角对象，在"边倒圆"对话框的"半径 1"文本框中输入圆角半径值 10，单击"确定"按钮完成边倒圆特征 1 的创建。

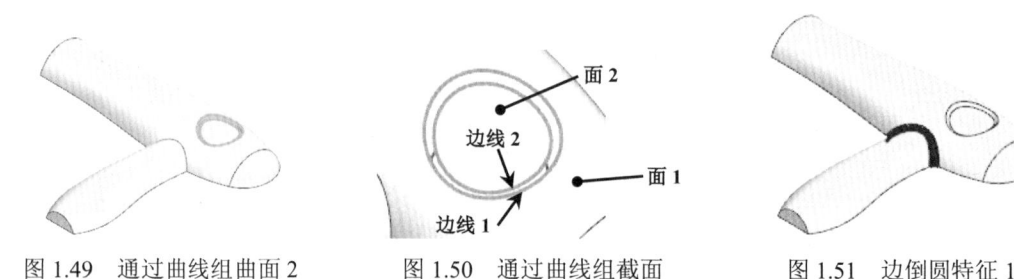

图 1.49　通过曲线组曲面 2　　　图 1.50　通过曲线组截面　　　图 1.51　边倒圆特征 1

步骤 30：创建如图 1.53 所示的边倒圆特征 2。单击 主页 功能选项卡"基本"区域中的 按钮，系统会弹出"边倒圆"对话框，在系统的提示下选取如图 1.54 所示的边线作为圆角对象，在"边倒圆"对话框的"半径 1"文本框中输入圆角半径值 5，单击"确定"按钮完成边倒圆特征 2 的创建。

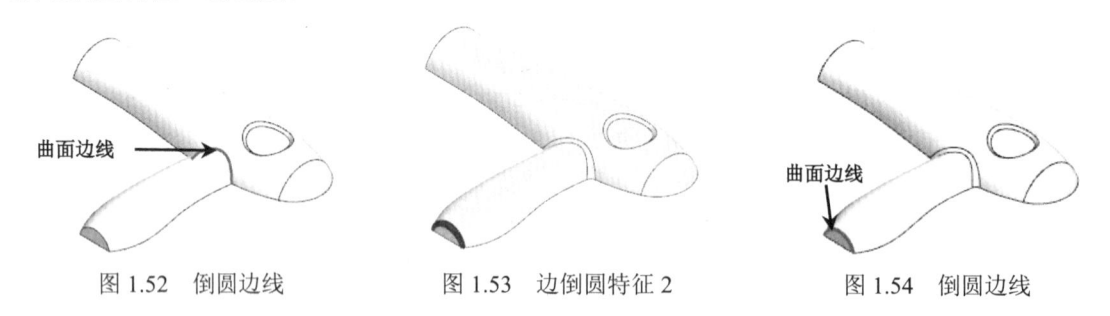

图 1.52　倒圆边线　　　图 1.53　边倒圆特征 2　　　图 1.54　倒圆边线

步骤 31：绘制草图 13。单击 主页 功能选项卡"构造"区域中的 按钮，系统会弹出"创建草图"对话框，在系统的提示下，选取"XY 平面"作为草图平面，绘制如图 1.55 所示的草图。

步骤 32：创建如图 1.56 所示的修剪曲面。单击 曲面 功能选项卡"组合"区域中的 按钮，选取整个缝合曲面作为目标面，激活"边界"区域的"选择对象"，选取步骤 31 创建的草图

第1章　UG曲面设计概述　　17

13作为边界对象，在 投影方向 下拉列表中选择 ◆ 垂直于曲线平面 ，在 区域 选中 ◉ 保留 单选项，选取如图1.57所示的面作为要保留的区域，单击"确定"按钮完成修剪曲面的创建。

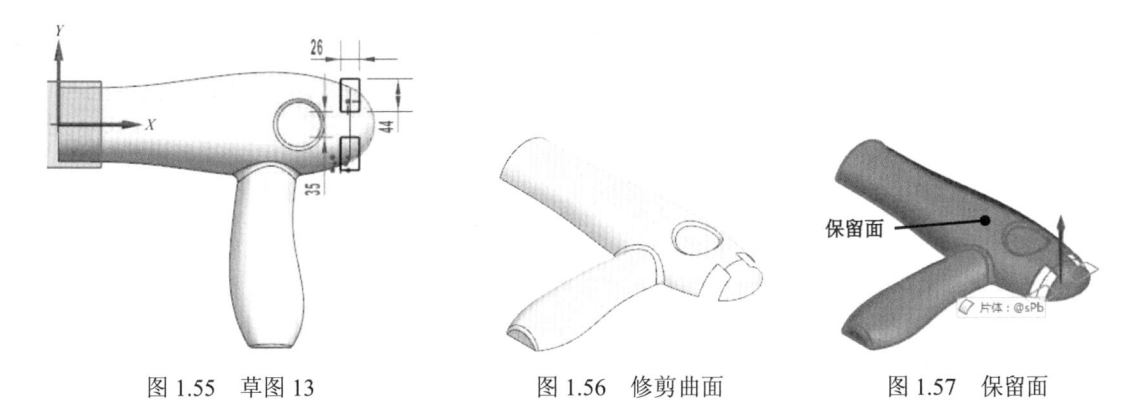

图1.55　草图13　　　　图1.56　修剪曲面　　　　图1.57　保留面

步骤33：绘制草图14。单击 主页 功能选项卡"构造"区域中的 按钮，系统会弹出"创建草图"对话框，在系统的提示下，选取"XY平面"作为草图平面，绘制如图1.58所示的草图(首尾相切的样条曲线)。

步骤34：绘制如图1.59所示的通过曲线网格曲面3。单击 曲面 功能选项卡"基本"区域中的 按钮，在图形区依次选取如图1.60所示的边线1与边线2作为主曲线（注意选取时靠近同一侧选取），选取如图1.60所示的草图14与边线3作为交叉曲线，在 连续性 区域的 第一主线串 、 最后主线串 与 最后交叉线串 下拉列表中均选择 G1 (相切) ，选取如图1.60所示的面作为相切面，单击"确定"按钮完成通过曲线网格曲面3的创建。

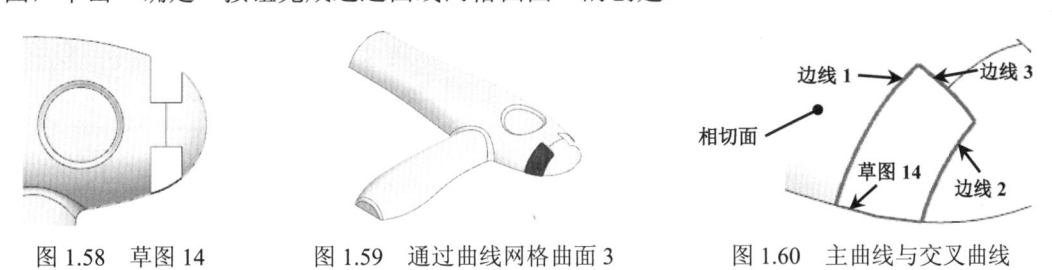

图1.58　草图14　　　　图1.59　通过曲线网格曲面3　　　　图1.60　主曲线与交叉曲线

步骤35：创建如图1.61所示的镜像1。单击 主页 功能选项卡"基本"区域中的 镜像特征 按钮，系统会弹出"镜像特征"对话框，选取步骤34创建的通过曲线网格曲面3作为要镜像的特征，在"镜像平面"区域的"平面"下拉列表中选择"现有平面"，激活"选择平面"，选取"ZX平面"作为镜像平面，单击"确定"按钮，完成镜像特征的创建。

步骤36：创建缝合曲面2。单击 曲面 功能选项卡"组合"区域中的 缝合 按钮，选取所有曲面作为要缝合的对象，单击"确定"按钮完成缝合操作。

步骤37：创建如图1.62所示的加厚曲面。单击 曲面 功能选项卡"基本"区域中的 加厚 按钮，选取步骤36创建的缝合曲面作为加厚对象，在 偏置1 文本框中输入-1，在 偏置2 文本框中输入1（代表双向对称加厚，厚度值为2），单击"确定"按钮完成加厚操作。

图 1.61　镜像 1　　　　　　　图 1.62　加厚曲面

步骤 38：创建如图 1.63 所示的拉伸 1。单击 主页 功能选项卡"基本"区域中的 ⌂（拉伸）按钮，在系统的提示下选取"ZX 平面"作为草图平面，绘制如图 1.64 所示的草图；在"拉伸"对话框"限制"区域的"开始"与"终止"下拉列表中均选择 贯通 选项，在"布尔"下拉列表中选择"减去"；单击"确定"按钮，完成拉伸 1 的创建。

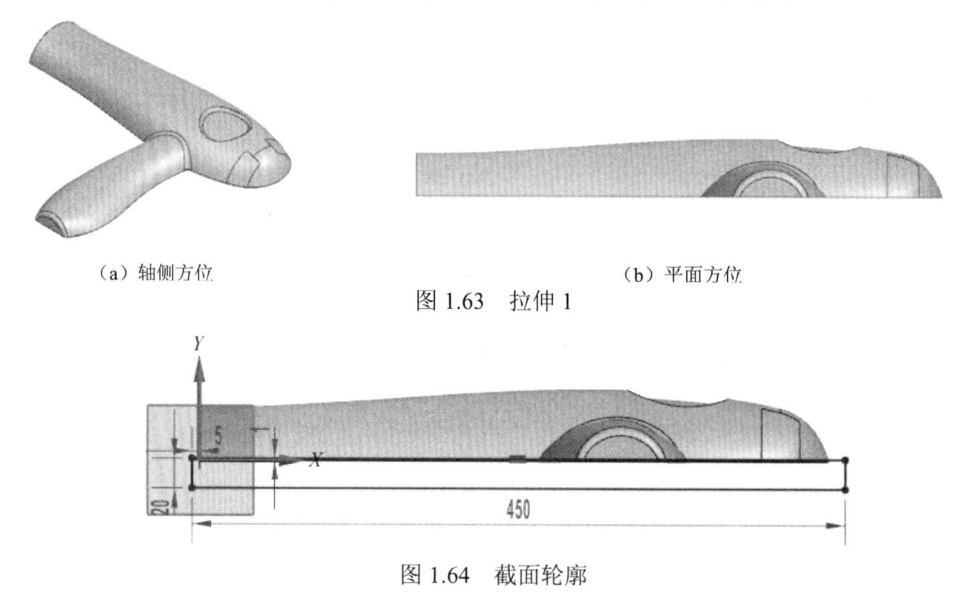

（a）轴侧方位　　　　　　　（b）平面方位

图 1.63　拉伸 1

图 1.64　截面轮廓

步骤 39：保存文件。选择"快速访问工具栏"中的"保存"命令，完成保存操作。

第 2 章 曲面基准特征的创建

基准特征在建模的过程中主要起到定位参考的作用,需要注意基准特征并不能帮助我们得到某个具体的实体结构。虽然基准特征并不能帮助我们得到某个具体的实体结构,但是在创建模型中的很多实体结构时,如果没有合适的基准,则将很难或者不能完成结构的具体创建,例如创建如图 2.1 所示的模型,该模型有一个倾斜结构,要想得到这个倾斜结构,就需要创建一个倾斜的基准平面。

基准特征在 UG 中主要包括基准面、基准轴、基准点及基准坐标系。这些几何元素可以作为创建其他几何体的参照来进行使用,在创建零件中的一般特征、曲面及装配时起到了非常重要的作用。

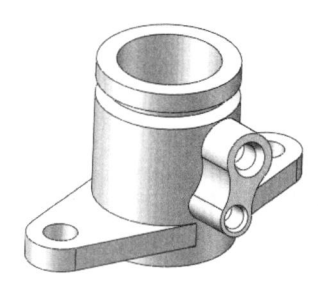

图 2.1 基准特征

2.1 基准面

基准面也称为基准平面,在创建一般特征时,如果没有合适的平面了,就可以自己创建出一个基准平面,此基准平面既可以作为特征截面的草图平面来使用,也可以作为参考平面来使用。基准平面是一个无限大的平面,在 UG 中为了查看方便,基准平面的显示大小可以自己调整。在 UG 中,软件向我们提供了很多种创建基准平面的方法,接下来就对一些常用的创建方法进行具体介绍。

1. 按某一距离创建基准面

按某一距离创建基准面需要提供一个平面参考,新创建的基准面与所选参考面平行,并且有一定的间距值。下面以创建如图 2.2 所示的模型为例介绍按某一距离创建基准面的一般创建方法。

步骤 1:新建文件。选择"快速访问工具条"中的 命令,在"新建"对话框中选择"模型"模板,在名称文本框中输入"按某一距离",将工作目录设置为 D:\UG 曲面设计\work\ch02.01\,然后单击"确定"按钮进入零件建模环境。

步骤 2:创建如图 2.3 所示的拉伸 1。单击 主页 功能选项卡"基本"区域中的 按钮,

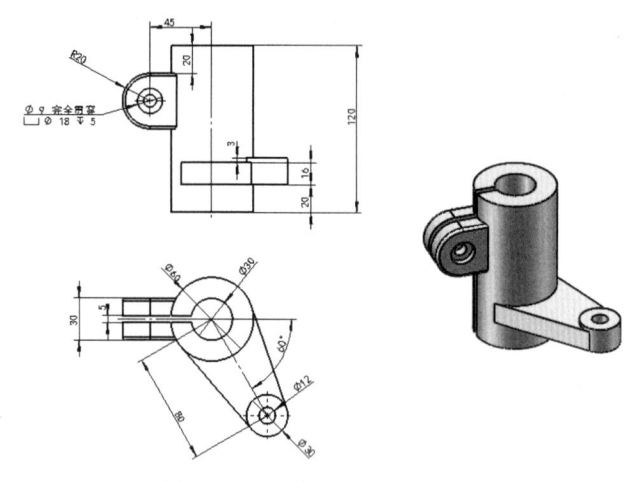

图 2.2　平行有一定间距基准面

在系统的提示下选取"XY 平面"作为草图平面，绘制如图 2.4 所示的草图；在"拉伸"对话框"限制"区域的"终止"下拉列表中选择 ⊢值 选项，在"距离"文本框中输入深度值 120，方向沿 z 轴正方向；单击"确定"按钮，完成拉伸 1 的创建。

步骤 3：创建如图 2.5 所示的拉伸 2。单击 主页 功能选项卡"基本"区域中的 按钮，在系统的提示下选取"ZX 平面"作为草图平面，绘制如图 2.6 所示的草图；在"拉伸"对话框"限制"区域的"终止"下拉列表中选择 ┼对称值 选项，在"距离"文本框中输入深度值 30，在"布尔"下拉列表中选择"合并"；单击"确定"按钮，完成拉伸 2 的创建。

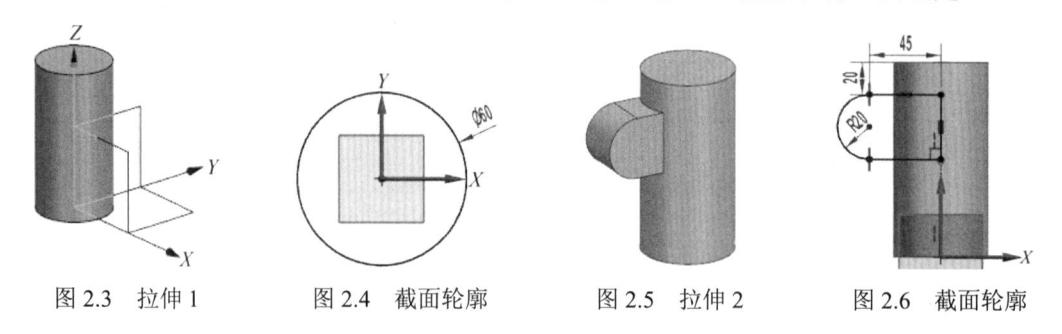

图 2.3　拉伸 1　　　图 2.4　截面轮廓　　　图 2.5　拉伸 2　　　图 2.6　截面轮廓

步骤 4：创建基准面 1。单击 主页 功能选项卡"构造"区域 ◇ 下的 · 按钮，选择 ◇ 基准平面 命令，在"类型"下拉列表中选取"按某一距离"类型，选取"XY 平面"作为参考平面，在"偏置"区域的"距离"文本框中输入偏置距离值 20，方向沿 z 轴正方向，单击"确定"按钮，完成基准面 1 的定义，如图 2.7 所示。

步骤 5：创建如图 2.8 所示的拉伸 3。单击 主页 功能选项卡"基本"区域中的 按钮，在系统的提示下选取"基准面 1"作为草图平面，绘制如图 2.9 所示的草图；在"拉伸"对话框"限制"区域的"终止"下拉列表中选择 ⊢值 选项，在"距离"文本框中输入深度值 16，方向沿 z 轴正方向，在"布尔"下拉列表中选择"合并"；单击"确定"按钮，完成拉伸 3 的创建。

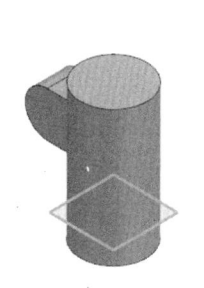

图 2.7　基准面 1 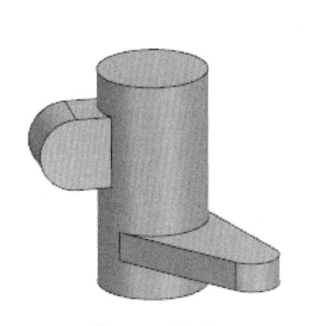　　　　图 2.8　拉伸 3 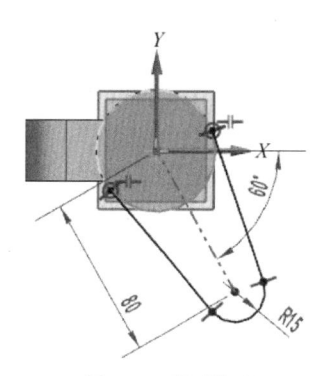　　　　图 2.9　截面轮廓

步骤 6：创建如图 2.10 所示的拉伸 4。单击 主页 功能选项卡"基本"区域中的 按钮，在系统的提示下选取如图 2.10 所示的模型表面作为草图平面，绘制如图 2.11 所示的草图；在"拉伸"对话框"限制"区域的"终止"下拉列表中选择 值 选项，在"距离"文本框中输入深度值 3，方向沿 z 轴正方向，在"布尔"下拉列表中选择"合并"；单击"确定"按钮，完成拉伸 4 的创建。

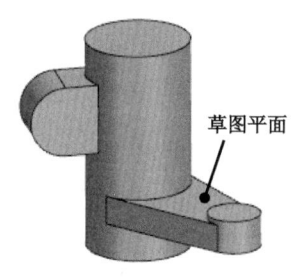

图 2.10　拉伸 4 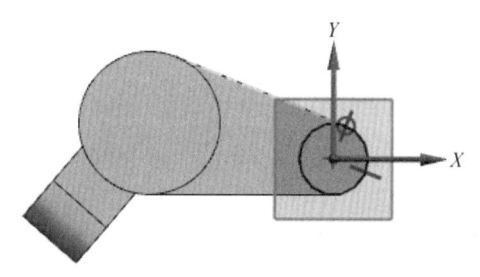　　　　　　　　　图 2.11　截面轮廓

步骤 7：创建如图 2.12 所示的孔 1。单击 主页 功能选项卡"基本"区域中的 按钮，系统会弹出"孔"对话框，直接捕捉如图 2.12 所示的圆弧的圆心作为打孔位置；在"孔"对话框的"类型"下拉列表中选择"沉头"类型；在"形状"区域设置如图 2.13 所示的参数；在"限制"区域的"深度限制"下拉列表中选择"贯穿体"；在"孔"对话框中单击"确定"

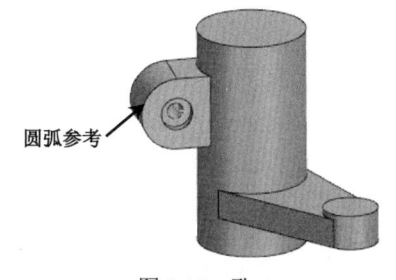

▼ 形状		
孔大小	定制	
孔径	9	mm
沉头直径	18	mm
沉头限制	值	
沉头深度	5	mm

图 2.12　孔 1 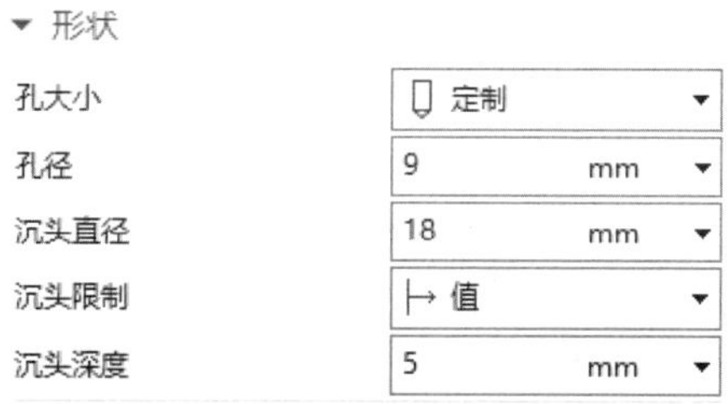　　　　　　　　图 2.13　孔形状参数

按钮，完成孔 1 的创建。

步骤 8：创建如图 2.14 所示的孔 2。单击 主页 功能选项卡"基本"区域中的 ⬢ 按钮，系统会弹出"孔"对话框，直接捕捉如图 2.14 所示的圆弧的圆心作为打孔位置；在"孔"对话框的"类型"下拉列表中选择"简单"类型；在"孔"对话框的"形状"区域设置如图 2.15 所示的参数；在"限制"区域的"深度限制"下拉列表中选择"贯穿体"；在"孔"对话框中单击"确定"按钮，完成孔 2 的创建。

步骤 9：创建如图 2.16 所示的孔 3。单击 主页 功能选项卡"基本"区域中的 ⬢ 按钮，系统会弹出"孔"对话框，直接捕捉如图 2.16 所示的圆弧的圆心作为打孔位置；在"孔"对话框的"类型"下拉列表中选择"简单"类型；在"孔"对话框的"形状"区域设置如图 2.17 所示的参数；在"限制"区域的"深度限制"下拉列表中选择"贯穿体"；在"孔"对话框中单击"确定"按钮，完成孔 3 的创建。

图 2.14　孔 2　　　　图 2.15　孔形状参数　　　　图 2.16　孔 3

步骤 10：创建如图 2.18 所示的拉伸 5。单击 主页 功能选项卡"基本"区域中的 ⬢ 按钮，在系统的提示下选取如图 2.18 所示的模型表面作为草图平面，绘制如图 2.19 所示的草图；在"拉伸"对话框"限制"区域的"终止"下拉列表中选择 ⬢ 贯通 选项，方向沿 z 轴负方向，在"偏置"区域的"偏置"下拉列表中选择对称，在"结束"文本框中输入值 2.5（总厚度为 2.5×2=5），在"布尔"下拉列表中选择"减去"；单击"确定"按钮，完成拉伸 5 的创建。

图 2.17　孔形状参数　　　　图 2.18　拉伸 5　　　　图 2.19　截面轮廓

步骤 11：创建如图 2.20 所示的边倒圆特征。单击 主页 功能选项卡"基本"区域中的 ⬢ 按钮，系统会弹出"边倒圆"对话框，在系统的提示下选取如图 2.21 所示的两条边线作为圆角对象，在"边倒圆"对话框的"半径 1"文本框中输入圆角半径值 2，单击"确定"按钮完成边倒圆的创建。

图 2.20　边倒圆

图 2.21　圆角对象

步骤 12：保存文件。选择"快速访问工具栏"中的"保存"命令，完成保存操作。

2. 通过成一定角度创建基准面

通过成一定角度创建基准面需要提供一个平面参考与一个轴的参考，新创建的基准面通过所选的轴，并且与所选面成一定的夹角。下面以创建如图 2.22 所示的基准面为例介绍通过轴与面有一定角度创建基准面的一般创建方法。

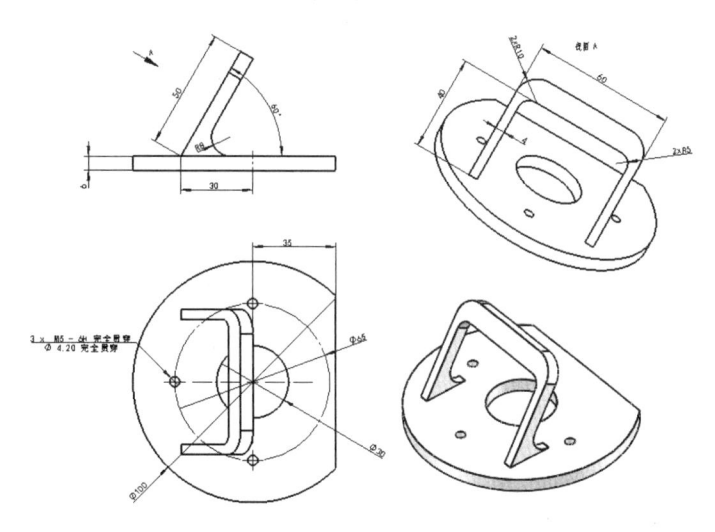

13min

图 2.22　通过成一定角度创建基准面

步骤 1：新建文件。选择"快速访问工具条"中的 命令，在"新建"对话框中选择"模型"模板，在名称文本框中输入"成一定角度"，将工作目录设置为 D:\UG 曲面设计\work\ch02.01\，然后单击"确定"按钮进入零件建模环境。

步骤 2：创建如图 2.23 所示的拉伸 1。单击 主页 功能选项卡"基本"区域中的 按钮，在系统的提示下选取"XY 平面"作为草图平面，绘制如图 2.24 所示的草图；在"拉伸"对话框"限制"区域的"终止"下拉列表中选择 值 选项，在"距离"文本框中输入深度值 6，方向沿 z 轴正方向；单击"确定"按钮，完成拉伸 1 的创建。

图 2.23　拉伸 1

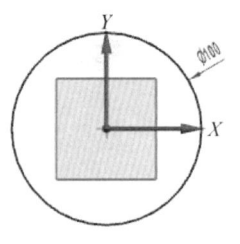

图 2.24　截面轮廓

步骤 3：绘制草图 1。单击 主页 功能选项卡"构造"区域中的 按钮，系统会弹出"创建草图"对话框，在系统的提示下，选取如图 2.25 所示的模型表面作为草图平面，绘制如图 2.25 所示的草图。

(a) 三维空间

(b) 二维平面

图 2.25　草图 1

步骤 4：创建基准平面 1。单击 主页 功能选项卡"构造"区域 下的·按钮，选择 基准平面 命令，在"类型"下拉列表中选择"成一定角度"类型，选取如图 2.25 所示的模型表面作为参考平面，选取步骤 3 创建的草图直线作为轴参考，在"角度"区域的"角度"文本框中输入角度值-60，方向如图 2.26 所示，单击"确定"按钮，完成基准平面 1 的定义，如图 2.26 所示。

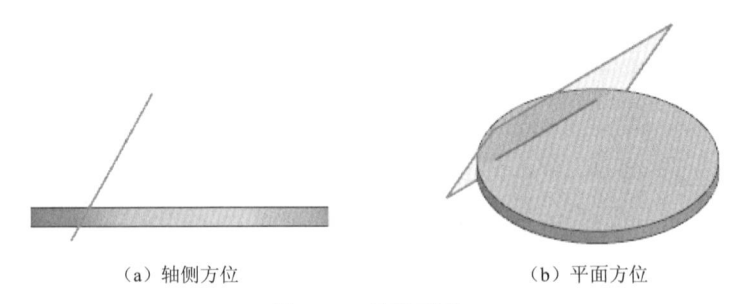

(a) 轴侧方位

(b) 平面方位

图 2.26　基准平面 1

步骤 5：创建如图 2.27 所示的拉伸 2。单击 主页 功能选项卡"基本"区域中的 按钮，在系统的提示下选取步骤 4 创建的"基准平面 1"作为草图平面，绘制如图 2.28 所示的草图；在"拉伸"对话框"限制"区域的"终止"下拉列表中选择 选项，在"距离"文本框中输入深度值 6，单击 按钮使方向朝向实体，在"布尔"下拉列表中选择"合并"；单击"确定"按钮，完成拉伸 2 的创建。

步骤 6：创建如图 2.29 所示的拉伸 3。单击 主页 功能选项卡"基本"区域中的 按钮，在系统的提示下选取如图 2.29 所示的模型上表面作为草图平面，绘制如图 2.30 所示的草图；在"拉伸"对话框"限制"区域的"终止"下拉列表中选择 贯通 选项，单击 按钮使方向沿 z 轴负方向，在"布尔"下拉列表中选择"减去"；单击"确定"按钮，完成拉伸 3 的创建。

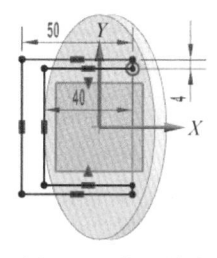

图 2.27　拉伸 2　　　　　图 2.28　截面轮廓　　　　　图 2.29　拉伸 3

步骤 7：创建如图 2.31 所示的孔 1。单击 主页 功能选项卡"基本"区域中的 按钮，系统会弹出"孔"对话框，直接捕捉如图 2.31 所示的圆弧的圆心作为打孔位置；在"孔"对话框的"类型"下拉列表中选择"简单"类型；在"孔"对话框的"形状"区域设置如图 2.32 所示的参数；在"限制"区域的"深度限制"下拉列表中选择"贯穿体"；在"孔"对话框中单击"确定"按钮，完成孔 1 的创建。

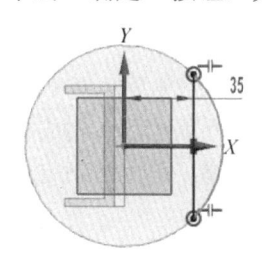

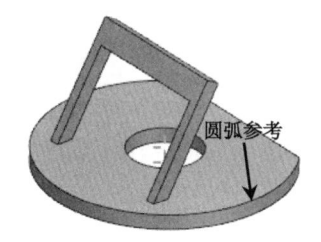

图 2.30　截面草图　　　　　图 2.31　孔 1　　　　　图 2.32　孔形状参数

步骤 8：创建如图 2.33 所示的孔 2。单击 主页 功能选项卡"基本"区域中的 按钮，系统会弹出"孔"对话框，选取如图 2.33 所示的模型表面作为打孔平面，然后通过添加辅助线、尺寸与几何约束精确定位孔，如图 2.34 所示，单击 主页 功能选项卡"草图"区域中的 （完成）按钮退出草图环境；在"孔"对话框的"类型"下拉列表中选择"有螺纹"类型，在"形状"区域的"标准"下拉列表中选择 Metric Coarse，在"大小"下拉列表中选择 M5×0.8，在"螺纹深度类型"下拉列表中选择"全长"；在"限制"区域的"深度限制"下拉列表中选择"贯通体"；在"孔"对话框中单击"确定"按钮，完成孔 2 的创建。

步骤 9：创建如图 2.35 所示的边倒圆特征 1。单击 主页 功能选项卡"基本"区域中的 按钮，系统会弹出"边倒圆"对话框，在系统的提示下选取如图 2.36 所示的两条边线作为圆角对象，在"边倒圆"对话框的"半径 1"文本框中输入圆角半径值 5，单击"确定"按钮完成边倒圆特征 1 的创建。

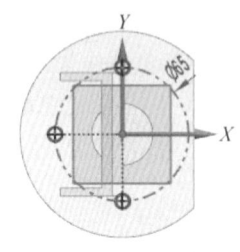

图 2.33　孔 2　　　　　　图 2.34　定位草图　　　　　　图 2.35　边倒圆特征 1

步骤 10：创建如图 2.37 所示的边倒圆特征 2。单击 主页 功能选项卡"基本"区域中的 ◎ 按钮，系统会弹出"边倒圆"对话框，在系统的提示下选取如图 2.38 所示的两条边线作为圆角对象，在"边倒圆"对话框的"半径 1"文本框中输入圆角半径值 10，单击"确定"按钮完成边倒圆特征 2 的创建。

图 2.36　圆角对象　　　　　　图 2.37　边倒圆特征 2　　　　　　图 2.38　圆角对象

步骤 11：创建如图 2.39 所示的边倒圆特征 3。单击 主页 功能选项卡"基本"区域中的 ◎ 按钮，系统会弹出"边倒圆"对话框，在系统的提示下选取如图 2.40 所示的两条边线作为圆角对象，在"边倒圆"对话框的"半径 1"文本框中输入圆角半径值 8，单击"确定"按钮完成边倒圆特征 3 的创建。

图 2.39　边倒圆特征 3　　　　　　　　　　图 2.40　圆角对象

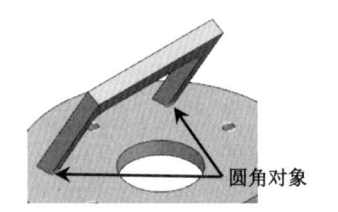

步骤 12：保存文件。选择"快速访问工具栏"中的"保存"命令，完成保存操作。

3. 垂直于曲线创建基准面

垂直于曲线创建基准面需要提供曲线参考与一个点的参考，一般情况下点是曲线端点或者曲线上的点，新创建的基准面通过所选的点，并且与所选曲线垂直。下面以创建如图 2.41 所示的基准面为例介绍垂直于曲线创建基准面的一般创建方法。

第2章　曲面基准特征的创建

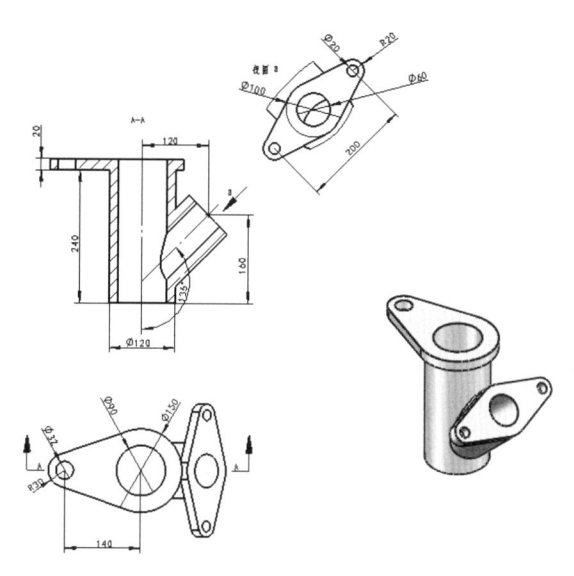

图 2.41　垂直于曲线创建基准面

步骤 1：新建文件。选择"快速访问工具条"中的 命令，在"新建"对话框中选择"模型"模板，在名称文本框中输入"垂直于曲线"，将工作目录设置为 D:\UG 曲面设计\work\ch02.01\，然后单击"确定"按钮进入零件建模环境。

步骤 2：创建如图 2.42 所示的拉伸 1。单击 主页 功能选项卡"基本"区域中的 按钮，在系统的提示下选取"XY 平面"作为草图平面，绘制如图 2.43 所示的草图；在"拉伸"对话框"限制"区域的"终止"下拉列表中选择 值 选项，在"距离"文本框中输入深度值 240，方向沿 z 轴正方向；单击"确定"按钮，完成拉伸 1 的创建。

图 2.42　拉伸 1　　　　　　　　　图 2.43　截面轮廓

步骤 3：绘制草图 1。单击 主页 功能选项卡"构造"区域中的 按钮，系统会弹出"创建草图"对话框，在系统的提示下，选取"ZX 平面"作为草图平面，绘制如图 2.44 所示的草图。

步骤 4：创建基准面 1。单击 主页 功能选项卡"构造"区域 下的 按钮，选择 基准平面 命令，在"类型"下拉列表中选择 曲线和点 类型，在"子类型"下拉列表中选择"点和曲线/轴"，选取如图 2.45 所示的点作为参考，选取步骤 3 创建的草图直线作为曲线参考，单击"确定"按钮，完成基准面 1 的定义，如图 2.46 所示。

(a) 三维空间　　　　　　　　(b) 二维平面

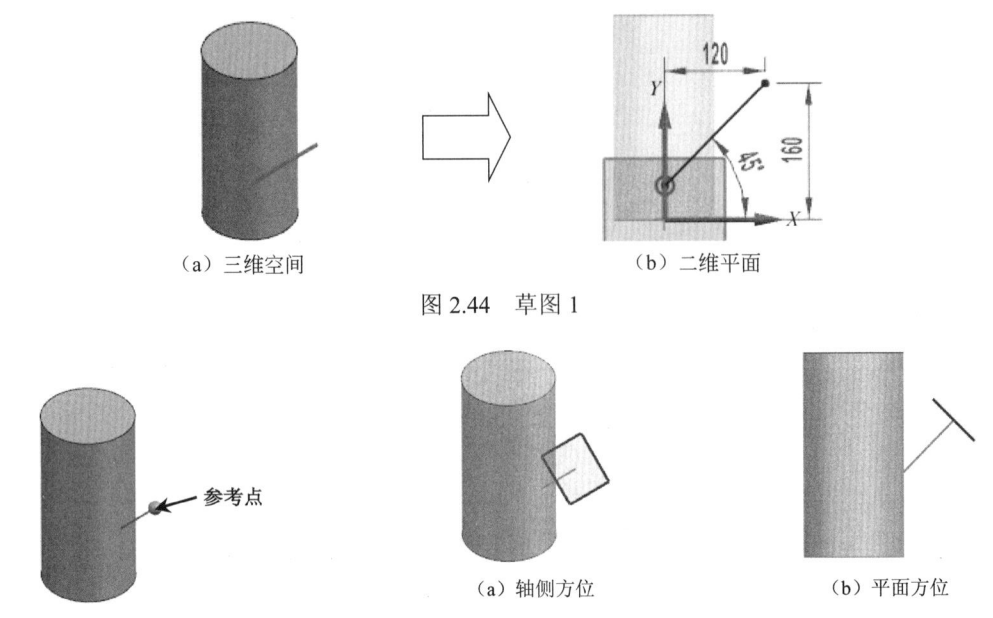

图 2.44　草图 1

图 2.45　基准面 1 的参考点

(a) 轴侧方位　　　　　　　　(b) 平面方位

图 2.46　基准面 1

步骤 5：创建如图 2.47 所示的拉伸 2。单击 主页 功能选项卡"基本"区域中的 按钮，在系统的提示下选取步骤 4 创建的"基准面 1"作为草图平面，绘制如图 2.48 所示的草图；在"拉伸"对话框"限制"区域的"终止"下拉列表中选择 直至下一个 选项，单击 按钮使方向朝向实体，在"布尔"下拉列表中选择"合并"；单击"确定"按钮，完成拉伸 2 的创建。

步骤 6：创建如图 2.49 所示的拉伸 3。单击 主页 功能选项卡"基本"区域中的 按钮，在系统的提示下选取拉伸 1 的上表面作为草图平面，绘制如图 2.50 所示的草图；在"拉伸"对话框"限制"区域的"终止"下拉列表中选择 值 选项，在"距离"文本框中输入深度值 20，方向沿 z 轴正方向，在"布尔"下拉列表中选择"合并"；单击"确定"按钮，完成拉伸 3 的创建。

图 2.47　拉伸 2　　　　　图 2.48　截面轮廓　　　　　图 2.49　拉伸 3

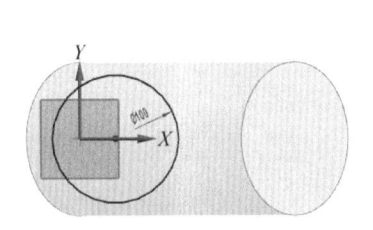

步骤 7：创建如图 2.51 所示的拉伸 4。单击 主页 功能选项卡"基本"区域中的 按钮，在系统的提示下选取如图 2.49 所示的模型表面作为草图平面，绘制如图 2.52 所示的草图；在"拉伸"对话框"限制"区域的"终止"下拉列表中选择 值 选项，在"距离"文本框

中输入深度值 20，单击 ⊠ 按钮使方向朝向实体，在"布尔"下拉列表中选择"合并"；单击"确定"按钮，完成拉伸 4 的创建。

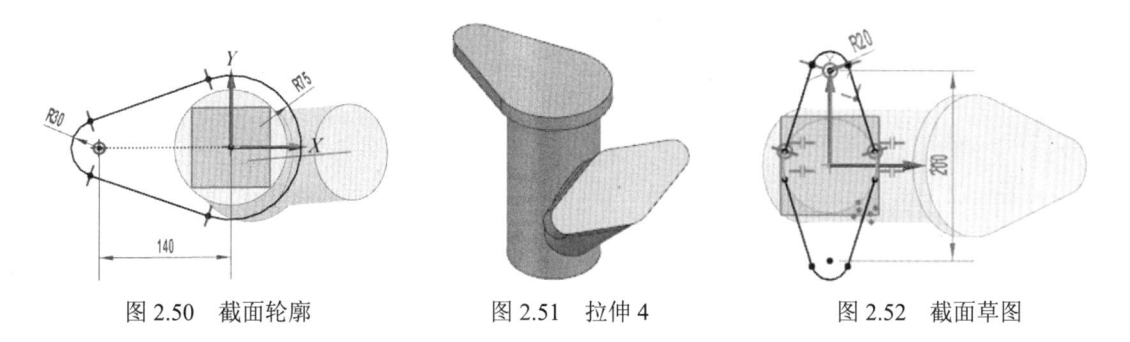

图 2.50　截面轮廓　　　　图 2.51　拉伸 4　　　　图 2.52　截面草图

步骤 8：创建如图 2.53 所示的孔 1。单击 主页 功能选项卡"基本"区域中的 ⬢ 按钮，系统会弹出"孔"对话框，直接捕捉如图 2.53 所示的圆弧的圆心作为打孔位置；在"孔"对话框的"类型"下拉列表中选择"简单"类型；在"孔"对话框的"形状"区域设置如图 2.54 所示的参数；在"限制"区域的"深度限制"下拉列表中选择"贯穿体"；在"孔"对话框中单击"确定"按钮，完成孔 1 的创建。

步骤 9：创建如图 2.55 所示的孔 2。单击 主页 功能选项卡"基本"区域中的 ⬢ 按钮，系统会弹出"孔"对话框，直接捕捉如图 2.55 所示的圆弧的圆心作为打孔位置；在"孔"对话框的"类型"下拉列表中选择"简单"类型；在"孔"对话框的"形状"区域设置如图 2.56 所示的参数；在"限制"区域的"深度限制"下拉列表中选择"贯穿体"；在"孔"对话框中单击"确定"按钮，完成孔 2 的创建。

图 2.53　孔 1　　　　图 2.54　孔形状参数　　　　图 2.55　孔 2

步骤 10：创建如图 2.57 所示的孔 3。单击 主页 功能选项卡"基本"区域中的 ⬢ 按钮，系统会弹出"孔"对话框，直接捕捉如图 2.57 所示的圆弧的圆心作为打孔位置；在"孔"对话框的"类型"下拉列表中选择"简单"类型；在"孔"对话框的"形状"区域设置如图 2.58 所示的参数；在"限制"区域的"深度限制"下拉列表中选择"直至下一个"；在"孔"对话框中单击"确定"按钮，完成孔 3 的创建。

步骤 11：创建如图 2.59 所示的孔 4。单击 主页 功能选项卡"基本"区域中的 ⬢ 按钮，系统会弹出"孔"对话框，直接捕捉如图 2.59 所示的两个圆弧的圆心作为打孔位置；在"孔"

图 2.56　孔形状参数　　　图 2.57　孔 3　　　图 2.58　孔形状参数

对话框的"类型"下拉列表中选择"简单"类型；在"孔"对话框的"形状"区域设置如图 2.60 所示的参数；在"限制"区域的"深度限制"下拉列表中选择"直至下一个"；在"孔"对话框中单击"确定"按钮，完成孔 4 的创建。

步骤 12：保存文件。选择"快速访问工具栏"中的"保存"命令，完成保存操作。

4. 其他常用的创建基准平面的方法

（1）通过 3 点创建基准平面，所创建的基准平面通过选取的 3 个点，如图 2.61 所示。

图 2.59　孔 4　　　图 2.60　孔形状参数　　　图 2.61　通过 3 点创建基准平面

（2）通过直线和点创建基准平面，所创建的基准平面通过选取的直线和点，如图 2.62 所示。

（3）通过点和平面创建基准平面，所创建的基准平面通过选取的点，并且与参考平面平行，如图 2.63 所示。

（4）通过相切创建基准平面，所创建的基准平面与所选曲面相切，并且还需要其他参考，例如与另一个面相切、通过某个点、通过线条，或者与平面成一定角度均可以，如图 2.64 所示。

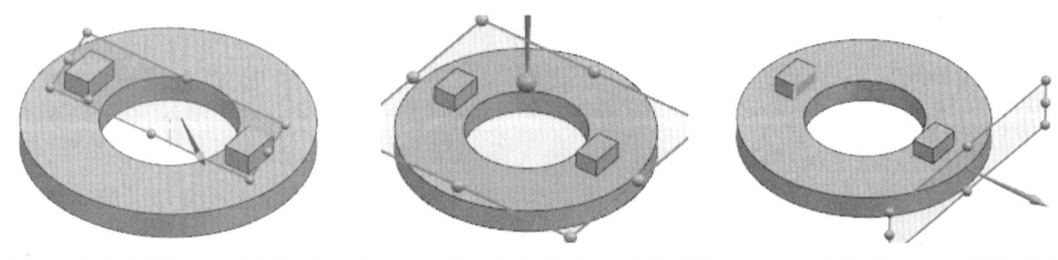

图 2.62　通过直线和点创建基准平面　　图 2.63　通过点和平面创建基准平面　　图 2.64　通过相切创建基准平面

（5）通过二等分创建基准平面，可以根据两个平行的面作为参考创建中间位置的基准面，如图 2.65 所示，也可以根据两个相交的参考面作为基础创建角平分的基准平面，如图 2.66 所示。

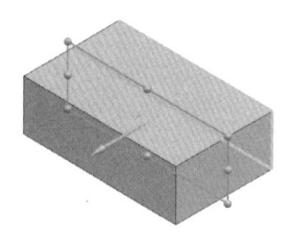

图 2.65　通过两个平行平面创建基准平面　　　　图 2.66　通过两个相交平面创建基准平面

（6）通过点和方向创建基准平面，需要指定一个点的参考与一个方向的参考，点用于控制基准面的位置，方向用于控制基准平面的角度。

（7）通过曲线上创建基准平面，需要选取一个参考曲线，然后在参考曲线上根据弧长或者百分比定义一个点，点的位置直接决定基准面的位置，另外需要定义曲线上的方位，此方位实际用于控制基准平面的角度，既可以与曲线垂直、相切或者双向垂直，也可以与所选的方向向量垂直、平行或者重合。

（8）通过对象创建基准平面，需要选取一个平面对象，系统会自动创建与此平面对象所在平面重合的基准面。

2.2　基准轴

基准轴与基准面一样，既可以作为特征创建时的参考，也可以为创建基准面、同轴放置项目及圆形阵列等提供参考。UG 软件提供了很多种创建基准轴的方法，接下来介绍一些常用的创建方法。

1．通过交点创建基准轴

通过交点创建基准轴需要提供两个平面的参考。下面以创建如图 2.67 所示的机械零件为例介绍通过交点创建基准轴的一般创建方法。

步骤 1：新建文件。选择"快速访问工具条"中的 命令，在"新建"对话框中选择"模型"模板，在名称文本框中输入"机械零件"，将工作目录设置为 D:\UG 曲面设计\work\ch02.02\，然后单击"确定"按钮进入零件建模环境。

步骤 2：创建如图 2.68 所示的旋转 1。单击 主页 功能选项卡"基本"区域中的 （旋转）按钮，系统会弹出"旋转"对话框，在系统 选择要绘制的平面，或为截面选择曲线 的提示下，选取"ZX 平面"作为草图平面，进入草图环境，绘制如图 2.69 所示的草图，在"旋转"对话框激活"轴"区域的"指定向量"，选取"z 轴"的作为旋转轴，在"旋转"对话框的"限制"区域的"开始"下拉列表中选择"值"，然后在"角度"文本框中输入值 0；在"结束"下拉列表中选择"值"，然后在"角度"文本框中输入值 360，单击"确定"按钮，完成旋转 1 的创建。

图 2.67　机械零件　　　　　图 2.68　旋转 1　　　　　图 2.69　截面轮廓

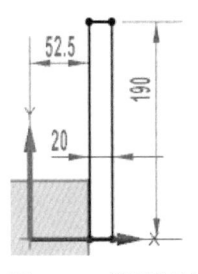

步骤 3：创建如图 2.70 所示的旋转 2。单击 主页 功能选项卡 "基本" 区域中的 按钮，系统会弹出 "旋转" 对话框，选取 "ZX 平面" 作为草图平面，绘制如图 2.71 所示的草图，在 "旋转" 对话框激活 "轴" 区域的 "指定向量"，选取 "z 轴" 作为旋转轴，在 "旋转" 对话框的 "限制" 区域的 "开始" 下拉列表中选择 "值"，然后在 "角度" 文本框中输入值 0；在 "结束" 下拉列表中选择 "值"，然后在 "角度" 文本框中输入值 360，在 "布尔" 下拉列表中选择 "减去"，单击 "确定" 按钮，完成旋转 2 的创建。

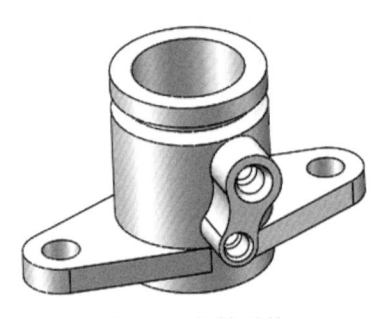

图 2.70　旋转 2　　　　　　　　　　　图 2.71　截面轮廓

步骤 4：创建基准平面 1。单击 主页 功能选项卡 "构造" 区域 下的 ·按钮，选择 基准平面 命令，在 "类型" 下拉列表中选择 "按某一距离" 类型，选取 "XY 平面" 作为参考平面，在 "偏置" 区域的 "距离" 文本框中输入偏置距离值 20，方向沿 z 轴正方向，单击 "确定" 按钮，完成基准面 1 的定义，如图 2.72 所示。

步骤 5：创建如图 2.73 所示的拉伸 1。单击 主页 功能选项卡 "基本" 区域中的 按钮，在系统的提示下选取 "基准平面 1" 作为草图平面，绘制如图 2.74 所示的草图；在 "拉伸" 对话框 "限制" 区域的 "终止" 下拉列表中选择 值 选项，在 "距离" 文本框中输入深度值 25，方向沿 z 轴正方向，在 "布尔" 下拉列表中选择 "合并"；单击 "确定" 按钮，完成拉伸 1 的创建。

步骤 6：创建基准平面 2。单击 主页 功能选项卡 "构造" 区域 下的 ·按钮，选择 基准平面 命令，在 "类型" 下拉列表中选择 "成一定角度" 类型，选取 "YZ 平面" 作为参考平面，选取 z 轴作为参考轴，在 "角度" 区域的 "角度" 文本框中输入角度值 12，方向如图 2.75 所

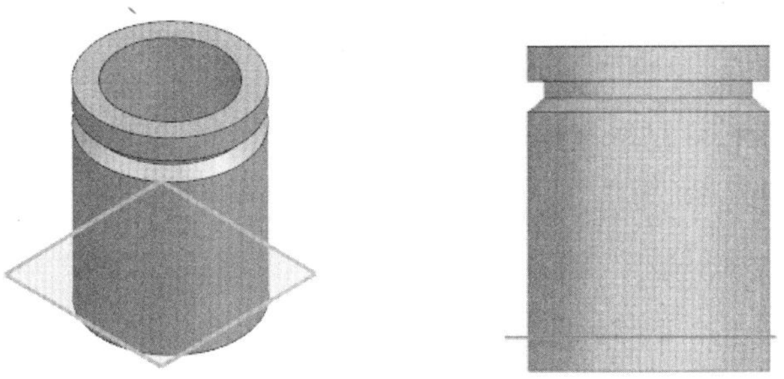

(a)轴侧方位　　　　　　　　(b)平面方位

图 2.72　基准平面 1　　　　　　　　　图 2.73　拉伸 1

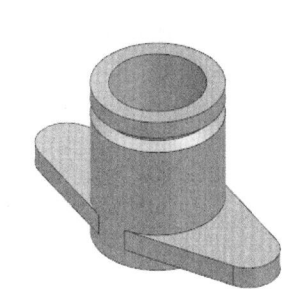

示,单击"确定"按钮,完成基准平面 2 的定义,如图 2.75 所示。

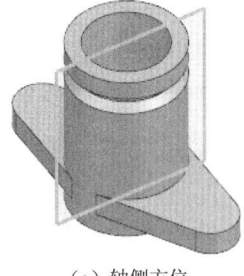

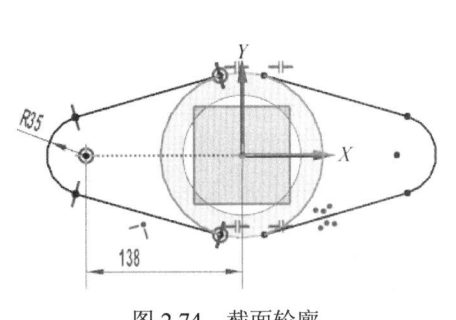

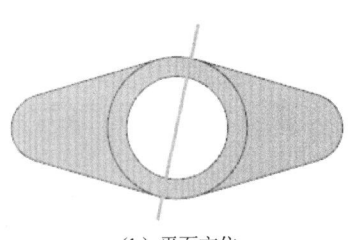

图 2.74　截面轮廓　　　　　　　(a)轴侧方位　　　　　(b)平面方位

图 2.75　基准平面 2

步骤 7：创建基准平面 3。单击 主页 功能选项卡"构造"区域 下的 · 按钮,选择 基准平面 命令,在"类型"下拉列表中选择"成一定角度"类型,选取基准平面 2 作为参考平面,选取 z 轴作为轴参考,在"角度"区域的"角度选项"下拉列表中选择"垂直"选项,单击"确定"按钮,完成基准平面 3 的定义,如图 2.76 所示。

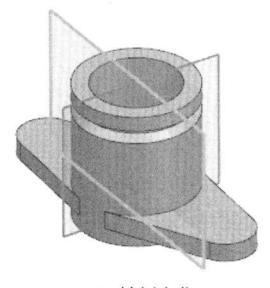

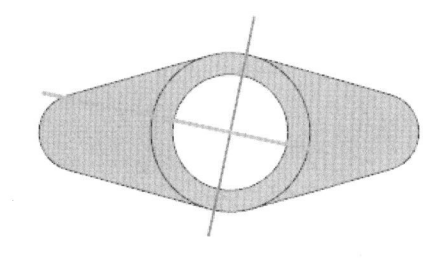

(a)轴侧方位　　　　　　　(b)平面方位

图 2.76　基准平面 3

步骤 8：创建基准平面 4。单击 主页 功能选项卡"构造"区域 下的 · 按钮,选择 基准平面 命令,在"类型"下拉列表中选择"按某一距离"类型,选取基准平面 3 作为参考平面,在"偏置"区域的"距离"文本框中输入偏置距离值 140,单击 按钮使方向如图 2.77 所示,单击"确定"按钮，完成基准平面 4 的定义，如图 2.77 所示。

步骤 9：创建基准轴 1。单击 主页 功能选项卡"构造"区域 ◇ 后的 · 按钮，选择 ✓ 基准轴 命令，在"类型"下拉列表中选择"交点"类型，选取如图 2.78 所示的面 1 与基准平面 4 作为参考平面，单击"确定"按钮，完成基准轴 1 的定义，如图 2.78 所示。

（a）轴侧方位　　　　　　　（b）平面方位　　　　　　　基准面 4

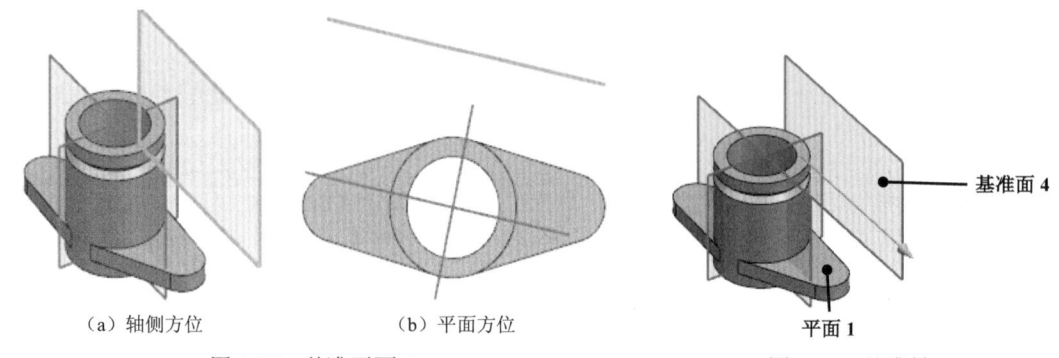

平面 1

图 2.77　基准平面 4　　　　　　　　　图 2.78　基准轴 1

步骤 10：创建基准平面 5。单击 主页 功能选项卡"构造"区域 ◇ 下的 · 按钮，选择 ◇ 基准平面 命令，在"类型"下拉列表中选择"成一定角度"类型，选取基准平面 4 作为参考平面，选取基准轴 1 作为参考轴，在"角度"区域的"角度选项"下拉列表中选择"值"，在"角度"文本框中输入角度值-10，方向如图 2.79 所示，单击"确定"按钮，完成基准平面 5 的定义，如图 2.79 所示。

（a）轴侧方位　　　　　　　　　　（b）平面方位

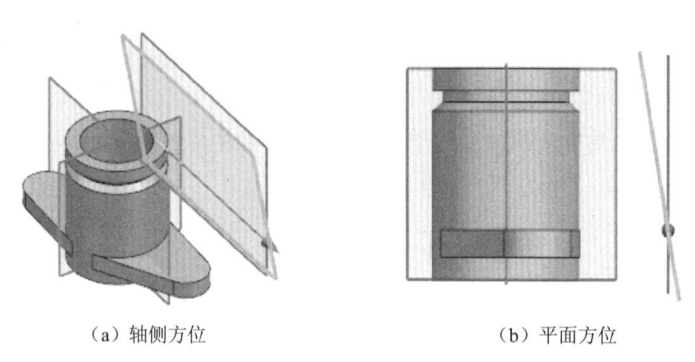

图 2.79　基准平面 5

步骤 11：创建如图 2.80 所示的拉伸 2。单击 主页 功能选项卡"基本"区域中的 按钮，在系统的提示下选取"基准平面 5"作为草图平面，绘制如图 2.81 所示的草图；在"拉伸"对话框"限制"区域的"终止"下拉列表中选择"直至下一个"选项，方向朝向实体，在"布尔"下拉列表中选择"合并"；单击"确定"按钮，完成拉伸 2 的创建。

步骤 12：创建基准轴 2。单击 主页 功能选项卡"构造"区域 ◇ 下的 · 按钮，选择 ✓ 基准轴 命令，在"类型"下拉列表中选择"曲线/面轴"类型，选取如图 2.82 所示的面 1 作为参考面，单击"确定"按钮，完成基准轴 2 的定义，如图 2.82 所示。

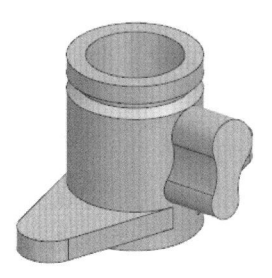

图 2.80　拉伸 2 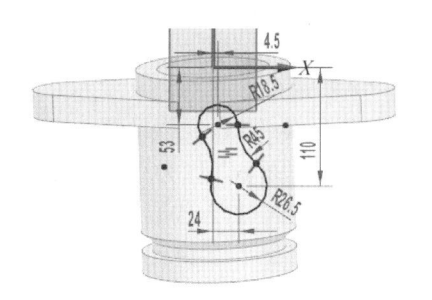　　　　　　图 2.81　截面轮廓 　　　　　　图 2.82　基准轴 2

步骤 13：创建基准轴 3。单击 主页 功能选项卡"构造"区域 下的 · 按钮，选择 基准轴 命令，在"类型"下拉列表中选择"曲线/面轴"类型，选取如图 2.83 所示的面作为参考面，单击"确定"按钮，完成基准轴 3 的定义，如图 2.83 所示。

步骤 14：创建基准面 6。单击 主页 功能选项卡"构造"区域 下的 · 按钮，选择 基准平面 命令，在"类型"下拉列表中选择"两直线"类型，选取步骤 12 与步骤 13 创建的基准轴 2 与基准轴 3 作为参考直线，单击"确定"按钮，完成基准面 6 的定义，如图 2.84 所示。

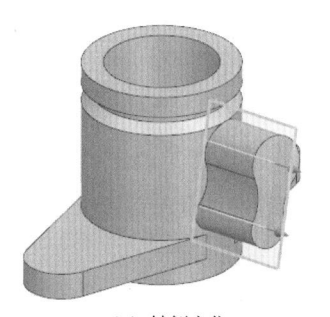

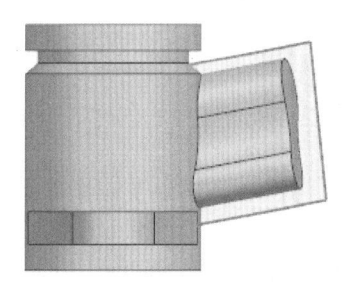

图 2.83　基准轴 3　　　　　（a）轴侧方位　　　　　（b）平面方位
　　　　　　　　　　　　　　　　　图 2.84　基准面 6

步骤 15：创建如图 2.85 所示的旋转 3。单击 主页 功能选项卡"基本"区域中的 按钮，系统会弹出"旋转"对话框，选取"基准面 6"作为草图平面，绘制如图 2.86 所示的草图，在"旋转"对话框激活"轴"区域的"指定向量"，选取步骤 12 创建的基准轴 2 作为旋转轴，在"旋转"对话框的"限制"区域的"开始"下拉列表中选择"值"，然后在"角度"文本

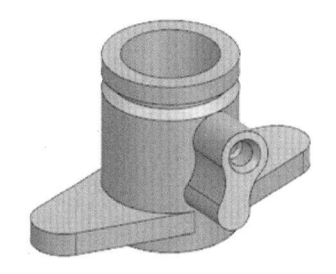

图 2.85　旋转 3 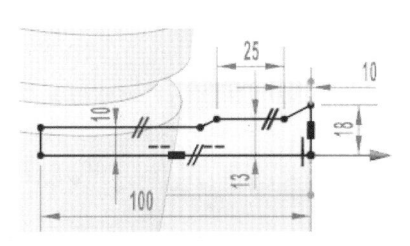　　　　　　　　　　图 2.86　截面轮廓

框中输入值 0；在"结束"下拉列表中选择"值"，然后在"角度"文本框中输入值 360，在"布尔"下拉列表中选择"减去"，单击"确定"按钮，完成旋转 3 的创建。

步骤 16：创建如图 2.87 所示的旋转 4。单击 主页 功能选项卡"基本"区域中的 按钮，系统会弹出"旋转"对话框，选取"基准面 6"作为草图平面，绘制如图 2.88 所示的草图，在"旋转"对话框激活"轴"区域的"指定向量"，选取步骤 13 创建的基准轴 3 作为旋转轴，在"旋转"对话框的"限制"区域的"开始"下拉列表中选择"值"，然后在"角度"文本框中输入值 0；在"结束"下拉列表中选择"值"，然后在"角度"文本框中输入值 360，在"布尔"下拉列表中选择"减去"，单击"确定"按钮，完成旋转 4 的创建。

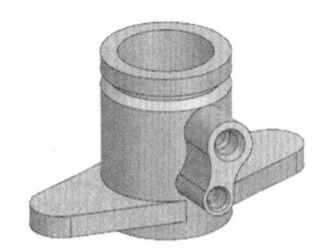

图 2.87　旋转 4

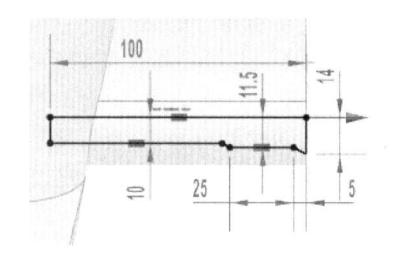

图 2.88　截面轮廓

步骤 17：保存文件。选择"快速访问工具栏"中的"保存"命令，完成保存操作。

2. 其他常用的创建基准轴的方法

（1）通过曲线/面轴创建基准轴可以提供一个直线的参考，如图 2.89 所示，也可以提供一个圆柱或者圆锥面参考，如图 2.90 所示。

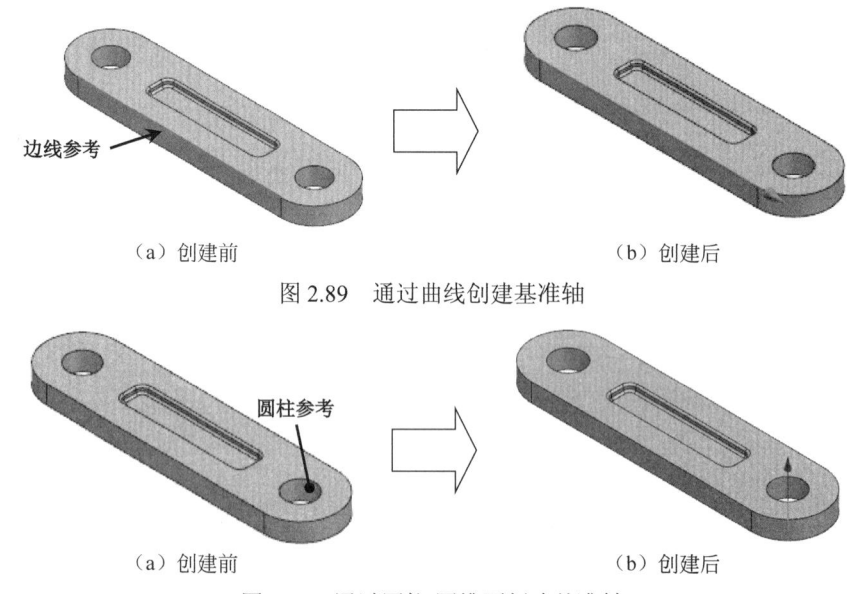

（a）创建前　　　　　　　　　　　　（b）创建后

图 2.89　通过曲线创建基准轴

（a）创建前　　　　　　　　　　　　（b）创建后

图 2.90　通过圆柱/圆锥面创建基准轴

（2）通过曲线上向量创建基准轴需要提供曲线参考，然后在曲线上通过弧长或者百分比确定位置，通过与曲线或者选定适量的相切、平行与垂直确定轴线方向，如图 2.91 所示。

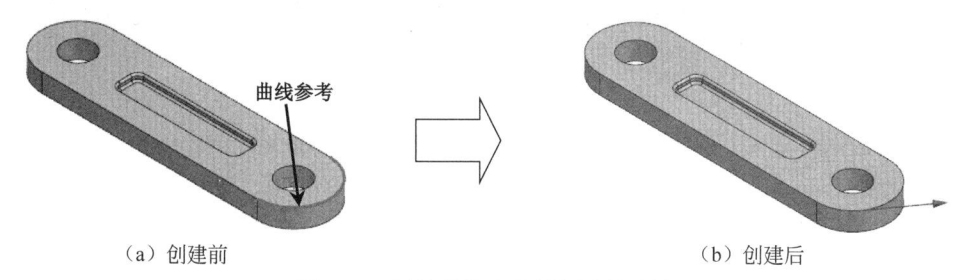

（a）创建前　　　　　　　　　　　　（b）创建后

图 2.91　通过曲线上向量创建基准轴

（3）通过两点创建基准轴需要提供两个点的参考，如图 2.92 所示。

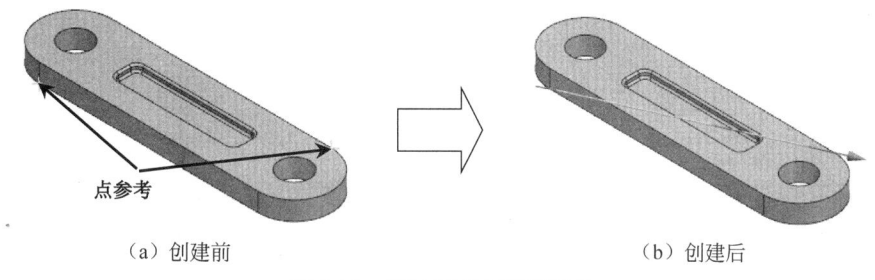

（a）创建前　　　　　　　　　　　　（b）创建后

图 2.92　通过两点创建基准轴

（4）通过点和方向创建基准轴需要提供一个点的参考与一个方向的参考，如图 2.93 所示。

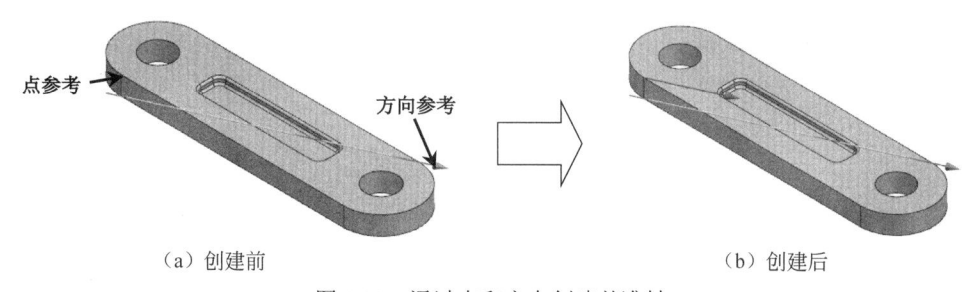

（a）创建前　　　　　　　　　　　　（b）创建后

图 2.93　通过点和方向创建基准轴

2.3　基准点

点是最小的几何单元，由点可以得到线，由点也可以得到面，所以在创建基准轴或者基准面时，如果没有合适的点了，就可以通过基准点命令进行创建，另外基准点也可以作为其他实体特征创建的参考元素。UG 软件提供了很多种创建基准点的方法，接下来介绍一些常用的创建方法。

1. 通过沿曲线创建基准点

通过沿曲线创建基准点需要提供一条曲线作为参考。下面以创建如图 2.94 所示的阶梯轴为例介绍通过沿曲线创建基准点的一般创建方法。

步骤 1：新建文件。选择"快速访问工具条"中的 命令，在"新建"对话框中选择"模型"模板，在名称文本框中输入"阶梯轴"，将工作目录设置为 D:\UG 曲面设计\work\ch02.03\，然后单击"确定"按钮进入零件建模环境。

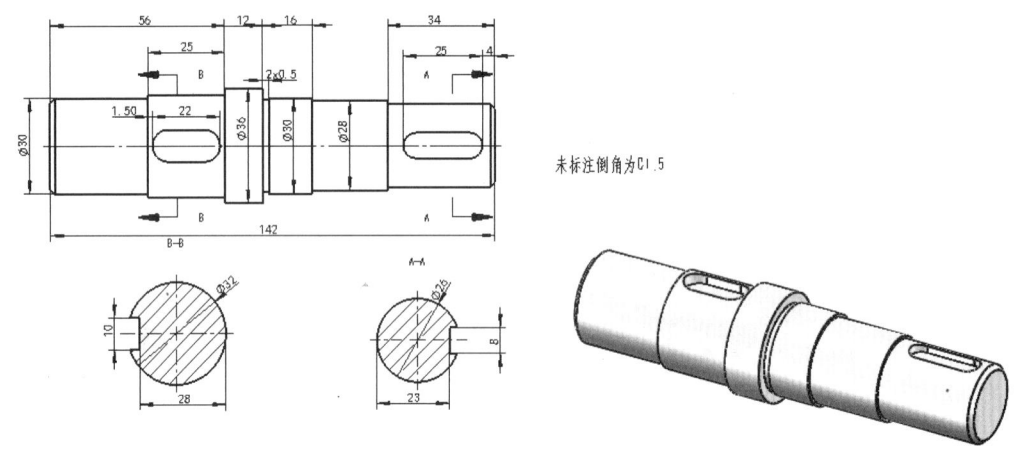

图 2.94　阶梯轴

步骤 2：创建如图 2.95 所示的旋转 1。单击 主页 功能选项卡"基本"区域中的 按钮，系统会弹出"旋转"对话框，在系统 选择要绘制的平的面，或为截面选择曲线 的提示下，选取"XY 平面"作为草图平面，进入草图环境，绘制如图 2.96 所示的草图，在"旋转"对话框激活"轴"区域的"指定向量"，选取"x 轴"作为旋转轴，在"旋转"对话框的"限制"区域的"开始"下拉列表中选择"值"，然后在"角度"文本框中输入值 0；在"结束"下拉列表中选择"值"，然后在"角度"文本框中输入值 360，单击"确定"按钮，完成旋转 1 的创建。

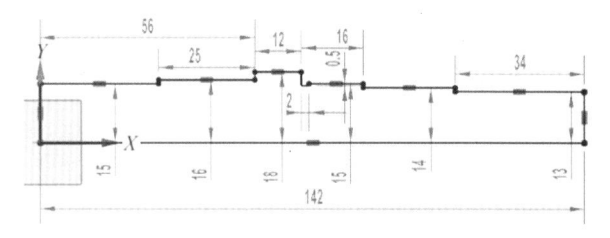

图 2.95　旋转 1　　　　　　图 2.96　截面轮廓

步骤 3：创建如图 2.97 所示的基准点。单击 曲线 功能选项卡"基本"区域中的 点 按钮，在"点"对话框类型下拉列表中选择"曲线/边上的点"，选取如图 2.97 所示的圆形边线作为参考，在 曲线上的位置 区域的"位置引用"下拉列表中选择"曲线起点"，在"位置"下拉列表中选择"弧长百分比"，在 %曲线长度 文本框中输入值 50，单击"确定"按钮，完成基准点的创建。

步骤 4：创建基准面 1。单击 主页 功能选项卡 "构造" 区域 ◇ 下的 · 按钮，选择 ◇ 基准平面 命令，在 "类型" 下拉列表中选择 "曲线和点" 类型，在 "子类型" 下拉列表中选择 "点和平面/面"，选取步骤 3 创建的基准点作为点参考，选取 XY 平面作为平面参考，单击 "确定" 按钮，完成基准平面 1 的定义，如图 2.98 所示。

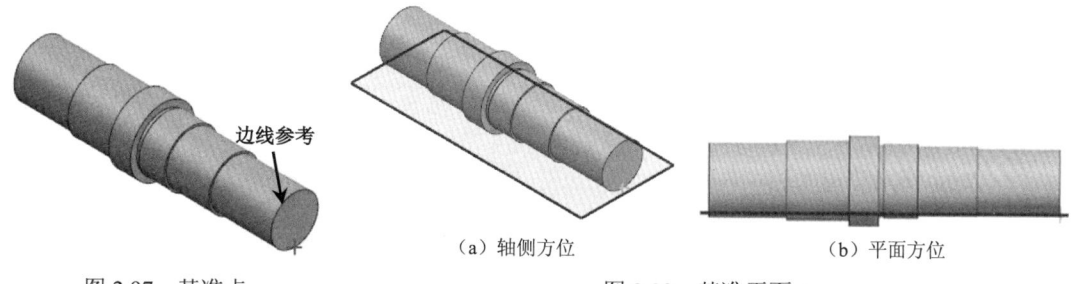

图 2.97　基准点

(a) 轴侧方位　　　(b) 平面方位

图 2.98　基准平面 1

步骤 5：创建基准平面 2。单击 主页 功能选项卡 "构造" 区域 ◇ 后的 · 按钮，选择 ◇ 基准平面 命令，在 "类型" 下拉列表中选择 "按某一距离" 类型，选取基准面 1 作为参考平面，在 "偏置" 区域的 "距离" 文本框中输入偏置距离值 23，方向沿 z 轴正方向，单击 "确定" 按钮，完成基准平面 2 的定义，如图 2.99 所示。

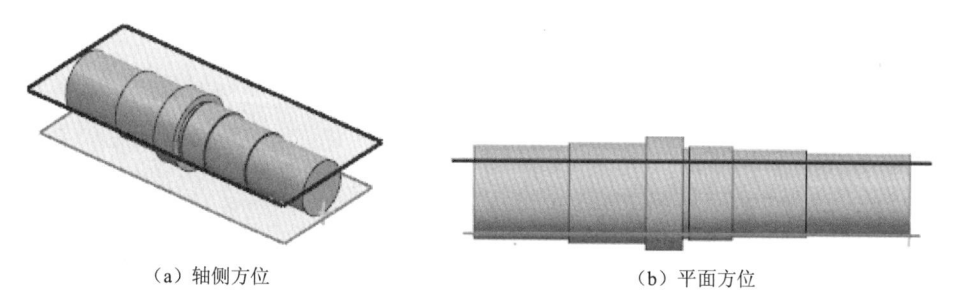

(a) 轴侧方位　　　(b) 平面方位

图 2.99　基准平面 2

步骤 6：创建如图 2.100 所示的拉伸 1。单击 主页 功能选项卡 "基本" 区域中的 按钮，在系统的提示下选取步骤 5 创建的基准平面 2 作为草图平面，绘制如图 2.101 所示的草图；

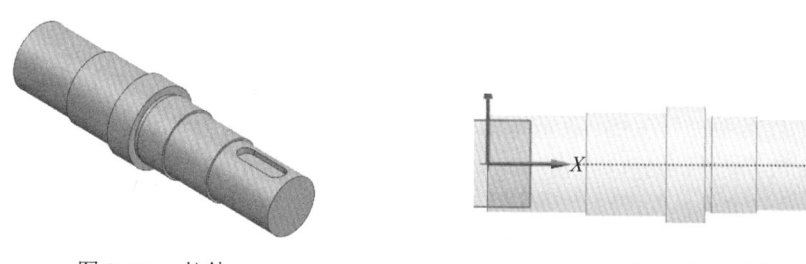

图 2.100　拉伸 1

图 2.101　截面草图

在"拉伸"对话框"限制"区域的"终止"下拉列表中选择 ⊣ 贯通 选项,方向朝上,在"布尔"下拉列表中选择"减去";单击"确定"按钮,完成拉伸1的创建。

步骤7:创建基准平面3。单击 主页 功能选项卡"构造"区域 ◇ 下的 · 按钮,选择 ◇ 基准平面 命令,在"类型"下拉列表中选择"相切"类型,在"子类型"下拉列表中选择"与平面成一定角度",选取如图2.102所示的圆柱面作为相切参考,选取"XY平面"作为平面参考,位置如图2.102所示,单击"确定"按钮,完成基准平面3的定义,如图2.102所示。

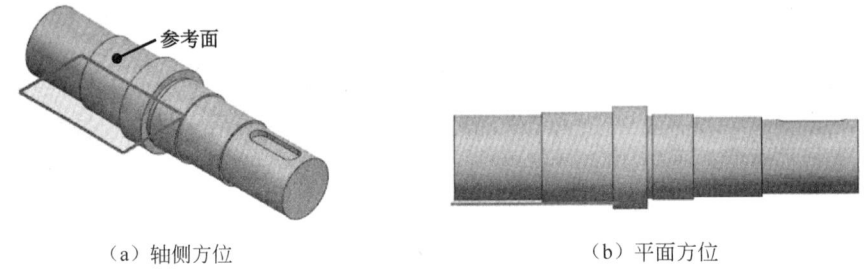

(a)轴侧方位 (b)平面方位

图 2.102 基准平面 3

步骤8:创建基准平面4。单击 主页 功能选项卡"构造"区域 ◇ 后的 · 按钮,选择 ◇ 基准平面 命令,在"类型"下拉列表中选择"按某一距离"类型,选取基准面3作为参考平面,在"偏置"区域的"距离"文本框中输入偏置距离值28,方向沿z轴正方向,单击"确定"按钮,完成基准面4的定义,如图2.103所示。

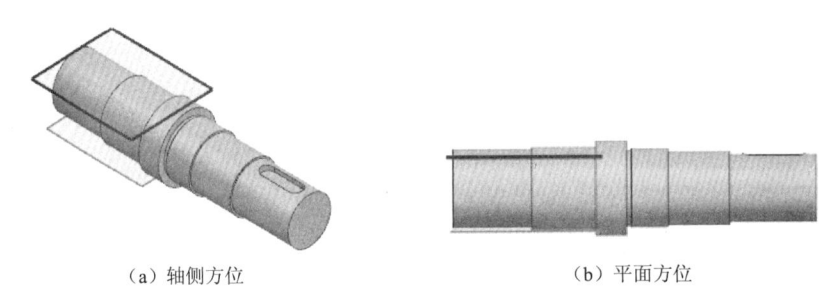

(a)轴侧方位 (b)平面方位

图 2.103 基准平面 4

步骤9:创建如图2.104所示的拉伸2。单击 主页 功能选项卡"基本"区域中的 按钮,在系统的提示下选取步骤8创建的基准面4作为草图平面,绘制如图2.105所示的草图;在

图 2.104 拉伸 2

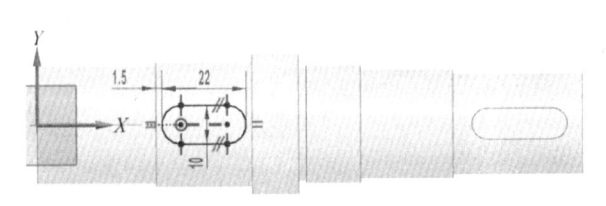

图 2.105 截面草图

"拉伸"对话框"限制"区域的"终止"下拉列表中选择 贯通 选项,方向沿 z 轴正方向,在"布尔"下拉列表中选择"减去";单击"确定"按钮,完成拉伸 2 的创建。

步骤 10:创建如图 2.106 所示的倒斜角特征 1。单击 主页 功能选项卡"基本"区域中的 (倒斜角)按钮,系统会弹出"倒斜角"对话框,在"横截面"下拉列表中选择"对称"类型,在系统的提示下选取如图 2.107 所示的两条边线作为倒角对象,在"距离"文本框中输入倒角距离值 1.5,单击"确定"按钮,完成倒斜角特征 1 的定义。

图 2.106　倒斜角特征 1　　　　　　　图 2.107　倒角对象

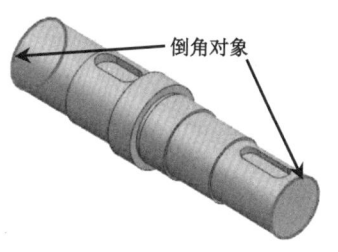

步骤 11:保存文件。选择"快速访问工具栏"中的"保存"命令,完成保存操作。

2. 其他创建基准点的方式

(1)通过光标位置创建基准点可以在图形区任意位置单击(单击位置位于 XY 平面,z 轴坐标为 0)。

(2)通过端点创建基准点可以通过选取开放对象实现,系统会自动创建与所选位置最接近的端点。

(3)通过控制点创建基准点可以通过选取直线或者样条曲线实现,控制点包括端点与中点。

(4)通过交点创建基准点可以通过选择两个相交的对象实现,相交的对象可以是曲线或者曲面,两个对象中至少有一个是曲线。

(5)通过圆弧中心/椭圆中心/球心创建基准点可以通过选取圆弧、圆、椭圆与球自动得到中心点。

(6)通过圆弧/椭圆上的角度创建基准点可以在沿着圆弧或椭圆的成角度位置指定一个点位置。软件引用从正向 XC 轴起角度,并沿圆弧按逆时针方向测量它。还可以在一个圆弧的未构造部分(或外延)定义一个点。

(7)通过象限点创建基准点可以通过选取圆弧实现,系统会自动选取与所选点最近的象限点。

(8)通过面上的点创建基准点可以通过先选取面的参考,然后通过定义在 UV 方向的位置确定基准点。

(9)通过两点之间创建基准点可以在两点之间指定一个位置创建基准点。

(10)通过样条极点创建基准点可以通过选取样条曲线或曲面自动创建与所选位置最接近的极点。

（11）通过样条定义点创建基准点可以通过选择样条曲线或曲面自动创建与所选位置最接近的通过点。

3. **点集**

创建点集可以在现有的几何对象上创建一系列点，几何对象既可以是曲线，也可以是曲面。下面以创建如图 2.108 所示的点集为例介绍根据曲线创建点集的一般操作过程。

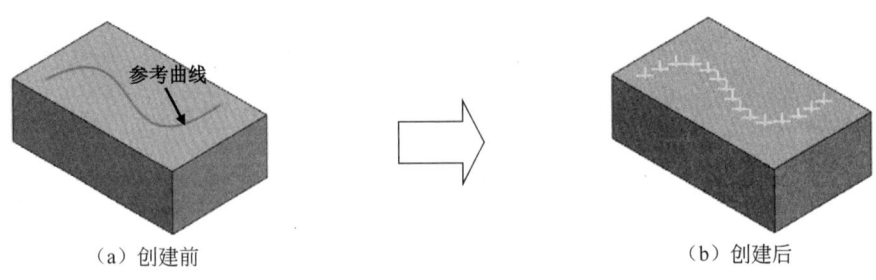

(a) 创建前　　　　　　　　　　　(b) 创建后

图 2.108　曲线点类型点集

步骤 1：打开文件 D:\UG 曲面设计\work\ch02.03\点集 01-ex。

步骤 2：选择命令。单击 曲线 功能选项卡"基本"区域 ╋ 点后的 · 按钮，选择 ⁺⁺ 点集 命令，系统会弹出如图 2.109 所示的"点集"对话框。

步骤 3：定义点集类型。在"点集"对话框"类型"下拉列表中选择"曲线点"类型。

步骤 4：定义曲线点产生方法类型。在"曲线点产生方法"下拉列表中选择"等弧长"。

步骤 5：定义参考曲线。选取如图 2.108 所示的曲线作为参考。

步骤 6：定义点集参数。在 等弧长定义 区域设置如图 2.110 所示的参数。

图 2.109　"点集"对话框　　　　　　图 2.110　等弧长点集参数

步骤 7：完成操作。单击"点集"对话框中的"确定"按钮完成点集创建。

下面以创建如图 2.111 所示的点集为例介绍根据曲面创建点集的一般操作过程。

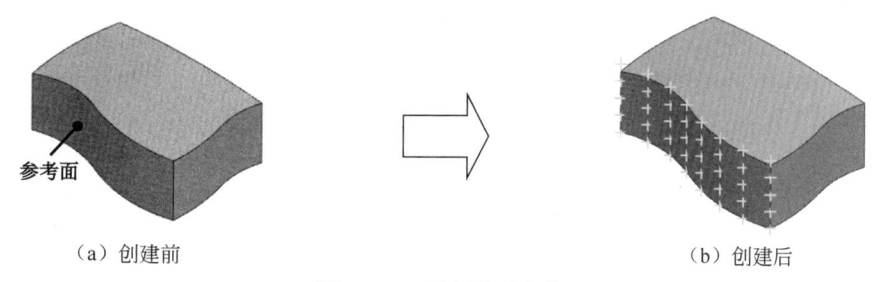

（a）创建前　　　　　　　　　　　　（b）创建后

图 2.111　面点类型点集

步骤 1：打开文件 D:\UG 曲面设计\work\ch02.03\点集 02-ex。

步骤 2：选择命令。单击 曲线 功能选项卡"基本"区域 + 点后的 · 按钮，选择 +.点集 命令，系统会弹出"点集"对话框。

步骤 3：定义点集类型。在"点集"对话框"类型"下拉列表中选择"面的点"类型。

步骤 4：定义曲线点产生方法类型。在"曲线点产生方法"下拉列表中选择"阵列"。

步骤 5：定义参考面。选取如图 2.111 所示的面作为参考。

步骤 6：定义阵列定义参数。在 阵列定义 区域设置如图 2.112 所示的参数。

图 2.112　阵列点集参数

步骤 7：完成操作。单击"点集"对话框中的"确定"按钮完成点集的创建。

2.4　基准坐标系

基准坐标系可以定义零件或者装配的坐标系，添加基准坐标系主要有以下几点作用：①在使用测量分析工具时使用；②其他特征的定位参考；③为刀具轨迹提供制造参考；④有限元分析时提供放置约束；⑤在装配配合时使用。

下面以创建如图 2.113 所示的基准坐标系为例介绍创建基准坐标系的一般创建方法。

(a) 创建前　　　　　　　　　　　　　　　(b) 创建后

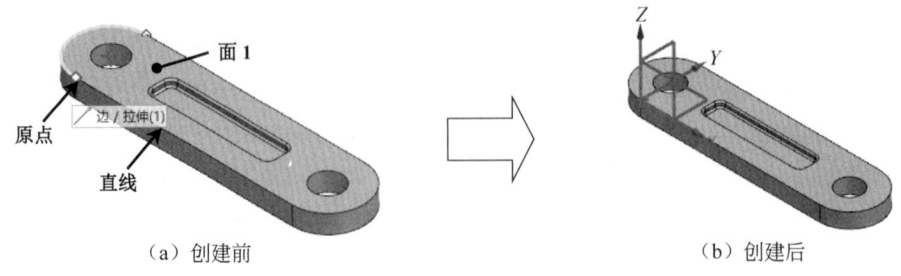

图 2.113　基准坐标系

步骤 1：打开文件 D:\UG 曲面设计\work\ch02.04\基准坐标系-ex。

步骤 2：选择命令。单击 主页 功能选项卡"构造"区域 ◇ 下的 · 按钮，选择 基准坐标系 命令，系统会弹出"基准坐标系"对话框。

步骤 3：定义类型。在"基准坐标系"对话框"类型"下拉列表中选择 Z 轴，X 轴，原点 类型。

步骤 4：定义坐标系原点。选取如图 2.113 所示的原点。

步骤 5：定义坐标系 z 轴。选取如图 2.113 所示的面 1 作为 z 轴方向参考。

步骤 6：定义坐标系 x 轴。选取如图 2.113 所示的直线作为 x 轴方向参考，单击 ⊠ 使方向如图 2.113（b）所示。

步骤 7：完成操作。在"基准坐标系"对话框单击"确定"按钮完成操作。

在 UG 中除了基准坐标系外还有工件坐标系，如图 2.114 所示。用户坐标系主要用于指方向，UG 中所有 XC 轴 YC 轴 ZC 轴都是以工件坐标系为准，在 UG 中基准坐标系可以有多个，但工件坐标系只可以有一个。

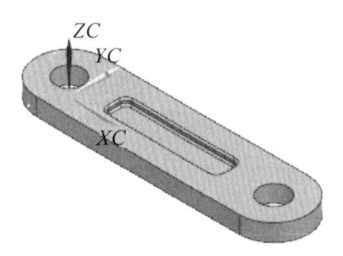

图 2.114　工件坐标系

第 3 章　曲面线框设计

曲线是曲面的基础，是曲面造型中必要的基础要素，因此了解和掌握常用曲线的创建方法是学习曲面造型的基本必备技能，曲线在曲面中的作用类似于草图在特征中的作用。

3.1　基本空间曲线

3.1.1　空间直线

空间直线是指在空间中直接绘制直线，它与二维草图直线的主要区别为空间直线不需要选择草图平面，而二维草图直线需要选择草图平面；空间直线可以在空间中的任意位置绘制直线，而二维草图直线只可以在二维平面中绘制直线。

下面以如图 3.1 所示的零件为例，介绍绘制空间水平、竖直直线的一般操作过程。

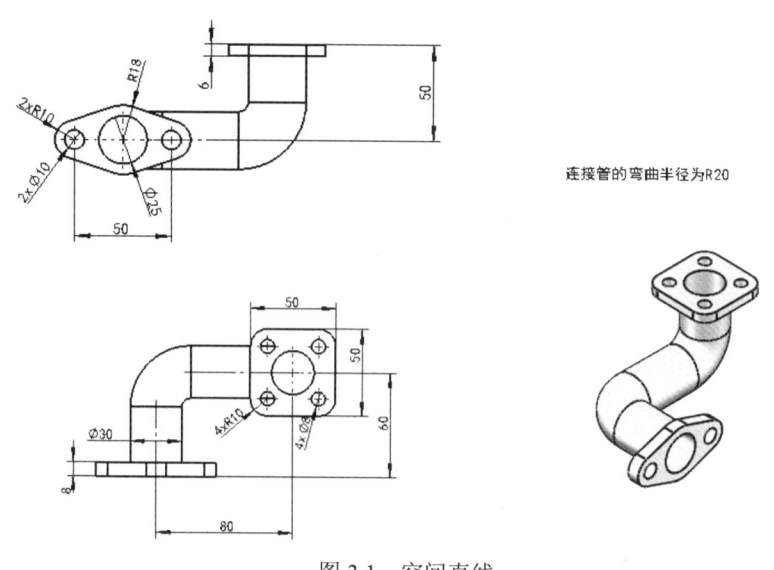

图 3.1　空间直线

步骤 1：新建文件。选择"快速访问工具条"中的 命令，在"新建"对话框中选择

"模型"模板,在名称文本框中输入"空间直线",将工作目录设置为 D:\UG 曲面设计\work\ch03.01\,然后单击"确定"按钮进入零件建模环境。

步骤 2:创建如图 3.2 所示的空间草图。

(1)选择命令。选择 曲线 功能选项卡"基本"区域中的 / 直线 命令,系统会弹出"直线"对话框。

(2)绘制第 1 条直线。捕捉基准坐标系原点作为直线的第 1 个点,沿着 x 轴负方向移动,在合适位置单击确定直线的第 2 个端点,在"直线"对话框 终止限制 下拉列表中选择值,在 距离 文本框中输入值-60,单击"应用"完成第 1 条直线的创建,如图 3.3 所示。

(3)绘制第 2 条直线。捕捉第 1 条直线的终点作为第 2 条直线的第 1 个点,沿着 y 轴正方向移动,在合适位置单击确定直线的第 2 个端点,在"直线"对话框 终止限制 下拉列表中选择值,在 距离 文本框中输入值 80,单击"应用"完成第 2 条直线的创建,如图 3.4 所示。

(4)绘制第 3 条直线。捕捉第 2 条直线的终点作为第 3 条直线的第 1 个点,沿着 z 轴正方向移动,在合适位置单击确定直线的第 2 个端点,在"直线"对话框 终止限制 下拉列表中选择值,在 距离 文本框中输入值 60,单击"确定"按钮完成第 3 条直线的创建,如图 3.5 所示。

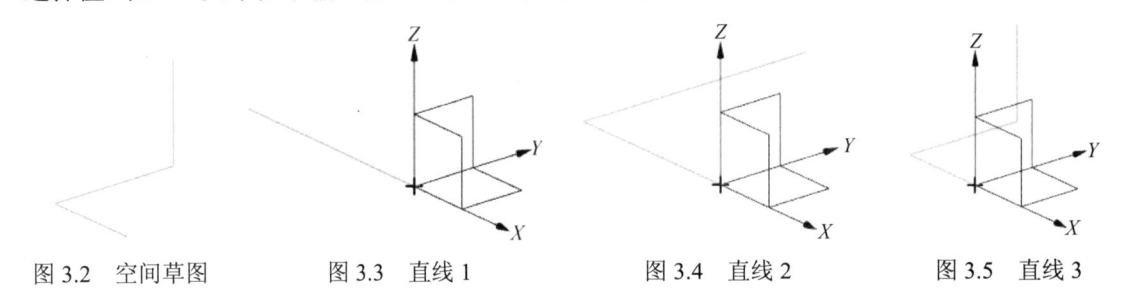

图 3.2 空间草图   图 3.3 直线 1   图 3.4 直线 2   图 3.5 直线 3

步骤 3:创建如图 3.6 所示的倒圆角。

(1)选择命令。选择下拉菜单 插入(S) → 曲线(C) → 基本曲线(原有)(B)... 命令,系统会弹出如图 3.7 所示的"基本曲线"对话框。

图 3.6 倒圆角   图 3.7 "基本曲线"对话框

第3章　曲面线框设计

注意：基本曲线功能默认不在下拉菜单显示，读者可以在搜索框输入基本曲线后按 Enter 键，然后在系统弹出的如图 3.8 所示的窗口中右击基本曲线（原有），选择在菜单中显示即可。

（2）选择类型。在"基本曲线"对话框中选择 ⌒（圆角）类型，系统会弹出如图 3.9 所示的"曲线倒圆"对话框。

图 3.8　过滤器窗口

图 3.9　"曲线倒圆"对话框

（3）定义圆角大小。在 半径 文本框中输入值 20。

（4）选取倒圆角对象 1。在如图 3.10 所示的位置单击选取倒圆角对象，在系统弹出的如图 3.11 所示的"编辑曲线"对话框中（共两次）选择 是(Y) 按钮完成圆角的创建（倒圆角后的直线将没有参数，在部件导航器中不再有直线的特征节点），完成后如图 3.12 所示。

说明：光标圆半径内应包含倒圆角的两个直线对象，并且十字光标的角点在两个直线的夹角内，单击的位置不同，最后生成的圆角效果也不同，如图 3.13 所示。

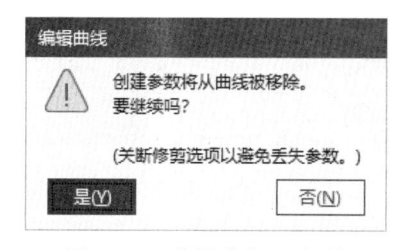

图 3.10　选取位置　　图 3.11　"编辑曲线"对话框　　图 3.12　倒圆角 1

（5）选取倒圆角对象 2。在如图 3.14 所示的位置单击，选取倒圆角对象，在系统弹出的"编辑曲线"对话框中选择 是(Y) 按钮完成圆角对象 2 的创建。

（6）单击"取消"按钮完成圆角的创建。

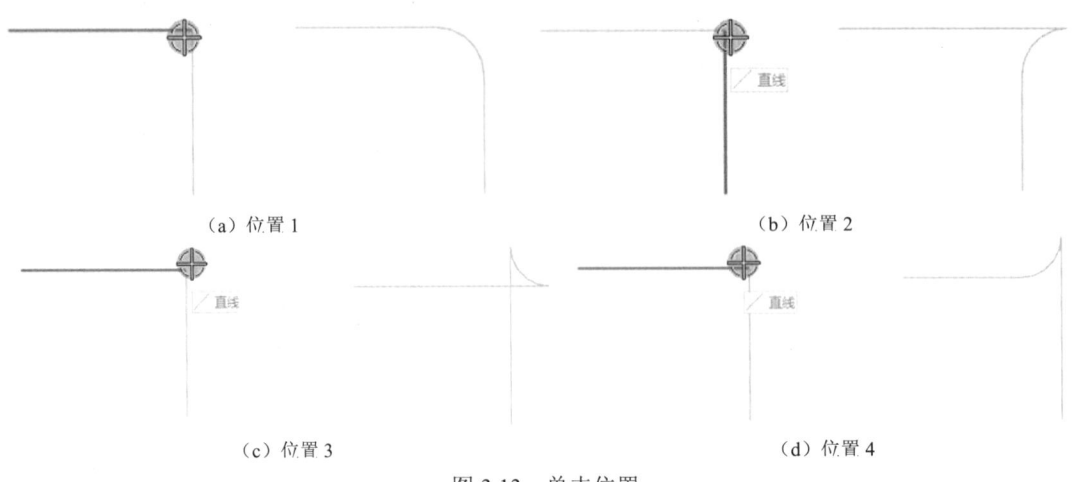

(a)位置 1　　　　　　　　　　　　　　(b)位置 2

(c)位置 3　　　　　　　　　　　　　　(d)位置 4

图 3.13　单击位置

步骤 4：创建如图 3.15 所示的管 1。单击 曲面 功能选项卡"基本"区域中的"更多"节点，在系统弹出的快捷列表中选择"扫掠"区域的 管 命令，选取步骤 2 与步骤 3 创建的直线与圆角作为管道路径，在 横截面 区域的"外径"文本框中输入值 30，在"内径"文本框中输入值 0，单击"确定"按钮完成管 1 的创建。

步骤 5：创建如图 3.16 所示的拉伸 1。单击 主页 功能选项卡"基本"区域中的 按钮，在系统的提示下选取如图 3.15 所示的模型表面作为草图平面，绘制如图 3.17 所示的草图；在"拉伸"对话框"限制"区域的"终止"下拉列表中选择 值 选项，在"距离"文本框中输入深度值 8，单击 按钮使方向朝向实体（x 轴负方向），在"布尔"下拉列表中选择"合并"；单击"确定"按钮，完成拉伸 1 的创建。

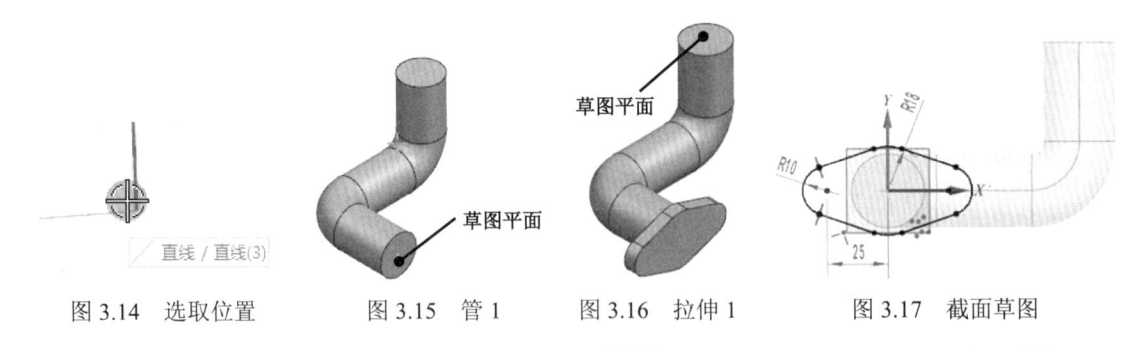

图 3.14　选取位置　　图 3.15　管 1　　图 3.16　拉伸 1　　图 3.17　截面草图

步骤 6：创建如图 3.18 所示的拉伸 2。单击 主页 功能选项卡"基本"区域中的 按钮，在系统的提示下选取如图 3.16 所示的模型表面作为草图平面，绘制如图 3.19 所示的草图；在"拉伸"对话框"限制"区域的"终止"下拉列表中选择 值 选项，在"距离"文本框中输入深度值 6，单击 按钮使方向朝向实体（z 轴负方向），在"布尔"下拉列表中选择"合并"；单击"确定"按钮，完成拉伸 2 的创建。

步骤 7：创建如图 3.20 所示的管 2。单击 曲面 功能选项卡"基本"区域中的"更多"节点，在系统弹出的快捷列表中选择"扫掠"区域的 ◎管 命令,选取步骤 2 与步骤 3 创建的直线与圆角作为管道路径,在 横截面 区域的"外径"文本框中输入值 25,在"内径"文本框中输入值 0,在"布尔"下拉列表中选择"减去",单击"确定"按钮完成管 2 的创建。

步骤 8:创建如图 3.21 所示的边倒圆特征 1。单击 主页 功能选项卡"基本"区域中的 ◎ 按钮,系统会弹出"边倒圆"对话框,在系统的提示下选取步骤 6 创建的长方体的 4 条竖直边线作为圆角对象,在"边倒圆"对话框的"半径 1"文本框中输入圆角半径值 10,单击"确定"按钮完成边倒圆特征 1 的创建。

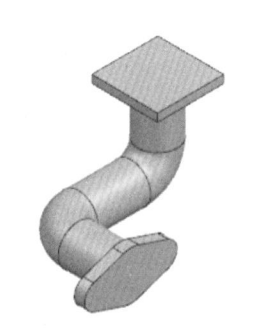

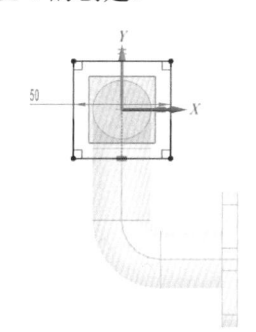

图 3.18　拉伸 2　　　图 3.19　截面草图　　　图 3.20　管 2　　　图 3.21　边倒圆特征 1

步骤 9:创建如图 3.22 所示的孔 1。单击 主页 功能选项卡"基本"区域中的 ◎ 按钮,系统会弹出"孔"对话框,直接捕捉步骤 8 创建的圆角的 4 个圆弧的圆心作为打孔位置;在"孔"对话框的"类型"下拉列表中选择"简单"类型;在"孔"对话框的"形状"区域设置如图 3.23 所示的参数;在"限制"区域的"深度限制"下拉列表中选择"直至下一个";在"孔"对话框中单击"确定"按钮,完成孔 1 的创建。

步骤 10:创建如图 3.24 所示的孔 2。单击 主页 功能选项卡"基本"区域中的 ◎ 按钮,系统会弹出"孔"对话框,直接捕捉如图 3.24 所示的圆弧的圆心作为打孔位置;在"孔"对话框的"类型"下拉列表中选择"简单"类型;在"孔"对话框的"形状"区域设置如图 3.25 所示的参数;在"限制"区域的"深度限制"下拉列表中选择"直至下一个";在"孔"对话框中单击"确定"按钮,完成孔 2 的创建。

图 3.22　孔 1　　　图 3.23　孔形状参数　　　图 3.24　孔 2　　　图 3.25　孔形状参数

步骤 11:保存文件。选择"快速访问工具栏"中的"保存"命令,完成保存操作。

下面以如图 3.26 所示的零件为例，介绍空间倾斜直线的一般操作过程。

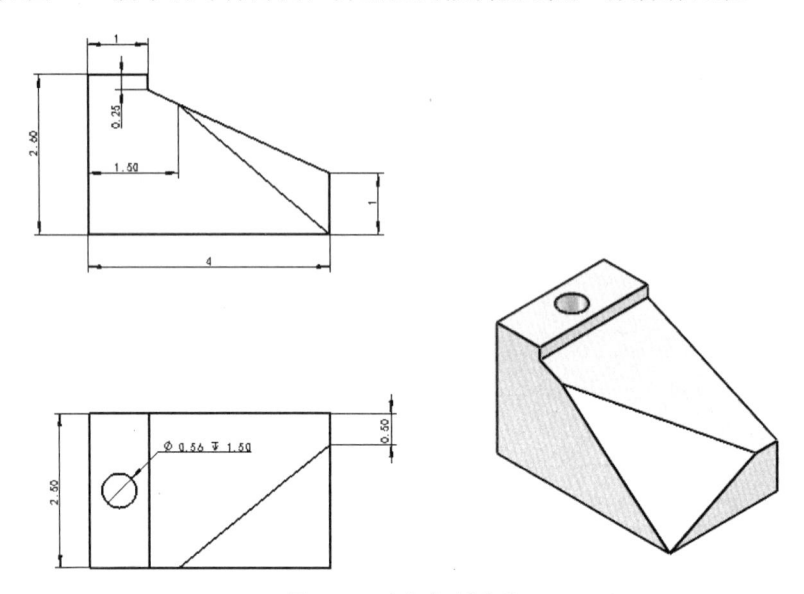

图 3.26　空间倾斜直线

步骤 1：新建文件。选择"快速访问工具条"中的 命令，在"新建"对话框中选择"模型"模板，在名称文本框中输入"空间倾斜直线"，将工作目录设置为 D:\UG 曲面设计\work\ch03.01\，然后单击"确定"按钮进入零件建模环境。

步骤 2：创建如图 3.27 所示的拉伸 1。单击 主页 功能选项卡"基本"区域中的 按钮，在系统的提示下选取"ZX 平面"作为草图平面，绘制如图 3.28 所示的草图；在"拉伸"对话框"限制"区域的"终止"下拉列表中选择 对称值 选项，在"距离"文本框中输入深度值 2.5；单击"确定"按钮，完成拉伸 1 的创建。

步骤 3：创建如图 3.29 所示的拉伸 2。单击 主页 功能选项卡"基本"区域中的 按钮，在系统的提示下选取"XY 平面"作为草图平面，绘制如图 3.30 所示的草图；在"拉伸"对话框"限制"区域的"终止"下拉列表中选择 值 选项，在"距离"文本框中输入深度值 3，方向沿 z 轴正方向；单击"确定"按钮，完成拉伸 2 的创建。

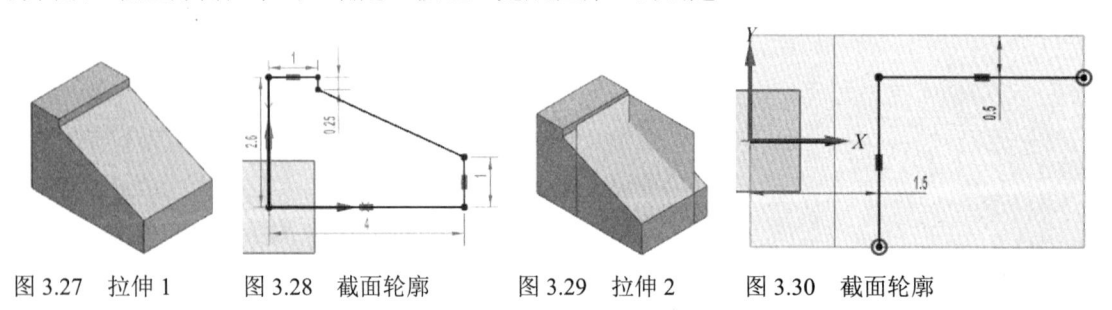

图 3.27　拉伸 1　　图 3.28　截面轮廓　　图 3.29　拉伸 2　　图 3.30　截面轮廓

步骤 4：创建如图 3.31 所示的空间倾斜草图。

（1）选择命令。选择 曲线 功能选项卡"基本"区域中的 / 直线 命令，系统会弹出"直线"对话框。

（2）绘制第 1 条直线。选取如图 3.32 所示的面 1 与直线 1 的交点作为直线的第 1 个点，选取如图 3.32 所示的模型端点作为直线的第 2 个点，单击"应用"按钮完成第 1 条直线的创建，如图 3.33 所示。

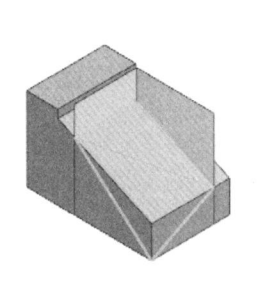

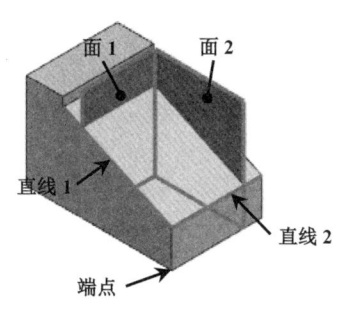

图 3.31　空间倾斜草图　　　　图 3.32　参考对象　　　　图 3.33　第 2 条直线（1）

（3）绘制第 2 条直线。选取如图 3.32 所示的模型端点作为直线的第 1 个点，选取图 3.32 中面 2 与直线 2 的交点作为直线的第 2 个点，单击"应用"按钮完成第 2 条直线的创建，如图 3.34 所示。

（4）绘制第 3 条直线。选取第 1 条直线的上端点作为直线的第 1 个点，选取第 2 条直线的上端点作为直线的第 2 个点，单击"确定"按钮完成第 3 条直线的创建，如图 3.31 所示。

步骤 5：创建如图 3.35 所示的拉伸 3。单击 主页 功能选项卡"基本"区域中的 按钮，在系统的提示下选取步骤 4 创建的 3 条直线作为拉伸截面；在"拉伸"对话框"限制"区域的"终止"下拉列表中选择 贯通 选项，在"布尔"下拉列表中选择"减去"；单击"确定"按钮，完成拉伸 3 的创建。

图 3.34　第 2 条直线（2）　　　　　　　　　图 3.35　拉伸 3

步骤 6：创建如图 3.36 所示的孔 1。单击 主页 功能选项卡"基本"区域中的 按钮，系统会弹出"孔"对话框，在"孔"对话框的"类型"下拉列表中选择"简单"类型；在"形状"区域设置如图 3.37 所示的参数；选取如图 3.36 所示的模型表面作为打孔面，在草图环境中定义如图 3.38 所示的尺寸；在"限制"区域的"深度限制"下拉列表中选择"值"，在"孔深"文本框中输入值 1.5；在"孔"对话框中单击"确定"按钮，完成孔 1 的创建。

图 3.36　孔 1　　　　　　图 3.37　孔形状参数　　　　　　图 3.38　定位草图

步骤 7：保存文件。选择"快速访问工具栏"中的"保存"命令，完成保存操作。

3.1.2　空间圆弧

空间圆弧是指在空间中直接绘制圆弧对象，空间圆弧的绘制方法与平面圆弧的绘制方法比较类似。下面以如图 3.39 所示的圆弧为例介绍空间圆弧的一般绘制方法。

步骤 1：打开文件 D:\UG 曲面设计\work\ch03.01\空间圆弧-ex。

步骤 2：选择命令。选择 曲线 功能选项卡"基本"区域中的 圆弧/圆 命令，系统会弹出"圆弧/圆"对话框。

图 3.39　空间圆弧

步骤 3：选择类型。在"圆弧/圆"对话框"类型"下拉列表中选择 三点画圆弧 类型。

步骤 4：选择圆弧起点。在"起点选项"下拉列表中选择"自动判断"，选取如图 3.40 所示的端点 1 作为圆弧起点。

步骤 5：选择圆弧端点。在"终点选项"下拉列表中选择"自动判断"，选取如图 3.40 所示的端点 2 作为圆弧端点。

步骤 6：选择圆弧中点。在"中点选项"下拉列表中选择"自动判断"，选取如图 3.40 所示的端点 3 作为圆弧中点。

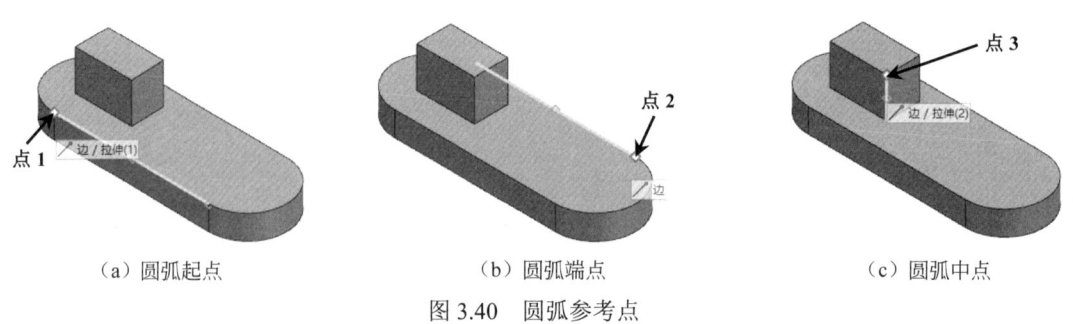

(a) 圆弧起点　　　　　　(b) 圆弧端点　　　　　　(c) 圆弧中点

图 3.40　圆弧参考点

步骤 7：完成操作。单击"确定"按钮完成圆弧的创建。

3.1.3 基本空间曲线案例：节能灯

本案例将介绍节能灯的创建过程，主要使用了旋转、扫掠、空间圆弧直线、阵列等工具，其中空间圆弧直线的创建是模型创建的关键；节能灯的主体分为两部分，上半部分为一个旋转体，下半部分由多个灯管组成。此模型的难点在于下方灯管的创建，由于灯管呈现圆周排布规律，因此可以考虑使用圆形阵列实现，在创建其中的一个灯管时整体思路为扫掠，扫掠的路径可以分为上方的两根竖直段、下方的直线圆弧段及中间的圆角过渡段，上下两端均可以使用普通二维草图进行绘制，中间的圆弧过渡很难通过普通二维草图实现，因此可以考虑将上下两段的二维草图作为参考创建空间直线圆弧，然后利用圆角连接上下两端的对象即可。该模型及部件导航器如图 3.41 所示。

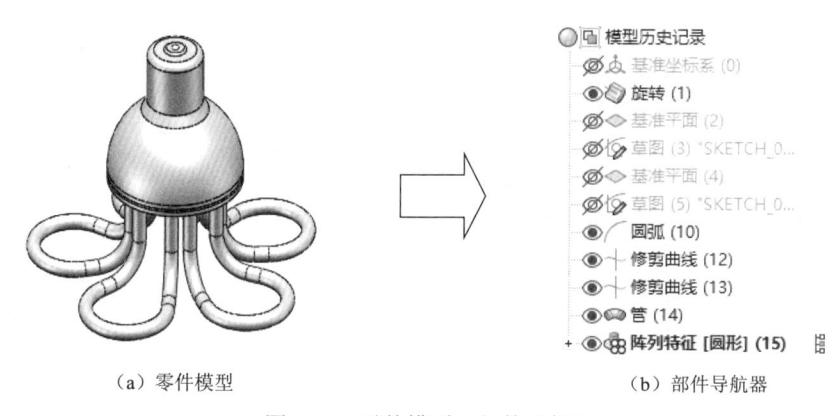

（a）零件模型　　　　　　　　　　（b）部件导航器

图 3.41　零件模型及部件导航器

步骤 1：新建文件。选择"快速访问工具条"中的 命令，在"新建"对话框中选择"模型"模板，在名称文本框中输入"节能灯"，将工作目录设置为 D:\UG 曲面设计\work\ch03.01\，然后单击"确定"按钮进入零件建模环境。

步骤 2：创建如图 3.42 所示的旋转 1。单击 主页 功能选项卡"基本"区域中的 按钮，系统会弹出"旋转"对话框，在系统 选择要绘制的平的面，或为截面选择曲线 的提示下，选取"ZX 平面"作为草图平面，进入草图环境，绘制如图 3.43 所示的草图，在"旋转"对话框激活"轴"区域的"指定向量"，选取"z 轴"作为旋转轴，在"旋转"对话框的"限制"区域的"起始"下拉列表中选择"值"，然后在"角度"文本框中输入值 0；在"结束"下拉列表中选择"值"，然后在"角度"文本框中输入值 360，单击"确定"按钮，完成旋转 1 的创建。

图 3.42　旋转 1

步骤 3：创建如图 3.44 所示的基准面 1。选择下拉菜单"插入"→"基准"→"基准平面"命令，系统会弹出"基准平面"对话框；在"基准平面"对话框"类型"下拉列表中选择"按某一距离"类型，选取"ZX 平面"作为参考，在"偏置"区域的"距离"文本框中输入值 18，方向沿 y 轴负方向，其他参数采用默认，单击"确定"按钮，完成基准平面 1

的创建。

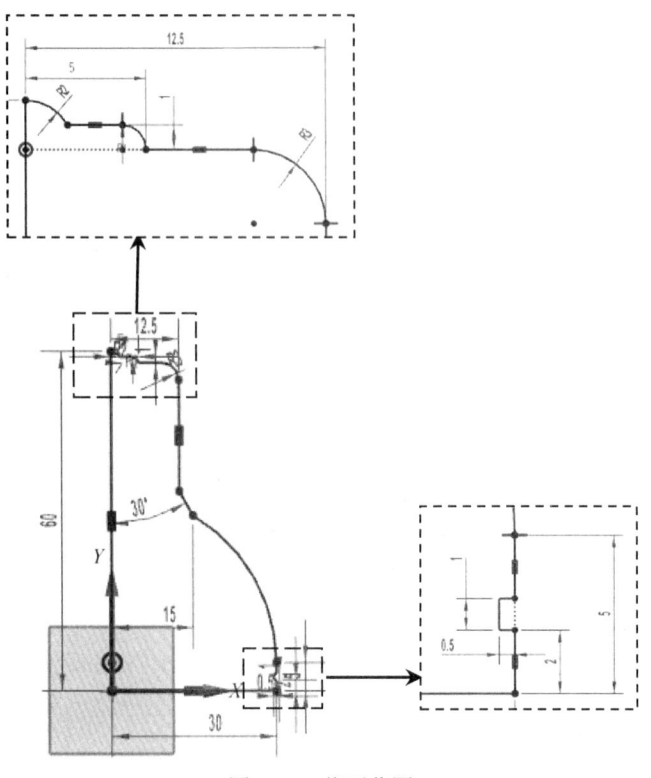

图 3.43　截面草图

图 3.44　基准面 1

步骤 4：创建如图 3.45 所示的草图 1。单击 主页 功能选项卡"构造"区域中的草图 按钮，选取步骤 3 创建的"基准面 1"作为草图平面，绘制如图 3.45 所示的草图。

步骤 5：创建如图 3.46 所示的基准面 2。选择下拉菜单"插入"→"基准"→"基准平面"命令，系统会弹出"基准平面"对话框；在"基准平面"对话框"类型"下拉列表中选择"按某一距离"类型，选取"XY 平面"作为参考，在"偏置"区域的"距离"文本框中输入值 36，方向沿 z 轴负方向，其他参数采用默认，单击"确定"按钮，完成基准平面 2 的创建。

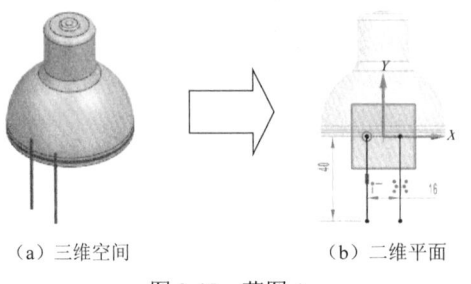

(a) 三维空间　　(b) 二维平面

图 3.45　草图 1

图 3.46　基准平面 2

步骤 6：创建如图 3.47 所示的草图 2。单击 主页 功能选项卡"构造"区域中的草图 按钮，选取步骤 5 创建的"基准面 2"作为草图平面，绘制如图 3.47 所示的草图。

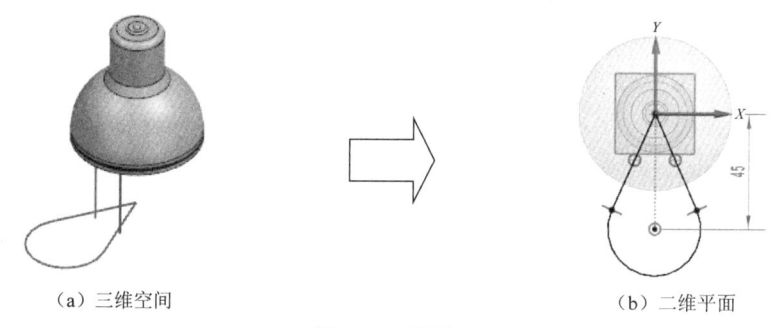

（a）三维空间　　　　　　　　　　　　　　（b）二维平面

图 3.47　草图 2

说明：草图 2 的两侧斜线与草图 1 中左右两个端点添加点线重合约束。

步骤 7：创建如图 3.48 所示的空间对象。

（1）创建空间直线。选择 曲线 功能选项卡"基本"区域中的 直线 命令，绘制如图 3.49 所示的 4 条直线，直线与步骤 4 和步骤 6 创建的直线重合，长度稍微长一些，具体值可以自行定义。

（2）创建空间圆弧。选择 曲线 功能选项卡"基本"区域中的 圆弧/圆 命令，绘制与步骤 6 草图重合的圆弧，如图 3.50 所示。

（3）隐藏参考草图。右击步骤 4 与步骤 6 创建的草图并隐藏，完成后如图 3.51 所示。

图 3.48　空间对象 　　　图 3.49　空间直线 　　　图 3.50　空间圆弧 　　　图 3.51　隐藏草图

（4）创建倒圆角 1。选择下拉菜单 插入(S) → 曲线(C) → 基本曲线（原有）(B)... 命令。在"基本曲线"对话框中选择 类型，在 半径 文本框中输入值 15，在如图 3.52 所示的位置单击，选取倒圆角对象（光标圆半径内应包含倒圆角的两个直线对象，并且十字光标的角点在两条直线的夹角内），在系统弹出的"编辑曲线"对话框中（共两次）选择 是(Y) 按钮完成圆角的创建，完成后如图 3.53 所示。

（5）参考上一步创建倒圆角 2，完成后如图 3.54 所示。

（6）创建修剪曲线 1。选择下拉菜单编辑→曲线→修剪命令，系统会弹出"修剪曲线"对话框，选取如图 3.55 所示的直线作为要修剪的对象，在"边界对象"区域的"对象类型"下拉列表中选择"选定的对象"，选取空间圆弧的左侧端点（如图 3.56 所示）作为边界对象，

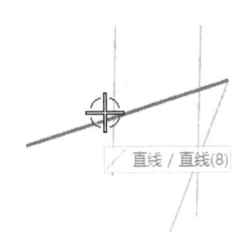

图 3.52　选取位置　　　　图 3.53　倒圆角 1　　　　图 3.54　倒圆角 2

在"修剪或分割"区域的"操作"下拉列表中选择"修剪"类型，选中 ⊙ 保留 单选项，选取如图 3.57 所示的位置作为保留对象，单击"确定"按钮完成修剪操作，完成后如图 3.58 所示。

图 3.55　修剪对象　　　　图 3.56　边界对象　　　　图 3.57　保留位置

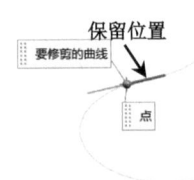

（7）参考上一步创建另外一侧的修剪曲线 2，完成后如图 3.59 所示。

步骤 8：创建如图 3.60 所示的管 1。单击 曲面 功能选项卡"基本"区域中的"更多"节点，在系统弹出的快捷列表中选择"扫掠"区域的 管 命令，选取步骤 7 创建的空间对象作为管道路径，在 横截面 区域的"外径"文本框中输入值 6，在"内径"文本框中输入值 0，在"布尔"下拉列表中选中"合并"，单击"确定"按钮完成管 1 的创建。

步骤 9：创建如图 3.61 所示的圆形阵列 1。单击 主页 功能选项卡"基本"区域中的 阵列特征 按钮，系统会弹出"阵列特征"对话框；在"阵列特征"对话框"阵列定义"区域的"布局"下拉列表中选择"圆形"；选取步骤 8 创建的"管"特征作为阵列的源对象；在"阵列特征"对话框"旋转轴"区域激活"指定向量"，选取基准坐标系的 z 轴，在"间距"下拉列表中选择"数量和跨度"，在"数量"文本框中输入值 5，在"跨角"文本框中输入值 360；单击"阵列特征"对话框中的"确定"按钮，完成阵列特征的创建。

图 3.58　修剪曲线 1　　图 3.59　修剪曲线 2　　图 3.60　管 1　　图 3.61　圆形阵列 1

3.2 样条曲线

3.2.1 平面样条曲线

下面以如图 3.62 所示的果盘零件为例，介绍平面样条曲线绘制的一般操作过程。

图 3.62 果盘

步骤 1：新建文件。选择"快速访问工具条"中的 命令，在"新建"对话框中选择"模型"模板，在名称文本框中输入"果盘"，将工作目录设置为 D:\UG 曲面设计\work\ch03.02\，然后单击"确定"按钮进入零件建模环境。

步骤 2：绘制如图 3.63 所示的草图 1（果盘上边缘草图）。

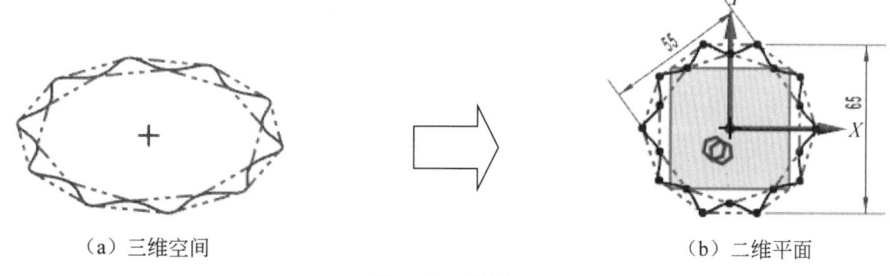

(a) 三维空间　　　　　　　　　(b) 二维平面

图 3.63 草图 1

（1）进入草图环境。单击 主页 功能选项卡"构造"区域中的 按钮，系统会弹出"创建草图"对话框，在系统的提示下，选取"XY 平面"作为草图平面。

（2）选择多边形命令绘制如图 3.64 所示的第 1 个正十边形（注意绘制的位置与角度）。

（3）选择多边形命令绘制如图 3.65 所示的第 2 个正十边形（注意绘制的位置与角度）。

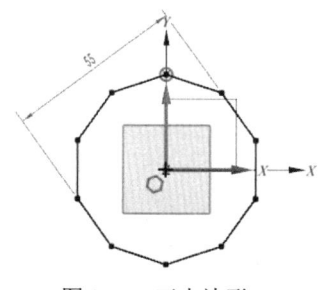

图 3.64 正十边形 1　　　　　　　　　图 3.65 正十边形 2

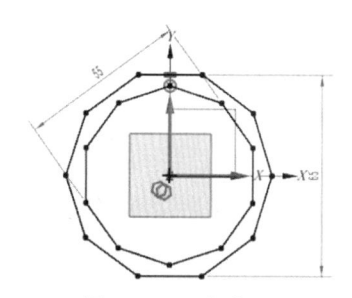

（4）选择艺术样条命令，依次连接多边形的顶点，绘制如图 3.66 所示的封闭样条曲线（将次数设置为 3），将绘制的多边形的边线调整为构造线。

注意：将艺术样条的起点放置到如图 3.66 所示的点处。

（5）查看曲线曲率，选择 分析 功能选项卡 曲线形状 区域中的 （曲线分析）命令，系统会弹出如图 3.67 所示的"曲线分析"对话框，选取创建的艺术样条作为要分析的曲线对象，选中 ☑显示曲率梳 复选项，在 针比例 文本框中输入值 20，在 针数 文本框中输入值 200，在 内部样本 文本框中输入值 2，完成后的效果如图 3.68 所示。

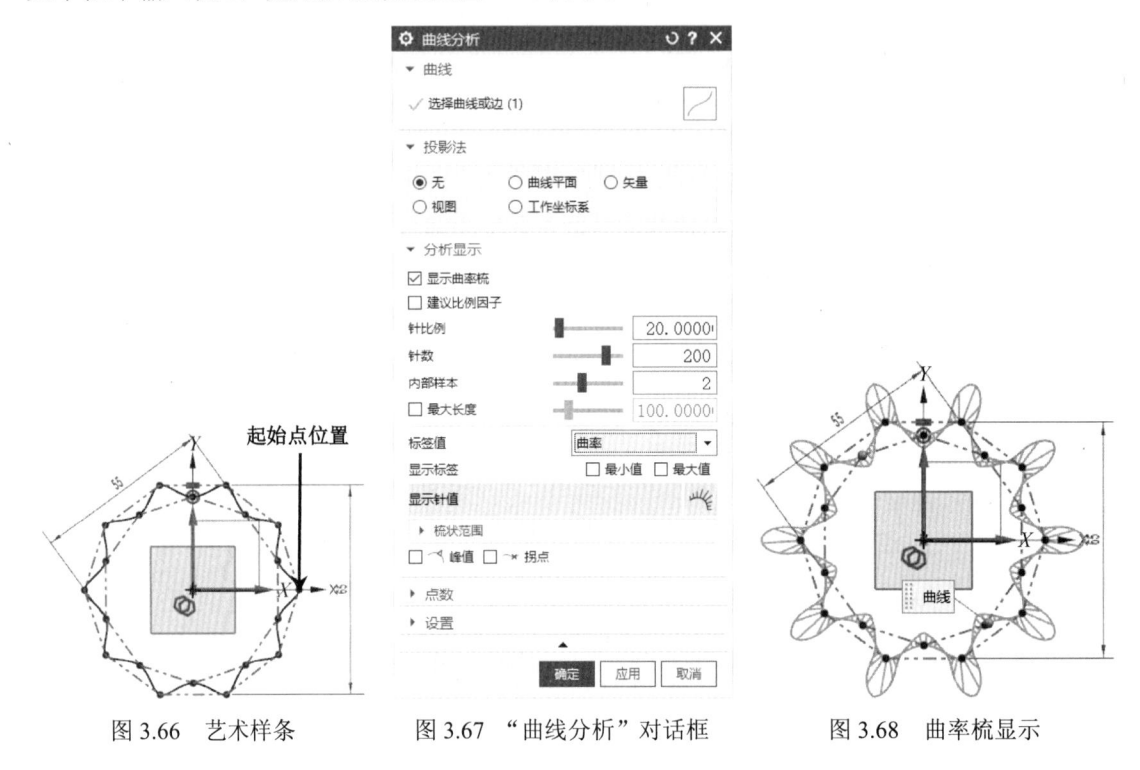

图 3.66　艺术样条　　　图 3.67　"曲线分析"对话框　　　图 3.68　曲率梳显示

（6）单击 （完成）按钮完成草图的绘制。

步骤 3：创建基准面 1。单击 主页 功能选项卡"构造"区域 下的 · 按钮，选择 基准平面 命令，在"类型"下拉列表中选择"按某一距离"类型，选取"XY 平面"作为参考平面，在"偏置"区域的"距离"文本框中输入偏置距离值 15，方向沿 z 轴负方向，单击"确定"按钮，完成基准面 1 的定义，如图 3.69 所示。

（a）三维空间　　　　　　　　　　（b）二维平面

图 3.69　基准面 1

步骤 4：绘制草图 2。单击 主页 功能选项卡"构造"区域中的 ✏ 按钮，系统会弹出"创建草图"对话框，在系统的提示下，选取"基准面 1"作为草图平面，绘制如图 3.70 所示的草图。

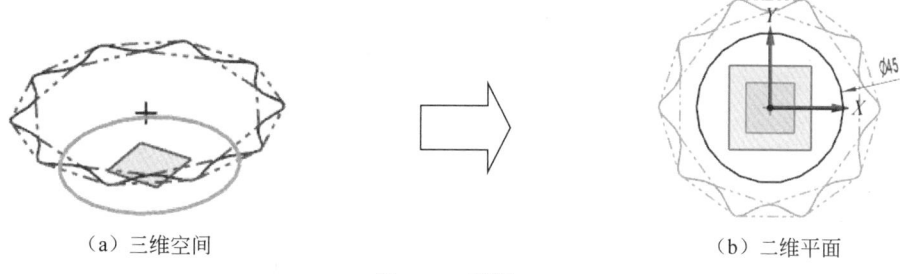

（a）三维空间　　　　　　　　　　　　（b）二维平面

图 3.70　草图 2

步骤 5：创建如图 3.71 所示的通过曲线组特征。单击 曲面 功能选项卡"基本"区域中的 按钮，在绘图区选取步骤 2 创建的艺术样条作为截面 1，选取步骤 4 创建的圆作为截面 2，在"连续性"区域中将 第一个截面 与 最后一个截面 均设置为 G0（位置），在"对齐"区域选中"保留形状"复选框，其他参数采用系统默认，单击"确定"按钮，完成通过曲线组的创建。

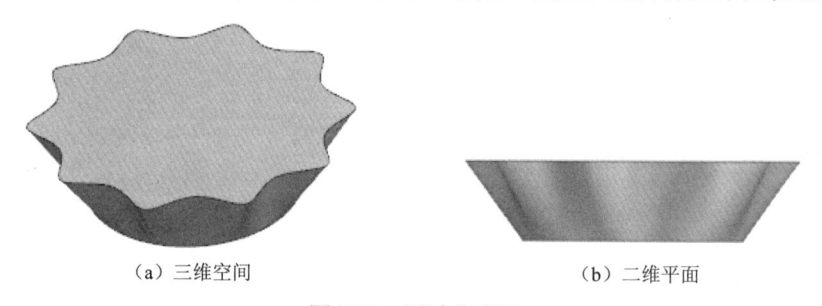

（a）三维空间　　　　　　　　　　　　（b）二维平面

图 3.71　通过曲线组

步骤 6：创建如图 3.72 所示的边倒圆特征 1。单击 主页 功能选项卡"基本"区域中的 按钮，系统会弹出"边倒圆"对话框，在系统的提示下选取如图 3.73 所示的边线作为圆角对象，在"边倒圆"对话框的"半径 1"文本框中输入圆角半径值 6，单击"确定"按钮完成边倒圆特征 1 的创建。

图 3.72　边倒圆特征 1　　　　　　　　图 3.73　圆角对象

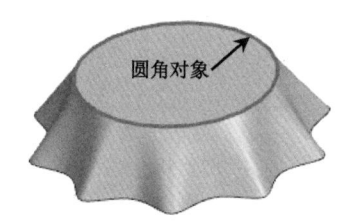

步骤 7：创建如图 3.74 所示的抽壳。单击 主页 功能选项卡"基本"区域中的 抽壳 按钮，

在"抽壳"对话框"类型"下拉列表中选择"开放"类型,选取如图 3.75 所示的移除面,在"抽壳"对话框的"厚度"文本框中输入抽壳的厚度值 1,单击"确定"按钮,完成抽壳的创建。

图 3.74　抽壳 　　　　　　　　　　　　　图 3.75　移除面

步骤 8:创建如图 3.76 所示的完全倒圆角。选择下拉菜单"插入"→"细节特征"→"面倒圆"命令,在"类型"下拉列表中选择"三面",激活"选择面 1"区域,选取如图 3.77 所示的面 1,然后激活"选择面 2"区域,选取如图 3.77 所示的面 2,然后激活"选择中间面"区域,选取如图 3.77 所示的面 3,单击"确定"按钮,完成圆角的定义。

图 3.76　完全倒圆角 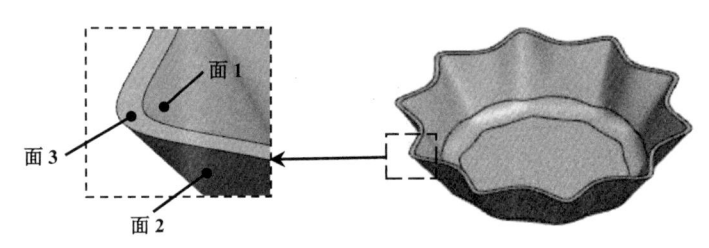　　　　　　　　　　图 3.77　圆角参考

样条曲线初步绘制完成后,用户可以双击样条曲线,在系统弹出"艺术样条"对话框后可以再次对样条曲线进行编辑调整。下面对常用的编辑方法进行简单介绍。

(1)用户可以在样条曲线中通过单击添加更多的控制点,如图 3.78 所示,也可以在需要删除的控制点上右击并选择删除点命令,如图 3.79 所示。

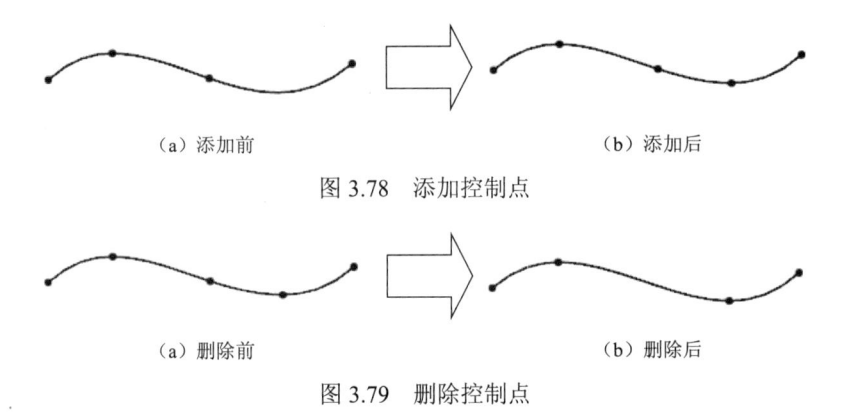

(a)添加前　　　　　　　　　　　　　(b)添加后

图 3.78　添加控制点

(a)删除前　　　　　　　　　　　　　(b)删除后

图 3.79　删除控制点

（2）用户在绘制艺术样条时如果所选点为现有对象的端点，系统则会自动弹出如图 3.80 所示的连续性选择工具条，用户可以选择所绘制的样条线与端点所在对象之间的相切（G1）或者曲率（G2）连续，如果没有选取，则系统将自动按照 G0 方式进行连接过渡，如图 3.81 所示；如果用户后期需要添加 G1 或者 G2 的光滑过渡，则可以双击艺术样条，然后在列表中选择需要添加连接过渡条件的点（例如点 4），然后在"连续类型"下拉列表中选择"G1 相切"即可，完成后如图 3.82 所示。

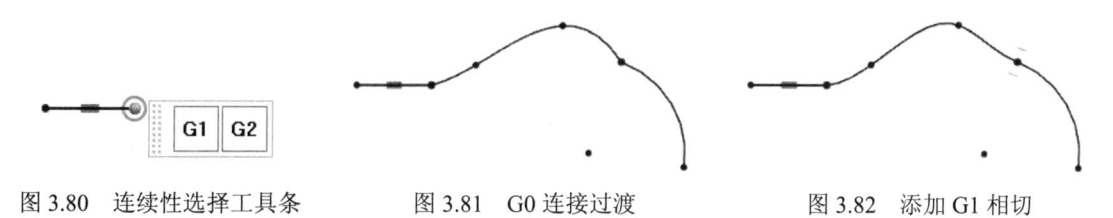

图 3.80　连续性选择工具条　　　图 3.81　G0 连接过渡　　　图 3.82　添加 G1 相切

（3）如果用户是在绘制完样条曲线的时候补画相切对象，则需要在双击样条曲线后，在列表中选择需要添加约束位置的点，然后激活"指定相切"，选取相切对象即可，如果相切的方向出现错误，则可以通过单击 ✕ 按钮进行调整，如图 3.83 所示。

（a）相切前　　　　　　　　　　　　　　　　（b）相切后

图 3.83　与对象相切

（4）用户可以在双击样条曲线后，在"艺术样条"对话框"延伸"区域设置起点与终点的延伸类型，可以按照值进行延伸，延伸值既可以为正值，如图 3.84 所示，也可以为负值，如图 3.85 所示，还可以为参考点，如图 3.86 所示。

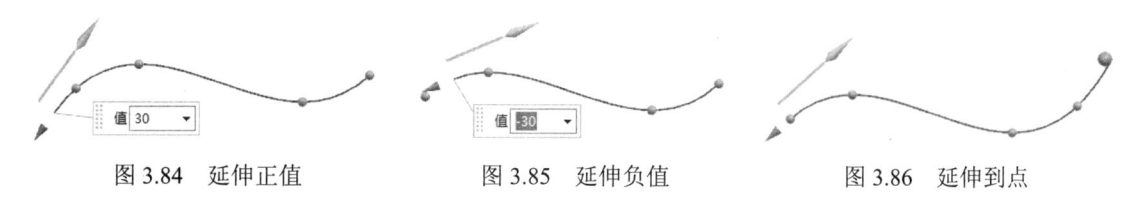

图 3.84　延伸正值　　　　　图 3.85　延伸负值　　　　　图 3.86　延伸到点

（5）选择 分析 功能选项卡 曲线形状 区域中的 命令，选中 显示曲率梳 复选框，选择要分析的艺术样条后，即可显示曲线点的曲率梳，如图 3.87 所示，在 针比例 文本框可以设置曲率梳的比例大小，如图 3.88 所示，在 针数 文本框可以设置曲率梳密度，如图 3.89 所示。

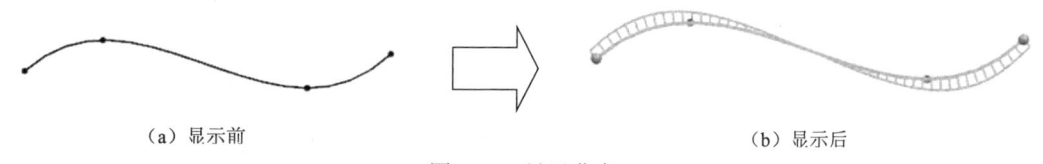

（a）显示前　　　　　　　　　　　　　　　　（b）显示后

图 3.87　显示曲率

(a) 小　　　　　　　　　　　　　　(b) 大

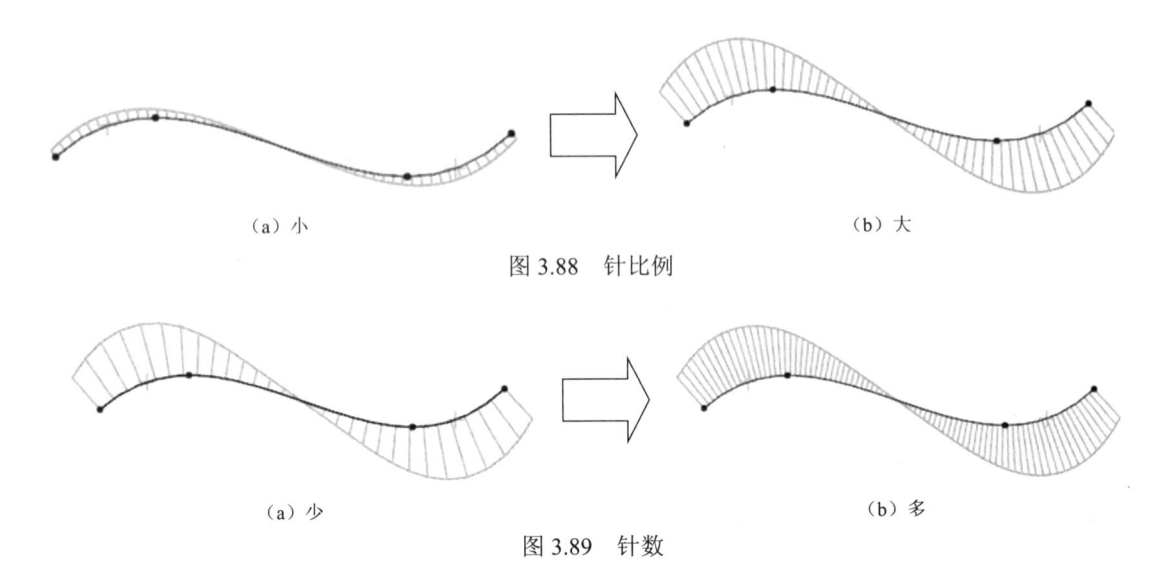

图 3.88　针比例

(a) 少　　　　　　　　　　　　　　(b) 多

图 3.89　针数

（6）在"曲线分析"对话框选中 显示标签 后的 ☐最小值，可以在图形区显示曲率最小的位置，如图 3.90 所示，如果选中 ☐最大值，则可以在图形区显示曲率最大的位置，如图 3.91 所示。

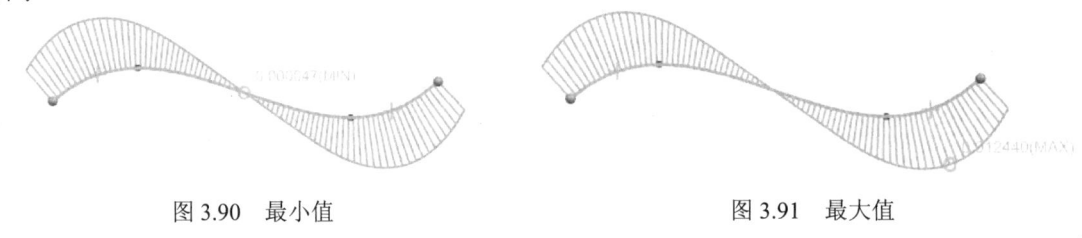

图 3.90　最小值　　　　　　　　　　图 3.91　最大值

（7）在"曲线分析"对话框选中 梳状范围 下的 ☐峰值，可以在图形区显示曲率最小的位置，如图 3.92 所示，如果选中 ☐拐点，则可以在图形区显示曲率最大的位置，如图 3.93 所示。

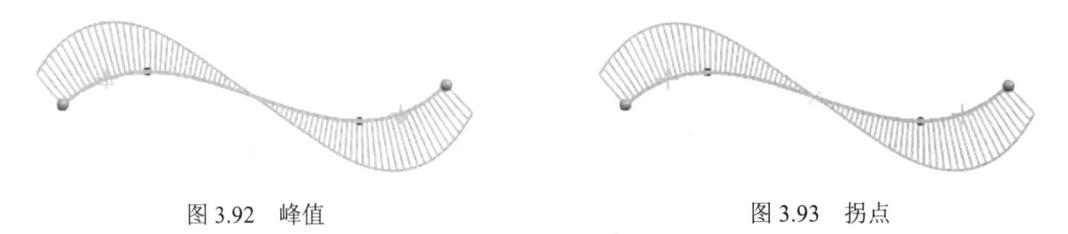

图 3.92　峰值　　　　　　　　　　图 3.93　拐点

3.2.2　空间样条曲线

下面以如图 3.94 所示的零件为例，介绍空间样条曲线绘制的一般操作过程。

图 3.94 空间样条曲线案例

步骤 1：新建文件。选择"快速访问工具条"中的 命令，在"新建"对话框中选择"模型"模板，在名称文本框中输入"空间样条曲线"，将工作目录设置为 D:\UG 曲面设计\work\ch03.02\，然后单击"确定"按钮进入零件建模环境。

步骤 2：绘制草图 1。单击 主页 功能选项卡"构造"区域中的 按钮，系统会弹出"创建草图"对话框，在系统的提示下，选取"XY 平面"作为草图平面，绘制如图 3.95 所示的草图 1。

步骤 3：创建基准面 1。单击 主页 功能选项卡"构造"区域 下的·按钮，选择 基准平面 命令，在"类型"下拉列表中选择"按某一距离"类型，选取"XY 平面"作为参考平面，在"偏置"区域的"距离"文本框中输入偏置距离值 10，方向沿 z 轴正方向，单击"确定"按钮，完成基准面 1 的定义，如图 3.96 所示。

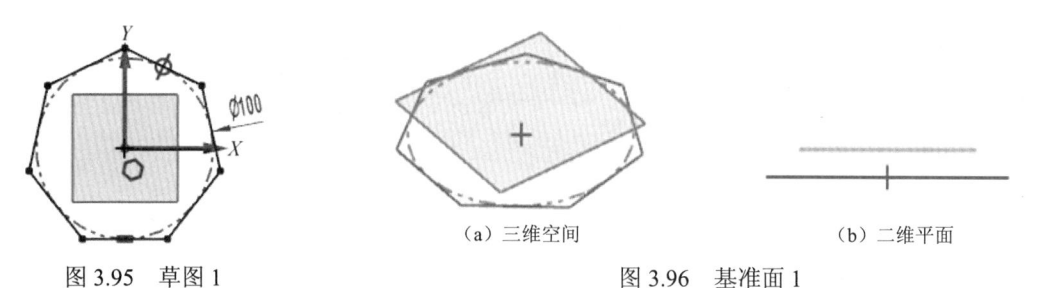

图 3.95 草图 1

（a）三维空间   （b）二维平面

图 3.96 基准面 1

步骤 4：绘制草图 2。单击 主页 功能选项卡"构造"区域中的 按钮，系统会弹出"创建草图"对话框，在系统的提示下，选取"基准面 1"作为草图平面，绘制如图 3.97 所示的草图 2。

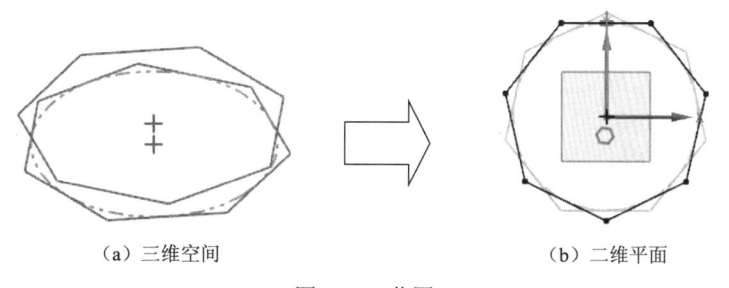

（a）三维空间   （b）二维平面

图 3.97 草图 2

步骤5：绘制如图3.98所示的空间艺术样条。选择 曲线 功能选项卡"基本"区域中的 （艺术样条）命令，依次单击草图1与草图2的端点得到所需封闭艺术样条，样条次数为3。

步骤6：创建基准面2。单击 主页 功能选项卡"构造"区域 ◇ 下的 · 按钮，选择 ◇ 基准平面 命令，在"类型"下拉列表中选择"按某一距离"类型，选取"ZX平面"作为参考平面，在"偏置"区域的"距离"文本框中输入偏置距离值230，方向沿y轴负方向，单击"确定"按钮，完成基准面2的定义，如图3.99所示。

图3.98 艺术样条　　　　　图3.99 基准面2

步骤7：绘制草图3。单击 主页 功能选项卡"构造"区域中的 按钮，系统会弹出"创建草图"对话框，在系统的提示下，选取"基准面2"作为草图平面，绘制如图3.100所示的草图3。

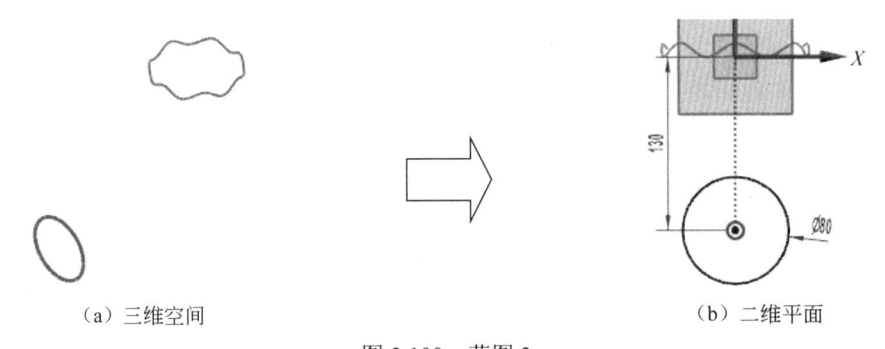

（a）三维空间　　　　　（b）二维平面

图3.100 草图3

步骤8：绘制草图4。单击 主页 功能选项卡"构造"区域中的 按钮，系统会弹出"创建草图"对话框，在系统的提示下，选取"YZ平面"作为草图平面，绘制如图3.101所示的草图4。

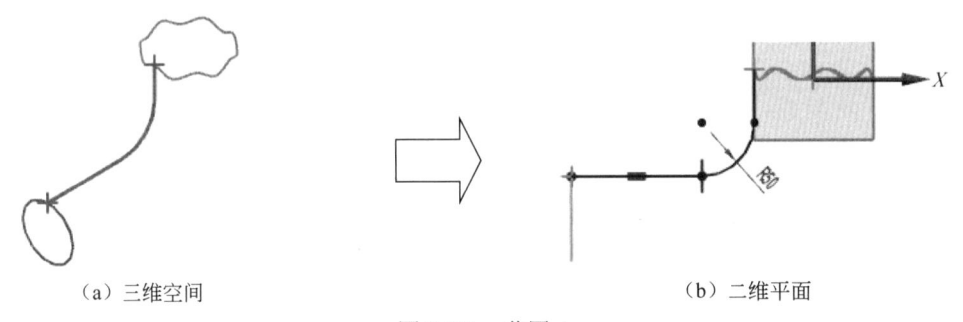

（a）三维空间　　　　　（b）二维平面

图3.101 草图4

第3章　曲面线框设计

注意：草图的起点和终点与空间样条曲线和草图 3 重合。

步骤 9：绘制草图 5。单击 主页 功能选项卡 "构造" 区域中的 按钮，系统会弹出 "创建草图" 对话框，在系统的提示下，选取 "YZ 平面" 作为草图平面，绘制如图 3.102 所示的草图 5。

注意：草图的起点和终点与空间样条曲线和草图 3 重合。

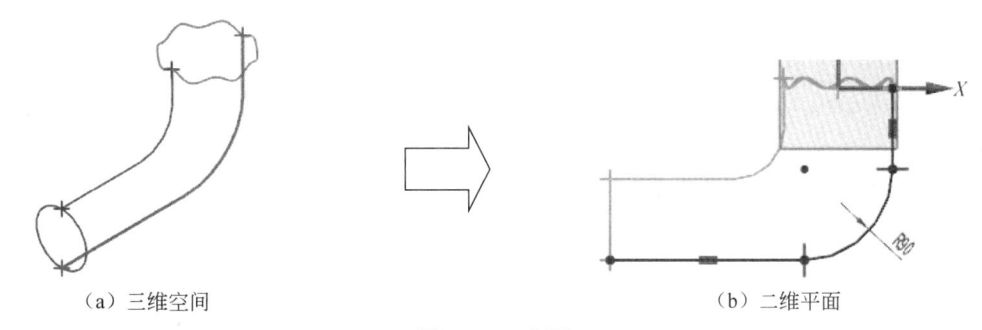

（a）三维空间　　　　　　　　　　（b）二维平面

图 3.102　草图 5

步骤 10：创建如图 3.103 所示的扫掠曲面。单击 曲面 功能选项卡 "基本" 区域中的 （扫掠）按钮，在选择工具条中确认按下 （在相交处停止），选取如图 3.104 所示的右侧一半的空间艺术样条作为扫掠的第 1 个截面，选取如图 3.104 所示的右侧一半的圆弧作为扫掠的第 2 个截面，激活 "引导线" 区域的 "选择曲线"，选取步骤 8 创建的草图作为第 1 根引导线，选取步骤 9 创建的草图作为第 2 根引导线，单击 "确定" 按钮完成扫掠的创建。

步骤 11：创建如图 3.105 所示的镜像 1。单击 主页 功能选项卡 "基本" 区域中的 镜像特征 按钮，系统会弹出 "镜像特征" 对话框，选取步骤 10 创建的扫掠曲面作为要镜像的特征，在 "镜像平面" 区域的 "平面" 下拉列表中选择 "现有平面"，激活 "选择平面"，选取 "YZ 平面" 作为镜像平面，单击 "确定" 按钮，完成镜像 1 的创建。

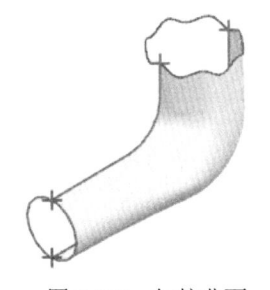

图 3.103　扫掠曲面　　　　　　　　　图 3.104　扫掠截面

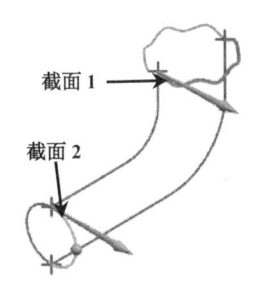

步骤 12：创建曲面缝合。单击 曲面 功能选项卡 "组合" 区域中的 缝合 按钮，选取扫掠曲面与镜像曲面作为要缝合的对象，单击 "确定" 按钮完成缝合操作。

步骤 13：创建如图 3.106 所示的加厚曲面。单击 曲面 功能选项卡 "基本" 区域中的 加厚 按钮，选取步骤 12 创建的缝合曲面作为加厚对象，在 偏置1 文本框中输入 2，在 偏置2 文本框中输入 0，单击"确定"按钮完成加厚操作。

图 3.105　镜像 1

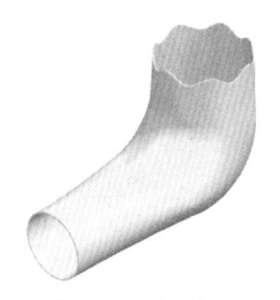

图 3.106　曲面加厚

3.2.3　规律曲线

1. 线性规律曲线

下面以如图 3.107 所示的曲线为例，介绍线性规律曲线绘制的一般操作过程。

步骤 1：新建文件。选择"快速访问工具条"中的 命令，在"新建"对话框中选择"模型"模板，在名称文本框中输入"线性规律曲线"，将工作目录设置为 D:\UG 曲面设计\work\ch03.02\，然后单击"确定"按钮进入零件建模环境。

步骤 2：选择命令。单击 曲线 功能选项卡"高级"区域中的"更多"节点，在弹出的下拉列表中选择 规律曲线 命令，系统会弹出如图 3.108 所示的"规律曲线"对话框。

图 3.107　线性规律曲线

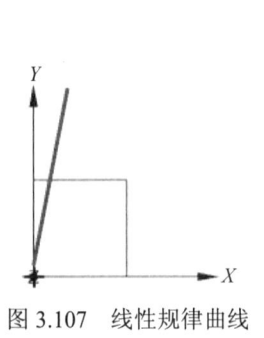

图 3.108　"规律曲线"对话框

步骤 3：设置 X 规律。在 X规律 区域的 规律类型 下拉列表中选择 线性 类型，在 起点 文本框中输入值 0，在 终点 文本框中输入值 30。

步骤 4：设置 Y 规律。在 Y规律 区域的 规律类型 下拉列表中选择 线性 类型，在 起点 文本框中输入值 10，在 终点 文本框中输入值 160。

步骤 5：设置 Z 规律。在 Z规律 区域的 规律类型 下拉列表中选择 恒定 类型，在 值 文本框中输入值 0。

步骤 6：完成操作。单击 <确定> 按钮完成线性规律曲线的创建。

2．二次规律曲线

下面以如图 3.109 所示的正弦函数曲线为例，介绍二次规律曲线绘制的一般操作过程。

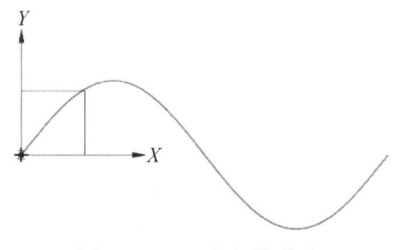

图 3.109　二次规律曲线

步骤 1：新建文件。选择"快速访问工具条"中的 命令，在"新建"对话框中选择"模型"模板，在名称文本框中输入"二次规律曲线"，将工作目录设置为 D:\UG 曲面设计\work\ch03.02\，然后单击"确定"按钮进入零件建模环境。

步骤 2：选择命令。选择 工具 功能选项卡"实用工具"区域中的 ＝（表达式）命令，系统会弹出如图 3.110 所示的"表达式"对话框。

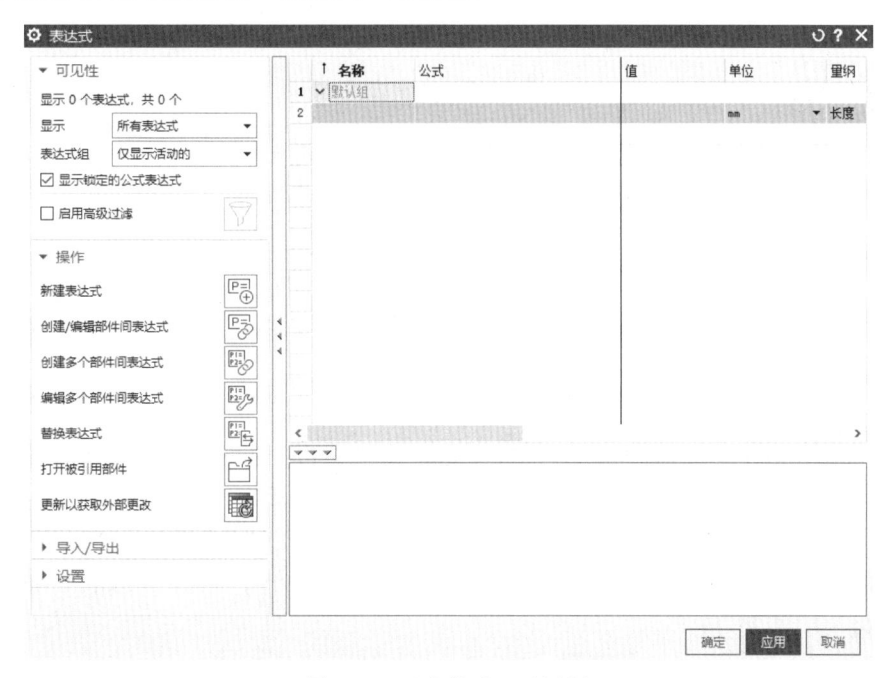

图 3.110　"表达式"对话框

步骤3：设置t变量。单击“操作”区域的（新建表达式）按钮，将表达式的名称设置为t，将公式设置为0，将单位设置为mm，如图3.111所示。

	↑ 名称	公式	值	单位	量纲
1	默认组				
2				mm	长度
3	t	0	0	mm	长度

图3.111　t表达式

步骤4：设置xt表达式。单击“操作”区域的按钮，将表达式的名称设置为xt，将公式设置为100*t，将单位设置为mm，如图3.112所示。

	↑ 名称	公式	值	单位	量纲
1	默认组				
2				mm	长度
3	t	0	0	mm	长度
4	xt	100*t	0	mm	长度

图3.112　xt表达式

步骤5：设置yt表达式。单击“操作”区域的按钮，将表达式的名称设置为yt，将公式设置为20*sin(360*t)，将单位设置为mm，如图3.113所示。

	↑ 名称	公式	值	单位	量纲
1	默认组				
2				mm	长度
3	t	0	0	mm	长度
4	xt	100*t	0	mm	长度
5	yt	20*sin(t*360)	0	mm	长度

图3.113　yt表达式

步骤6：设置zt表达式。单击“操作”区域的按钮，将表达式的名称设置为zt，将公式设置为0，将单位设置为mm，如图3.114所示，单击 确定 按钮完成表达式的创建。

	↑ 名称	公式	值	单位	量纲
1	默认组				
2				mm	长度
3	t	0	0	mm	长度
4	xt	100*t	0	mm	长度
5	yt	20*sin(t*360)	0	mm	长度
6	zt	0	0	mm	长度

图3.114　zt表达式

步骤7：选择命令。单击 曲线 功能选项卡“高级”区域中的“更多”节点，在弹出的下拉列表中选择 规律曲线 命令，系统会弹出“规律曲线”对话框。

步骤8：设置X规律、Y规律与Z规律。在 X规律 、Y规律 与 Z规律 区域的 规律类型 下拉列表中选择 根据方程 类型。

步骤9：完成操作。单击 确定 按钮完成二次规律曲线的创建。

3. 利用规律曲线创建螺旋曲线

下面介绍利用规律曲线创建如图 3.115 所示的螺旋曲线的一般操作过程。

步骤 1：新建文件。选择"快速访问工具条"中的 命令，在"新建"对话框中选择"模型"模板，在名称文本框中输入"螺旋曲线"，将工作目录设置为 D:\UG 曲面设计\work\ch03.02\，然后单击"确定"按钮进入零件建模环境。

步骤 2：导入表达式。选择 工具 功能选项卡"实用工具"区域中的 命令，单击 导入/导出 区域中的 （导入表达式）按钮，选择"螺旋线.exp"文件，导入后如图 3.116 所示，单击 <确定> 按钮完成操作。

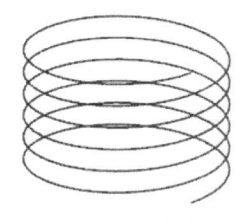

图 3.115　螺旋曲线

图 3.116　导入表达式

步骤 3：选择命令。单击 曲线 功能选项卡"高级"区域中的"更多"节点，在弹出的下拉列表中选择 规律曲线 命令，系统会弹出"规律曲线"对话框。

步骤 4：设置 X 规律、Y 规律与 Z 规律。在 X规律 、 Y规律 与 Z规律 区域的 规律类型 下拉列表中选择 根据方程 类型。

步骤 5：完成操作。单击 <确定> 按钮完成二次规律曲线的创建。

3.2.4　样条曲线案例：灯罩

灯罩模型的整体创建思路为首先创建灯罩上方的圆形截面与下方的空间艺术样条作为引导线，然后在两条引导线之间绘制多条直线，用直线作为截面，用上下图形作为引导线，利用通过曲线网格得到主体曲面，最终完成后如图 3.117 所示。

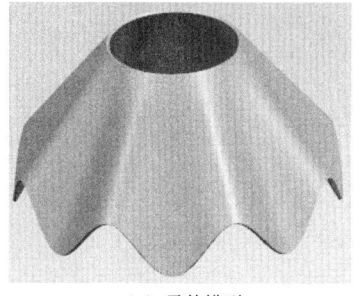

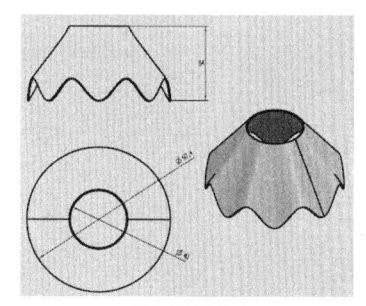

（a）零件模型　　　　　　　　　　　（b）图纸尺寸

图 3.117　零件模型及图纸尺寸

步骤 1：新建文件。选择"快速访问工具条"中的 命令，在"新建"对话框中选择"模型"模板，在名称文本框中输入"灯罩"，将工作目录设置为 D:\UG 曲面设计\work\ch03.02\，然后单击"确定"按钮进入零件设计环境。

步骤2：创建草图1。单击 主页 功能选项卡"构造"区域中的草图 按钮，在系统的提示下，选取"XY平面"作为草图平面，绘制如图 3.118 所示的草图1。

步骤3：创建基准面1。单击 主页 功能选项卡"构造"区域 （基准平面）下的 按钮，选择 基准平面 命令，在"类型"下拉列表中选择"按某一距离"类型，选取"XY平面"作为参考平面，在"偏置"区域的"距离"文本框中输入偏置距离值15，单击"确定"按钮，完成基准面1的定义，如图 3.119 所示。

步骤4：创建草图2。单击 主页 功能选项卡"构造"区域中的草图 按钮，在系统的提示下，选取"基准面1"作为草图平面，绘制如图 3.120 所示的草图2。

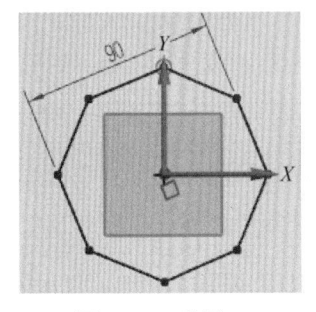

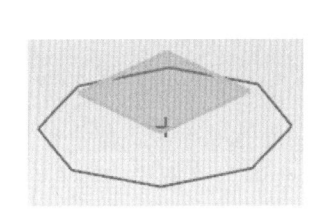

图 3.118　草图 1　　　　图 3.119　基准面 1　　　　图 3.120　草图 2

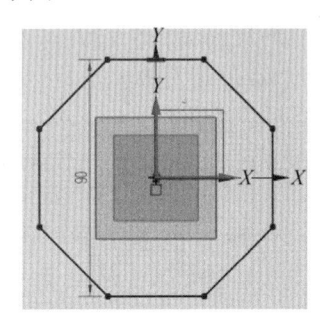

步骤5：创建如图 3.121 所示的空间样条曲线。选择 曲线 功能选项卡"基本"区域中 命令。在系统弹出的"艺术样条"对话框中选中 封闭 单选项，然后依次连接草图 1 与草图 2 中的端点，完成后如图 3.121 所示。

步骤6：创建基准面 2。单击 主页 功能选项卡"构造"区域 下的 按钮，选择 基准平面 命令，在"类型"下拉列表中选择"按某一距离"类型，选取"XY 平面"作为参考平面，在"偏置"区域的"距离"文本框中输入偏置距离值50，单击"确定"按钮，完成基准面 2 的定义，如图 3.122 所示。

步骤7：创建草图 3。单击 主页 功能选项卡"构造"区域中的草图 按钮，在系统的提示下，选取"基准面 2"作为草图平面，绘制如图 3.123 所示的草图 3。

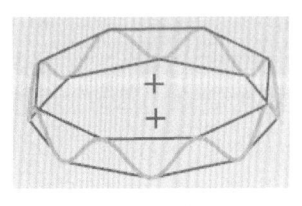

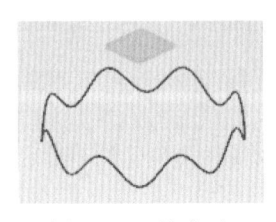

图 3.121　样条曲线　　　　图 3.122　基准面 2　　　　图 3.123　草图 3

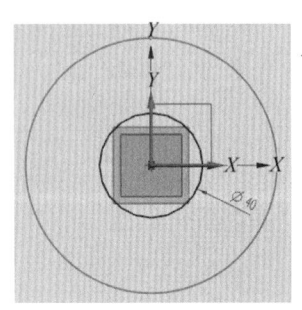

步骤 8：创建草图 4。单击 主页 功能选项卡"构造"区域中的草图 ✏ 按钮，在系统的提示下，选取"ZX 平面"作为草图平面，绘制如图 3.124 所示的草图 4（草图上下两端必须与草图 2 和样条曲线相交）。

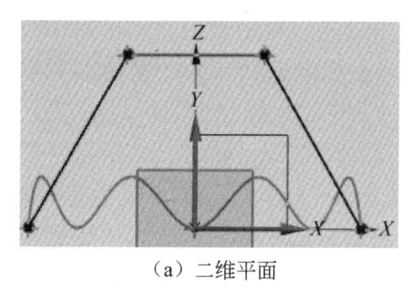

(a) 二维平面　　　　　　　　　(b) 三维空间

图 3.124　草图 4

步骤 9：创建草图 5。单击 主页 功能选项卡"构造"区域中的草图 ✏ 按钮，在系统的提示下，选取"YZ 平面"作为草图平面，绘制如图 3.125 所示的草图 5（草图上下两端必须与草图 2 和样条曲线相交）。

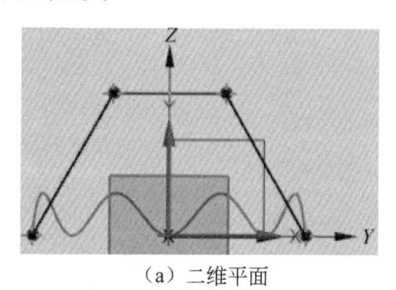

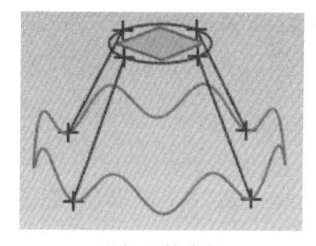

(a) 二维平面　　　　　　　　　(b) 三维空间

图 3.125　草图 5

步骤 10：创建通过曲线网格。单击 曲面 功能选项卡"基本"区域中的 ✏ 按钮，系统会弹出"通过曲线网格"对话框；选取如图 3.126 所示的截面 1、截面 2 与截面 3 作为主曲线，选取如图 3.126 所示的引导线 1 与引导线 2 作为交叉曲线，在"连续性"区域中将所有位置均设置为 G0（位置），单击 <确定> 按钮完成如图 3.127 所示的曲面的创建。

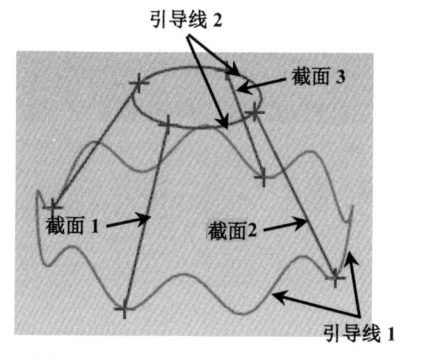

图 3.126　通过曲线网格参考曲线　　　　图 3.127　通过曲线网格

说明：选取交叉曲线时需要确认选择工具条中 ┼┼（在相交处停止）被按下。

步骤 11：创建镜像几何体。选择下拉菜单"插入"→"关联复制"→"镜像几何体"命令，系统会弹出"镜像几何体"对话框；在"镜像几何体"对话框中激活区域中的"选择对象"，然后在绘图区域选取整个曲面作为要镜像的对象；在"镜像特征"对话框"镜像平面"区域的"平面"下拉列表中选择"现有平面"，激活"选择平面"，选取"YZ 平面"为镜像平面；单击 <确定> 按钮完成如图 3.128 所示的镜像的创建。

图 3.128　镜像几何体

步骤 12：创建缝合曲面。单击 曲面 功能选项卡"组合"区域中的 缝合 按钮，选取步骤 10 创建的曲面作为目标体，选取步骤 11 创建的曲面作为工具体，单击 <确定> 按钮完成缝合的创建。

步骤 13：创建加厚。单击 曲面 功能选项卡"基本"区域中的 加厚 按钮，选取步骤 12 创建的缝合曲面作为加厚的对象，在 厚度 区域的 偏置1 文本框中输入 1，单击 ✕ 按钮将厚度方向调整为向内，单击 <确定> 按钮完成加厚的创建。

3.3　螺旋线

3.3.1　螺旋线的一般操作

在建模与造型的过程中，螺旋线经常会被用到，在 UG NX 中可以通过定义螺距圈数和半径高度等参数创建螺旋线。螺旋线包括恒定螺距与可变螺距两种类型，下面分别进行介绍。

1. 恒定螺距螺旋线

下面以绘制如图 3.129 所示的螺旋线为例，介绍创建恒定螺距螺旋线的一般操作过程。

步骤 1：新建文件。选择"快速访问工具条"中的 命令，在"新建"对话框中选择"模型"模板，在名称文本框中输入"恒定螺距"，将工作目录设置为 D:\UG 曲面设计\work\ch03.03\，然后单击"确定"按钮进入零件设计环境。

步骤 2：选择命令。选择 曲线 功能选项卡"高级"区域中 （螺旋）命令，系统会弹出如图 3.130 所示的"螺旋"对话框。

步骤 3：选择方位参考坐标系。在"螺旋"对话框 方位 区域激活 指定坐标系 ，在部件导航器中选取基准坐标系作为方位参考。

步骤 4：定义螺旋线大小参数。在 大小 区域选中 直径 单选项，在 规律类型 下拉列表中选择 恒定 类型，在 值 文本框中输入值 70。

步骤 5：定义螺旋线螺距参数。在 步距 区域 规律类型 下拉列表中选择 恒定 类型，在 值 文本框中输入值 25。

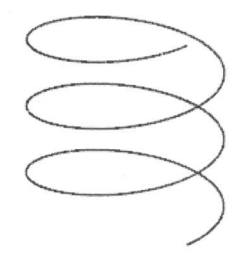

图 3.129　恒定螺距螺旋线　　　　　　图 3.130　"螺旋"对话框

步骤 6：定义螺旋线高度参数。在 长度 区域 方法 下拉列表中选择 圈数 类型，在 圈数 文本框中输入值 3。

步骤 7：单击 < 确定 > 按钮完成螺旋线的创建。

如图 3.130 所示的"螺旋"对话框中各选项的说明如下。

（1） 指定坐标系 ：用于选择坐标系控制螺旋线的方向，坐标系的 z 轴方向决定螺旋线的方向，如图 3.131 所示。

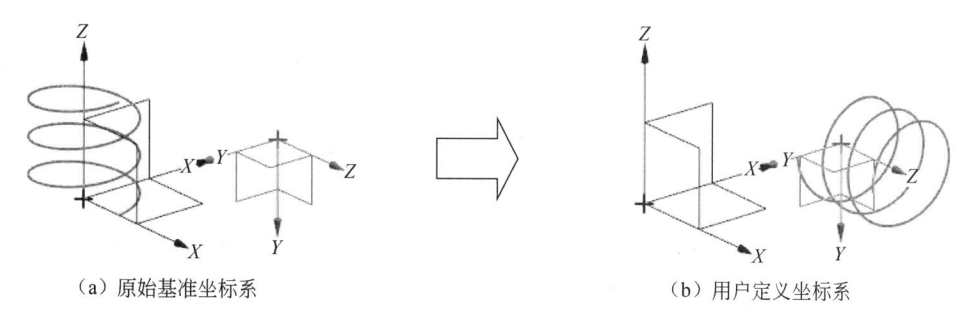

（a）原始基准坐标系　　　　　　　　　（b）用户定义坐标系

图 3.131　指定坐标系

（2） 角度 文本框：用于定义螺旋线的起始位置角度，如图 3.132 所示。

（3） 大小 区域：用于控制螺旋线的横向大小，既可以控制直径，也可以控制半径，如图 3.133 所示，大小既可以恒定也可以可变，如图 3.134 所示。

(a) 0°　　　　　　　　　　　　　　(b) 60°

图 3.132　角度文本框

(a) 直径为70　　　　　　　　　　　(b) 半径为70

图 3.133　大小控制

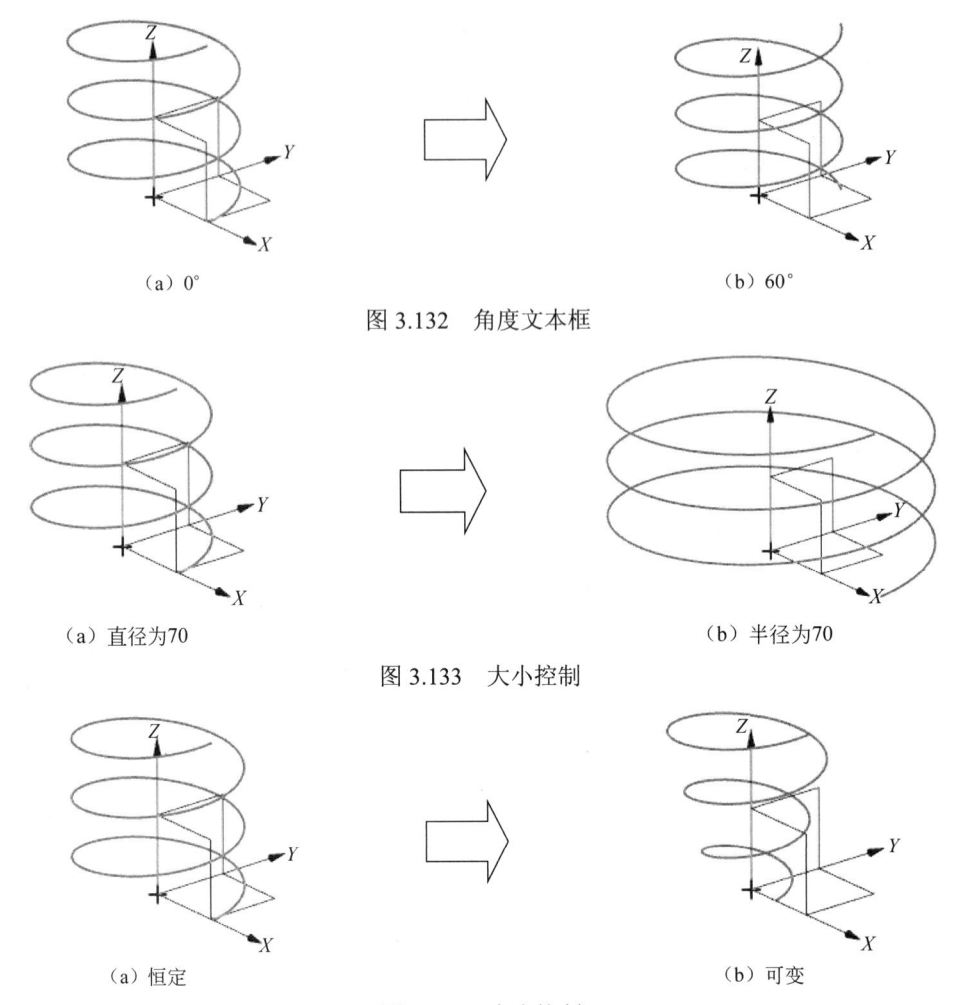

(a) 恒定　　　　　　　　　　　　　(b) 可变

图 3.134　大小控制

（4）步距 区域：用于控制螺旋线的螺距参数，螺距大小既可以恒定也可以可变，如图 3.135 所示。

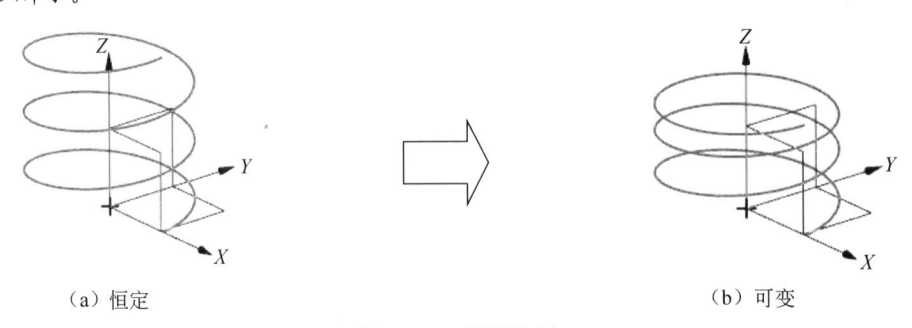

(a) 恒定　　　　　　　　　　　　　(b) 可变

图 3.135　螺距控制

（5）**长度**区域：用于控制螺距，既可以通过总高度值（限制）控制，也可以通过圈数控制，如图 3.136 所示。

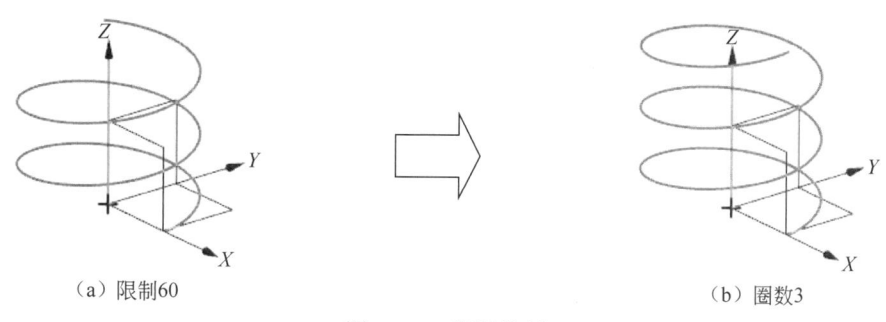

(a) 限制60

(b) 圈数3

图 3.136　螺距控制

2. 带有锥度的螺旋线

下面以创建如图 3.137 所示的模型为例介绍创建带有锥度的螺旋线的一般创建方法。

步骤1：新建文件。选择"快速访问工具条"中的 命令，在"新建"对话框中选择"模型"模板，在名称文本框中输入"带有锥度螺旋线"，将工作目录设置为 D:\UG 曲面设计\work\ch03.03\，然后单击"确定"按钮进入零件设计环境。

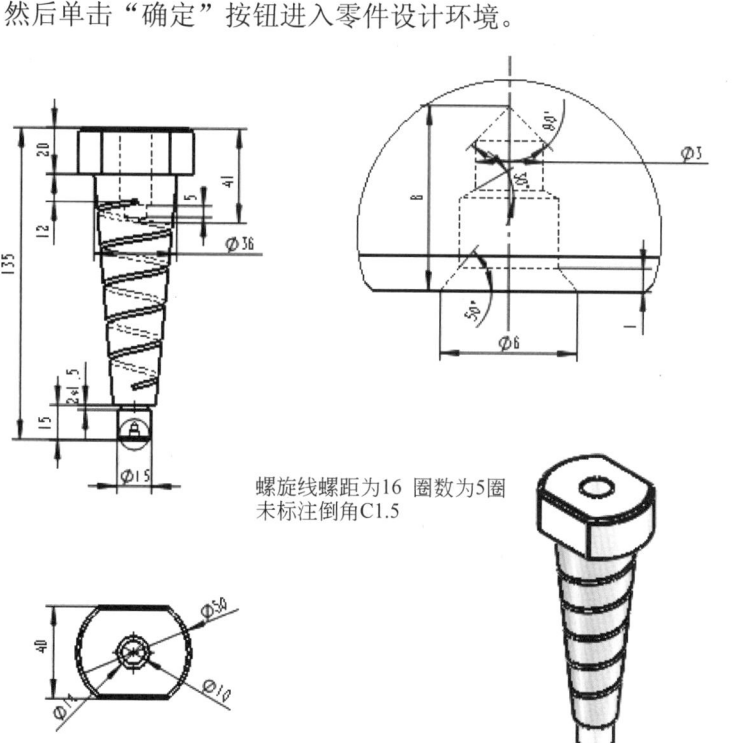

螺旋线螺距为16　圈数为5圈
未标注倒角C1.5

图 3.137　带有锥度螺旋线

步骤2：创建如图 3.138 所示的拉伸1。单击 主页 功能选项卡"基本"区域中的 按钮，在系统的提示下选取"XY平面"作为草图平面，绘制如图3.139所示的草图；在"拉伸"对话框"限制"区域的"终止"下拉列表中选择 ⊢值 选项，在"距离"文本框中输入深度值20；单击"确定"按钮，完成拉伸1的创建。

步骤3：创建如图3.140所示的旋转1。单击 主页 功能选项卡"基本"区域中的 ⬢ 按钮，系统会弹出"旋转"对话框，在系统 选择要绘制的平的面，或为截面选择曲线 的提示下，选取"ZX平面"作为草图平面，进入草图环境，绘制如图3.141所示的草图，在"旋转"对话框激活"轴"区域的"指定向量"，选取"z轴"作为旋转轴，在"旋转"对话框的"限制"区域的"起始"下拉列表中选择"值"，然后在"角度"文本框中输入值0；在"结束"下拉列表中选择"值"，然后在"角度"文本框中输入值360，在"布尔"下拉列表中选择"合并"，单击"确定"按钮，完成旋转1的创建。

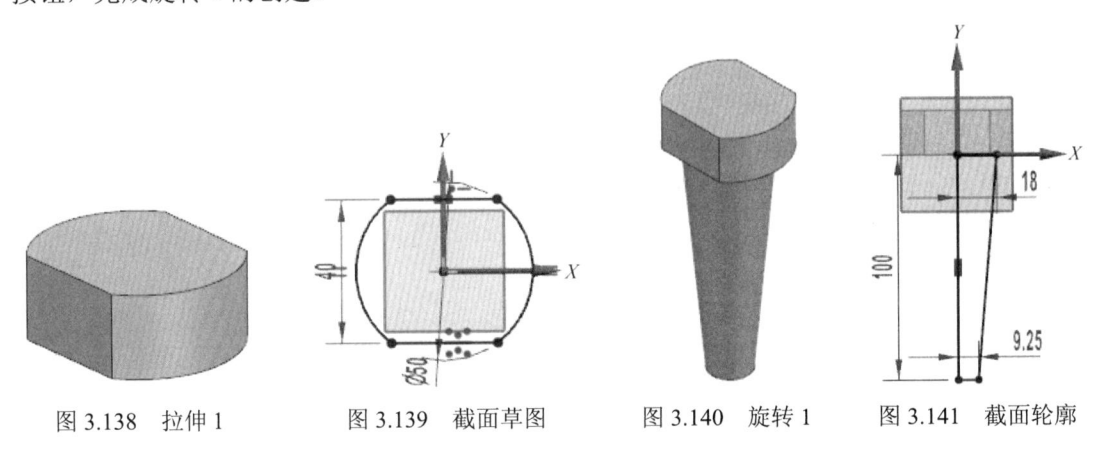

图3.138　拉伸1　　图3.139　截面草图　　图3.140　旋转1　　图3.141　截面轮廓

步骤4：创建如图3.142所示的拉伸2。单击 主页 功能选项卡"基本"区域中的 ⬡ 按钮，在系统的提示下选取步骤3创建的直径为18.5的平面作为草图平面，绘制如图3.143所示的草图；在"拉伸"对话框"限制"区域的"终止"下拉列表中选择 ⊢值 选项，在"距离"文本框中输入深度值15，在"布尔"下拉列表中选择"合并"，单击"确定"按钮，完成拉伸2的创建。

步骤5：创建如图3.144所示的拉伸3。单击 主页 功能选项卡"基本"区域中的 ⬡ 按钮，在系统的提示下选取步骤3创建的直径为18.5的平面作为草图平面，绘制如图3.145所示的草图；在"拉伸"对话框"限制"区域的"终止"下拉列表中选择 ⊢值 选项，在"距离"文本框中输入深度值2，在"布尔"下拉列表中选择"减去"；单击"确定"按钮，完成拉伸3的创建。

步骤6：创建如图3.146所示的螺旋线控制草图。单击 主页 功能选项卡"构造"区域中的草图 ⬡ 按钮，选取"ZX平面"作为草图平面，绘制如图3.146所示的草图。

步骤7：创建如图3.147所示的基准坐标系。单击 主页 功能选项卡"构造"区域 ◇ 下的 ▼ 按钮，选择 ⬡ 基准坐标系 命令，在"类型"下拉列表中选择"动态"类型，选取如图3.146所示的点作为位置参考，单击"确定"按钮，完成基准坐标系的定义，如图3.147所示。

图 3.142　拉伸 2 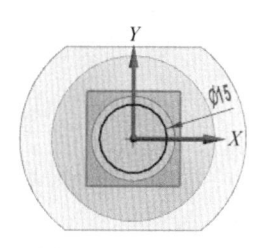　　　图 3.143　截面轮廓 　　　图 3.144　拉伸 3 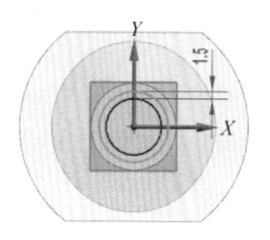　　　图 3.145　截面轮廓

步骤 8：创建如图 3.148 所示的螺旋线。选择 曲面 功能选项卡"高级"区域中 ◎ 命令，在"螺旋"对话框 方位 区域激活 指定坐标系 ，在部件导航器中选取步骤 7 创建的基准坐标系作为方位参考；在 大小 区域选中 ◉ 半径 单选项，在 规律类型 下拉列表中选择 ╘ 根据规律曲线 类型，选取步骤 6 创建的草图的右侧斜线作为规律曲线，选取中间竖直直线作为基线；在 步距 区域 规律类型 下拉列表中选择 ┴ 恒定 类型，在 值 文本框中输入值 16；在 长度 区域 方法 下拉列表中选择 圈数 类型，在 圈数 文本框中输入值 5；单击 <确定> 按钮完成螺旋线的创建。

步骤 9：创建如图 3.149 所示的管 1。单击 曲面 功能选项卡"基本"区域中的"更多"节点，在系统弹出的快捷列表中选择"扫掠"区域的 ◎ 管 命令，选取步骤 8 创建的螺旋线作为管道路径，在 横截面 区域的"外径"文本框中输入值 2，在"内径"文本框中输入值 0，在"布尔"下拉列表中选中"减去"，在"设置"区域的"输出"下拉列表中选择"单端"，单击"确定"按钮完成管 1 的创建。

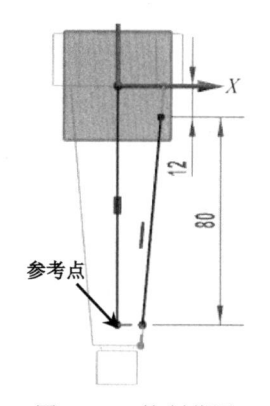

参考点

图 3.146　控制草图 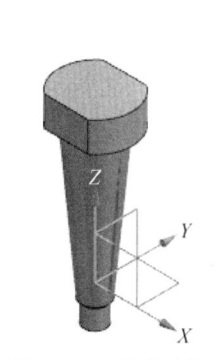　　　图 3.147　基准坐标系 　　　图 3.148　螺旋线 　　　图 3.149　管 1

步骤 10：创建如图 3.150 所示的球体 1。单击 主页 功能选项卡"基本"区域中的"更多"节点，在系统弹出的快捷列表中选择"设计特征"区域的 ◎ 球 命令，在"类型"下拉列表中选择 ⊕ 中心点和直径 类型，在 直径 文本框中输入值 2，在"布尔"下拉列表中选中"减去"，选取步骤 8 创建的螺旋线的起点作为中心放置参考，单击 <确定> 完成球体的创建。

步骤 11：创建如图 3.151 所示的球体 2。单击 主页 功能选项卡"基本"区域中的"更多"

节点，在系统弹出的快捷列表中选择"设计特征"区域的 ⊙球 命令，在"类型"下拉列表中选择 ⊕中心点和直径 类型，在 直径 文本框中输入值2，在"布尔"下拉列表中选中"减去"，选取步骤8创建的螺旋线的终点作为中心放置参考，单击 <确定> 完成球体2创建。

步骤12：创建如图3.152所示的旋转2。单击 主页 功能选项卡"基本"区域中的 ◎ 按钮，在系统 选择要绘制的平的面,或为截面选择曲线 的提示下，选取"ZX平面"作为草图平面，进入草图环境，绘制如图3.153所示的草图，激活"轴"区域的"指定向量"，选取"z轴"作为旋转轴，在"限制"区域的"起始"下拉列表中选择"值"，然后在"角度"文本框中输入值0；在"结束"下拉列表中选择"值"，然后在"角度"文本框中输入值360，在"布尔"区域的"布尔"下拉列表选择"减去"类型，单击 <确定> 按钮，完成特征的创建。

图 3.150　球体 1 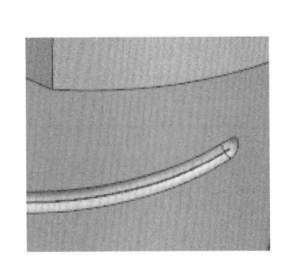　　图 3.151　球体 2 　　图 3.152　旋转 2 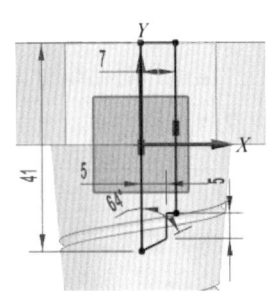　　图 3.153　截面草图

步骤13：创建如图3.154所示的旋转3。单击 主页 功能选项卡"基本"区域中的 ◎ 按钮，在系统 选择要绘制的平的面,或为截面选择曲线 的提示下，选取"ZX平面"作为草图平面，进入草图环境，绘制如图3.155所示的草图，激活"轴"区域的"指定向量"，选取"z轴"作为旋转轴，在"限制"区域的"起始"下拉列表中选择"值"，然后在"角度"文本框中输入值0；在"结束"下拉列表中选择"值"，然后在"角度"文本框中输入值360，在"布尔"区域的"布尔"下拉列表选择"减去"类型，单击 <确定> 按钮，完成特征的创建。

步骤14：创建如图3.156所示的倒斜角特征1。单击 主页 功能选项卡"基本"区域中的 ◎ 按钮，系统会弹出"倒斜角"对话框，在"横截面"下拉列表中选择"对称"类型，在系统的提示下选取如图3.157所示的边线作为倒角对象，在"距离"文本框中输入倒角距离值1.5，单击"确定"按钮，完成倒角的定义。

图 3.154　旋转 3 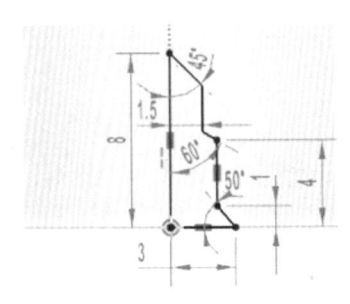　　图 3.155　截面草图 　　图 3.156　倒斜角特征 1 　　图 3.157　倒角对象

3. 可变螺距的螺旋线

下面以创建如图 3.158 所示的模型为例介绍创建可变螺距的螺旋线的一般创建方法。

9min

图 3.158 可变螺距螺旋线

步骤 1：新建文件。选择"快速访问工具条"中的 命令，在"新建"对话框中选择"模型"模板，在名称文本框中输入"可变螺距的螺旋线"，将工作目录设置为 D:\UG 曲面设计\work\ch03.03\，然后单击"确定"按钮进入零件设计环境。

步骤 2：创建如图 3.159 所示的大小控制规律草图。单击 主页 功能选项卡"构造"区域中的草图 按钮，选取"ZX 平面"作为草图平面，绘制如图 3.159 所示的草图。

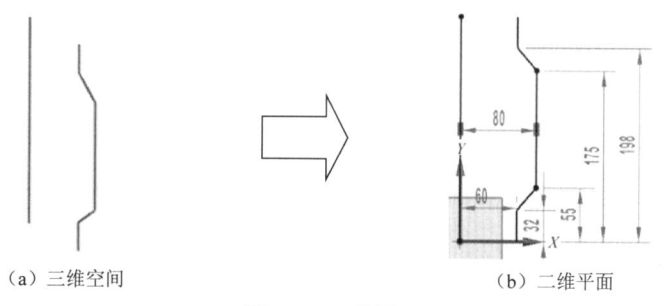

（a）三维空间　　（b）二维平面

图 3.159 草图 1

步骤 3：创建如图 3.160 所示的步距控制规律草图。单击 主页 功能选项卡"构造"区域中的草图 按钮，选取"ZX 平面"作为草图平面，绘制如图 3.160 所示的草图。

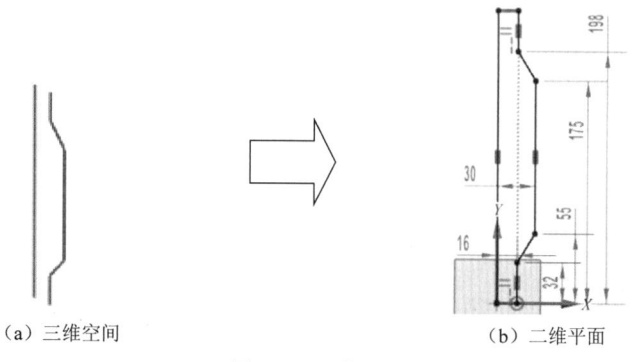

（a）三维空间　　（b）二维平面

图 3.160 草图 2

步骤 4：创建如图 3.161 所示的螺旋线。选择 曲线 功能选项卡 "高级" 区域中 命令，在 "螺旋" 对话框 方位 区域激活 指定坐标系 ，在部件导航器中选取基准坐标系作为方位参考；在 大小 区域选中 ● 半径 单选项，在 规律类型 下拉列表中选择 ピ 根据规律曲线 类型，选取步骤 2 创建的草图的右侧五条直线段作为规律曲线，选取中间竖直直线作为基线；在 步距 区域 规律类型 下拉列表中选择 ピ 根据规律曲线 类型，选取步骤 3 创建的草图的右侧五条直线段作为规律曲线，选取中间竖直直线作为基线；在 长度 区域 方法 下拉列表中选择 限制 类型，在 起始限制 文本框中输入值 0，在 终止限制 文本框中输入值 230；单击 < 确定 > 按钮完成螺旋线的创建。

步骤 5：创建如图 3.162 所示的管 1。单击 曲面 功能选项卡 "基本" 区域中的 "更多" 节点，在系统弹出的快捷列表中选择 "扫掠" 区域的 管 命令，选取步骤 4 创建的螺旋线作为管道路径，在 横截面 区域的 "外径" 文本框中输入值 15，在 "内径" 文本框中输入值 0，在 "设置" 区域的 "输出" 下拉列表中选择 "单段"，单击 "确定" 按钮完成管 1 的创建。

步骤 6：创建如图 3.163 所示的拉伸 1。单击 主页 功能选项卡 "基本" 区域中的 按钮，在系统的提示下选取 "ZX 平面" 作为草图平面，绘制如图 3.164 所示的草图；在 "拉伸" 对话框 "限制" 区域的 "起始" 与 "终止" 下拉列表中均选择 贯通 选项，在 "布尔" 下拉列表中选择 "减去"；在 "偏置" 区域的 "偏置" 下拉列表中选择 "两侧" 选项，在 "开始" 文本框中输入值 0，在 "结束" 文本框中输入值 10；单击 "确定" 按钮，完成拉伸 1 的创建。

图 3.161　可变螺距螺旋线 　　图 3.162　管 1 　　图 3.163　拉伸 1 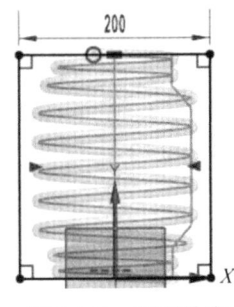　　图 3.164　截面轮廓

3.3.2　螺旋线案例：扬声器口

本案例将介绍扬声器口模型的创建过程，主要使用了螺旋线、扫掠、拉伸、通过曲线组、抽壳等，本案例的创建具有一定的技巧，希望读者通过对该案例的学习掌握创建此类模型的一般方法，熟练掌握常用的建模功能。该模型及部件导航器如图 3.165 所示。

步骤 1：新建文件。选择 "快速访问工具条" 中的 命令，在 "新建" 对话框中选择 "模型" 模板，在名称文本框中输入 "扬声器口"，将工作目录设置为 D:\UG 曲面设计\work\ch03.03\，然后单击 "确定" 按钮进入零件建模环境。

步骤 2：创建如图 3.166 所示的螺旋线。选择 曲线 功能选项卡 "高级" 区域中的 命令，在 "螺旋" 对话框 方位 区域激活 指定坐标系 ，在部件导航器中选取基准坐标系作为方位参考；

（a）部件导航器 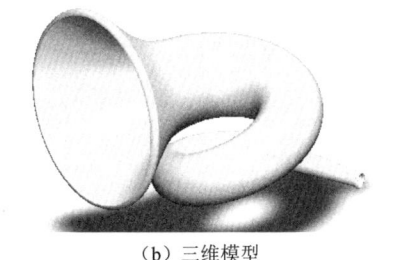　　　　　　　　（b）三维模型

图 3.165　扬声器口

在 大小 区域选中 ⦿ 直径 单选项，在 规律类型 下拉列表中选择 恒定 类型，在 值 文本框中输入值 50；在 步距 区域 规律类型 下拉列表中选择 恒定 类型，在 值 文本框中输入值 30；在 长度 区域 方法 下拉列表中选择 圈数 类型，在 圈数 文本框中输入值 1.2，在"设置"区域的"旋转方向"下拉列表中选择"右手"；单击 < 确定 > 按钮完成螺旋线的创建。

步骤 3：创建如图 3.167 所示的基准面 1。选择下拉菜单"插入"→"基准"→"基准平面"命令，系统会弹出"基准平面"对话框；在"基准平面"对话框"类型"下拉列表中选择"曲线和点"类型，在"子类型"下拉列表中选择"点和曲线/轴"，然后依次选取如图 3.168 所示的点和曲线参考，其他参数采用默认，单击"确定"按钮，完成基准面 1 的创建。

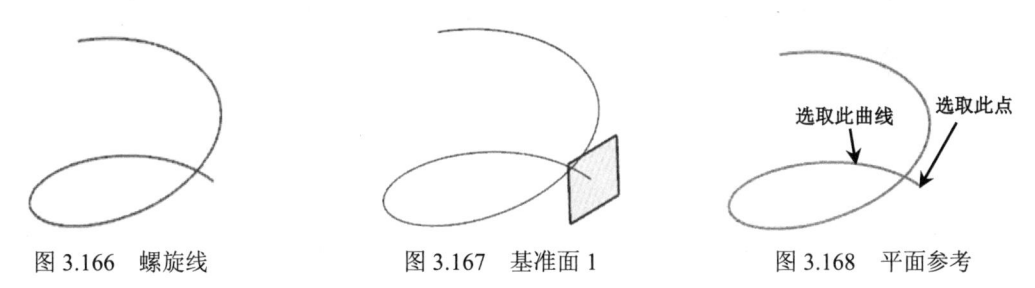

图 3.166　螺旋线　　　　　　　图 3.167　基准面 1　　　　　　图 3.168　平面参考

步骤 4：创建如图 3.169 所示的基准面 2。选择下拉菜单"插入"→"基准"→"基准平面"命令，系统会弹出"基准平面"对话框；在"基准平面"对话框"类型"下拉列表中选择"曲线和点"类型，在"子类型"下拉列表中选择"点和曲线/轴"，然后依次选取如图 3.170 所示的点和曲线参考，其他参数采用默认，单击"确定"按钮，完成基准面 2 的创建。

步骤 5：创建如图 3.171 所示的草图 1。单击 主页 功能选项卡"构造"区域中的草图 按钮，选取步骤 3 创建的"基准面 1"作为草图平面，绘制如图 3.171 所示的草图 1。

步骤 6：创建如图 3.172 所示的草图 2。单击 主页 功能选项卡"构造"区域中的草图 按钮，选取步骤 4 创建的"基准面 2"作为草图平面，绘制如图 3.172 所示的草图 2。

图 3.169　基准面 2

图 3.170　平面参考

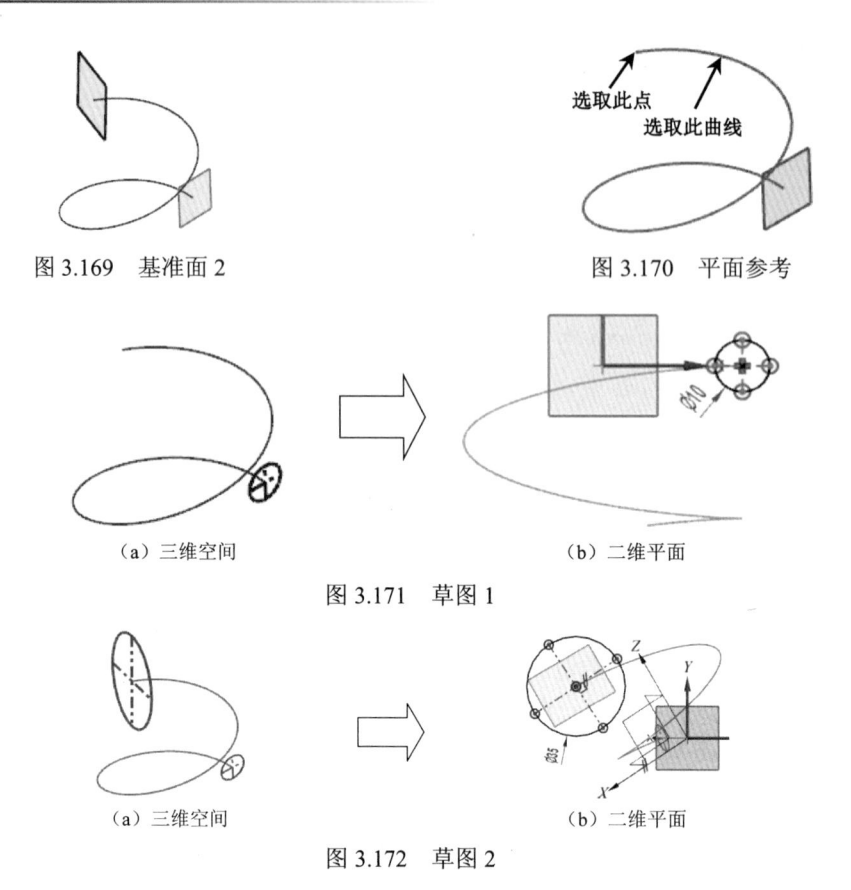

（a）三维空间　　　（b）二维平面

图 3.171　草图 1

（a）三维空间　　　（b）二维平面

图 3.172　草图 2

步骤 7：创建如图 3.173 所示的扫掠 1。单击 曲面 功能选项卡"基本"区域中的 按钮，系统会弹出"扫掠"对话框，在绘图区选取步骤 5 创建的截面草图作为第 1 个截面，按鼠标中键确认，选取步骤 6 创建的截面草图作为第 2 个截面，激活"扫掠"对话框"引导线"区域的"选择曲线"，选取如图 3.174 所示的螺旋线作为扫掠引导线，在 截面选项 区域的 对齐 下拉列表中选择 根据点 选项，调整根据点的位置与方向，如图 3.175 所示，单击"确定"按钮，完成扫掠 1 的创建。

图 3.173　扫掠 1 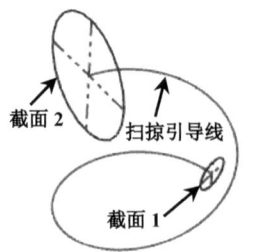　　　图 3.174　扫掠截面与引导线 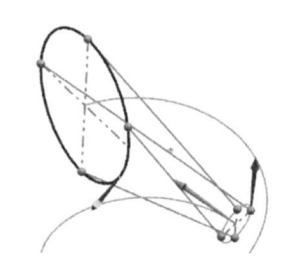　　　图 3.175　根据点位置与方向

步骤 8：创建如图 3.176 所示的拉伸 1。单击 主页 功能选项卡"基本"区域中的 按钮，

在系统的提示下选取步骤 5 创建的圆形截面作为草图；在"拉伸"对话框"限制"区域的"终止"下拉列表中选择 ⊢ 值 选项，在"距离"文本框中输入值 40，在"布尔"下拉列表中选择"合并"；在"拔模"区域的"拔模"下拉列表中选择"从起始限制"，在"角度"文本框中输入值 3；单击"确定"按钮，完成拉伸 1 的创建。

步骤9：创建基准面 3。单击 主页 功能选项卡"构造"区域 ◇ 下的 · 按钮，选择 ◇ 基准平面 命令，在"类型"下拉列表中选择"按某一距离"类型，选取如图 3.177 所示的模型表面作为参考平面，在"偏置"区域的"距离"文本框中输入偏置距离值 45，方向向外，单击"确定"按钮，完成基准面 3 的定义，如图 3.177 所示。

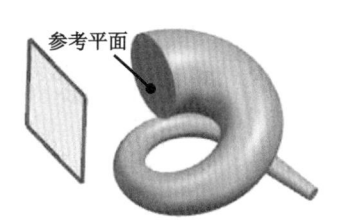

图 3.176　拉伸 1　　　　　　　　图 3.177　基准面 3

步骤10：创建如图 3.178 所示的草图 3。单击 主页 功能选项卡"构造"区域中的草图 ✎ 按钮，选取步骤 9 创建的"基准面 3"作为草图平面，绘制如图 3.178 所示的草图。

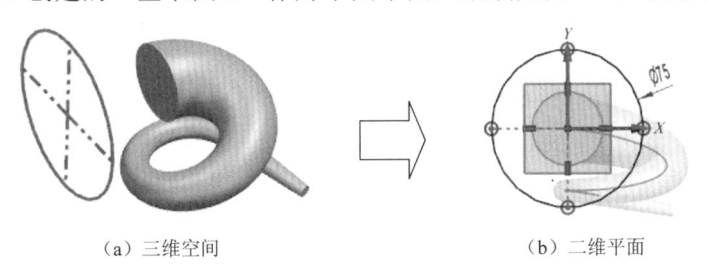

（a）三维空间　　　　　　　　（b）二维平面

图 3.178　草图 3

步骤11：创建如图 3.179 所示的通过曲线组。单击 曲面 功能选项卡"基本"区域中的 ◇ 按钮，选取步骤 6 创建的草图 2 作为第 1 个截面，方向为顺时针方向，如图 3.180 所示，然后按鼠标中键确认，选取步骤 10 创建的草图 3 作为第 1 个截面，方向为顺时针方向，如图 3.181 所示，然后按鼠标中键确认，在"通过曲线组"对话框的"对齐"区域的"对齐"下拉列表中选择"根据点"，并且调整点的位置，如图 3.182 所示，在"连续性"区域的"第 1 个截面"的下拉列表中选择"G1 相切"，然后选取步骤 5 所创建的扫掠的外侧面作为相切参考；在"最后一个截面"的下拉列表中选择"G0 位置"，完成后如图 3.183 所示，其他参数均采用默认，单击"确定"按钮，完成操作。

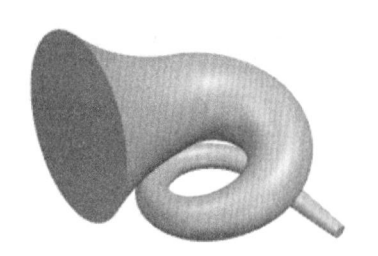

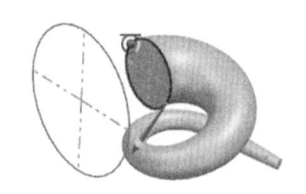

图 3.179 通过曲线组　　　图 3.180 第 1 个截面方向　　　图 3.181 第 2 个截面方向

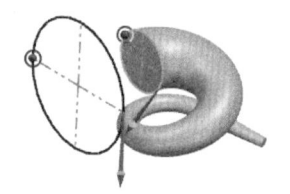

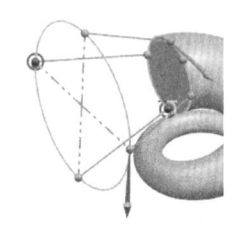

图 3.182 根据点位置　　　　　　　图 3.183 连续性控制

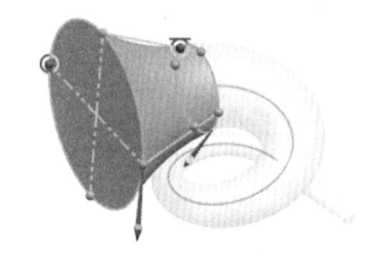

步骤 12：创建布尔求和。单击 主页 功能选项卡"基本"区域中的 （合并）按钮，系统会弹出"合并"对话框，在系统"选择目标体"的提示下，选取步骤 7 创建的扫掠对象作为目标体，在系统"选择工具体"的提示下，选取步骤 11 创建的体作为工具体，在"合并"对话框中单击"确定"按钮完成操作。

步骤 13：创建如图 3.184 所示的抽壳特征。单击 主页 功能选项卡"基本"区域中的 抽壳 按钮，在"抽壳"对话框"类型"下拉列表中选择"开放"类型，选取如图 3.185 所示的移除面，在"抽壳"对话框的"厚度"文本框中输入抽壳的厚度值 0.5，单击"确定"按钮，完成抽壳的创建。

图 3.184 抽壳特征　　　　　　　图 3.185 移除面

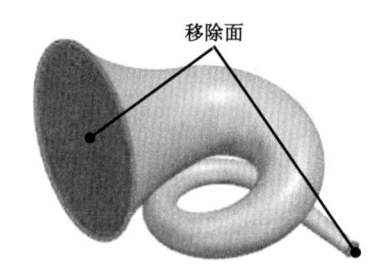

步骤 14：创建如图 3.186 所示的圆角 1。选择下拉菜单"插入"→"细节特征"→"面倒圆"命令，在"面倒圆"对话框的"类型"下拉列表中选择"三面"；在系统的提示下选取步骤 11 创建的结构的外表面作为面组 1，方向向内，选取下表面作为面组 2，方向向外，选取面组 1 与面组 2 之间的此面作为中间面，在"设置"区域的"公差"文本框中输入值 0.1，单击"确定"按钮，完成圆角 1 的定义。

注意：在选取倒圆对象时需要提前将选择过滤器设置为"单个面"类型。

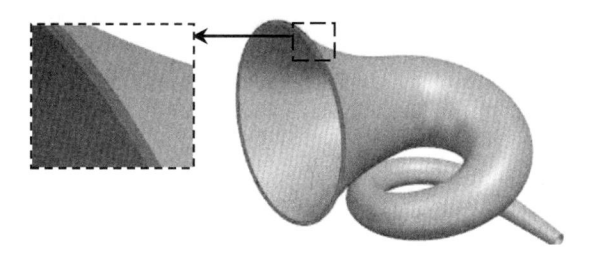

图 3.186 圆角 1

步骤 15：创建如图 3.187 所示的管 1。单击 曲面 功能选项卡"基本"区域中的"更多"节点，在系统弹出的快捷列表中选择"扫掠"区域的 管 命令，选取如图 3.188 所示的边线作为管道路径，在 横截面 区域的"外径"文本框中输入 1，在"内径"文本框中输入 0，在"设置"区域的"输出"下拉列表中选择"单端"，在"布尔"下拉列表中选择"合并"，单击"确定"按钮完成管 1 的创建。

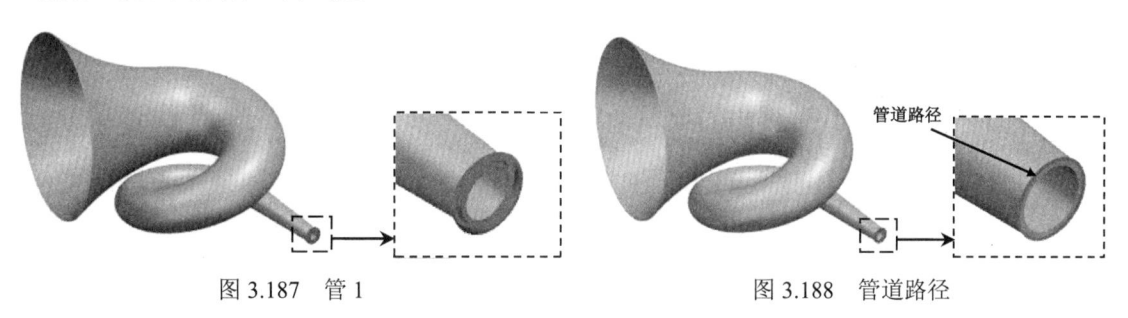

图 3.187 管 1

图 3.188 管道路径

3.3.3 涡状线（平面螺旋）

涡状线就是几何中所说的阿基米德螺线，也可以理解为一条平面螺旋线。下面以绘制如图 3.189 所示的涡状线为例，介绍创建涡状线的一般操作过程。

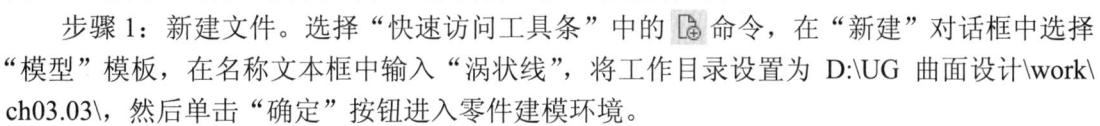

步骤 1：新建文件。选择"快速访问工具条"中的 命令，在"新建"对话框中选择"模型"模板，在名称文本框中输入"涡状线"，将工作目录设置为 D:\UG 曲面设计\work\ch03.03\，然后单击"确定"按钮进入零件建模环境。

步骤 2：选择命令。选择 工具 功能选项卡"实用工具"区域中的 = 命令，系统会弹出"表达式"对话框。

步骤 3：设置 t 变量。单击"操作"区域的 按钮，将表达式的名称设置为 t，将公式设置为 0。

步骤 4：参考步骤 3 设置 a、r、theta、xt、yt、zt 变量。将方程式设置为 a=10、theta=t*360*2、r=a*theta、xt=r*cos(theta)、yt=r*sin(theta)、zt=0，如图 3.190 所示。

步骤 5：选择命令。单击 曲线 功能选项卡"高级"区域中的"更多"节点，在弹出的下

拉列表中选择 规律曲线 命令，系统会弹出"规律曲线"对话框。

	名称	公式	值	单位	量纲
1	∨ 默认组				
2				mm	长度
3	a	10	10	mm	长度
4	r	a*theta	0	mm²	面积
5	t	0	0	mm	长度
6	theta	t*360*2	0	mm	长度
7	xt	r*cos(theta)	0	mm²	面积
8	yt	r*sin(theta)	0	mm²	面积
9	zt	0	0	mm	长度

图 3.189　涡状线　　　　　　　　　图 3.190　"表达式"对话框

步骤 6：设置 X 规律、Y 规律与 Z 规律。在 X 规律 、Y 规律 与 Z 规律 区域的 规律类型 下拉列表中均选择 根据方程 类型。

步骤 7：完成操作。单击 确定 按钮完成规律曲线的创建。

3.4　投影曲线

3.4.1　投影曲线基本操作

使用投影曲线可以将选中的草绘曲线沿着指定的方向投射到指定的曲面上，最终得到曲面上的曲线。

下面以绘制如图 3.191 所示的曲线为例，介绍创建投影曲线的一般操作过程。

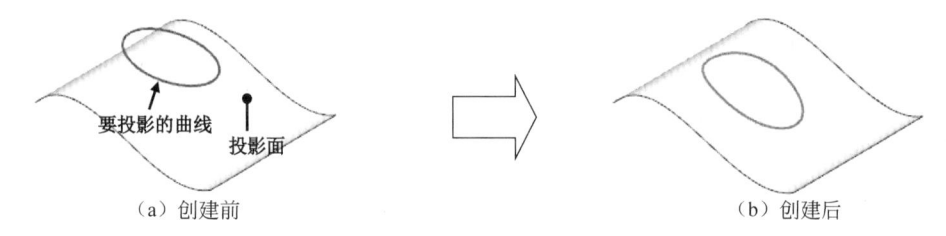

（a）创建前　　　　　　　　　　　（b）创建后

图 3.191　投影曲线

步骤 1：打开文件 D:\UG 曲面设计\work\ch03.04\投影曲线-ex。

步骤 2：选择命令。单击 曲线 功能选项卡 派生 区域中的 （投影曲线）按钮，系统会弹出如图 3.192 所示的"投影曲线"对话框。

步骤 3：定义要投影的曲线。在图形区选取如图 3.191 所示的要投影的曲线，单击鼠标中键确认。

步骤 4：定义投影面。选取如图 3.191 所示的投影面。

步骤 5：定义投影方向。在 投影方向 区域 方向 的下拉列表中选择 沿矢量 选项，选取 z 负轴作为投影方向，在 投影选项 下拉列表中选择 投影两侧 选项。

图 3.192 "投影曲线"对话框

步骤 6：完成投影曲线的创建。在"投影曲线"对话框中单击 <确定> 按钮完成投影曲线的创建。

图 3.192"投影曲线"对话框投影方向选项的说明如下。

（1） 沿面的法向 选项：用于沿所选投影面的法向向投影面投影曲线，如图 3.193 所示。

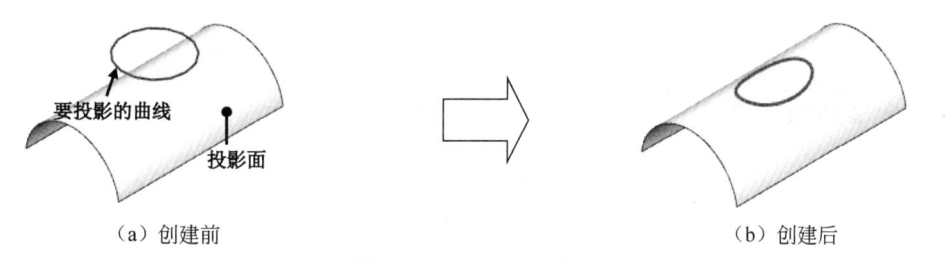

（a）创建前　　　　　　　　　　　　　　（b）创建后

图 3.193　沿面的法向

（2） 朝向点 选项：用于从原定义曲线朝着一个点向选取的投影面投影曲线，如图 3.194 所示。

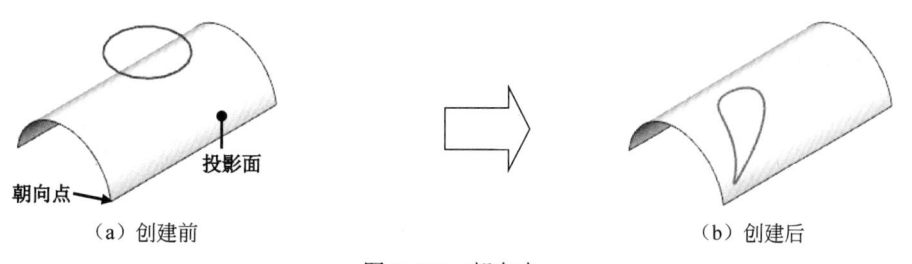

（a）创建前　　　　　　　　　　　　　　（b）创建后

图 3.194　朝向点

（3）**朝向直线** 选项：用于原定义曲线朝向一条直线（草图直线或者空间直线，不可以直接选取曲面边线）向选取的投影面投影曲线，如图 3.195 所示。

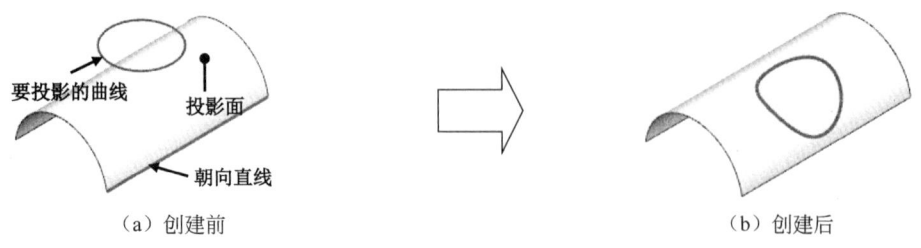

图 3.195　朝向直线

（4）**沿向量** 选项：用于沿设定的向量方向向选取的投影面投影曲线，如图 3.196 所示。

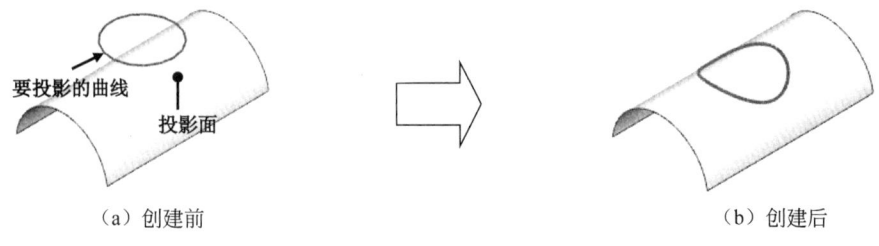

图 3.196　沿向量

（5）**与向量成角度** 选项：用于沿与设定向量方向成一角度的方向向选取的投影面投影曲线，如图 3.197 所示。

图 3.197　与向量成角度

图 3.192 "投影曲线"对话框投影选项下拉列表的说明如下。

（1）**投影两侧** 选项：用于按向量方向及反方向将曲线投影到两侧的曲面对象上，如图 3.198 所示。

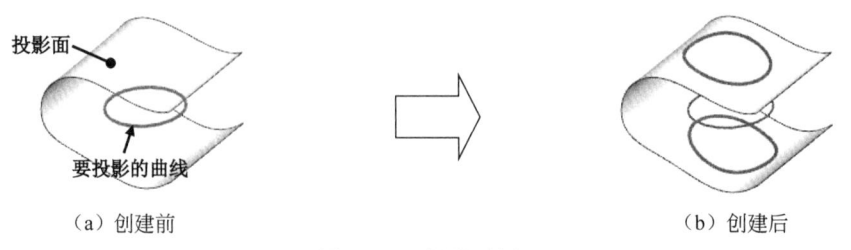

图 3.198　投影两侧

（2）**等弧长**选项：用于按照向量方向，将原始曲线印贴到投影面上，如图 3.199 所示。

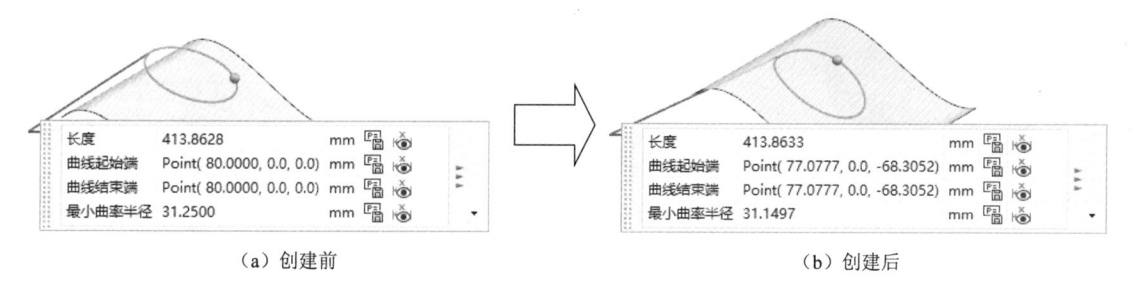

（a）创建前　　　　　　　　　　　　（b）创建后

图 3.199　等弧长

（3）**创建曲线以桥接缝隙**选项：用于桥接投影曲线中任何两个段之间的小缝隙，当间隙小于给定的最大桥接缝隙大小时系统自动桥接连接，当间隙大于给定的最大桥接缝隙大小时系统将不会自动桥接，如图 3.200 所示。

（a）间隙小于最大桥接缝隙大小　　　　　　（b）间隙大于最大桥接缝隙大小

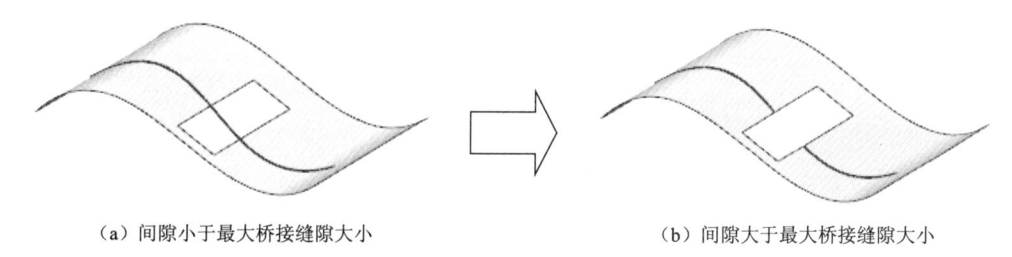

图 3.200　创建曲线桥接缝隙

3.4.2　投影曲线案例：足球

本案例将介绍足球模型的创建过程，主要使用了旋转、投影曲线、管道等，利用旋转创建球体主体，然后利用投影曲线创建花纹路径，最后利用管道切除得到所需效果。该模型如图 3.201 所示。

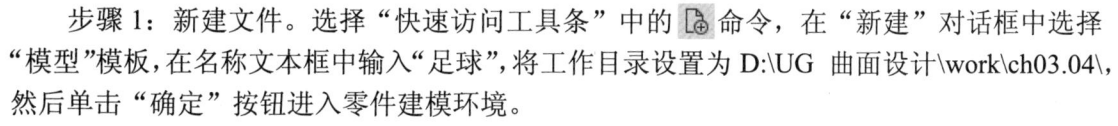

步骤 1：新建文件。选择"快速访问工具条"中的 命令，在"新建"对话框中选择"模型"模板，在名称文本框中输入"足球"，将工作目录设置为 D:\UG 曲面设计\work\ch03.04\，然后单击"确定"按钮进入零件建模环境。

步骤 2：创建如图 3.202 所示的旋转 1。单击 **主页** 功能选项卡"基本"区域中的 按钮，系统会弹出"旋转"对话框，在系统 **选择要绘制的平面，或为截面选择曲线** 的提示下，选取"ZX 平面"作为草图平面，进入草图环境，绘制如图 3.203 所示的草图，在"旋转"对话框激活"轴"区域的"指定向量"，选取"z 轴"作为旋转轴，在"旋转"对话框的"限制"区域的"起始"下拉列表中选择"值"，然后在"角度"文本框中输入值 0；在"结束"下拉列表中选择"值"，然后在"角度"文本框中输入值 360，单击"确定"按钮，完成旋转 1 的创建。

图 3.201　足球　　　　　　　图 3.202　旋转 1　　　　　　图 3.203　截面轮廓

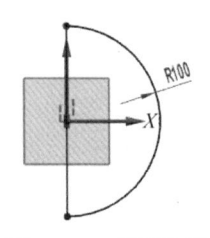

步骤 3：创建如图 3.204 所示的草图 1。单击 主页 功能选项卡"构造"区域中的草图 按钮，选取"ZX 平面"作为草图平面，绘制如图 3.205 所示的草图 1。

步骤 4：创建如图 3.206 所示的投影曲线 1。单击 曲线 功能选项卡 派生 区域中的 按钮，在部件导航器选取步骤 3 创建的草图作为要投影的曲线，单击鼠标中键确认，选取步骤 2 创建的球体表面作为投影面，在 投影方向 区域 方向 的下拉列表中选择沿向量选项，选取 YC 负轴作为投影方向，在 投影选项 下拉列表中选择 无 选项，单击 <确定> 按钮完成投影曲线 1 的创建。

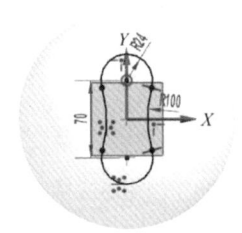

图 3.204　草图 1（三维）　　　图 3.205　草图 1（平面）　　　图 3.206　投影曲线 1

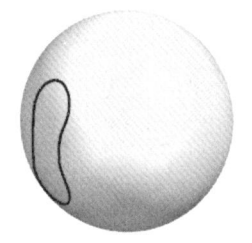

步骤 5：创建如图 3.207 所示的草图 2。单击 主页 功能选项卡"构造"区域中的草图 按钮，选取"YZ 平面"作为草图平面，绘制如图 3.208 所示的草图 2。

步骤 6：创建如图 3.209 所示的投影曲线 2。单击 曲线 功能选项卡 派生 区域中的 按钮，在部件导航器选取步骤 5 创建的草图作为要投影的曲线，单击鼠标中键确认，选取步骤 2 创建的球体表面作为投影面，在 投影方向 区域 方向 的下拉列表中选择沿向量选项，选取"XC 轴"作为投影方向，在 投影选项 下拉列表中选择 无 选项，单击 <确定> 按钮完成投影曲线 2 的创建。

图 3.207　草图 2（三维）　　　图 3.208　草图 2（平面）　　　图 3.209　投影曲线 2

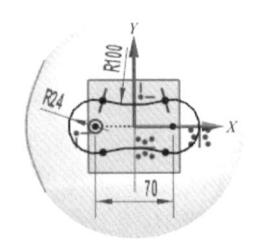

步骤 7：创建如图 3.210 所示的草图 3。单击 主页 功能选项卡"构造"区域中的草图 按钮，选取"XY 平面"作为草图平面，绘制如图 3.211 所示的草图 3。

步骤 8： 创建如图 3.212 所示的投影曲线 3。单击 曲线 功能选项卡 派生 区域中的 按钮，在部件导航器选取步骤 7 创建的草图作为要投影的曲线，单击鼠标中键确认，选取步骤 2 创建的球体表面作为投影面，在 投影方向 区域 方向 的下拉列表中选择沿向量选项，选取"ZC 轴"作为投影方向，在 投影选项 下拉列表中选择 无 选项，单击 <确定> 按钮完成投影曲线 3 的创建。

图 3.210　草图 3（三维）　　　图 3.211　草图 3（平面）　　　图 3.212　投影曲线 3

步骤 9：创建如图 3.213 所示的管 1。单击 曲面 功能选项卡"基本"区域中的"更多"节点，在系统弹出的快捷列表中选择"扫掠"区域的 管 命令，选取步骤 4 创建的投影曲线作为管道路径，在 横截面 区域的"外径"文本框中输入值 4，在"内径"文本框中输入值 0，在"布尔"下拉列表中选中"减去"，在"设置"区域的"输出"下拉列表中选择"单段"，单击"确定"按钮完成管 1 的创建。

步骤 10：参考步骤 9 创建另外两个管，完成后如图 3.214 所示。

步骤 11：创建如图 3.215 所示的镜像 1。单击 主页 功能选项卡"基本"区域中的 镜像特征 按钮，系统会弹出"镜像特征"对话框，选取步骤 9 创建的"管 1"作为要镜像的特征，在"镜像平面"区域的"平面"下拉列表中选择"现有平面"，激活"选择平面"，选取"ZX 平面"作为镜像平面，单击"确定"按钮，完成镜像 1 的创建。

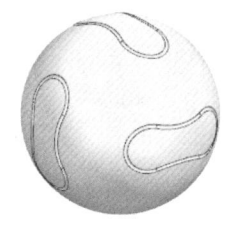

图 3.213　管 1　　　图 3.214　管 2 和管 3　　　图 3.215　镜像 1

步骤 12：参考步骤 11 创建另外两个镜像，完成后如图 3.216 所示。

步骤 13：创建如图 3.217 所示的草图 4。单击 主页 功能选项卡"构造"区域中的草图 按钮，选取"ZX 平面"作为草图平面，绘制如图 3.217 所示的草图 4（草图的两端与投影曲线重合）。

步骤 14：创建如图 3.218 所示的管 4。单击 曲面 功能选项卡"基本"区域中的"更多"节点，在系统弹出的快捷列表中选择"扫掠"区域的 ⊙管 命令，选取步骤13创建的草图作为管道路径，在 横截面 区域的"外径"文本框中输入值4，在"内径"文本框中输入值0，在"布尔"下拉列表中选中"减去"，在"设置"区域的"输出"下拉列表中选择"单端"，单击"确定"按钮完成管4的创建。

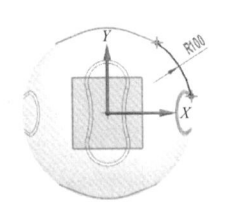

图 3.216　镜像2和镜像3　　　　图 3.217　草图4　　　　图 3.218　管4

步骤15：创建如图3.219所示的镜像4。单击 主页 功能选项卡"基本"区域中的 镜像特征 按钮，系统会弹出"镜像特征"对话框，选取步骤14创建的管4作为要镜像的特征，在"镜像平面"区域的"平面"下拉列表中选择"现有平面"，激活"选择平面"，选取"YZ平面"作为镜像平面，单击"确定"按钮，完成镜像4的创建。

步骤16：创建如图3.220所示的镜像5。单击 主页 功能选项卡"基本"区域中的 镜像特征 按钮，系统会弹出"镜像特征"对话框，选取步骤14创建的管4与步骤15创建的镜像4作为要镜像的特征，在"镜像平面"区域的"平面"下拉列表中选择"现有平面"，激活"选择平面"，选取"XY平面"作为镜像平面，单击"确定"按钮，完成镜像5的创建。

步骤17：创建如图3.221所示的草图5。单击 主页 功能选项卡"构造"区域中的草图 按钮，选取"ZY平面"作为草图平面，绘制如图3.221所示的草图5（草图的两端与投影曲线重合）。

图 3.219　镜像4　　　　图 3.220　镜像5　　　　图 3.221　草图5

步骤18：创建如图3.222所示的管5。单击 曲面 功能选项卡"基本"区域中的"更多"节点，在系统弹出的快捷列表中选择"扫掠"区域的 ⊙管 命令，选取步骤17创建的草图作为管道路径，在 横截面 区域的"外径"文本框中输入值4，在"内径"文本框中输入值0，在"布尔"下拉列表中选中"减去"，在"设置"区域的"输出"下拉列表中选择"单端"，单击"确定"按钮完成管5的创建。

步骤19：创建如图3.223所示的镜像6。单击 主页 功能选项卡"基本"区域中的 镜像特征 按钮，系统会弹出"镜像特征"对话框，选取步骤18创建的"管5"作为要镜像的特征，在"镜像平面"区域的"平面"下拉列表中选择"现有平面",激活"选择平面",选取"ZX平面"作为镜像平面,单击"确定"按钮,完成镜像6的创建。

步骤20:创建如图3.224所示的镜像7。单击 主页 功能选项卡"基本"区域中的 镜像特征 按钮,系统会弹出"镜像特征"对话框,选取步骤18创建的管5与步骤19创建的镜像6作为要镜像的特征,在"镜像平面"区域的"平面"下拉列表中选择"现有平面",激活"选择平面",选取"XY平面"作为镜像平面,单击"确定"按钮,完成镜像7的创建。

图 3.222　管 5 　　　　图 3.223　镜像 6 　　　　图 3.224　镜像 7

步骤21:创建如图3.225所示的草图6。单击 主页 功能选项卡"构造"区域中的草图 按钮,选取"XY平面"作为草图平面,绘制如图3.225所示的草图6(草图的两端与投影曲线重合)。

步骤22:创建如图3.226所示的管6。单击 曲面 功能选项卡"基本"区域中的"更多"节点,在系统弹出的快捷列表中选择"扫掠"区域的 管 命令,选取步骤21创建的草图作为管道路径,在 横截面 区域的"外径"文本框中输入值4,在"内径"文本框中输入值0,在"布尔"下拉列表中选中"减去",在"设置"区域的"输出"下拉列表中选择"单端",单击"确定"按钮完成管6的创建。

步骤23:创建如图3.227所示的镜像8。单击 主页 功能选项卡"基本"区域中的 镜像特征 按钮,系统会弹出"镜像特征"对话框,选取步骤22创建的管6作为要镜像的特征,在"镜像平面"区域的"平面"下拉列表中选择"现有平面",激活"选择平面",选取"YZ平面"作为镜像平面,单击"确定"按钮,完成镜像8的创建。

步骤24:创建如图3.228所示的镜像9。单击 主页 功能选项卡"基本"区域中的 镜像特征 按钮,系统会弹出"镜像特征"对话框,选取步骤22创建的管6与步骤23创建的镜像8作为要镜像的特征,在"镜像平面"区域的"平面"下拉列表中选择"现有平面",激活"选择平面",选取"ZX平面"作为镜像平面,单击"确定"按钮,完成镜像9的创建。

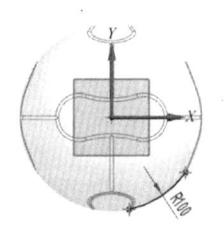

图 3.225　草图 6 　　　　图 3.226　管 6 　　　　图 3.227　镜像 8 　　　　图 3.228　镜像 9

3.4.3 组合投影基本操作

使用组合投影可以用来组合两个现有曲线的投影,以此来创建一条新的曲线,两条曲线的投影必须相交。在创建过程中,可以指定新曲线是否与输入曲线关联,以及对输入曲线作保留、隐藏等处理。

下面以绘制如图 3.229 所示的曲线为例,介绍创建组合投影的一般操作过程。

步骤 1:新建文件。选择"快速访问工具条"中的 命令,在"新建"对话框中选择"模型"模板,在名称文本框中输入"组合投影",将工作目录设置为 D:\UG 曲面设计\work\ch03.04\,然后单击"确定"按钮进入零件建模环境。

步骤 2:创建如图 3.230 所示的草图 1。单击 主页 功能选项卡"构造"区域中的草图 按钮,选取"ZX 平面"作为草图平面,绘制如图 3.231 所示的草图 1。

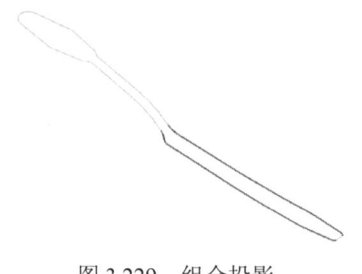

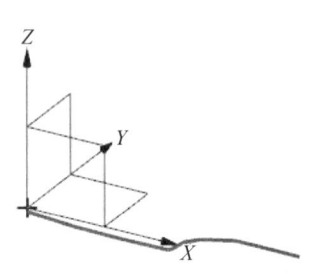

图 3.229　组合投影　　　　　　　　图 3.230　草图 1(三维)

步骤 3:创建如图 3.232 所示的草图 2。单击 主页 功能选项卡"构造"区域中的草图 按钮,选取"XY 平面"作为草图平面,绘制如图 3.233 所示的草图 2。

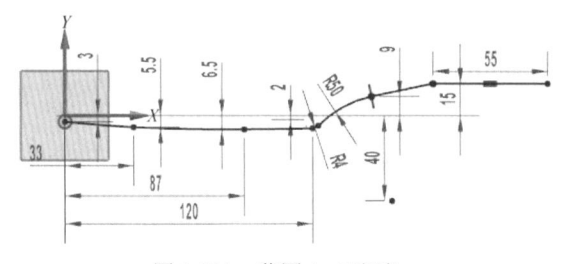

图 3.231　草图 1(平面)　　　　　　图 3.232　草图 2(三维)

步骤 4:选择命令。单击 曲线 功能选项卡 派生 区域中的"更多"按钮,在系统弹出的下拉菜单中选择 组合投影 命令,系统会弹出如图 3.234 所示的"组合投影"对话框。

步骤 5:选择投影对象 1 与投影方向。选取步骤 2 创建的草图 1 作为第 1 个投影对象,并按鼠标中键确认,在 投影方向 1 区域的 投影方向 下拉列表中选择 垂直于曲线平面 类型。

步骤 6:选择投影对象 2 与投影方向。选取步骤 3 创建的草图 2 作为第 2 个投影对象,在 投影方向 2 区域的 投影方向 下拉列表中选择 垂直于曲线平面 类型。

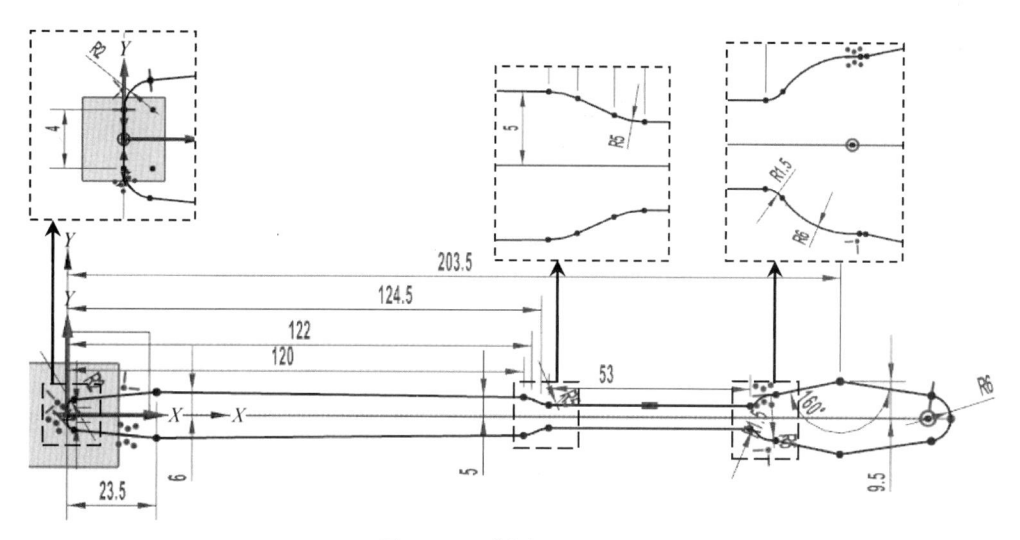

图 3.233　草图 2（平面）

图 3.234　"组合投影"对话框

步骤 7：完成操作。单击 <确定> 按钮完成组合投影的创建。

3.4.4 组合投影案例：异形支架

本案例将介绍异形支架模型的创建过程，主要使用了草图、组合投影、管道等，利用二维草图创建两个方向的平面草图，结合组合投影创建空间曲线路径，最后利用管道得到所需效果。该模型如图 3.235 所示。

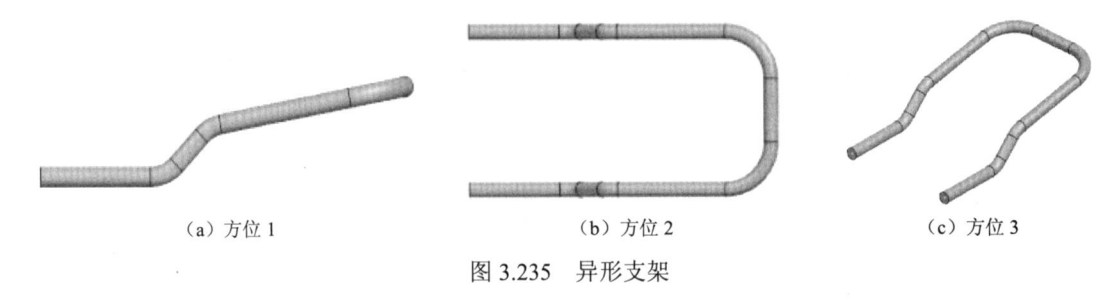

(a) 方位 1　　　　　(b) 方位 2　　　　　(c) 方位 3

图 3.235　异形支架

步骤 1：新建文件。选择"快速访问工具条"中的 命令，在"新建"对话框中选择"模型"模板，在名称文本框中输入"异形支架"，将工作目录设置为 D:\UG 曲面设计\work\ch03.04\，然后单击"确定"按钮进入零件建模环境。

步骤 2：创建如图 3.236 所示的草图 1。单击 主页 功能选项卡"构造"区域中的草图 按钮，选取"ZX 平面"作为草图平面，绘制如图 3.237 所示的草图 1。

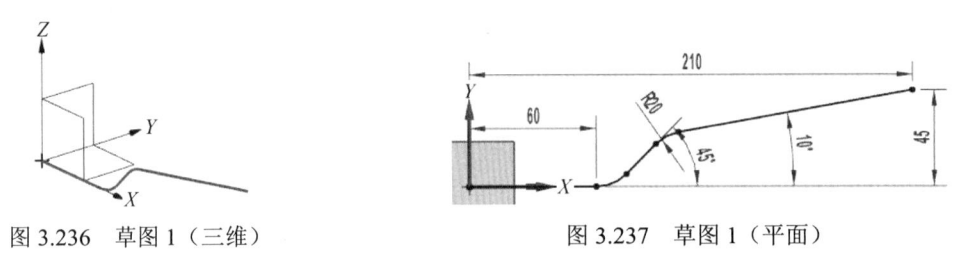

图 3.236　草图 1（三维）　　　　　图 3.237　草图 1（平面）

步骤 3：创建如图 3.238 所示的草图 2。单击 主页 功能选项卡"构造"区域中的草图 按钮，选取"XY 平面"作为草图平面，绘制如图 3.239 所示的草图 2。

图 3.238　草图 2（三维） 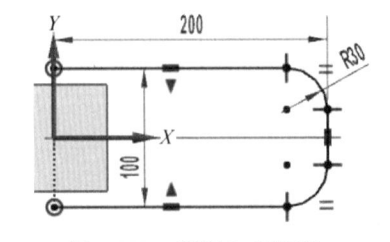　　　　　图 3.239　草图 2（平面）

步骤 4：创建如图 3.240 所示的组合投影曲线。单击 曲线 功能选项卡 派生 区域中的"更多"按钮，在系统弹出的下拉菜单中选择 组合投影 命令，选取步骤 2 创建的草图 1 作为第 1 个投影对象，并按鼠标中键确认，在 投影方向 1 区域的 投影方向 下拉列表中选择 垂直于曲线平面类型，选取步骤3创建的草图2作为第2个投影对象，在 投影方向2 区域的 投影方向 下拉列表中选择 ◆ 垂直于曲线平面 类型，单击 <确定> 按钮完成组合投影曲线的创建。

步骤5：创建如图3.241所示的管1。单击 曲面 功能选项卡"基本"区域中的"更多"节点，在系统弹出的快捷列表中选择"扫掠"区域的 管 命令，选取步骤4创建的组合投影作为管道路径，在 横截面 区域的"外径"文本框中输入值10，在"内径"文本框中输入值0，在"设置"区域的"输出"下拉列表中选择"单段"，单击"确定"按钮完成管1的创建。

图3.240 组合投影　　　　　　　　　图3.241 管

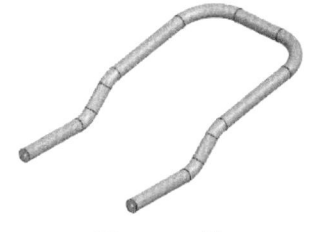

3.4.5 缠绕/展开曲线

使用缠绕/展开曲线既可以将平面上的曲线缠绕到可展开的面上，也可以将可展开面上的曲线展开到平面上。

下面以绘制如图3.242所示的曲线为例，介绍创建缠绕曲线的一般操作过程。

（a）创建前　　　　　　　　　（b）创建后

图3.242 缠绕曲线

步骤1：打开文件D:\UG 曲面设计\work\ch03.04\缠绕曲线-ex。

步骤2：选择命令。单击 曲线 功能选项卡 派生 区域中的"更多"按钮，在系统弹出的下拉菜单中选择 缠绕/展开曲线 命令，系统会弹出如图3.243所示的"缠绕/展开曲线"对话框。

步骤3：设置类型。在"缠绕/展开曲线"对话框"类型"下拉列表中选择 缠绕 类型。

步骤4：选择缠绕曲线。在部件导航器中选取如图3.242所示的草图作为要缠绕的曲线，按鼠标中键确认。

步骤5：选择缠绕到的面。选取如图3.242所示的面作为缠绕到的面，按鼠标中键确认。

步骤6：选择参考平面。选取如图3.244所示的面作为参考面。

步骤7：完成操作。单击 <确定> 按钮完成缠绕曲线的创建。

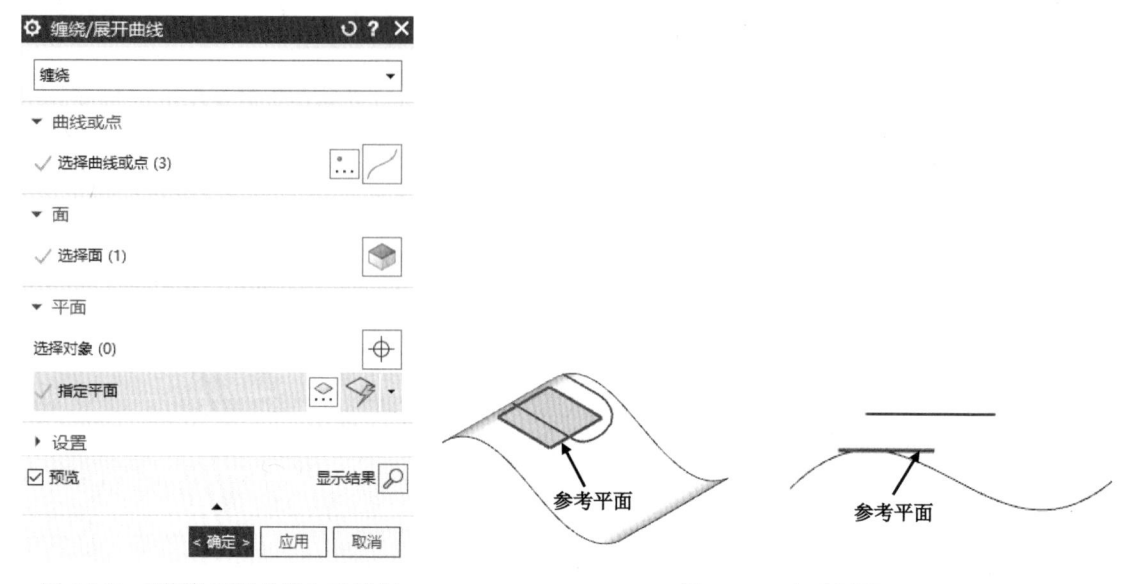

图 3.243 "缠绕/展开曲线"对话框

图 3.244 参考平面

下面以绘制如图 3.245 所示的曲线为例,介绍创建展开曲线的一般操作过程。

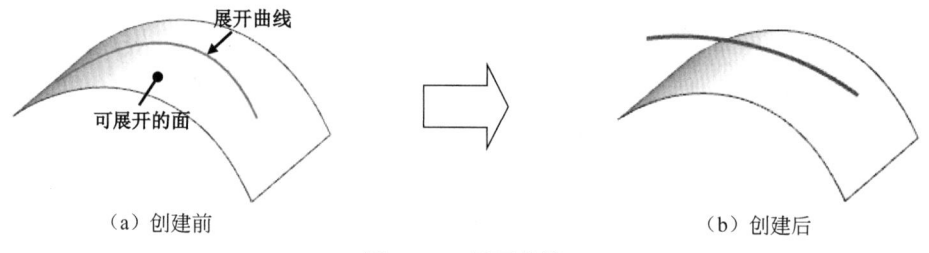

(a)创建前　　　　　　　　　　　　(b)创建后

图 3.245 展开曲线

步骤 1:打开文件 D:\UG 曲面设计\work\ch03.04\展开曲线-ex。

步骤 2:选择命令。单击 曲线 功能选项卡 派生 区域中的"更多"按钮,在系统弹出的下拉菜单中选择 缠绕/展开曲线 命令,系统会弹出"缠绕/展开曲线"对话框。

步骤 3:设置类型。在"缠绕/展开曲线"对话框"类型"下拉列表中选择 展开 类型。

步骤 4:选择缠绕曲线。在图形区选取如图 3.245 所示的展开曲线,按鼠标中键确认。

步骤 5:选择缠绕到的面。选取如图 3.245 所示的面作为展开的面,按鼠标中键确认。

步骤 6:选择参考平面。选取"XY 平面"作为参考面。

步骤 7:完成操作。单击 <确定> 按钮完成展开曲线的创建。

3.5　相交曲线

相交曲线是指两个或多个相交特征的交线,并且相交的特征为面。

3.5.1 相交曲线的一般操作过程

下面以绘制如图 3.246 所示的曲线为例，介绍创建相交曲线的一般操作过程。

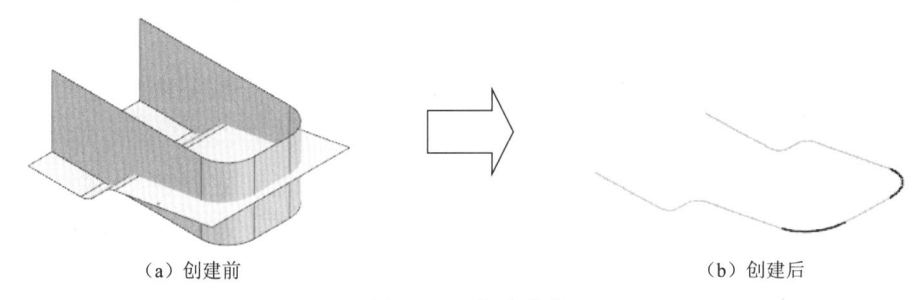

(a) 创建前　　　　　　　　　(b) 创建后

图 3.246　相交曲线

步骤 1：打开文件 D:\UG 曲面设计\work\ch03.05\相交曲线-ex。
步骤 2：选择命令。单击 曲线 功能选项卡 派生 区域中的 （相交曲线）按钮，系统会弹出如图 3.247 所示的"相交曲线"对话框。

图 3.247　"相交曲线"对话框

步骤 3：选择第 1 组面。在部件导航器选取"拉伸（3）"作为第 1 组相交面，按鼠标中键确认。
步骤 4：选择第 2 组面。在部件导航器选取"拉伸（4）"作为第 2 组相交面，按鼠标中键确认。
步骤 5：完成操作。单击 <确定> 按钮完成相交曲线的创建。

3.5.2 相交曲线案例：异形弹簧

本案例将介绍异形弹簧模型的创建过程，主要使用了拉伸曲面、螺旋线、扫掠曲面、相交曲线、管道等，利用直线沿螺旋线扫掠得到曲面，然后利用拉伸与扫掠曲面相交得到管道路径，最后利用管道得到所需效果。该模型如图 3.248 所示。

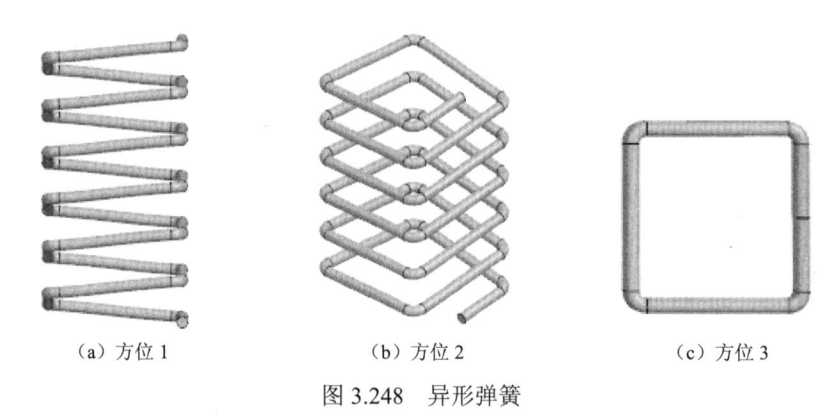

  (a) 方位 1   (b) 方位 2   (c) 方位 3

图 3.248 异形弹簧

  步骤 1：新建文件。选择"快速访问工具条"中的 [图标] 命令，在"新建"对话框中选择"模型"模板，在名称文本框中输入"异形弹簧"，将工作目录设置为 D:\UG 曲面设计\work\ch03.05\，然后单击"确定"按钮进入零件建模环境。

  步骤 2：创建如图 3.249 所示的拉伸曲面。单击 主页 功能选项卡"基本"区域中的 [图标] 按钮，在系统的提示下选取"XY 平面"作为草图平面，绘制如图 3.250 所示的草图；在"拉伸"对话框"限制"区域的"终止"下拉列表中选择 值 选项，在"距离"文本框中输入深度值 300，方向沿 z 轴正方向；在"设置"区域的"体类型"下拉列表中选择"片体"；单击"确定"按钮，完成拉伸曲面的创建。

  步骤 3：创建如图 3.251 所示的螺旋线。选择 曲线 功能选项卡"高级"区域中 [图标] 命令，在"螺旋"对话框 方位 区域激活 指定坐标系 ，在部件导航器中选取基准坐标系作为方位参考；在 大小 区域选中 直径 单选项，在 规律类型 下拉列表中选择 恒定 类型，在 值 文本框中输入值 40；在 步距 区域 规律类型 下拉列表中选择 恒定 类型，在 值 文本框中输入值 40；在 长度 区域 方法 下拉列表中选择 圈数 类型，在 圈数 文本框中输入值 6；单击 <确定> 按钮完成螺旋线的创建。

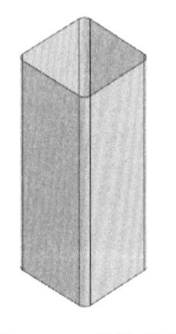

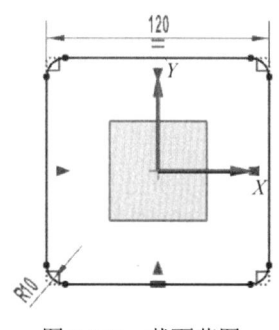

图 3.249 拉伸曲面   图 3.250 截面草图   图 3.251 螺旋线

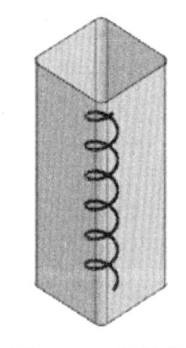

步骤 4：创建如图 3.252 所示的直线。选择 曲线 功能选项卡"基本"区域中的 / 直线 命令，捕捉螺旋线的起点作为直线的开始点，沿着 X 方向绘制长度为 90 的水平直线。

步骤 5：创建如图 3.253 所示的扫掠曲面。单击 曲面 功能选项卡"基本"区域中的 按钮，在绘图区选取步骤 4 创建的直线作为扫掠截面，激活"引导线"区域的"选择曲线"，选取步骤 3 创建的螺旋线作为引导线，在"定向方法"区域的"方法"下拉列表中选择 向量方向 类型，选取基准坐标系的 z 轴作为参考，其他参数采用系统默认，单击"确定"按钮，完成扫掠的创建。

步骤 6：创建如图 3.254 所示的相交曲线。单击 曲线 功能选项卡 派生 区域中的 按钮，在部件导航器选取"拉伸（1）"作为第 1 组相交面，按鼠标中键确认，在部件导航器选取"扫掠（4）"作为第 2 组相交面，按鼠标中键确认，单击 <确定> 按钮完成相交曲线的创建。

步骤 7：创建如图 3.255 所示的管 1。单击 曲面 功能选项卡"基本"区域中的"更多"节点，在系统弹出的快捷列表中选择"扫掠"区域的 管 命令，选取步骤 6 创建的相交曲线作为管道路径，在 横截面 区域的"外径"文本框中输入值 10，在"内径"文本框中输入值 0，在"设置"区域的"输出"下拉列表中选择"单段"，单击"确定"按钮完成管 1 的创建。

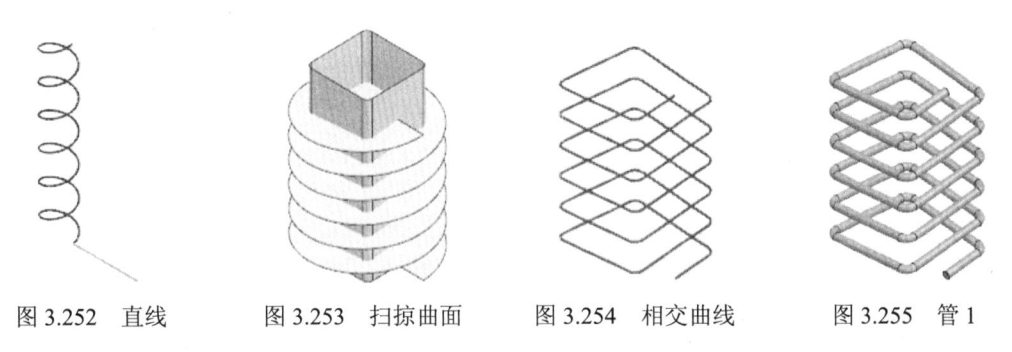

图 3.252　直线　　图 3.253　扫掠曲面　　图 3.254　相交曲线　　图 3.255　管 1

3.6　偏置曲线

偏置曲线是通过移动选中的对象来创建的，通过偏置命令可以将直线、圆弧、二次曲线及样条等对象在平面内偏置，可以偏置到一个平行的平面上，可以沿着指定的方向偏置，也可以利用在面上偏置功能在曲面上进行偏置。

3.6.1　距离偏置曲线的一般操作过程

下面以绘制如图 3.256 所示的曲线为例，介绍创建距离偏置曲线的一般操作过程。

步骤 1：打开文件 D:\UG 曲面设计\work\ch03.06\偏置曲线-ex。

步骤 2：选择命令。单击 曲线 功能选项卡 派生 区域中的 偏置曲线 按钮，系统会弹出如图 3.257 所示的"偏置曲线"对话框。

步骤 3：定义偏置类型。在"偏置曲线"对话框"类型"下拉列表中选择 距离 选项。

（a）创建前　　　　　　　　　　　　（b）创建后

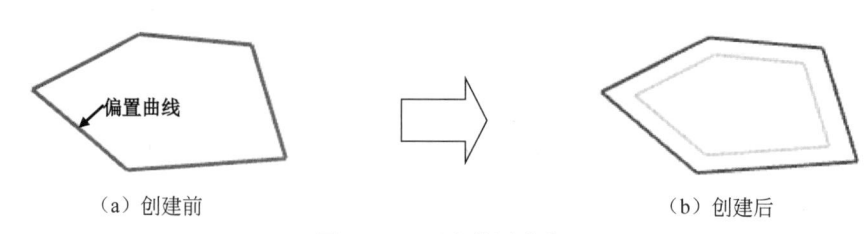

图 3.256　距离偏置曲线

步骤 4：定义偏置曲线。在"选择过滤器"工具条中将选择类型设置为"相连曲线"，选取如图 3.256（a）所示的 5 条直线作为偏置对象。

步骤 5：定义偏置参数。在"偏置"区域的"距离"文本框中输入偏置距离值 8，在"副本数"文本框中输入值 1，偏置方向如图 3.258 所示，在"设置"区域的"修剪"下拉列表中选择"相切延伸"类型，其他参数均采用系统默认。

步骤 6：完成操作。单击 <确定> 按钮完成偏置曲线的创建。

图 3.257 "偏置曲线"对话框部分选项的说明如下。

（1）曲线 区域：用于选择偏置的曲线，既可以为平面曲线，也可以为空间曲线，当偏置对象为空间多个面上的对象时，需要将偏置类型设置为 3D 轴向，当选择的曲线不足以确定一个偏置平面时，需要额外指定一点来确定偏置平面，如图 3.259 所示。

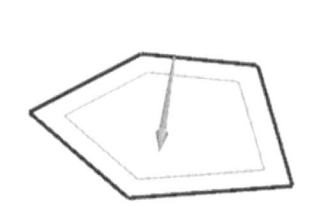

图 3.257　"偏置曲线"对话框　　　图 3.258　偏置方向　　　图 3.259　单条空间曲线

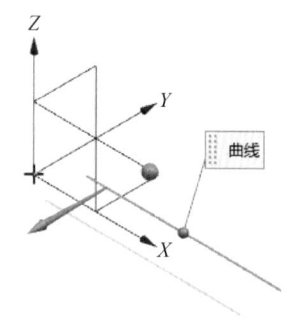

（2）距离 文本框：用于设置偏置的距离，如图 3.260 所示。
（3）副本数 文本框：用于设置偏置的副本数，如图 3.261 所示。

(a) 距离为 5　　　　　　　　　　(b) 距离为 10

图 3.260　距离文本框

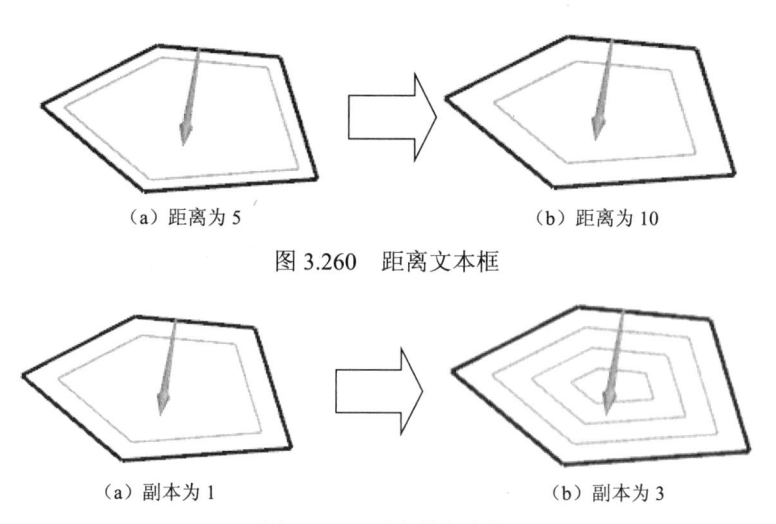

(a) 副本为 1　　　　　　　　　　(b) 副本为 3

图 3.261　副本数文本框

（4）⊠按钮：用于调整偏置的方向，如图 3.262 所示。

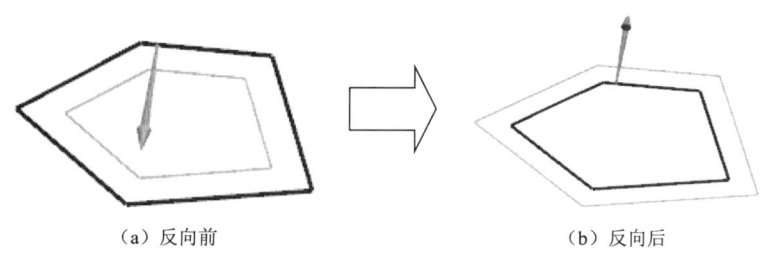

(a) 反向前　　　　　　　　　　(b) 反向后

图 3.262　反向按钮

（5）输入曲线下拉列表：用于设置偏置原始曲线的处理方式，可以选择保留（如图 3.263 所示）、隐藏（如图 3.263 所示）、删除与替换。

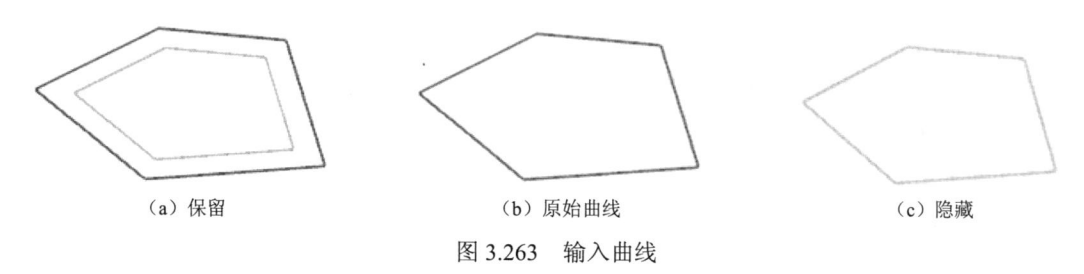

(a) 保留　　　　　　　(b) 原始曲线　　　　　　(c) 隐藏

图 3.263　输入曲线

（6）修剪下拉列表：用于设置偏置曲线的修剪方式，包括"无""相切延伸"与"圆角"3 种方式；当选择"无"时，偏置后的曲线既不延长相交，也不彼此裁剪或倒圆角，如图 3.264 所示；当选择"相切延伸"时，偏置后的曲线将延长相交或彼此裁剪，如图 3.265 所示；当选择"圆角"时，若偏置曲线的各组成曲线彼此不相连接，则系统以半径值为偏置距离的圆弧，将各组成曲线彼此相邻者的端点两两相连，若偏置曲线的各组成曲线彼此相交，则系统在其交点处剪裁多余部分，如图 3.266 所示。

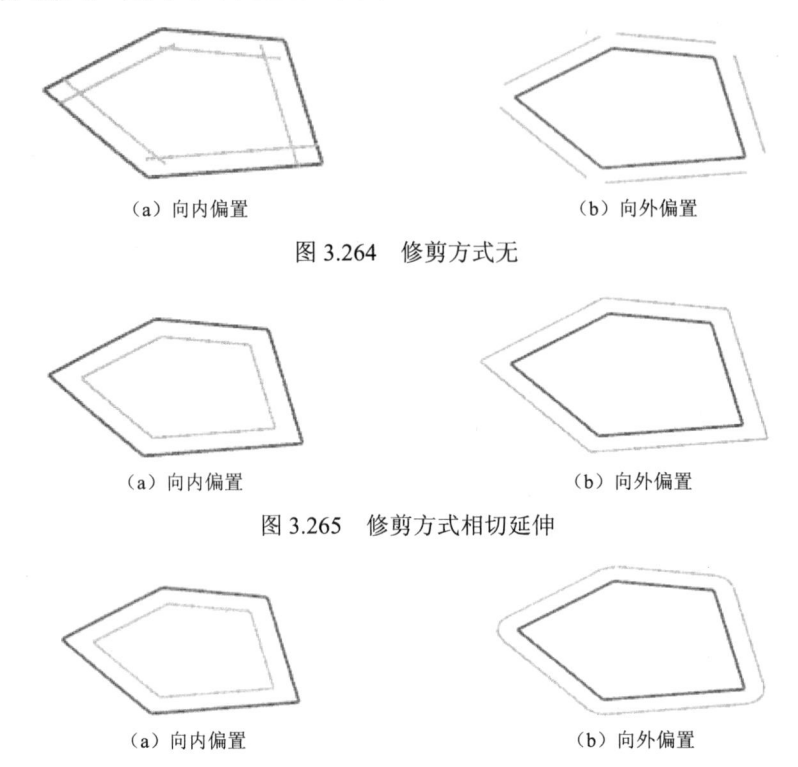

(a) 向内偏置　　　　　　　　　　　　(b) 向外偏置

图 3.264　修剪方式无

(a) 向内偏置　　　　　　　　　　　　(b) 向外偏置

图 3.265　修剪方式相切延伸

(a) 向内偏置　　　　　　　　　　　　(b) 向外偏置

图 3.266　修剪方式圆角

3.6.2　拔模偏置曲线的一般操作过程

下面以绘制如图 3.267 所示的曲线为例，介绍创建拔模偏置曲线的一般操作过程。

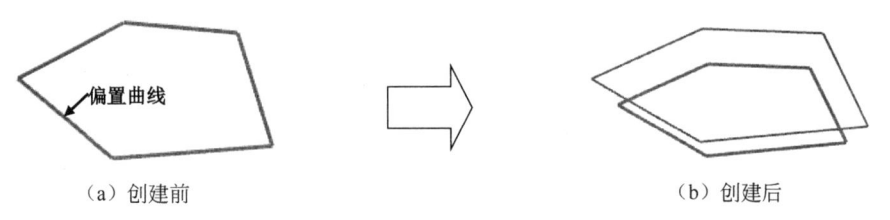

(a) 创建前　　　　　　　　　　　　(b) 创建后

图 3.267　拔模偏置曲线

步骤 1：打开文件 D:\UG 曲面设计\work\ch03.06\偏置曲线-ex。

步骤 2：选择命令。单击 曲线 功能选项卡 派生 区域中的 偏置曲线 按钮，系统会弹出"偏置曲线"对话框。

步骤 3：定义偏置类型。在"偏置曲线"对话框"类型"下拉列表中选择 拔模 选项。

步骤 4：定义偏置曲线。在"选择过滤器"工具条中将选择类型设置为"相连曲线"，选取如图 3.267（a）所示的 5 条直线作为偏置对象。

步骤 5：定义偏置参数。在"偏置"区域的"高度"文本框中输入高度值 10，方向沿 z 轴负方向，如图 3.268 所示，在"角度"文本框中输入拔模角度 30，方向向内，在"副本数"文本框中输入值 1，偏置方向如图 3.269 所示，在"设置"区域的"修剪"下拉列表中选择"相切延伸"类型，其他参数均采用系统默认。

图 3.268 偏置高度方向　　　　图 3.269 偏置方向

步骤 6：完成操作。单击 <确定> 按钮完成拔模偏置曲线的创建。

3.6.3 规律控制偏置曲线的一般操作过程

下面以绘制如图 3.270 所示的曲线为例，介绍创建规律控制偏置曲线的一般操作过程。

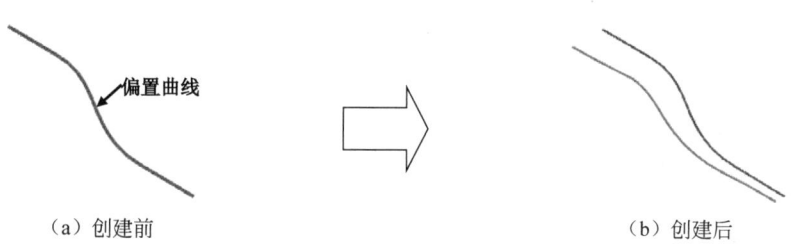

（a）创建前　　　　（b）创建后

图 3.270 规律控制偏置曲线

步骤 1：打开文件 D:\UG 曲面设计\work\ch03.06\规律控制偏置曲线-ex。

步骤 2：选择命令。单击 曲线 功能选项卡 派生 区域中的 偏置曲线 按钮，系统会弹出"偏置曲线"对话框。

步骤 3：定义偏置类型。在"偏置曲线"对话框"类型"下拉列表中选择 规律控制 选项。

步骤 4：定义偏置曲线。在"选择过滤器"工具条中将选择类型设置为"相切曲线"，选取如图 3.270（a）所示的偏置曲线作为偏置对象（选取对象时靠近左侧选取，靠近侧即起始侧）。

步骤 5：定义偏置参数。在"偏置"区域的"规律类型"下拉列表中选择"三次"类型，在"起点"文本框中输入值 10，在"终点"文本框中输入值 3，在"副本数"文本框中输入值 1，偏置方向如图 3.271 所示，其他参数均采用系统默认。

图 3.271 偏置方向

步骤 6：完成操作。单击 <确定> 按钮完成规律控制偏置曲线的创建。

3.6.4　3D 轴向偏置曲线的一般操作过程

下面以绘制如图 3.272 所示的曲线为例，介绍创建 3D 轴向偏置曲线的一般操作过程。

图 3.272　3D 轴向偏置曲线

步骤 1：打开文件 D:\UG 曲面设计\work\ch03.06\3D 轴向偏置曲线-ex。

步骤 2：选择命令。单击 曲线 功能选项卡 派生 区域中的 偏置曲线 按钮，系统会弹出"偏置曲线"对话框。

步骤 3：定义偏置类型。在"偏置曲线"对话框"类型"下拉列表中选择 3D 轴向 选项。

步骤 4：定义偏置曲线。在"选择过滤器"工具条中将选择类型设置为"相连曲线"，选取如图 3.272（a）所示的五边形作为偏置对象。

步骤 5：定义偏置参数。在"偏置"区域的"距离"文本框中输入距离值 15，选取如图 3.268 所示的直线作为偏置方向，偏置方向如图 3.273 所示，在"设置"区域选中 高级曲线拟合 复选项，在 距离公差 文本框中输入 0.1，其他参数均采用系统默认。

图 3.273　偏置方向

步骤 6：完成操作。单击 < 确定 > 按钮完成 3D 轴向偏置曲线的创建。

3.6.5　在面上偏置的一般操作过程

在面上偏置可以在一个或者多个面上，根据相连的边或者面上的边创建偏置曲线，偏置后的曲线依然在面上。下面以绘制如图 3.274 所示的曲线为例，介绍创建在面上偏置曲线的一般操作过程。

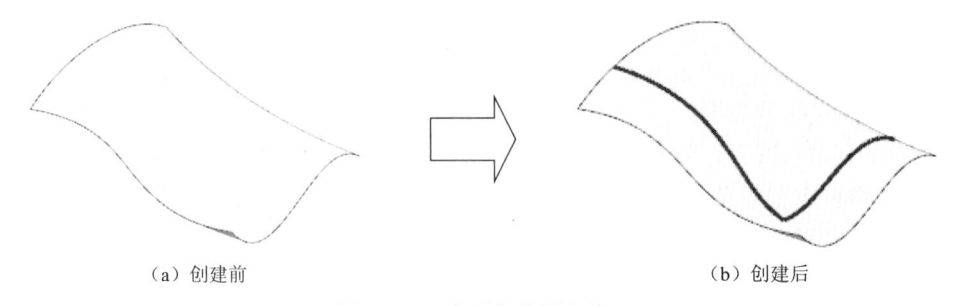

图 3.274　在面上偏置曲线

步骤 1：打开文件 D:\UG 曲面设计\work\ch03.06\在面上偏置曲线-ex。

第3章　曲面线框设计　　107

步骤 2：选择命令。单击 曲线 功能选项卡 派生 区域中的 在面上偏置 按钮，系统会弹出如图 3.275 所示的"在面上偏置曲线"对话框。

步骤 3：定义偏置类型。在"在面上偏置曲线"对话框"类型"下拉列表中选择 恒定 选项。

步骤 4：定义偏置曲线与偏置值。在 曲线 区域的 偏置距离 下拉列表中选择 值 选项，选取如图 3.276 所示的两条边线作为偏置对象，在 截面线1:偏置1 文本框中输入偏置值 60，方向向内。

图 3.275　"在面上偏置曲线"对话框　　　　图 3.276　偏置曲线与参考面

步骤 5：定义偏置参考面。在 面或平面 区域激活 选择面或平面(0)，选取如图 3.276 所示的曲面作为参考。

步骤 6：定义偏置参数。在 方向和方法 区域的 偏置方向 下拉列表中选择 垂直于曲线 选项，在 偏置法 下拉列表中选择 弦 选项，在 修剪和延伸偏置曲线 区域选中 ☑ 修剪至面的边 复选项，其他参数均采用系统默认。

步骤 7：完成操作。单击 <确定> 按钮完成在面上偏置曲线的创建。

3.7 桥接曲线

桥接曲线可以创建位于两条曲线上用户定义点之间的连接曲线，输入的曲线既可以是二维或者三维曲线，也可以是曲面或者实体的边线，生成的连接曲线既可以在两曲线确定的平面上，也可以是系统自动根据曲线位置确定的最理想的连接曲线的位置，还可以在自行选择的曲面上。

3.7.1 桥接曲线的一般操作过程

下面以绘制如图 3.277 所示的曲线为例，介绍创建桥接曲线的一般操作过程。

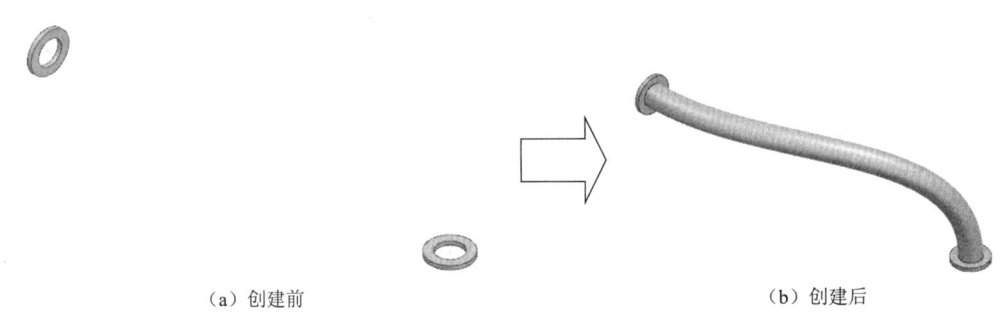

(a) 创建前　　　　　　　　　　(b) 创建后

图 3.277　桥接曲线

步骤 1：打开文件 D:\UG 曲面设计\work\ch03.07\桥接曲线 01-ex.prt。

步骤 2：选择命令。单击 曲线 功能选项卡 派生 区域中的 桥接 按钮，系统会弹出如图 3.278 所示的"桥接曲线"对话框。

步骤 3：定义起始对象。在 起始对象 区域选中 ⦿ 截面 单选项，选取如图 3.279 所示的直线作为参考（靠近右侧选取，代表在右侧位置作为桥接曲线的起始位置）。

步骤 4：定义起始连接与形状控制。在 连接 区域的 开始 区域的 连续性 下拉列表中选择 G1 (相切)，在 形状控制 区域的 方法 下拉列表中选择 相切幅值 类型，在 起始 文本框中输入值 1。

步骤 5：定义终止对象。在 终止对象 区域选中 ⦿ 截面 单选项，选取如图 3.280 所示的直线作为参考（靠近上侧选取，代表在上侧位置作为桥接曲线的终止位置）。

步骤 6：定义终止连接与形状控制。在 连接 区域的 结束 区域的 连续性 下拉列表中选择 G1 (相切)，在 形状控制 区域的 方法 下拉列表中选择 相切幅值 类型，在 结束 文本框中输入值 1。

步骤 7：完成操作。单击 <确定> 按钮完成桥接曲线的创建，如图 3.281 所示。

步骤 8：创建如图 3.282 所示的管 1。单击 曲面 功能选项卡"基本"区域中的"更多"节点，在系统弹出的快捷列表中选择"扫掠"区域的 管 命令，选取创建的桥接曲线作为管道路径，在 横截面 区域的"外径"文本框中输入值 30，在"内径"文本框中输入值 0，在"设置"区域的"输出"下拉列表中选择"单段"，单击"确定"按钮完成管道创建。

图 3.278 "桥接曲线"对话框

图 3.279 起始对象

图 3.280 终止对象

图 3.281 桥接曲线

图 3.282 管 1

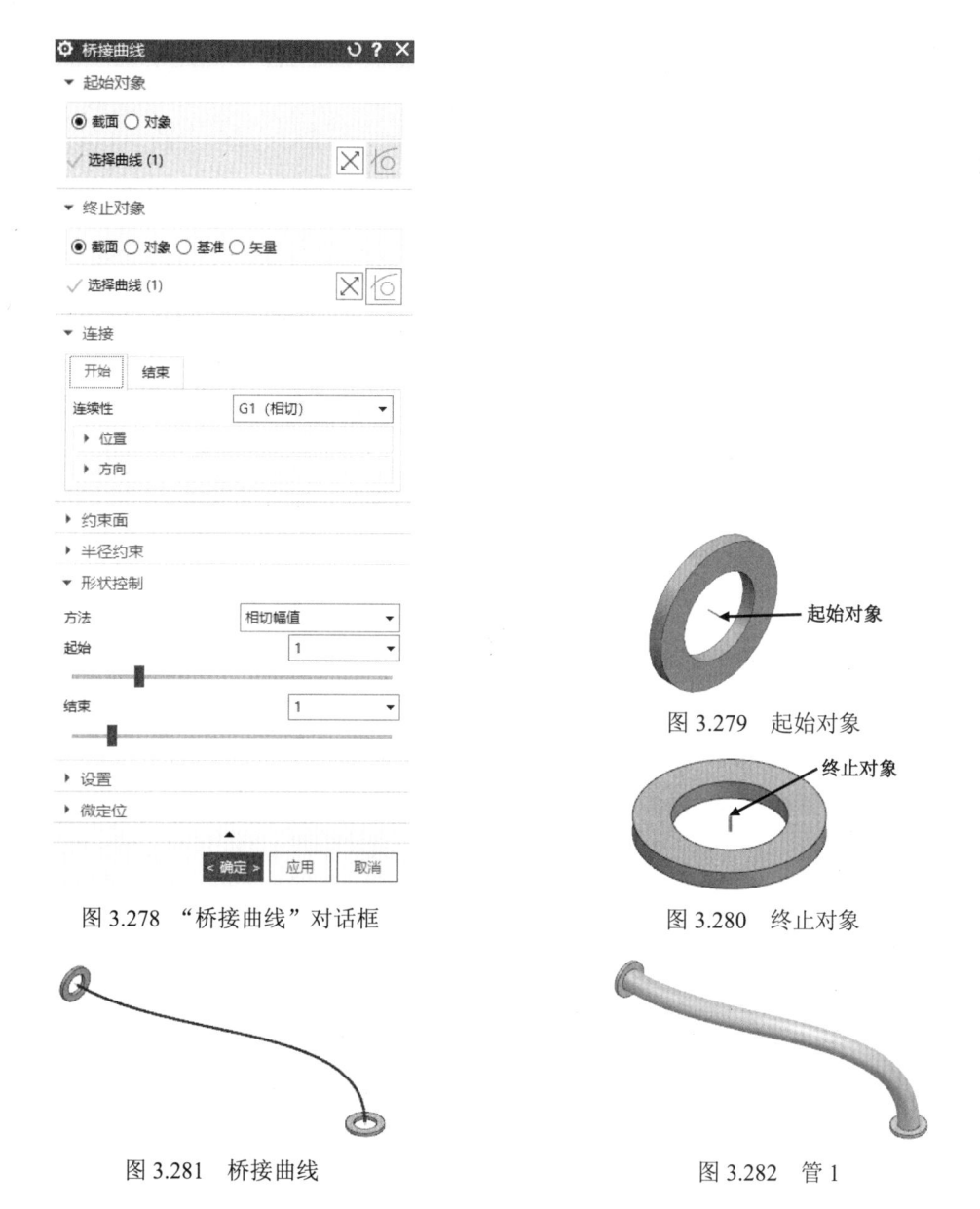

图 3.278 "桥接曲线"对话框部分选项的说明如下。

（1）**连续性**下拉菜单：用于设置桥接曲线与起始、终止对象的连续性，包括 G0 连续（如图 3.283 所示）、G1 连续（如图 3.284 所示）、G2 连续（如图 3.285 所示）与 G3 连续（如图 3.286 所示）。

（2）**方法**下拉菜单：用于控制桥接两端的形状控制参数，包括相切幅值（用于通过改变与第 1 条曲线和第 2 条曲线端点的相切幅值情况来更改桥接曲线的形状，如图 3.287 所示）、

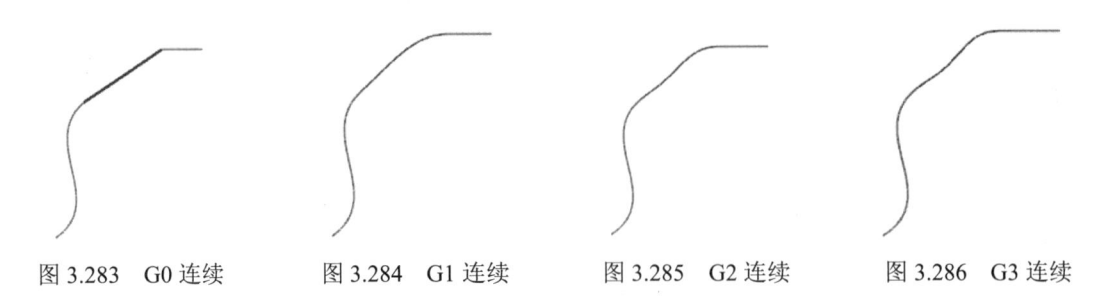

图 3.283　G0 连续　　图 3.284　G1 连续　　图 3.285　G2 连续　　图 3.286　G3 连续

深度和歪斜度（通过改变从峰值点测量的深度和扭曲来更改桥接曲线的形状，外度深度滑块用于控制曲线曲率影响桥接的程度，深度控制如图 3.288 所示，歪斜度控制如图 3.289 所示）

（a）值为 1　　　　　　　　　　（b）值为 3

图 3.287　相切幅值

（a）值为 40　　　　　　　　　　（b）值为 55

图 3.288　深度

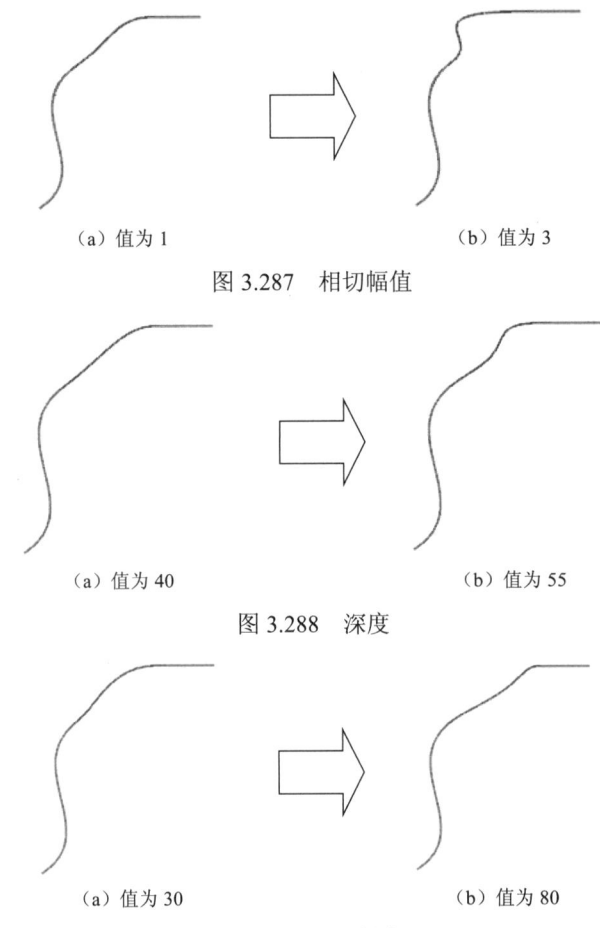

（a）值为 30　　　　　　　　　　（b）值为 80

图 3.289　歪斜度

3.7.2　桥接曲线案例：加热丝

本案例将介绍加热丝模型的创建过程，主要使用了螺旋线、二维草图、桥接曲线、管道等，利用螺旋线绘制与二维草图绘制中间与外侧图元，利用桥接曲线连接直线与螺旋线，最

第3章 曲面线框设计 111

后利用管道得到所需效果。该模型如图 3.290 所示。

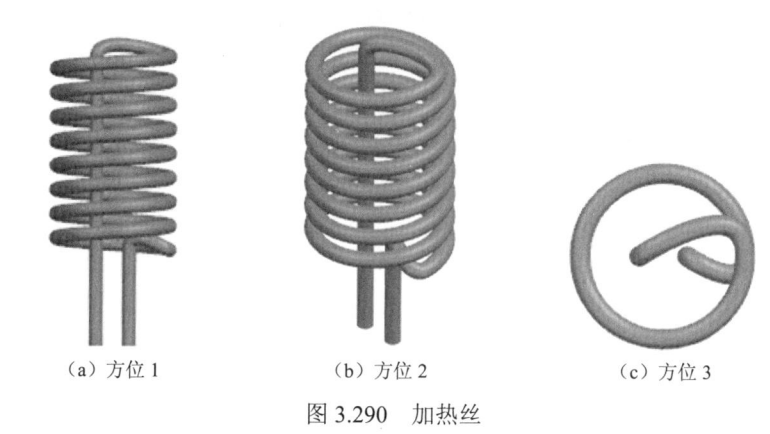

（a）方位 1　　　　（b）方位 2　　　　（c）方位 3

图 3.290　加热丝

步骤 1：新建文件。选择"快速访问工具条"中的 命令，在"新建"对话框中选择"模型"模板，在名称文本框中输入"加热丝"，将工作目录设置为 D:\UG 曲面设计\work\ch03.07\，然后单击"确定"按钮进入零件建模环境。

步骤 2：创建如图 3.291 所示的螺旋线。选择 曲线 功能选项卡"高级"区域中的 命令，在"螺旋"对话框 方位 区域激活 指定坐标系 ，在部件导航器中选取基准坐标系作为方位参考；在 大小 区域选中 直径 单选项，在 规律类型 下拉列表中选择 恒定 类型，在 值 文本框中输入值 120；在 步距 区域 规律类型 下拉列表中选择 恒定 类型，在 值 文本框中输入值 25；在 长度 区域 方法 下拉列表中选择 圈数 类型，在 圈数 文本框中输入值 8，在"设置"区域的"旋转方向"下拉列表中选择"右手"；单击 < 确定 > 按钮完成螺旋线的创建。

步骤 3：创建如图 3.292 所示的草图 1。单击 主页 功能选项卡"构造"区域中的 草图 按钮，选取"ZX 平面"作为草图平面，绘制如图 3.293 所示的草图 1。

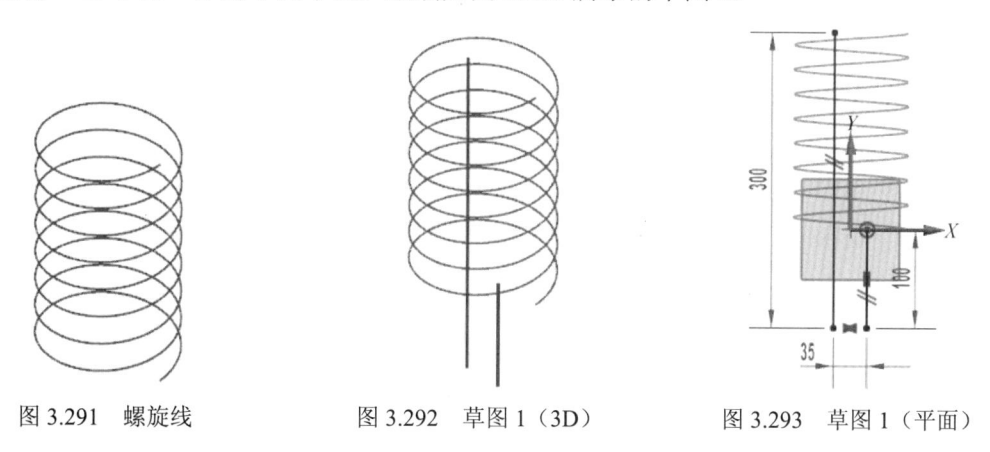

图 3.291　螺旋线　　　　图 3.292　草图 1（3D）　　　　图 3.293　草图 1（平面）

步骤 4：创建如图 3.294 所示的桥接曲线 1。单击 曲线 功能选项卡 派生 区域中的 桥接 按钮，在 起始对象 区域选中 截面 单选项，选取如图 3.295 所示的直线作为参考（靠近上方选取，代表在上方位置作为桥接曲线的起始位置），在 连接 区域的 开始 区域的 连续性 下拉列表中选择 G1 (相切)，在 形状控制 区域的 方法 下拉列表中选择 相切幅值 类型，在 起始 文本框中输入值 0.5，在 终止对象 区域选中 ⦿ 截面 单选项，选取如图 3.295 所示的螺旋线作为参考（靠近上侧选取，代表在上侧位置作为桥接曲线的终止位置），在 连接 区域的 结束 区域的 连续性 下拉列表中选择 G1 (相切)，在 形状控制 区域的 方法 下拉列表中选择 相切幅值 类型，在 结束 文本框中输入值 1，单击 < 确定 > 按钮完成桥接曲线 1 的创建。

步骤 5：创建如图 3.296 所示的桥接曲线 2。单击 曲线 功能选项卡 派生 区域中的 桥接 按钮，在 起始对象 区域选中 ⦿ 截面 单选项，选取如图 3.297 所示的直线作为参考（靠近上方选取，代表在上方位置作为桥接曲线的起始位置），在 连接 区域的 开始 区域的 连续性 下拉列表中选择 G1 (相切)，在 形状控制 区域的 方法 下拉列表中选择 相切幅值 类型，在 起始 文本框中输入值 1，在 终止对象 区域选中 ⦿ 截面 单选项，选取如图 3.297 所示的螺旋线作为参考（靠近下侧选取，代表在下侧位置作为桥接曲线的终止位置），在 连接 区域的 结束 区域的 连续性 下拉列表中选择 G1 (相切)，在 形状控制 区域的 方法 下拉列表中选择 相切幅值 类型，在 结束 文本框中输入值 1，单击 < 确定 > 按钮完成桥接曲线的创建。

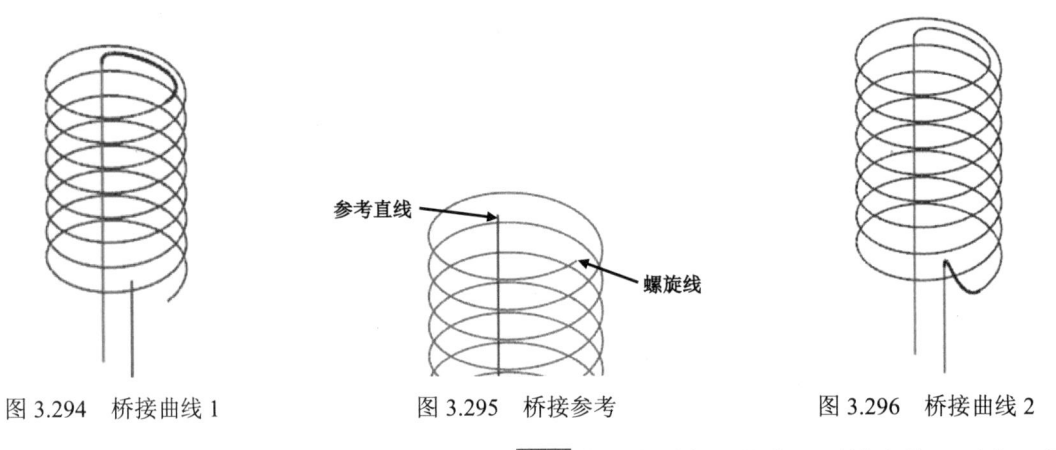

图 3.294　桥接曲线 1　　　　图 3.295　桥接参考　　　　图 3.296　桥接曲线 2

步骤 6：创建如图 3.298 所示的管 1。单击 曲面 功能选项卡"基本"区域中的"更多"节

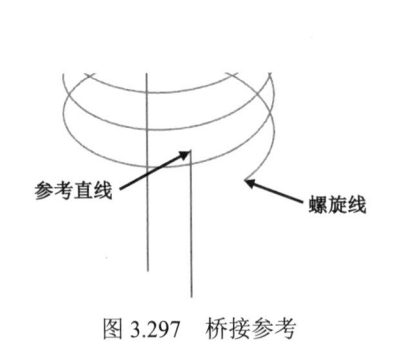

图 3.297　桥接参考 　　　　　　　　图 3.298　管 1

点，在系统弹出的快捷列表中选择"扫掠"区域的 命令，在选择过滤器中将类型设置为相切曲线，选取步骤2～步骤5创建的曲线作为管道路径，在 横截面 区域的"外径"文本框中输入值15，在"内径"文本框中输入值0，在"设置"区域的"输出"下拉列表中选择"单段"，单击"确定"按钮完成管1的创建。

3.7.3 在约束面上创建桥接曲线

下面以绘制如图3.299所示的曲线为例，介绍在约束面上创建桥接曲线的一般操作过程。

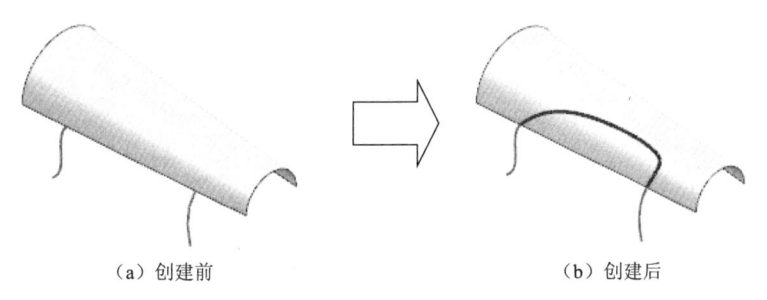

（a）创建前　　　　　　　　　　（b）创建后

图3.299　在约束面上创建桥接曲线

步骤1：打开文件 D:\UG 曲面设计\work\ch03.07\桥接曲线 02-ex.prt。

步骤2：选择命令。单击 曲线 功能选项卡 派生 区域中的 桥接 按钮，系统会弹出"桥接曲线"对话框。

步骤3：定义起始对象。在 起始对象 区域选中 截面 单选项，选取如图3.300所示的样条曲线作为参考（靠近上侧选取，代表在上侧位置作为桥接曲线的起始位置）。

步骤4：定义起始连接与形状控制。在 连接 区域的 开始 区域的 连续性 下拉列表中选择 G1（相切），在 形状控制 区域的 方法 下拉列表中选择 相切幅值 类型，在 起始 文本框中输入值1.5。

步骤5：定义终止对象。在 终止对象 区域选中 截面 单选项，选取如图3.301所示的圆弧作为参考（靠近上侧选取，代表在上侧位置作为桥接曲线的终止位置）。

图3.300　起始参考　　　　　　　　　　图3.301　终止参考

步骤6：定义终止连接与形状控制。在 连接 区域的 结束 区域的 连续性 下拉列表中选择 G1（相切），在 形状控制 区域的 方法 下拉列表中选择 相切幅值 类型，在 结束 文本框中输入值1.5。

步骤7：定义约束面。在 约束面 区域激活 选择面(0)，选取如图3.301所示的面作为参考面。

步骤8：完成操作。单击 <确定> 按钮完成桥接曲线的创建，如图3.299所示。

3.8 其他常用曲线

3.8.1 镜像曲线

镜像曲线是指对源曲线相对于一个平面或基准平面（称为镜像中心平面）进行复制，从而得到一个与源曲线关联或非关联的曲线。

下面以绘制如图 3.302 所示的曲线为例，介绍创建镜像曲线的一般操作过程。

（a）创建镜像前　　　　　　　　　　（b）创建镜像后

图 3.302　镜像曲线

步骤 1：打开文件 D:\UG 曲面设计\work\ch03.08\镜像曲线-ex.prt。

步骤 2：选择命令。单击 曲线 功能选项卡 派生 区域中的"更多"按钮，在系统弹出的下拉菜单中选择 镜像曲线 命令，系统会弹出如图 3.303 所示的"镜像曲线"对话框。

步骤 3：选择镜像源对象。选取如图 3.304 所示的相切曲线作为镜像源对象。

图 3.303　"镜像曲线"对话框　　　　　图 3.304　镜像源曲线

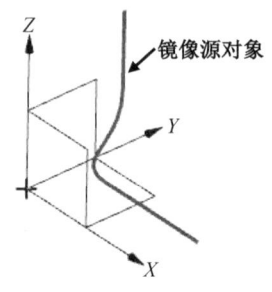

步骤 4：选择镜像中心面。在 镜像平面 区域的 平面 下拉列表中选择"现有平面"，选取"ZX 平面"作为镜像中心平面。

步骤 5：完成操作。单击 <确定> 按钮完成镜像曲线的创建。

3.8.2 截面曲线

截面曲线可以在指定平面与体、面、平面和（或）曲线之间创建相关或不相关的相交曲线，平面与曲线相交可以创建一个或多个点，截面曲线与相交曲线的主要区别为截面曲线可以让实体特征和曲面进行相交。

下面以绘制如图 3.305 所示的曲线为例，介绍创建截面曲线的一般操作过程。

（a）创建前　　　　　　　　　　　　　（b）创建后

图 3.305　截面曲线

步骤 1：打开文件 D:\UG 曲面设计\work\ch03.08\截面曲线-ex.prt。

步骤 2：选择命令。单击 曲线 功能选项卡 派生 区域中的"更多"按钮，在系统弹出的下拉菜单中选择 截面曲线 命令，系统会弹出如图 3.306 所示的"截面曲线"对话框。

步骤 3：选择类型。在"截面曲线"对话框"类型"下拉列表中选择 选定的平面 类型。

步骤 4：选择要剖切的对象。在选择过滤器中将类型设置为实体，选取整个模型作为剖切的对象。

步骤 5：选择剖切平面。在 剖切平面 区域激活 指定平面，选取如图 3.305 所示的面作为剖切面。

步骤 6：完成操作。单击 <确定> 按钮完成截面曲线的创建。

如图 3.306"截面曲线"对话框"类型"列表选项的说明如下。

（1） 平行平面：用于使用一组平行的平面来剖切某个对象，从而得到一个系列的截面曲线，此时需要指定一个基本平面作为平面参照，并且设定生成其他平行平面的参数。起点表示第 1 个平面和基本平面的距离，终点表示基本平面和终止位置的间距，平面的个数=（终点－起点）/步进 ＋1，如图 3.307 所示。

图 3.306　"截面曲线"对话框　　　　　　图 3.307　平行平面类型

（2）径向平面：用于使用绕某个轴旋转的一组平面来剖切对象，从而得到一系列的截面曲线，此时需要指定一个径向轴和一个点来确定参考平面的位置，然后从参考平面的位置，逐个步进某个角度，从而得到一组平面，如图 3.308 所示。

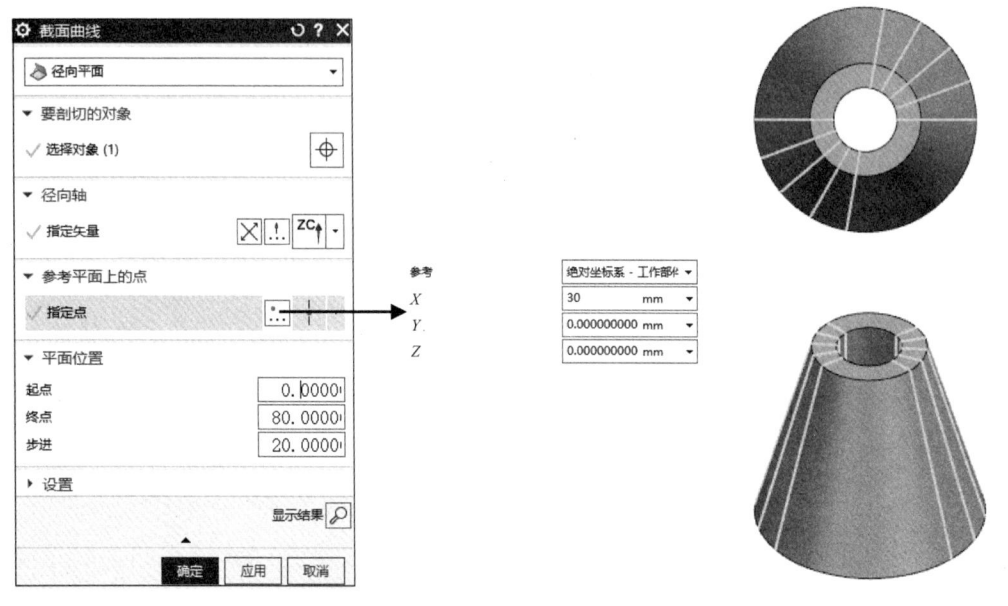

图 3.308　径向平面类型

（3）垂直于曲线的平面：用于垂直于所选曲线创建的一组平面来剖切对象，从而得到一系列的截面曲线，此时需要指定参考曲线或者边线，然后从参考平面的位置，逐个步进某个角度，从而得到一组平面，如图 3.309 所示。

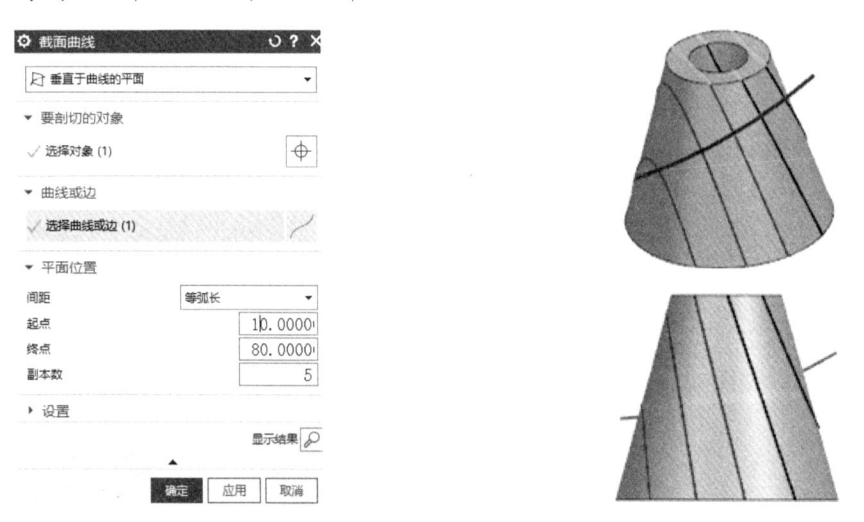

图 3.309　垂直于曲线的平面类型

3.8.3 等参数曲线

使用等参数曲线命令可以沿着给定的 U/V 线方向在面上生成曲线。下面以绘制如图 3.310 所示的曲线为例,介绍创建等参数曲线的一般操作过程。

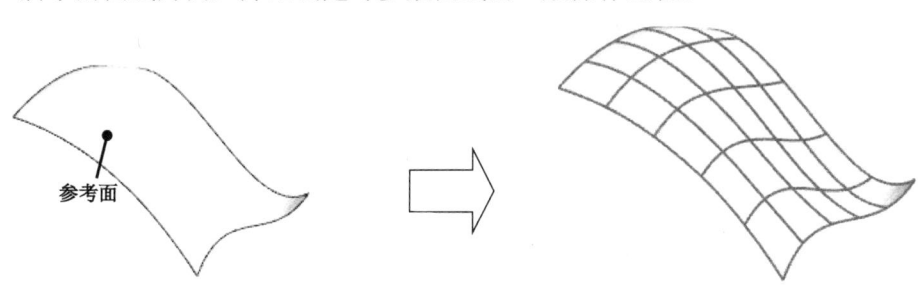

(a) 创建前　　　　　　　　　　(b) 创建后

图 3.310　等参数曲线

步骤 1:打开文件 D:\UG 曲面设计\work\ch03.08\等参数曲线-ex.prt。

步骤 2:选择命令。单击 曲线 功能选项卡 派生 区域中的"更多"按钮,在系统弹出的下拉菜单中选择 等参数曲线 命令,系统会弹出如图 3.311 所示的"等参数曲线"对话框。

步骤 3:选择参考面。选取如图 3.310 所示的面作为参考面。

步骤 4:定义等参数曲线参数。在 等参数曲线 区域的 方向 下拉列表中选择 U和V(用于在 U 与 V 方向均创建曲线)类型,在 位置 下拉列表中选择 均匀 类型,在 数量 文本框中输入值 6。

步骤 5:完成操作。单击 <确定> 按钮完成等参数曲线的创建。

图 3.311　"等参数曲线"对话框

图 3.311"等参数曲线"对话框 等参数曲线 区域选项的说明如下。

(1)方向下拉列表:用于选择要沿其创建等参数曲线的 U 方向和/或 V 方向;当选择 U

时，用于仅在 U 方向创建等参数曲线，如图 3.312 所示；当选择 ⬚V 时，用于仅在 V 方向创建等参数曲线，如图 3.313 所示；当选择 ⬚U和V 时，用于在 U 和 V 方向均创建等参数曲线，如图 3.314 所示。

图 3.312　U 方向

图 3.313　V 方向

图 3.314　U 和 V 方向

（2）**位置**下拉列表：用于指定将等参数曲线放置在所选面上的位置方法；当选择 ⬚均匀 时，用于将等参数曲线按相等的距离放置在所选面上，均匀放置的数目由设置的数量值决定，如图 3.315 所示；当选择 ⬚通过点 时，用于将等参数曲线在所选点位置放置在所选面上，如图 3.316 所示；当选择 ⬚在点之间 时，用于在两个指定的点之间按相等的距离放置等参数曲线，如图 3.317 所示。

图 3.315　均匀

图 3.316　通过点

图 3.317　在点之间

3.8.4　抽取曲线

使用抽取曲线可以通过一个或者多个现有的体的边或者面创建直线、圆弧、二次曲线和样条，而体不发生变化，大多数抽取曲线是非关联的，但也可选择创建关联的等斜度曲线或阴影轮廓曲线。下面以绘制如图 3.318 所示的曲线为例，介绍创建抽取曲线的一般操作过程。

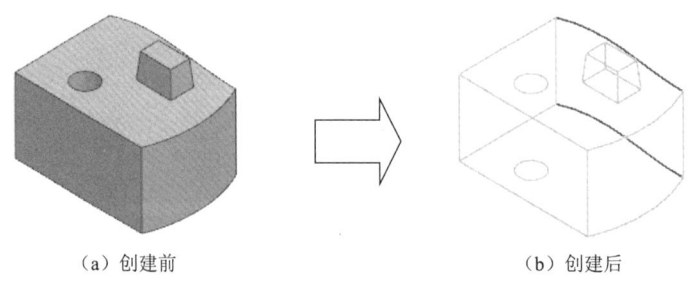

（a）创建前　　　　　　　　　（b）创建后

图 3.318　抽取曲线

步骤1：打开文件 D:\UG 曲面设计\work\ch03.08\抽取曲线-ex.prt。

步骤2：选择命令。选择下拉菜单 插入(S) → 派生曲线(U) → 抽取 (原有) (E)... 命令，系统会弹出如图 3.319 所示的"抽取曲线"对话框。

步骤3：定义抽取类型。在"抽取曲线"对话框选择 边曲线 ，系统会弹出如图 3.320 所示的"单边曲线"对话框。

图 3.319 "抽取曲线"对话框

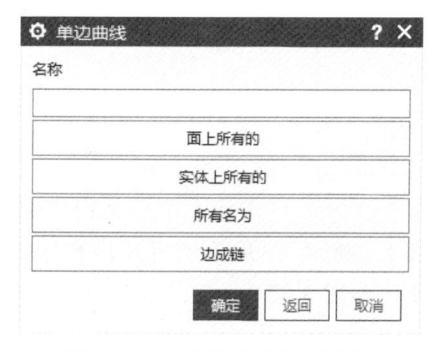

图 3.320 "单边曲线"对话框

步骤4：在"单边曲线"对话框单击 实体上所有的 按钮，系统会弹出如图 3.321 所示的"实体中的所有边"对话框，选取图形区的实体模型作为参考。

图 3.321 "实体中的所有边"对话框

步骤5：完成操作。单击 < 确定 > 按钮完成抽取曲线的创建。

图 3.319"抽取曲线"对话框各选项的说明如下。

（1）边曲线：用于从指定的边抽取曲线。

（2）轮廓曲线：用于利用与工作视图平行并且与模型中圆柱面中心相重合的面与圆柱面相交得到曲线，如图 3.322 所示。

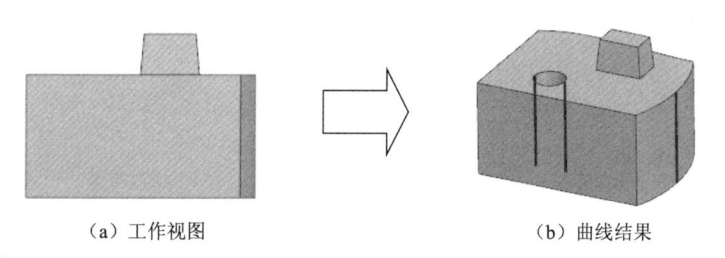

（a）工作视图　　　　　　　　（b）曲线结果

图 3.322　轮廓曲线

（3）完全在工作视图中：用于在工作视图中体的所有可见边线（包含模型边界轮廓线）创建曲线，如图 3.323 所示。

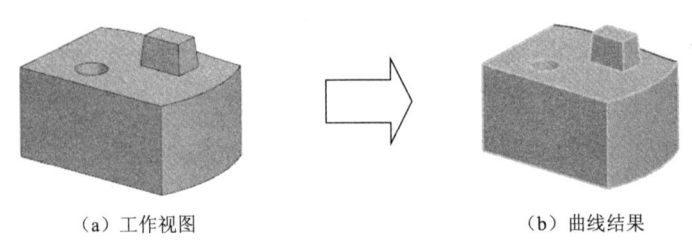

（a）工作视图　　　　（b）曲线结果

图 3.323　轮廓曲线

（4）阴影轮廓：用于在工作视图中创建仅显示体轮廓的曲线。
（5）精确轮廓：用于使用可得到精确结果的三维曲线算法在工作视图中创建显示体轮廓的曲线，如图 3.324 所示。

（a）工作视图　　　　（b）曲线结果

图 3.324　精确轮廓

3.8.5　文本曲线

使用文本命令可以将 Windows 字体库中的 true type 字体中的文本生成 NX 曲线，在文本对话框输入文本字符串，系统将跟踪所选字体的形状，使用线条和样条生成文本字符串的字符外形，并在平面、曲线或者曲面上放置生成的几何体。

下面以绘制如图 3.325 所示的曲线为例，介绍创建文本曲线的一般操作过程。

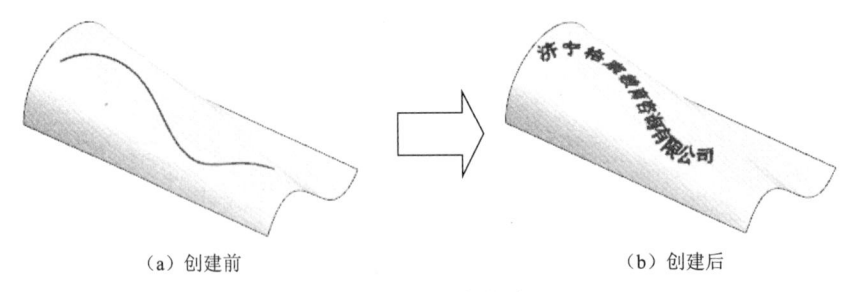

（a）创建前　　　　（b）创建后

图 3.325　文本曲线

步骤1：打开文件 D:\UG 曲面设计\work\ch03.08\文本曲线-ex.prt。
步骤2：选择命令。单击 曲线 功能选项卡 基本 区域中的 A 按钮，系统会弹出如图 3.326

所示的"文本"对话框。

步骤 3：选择类型。在"类型"下拉列表中选择 ❆ 在面上 类型。

步骤 4：选择文本放置面。在系统的提示下选取如图 3.327 所示的面作为文本放置参考面。

步骤 5：选择文本放置曲线参考。在 面上的位置 区域的 放置方法 下拉列表中选择 面上的曲线 类型，选取如图 3.238 所示的曲线作为参考。

图 3.326 "文本"对话框　　　图 3.327 放置参考面　　　图 3.328 放置曲线参考

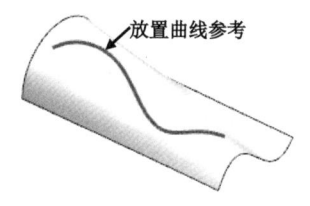

步骤 6：定义文本属性。在 文本属性 区域的文本框中输入"济宁格宸教育咨询有限公司"，在 字体 文本框选择合适字体（例如 Arial），在 锚点位置 下拉列表中选择"左（代表靠左定位）"，在 参数百分比 文本框中输入值 0（代表定位位置为左侧端点），在 高度 文本框中输入值 20，在 W 比例 文本框中输入值 100，单击 ☒ 使方向朝外，其他参数采用默认。

步骤 7：完成操作。单击 < 确定 > 按钮完成文本曲线的创建。

3.9　曲线的分析

曲线是曲面的基础，曲线质量的高低将直接影响曲面质量的好坏，进而影响整个产品的质量，不光顺的曲线可能会产生有褶皱的曲面，或者会在曲面中产生更多的小面片，给下游的后续设计工作增加难度；另外，曲面连续性直接决定了产品的外观。曲线连续是曲面连续的先决条件，只有曲线的连续性达到了相应的级别，曲面连续才有可能实现，所以在曲线设计完成后，对曲线的分析和把握就显得非常重要。镜像曲线是指对源曲线相对于一个平面或基准平面（称为镜像中心平面）进行复制，从而得到一个与源曲线关联或非关联的曲线。在 UG NX 中用户可以利用曲率梳、极点、峰值、拐点与图表分析等功能分析曲面质量。

3.9.1 曲率梳分析

曲率梳是曲线各点处曲率的向量显示，通过它可以直观地评价曲线的光顺情况。显示曲线的曲率梳后可以方便地查看曲率的不连续性、突变和拐点，在大多数情况下这些是不希望存在的，显示曲率梳后，在对曲线进行编辑时可以直观地查看曲率的变化，方便快速地得到高质量的曲线。

下面以绘制如图 3.329 所示的曲率梳为例，介绍显示曲线曲率的一般操作过程。

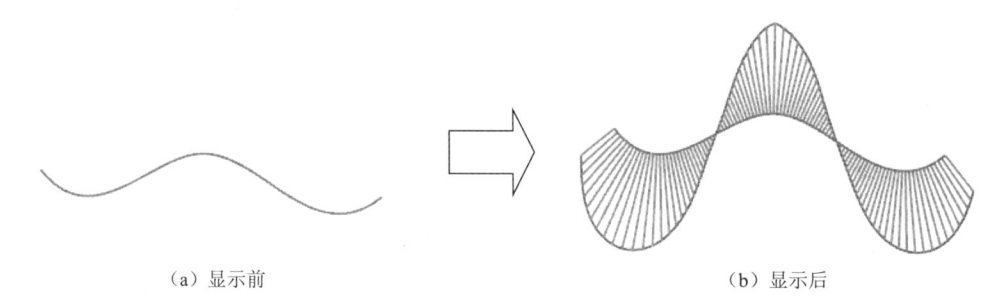

（a）显示前　　　　　　　　　　　　　　（b）显示后

图 3.329　曲率梳

步骤 1：打开文件 D:\UG 曲面设计\work\ch03.09\曲率梳-ex.prt。

步骤 2：选择对象。在图形区选取如图 3.329（a）所示的曲线。

步骤 3：选择命令。选择 分析 功能选项卡 曲线形状 区域中的 显示曲率梳 命令，此时曲线曲率梳将显示，如图 3.330 所示。

步骤 4：设置曲率梳参数。在图形区双击曲率梳，系统会弹出如图 3.331 所示的"曲线分析"对话框，在 分析显示 区域 针比例 文本框中输入值 700，在 针数 文本框中输入值 100，其他参数均采用默认，完成后如图 3.329（b）所示。

图 3.331 "曲线分析"对话框各选项的说明如下。

（1） ☑ 显示曲率梳 ：用于控制是否显示曲率梳，如图 3.332 所示。

（2） ☐ 建议比例因子 ：用于采用系统识别的最合适的比例显示曲率梳。

（3） 针比例 ：用于设置曲率梳的高度，可以输入比例系数或者拖动滑动条，如图 3.333 所示。

（4） 针数 ：用于设置曲率梳的数量，可以输入针数值或者拖动滑动条，如图 3.334 所示。

第3章　曲面线框设计　　123

图 3.330　显示曲率梳

图 3.331　"曲线分析"对话框

（a）选中　　　　　　　　　　　　　　（b）不选中

图 3.332　显示曲率梳

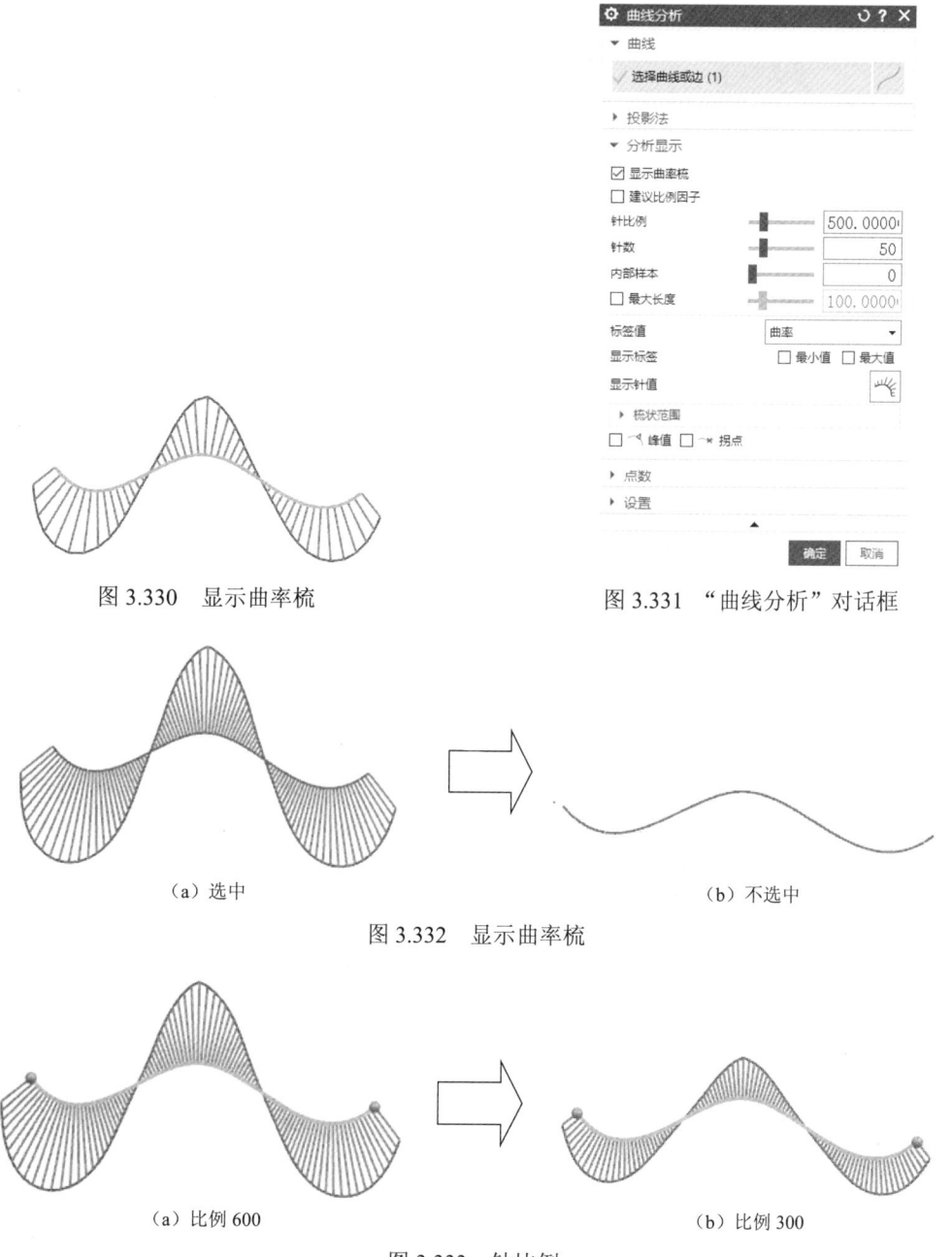

（a）比例 600　　　　　　　　　　　　（b）比例 300

图 3.333　针比例

（5）内部样本：用于指定两条连续针形线之间要计算的其他曲率值。此选项可生成更光顺的帽形线，如图 3.335 所示。

（6）梳状范围：用于控制曲率梳的显示范围，在 起点百分比 指定显示曲率梳的曲线的开始百分比，在 终点百分比 指定显示曲率梳的曲线的终点百分比，如图 3.336 所示。

(a) 针数 100　　　　　　　　　　　　　(b) 针数 30

图 3.334　针数

(a) 内部样本 0　　　　　　　　　　　　(b) 内部样本 5

图 3.335　内部样本

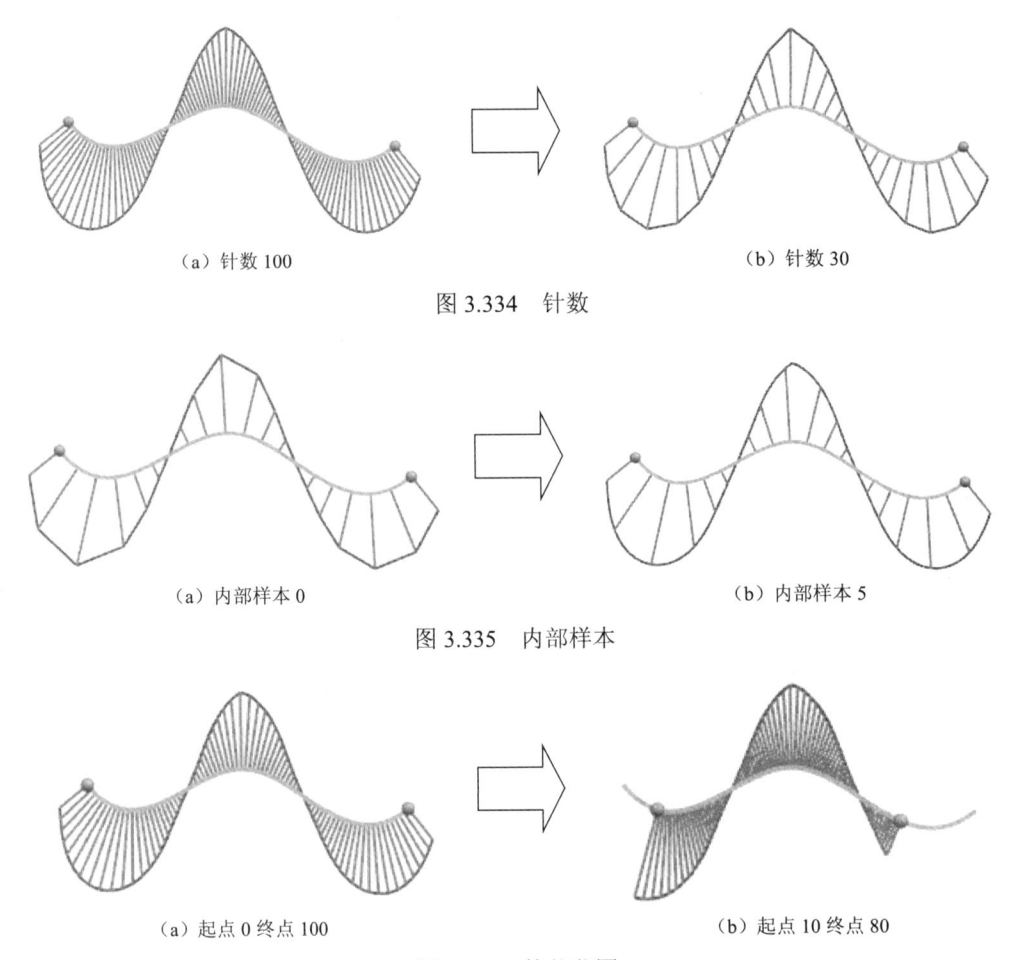

(a) 起点 0 终点 100　　　　　　　　　　(b) 起点 10 终点 80

图 3.336　梳状范围

3.9.2　峰值分析

峰值点是指曲线中曲率值达到局部最大的位置点，在 UG NX 中可以通过显示峰值点命令快速地查找曲线峰值位置。下面以绘制如图 3.337 所示的曲线为例，介绍显示曲线峰值点的一般操作过程。

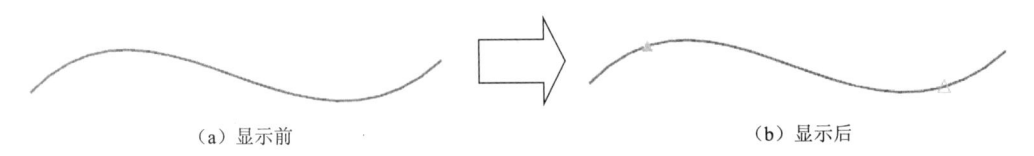

(a) 显示前　　　　　　　　　　　　　(b) 显示后

图 3.337　显示峰值点

步骤 1：打开文件 D:\UG 曲面设计\work\ch03.09\峰值点-ex.prt。
步骤 2：选择对象。在图形区选取如图 3.337（a）所示的曲线。

步骤3：选择命令。选择 分析 功能选项卡 曲线形状 区域中的 显示峰值点 命令，此时曲线峰值点将显示，如图3.337（b）所示。

步骤4：选择 分析 功能选项卡 曲线形状 区域中的 命令，系统会弹出"曲线分析"对话框，选取如图 3.337（a）所示的曲线作为参考，在 分析显示 区域选中 ☐ 峰值 即可查看峰值结果，在 点数 区域单击 （创建峰值点）即可在图形中创建峰值点，如图 3.338 所示。

图 3.338　创建峰值点

3.9.3　拐点分析

拐点是指曲线中曲率值从曲线的一侧反转到另外一侧的位置点，在 UG NX 中可以通过显示拐点命令快速地查找曲线拐点位置。下面以绘制如图 3.339 所示的曲线为例，介绍显示曲线拐点的一般操作过程。

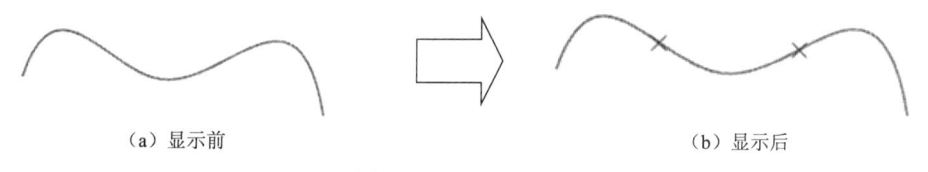

（a）显示前　　　　　　　　　　（b）显示后

图 3.339　显示拐点

步骤1：打开文件 D:\UG 曲面设计\work\ch03.09\拐点-ex.prt。

步骤2：选择对象。在图形区选取如图 3.339（a）所示的曲线。

步骤3：选择命令。选择 分析 功能选项卡 曲线形状 区域中的 显示拐点 命令，此时曲线拐点将显示，如图 3.339（b）所示。

步骤4：选择 分析 功能选项卡 曲线形状 区域中的 命令，系统会弹出"曲线分析"对话框，选取如图 3.339（a）所示的曲线作为参考，在 分析显示 区域选中 ☐ 拐点 即可查看拐点结果，在 点数 区域单击 （创建拐点）即可在图形中创建拐点，如图 3.340 所示。

图 3.340　创建峰值点

第 4 章 UG NX 曲面设计

曲面设计中经常需要设计一些独立的曲面,这些独立的曲面是曲面造型的基础,UG 中提供了很多种创建各种独立曲面的工具,本章具体介绍各种曲面设计工具的使用。

4.1 拉伸曲面

4.1.1 拉伸曲面的一般操作

拉伸曲面就是将截面轮廓沿着草绘平面的垂直方向或者指定的方向伸展一定距离而形成的一个曲面。下面以如图 4.1 所示的曲面为例,介绍创建拉伸曲面的一般操作过程。

步骤 1:新建文件。选择"快速访问工具条"中的 命令,在"新建"对话框中选择"模型"模板,在名称文本框中输入"拉伸曲面",将工作目录设置为 D:\UG 曲面设计\work\ch04.01\,然后单击"确定"按钮进入零件建模环境。

步骤 2:创建如图 4.2 所示的拉伸曲面 1。单击 主页 功能选项卡"基本"区域中的 按钮,在系统的提示下选取"XY 平面"作为草图平面,绘制如图 4.3 所示的截面草图;在"拉伸"对话框"限制"区域的"终止"下拉列表中选择 值 选项,在"距离"文本框中输入深度值 30;单击"确定"按钮,完成拉伸曲面 1 的创建。

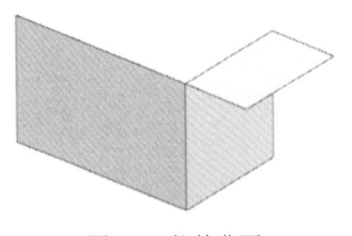

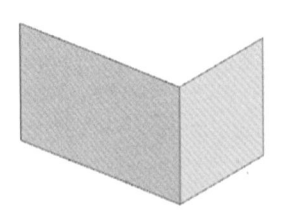

图 4.1 拉伸曲面   图 4.2 拉伸曲面 1   图 4.3 截面草图

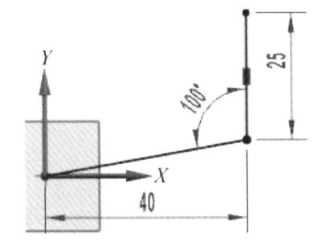

步骤 3:创建如图 4.4 所示的拉伸曲面 2。单击 主页 功能选项卡"基本"区域中的 按钮,选取如图 4.5 所示的边线作为拉伸对象,激活方向区域的 指定向量,选取如图 4.5 所示的边线作为拉伸方向,在"限制"区域的"终止"下拉列表中选择 值 选项,在"距离"文

本框中输入深度值 15；单击"确定"按钮，完成拉伸曲面 2 的创建。

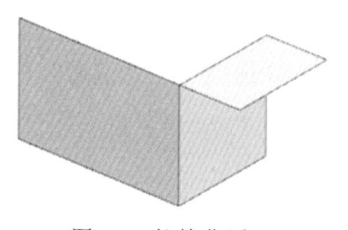

图 4.4 拉伸曲面 2

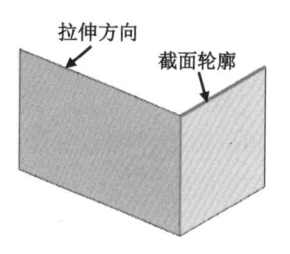

图 4.5 截面与方向参考

说明：当拉伸截面为开放截面时，系统会自动创建曲面，当截面为封闭或者多重封闭截面时，系统默认创建实体，如果用户需要创建曲面，则需要在拉伸对话框 设置 区域的 体类型 下拉列表中选择 片体，如图 4.6 所示。

图 4.6 封闭截面拉伸曲面

4.1.2 拉伸曲面案例：风扇底座

本案例将介绍风扇底座模型的创建过程，主要使用了拉伸、扫掠、圆角、修剪体等，底座上方的形状利用拉伸曲面通过修剪体得到所需的形状，完成后如图 4.7 所示。

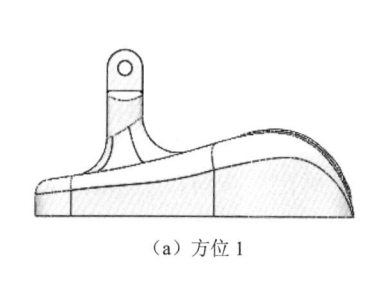

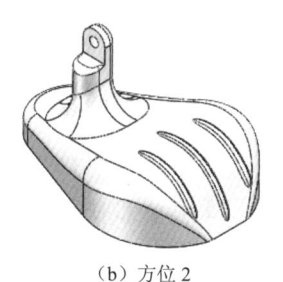

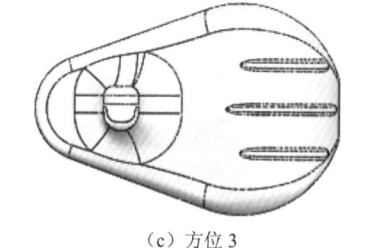

（a）方位 1　　　　　　　　（b）方位 2　　　　　　　　（c）方位 3

图 4.7 风扇底座

步骤 1：新建文件。选择"快速访问工具条"中的 命令，在"新建"对话框中选择"模型"模板，在名称文本框中输入"风扇底座"，将工作目录设置为 D:\UG 曲面设计\work\ch04.01\，然后单击"确定"按钮进入零件建模环境。

步骤 2：创建如图 4.8 所示的凸台拉伸 1。单击 主页 功能选项卡"基本"区域中的 按钮，在系统的提示下选取"XY 平面"作为草图平面，绘制如图 4.9 所示的截面草图；在"拉伸"对话框"限制"区域的"终止"下拉列表中选择 值 选项，在"距离"文本框中输入深度值60；单击"确定"按钮，完成凸台拉伸1的创建。

步骤3：创建如图4.10所示的拉伸曲面1。单击 主页 功能选项卡"基本"区域中的 按钮，在系统的提示下选取"ZX平面"作为草图平面，绘制如图4.11所示的截面草图；在"拉伸"对话框"限制"区域的"终止"下拉列表中选择 对称值 选项，在"距离"文本框中输入深度值160；单击"确定"按钮，完成拉伸曲面1的创建。

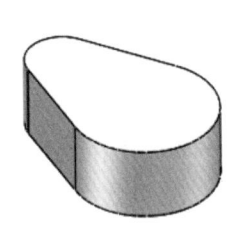

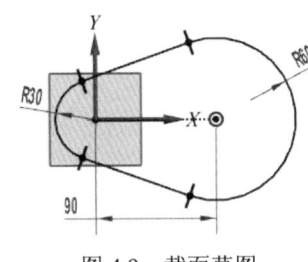

图4.8　凸台拉伸1　　　　　　图4.9　截面草图　　　　　　图4.10　拉伸曲面1

步骤4：创建如图4.12所示的修剪体。单击 主页 功能选项卡"基本"区域中的 （修剪体）按钮，选择步骤2创建的拉伸实体作为要修剪的对象，激活"工具"区域的 选择面或平面，选取步骤3创建的拉伸曲面作为参考，单击 按钮使方向向上，单击"确定"按钮，完成修剪体的创建。

步骤5：创建如图4.13所示的变半径圆角1。

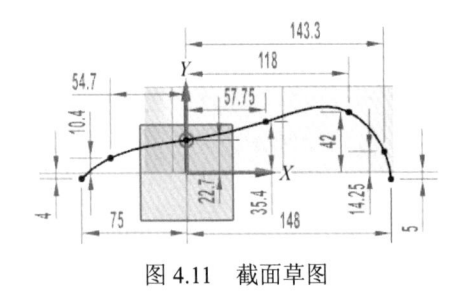

图4.11　截面草图　　　　　　图4.12　修剪体　　　　　　图4.13　变半径圆角1

单击 主页 功能选项卡"基本"区域中的 按钮，在系统的提示下选取如图4.14所示的5条边线作为圆角对象，设置如图4.15所示的可变参数，单击"确定"按钮，完成变半径圆角1的定义。

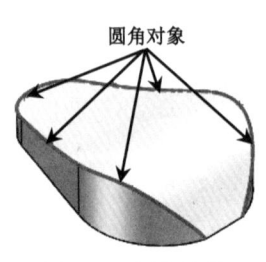

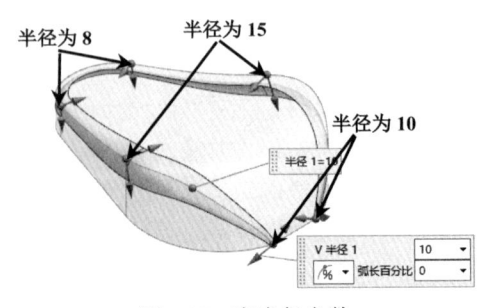

图4.14　圆角边线　　　　　　　　　　图4.15　变半径参数

步骤 6：创建如图 4.16 所示的凸台拉伸 2。单击 主页 功能选项卡"基本"区域中的 按钮，在系统的提示下选取"ZX 平面"作为草图平面，绘制如图 4.17 所示的截面草图；在"拉伸"对话框"限制"区域的"终止"下拉列表中选择 对称值 选项，在"距离"文本框中输入深度值 25，在"布尔"下拉列表中选择"合并"；单击"确定"按钮，完成凸台拉伸 2 的创建。

步骤 7：创建如图 4.18 所示的切除拉伸 1。单击 主页 功能选项卡"基本"区域中的 按钮，在系统的提示下选取如图 4.18 所示的模型表面作为草图平面，绘制如图 4.19 所示的截面草图；在"拉伸"对话框"限制"区域的"终止"下拉列表中选择 值 选项，在"距离"文本框中输入深度值 15，方向朝向实体，在"布尔"下拉列表中选择"减去"；单击"确定"按钮，完成切除拉伸 1 的创建。

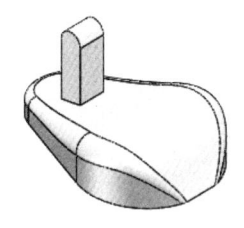

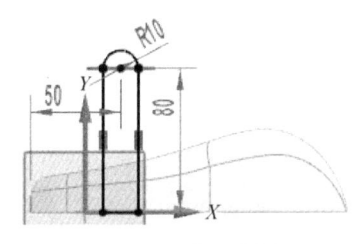

图 4.16 凸台拉伸 2　　　图 4.17 截面草图　　　图 4.18 切除拉伸 1

步骤 8：创建如图 4.20 所示的孔 1。单击 主页 功能选项卡"基本"区域中的 按钮，系统会弹出"孔"对话框，选取如图 4.20 所示的圆弧的圆心作为孔的定位点；在"孔"对话框的"类型"下拉列表中选择"简单"类型，在"形状"区域的"孔大小"下拉列表中选择"定制"，在"孔径"文本框中输入值 8；在"限制"区域的"深度限制"下拉列表中选择"贯通体"；在"孔"对话框中单击"确定"按钮，完成孔 1 的创建。

步骤 9：创建如图 4.21 所示的完全倒圆角。选择下拉菜单"插入"→"细节特征"→"面倒圆"命令，在"类型"下拉列表中选择"三面"，在"面倒圆"对话框中先激活"选择面 1"区域，选取如图 4.22 所示的面 1，再激活"选择面 2"区域，选取如图 4.22 所示的面 2，然后激活"选择中间面"区域，选取如图 4.22 所示的面 3。

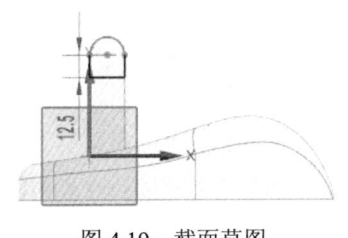

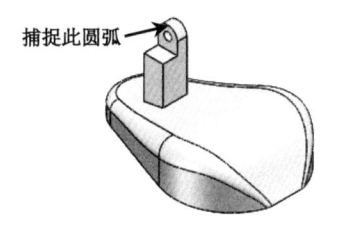

图 4.19 截面草图　　　图 4.20 孔 1　　　图 4.21 完全倒圆角

步骤 10：创建如图 4.23 所示的边倒圆特征 1。单击 主页 功能选项卡"基本"区域中的 按钮，系统会弹出"边倒圆"对话框，在系统的提示下选取如图 4.24 所示的边线作为圆角对象，在"边倒圆"对话框的"半径 1"文本框中输入圆角半径值 5，单击"确定"按钮完

成边倒圆特征 1 的创建。

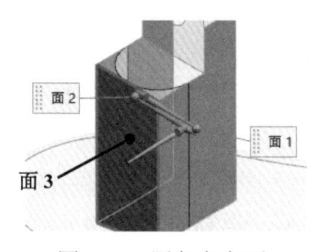

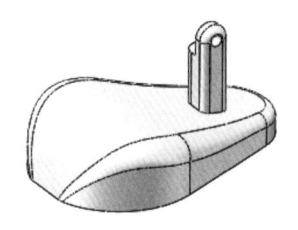

图 4.22　圆角参考面　　　图 4.23　边倒圆特征 1　　　图 4.24　圆角对象

步骤 11：创建如图 4.25 所示的变半径圆角 2。单击 主页 功能选项卡"基本"区域中的 按钮，在系统的提示下选取如图 4.26 所示的 3 条边线作为圆角对象，设置如图 4.27 所示的可变参数，单击"确定"按钮，完成圆角的定义。

图 4.25　变半径圆角 2　　　图 4.26　圆角对象　　　图 4.27　变半径参数

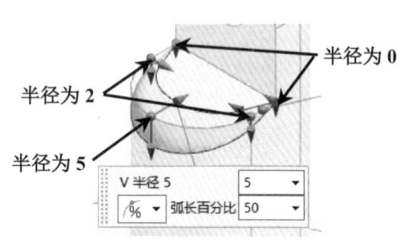

步骤 12：创建如图 4.28 所示的边倒圆特征 2。单击 主页 功能选项卡"基本"区域中的 按钮，系统会弹出"边倒圆"对话框，在系统的提示下选取如图 4.29 所示的边线作为圆角对象，在"边倒圆"对话框的"半径 1"文本框中输入圆角半径值 20，单击"确定"按钮完成边倒圆特征 2 的创建。

步骤 13：创建如图 4.30 所示的管道路径草图 1。单击 主页 功能选项卡"构造"区域中的草图 按钮，选取"ZX 平面"作为草图平面，绘制如图 4.31 所示的平面草图。

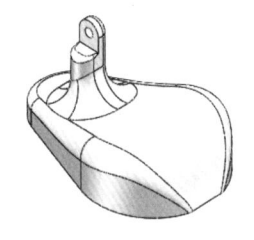

图 4.28　边倒圆特征 2　　　图 4.29　圆角对象　　　图 4.30　管道路径草图 1

步骤 14：创建如图 4.32 所示的管 1。单击 曲面 功能选项卡"基本"区域中的"更多"节点，在系统弹出的快捷列表中选择"扫掠"区域的 命令，选取步骤 13 创建的草图作为管道路径，在 横截面 区域的"外径"文本框中输入值 3.5，在"内径"文本框中输入值 0，在"布尔"下拉列表中选择"合并"，在"设置"区域的"输出"下拉列表中选择"单段"，单击

"确定"按钮完成管1的创建。

步骤15：创建基准面1。单击 主页 功能选项卡"构造"区域 ◇ 下的·按钮，选择 ◇ 基准平面 命令，在"类型"下拉列表中选择"按某一距离"类型，选取"ZX平面"作为参考平面，在"偏置"区域的"距离"文本框中输入偏置距离值25，方向沿 y 轴负方向，单击"确定"按钮，完成基准平面的定义，如图4.33所示。

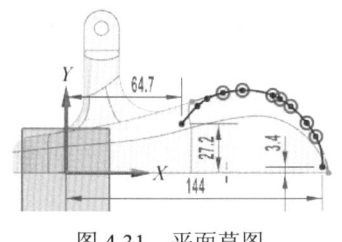

图4.31　平面草图　　　　　图4.32　管1　　　　　图4.33　基准面1

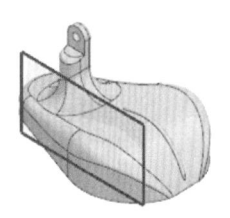

步骤16：创建如图4.34所示的管道路径草图2。单击 主页 功能选项卡"构造"区域中的草图 按钮，选取步骤15创建的"基准面1"作为草图平面，绘制如图4.35所示的平面草图。

步骤17：创建如图4.36所示的管2。单击 曲面 功能选项卡"基本"区域中的"更多"节点，在系统弹出的快捷列表中选择"扫掠"区域的 管 命令，选取步骤16创建的草图作为管道路径，在 横截面 区域的"外径"文本框中输入值3.5，在"内径"文本框中输入值0，在"布尔"下拉列表中选择"合并"，在"设置"区域的"输出"下拉列表中选择"单段"，单击"确定"按钮完成管2的创建。

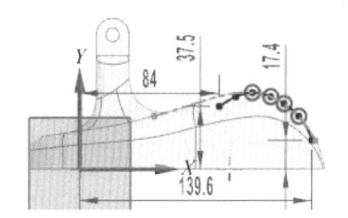

图4.34　管道路径草图2　　　　图4.35　平面草图　　　　　图4.36　管2

步骤18：创建如图4.37所示的镜像1。单击 主页 功能选项卡"基本"区域中的 镜像特征 按钮，系统会弹出"镜像特征"对话框，选取步骤17创建的"管2"作为要镜像的特征，在"镜像平面"区域的"平面"下拉列表中选择"现有平面"，激活"选择平面"，选取"ZX平面"作为镜像平面，单击"确定"按钮，完成镜像1的创建。

步骤19：创建如图4.38所示的边倒圆特征3。单击 主页 功能选项卡"基本"区域中的 按钮，系统会弹出"边倒圆"对话框，在系统的提示下选取如图4.39所示的边线作为圆角对象，在"边倒圆"对话框的"半径1"文本框中输入圆角半径值2，单击"确定"按钮完成边倒圆特征3的创建。

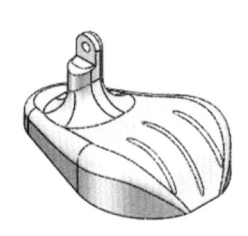

图 4.37　镜像 1　　　　图 4.38　边倒圆特征 3　　　　图 4.39　圆角对象

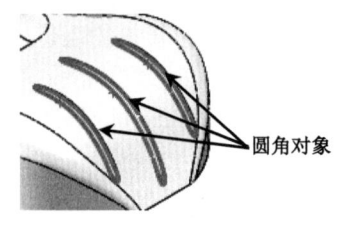

4.2　旋转曲面

4.2.1　旋转曲面的一般操作

旋转曲面就是将截面轮廓绕着中心轴旋转一定角度而形成的一个曲面。下面以如图 4.40 所示的曲面为例，介绍创建旋转曲面的一般操作过程。

步骤 1：新建文件。选择"快速访问工具条"中的 命令，在"新建"对话框中选择"模型"模板，在名称文本框中输入"旋转曲面"，将工作目录设置为 D:\UG 曲面设计\work\ch04.02\，然后单击"确定"按钮进入零件建模环境。

步骤 2：创建如图 4.40 所示的旋转曲面。单击 主页 功能选项卡"基本"区域中的 按钮，系统会弹出"旋转"对话框，在系统 选择要绘制的平面，或为截面选择曲线 的提示下，选取"ZX 平面"作为草图平面，进入草图环境，绘制如图 4.41 所示的截面轮廓草图，在"旋转"对话框激活"轴"区域的"指定向量"，选取"z 轴"作为旋转轴，在"旋转"对话框的"限制"区域的"起始"下拉列表中选择"值"，然后在"角度"文本框中输入值 0；在"结束"下拉列表中选择"值"，然后在"角度"文本框中输入值 360，在"设置"区域的"体类型"下拉列表中选择"片体"，单击"确定"按钮，完成旋转曲面的创建。

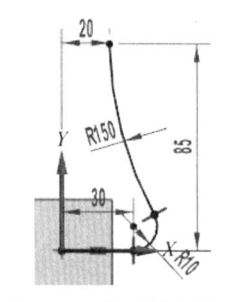

图 4.40　旋转曲面　　　　图 4.41　截面轮廓草图

4.2.2　旋转曲面案例：花洒喷头

花洒喷头模型的绘制主要利用旋转特征创建主体结构，利用扫掠曲面与曲面修剪得到外侧花纹效果，利用拉伸与阵列得到顶部效果，完成后如图 4.42 所示。

第4章　UG NX曲面设计　　133

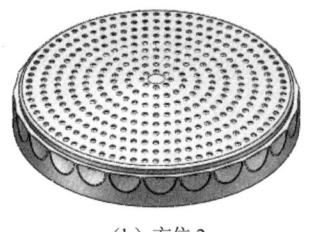

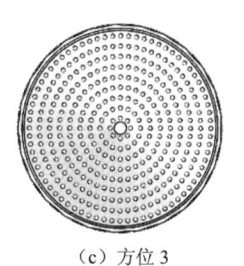

（a）方位1　　　　　　　　（b）方位2　　　　　　　　（c）方位3

图 4.42　花洒喷头

步骤 1：新建文件。选择"快速访问工具条"中的 命令，在"新建"对话框中选择"模型"模板，在名称文本框中输入"花洒喷头"，将工作目录设置为 D:\UG 曲面设计\work\ch04.02\，然后单击"确定"按钮进入零件建模环境。

步骤 2：创建如图 4.43 所示的旋转曲面 1。单击 主页 功能选项卡"基本"区域中的 按钮，系统会弹出"旋转"对话框，选取"ZX 平面"作为草图平面，绘制如图 4.44 所示的截面轮廓，选取"z 轴"作为旋转轴，在"限制"区域的"结束"下拉列表中选择"值"，在"角度"文本框中输入值 360，在"设置"区域的"体类型"下拉列表中选择"片体"，单击"确定"按钮，完成旋转曲面 1 的创建。

图 4.43　旋转曲面 1　　　　　　　　　　图 4.44　截面轮廓

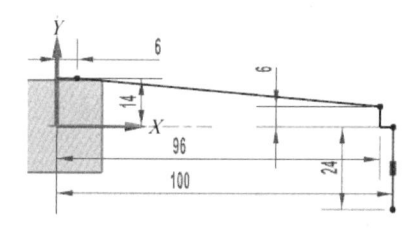

步骤 3：创建如图 4.45 所示的边倒圆特征 1。单击 主页 功能选项卡"基本"区域中的 按钮，系统会弹出"边倒圆"对话框，在系统的提示下选取如图 4.46 所示的边线作为圆角对象，在"边倒圆"对话框的"半径 1"文本框中输入圆角半径值 2，单击"确定"按钮完成边倒圆特征 1 的创建。

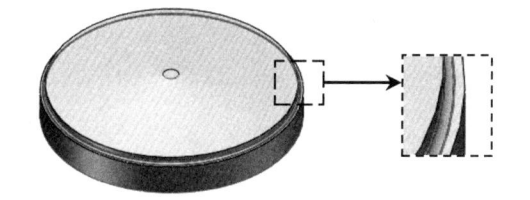

图 4.45　边倒圆特征 1　　　　　　　　　图 4.46　圆角对象

步骤 4：创建如图 4.47 所示的边倒圆特征 2。单击 主页 功能选项卡"基本"区域中的 按钮，系统会弹出"边倒圆"对话框，在系统的提示下选取如图 4.48 所示的边线作为圆角

对象，在"边倒圆"对话框的"半径 1"文本框中输入圆角半径值 1，单击"确定"按钮完成边倒圆特征 2 的创建。

图 4.47　边倒圆特征 2

图 4.48　圆角对象

步骤 5：创建如图 4.49 所示的加厚 1。单击 曲面 功能选项卡"基本"区域中的 加厚 按钮，选取主体曲面作为要加厚的对象，在 厚度 区域的 偏置1 文本框中输入值 1.2，在 偏置2 文本框中输入值 0，单击"确定"按钮完成加厚 1 的创建。

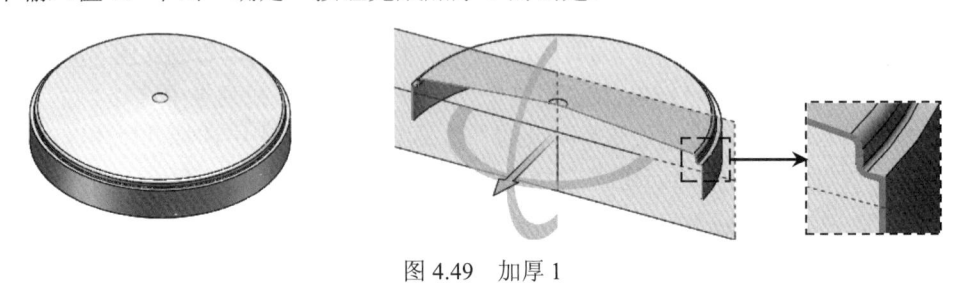

图 4.49　加厚 1

步骤 6：创建如图 4.50 所示的扫掠路径草图。单击 主页 功能选项卡"构造"区域中的草图 按钮，选取"ZX 平面"作为草图平面，绘制如图 4.51 所示的平面草图。

图 4.50　扫掠路径

图 4.51　平面草图

步骤 7：创建如图 4.52 所示的扫掠截面草图。单击 主页 功能选项卡"构造"区域中的草图 按钮，选取如图 4.52 所示的模型表面作为草图平面，绘制如图 4.53 所示的平面草图。

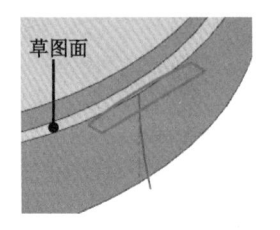

图 4.52　扫掠截面

图 4.53　平面草图

步骤 8：创建如图 4.54 所示的扫掠 1。单击 曲面 功能选项卡"基本"区域中的 按钮，系统会弹出"扫掠"对话框，在绘图区选取步骤 7 创建的草图作为截面，激活"扫掠"对话框"引导线"区域的"选择曲线"，选取步骤 6 创建的圆弧作为扫掠引导线，单击"确定"按钮，完成扫掠 1 的创建。

步骤 9：创建如图 4.55 所示的圆形阵列 1。单击 主页 功能选项卡"基本"区域中的 阵列特征 按钮，系统会弹出"阵列特征"对话框；在"阵列特征"对话框"阵列定义"区域的"布局"下拉列表中选择"圆形"；选取步骤 8 创建的"扫掠"特征作为阵列的源对象；在"阵列特征"对话框"旋转轴"区域激活"指定向量"，选取 z 轴作为阵列中心轴，在"间距"下拉列表中选择"数量和跨度"，在"数量"文本框中输入值 25，在"跨角"文本框中输入值 360；单击"阵列特征"对话框中的"确定"按钮，完成圆形阵列 1 的创建。

步骤 10：创建如图 4.56 所示的布尔求差 1。单击 主页 功能选项卡"基本"区域中的 （减去）按钮，系统会弹出"减去"对话框，选取步骤 5 创建的加厚实体作为目标体，选取其余所有的实体作为工具体，在"合并"对话框的"设置"区域中取消选中"保存目标"与"保存工具"复选框，单击"确定"按钮完成操作。

图 4.54　扫掠 1　　　　　　　图 4.55　圆形阵列 1　　　　　　　图 4.56　布尔求差 1

步骤 11：创建如图 4.57 所示的边倒圆特征 3。单击 主页 功能选项卡"基本"区域中的 按钮，系统会弹出"边倒圆"对话框，在系统的提示下选取如图 4.58 所示的边线（共计 25 条）作为圆角对象，在"边倒圆"对话框的"半径 1"文本框中输入圆角半径值 5，单击"确定"按钮完成边倒圆特征 3 的创建。

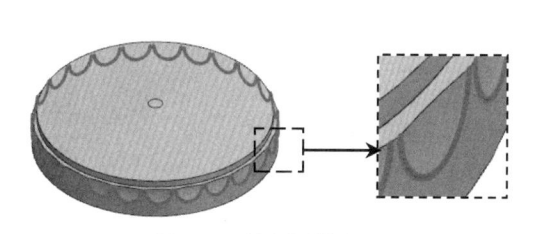

图 4.57　边倒圆特征 3　　　　　　　　　　　图 4.58　圆角对象

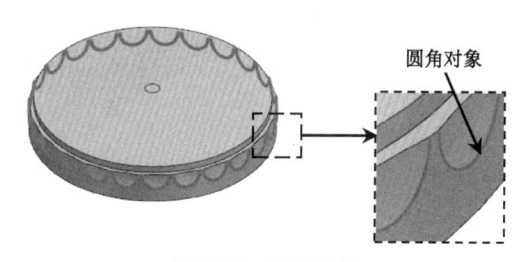

步骤 12：创建如图 4.59 所示的拉伸 1。单击 主页 功能选项卡"基本"区域中的 按钮，在系统的提示下选取"XY 平面"作为草图平面，绘制如图 4.60 所示的草图；在"拉伸"对话框"限制"区域的"终止"下拉列表中选择 贯通 选项，方向沿朝向实体，在"布尔"下拉列表中选择"减去"；单击"确定"按钮，完成拉伸 1 的创建。

步骤 13：创建如图 4.61 所示的圆形阵列 2。单击 主页 功能选项卡"基本"区域中的 阵列特征 按钮，系统会弹出"阵列特征"对话框；在"阵列特征"对话框"阵列定义"区域的"布局"下拉列表中选择"圆形"；选取步骤 12 创建的"拉伸"特征作为阵列的源对象；在"阵列特征"对话框"旋转轴"区域激活"指定向量"，选取 z 轴作为阵列中心轴，在"间距"下拉列表中选择"间隔和跨度"，在"将间隔定义为"下拉列表中选择"距离"，在"间隔"文本框中输入值 10，在"跨角"文本框中输入值 360，在"辐射"区域选中 ☑创建同心成员 复选框，在"间距"下拉列表中选择"数量和间隔"，在"数量"文本框中输入值 9，在"间隔"文本框中输入值 10；单击"阵列特征"对话框中的"确定"按钮，完成圆形阵列 2 的创建。

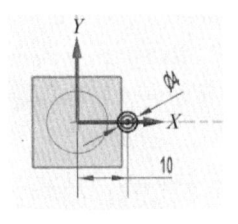

图 4.59　拉伸 1　　　　　图 4.60　截面草图　　　　图 4.61　圆形阵列 2

4.3　扫掠曲面

4.3.1　一般扫掠曲面

扫掠曲面就是将截面曲线沿着轨迹线按照一定的方式进行移动而形成的空间曲面，其中截面曲线和轨迹曲线都可以是多条。下面以如图 4.62 所示的曲面为例，介绍创建一般扫掠曲面的一般操作过程。

步骤 1：打开文件 D:\UG 曲面设计\work\ch04.03\一般扫掠曲面-ex。

步骤 2：选择命令。单击 曲面 功能选项卡"基本"区域中的 按钮，系统会弹出"扫掠"对话框。

步骤 3：定义扫掠截面。在系统的提示下选取如图 4.63 所示的扫掠截面。

图 4.62　一般扫掠曲面　　　　　图 4.63　扫掠截面与路径

步骤 4：定义扫掠引导线截面。在"扫掠"对话框"引导线"区域激活 选择曲线，选取如图 4.63 所示的扫掠引导线。

步骤 5：其他参数采用系统默认，单击"确定"按钮，完成扫掠曲面的创建。

4.3.2 带有多条引导线的扫掠曲面

在 UG NX 中，扫掠曲面的引导线可以是一条，也可以是两条，最多可以支持三条。下面以如图 4.64 所示的曲面为例，介绍创建带有两条引导线的扫掠曲面的一般操作过程。

步骤 1：新建文件。选择"快速访问工具条"中的 命令，在"新建"对话框中选择"模型"模板，在名称文本框中输入"多引导线扫掠"，将工作目录设置为 D:\UG 曲面设计\work\ch04.03\，然后单击"确定"按钮进入零件建模环境。

步骤 2：创建如图 4.65 所示的扫掠截面草图。单击 主页 功能选项卡"构造"区域中的草图 按钮，选取"ZX 平面"作为草图平面，绘制如图 4.65 所示的扫掠截面。

步骤 3：创建如图 4.66 所示的扫掠引导线 1。单击 主页 功能选项卡"构造"区域中的草图 按钮，选取"YZ 平面"作为草图平面，绘制如图 4.67 所示的平面草图。

图 4.64 多引导线的扫掠曲面 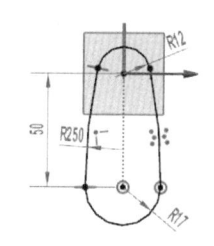   图 4.65 扫掠截面    图 4.66 扫掠引导线 1

步骤 4：创建如图 4.68 所示的扫掠引导线 2。单击 主页 功能选项卡"构造"区域中的草图 按钮，选取"YZ 平面"作为草图平面，绘制如图 4.69 所示的平面草图。

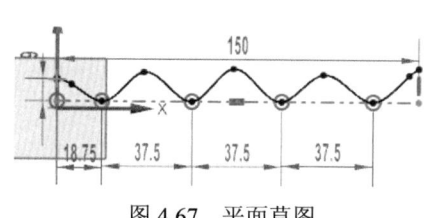

图 4.67 平面草图 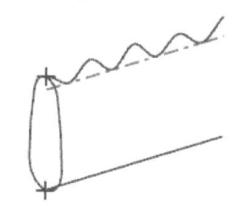   图 4.68 扫掠引导线 2 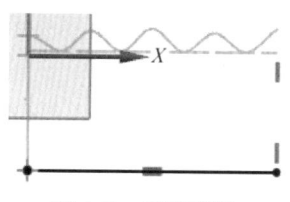   图 4.69 平面草图

步骤 5：选择命令。单击 曲面 功能选项卡"基本"区域中的 按钮，系统会弹出"扫掠"对话框。

步骤 6：定义扫掠截面。在系统的提示下选取步骤 2 创建的草图作为扫掠截面。

步骤 7：定义扫掠引导线。在"扫掠"对话框"引导线"区域激活 选择曲线 ，选取步骤 3 创建的草图作为第 1 条扫掠引导线并按鼠标中键确认，选取步骤 4 创建的草图作为第 2 条扫掠引导线。

步骤 8：定义扫掠类型参数。在"设置"区域的"体类型"下拉列表中选择"片体"。

步骤 9：其他参数采用系统默认，单击"确定"按钮，完成扫掠曲面的创建。

4.3.3 带有多个截面的扫掠曲面

在 UG NX 中，扫掠曲面的截面既可以是一个，也可以是多个，当使用多个截面和一条引导线创建扫掠曲面时，多个截面都会受到引导线的控制。下面以如图 4.70 所示的曲面为例，介绍创建多个截面的扫掠曲面的一般操作过程。

步骤 1：打开文件 D:\UG 曲面设计\work\ch04.03\多截面扫掠-ex。

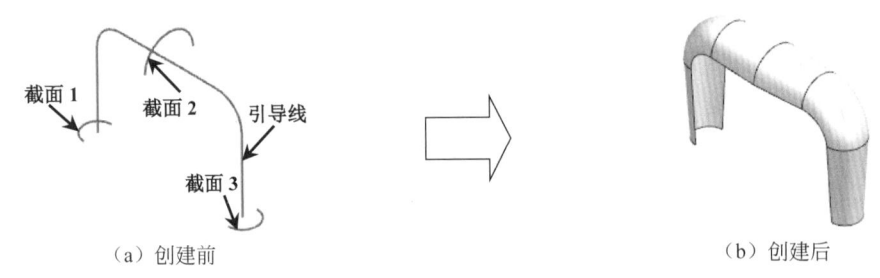

(a) 创建前　　　　　　　　　　　　　(b) 创建后

图 4.70　多截面扫掠曲面

步骤 2：选择命令。单击 曲面 功能选项卡"基本"区域中的 按钮，系统会弹出"扫掠"对话框。

步骤 3：定义扫掠截面。在系统的提示下选取如图 4.70（a）所示的截面 1 作为扫掠的第 1 个截面（靠近左侧选取截面），按鼠标中键确认，选取如图 4.70（a）所示的截面 2 作为扫掠的第 2 个截面，按鼠标中键确认，选取如图 4.70（a）所示的截面 3 作为扫掠的第 3 个截面。

步骤 4：定义扫掠引导线。在"扫掠"对话框"引导线"区域激活 选择曲线 ，选取如图 4.70（a）所示的引导线（选择过滤器类型为相连曲线）。

步骤 5：其他参数采用系统默认，单击"确定"按钮，完成扫掠曲面的创建。

4.3.4 扫掠曲面案例：香皂

香皂模型的绘制主要利用拉伸与扫掠曲面特征创建主体结构，再利用扫掠得到外侧修饰，完成后如图 4.71 所示。

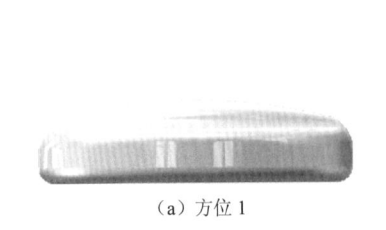

(a) 方位 1　　　　　　　(b) 方位 2　　　　　　　(c) 方位 3

图 4.71　香皂

步骤1：新建文件。选择"快速访问工具条"中的 命令，在"新建"对话框中选择"模型"模板，在名称文本框中输入"香皂"，将工作目录设置为 D:\UG 曲面设计\work\ch04.03\，然后单击"确定"按钮进入零件建模环境。

步骤2：创建如图4.72所示的拉伸1。单击 主页 功能选项卡"基本"区域中的 按钮，在系统的提示下选取"XY平面"作为草图平面，绘制如图4.73所示的草图；在"拉伸"对话框"限制"区域的"终止"下拉列表中选择 值 选项，在"距离"文本框中输入深度值50；单击"确定"按钮，完成拉伸1的创建。

步骤3：创建如图4.74所示的扫掠截面。单击 主页 功能选项卡"构造"区域中的草图 按钮，选取"YZ平面"作为草图平面，绘制如图4.75所示的平面草图。

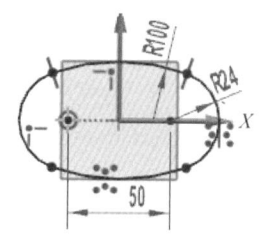

图4.72　拉伸1　　　　　图4.73　截面草图　　　　　图4.74　扫描截面

步骤4：创建如图4.76所示的扫掠引导线1。单击 主页 功能选项卡"构造"区域中的草图 按钮，选取"ZX平面"作为草图平面，绘制如图4.77所示的平面草图。

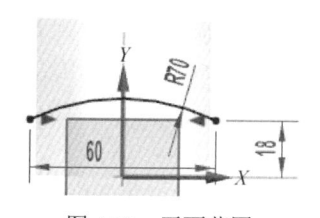

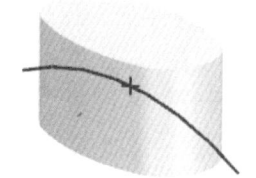

图4.75　平面草图　　　　　图4.76　扫掠引导线1　　　　　图4.77　平面草图

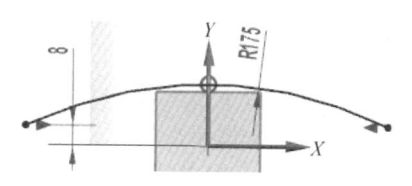

步骤5：创建如图4.78所示的扫掠曲面1。单击 曲面 功能选项卡"基本"区域中的 按钮，在系统的提示下选取步骤3创建的草图作为扫掠截面，在"扫掠"对话框"引导线"区域激活 选择曲线 ，选取步骤4创建的草图作为扫掠引导线，其他参数采用系统默认，单击"确定"按钮，完成扫掠曲面1的创建。

步骤6：创建如图4.79所示的修剪体1。单击 主页 功能选项卡"基本"区域中的 按钮，选择步骤2创建的拉伸实体作为要修剪的对象，激活"工具"区域的 选择面或平面 ，选取步骤5创建的扫掠曲面作为参考，使修剪方向向上，单击"确定"按钮，完成修剪体1的创建。

步骤7：创建如图4.80所示的边倒圆特征1。单击 主页 功能选项卡"基本"区域中的 按钮，系统会弹出"边倒圆"对话框，在系统的提示下选取如图4.81所示的边线作为圆角对象，在"边倒圆"对话框的"半径1"文本框中输入圆角半径值10，单击"确定"按钮完成边倒圆特征1的创建。

图 4.78　扫掠曲面 1　　　　图 4.79　修剪体 1　　　　图 4.80　边倒圆特征 1

步骤 8：创建如图 4.82 所示的边倒圆特征 2。单击 主页 功能选项卡"基本"区域中的 ⬜ 按钮，系统会弹出"边倒圆"对话框，在系统的提示下选取如图 4.83 所示的边线作为圆角对象，在"边倒圆"对话框的"半径 1"文本框中输入圆角半径值 5，单击"确定"按钮完成边倒圆特征 2 的创建。

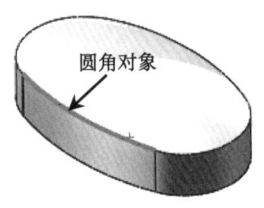

图 4.81　圆角对象　　　　图 4.82　边倒圆特征 2　　　　图 4.83　圆角对象

步骤 9：创建如图 4.84 所示的旋转曲面 1。单击 主页 功能选项卡"基本"区域中的 ⬜ 按钮，系统会弹出"旋转"对话框，选取"ZX 平面"作为草图平面，绘制如图 4.85 所示的草图，选取截面中的水平中心线作为旋转轴，在"限制"区域的"结束"下拉列表中选择"值"，在"角度"文本框中输入值 360，在"设置"区域的"体类型"下拉列表中选择"片体"，单击"确定"按钮，完成旋转曲面 1 的创建。

步骤 10：创建如图 4.86 所示的修剪体 2。单击 主页 功能选项卡"基本"区域中的 ⬜ 按钮，选择步骤 2 创建的拉伸实体作为要修剪的对象，激活"工具"区域的 选择面或平面 ，选取步骤 9 创建的旋转曲面作为参考，使修剪方向向内，单击"确定"按钮，完成修剪体 2 的创建。

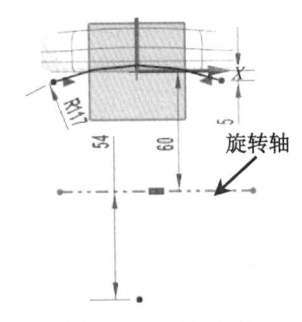

图 4.84　旋转曲面 1　　　　图 4.85　截面轮廓　　　　图 4.86　修剪体 2

步骤 11：创建如图 4.87 所示的基准面 1。选择下拉菜单"插入"→"基准"→"基准

平面"命令,在"基准平面"对话框"类型"下拉列表中选择"按某一距离"类型,选取"XY 平面"作为参考,在"偏置"区域的"距离"文本框中输入值20,方向沿 z 轴正方向,其他参数采用默认,单击"确定"按钮,完成基准面1的创建。

步骤12:创建如图 4.88 所示的扫掠引导线 2。单击 主页 功能选项卡"构造"区域中的草图 按钮,选取步骤 11 创建的基准面 1 作为草图平面,绘制如图 4.89 所示的草图。

图 4.87 基准面 1　　　　图 4.88 扫掠引导线 2　　　　图 4.89 平面草图

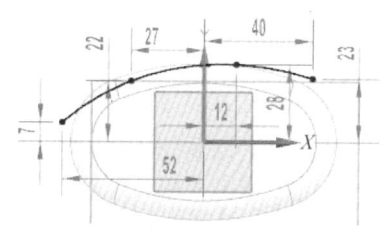

步骤13:创建如图 4.90 所示的基准面 2。选择下拉菜单"插入"→"基准"→"基准平面"命令,在"基准平面"对话框"类型"下拉列表中选择"曲线和点"类型,在"子类型"下拉列表中"点和曲线/轴",然后依次选取如图 4.91 所示的点和曲线参考,其他参数采用默认,单击"确定"按钮,完成基准面 2 的创建。

步骤14:创建如图 4.92 所示的扫掠截面。单击 主页 功能选项卡"构造"区域中的草图 按钮,选取步骤 13 创建的基准面 2 作为草图平面,绘制如图 4.93 所示的草图。

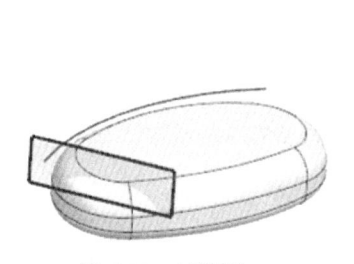

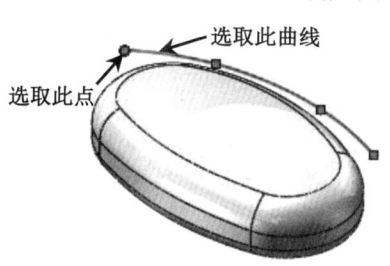

图 4.90 基准面 2　　　　图 4.91 平面参考　　　　图 4.92 扫掠截面

步骤15:创建如图 4.94 所示的扫掠。单击 曲面 功能选项卡"基本"区域中的 按钮,在系统的提示下选取步骤 14 创建的椭圆作为扫掠截面,在"扫掠"对话框"引导线"区域激活 选择曲线 ,选取步骤 12 创建的草图作为扫掠引导线,其他参数采用系统默认,单击"确定"按钮,完成扫掠曲面的创建。

步骤16:创建如图 4.95 所示的圆形阵列 1。单击 主页 功能选项卡"基本"区域中的 阵列特征 按钮,系统会弹出"阵列特征"对话框;在"阵列特征"对话框"阵列定义"区域的"布局"下拉列表中选择"圆形";选取步骤 15 创建的"扫掠"特征作为阵列的源对象;在"阵列特征"对话框"旋转轴"区域激活"指定向量",选取 z 轴作为阵列中心轴,在"间距"下拉列表中选择"数量和跨度",在"数量"文本框中输入值2,在"跨角"文本框中输入值360,取消选中□ 创建同心成员 复选框;单击"阵列特征"对话框中的"确定"按钮,完成圆形阵列 1

的创建。

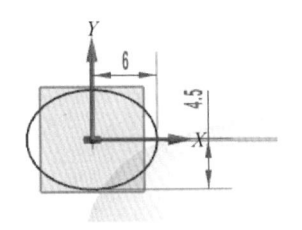

图 4.93　平面草图　　　　图 4.94　扫掠曲面　　　　图 4.95　圆形阵列 1

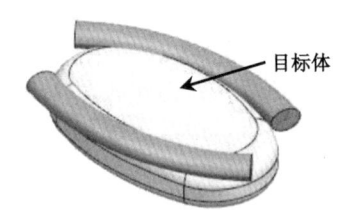

步骤 17：创建如图 4.96 所示的布尔求差 1。单击 主页 功能选项卡"基本"区域中的 按钮，系统会弹出"减去"对话框，选取如图 4.95 所示的目标体，选取其余所有实体作为工具体，在"减去"对话框的"设置"区域中取消选中"保存目标"与"保存工具"复选框，单击"确定"按钮完成操作。

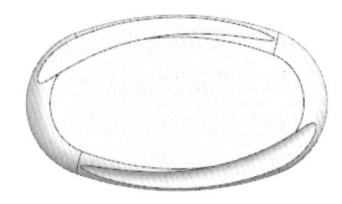

图 4.96　布尔求差 1

步骤 18：创建如图 4.97 所示的边倒圆特征 3。单击 主页 功能选项卡"基本"区域中的 按钮，系统会弹出"边倒圆"对话框，在系统的提示下选取如图 4.98 所示的两条边线作为圆角对象，在"边倒圆"对话框的"半径 1"文本框中输入圆角半径值 3，单击"确定"按钮完成边倒圆特征 3 的创建。

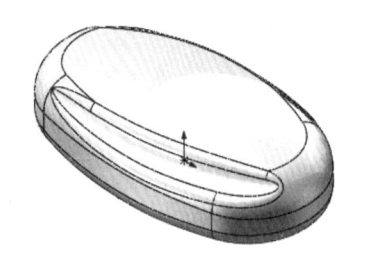

图 4.97　边倒圆特征 3　　　　图 4.98　圆角对象

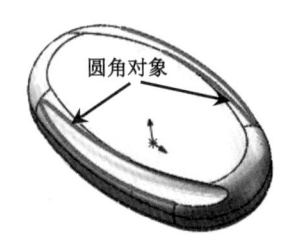

4.3.5　扫掠曲面案例：饮水机手柄

饮水机手柄模型的绘制主要利用拉伸特征创建手柄规则主体，利用扫掠曲面与有界平面得到手柄主体，最后通过拉伸得到细节，完成后如图 4.99 所示。

第4章 UG NX曲面设计

(a)方位1　　　　　　　　　(b)方位2　　　　　　　　　(c)方位3

图4.99　饮水机手柄

步骤1：新建文件。选择"快速访问工具条"中的 命令，在"新建"对话框中选择"模型"模板，在名称文本框中输入"饮水机手柄"，将工作目录设置为 D:\UG 曲面设计\work\ch04.03\，然后单击"确定"按钮进入零件建模环境。

步骤2：创建如图4.100所示的拉伸1。单击 主页 功能选项卡"基本"区域中的 按钮，在系统的提示下选取"XY平面"作为草图平面，绘制如图4.101所示的草图；在"拉伸"对话框"限制"区域的"终止"下拉列表中选择 对称值 选项，在"距离"文本框中输入深度值10；单击"确定"按钮，完成拉伸1的创建。

步骤3：创建如图4.102所示的边倒圆特征1。单击 主页 功能选项卡"基本"区域中的 按钮，系统会弹出"边倒圆"对话框，在系统的提示下选取如图4.103所示的4条边线作为圆角对象，在"边倒圆"对话框的"半径1"文本框中输入圆角半径值2，单击"确定"按钮完成边倒圆特征1的创建。

图4.100　拉伸1 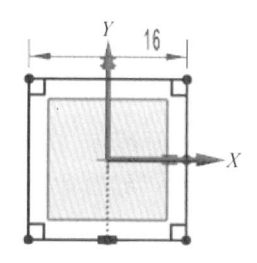　　　　　　图4.101　截面草图 　　　　　图4.102　边倒圆特征1

步骤4：创建如图4.104所示的边倒圆特征2。单击 主页 功能选项卡"基本"区域中的 按钮，系统会弹出"边倒圆"对话框，在系统的提示下选取如图4.105所示的边线作为圆角对象，在"边倒圆"对话框的"半径1"文本框中输入圆角半径值3，单击"确定"按钮完成边倒圆特征2的创建。

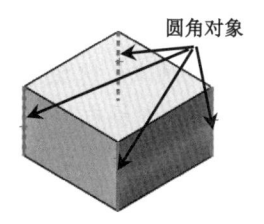

图4.103　圆角对象 　　　　　图4.104　边倒圆特征2 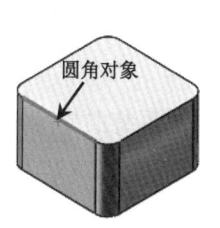　　　　图4.105　圆角对象

步骤 5：创建如图 4.106 所示的基准面 1。选择下拉菜单"插入"→"基准"→"基准平面"命令，在"基准平面"对话框"类型"下拉列表中选择"按某一距离"类型，选取"*XY*平面"作为参考，在"偏置"区域的"距离"文本框中输入值 2，方向沿 *z* 轴正方向，其他参数采用默认，单击"确定"按钮，完成基准面 1 的创建。

（a）轴侧方位　　　　　　　　　（b）平面方位

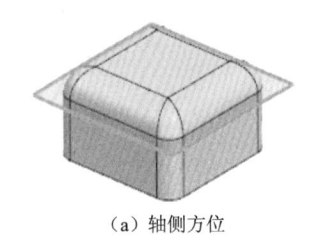

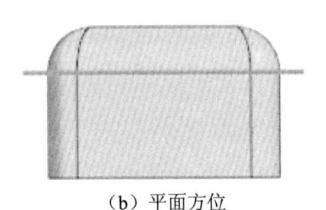

图 4.106　基准面 1

步骤 6：创建如图 4.107 所示的扫掠截面。单击 主页 功能选项卡"构造"区域中的草图 按钮，选取步骤 5 创建的基准面 1 作为草图平面，绘制如图 4.108 所示的平面草图。

图 4.107　扫掠截面　　　　　　　　　图 4.108　平面草图

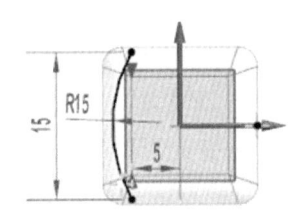

步骤 7：创建如图 4.109 所示的扫掠引导线 1。单击 主页 功能选项卡"构造"区域中的草图 按钮，选取"*ZX* 平面"作为草图平面，绘制如图 4.110 所示的草图。

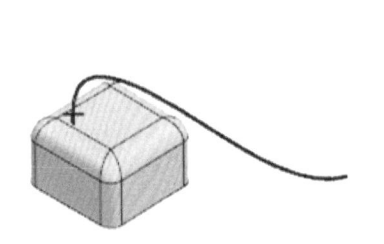

图 4.109　扫掠引导线 1　　　　　　　　图 4.110　平面草图

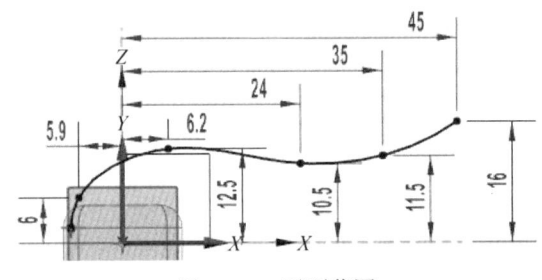

步骤 8：创建如图 4.111 所示的曲面扫掠 1。单击 曲面 功能选项卡"基本"区域中的 按钮，在系统的提示下选取步骤 6 创建的圆弧作为扫掠截面，在"扫掠"对话框"引导线"区域激活 选择曲线 ，选取步骤 7 创建的草图作为扫掠引导线，其他参数采用系统默认，单击"确定"按钮，完成曲面扫掠 1 的创建。

步骤 9：创建如图 4.112 所示的扫掠截面。单击 主页 功能选项卡"构造"区域中的草图 按钮，选取步骤 5 创建的基准面 1 作为草图平面，绘制如图 4.113 所示的平面草图。

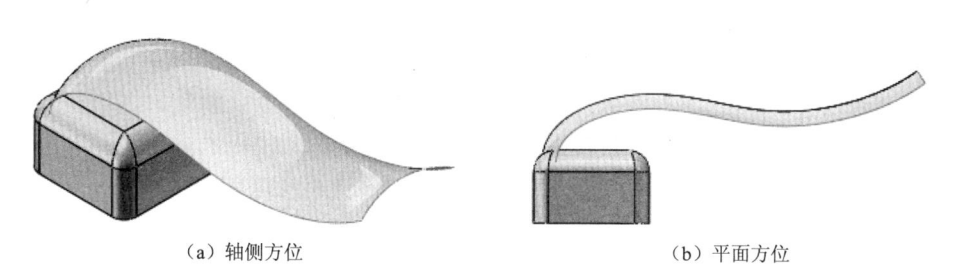

　　　　（a）轴侧方位　　　　　　　　　　　　　　（b）平面方位

图 4.111　曲面扫掠 1

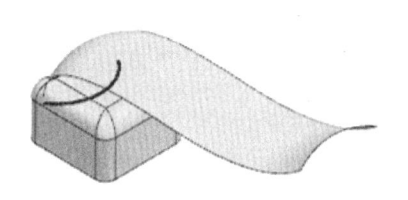

图 4.112　扫掠截面 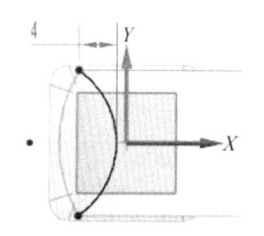　　　　　　　　　　　图 4.113　平面草图

步骤 10：创建如图 4.114 所示的扫掠引导线 2。单击 主页 功能选项卡"构造"区域中的草图 按钮，选取"ZX 平面"作为草图平面，绘制如图 4.115 所示的草图。

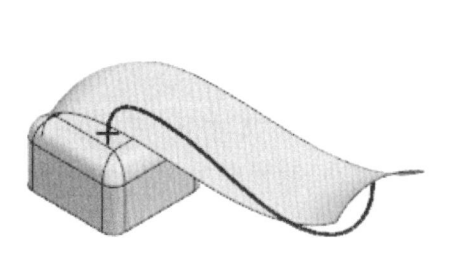

图 4.114　扫掠引导线 2 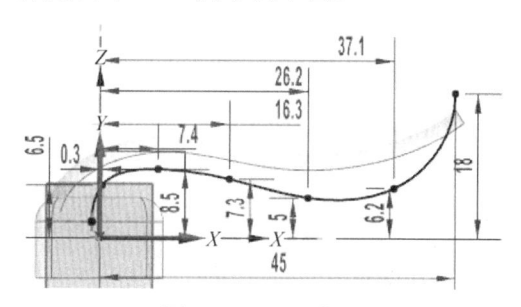　　　　　　　　　图 4.115　平面草图

步骤 11：创建如图 4.116 所示的曲面扫掠 2。单击 曲面 功能选项卡"基本"区域中的 按钮，在系统的提示下选取步骤 8 创建的圆弧作为扫掠截面，在"扫掠"对话框"引导线"区域激活 选择曲线 ，选取步骤 9 创建的草图作为扫掠引导线，其他参数采用系统默认，单击"确定"按钮，完成曲面扫掠 2 的创建。

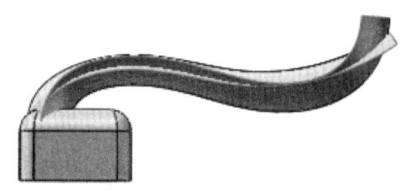

　　　　（a）轴侧方位　　　　　　　　　　　　　　（b）平面方位

图 4.116　曲面扫掠 2

步骤12：创建如图4.117所示的曲面修剪1。单击 曲面 功能选项卡"组合"区域中的 修剪和延伸 按钮，在"类型"下拉列表中选择 制作拐角，选取步骤8创建的扫掠曲面作为目标对象，选取步骤11创建的扫掠曲面作为工具对象，单击 ⊠ 按钮使保留区域如图4.117所示。

步骤13：创建如图4.118所示的有界平面。单击 曲面 功能选项卡"基本"区域中的"更多"节点，在弹出的下拉列表中选择 填充 区域中的 有界平面 命令，选取如图4.118所示的两条边界曲线作为参考，单击"确定"按钮，完成有界平面的创建。

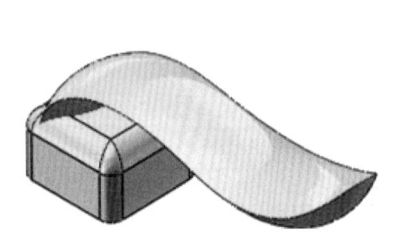

图4.117　曲面修剪1

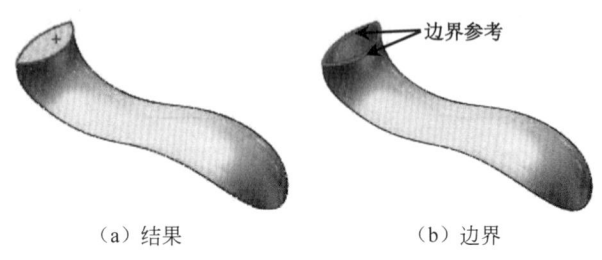

（a）结果　　　　（b）边界

图4.118　有界平面

步骤14：创建缝合曲面。单击 曲面 功能选项卡"组合"区域中的 缝合 按钮，选取步骤12创建的修剪曲面作为目标参考，选取步骤13创建的有界平面作为工具参考，单击"确定"按钮，完成缝合曲面的创建。

步骤15：创建合并特征。单击 主页 功能选项卡"基本"区域中的 按钮，选取如图4.119所示的实体1作为目标对象，选取如图4.119所示的实体2作为工具对象，单击"确定"按钮，完成合并特征的创建。

步骤16：创建如图4.120所示的拉伸2。单击 主页 功能选项卡"基本"区域中的 按钮，在系统的提示下选取如图4.120所示的模型表面作为草图平面，绘制如图4.121所示的草图；在"拉伸"对话框"限制"区域的"终止"下拉列表中选择 直至延伸部分 选项，选取如图4.122所示的面作为终止参考，在"布尔"下拉列表中选择"减去"；单击"确定"按钮，完成拉伸2的创建。

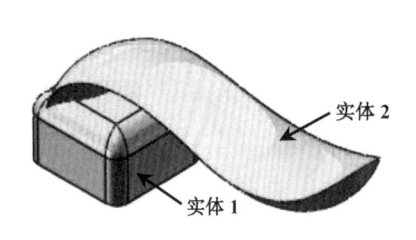

图4.119　合并特征　　　　图4.120　拉伸2　　　　图4.121　截面轮廓

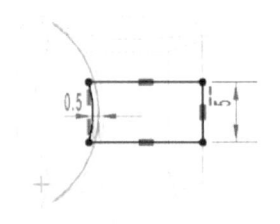

步骤17：创建如图4.123所示的拉伸3。单击 主页 功能选项卡"基本"区域中的 按钮，在系统的提示下选取如图4.123所示的模型表面作为草图平面，绘制如图4.124所示的草图；在"拉伸"对话框"限制"区域的"终止"下拉列表中选择 值 选项，在"距离"文本框中输入深度值8，方向沿z轴正方向，在"布尔"下拉列表中选择"减去"；单击"确

定"按钮，完成拉伸 3 的创建。

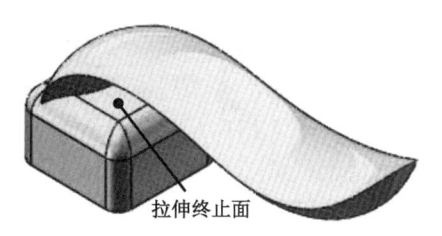

图 4.122　拉伸终止面　　　图 4.123　拉伸 3　　　图 4.124　截面轮廓

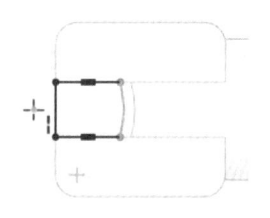

步骤 18：创建如图 4.125 所示的拉伸 4。单击 主页 功能选项卡"基本"区域中的 按钮，在系统的提示下选取如图 4.125 所示的模型表面作为草图平面，绘制如图 4.126 所示的草图；在"拉伸"对话框"限制"区域的"终止"下拉列表中选择 值 选项，在"距离"文本框中输入深度值 0.5，单击 按钮使方向朝向实体（y 轴负方向），在"布尔"下拉列表中选择"合并"；单击"确定"按钮，完成拉伸 4 的创建。

步骤 19：创建如图 4.127 所示的镜像 1。单击 主页 功能选项卡"基本"区域中的 镜像特征 按钮，系统会弹出"镜像特征"对话框，选取步骤 18 创建的"拉伸"作为要镜像的特征，在"镜像平面"区域的"平面"下拉列表中选择"现有平面"，激活"选择平面"，选取"ZX 平面"作为镜像平面，单击"确定"按钮，完成镜像 1 的创建。

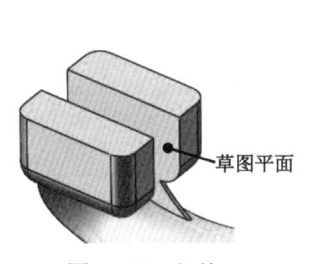

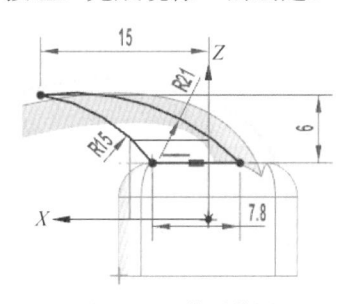

图 4.125　拉伸 4　　　图 4.126　截面草图　　　图 4.127　镜像 1

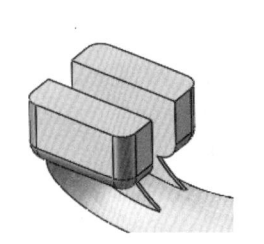

步骤 20：创建如图 4.128 所示的旋转 1。单击 主页 功能选项卡"基本"区域中的 按钮，在系统 选择要绘制的平面，或为截面选择曲线 的提示下，选取"ZX 平面"作为草图平面，进入草图环境，绘制如图 4.129 所示的草图，激活"轴"区域的"指定向量"，选取截面长度为 20 的

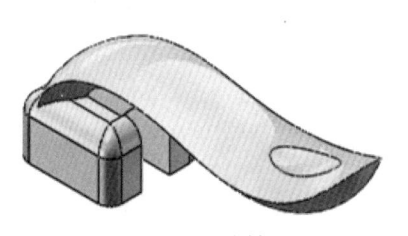

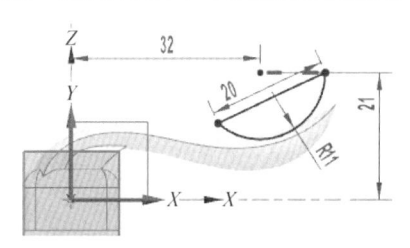

图 4.128　旋转 1　　　图 4.129　截面草图

直线作为旋转轴，在"限制"区域的"起始"下拉列表中选择"值"，然后在"角度"文本框中输入值0；在"结束"下拉列表中选择"值"，然后在"角度"文本框中输入值360，在"布尔"下拉列表中选择"减去"，单击 <确定> 按钮，完成旋转1的创建。

步骤21：创建如图4.130所示的边倒圆特征3。单击 主页 功能选项卡"基本"区域中的 按钮，系统会弹出"边倒圆"对话框，在系统的提示下选取如图4.131所示的边线作为圆角对象，在"边倒圆"对话框的"半径 1"文本框中输入圆角半径值0.2，单击"确定"按钮完成边倒圆特征3的创建。

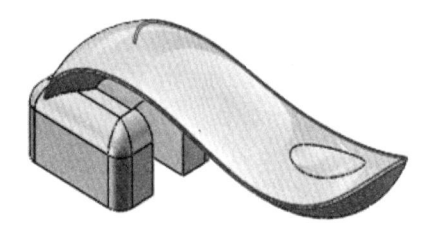

图 4.130　边倒圆特征 3　　　　　　　图 4.131　圆角对象

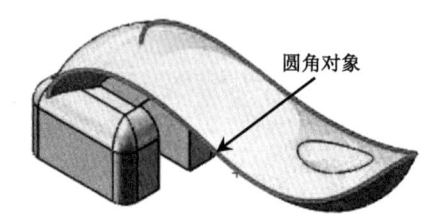

步骤22：创建如图4.132所示的边倒圆特征4。单击 主页 功能选项卡"基本"区域中的 按钮，系统会弹出"边倒圆"对话框，在系统的提示下选取如图4.133所示的边线作为圆角对象，在"边倒圆"对话框的"半径 1"文本框中输入圆角半径值3，单击"确定"按钮完成边倒圆特征4的创建。

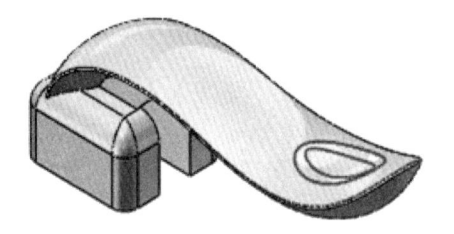

图 4.132　边倒圆特征 4　　　　　　　图 4.133　圆角对象

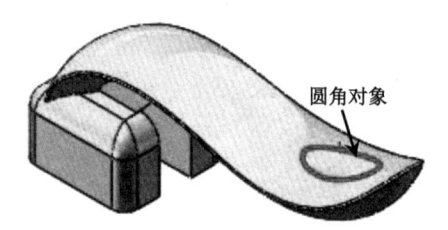

步骤23：创建如图4.134所示的边倒圆特征5。单击 主页 功能选项卡"基本"区域中的 按钮，系统会弹出"边倒圆"对话框，在系统的提示下选取如图4.135所示的边线作为圆角对象，在"边倒圆"对话框的"半径 1"文本框中输入圆角半径值1，单击"确定"按钮完成边倒圆特征5的创建。

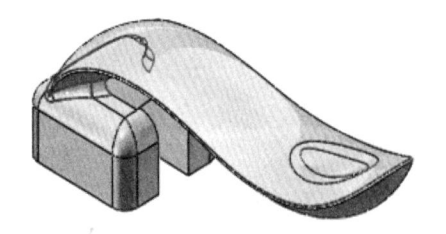

图 4.134　边倒圆特征 5　　　　　　　图 4.135　圆角对象

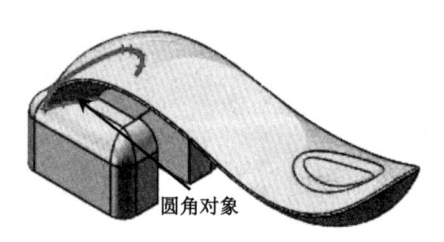

步骤 24：创建如图 4.136 所示的边倒圆特征 6。单击 主页 功能选项卡"基本"区域中的 ◆ 按钮，系统会弹出"边倒圆"对话框，在系统的提示下选取如图 4.137 所示的边线作为圆角对象，在"边倒圆"对话框的"半径 1"文本框中输入圆角半径值 2，单击"确定"按钮完成边倒圆特征 6 的创建。

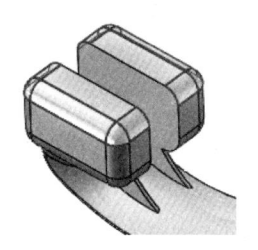

图 4.136　边倒圆特征 6

图 4.137　圆角对象

步骤 25：创建如图 4.138 所示的拉伸 5。单击 主页 功能选项卡"基本"区域中的 ◆ 按钮，在系统的提示下选取如图 4.138 所示的模型表面作为草图平面，绘制如图 4.139 所示的草图；在"拉伸"对话框"限制"区域的"终止"下拉列表中选择 ⊢ 值 选项，在"距离"文本框中输入深度值 1.5，在"布尔"下拉列表中选择"合并"；单击"确定"按钮，完成拉伸 5 的创建。

步骤 26：创建如图 4.140 所示的镜像 2。单击 主页 功能选项卡"基本"区域中的 ◆ 镜像特征 按钮，系统会弹出"镜像特征"对话框，选取步骤 25 创建的"拉伸 5"作为要镜像的特征，在"镜像平面"区域的"平面"下拉列表中选择"现有平面"，激活"选择平面"，选取"ZX 平面"作为镜像平面，单击"确定"按钮，完成镜像 2 的创建。

图 4.138　拉伸 5

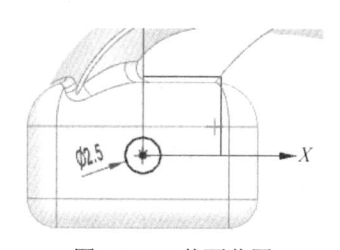

图 4.139　截面草图

图 4.140　镜像 2

4.4　有界平面

4.4.1　有界平面的一般操作

"有界平面"命令可以通过一个非相交、单一轮廓的闭环边界来生成平面。下面以如图 4.141 所示的有界平面为例，介绍创建有界平面的一般操作过程。

步骤 1：打开文件 D:\UG 曲面设计\work\ch04.04\01\有界平面-ex。

图 4.141　有界平面

步骤 2：选择命令。单击 曲面 功能选项卡"基本"区域中的"更多"节点，在弹出的下拉列表中选择 填充 区域中的 ⌒ 有界平面 命令，系统会弹出如图 4.142 所示的"有界平面"对话框。

步骤 3：选择对象。在图形区选择文本曲线中的 U 曲线作为参考对象（有界平面的边界对象需要单一封闭或者多重封闭，不可以是多个封闭或者开放）。

步骤 4：完成操作。单击"确定"按钮完成有界平面的创建，如图 4.143 所示。

步骤 5：单击 曲面 功能选项卡"基本"区域中的"更多"节点，在弹出的下拉列表中选择 填充 区域中的 ⌒ 有界平面 命令，在图形区选择文本曲线中的 G 曲线作为参考对象，单击"确定"按钮完成有界平面的创建。

图 4.142　"有界平面"对话框

图 4.143　有界平面

4.4.2　有界平面曲面案例：充电器外壳

充电器外壳模型的绘制主要利用拉伸曲面与有界平面特征创建主体结构，利用拉伸拔模与抽壳得到最终模型，完成后如图 4.144 所示。

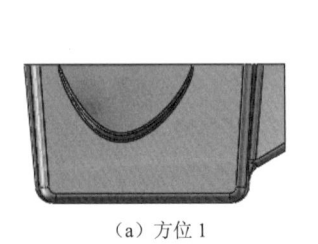

（a）方位 1　　　　　　　　　（b）方位 2　　　　　　　　　（c）方位 3

图 4.144　充电器外壳

步骤 1：新建文件。选择"快速访问工具条"中的 命令，在"新建"对话框中选择"模型"模板，在名称文本框中输入"充电器外壳"，将工作目录设置为 D:\UG 曲面设计\work\ch04.04\02，然后单击"确定"按钮进入零件建模环境。

步骤 2：创建如图 4.145 所示的拉伸 1。单击 主页 功能选项卡"基本"区域中的 按钮，在系统的提示下选取"XY 平面"作为草图平面，绘制如图 4.146 所示的草图；在"拉伸"对话框"限制"区域的"终止"下拉列表中选择 值 选项，在"距离"文本框中输入深度值 40，单击 按钮使方向沿 z 轴负方向；在"拔模"区域的"拔模"下拉列表中选择"从起始限制"，在"角度"文本框中输入角度值 5；在"设置"区域的"体类型"下拉列表中选择"片体"类型；单击"确定"按钮，完成拉伸 1 的创建。

步骤 3：创建如图 4.147 所示的拉伸 2。单击 主页 功能选项卡"基本"区域中的 按钮，在系统的提示下选取"ZX 平面"作为草图平面，绘制如图 4.148 所示的草图；在"拉伸"对话框"限制"区域的"终止"下拉列表中选择 对称值 选项，在"距离"文本框中输入深度值 12；在"设置"区域的"体类型"下拉列表中选择"片体"；单击"确定"按钮，完成拉伸 2 的创建。

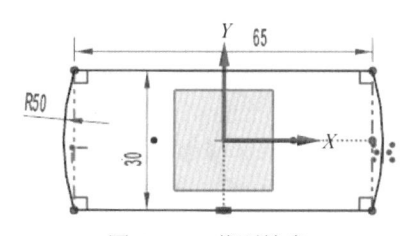

图 4.145　拉伸 1　　　　　　图 4.146　截面轮廓　　　　　　图 4.147　拉伸 2

步骤 4：创建如图 4.149 所示的有界平面 1。单击 曲面 功能选项卡"基本"区域中的"更多"节点，在弹出的下拉列表中选择 填充 区域中的 有界平面 命令，在图形区选择如图 4.150 所示的边线作为参考对象，单击"确定"按钮完成有界平面 1 的创建。

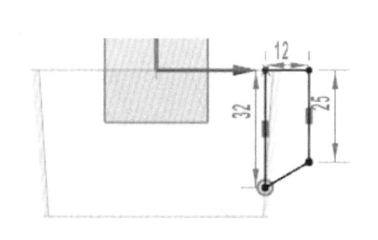

图 4.148　截面轮廓　　　　　　图 4.149　有界平面 1　　　　　　图 4.150　边界参考

步骤 5：创建如图 4.151 所示的有界平面 2。单击 曲面 功能选项卡"基本"区域中的"更多"节点，在弹出的下拉列表中选择 填充 区域中的 有界平面 命令，在图形区选择如图 4.152 所示的边线作为参考对象，单击"确定"按钮完成有界平面 2 的创建。

步骤 6：创建缝合曲面 1。单击 曲面 功能选项卡"组合"区域中 缝合 按钮，选取步骤 3

创建的拉伸曲面作为目标对象，选取步骤 3 创建的拉伸曲面与步骤 4、步骤 5 创建的有界平面作为工具对象，在"设置"区域的"体类型"下拉列表中选择"片体"类型；单击"确定"按钮，完成缝合曲面 1 的创建。

步骤 7：创建如图 4.153 所示的裁剪曲面 1。单击 曲面 功能选项卡"组合"区域中的 修剪和延伸 按钮，在"类型"下拉列表中选择 制作拐角，选取步骤 2 创建的拉伸曲面作为目标对象，选取步骤 6 创建的缝合曲面 1 作为工具对象，单击 × 按钮使保留区域如图 4.153 所示。

图 4.151　有界平面 2 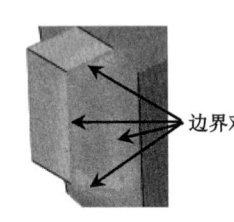　　　　图 4.152　边界参考 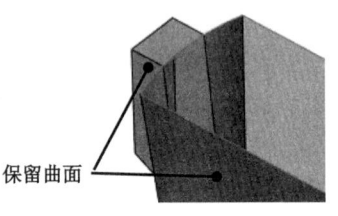　　　　图 4.153　裁剪曲面 1

步骤 8：创建如图 4.154 所示的有界平面 3。单击 曲面 功能选项卡"基本"区域中的"更多"节点，在弹出的下拉列表中选择 填充 区域中的 有界平面 命令，在图形区选择如图 4.155 所示的边线（共 6 个对象）作为参考对象，单击"确定"按钮完成有界平面 3 的创建。

步骤 9：创建如图 4.156 所示的有界平面 4。单击 曲面 功能选项卡"基本"区域中的"更多"节点，在弹出的下拉列表中选择 填充 区域中的 有界平面 命令，在图形区选择如图 4.157 所示的边线作为参考对象，单击"确定"按钮完成有界平面 4 的创建。

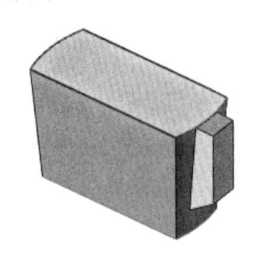

图 4.154　有界平面 3 　　图 4.155　边界参考 　　图 4.156　有界平面 4 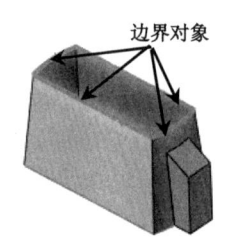　　图 4.157　边界参考

步骤 10：创建缝合曲面 2。单击 曲面 功能选项卡"组合"区域中的 缝合 按钮，选取步骤 7 创建的剪裁曲面 1 作为目标对象，选取步骤 8、步骤 9 创建的有界平面 3、有界平面 4 作为工具对象，在"设置"区域的"体类型"下拉列表中选择"实体"；单击"确定"按钮，完成缝合曲面 2 的创建（此时模型已成实体）。

步骤 11：创建如图 4.158 所示的基准面 1。选择下拉菜单"插入"→"基准"→"基准平面"命令，系统会弹出"基准平面"对话框；在"基准平面"对话框"类型"下拉列表中选择"曲线和点"类型，在"子类型"下拉列表中选择"点和平面/面"，然后选取如图 4.158 所示的点参考与"ZX 平面"参考，其他参数采用默认，单击"确定"按钮，完成基准面 1 的创建。

步骤 12：创建如图 4.159 所示的拉伸 3。单击 主页 功能选项卡"基本"区域中的 按钮，在系统的提示下选取步骤 11 创建的基准面 1 作为草图平面，绘制如图 4.160 所示的草图；在"拉伸"对话框"限制"区域的"终止"下拉列表中选择 直至下一个 选项，单击 按钮使方向沿 y 轴正方向；在"设置"区域的"体类型"下拉列表中选择"实体"类型；单击"确定"按钮，完成拉伸 3 的创建。

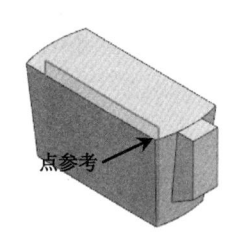

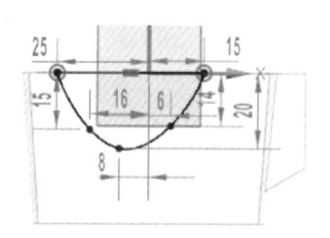

图 4.158　基准面 1　　　图 4.159　拉伸 3　　　图 4.160　截面轮廓

步骤 13：创建如图 4.161 所示的拔模 1。单击 主页 功能选项卡"基本"区域中的 拔模 按钮，在"拔模"对话框的"类型"下拉列表中选择"面"类型，选取 YC 负方向作为拔模方向，在"拔模方法"下拉列表中选择"固定面"，激活"选择固定面"，选取如图 4.162 所示的面作为固定面，激活"要拔模的面"区域的"选择面"，选取如图 4.162 所示的面作为拔模面，在"角度 1"文本框中输入拔模角度值 45，单击"确定"按钮，完成拔模 1 的创建。

步骤 14：创建如图 4.163 所示的镜像 1。单击 主页 功能选项卡"基本"区域中的 镜像特征 按钮，系统会弹出"镜像特征"对话框，选取步骤 12 创建的拉伸 3 与步骤 13 创建的拔模 1 作为要镜像的特征，在"镜像平面"区域的"平面"下拉列表中选择"现有平面"，激活"选择平面"，选取"ZX 平面"作为镜像平面，单击"确定"按钮，完成镜像 1 的创建。

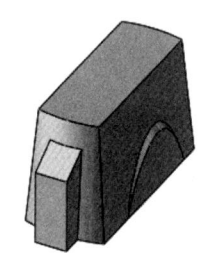

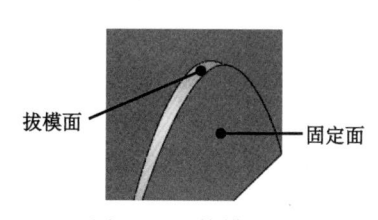

图 4.161　拔模 1　　　图 4.162　拔模参考　　　图 4.163　镜像 1

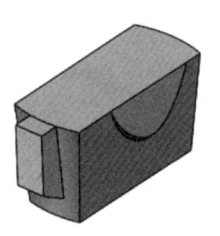

步骤 15：创建如图 4.164 所示的边倒圆特征 1。单击 主页 功能选项卡"基本"区域中的 按钮，系统会弹出"边倒圆"对话框，在系统的提示下选取如图 4.165 所示的两条边线作为圆角对象，在"边倒圆"对话框的"半径 1"文本框中输入圆角半径值 5，单击"确定"按钮完成边倒圆特征 1 的创建。

步骤 16：创建如图 4.166 所示的边倒圆特征 2。单击 主页 功能选项卡"基本"区域中的 按钮，系统会弹出"边倒圆"对话框，在系统的提示下选取如图 4.167 所示的边线作为圆角对象，在"边倒圆"对话框的"半径 1"文本框中输入圆角半径值 5，单击"确定"按钮完成边倒圆特征 2 的创建。

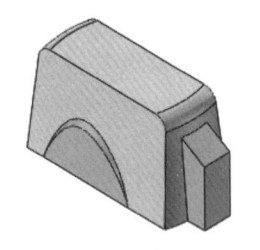

图 4.164　边倒圆特征 1 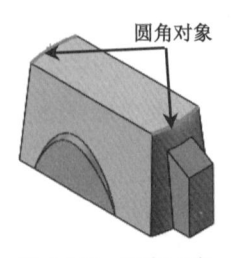　　图 4.165　圆角对象 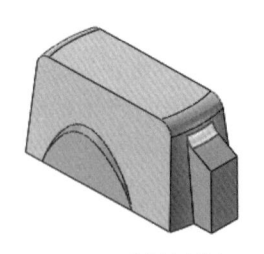　　图 4.166　边倒圆特征 2 　　图 4.167　圆角对象

步骤 17：创建如图 4.168 所示的边倒圆特征 3。单击 主页 功能选项卡"基本"区域中的 按钮，系统会弹出"边倒圆"对话框，在系统的提示下选取如图 4.169 所示的 4 条边线作为圆角对象，在"边倒圆"对话框的"半径 1"文本框中输入圆角半径值 2，单击"确定"按钮完成边倒圆特征 3 的创建。

步骤 18：创建如图 4.170 所示的边倒圆特征 4。单击 主页 功能选项卡"基本"区域中的 按钮，系统会弹出"边倒圆"对话框，在系统的提示下选取如图 4.171 所示的两条边线作为圆角对象，在"边倒圆"对话框的"半径 1"文本框中输入圆角半径值 3，单击"确定"按钮完成边倒圆特征 4 的创建。

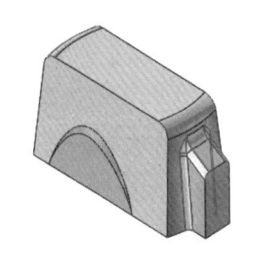

图 4.168　边倒圆特征 3 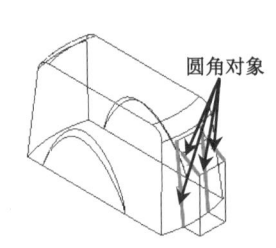　　图 4.169　圆角对象 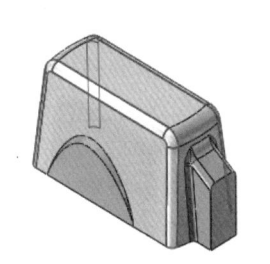　　图 4.170　边倒圆特征 4 　　图 4.171　圆角对象

步骤 19：创建如图 4.172 所示的边倒圆特征 5。单击 主页 功能选项卡"基本"区域中的 按钮，系统会弹出"边倒圆"对话框，在系统的提示下选取如图 4.173 所示的两条边线作为圆角对象，在"边倒圆"对话框的"半径 1"文本框中输入圆角半径值 1，单击"确定"按钮完成边倒圆特征 5 的创建。

步骤 20：创建如图 4.174 所示的边倒圆特征 6。单击 主页 功能选项卡"基本"区域中的 按钮，系统会弹出"边倒圆"对话框，在系统的提示下选取如图 4.175 所示的两条边线作为圆角对象，在"边倒圆"对话框的"半径 1"文本框中输入圆角半径值 1，单击"确定"按钮完成边倒圆特征 6 的创建。

步骤 21：创建如图 4.176 所示的抽壳 1。单击 主页 功能选项卡"基本"区域中的 抽壳 按钮，在"抽壳"对话框"类型"下拉列表中选择"开放"类型，选取如图 4.177 所示的 3 个面作为移除面，在"厚度"文本框中输入抽壳的厚度值 2，单击"确定"按钮，完成抽壳 1 的创建。

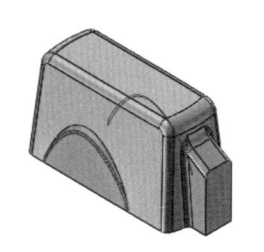

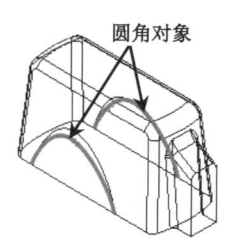

图 4.172 边倒圆特征 5　　　　图 4.173 圆角对象　　　　图 4.174 边倒圆特征 6

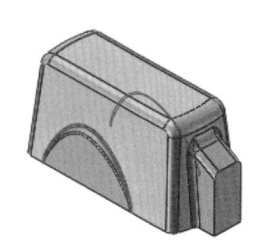

图 4.175 圆角对象　　　　图 4.176 抽壳 1　　　　图 4.177 抽壳移除面

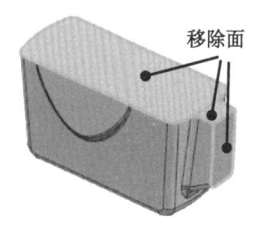

4.5 填充曲面

4.5.1 填充曲面的一般操作

填充曲面是将现有模型的边线、草图或曲线定义为边界,在其内部构建任何边数的曲面修补。下面以如图 4.178 所示的填充曲面为例,介绍创建填充曲面的一般操作过程。

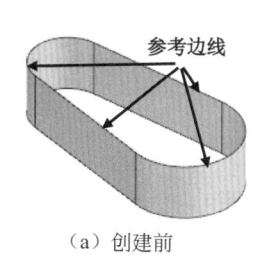

（a）创建前　　　　　　　　（b）创建后

图 4.178 填充曲面

步骤 1：打开文件 D:\UG 曲面设计\work\ch04.05\填充曲面-ex。

步骤 2：选择命令。单击 曲面 功能选项卡"基本"区域中的"更多"节点,在弹出的下拉列表中选择 填充 区域中的 填充曲面 命令,系统会弹出如图 4.179 所示的"填充曲面"对话框。

步骤 3：定义边界默认连续性。在"填充曲面"对话框 设置 区域的 默认边连续性 下拉列表中选择 G1 (相切)。

步骤 4：定义边界曲线。选取图 4.178（a）所示的 4 条边线作为边界参考。

图 4.179 "填充曲面"对话框

步骤 5：完成操作。单击"确定"按钮完成填充曲面的创建，如图 4.178（b）所示。

如图 4.179 所示"填充曲面"对话框部分选项的说明如下。

（1）边界 区域：用于定义要修补的封闭边界，既可以为平面封闭边界，如图 4.180 所示，也可以为空间封闭边界，如图 4.181 所示。

图 4.180　平面边界

图 4.181　空间边界

（2） G0（位置）：用于生成与所选边界所在面相接的填充曲面，如图 4.182 所示。
（3） G1（相切）：用于生成与所选边界所在面相切的填充曲面，如图 4.183 所示。
（4） G2（曲率）：用于生成与所选边界所在面曲率连续的填充曲面，如图 4.184 所示。

图 4.182　G0 位置

图 4.183　G1 相切

图 4.184　G2 曲率

4.5.2 带有约束曲线的填充曲面

约束曲线用来控制填充曲面的形状，通常被用来给修补添加斜面控制。下面以如图 4.185 所示的填充曲面为例，介绍创建带有约束曲线的填充曲面的一般操作过程。

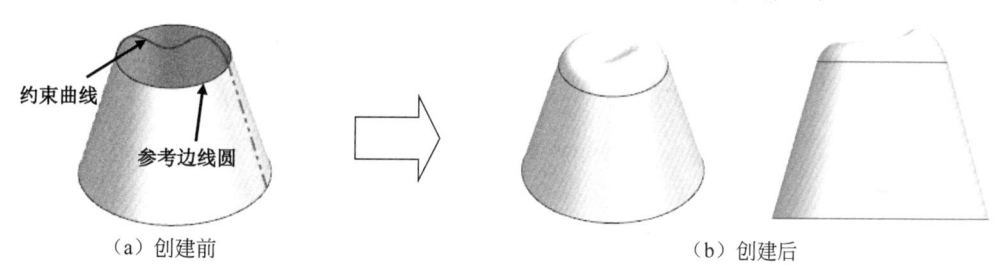

(a) 创建前　　　　　　　　　　(b) 创建后

图 4.185　带有约束曲线的填充曲面

步骤 1：打开文件 D:\UG 曲面设计\work\ch04.05\带有约束曲线的填充曲面-ex。

步骤 2：选择命令。单击 曲面 功能选项卡"基本"区域中的"更多"节点，在弹出的下拉列表中选择 填充 区域中的 填充曲面 命令，系统会弹出"填充曲面"对话框。

步骤 3：定义边界默认连续性。在"填充曲面"对话框 设置 区域的 默认边连续性 下拉列表中选择 G1 (相切) 。

步骤 4：定义边界曲线。选取如图 4.185（a）所示的参考边线作为边界参考。

步骤 5：定义约束曲线。在"填充曲面"对话框 形状控制 区域的 方法 下拉列表中选择 拟合至曲线 ，选取如图 4.185（a）所示的约束曲线。

步骤 6：完成操作。单击"确定"按钮完成填充曲面的创建，如图 4.185（b）所示。

形状控制 区域"方法"下拉列表中部分选项的说明如下。

（1） 充满 选项：用于通过沿曲面指定点的局部法向拖动曲面来修改曲面，如图 4.186 所示。

（2） 拟合至曲线 选项：用于将曲面拟合至所选曲线，如图 4.185（b）所示。

（3） 拟合至小平面体 选项：用于将曲面拟合至所选的小平面体。

(a) 偏置 0　　　　　　　　　　(b) 偏置 15

图 4.186　充满类型

4.5.3 填充曲面案例：儿童塑料玩具

儿童塑料玩具模型的绘制主要利用旋转特征与拉伸特征创建主体结构，利用填充曲面创建主体上的突起效果，完成后如图 4.187 所示。

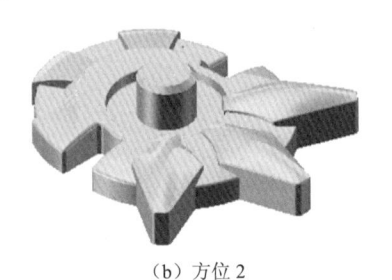

(a) 方位 1　　　　　　　　(b) 方位 2

图 4.187　儿童塑料玩具

步骤 1：新建文件。选择"快速访问工具条"中的 命令，在"新建"对话框中选择"模型"模板，在名称文本框中输入"儿童塑料玩具"，将工作目录设置为 D:\UG 曲面设计\work\ch04.05，然后单击"确定"按钮进入零件建模环境。

步骤 2：创建如图 4.188 所示的旋转 1。单击 主页 功能选项卡"基本"区域中的 按钮，系统会弹出"旋转"对话框，在系统 选择要绘制的平的面，或为截面选择曲线 的提示下，选取"ZX 平面"作为草图平面，进入草图环境，绘制如图 4.189 所示的草图，在"旋转"对话框激活"轴"区域的"指定向量"，选取"z 轴"作为旋转轴，在"旋转"对话框的"限制"区域的"起始"下拉列表中选择"值"，然后在"角度"文本框中输入值 0；在"结束"下拉列表中选择"值"，然后在"角度"文本框中输入值 180，单击"确定"按钮，完成旋转 1 的创建。

步骤 3：创建如图 4.190 所示的拉伸 1。单击 主页 功能选项卡"基本"区域中的 按钮，在系统的提示下选取"XY 平面"作为草图平面，绘制如图 4.191 所示的草图；在"拉伸"对话框"限制"区域的"终止"下拉列表中选择 贯通 选项，沿 z 轴正方向；在"布尔"下拉列表中选择"减去"；单击"确定"按钮，完成拉伸 1 的创建。

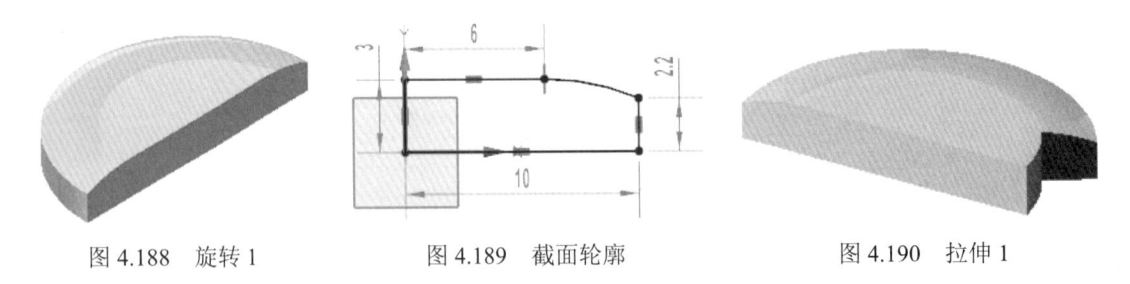

图 4.188　旋转 1　　　　　图 4.189　截面轮廓　　　　　图 4.190　拉伸 1

步骤 4：创建如图 4.192 所示的圆形阵列 1。单击 主页 功能选项卡"基本"区域中的 按钮，系统会弹出"阵列特征"对话框；在"阵列特征"对话框"阵列定义"区域的"布局"下拉列表中选择"圆形"；选取步骤 3 创建的"拉伸"特征作为阵列的源对象；在"阵列特征"

对话框"旋转轴"区域激活"指定向量",选取 z 轴作为阵列旋转轴,在"间距"下拉列表中选择"数量和间隔",在"数量"文本框中输入值 3,在"间隔"文本框中输入值 60;单击"阵列特征"对话框中的"确定"按钮,完成圆形阵列 1 的创建。

步骤 5:创建如图 4.193 所示的拉伸 2。单击 主页 功能选项卡"基本"区域中的 按钮,在系统的提示下选取"XY 平面"作为草图平面,绘制如图 4.194 所示的草图;在"拉伸"对话框"限制"区域的"终止"下拉列表中选择 值 选项,在"距离"文本框中输入深度值 2(方向沿 z 轴正方向),在"布尔"下拉列表中选择"合并";单击"确定"按钮,完成拉伸 2 的创建。

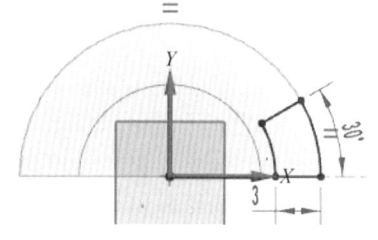

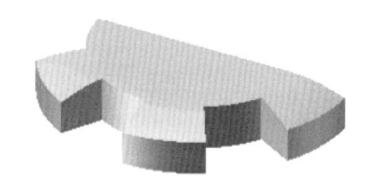

图 4.191　截面草图　　　图 4.192　圆形阵列 1　　　图 4.193　拉伸 2

步骤 6:创建如图 4.195 所示的倒斜角特征 1。单击 主页 功能选项卡"基本"区域中的 按钮,系统会弹出"倒斜角"对话框,在"横截面"下拉列表中选择"对称"类型,在系统的提示下选取如图 4.196 所示的 3 条边线作为倒角对象,在"距离"文本框中输入倒角距离值 0.75,单击"确定"按钮,完成倒斜角特征 1 的创建。

图 4.194　截面草图　　　图 4.195　倒斜角特征 1　　　图 4.196　倒角对象

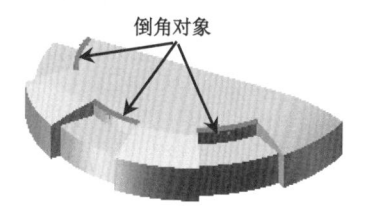

步骤 7:创建如图 4.197 所示的旋转特征 2。单击 主页 功能选项卡"基本"区域中的 按钮,系统会弹出"旋转"对话框,在系统 选择要绘制的平的面,或为截面选择曲线 的提示下,选取"YZ 平面"作为草图平面,进入草图环境,绘制如图 4.198 所示的草图,在"旋转"对话框激活"轴"区域的"指定向量",选取截面左侧的竖直直线作为旋转轴,在"结束"下拉列表中选择"对称值",然后在"角度"文本框中输入值 180,在"布尔"下拉列表中选择"无"类型,单击"确定"按钮,完成旋转特征 2 的创建。

步骤 8:创建如图 4.199 所示的拉伸 3。单击 主页 功能选项卡"基本"区域中的 按钮,在系统的提示下选取"XY 平面"作为草图平面,绘制如图 4.200 所示的草图;在"拉伸"对话框"限制"区域的"终止"下拉列表中选择 直至延伸部分 选项,选取如图 4.199 所示的面作为参考,在"布尔"下拉列表中选择"无",单击"确定"按钮,完成拉伸 3 的创建。

图 4.197　旋转特征 2

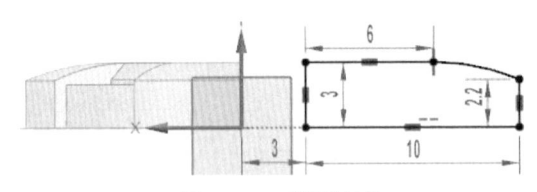

图 4.198　截面轮廓

图 4.199　拉伸 3

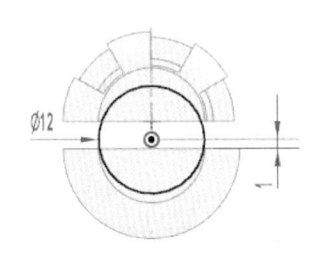

图 4.200　截面轮廓

步骤 9：创建合并 1。单击 主页 功能选项卡"基本"区域中的 按钮，系统会弹出"合并"对话框，在系统"选择目标体"的提示下，选取步骤 8 创建的拉伸体 3 作为目标体，在系统"选择工具体"的提示下，选取另外两个体作为工具体，在"合并"对话框的"设置"区域中取消选中"保存目标"与"保存工具"复选框，单击"确定"按钮完成操作。

步骤 10：创建如图 4.201 所示的拉伸 4。单击 主页 功能选项卡"基本"区域中的 按钮，在系统的提示下选取如图 4.201 所示的模型表面作为草图平面，绘制如图 4.202 所示的草图；在"拉伸"对话框"限制"区域的"终止"下拉列表中选择 值 选项，在"距离"文本框中输入深度值 1（方向沿 z 轴负方向），在"布尔"下拉列表中选择"减去"；单击"确定"按钮，完成拉伸 4 的创建。

图 4.201　拉伸 4

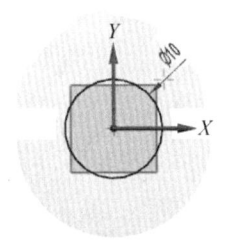

图 4.202　截面轮廓

步骤 11：创建如图 4.203 所示的拉伸 5。单击 主页 功能选项卡"基本"区域中的 按钮，在系统的提示下选取如图 4.203 所示的模型表面作为草图平面，绘制如图 4.204 所示的草图；在"拉伸"对话框"限制"区域的"终止"下拉列表中选择 值 选项，在"距离"文本框中输入深度值 4（方向沿 z 轴正方向），在"布尔"下拉列表中选择"合并"；单击"确定"按钮，完成拉伸 5 的创建。

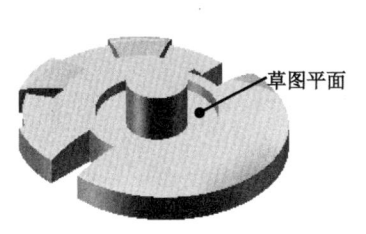

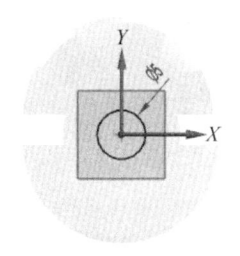

图 4.203　拉伸 5　　　　图 4.204　截面轮廓　　　　图 4.205　拉伸 6

步骤 12：创建如图 4.205 所示的拉伸 6。单击 主页 功能选项卡"基本"区域中的 按钮，在系统的提示下选取"XY 平面"作为草图平面，绘制如图 4.206 所示的草图；在"拉伸"对话框"限制"区域的"终止"下拉列表中选择 值 选项，在"距离"文本框中输入深度值 3.2（方向沿 z 轴正方向），在"设置"区域的"体类型"下拉列表中选择"片体"，在"布尔"下拉列表中选择"无"；单击"确定"按钮，完成拉伸 6 的创建。

步骤 13：绘制如图 4.207 所示的填充曲面控制草图。单击 主页 功能选项卡"构造"区域中的草图 按钮，选取"YZ 平面"作为草图平面，绘制如图 4.208 所示的草图。

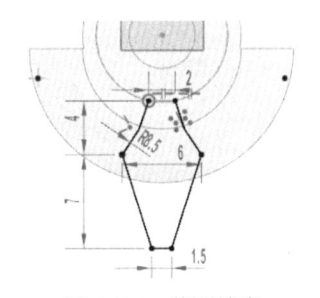

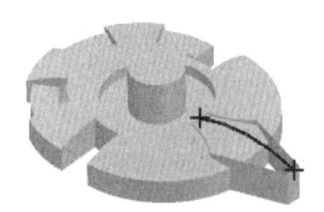

图 4.206　截面轮廓　　　图 4.207　曲面填充控制草图　　　图 4.208　平面草图

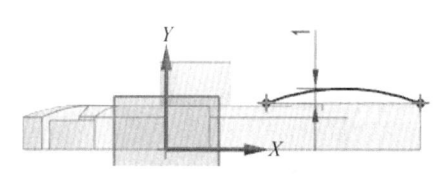

步骤 14：创建如图 4.209 所示的填充曲面 1。单击 曲面 功能选项卡"基本"区域中的"更多"节点，在弹出的下拉列表中选择 填充 区域中的 填充曲面 命令，在"填充曲面"对话框 设置 区域的 默认边连续性 下拉列表中选择 G0（位置），选取如图 4.210 所示的 6 条边线作为边界参考，在 形状控制 区域的 方法 下拉列表中选择 拟合至曲线，选取步骤 13 创建的草图作为约束曲线。单击"确定"按钮完成填充曲面 1 的创建。

图 4.209　填充曲面 1　　　　　　图 4.210　填充边界

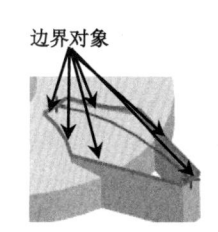

步骤 15：创建如图 4.211 所示的有界平面 1。单击 曲面 功能选项卡"基本"区域中的"更多"节点，在弹出的下拉列表中选择 填充 区域中的 有界平面 命令，在图形区选择如图 4.212

所示的边线作为参考对象，单击"确定"按钮完成有界平面 1 的创建。

步骤 16：创建缝合曲面 1。单击 曲面 功能选项卡"组合"区域中的 缝合 按钮，选取步骤 3 创建的拉伸曲面作为目标对象，选取步骤 12 创建的拉伸曲面、步骤 14 创建的填充曲面 1 与步骤 15 创建的有界曲面 1 作为工具对象，在"设置"区域的"体类型"下拉列表中选择"实体"类型；单击"确定"按钮，完成缝合曲面 1 的创建。

步骤 17：创建如图 4.213 所示的圆形阵列 2。单击 主页 功能选项卡"基本"区域中的更多节点，在弹出的列表中选择"复制"区域中的 阵列几何特征 命令，系统会弹出"阵列几何特征"对话框；在"阵列几何特征"对话框"阵列定义"区域的"布局"下拉列表中选择"圆形"；选取步骤 16 创建的缝合曲面 1 作为阵列的源对象；在"阵列特征"对话框"旋转轴"区域激活"指定向量"，选取如图 4.213 所示的圆柱面，在"间距"下拉列表中选择"数量和跨度"，在"数量"文本框中输入值 2，在"跨角"文本框中输入值 50；单击"阵列特征"对话框中的"确定"按钮，完成圆形阵列 2 的创建。

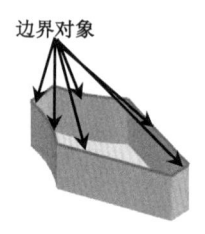

图 4.211 　有界平面 1　　　　图 4.212 　填充边界　　　　图 4.213 　圆形阵列 2

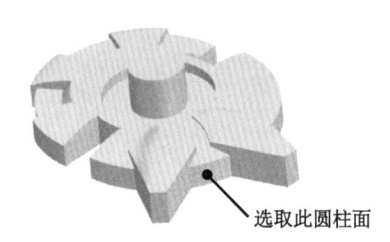

步骤 18：创建如图 4.214 所示的圆形阵列 3。单击 主页 功能选项卡"基本"区域中的更多节点，在弹出的列表中选择"复制"区域中的 阵列几何特征 命令，系统会弹出"阵列几何特征"对话框；在"阵列几何特征"对话框"阵列定义"区域的"布局"下拉列表中选择"圆形"；选取步骤 16 创建的缝合曲面 1 作为阵列的源对象；在"阵列特征"对话框的"旋转轴"区域激活"指定向量"，选取如图 4.214 所示的圆柱面，单击 ✕ 按钮调整阵列方向，在"间距"下拉列表中选择"数量和跨度"，在"数量"文本框中输入值 2，在"跨角"文本框中输入值 50；单击"阵列特征"对话框中的"确定"按钮，完成圆形阵列 3 的创建。

步骤 19：创建合并 1。单击 主页 功能选项卡"基本"区域中的 合并 按钮，系统会弹出"合并"对话框，在系统"选择目标体"的提示下，选取步骤 16 创建的缝合曲面 1 作为目标体，在系统"选择工具体"的提示下，选取另外 3 个体作为工具体，在"合并"对话框的"设置"区域中取消选中"保存目标"与"保存工具"复选框，单击"确定"按钮完成操作。

步骤 20：创建如图 4.215 所示的边倒圆特征 1。单击 主页 功能选项卡"基本"区域中的 边倒圆 按钮，系统会弹出"边倒圆"对话框，在系统的提示下选取如图 4.216 所示的边线（12 条边线）作为圆角对象，在"边倒圆"对话框的"半径 1"文本框中输入圆角半径值 0.5，单击"确定"按钮完成边倒圆特征 1 的创建。

步骤 21：创建如图 4.217 所示的边倒圆特征 2。单击 主页 功能选项卡"基本"区域中的 边倒圆 按钮，系统会弹出"边倒圆"对话框，在系统的提示下选取如图 4.218 所示的边线（3 条边

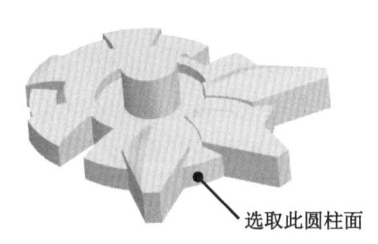

图 4.214　圆形阵列 3　　　图 4.215　边倒圆特征 1　　　图 4.216　圆角对象

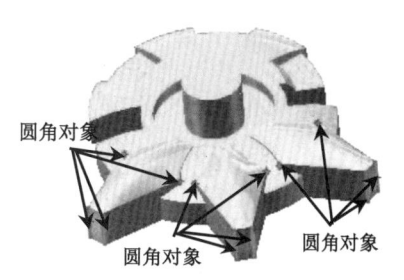

线）作为圆角对象，在"边倒圆"对话框的"半径 1"文本框中输入圆角半径值 0.2，单击"确定"按钮完成边倒圆特征 2 的创建。

步骤 22：创建如图 4.219 所示的拉伸 7。单击 主页 功能选项卡"基本"区域中的 按钮，在系统的提示下选取如图 4.219 所示的模型表面作为草图平面，绘制如图 4.220 所示的草图；在"拉伸"对话框"限制"区域的"终止"下拉列表中选择 值 选项，在"距离"文本框中输入深度值 2（方向沿 z 轴负方向），在"布尔"下拉列表中选择"合并"；单击"确定"按钮，完成拉伸 7 的创建。

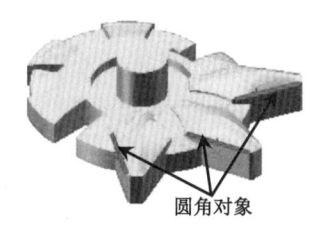

图 4.217　边倒圆特征 2　　　图 4.218　圆角对象　　　图 4.219　拉伸 7

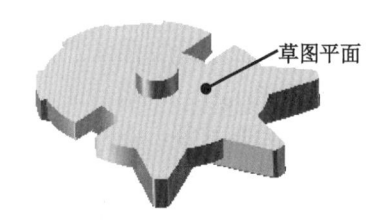

步骤 23：创建如图 4.221 所示的拉伸 8。单击 主页 功能选项卡"基本"区域中的 按钮，在系统的提示下选取如图 4.221 所示的模型表面作为草图平面，绘制如图 4.222 所示的草图；在"拉伸"对话框"限制"区域的"终止"下拉列表中选择 值 选项，在"距离"文本框中输入深度值 6（方向沿 z 轴正方向），在"布尔"下拉列表中选择"减去"；单击"确定"按钮，完成拉伸 8 的创建。

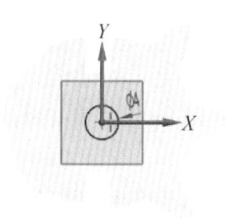

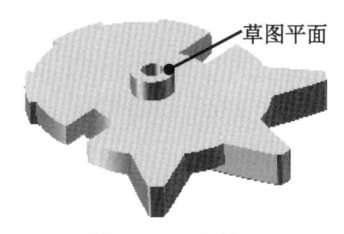

图 4.220　截面轮廓　　　图 4.221　拉伸 8　　　图 4.222　截面轮廓

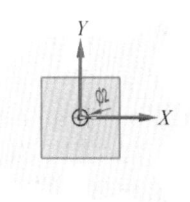

步骤 24：创建如图 4.223 所示的拉伸 9。单击 主页 功能选项卡"基本"区域中的 按钮，在系统的提示下选取如图 4.223 所示的模型表面作为草图平面，绘制如图 4.224 所示的草图；

在"拉伸"对话框"限制"区域的"终止"下拉列表中选择⊢值选项，在"距离"文本框中输入深度值 0.5(方向沿 z 轴正方向)，在"布尔"下拉列表中选择"减去"；单击"确定"按钮，完成拉伸 9 的创建。

步骤 25：创建如图 4.225 所示的边倒圆特征 3。单击 主页 功能选项卡"基本"区域中的 按钮，系统会弹出"边倒圆"对话框，在系统的提示下选取如图 4.226 所示的边线（8 条边线）作为圆角对象，在"边倒圆"对话框的"半径 1"文本框中输入圆角半径值 0.4，单击"确定"按钮完成边倒圆特征 3 的创建。

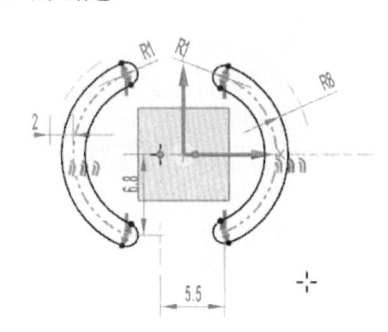

图 4.223　拉伸 9　　　　图 4.224　截面轮廓　　　　图 4.225　边倒圆特征 3

步骤 26：创建如图 4.227 所示的边倒圆特征 4。单击 主页 功能选项卡"基本"区域中的 按钮，系统会弹出"边倒圆"对话框，在系统的提示下选取如图 4.228 所示的边线（9 条边线）作为圆角对象，在"边倒圆"对话框的"半径 1"文本框中输入圆角半径值 0.1，单击"确定"按钮完成边倒圆特征 4 的创建。

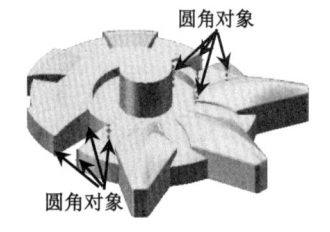

图 4.226　圆角对象　　　　图 4.227　边倒圆特征 4　　　　图 4.228　圆角对象

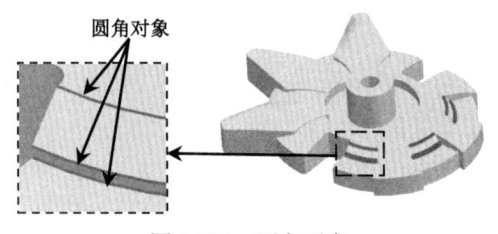

步骤 27：创建如图 4.229 所示的边倒圆特征 5。单击 主页 功能选项卡"基本"区域中的 按钮，系统会弹出"边倒圆"对话框，在系统的提示下选取如图 4.230 所示的边线（2 条边线）作为圆角对象，在"边倒圆"对话框的"半径 1"文本框中输入圆角半径值 0.4，单击"确定"按钮完成边倒圆特征 5 的创建。

步骤 28：创建如图 4.231 所示的边倒圆特征 6。单击 主页 功能选项卡"基本"区域中的 按钮，系统会弹出"边倒圆"对话框，在系统的提示下选取如图 4.232 所示的边线（4 条边线）作为圆角对象，在"边倒圆"对话框的"半径 1"文本框中输入圆角半径值 0.3，单击"确定"按钮完成边倒圆特征 6 的创建。

图 4.229　边倒圆特征 5　　　　图 4.230　圆角对象　　　　图 4.231　边倒圆特征 6

步骤 29：创建如图 4.233 所示的边倒圆特征 7。单击 主页 功能选项卡"基本"区域中的 按钮，系统会弹出"边倒圆"对话框，在系统的提示下选取如图 4.234 所示的边线（2 条边线）作为圆角对象，在"边倒圆"对话框的"半径 1"文本框中输入圆角半径值 0.3，单击"确定"按钮完成边倒圆特征 7 的创建。

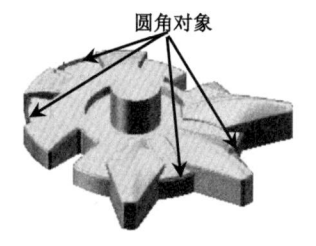

图 4.232　圆角对象　　　　图 4.233　边倒圆特征 7　　　　图 4.234　圆角对象

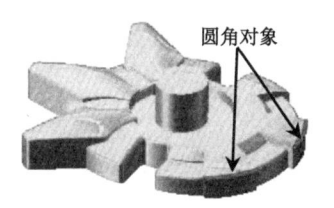

步骤 30：创建如图 4.235 所示的边倒圆特征 8。单击 主页 功能选项卡"基本"区域中的 按钮，系统会弹出"边倒圆"对话框，在系统的提示下选取如图 4.236 所示的边线（10 条边线）作为圆角对象，在"边倒圆"对话框的"半径 1"文本框中输入圆角半径值 0.1，单击"确定"按钮完成边倒圆特征 8 的创建。

步骤 31：创建如图 4.237 所示的边倒圆特征 9。单击 主页 功能选项卡"基本"区域中的 按钮，系统会弹出"边倒圆"对话框，在系统的提示下选取如图 4.238 所示的边线（5 条边线）作为圆角对象，在"边倒圆"对话框的"半径 1"文本框中输入圆角半径值 0.1，单击"确定"按钮完成边倒圆特征 9 的创建。

图 4.235　边倒圆特征 8　　　　图 4.236　圆角对象　　　　图 4.237　边倒圆特征 9

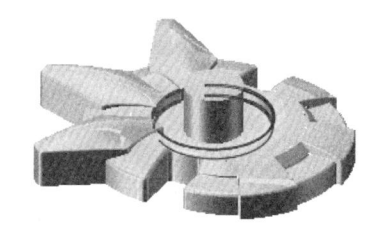

步骤 32：创建如图 4.239 所示的倒斜角特征 2。单击 主页 功能选项卡"基本"区域中的 按钮，系统会弹出"倒斜角"对话框，在"横截面"下拉列表中选择"对称"类型，在系统的提示下选取如图 4.240 所示的边线作为倒角对象，在"距离"文本框中输入倒角距离值 0.5，

单击"确定"按钮,完成倒斜角特征2的创建。

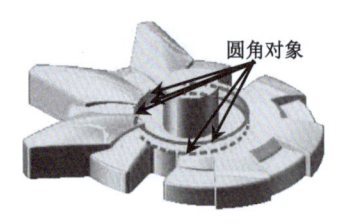

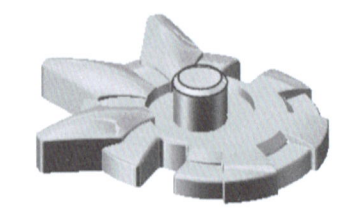

图 4.238　圆角对象　　　　图 4.239　倒斜角特征2　　　　图 4.240　倒角对象

4.6　直纹曲面

直纹曲面就是通过一系列直线连接两组曲线串而形成的曲面,在创建直纹面时只能使用两组曲线串,这两组曲线串既可以封闭,也可以不封闭。下面以如图 4.241 所示的直纹曲面为例,介绍创建直纹曲面的一般操作过程。

（a）创建前　　　　　　　　　　　　　　（b）创建后

图 4.241　直纹曲面

步骤1:打开文件 D:\UG 曲面设计\work\ch04.06\直纹曲面-ex。

步骤2:选择命令。单击 曲面 功能选项卡"基本"区域中的"更多"节点,在弹出的下拉列表中选择 网格 区域中的 直纹 命令,系统会弹出"直纹"对话框。

步骤3:定义截面线串1。选取如图 4.241 所示的曲线串 1 作为第一截面,控制点与方向如图 4.242 所示,按鼠标中键确认。

步骤4:定义截面线串2。选取如图 4.241 所示的曲线串 2 作为第二截面,控制点与方向如图 4.242 所示,按鼠标中键确认。

说明:直纹的截面既可以开放也可以封闭,同时也可以是点,如图 4.243 所示。

图 4.242　控制点与方向　　　　　　　　图 4.243　封闭截面与点的直纹

步骤 5：单击"确定"按钮完成直纹曲面的创建，如图 4.241（b）所示。

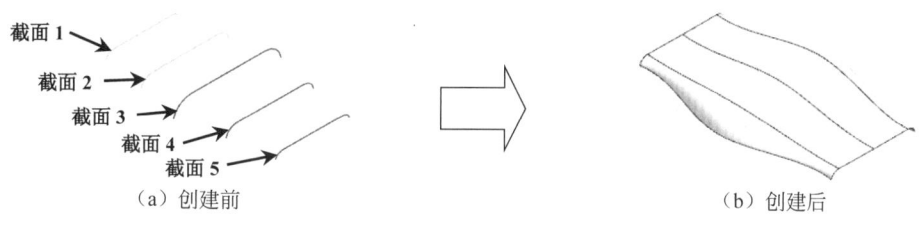

4.7 通过曲线组曲面

4.7.1 通过曲线组曲面的一般操作

使用"通过曲线组"命令可以通过同一方向上的一组曲线轮廓线创建曲面（当轮廓线封闭时，生成的是实体），曲线轮廓线称为截面线串，截面线串可由单个对象或多个对象组成，每个对象都可以是曲线、实体边等。下面以如图 4.244 所示的通过曲线组曲面为例，介绍创建通过曲线组曲面的一般操作过程。

（a）创建前　　　　（b）创建后

图 4.244　通过曲线组曲面

步骤 1：打开文件 D:\UG 曲面设计\work\ch04.07\通过曲线组_ex。

步骤 2：选择命令。单击 曲面 功能选项卡"基本"区域中的 （通过曲线组）命令，系统会弹出"通过曲线组"对话框。

步骤 3：定义截面 1。选取如图 4.244 所示的截面 1 作为第一截面，控制点与方向如图 4.245 所示，按鼠标中键确认。

步骤 4：定义截面 2。选取如图 4.244 所示的截面 2 作为第二截面，控制点与方向如图 4.245 所示，按鼠标中键确认。

步骤 5：定义截面 3。选取如图 4.244 所示的截面 3 作为第三截面，控制点与方向如图 4.245 所示，按鼠标中键确认。

步骤 6：定义截面 4。选取如图 4.244 所示的截面 4 作为第四截面，控制点与方向如图 4.245 所示，按鼠标中键确认。

图 4.245　控制点与方向

步骤 7：定义截面 5。选取如图 4.244 所示的截面 5 作为第五截面，控制点与方向如图 4.245 所示，按鼠标中键确认。

说明：通过曲线组的截面既可以开放（默认生成曲面），也可以封闭（默认生成实体），截面既可以类似，也可以不类似。

步骤 8：定义对齐方法。在 对齐 区域选中 保留形状 复选框，在 对齐 下拉列表中选中 参数 选项。

步骤 9：定义连续性。在 连续性 区域中将 第一个截面 与 最后一个截面 均设置为 G0（位置）。

步骤 10：单击"确定"按钮完成通过曲线组曲面的创建，如图 4.244（b）所示。

4.7.2　带有连续性控制的通过曲线组

下面以如图 4.246 所示的通过曲线组曲面为例，介绍创建带有连续性控制的通过曲线组曲面的一般操作过程。

（a）创建前　　　　　　　　　　　　（b）创建后

图 4.246　带有连续性控制的通过曲线组曲面

步骤 1：打开文件 D:\UG 曲面设计\work\ch04.07\带有约束的通过曲线组-ex。

步骤 2：选择命令。单击 曲面 功能选项卡"基本"区域中的 ◇ 命令，系统会弹出"通过曲线组"对话框。

步骤 3：定义截面 1。选取如图 4.246 所示的截面 1 作为第一截面，控制点与方向如图 4.247 所示，按鼠标中键确认。

步骤 4：定义截面 2。选取如图 4.246 所示的截面 2 作为第二截面，控制点与方向如图 4.247 所示，按鼠标中键确认。

步骤 5：定义截面 3。选取如图 4.246 所示的截面 3 作为第三截面，控制点与方向如图 4.247 所示，按鼠标中键确认。

步骤 6：定义连续性。在"通过曲线组"对话框 连续性 区域的 第一个截面 下拉列表中选择 G1 (相切)，选取如图 4.247 所示的面 1 作为参考，在 最后一个截面 下拉列表中选择 G1 (相切)，选取如图 4.247 所示的面 2 作为参考。

图 4.247　控制点方向与相切参考

步骤 7：定义对齐方法。在 对齐 区域的 对齐 下拉列表中选中 弧长 选项。

步骤 8：单击"确定"按钮完成通过曲线组曲面的创建，如图 4.246（b）所示。

4.7.3　截面不类似的通过曲线组

下面以如图 4.248 所示的通过曲线组曲面为例，介绍创建截面不类似的通过曲线组曲面的一般操作过程。

步骤 1：打开文件 D:\UG 曲面设计\work\ch04.07\带有约束的通过曲线组 ex。

步骤 2：选择命令。单击 曲面 功能选项卡"基本"区域中的 ◇ 命令，系统会弹出"通过曲线组"对话框。

步骤 3：定义截面 1。选取如图 4.248 所示的截面 1 作为第一截面，控制点与方向如图 4.249 所示，按鼠标中键确认。

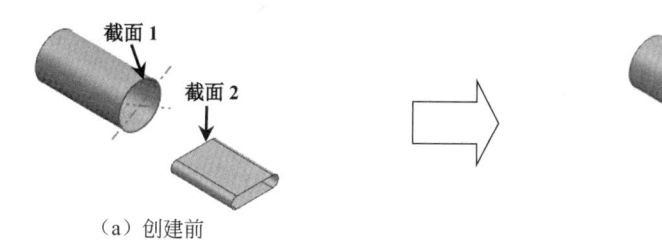

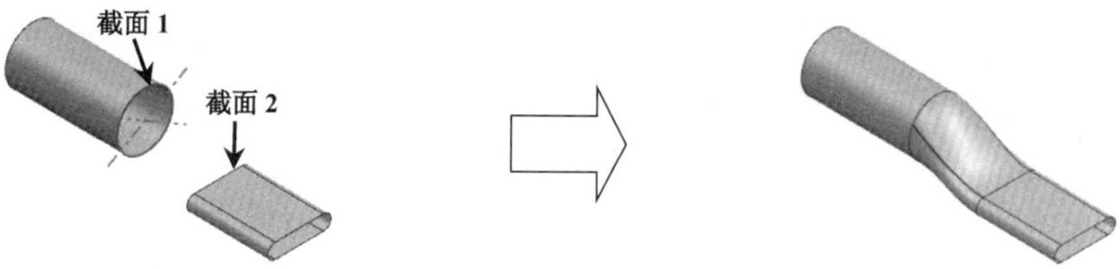

（a）创建前　　　　　　　　　　　　　　（b）创建后

图 4.248　截面不类似的通过曲线组

步骤 4：定义截面 2。选取如图 4.248 所示的截面 2 作为第二截面，控制点与方向如图 4.249 所示，按鼠标中键确认。

步骤 5：定义连续性。在"通过曲线组"对话框 连续性 区域的 第一个截面 下拉列表中选择 G1（相切），选取如图 4.249 所示的面 1 作为参考，在 最后一个截面 下拉列表中选择 G1（相切），选取如图 4.249 所示的面 2 作为参考。

步骤 6：定义对齐方法。在 对齐 区域的 对齐 下拉列表中选中 根据点 选项，调整 4 个对齐点的位置，如图 4.250 所示。

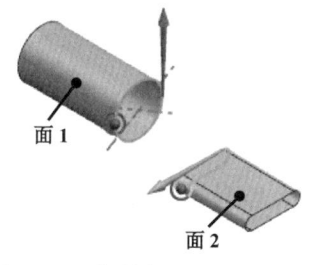

图 4.249　控制点方向与相切参考 　　　　　图 4.250　对齐点位置

步骤 7：单击"确定"按钮完成通过曲线组曲面的创建，如图 4.248（b）所示。

4.7.4　通过曲线组曲面案例：公园座椅

公园座椅模型的绘制主要利用通过曲线组曲面创建主体结构，利用草图修剪曲面得到细节，完成后如图 4.251 所示。

23min

（a）前视方位　　　　　　（b）轴侧方位　　　　　　（c）右视方位

图 4.251　公园座椅

步骤 1：新建文件。选择"快速访问工具条"中的 命令，在"新建"对话框中选择"模型"模板，在名称文本框中输入"公园座椅"，将工作目录设置为 D:\UG 曲面设计\work\ch04.07，然后单击"确定"按钮进入零件建模环境。

步骤 2：创建如图 4.252 所示的草图 1。单击 主页 功能选项卡"构造"区域中的草图 按钮，选取"YZ 平面"作为草图平面，绘制如图 4.253 所示的草图。

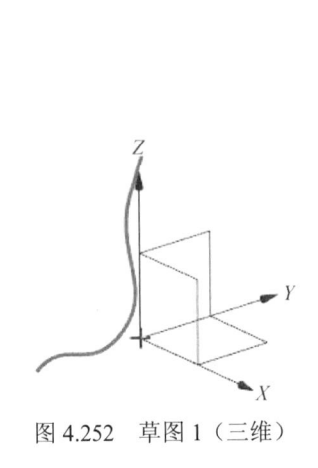

图 4.252　草图 1（三维）　　　　图 4.253　草图 1（平面）

步骤 3：创建如图 4.254 所示的基准面 1。选择下拉菜单"插入"→"基准"→"基准平面"命令，系统会弹出"基准平面"对话框；在"类型"下拉列表中选择"按某一距离"类型，选取"YZ 平面"作为参考，在"偏置"区域的"距离"文本框中输入值 160，其他参数采用默认，单击"确定"按钮，完成基准面 1 的创建。

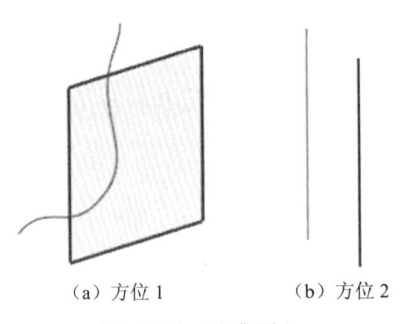

(a) 方位 1　　　　(b) 方位 2

图 4.254　基准面 1

步骤 4：创建如图 4.255 所示的草图 2。单击 主页 功能选项卡"构造"区域中的草图 按钮，选取步骤 3 创建的"基准面 1"作为草图平面，绘制如图 4.256 所示的草图。

步骤 5：创建如图 4.257 所示的基准面 2。选择下拉菜单"插入"→"基准"→"基准平面"命令，系统会弹出"基准平面"对话框；在"类型"下拉列表中选择"按某一距离"类型，选取"YZ 平面"作为参考，在"偏置"区域的"距离"文本框中输入值 270，其他参数采用默认，单击"确定"按钮，完成基准面 2 的创建。

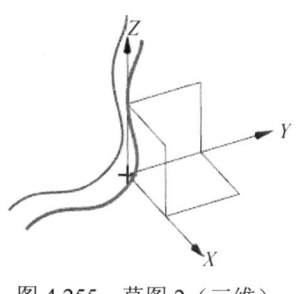

图 4.255　草图 2（三维）　　　　　图 4.256　草图 2（平面）

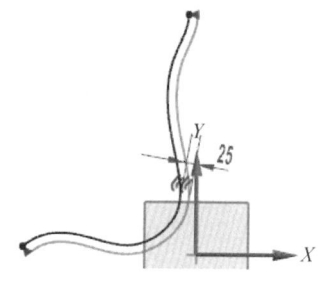

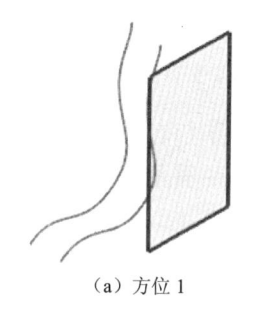

（a）方位 1　　　　　（b）方位 2

图 4.257　基准面 2

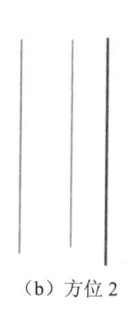

步骤 6：创建如图 4.258 所示的草图 3。单击 主页 功能选项卡"构造"区域中的草图 按钮，选取步骤 5 创建的"基准面 2"作为草图平面，绘制如图 4.259 所示的草图。

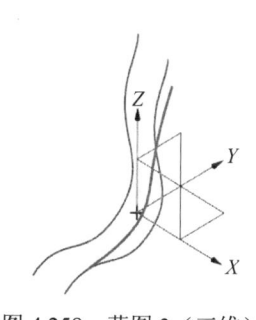

图 4.258　草图 3（三维）　　　　　图 4.259　草图 3（平面）

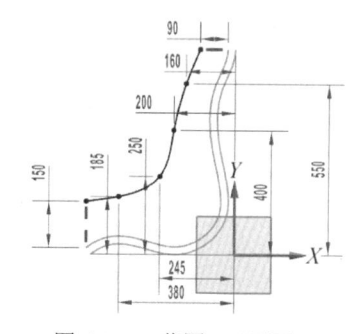

步骤 7：创建如图 4.260 所示的镜像曲线。单击 曲线 功能选项卡 派生 区域中的"更多"按钮，在系统弹出的下拉菜单中选择 镜像曲线 命令，选取步骤 4 与步骤 6 创建的草图作为镜像源对象，选取"YZ 平面"作为镜像中心平面，单击 <确定> 按钮完成镜像曲线的创建。

步骤 8：创建如图 4.261 所示的通过曲线组曲面。选择 曲面 功能选项卡"基本"区域中的 命令，在系统的提示下，选取如图 4.261 所示的截面 1、截面 2、截面 3、截面 4 与截面 5（均在箭头所指的一侧选取截面），在 连续性 区域中将 第一个截面 与 最后一个截面 均设置为 G0（位置），在 对齐 区域中选中 ☑保留形状 复选框，在 对齐 下拉列表中选中 参数 选项，单击"确定"

按钮完成通过曲线组曲面的创建。

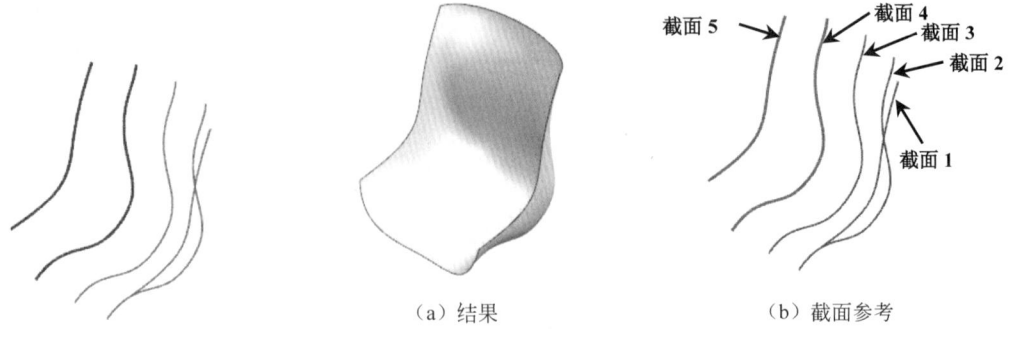

(a) 结果　　　　　　　　　　　(b) 截面参考

图 4.260　镜像曲线　　　　　图 4.261　通过曲线组曲面

步骤 9：创建如图 4.262 所示的草图 4。单击 主页 功能选项卡"构造"区域中的草图 按钮，选取"ZX 平面"作为草图平面，绘制如图 4.263 所示的草图。

步骤 10：创建如图 4.264 所示的修剪曲面 1。选择 曲面 功能选项卡"组合"区域中的 命令，选取步骤 8 创建的曲面作为要修剪的目标对象并按鼠标中键确认，选取步骤 9 创建的草图作为修剪的边界，在 投影方向 区域的 投影方向 下拉列表中选择 垂直于曲线平面，在 区域 区域选中 保留 单选项，确认中间部分为要保留的区域，单击"确定"按钮完成修剪曲面 1 的创建。

图 4.262　草图 4（三维）　　　图 4.263　草图 4（平面）　　　图 4.264　修剪曲面 1

步骤 11：创建如图 4.265 所示的草图 5。单击 主页 功能选项卡"构造"区域中的草图 按钮，选取"YZ 平面"作为草图平面，绘制如图 4.266 所示的草图。

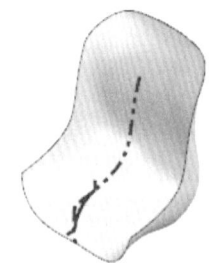

图 4.265　草图 5（三维）　　　　　图 4.266　草图 5（平面）

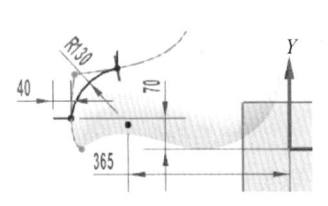

第4章　UG NX曲面设计　173

步骤12：创建如图4.267所示的修剪曲面2。选择 曲面 功能选项卡"组合"区域中的 ⌇ 命令，选取步骤10创建的修剪曲面1作为要修剪的目标对象并按鼠标中键确认，选取步骤11创建的草图5作为修剪的边界，在 投影方向 区域的 投影方向 下拉列表中选择 ⬧ 垂直于曲线平面 ，选中 ☑ 投影两侧 复选框，在 区域 区域选中 ⦿ 保留 单选项，确认中间部分为要保留的区域，单击"确定"按钮完成修剪曲面2的创建。

步骤13：创建如图4.268所示的加厚曲面。单击 曲面 功能选项卡"基本"区域中的 ⌇ 加厚 按钮，选取步骤12创建的修剪曲面2作为加厚对象，在 偏置1 文本框中输入值5，在 偏置2 文本框中输入值-5，单击"确定"按钮完成加厚曲面操作。

步骤14：创建如图4.269所示的边倒圆特征1。单击 主页 功能选项卡"基本"区域中的 ⌇ 按钮，系统会弹出"边倒圆"对话框，在系统的提示下选取如图4.270所示的边线（4条边线）作为圆角对象，在"边倒圆"对话框的"半径1"文本框中输入圆角半径值2，单击"确定"按钮完成边倒圆1的创建。

图4.267　修剪曲面2 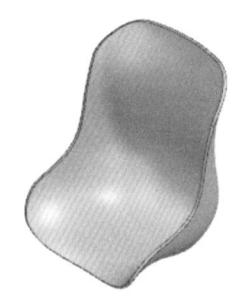　　　图4.268　加厚曲面 　　　图4.269　边倒圆特征1 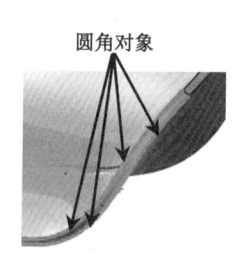　　　图4.270　圆角对象

步骤15：创建如图4.271所示的拉伸1。单击 主页 功能选项卡"基本"区域中的 ⌇ 按钮，在系统的提示下选取"XY平面"作为草图平面，绘制如图4.272所示的草图；在"拉伸"对话框"限制"区域的"终止"下拉列表中均选择 ⌇ 贯通 选项，在"布尔"下拉列表中选择"减去"；单击"确定"按钮，完成拉伸1的创建。

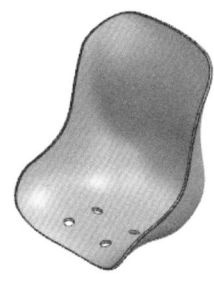

图4.271　拉伸1 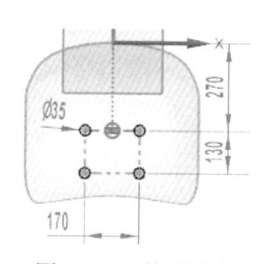　　　图4.272　截面轮廓 　　　图4.273　边倒圆特征2

步骤16：创建如图4.273所示的边倒圆特征2。单击 主页 功能选项卡"基本"区域中的 ⌇ 按钮，系统会弹出"边倒圆"对话框，在系统的提示下选取步骤15创建的切除特征的上下8条边线作为圆角对象，在"边倒圆"对话框的"半径1"文本框中输入圆角半径值2，单

击"确定"按钮完成边倒圆特征 2 的创建。

4.8 通过曲线网格

4.8.1 通过曲线网格的一般操作

使用"通过曲线网格"命令可以沿着不同方向的两组线串创建曲面。将一组同方向的线串定义为主曲线,将另一组和主线串不在同一方向的线串定义为交叉线串,定义的主曲线与交叉线串必须在设定的公差范围内相交。这种创建曲面的方法定义了两个方向的控制曲线,可以很好地控制曲面的形状。

下面以如图 4.274 所示的通过曲线网格曲面为例,介绍创建通过曲线网格曲面的一般操作过程。

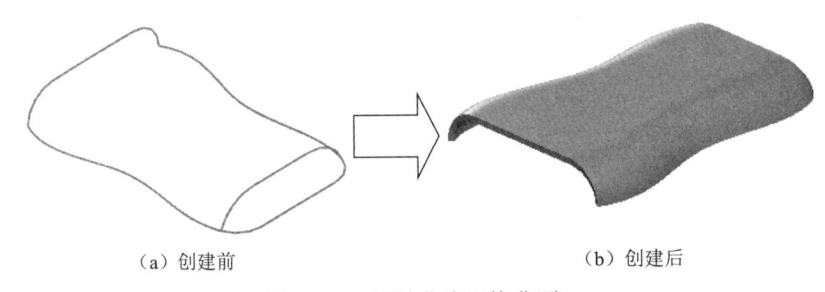

(a)创建前　　　　　　　　　(b)创建后

图 4.274　通过曲线网格曲面

步骤 1:打开文件 D:\UG 曲面设计\work\ch04.08\通过曲线网格-ex。

步骤 2:选择命令。单击 曲面 功能选项卡"基本"区域中的 ◇ 命令,系统会弹出"通过曲线网格"对话框。

步骤 3:定义主线串。选取如图 4.275 所示的主曲线 1 与主曲线 2,并分别单击鼠标中键确认,起点与方向如图 4.276 所示。

步骤 4:定义交叉线串。按鼠标中键完成主线串的选取,然后选取如图 4.275 所示的交叉曲线 1 与交叉曲线 2,并分别单击鼠标中键确认,起始点与方向如图 4.276 所示。

步骤 5:单击"确定"按钮完成通过曲线网格曲面的创建,如图 4.277 所示。

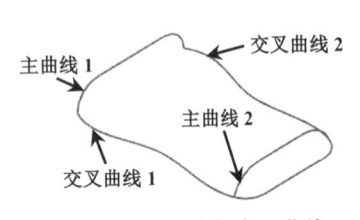

图 4.275　主曲线与交叉曲线 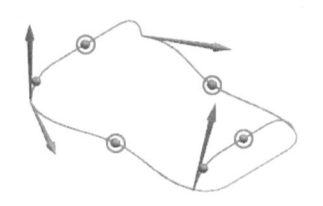　　　图 4.276　起始点与方向 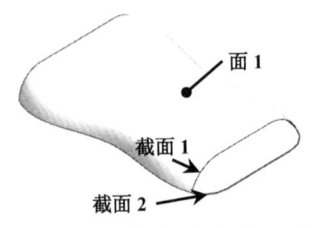　　　图 4.277　通过曲线网格曲面

步骤 6:创建如图 4.278 所示的通过曲线组曲面。选择 曲面 功能选项卡"基本"区域中

的 ✏ 命令，在系统的提示下，选取如图 4.277 所示的截面 1 与截面 2（均在箭头所指的一侧选取截面），在 对齐 区域取消选中□ 保留形状 复选框，在 对齐 下拉列表中选中 参数 选项，在 连续性 区域的 第一个截面 下拉列表中选择 G1 (相切)，选取如图 4.277 所示的面 1 作为参考，在 最后一个截面 下拉列表中选择 G0 (位置)，单击"确定"按钮完成通过曲线组曲面的创建。

步骤 7：创建缝合曲面 1。单击 曲面 功能选项卡"组合"区域中的 ✏ 缝合 按钮，选取步骤 6 创建的通过曲线组曲面作为目标对象，选取如图 4.277 所示的面 1 作为工具对象，单击"确定"按钮，完成缝合曲面 1 的创建。

步骤 8：创建如图 4.279 所示的加厚曲面。单击 曲面 功能选项卡"基本"区域中的 ✏ 加厚 按钮，选取步骤 7 创建的缝合曲面作为加厚对象，在 偏置 1 文本框中输入值 1，在 偏置 2 文本框中输入值 0，单击"确定"按钮完成加厚操作。

创建通过曲线网格的注意事项：

（1）若要生成较好质量的曲面，在曲线链数量上要求每组曲线至少需要两条曲线链，完成一个通过曲线网格曲面至少需要 4 条曲线链，每组曲线的生长方向大致平行，主曲线和交叉曲线之间的方向需要大致垂直。

（2）选择曲线时，一定要按照曲线的排列次序按先后进行选择，选完一组曲线后切换到下一组曲线完成选择操作，其中在封闭线框内，选择主曲线时箭头方向必须一致，交叉曲线必须按照主曲线的箭头方向依次完成。

（3）主曲线可以加点构成截面，但是最多能加两个点，并且点的位置只能在首端或尾端，如图 4.280 所示。

图 4.278　通过曲线组曲面　　图 4.279　曲面加厚　　图 4.280　三角面

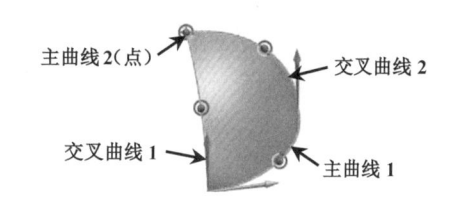

（4）在创建曲线网格曲面时一定要注意曲线线框要求，如果线框不符合要求，则将无法构建通过网格的曲面。常见的错误为线框不封闭、内部截面和交叉曲线没有交点等。

（5）如果曲线没有相交，彼此之间是断开的，则可以设置交点（指定主截面与横截面的非相交集之间的最大可接受距离）公差，将公差设置得大一些，如图 4.281 所示，在公差范围内可以创建曲线，但是曲面形状将不会完全受曲线控制。

图 4.281　公差设置

4.8.2 带有连续性控制的通过曲线网格

用于在第一主截面或最后主截面，以及第一横截面与最后横截面处选择约束面，并指定连续性。可以沿公共边或在面的内部约束网格曲面。下面以如图 4.282 所示的通过曲线网格曲面为例，介绍创建带有连续性控制的通过曲线网格曲面的一般操作过程。

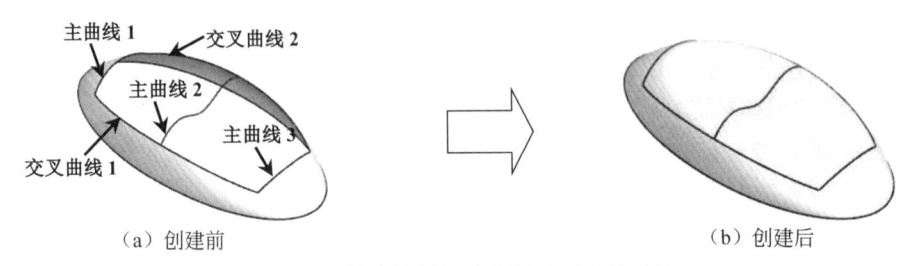

(a) 创建前　　　　　　　　　　　(b) 创建后

图 4.282　带有连续性控制的通过曲线网格

步骤 1：打开文件 D:\UG 曲面设计\work\ch04.08\带有连续性通过曲线网格_ex。

步骤 2：检查曲线连续性。单击 分析 功能选项卡"关系"区域中的 曲线连续性 命令，在类型下拉列表中选择"多曲线"类型，在 连续性检查 区域选中 ☑ G1 (相切)，选取如图 4.282 所示的主曲线 2 作为参考（将过滤器类型提前设置为相连曲线），检查结果如图 4.283 所示，说明满足相切条件。

步骤 3：选择命令。单击 曲面 功能选项卡"基本"区域中的 命令，系统会弹出"通过曲线网格"对话框。

步骤 4：定义主线串。选取如图 4.282 所示的主曲线 1、主曲线 2 与主曲线 3，并分别单击鼠标中键确认，起始点与方向如图 4.284 所示。

步骤 5：定义交叉线串。按鼠标中键完成主线串的选取，然后选取如图 4.282 所示的交叉曲线 1 与交叉曲线 2，并分别单击鼠标中键确认，起始点与方向如图 4.284 所示。

步骤 6：定义连续性。在 连续性 区域将类型均设置为 G1 (相切)，如图 4.285 所示，相切对象为图形中唯一的曲面。

图 4.283　连续性分析 　　　　图 4.284　起始点与方向 　　　　图 4.285　连续性控制参数

步骤7：单击"确定"按钮完成通过曲线网格曲面的创建。

添加连续性的必要条件：

只有当曲线满足一定的连续性条件时，曲面连续性才可以添加，当曲线与曲面G1相切连续时，曲面相切可正确添加，如图4.282所示，当曲线与曲面G0连续时，添加相切的连续性控制将出错，如图4.286所示。

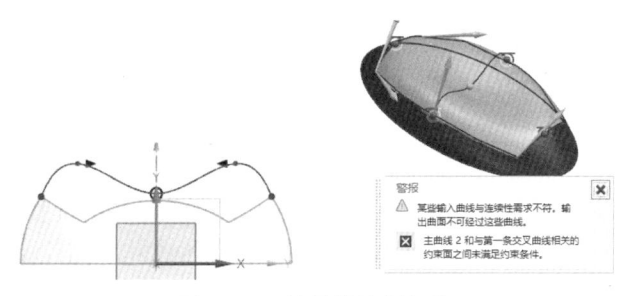

图 4.286　连续性控制条件

4.8.3　通过曲线网格案例：自行车座

自行车座模型的绘制主要利用草图曲线与相交曲线得到曲面线框，利用通过曲线网格曲面得到最终实体效果，完成后如图4.287所示。

步骤1：新建文件。选择"快速访问工具条"中的 命令，在"新建"对话框中选择"模型"模板，在名称文本框中输入"自行车座"，将工作目录设置为 D:\UG 曲面设计\work\ch04.08，然后单击"确定"按钮进入零件建模环境。

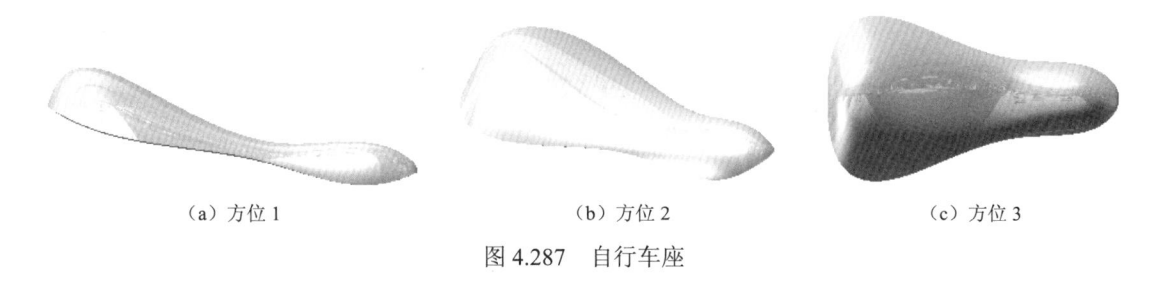

（a）方位1　　　（b）方位2　　　（c）方位3

图 4.287　自行车座

步骤2：创建如图4.288所示的拉伸1。单击 主页 功能选项卡"基本"区域中的 按钮，在系统的提示下选取"XY平面"作为草图平面，绘制如图4.289所示的草图；在"拉伸"对话框"限制"区域的"终止"下拉列表中选择 对称值 选项，在"距离"文本框中输入深度值 340，在"设置"区域的"体类型"下拉列表中选择"片体"类型；单击"确定"按钮，完成拉伸1的创建。

步骤3：创建如图4.290所示的拉伸2。单击 主页 功能选项卡"基本"区域中的 按钮，在系统的提示下选取"ZX平面"作为草图平面，绘制如图4.291所示的草图；在"拉伸"对话框"限制"区域的"终止"下拉列表中选择 对称值 选项，在"距离"文本框中输入深度值 340，在"设置"区域的"体类型"下拉列表中选择"片体"；单击"确定"按钮，完成拉伸 2 的创建。

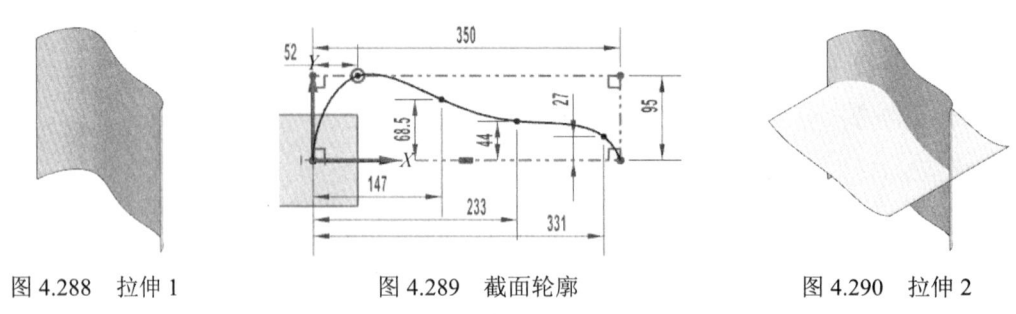

图 4.288　拉伸 1　　　　图 4.289　截面轮廓　　　　图 4.290　拉伸 2

步骤 4：创建如图 4.292 所示的相交曲线 1。单击 曲线 功能选项卡 派生 区域中的 （相交曲线）按钮，在部件导航器选取"拉伸（1）"作为第 1 组相交面，按鼠标中键确认，在部件导航器选取"扫掠（4）"作为第 2 组相交面，单击 <确定> 按钮完成相交曲线的创建。

步骤 5：创建如图 4.293 所示的镜像曲线。单击 曲线 功能选项卡 派生 区域中的"更多"按钮，在系统弹出的下拉菜单中选择 镜像曲线 命令，选取步骤 4 创建的相交曲线作为镜像源对象，选取"ZX 平面"作为镜像中心平面，单击 <确定> 按钮完成镜像曲线的创建。

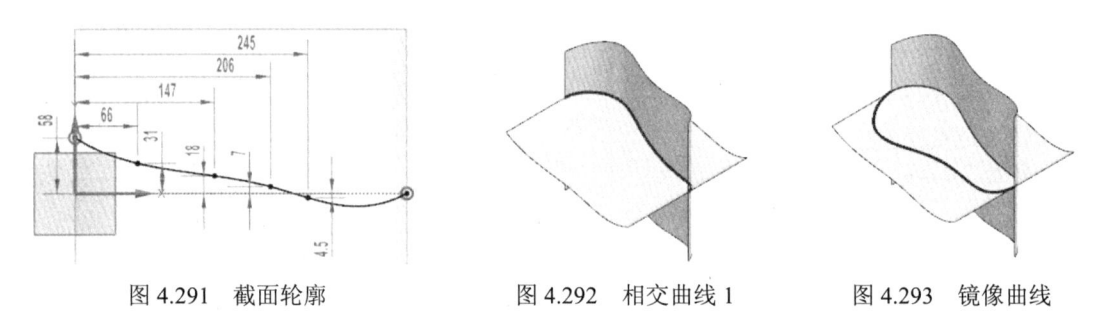

图 4.291　截面轮廓　　　　图 4.292　相交曲线 1　　　　图 4.293　镜像曲线

步骤 6：创建如图 4.294 所示的草图 1。单击 主页 功能选项卡"构造"区域中的草图 按钮，选取"ZX 平面"作为草图平面，绘制如图 4.295 所示的草图。

图 4.294　草图 1（三维）　　　　图 4.295　草图 1（平面）

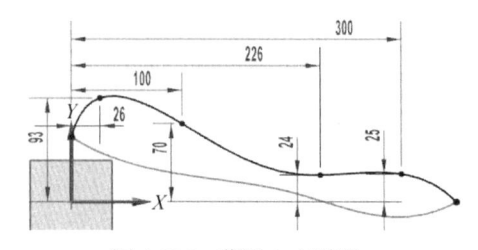

步骤 7：创建基准面 1。单击 主页 功能选项卡"构造"区域 下的 · 按钮，选择 基准平面 命令，在"类型"下拉列表中选择"按某一距离"，选取"YZ 平面"作为参考平面，在"偏置"区域的"距离"文本框中输入偏置距离值 100，方向沿 x 轴正方向，单击"确定"按钮，

完成基准面 1 的定义，如图 4.296 所示。

（a）方位 1　　　　　　　　　　　　（b）方位 2

图 4.296　基准面 1

步骤 8：创建如图 4.297 所示的草图 2。单击 主页 功能选项卡"构造"区域中的草图 按钮，选取步骤 7 创建的"基准面 1"作为草图平面，绘制如图 4.298 所示的草图。

说明：圆弧的起点、终点与圆弧上的点与相交曲线、镜像曲线和草图 1 均相交。

图 4.297　草图 2（三维）　　　　　图 4.298　草图 2（平面）

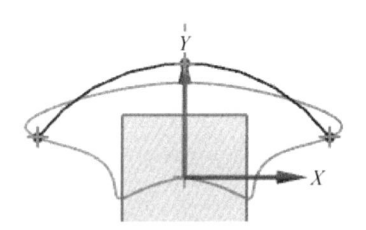

步骤 9：创建基准面 2。单击 主页 功能选项卡"构造"区域 下的 · 按钮，选择 基准平面 命令，在"类型"下拉列表中选择"按某一距离"类型，选取"YZ 平面"作为参考平面，在"偏置"区域的"距离"文本框中输入偏置距离值 300，方向沿 x 轴正方向，单击"确定"按钮，完成基准面 2 的定义，如图 4.299 所示。

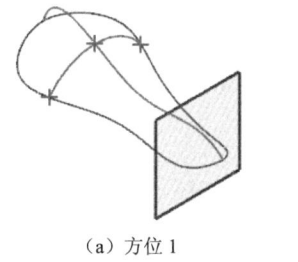

（a）方位 1　　　　　　　　　　　　（b）方位 2

图 4.299　基准面 2

步骤 10：创建如图 4.300 所示的草图 3。单击 主页 功能选项卡"构造"区域中的草图 按钮，选取步骤 9 创建的"基准面 2"作为草图平面，绘制如图 4.301 所示的草图。

说明：圆弧的起始点、终点及圆弧上的点与相交曲线、镜像曲线和草图 1 均相交。

步骤 11：创建如图 4.302 所示的通过曲线网格 1。选择 曲面 功能选项卡"基本"区域中的 命令，选取如图 4.303 所示的主曲线 1、主曲线 2、主曲线 3 与主曲线 4，并分别单击

图 4.300　草图 3（三维）　　　　　图 4.301　草图 3（平面）

鼠标中键确认，起始点与方向如图 4.303 所示，按鼠标中键完成主线串的选取，然后选取如图 4.303 所示的交叉曲线 1、交叉曲线 2 与交叉曲线 3，并分别单击鼠标中键确认，起始点与方向如图 4.303 所示，在 连续性 区域将类型均设置为 G0（位置），单击"确定"按钮完成通过曲线网格 1 的创建。

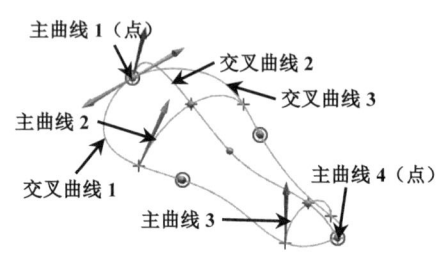

图 4.302　通过曲线网格 1　　　　　图 4.303　主曲线与交叉曲线

步骤 12：创建如图 4.304 所示的草图 4。单击 主页 功能选项卡"构造"区域中的草图 按钮，选取"XY 平面"作为草图平面，绘制如图 4.305 所示的草图。

图 4.304　草图 4（三维）　　　　　图 4.305　草图 4（平面）

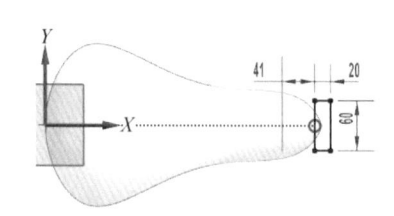

步骤 13：创建如图 4.306 所示的修剪曲面 1。选择 曲面 功能选项卡"组合"区域中的 命令，选取步骤 11 创建的通过曲线网格 1 作为要修剪的目标对象并按鼠标中键确认，选取步骤 12 创建的草图作为修剪的边界，在 投影方向 区域下 投影方向 下拉列表中选择 垂直于曲线平面，在 区域 区域选中 ⊙ 保留 单选项，确认左侧部分为要保留的区域，单击"确定"按钮完成修剪曲面 1 的创建。

步骤 14：创建如图 4.307 所示的空间样条曲线。选择 曲线 功能选项卡"基本"区域中 命令，绘制如图 4.307 所示的样条曲线（首尾添加与现有边线相切连续）。

步骤 15：创建如图 4.308 所示的通过曲线组曲面。选择 曲面 功能选项卡"基本"区域中的 ⌬ 命令，在系统的提示下，选取如图 4.307 所示的截面 1 与截面 2（均在箭头所指的一侧选取截面），在 对齐 区域选中☑ 保留形状 复选框，在 对齐 下拉列表中选中 参数 选项，在 连续性 区域 第一个截面 下拉列表中选择 G1 (相切)，选取如图 4.307 所示的面 1 作为参考，在 最后一个截面 下拉列表中选择 G0 (位置)，单击"确定"按钮完成通过曲线组曲面的创建。

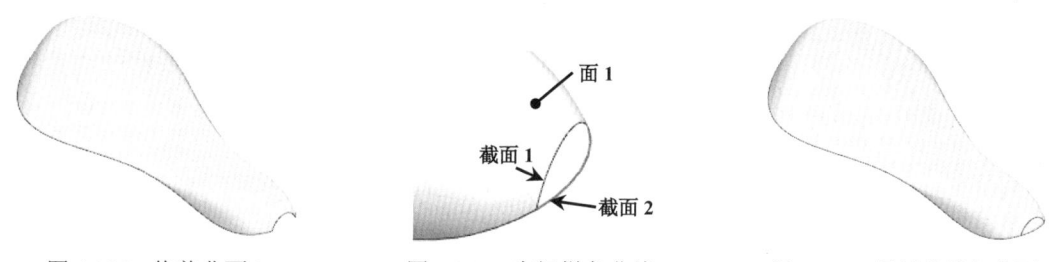

图 4.306　修剪曲面 1　　　　图 4.307　空间样条曲线　　　　图 4.308　通过曲线组曲面

步骤 16：创建缝合曲面 1。单击 曲面 功能选项卡"组合"区域中 ⌬ 缝合 按钮，选取步骤 14 创建的修剪曲面作为目标对象，选取步骤 15 创建的通过曲线组曲面作为工具对象，单击"确定"按钮，完成缝合曲面 1 的创建。

步骤 17：创建加厚曲面。单击 曲面 功能选项卡"基本"区域中的 ⌬ 加厚 按钮，选取步骤 16 创建的缝合曲面作为加厚对象，在 偏置1 文本框中输入值 1，在 偏置2 文本框中输入值 0，单击"确定"按钮完成加厚操作。

4.9　艺术曲面

4.9.1　艺术曲面的一般操作

艺术曲面的创建与前面介绍的多种网格曲面的创建方式类似，相当于多种曲面创建工具的综合。艺术曲面在高质量的面的构建中起到非常重要的作用，在设计有较高要求的产品外观时非常实用。

下面以如图 4.309 所示的艺术曲面为例，介绍利用多个截面创建艺术曲面的一般操作过程。

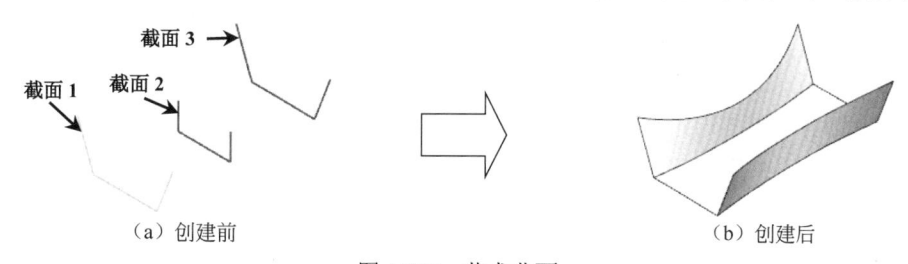

图 4.309　艺术曲面

步骤 1：打开文件 D:\UG 曲面设计\work\ch04.09\艺术曲面 01_ex。

步骤 2：选择命令。单击 曲面 功能选项卡"基本"区域中的 艺术曲面 命令，系统会弹出"艺术曲面"对话框。

步骤 3：定义截面曲线。选取如图 4.309 所示的截面 1、截面 2 与截面 3，并分别单击鼠标中键确认，控制点与方向如图 4.310 所示。

步骤 4：定义连续性。在 连续性 区域将类型均设置为 G0（位置）。

步骤 5：单击"确定"按钮完成通过艺术曲面的创建，如图 4.309 所示。

图 4.310 控制点与方向

总结与其他网格曲面的区别：

（1）直纹曲面的截面数量只可以为两个，而艺术曲面的截面数量可以更多；直纹曲面不可以添加连续性条件，而艺术曲面可以添加。

（2）扫掠曲面必须添加至少一条引导线，而艺术曲面不需要添加；扫掠曲面不可以添加连续性条件，而艺术曲面可以添加。

（3）通过曲线组曲面的截面可以为点，而艺术曲面的截面不可以为点。

下面以如图 4.311 所示的艺术曲面为例，介绍利用多个截面与多条引导线创建艺术曲面的一般操作过程。

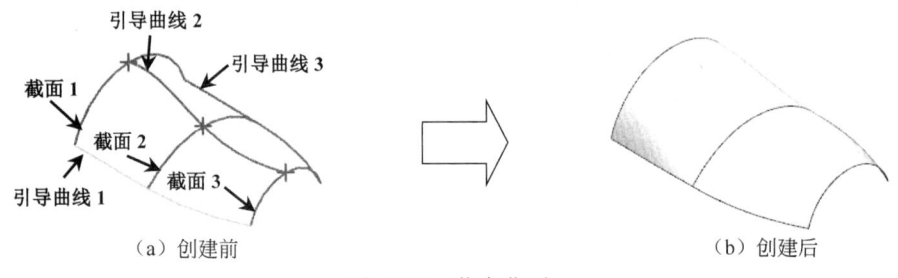

(a) 创建前　　　　　(b) 创建后

图 4.311 艺术曲面

步骤 1：打开文件 D:\UG 曲面设计\work\ch04.09\艺术曲面 02_ex。

步骤 2：选择命令。单击 曲面 功能选项卡"基本"区域中的 艺术曲面 命令，系统会弹出"艺术曲面"对话框。

步骤 3：定义截面曲线。选取如图 4.311 所示的截面 1、截面 2 与截面 3，并分别单击鼠标中键确认，控制点与方向如图 4.312 所示。

步骤 4：定义引导曲线。激活 引导（交叉）曲线 区域中的"选择曲线"，选取如图 4.311 所示的引导曲线 1、引导曲线 2 与引导曲线 3，并分别单击鼠标中键确认，控制点与方向如图 4.312 所示。

图 4.312 控制点与方向

步骤 5：单击"确定"按钮完成通过艺术曲面的创建，如图 4.311 所示。

4.9.2 艺术曲面案例：塑料手柄

塑料手柄模型的绘制主要利用艺术曲面创建主体曲面结构，利用偏置曲面、分割面、删除面与填充曲面创建凹陷细节结构，完成后如图4.313所示。

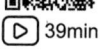

(a) 方位1　　　　　　　　　(b) 方位2　　　　　　　　　(c) 方位3

图 4.313　塑料手柄

步骤1：新建文件。选择"快速访问工具条"中的 命令，在"新建"对话框中选择"模型"模板，在名称文本框中输入"塑料手柄"，将工作目录设置为D:\UG 曲面设计\work\ch04.09，然后单击"确定"按钮进入零件建模环境。

步骤2：创建如图4.314所示的草图1。单击 主页 功能选项卡"构造"区域中的草图 按钮，选取"XY平面"作为草图平面，绘制如图4.315所示的草图。

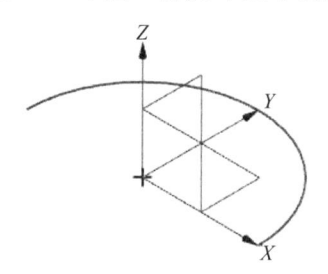

图 4.314　草图1（三维） 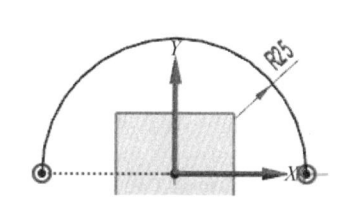　　　　　　　图 4.315　草图1（平面）

步骤3：创建基准面1。单击 主页 功能选项卡"构造"区域 下的·按钮，选择 基准平面 命令，在"类型"下拉列表中选择"按某一距离"，选取"YZ 平面"作为参考平面，在"偏置"区域的"距离"文本框中输入偏置距离值80，方向沿x轴正方向，单击"确定"按钮，完成基准面1的定义，如图4.316所示。

(a) 方位1　　　　　　　　　　　　　　(b) 方位2

图 4.316　基准面1

步骤4：创建如图4.317所示的草图2。单击 主页 功能选项卡"构造"区域中的草图 按钮，选取"基准面1"作为草图平面，绘制如图 4.318 所示的草图。

步骤 5：创建如图 4.319 所示的草图 3。单击 主页 功能选项卡"构造"区域中的草图 按钮，选取"ZX平面"作为草图平面，绘制如图 4.320 所示的草图。

注意：截面两端分别与步骤 2 创建的草图 1、步骤 4 创建的草图 2 重合。

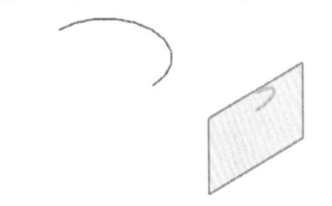

图 4.317　草图 2（三维）　　　　图 4.318　草图 2（平面）

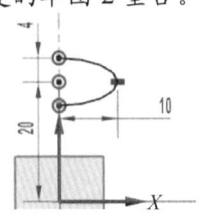

图 4.319　草图 3（三维）　　　　图 4.320　草图 3（平面）

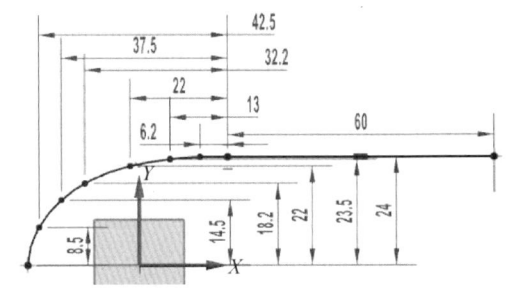

步骤 6：创建如图 4.321 所示的草图 4。单击 主页 功能选项卡"构造"区域中的草图 按钮，选取"ZX平面"作为草图平面，绘制如图 4.322 所示的草图。

图 4.321　草图 4（三维）　　　　图 4.322　草图 4（平面）

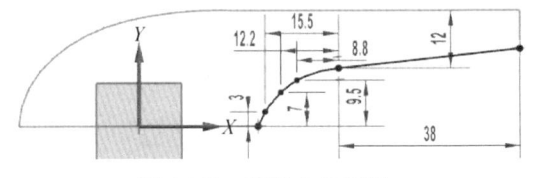

注意：截面两端分别与步骤 2 创建的草图 1、步骤 4 创建的草图 2 重合。

步骤 7：创建如图 4.323 所示的空间直线。选择 曲线 功能选项卡"基本"区域中的 直线 命令，绘制如图 4.323 所示的空间直线。

步骤 8：创建基准面 1。单击 主页 功能选项卡"构造"区域 下的 按钮，选择 基准平面 命令，在"类型"下拉列表中选择"两直线"类型，选取步骤 7 创建的两条直线作为参考，单击"确定"按钮，完成基准面 1 的创建，如图 3.324 所示。

步骤 9：创建如图 4.325 所示的草图 5。单击 主页 功能选项卡"构造"区域中的草图 按钮，选取步骤 8 创建的"基准面 1"作为草图平面，绘制如图 4.326 所示的草图。

图 4.323　空间直线　　　　图 4.324　基准面 1　　　　图 4.325　草图 5（三维）

步骤 10：创建如图 4.327 所示的草图 6。单击 主页 功能选项卡"构造"区域中的草图 按钮，选取"ZX 平面"作为草图平面，绘制如图 4.328 所示的草图。

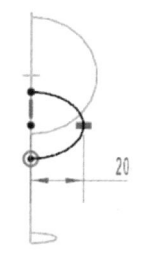

图 4.326　草图 5（平面）　　　图 4.327　草图 6（三维）　　　图 4.328　草图 6（平面）

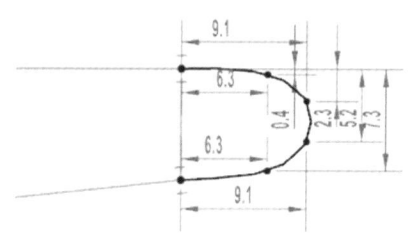

步骤 11：创建如图 4.329 所示的拉伸 1。单击 主页 功能选项卡"基本"区域中的 按钮，选取步骤 5 创建的草图 3 作为截面；在"拉伸"对话框"限制"区域的"终止"下拉列表中选择 值 选项，在"距离"文本框中输入深度值 10，方向沿 y 轴负方向；单击"确定"按钮，完成拉伸 1 的创建。

步骤 12：创建如图 4.330 所示的拉伸 2。单击 主页 功能选项卡"基本"区域中的 按钮，选取步骤 6 创建的草图 4 作为截面；在"拉伸"对话框"限制"区域的"终止"下拉列表中选择 值 选项，在"距离"文本框中输入深度值 10，方向沿 y 轴负方向；单击"确定"按钮，完成拉伸 2 的创建。

步骤 13：创建如图 4.331 所示的艺术曲面 1。单击 曲面 功能选项卡"基本"区域中的 艺术曲面 命令，选取如图 4.332 所示的截面 1、截面 2 与截面 3，并分别单击鼠标中键确认，控制点与方向如图 4.332 所示，激活 引导（交叉）曲线 区域中的"选择曲线"，选取如图 4.332 所示的引导曲线 1（曲面边线）与引导曲线 2（曲面边线），并分别单击鼠标中键确认，控制点与方向如图 4.332 所示，在 连续性 区域的 第一条引导线 与 最后一条引导线 下拉列表中均选择 G1（相切），在 输出曲面选项 区域的 对齐 下拉列表中选择 弧长，单击"确定"按钮完成艺术曲面

图 4.329　拉伸 1　　　　图 4.330　拉伸 2　　　　图 4.331　艺术曲面 1

1 的创建。

步骤 14：创建如图 4.333 所示的拉伸 3。单击 主页 功能选项卡"基本"区域中的 按钮，选取步骤 10 创建的草图 6 作为截面；在"拉伸"对话框"限制"区域的"终止"下拉列表中选择 值 选项，在"距离"文本框中输入深度值 10，方向沿 y 轴负方向；单击"确定"按钮，完成拉伸 3 的创建。

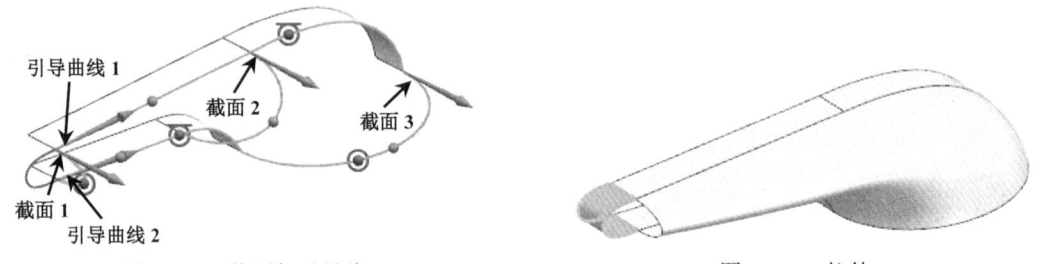

图 4.332　截面与引导线

图 4.333　拉伸 3

步骤 15：创建如图 4.334 所示的艺术曲面 2。单击 曲面 功能选项卡"基本"区域中的 艺术曲面 命令，选取如图 4.335 所示的截面 1（曲面边线）与截面 2（曲面边线），并分别单击鼠标中键确认，控制点与方向如图 4.335 所示，在 连续性 区域的 第一个截面 与 最后一条引导线 下拉列表中均选择 G1 (相切)，在 输出曲面选项 区域的 对齐 下拉列表中选择 弧长，单击"确定"按钮完成艺术曲面 2 的创建。

图 4.334　艺术曲面 2

图 4.335　截面

步骤 16：创建基准面 3。单击 主页 功能选项卡"构造"区域 下的 · 按钮，选择 基准平面 命令，在"类型"下拉列表中选择"按某一距离"类型，选取"XY 平面"作为参考平面，在"偏置"区域的"距离"文本框中输入偏置距离值 17，方向沿 z 轴正方向，单击"确定"按钮，完成基准面 3 的定义，如图 4.336 所示。

（a）方位 1

（b）方位 2

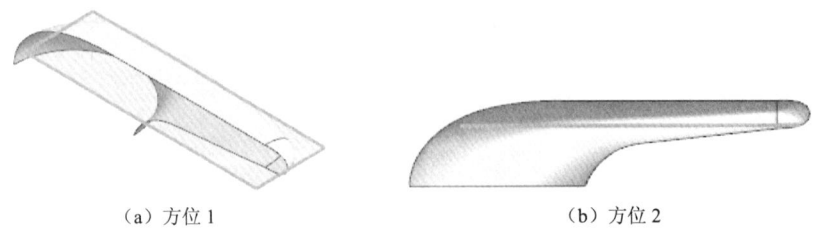

图 4.336　基准面 3

第4章　UG NX曲面设计

步骤 17：创建如图 4.337 所示的草图 7。单击 主页 功能选项卡"构造"区域中的草图 按钮，选取步骤 16 创建的"基准面 3"作为草图平面，绘制如图 4.338 所示的草图。

步骤 18：创建如图 4.339 所示的分割面。单击 曲面 功能选项卡"组合"区域中的"更多"节点，在弹出的下拉列表中选择 分割面 命令，选取如图 4.339 所示的面作为要分割的面，选取步骤 17 创建的草图作为分割对象，在 投影方向 下拉列表中选择 垂直于曲线平面 类型，方向沿 z 轴正方向，单击"确定"按钮，完成分割面的定义。

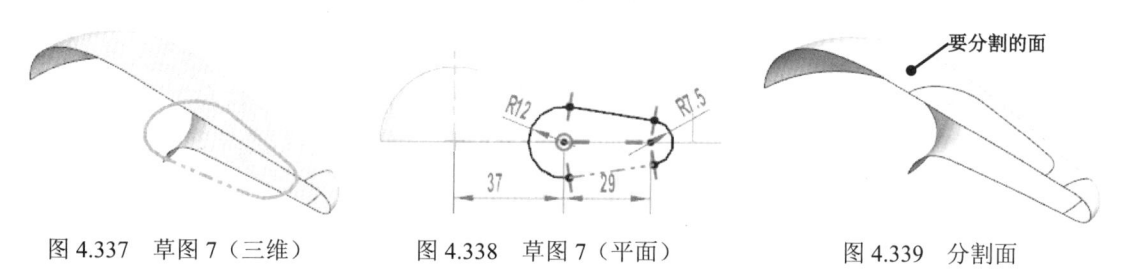

图 4.337　草图 7（三维）　　　图 4.338　草图 7（平面）　　　图 4.339　分割面

步骤 19：创建如图 4.340 所示的偏置曲面 1。选择 曲面 功能选项卡"基本"区域中的 偏置曲面 命令，选取如图 4.340 所示的面作为要偏置的曲面，在 偏置1 文本框中输入偏置距离值 1，方向向内，单击"确定"按钮，完成偏置曲面 1 的定义。

步骤 20：创建如图 4.341 所示的删除面 1。选择 主页 功能选项卡"同步建模"区域中的 （删除）命令，选取如图 4.340 所示的偏置面作为要删除的面，单击"确定"按钮，完成删除面的定义。

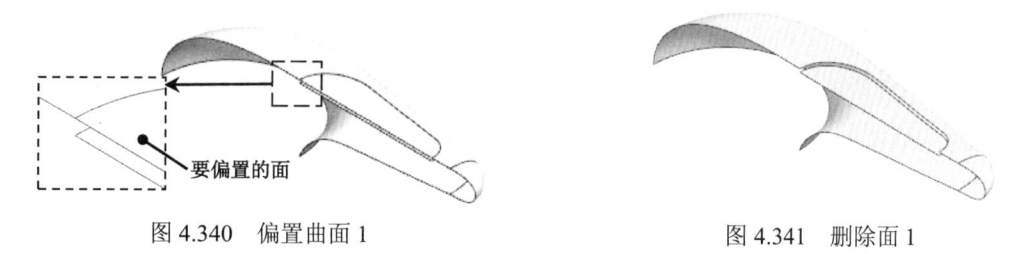

图 4.340　偏置曲面 1　　　　　　　图 4.341　删除面 1

步骤 21：创建如图 4.342 所示的草图 8。单击 主页 功能选项卡"构造"区域中的草图 按钮，选取步骤 16 创建的"基准面 3"作为草图平面，绘制如图 4.343 所示的草图。

步骤 22：创建如图 4.344 所示的修剪曲面 1。选择 曲面 功能选项卡"组合"区域中的 命

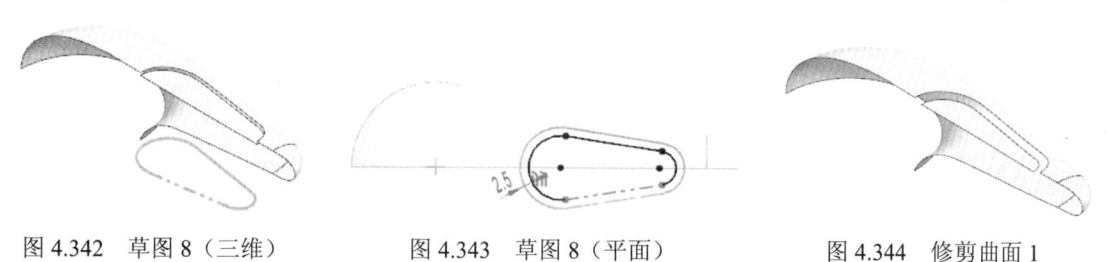

图 4.342　草图 8（三维）　　　图 4.343　草图 8（平面）　　　图 4.344　修剪曲面 1

令，选取步骤 19 创建的偏置曲面 1 作为要修剪的目标对象并按鼠标中键确认，选取步骤 21 创建的草图 8 作为修剪的边界，在 投影方向 区域的 投影方向 下拉列表中选择 ⬧ 垂直于曲线平面 ，在 区域 区域选中 ⦿保留 单选项，确认中间部分为要保留的区域，单击"确定"按钮完成修剪曲面 1 的创建。

步骤 23：创建如图 4.345 所示的空间样条曲线 1。选择 曲线 功能选项卡"基本"区域中的 ╱ 命令，绘制如图 4.345 所示的空间样条曲线 1（首尾添加与现有边线相切连续）。

步骤 24：创建如图 4.346 所示的空间样条曲线 2。选择 曲线 功能选项卡"基本"区域中的 ╱ 命令，绘制如图 4.346 所示的空间样条曲线 2（首尾添加与现有边线相切连续）。

步骤 25：创建如图 4.347 所示的拉伸 4。单击 主页 功能选项卡"基本"区域中的 按钮，选取步骤 23 创建的空间样条曲线 1 作为截面；在"拉伸"对话框"限制"区域的"终止"下拉列表中选择 ⊢值 选项，在"距离"文本框中输入深度值 3，方向沿 y 轴负方向；单击"确定"按钮，完成拉伸 4 的创建。

步骤 26：创建如图 4.348 所示的拉伸 5。单击 主页 功能选项卡"基本"区域中的 按钮，选取步骤 24 创建的空间样条曲线作为截面；在"拉伸"对话框"限制"区域的"终止"下拉列表中选择 ⊢值 选项，在"距离"文本框中输入深度值 3，方向沿 y 轴负方向；单击"确定"按钮，完成拉伸 5 的创建。

图 4.345　空间样条曲线 1 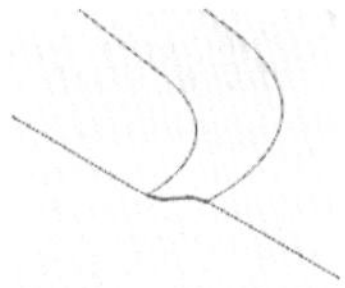　　图 4.346　空间样条曲线 2 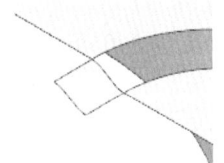　　图 4.347　拉伸 4 　　图 4.348　拉伸 5

步骤 27：创建如图 4.349 所示的艺术曲面 3。单击 曲面 功能选项卡"基本"区域中的 艺术曲面 命令，选取如图 4.350 所示的截面 1（曲面边线）与截面 2（曲面边线），并分别单击鼠标中键确认，控制点与方向如图 4.350 所示，激活 引导(交叉)曲线 区域中的"选择曲线"，选取如图 4.350 所示的引导曲线 1（曲面边线）与引导曲线 2（曲面边线），并分别单击鼠标中键确认，控制点与方向如图 4.350 所示，在 连续性 区域的所有下拉列表中均选择 G1 (相切) ，在 输出曲面选项 区域的 对齐 下拉列表中选择 弧长 ，单击"确定"按钮完成艺术曲面 3 的创建。

图 4.349　艺术曲面 3 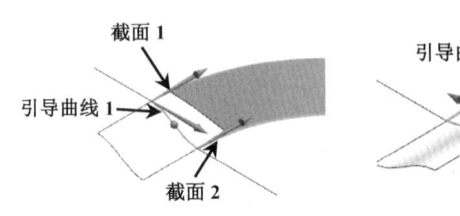　　图 4.350　截面与引导线

步骤 28：创建缝合曲面 1。单击 曲面 功能选项卡"组合"区域中的 缝合 按钮，选取如

图 4.351 所示的面 1 作为目标对象，选取面 2、面 3 与面 4 作为工具对象，单击"确定"按钮，完成缝合曲面 1 的创建。

步骤 29：创建如图 4.352 所示的镜像几何体。选中 主页 功能选项卡"基本"区域中的"更多"节点，在弹出的下拉列表中选择 镜像几何体 命令，选取步骤 28 创建的缝合曲面 1 作为要镜像的几何体，选取"ZX 平面"作为镜像中心平面，单击"确定"按钮，完成镜像几何体的创建。

步骤 30：创建缝合曲面 2。单击 曲面 功能选项卡"组合"区域中的 缝合 按钮，选取步骤 28 创建的缝合曲面 1 作为目标对象，选取步骤 29 创建的镜像几何体作为工具对象，单击"确定"按钮，完成缝合曲面 2 的创建。

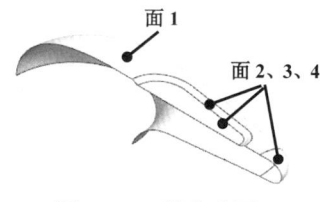

图 4.351　缝合曲面 1

图 4.352　镜像几何体

步骤 31：创建如图 4.353 所示的草图 9。单击 主页 功能选项卡"构造"区域中的草图 按钮，选取"XY 平面"作为草图平面，绘制如图 4.354 所示的草图。

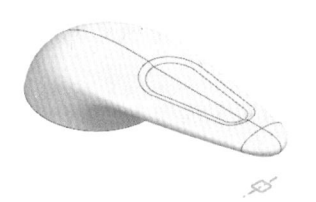

图 4.353　草图 9（三维）

图 4.354　草图 9（平面）

步骤 32：创建如图 4.355 所示的修剪曲面 2。选择 曲面 功能选项卡"组合"区域中的 命令，选取步骤 30 创建的缝合曲面 2 作为要修剪的目标对象并按鼠标中键确认，选取步骤 31 创建的草图 2 作为修剪的边界，在 投影方向 区域的 投影方向 下拉列表中选择 垂直于曲线平面，在 区域 区域选中 保留 单选项，选取方形之外的区域作为要保留的区域，单击"确定"按钮完成修剪曲面 2 的创建。

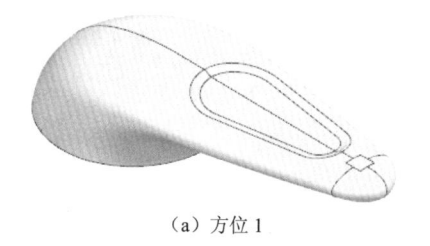

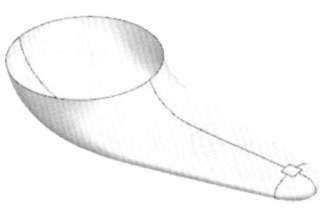

（a）方位 1　　　　　　　　　　　　　　（b）方位 2

图 4.355　修剪曲面 2

步骤33：创建如图4.356所示的填充曲面1。单击 曲面 功能选项卡"基本"区域中的"更多"节点，在弹出的下拉列表中选择 填充 区域中的 填充曲面 命令，在 设置 区域的 默认边连续性 下拉列表中选择 G1（相切），选取如图4.357所示的八条边线作为边界参考，在"方法"下拉列表中选择"无"，单击"确定"按钮完成填充曲面1的创建。

步骤34：创建如图4.358所示的填充曲面2。单击 曲面 功能选项卡"基本"区域中的"更多"节点，在弹出的下拉列表中选择 填充 区域中的 填充曲面 命令，在 设置 区域的 默认边连续性 下拉列表中选择 G1（相切），选取如图4.359所示的八条边线作为边界参考。单击"确定"按钮完成填充曲面2的创建。

图4.356 填充曲面1 　　图4.357 填充边界 　　图4.358 填充曲面2 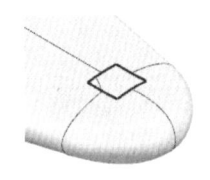　　图4.359 填充边界

步骤35：创建缝合曲面3。单击 曲面 功能选项卡"组合"区域中的 缝合 按钮，选取步骤32创建的修剪曲面2作为目标对象，选取步骤33与步骤34创建的填充曲面1和填充曲面2作为工具对象，单击"确定"按钮，完成缝合曲面3的创建。

步骤36：创建如图4.360所示的加厚曲面。单击 曲面 功能选项卡"基本"区域中的 加厚 按钮，选取步骤35创建的缝合曲面3作为加厚对象，在 偏置1 文本框中输入值1，方向向内，在 偏置2 文本框中输入值0，单击"确定"按钮完成加厚操作。

步骤37：创建如图4.361所示的边倒圆特征1。单击 主页 功能选项卡"基本"区域中的 按钮，系统会弹出"边倒圆"对话框，在系统的提示下选取如图4.362所示的边线（2条边线）作为圆角对象，在"边倒圆"对话框的"半径1"文本框中输入圆角半径值0.5，单击"确定"按钮完成边倒圆特征1的创建。

图4.360 加厚曲面 　　图4.361 边倒圆特征1 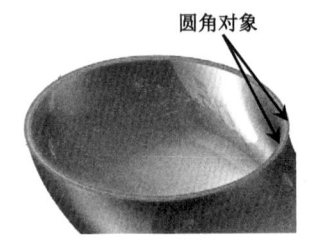　　图4.362 圆角对象

4.10 N边曲面

使用N边曲面可以通过不同数量的曲线或者边建立曲面，并且可以指定与外部曲面的连续性，所选的曲线或者边需要组成一个封闭的环，常用于填补曲面上的开放区域。

已修剪的 N 边曲面用于创建单个曲面，并且覆盖选定曲面中封闭环内的整个区域，下面以如图 4.363 所示的 N 边曲面为例，介绍创建已修剪的 N 边曲面的一般操作过程。

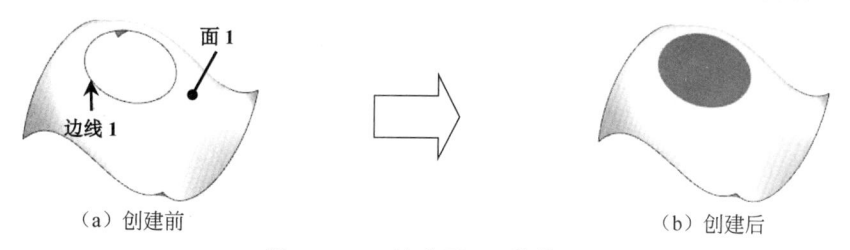

（a）创建前　　　　　　　　　　　　（b）创建后

图 4.363　N 边曲面（已修剪）

步骤 1：打开文件 D:\UG 曲面设计\work\ch04.10\N 边曲面 01_ex。

步骤 2：选择命令。单击 曲面 功能选项卡"基本"区域中的"更多"节点，在弹出的下拉列表中选择 网格 区域中的 N边曲面 命令，系统会弹出"N 边曲面"对话框。

步骤 3：选择类型。在"类型"下拉列表中选择 已修剪 类型。

步骤 4：选择外环曲线。选取如图 4.363 所示的边线 1 作为外环曲线。

步骤 5：选择约束面。激活 约束面 区域的选择面，选取如图 4.363 所示的面 1 作为约束参考面。

步骤 6：定义连续性。在 形状控制 区域的 连续性 下拉列表中选择 G1 (相切) 类型。

步骤 7：在 设置 区域选中☑ 修剪到边界 复选框。

步骤 8：单击"确定"按钮完成 N 边曲面的创建，如图 4.363 所示。

三角形 N 边曲面是在曲线或者曲面边缘的闭环内生成一个曲面，该曲面由多个三角形补片组成，其中的三角形补片相交于一点。下面以如图 4.364 所示的 N 边曲面为例，介绍创建已修剪的 N 边曲面的一般操作过程。

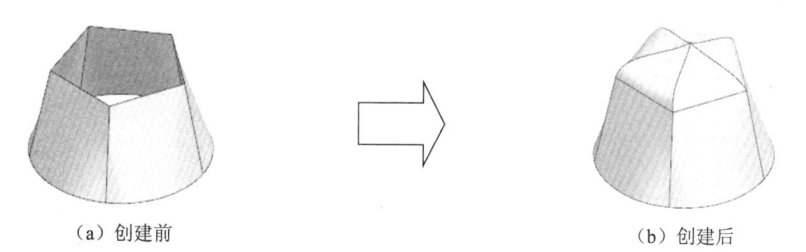

（a）创建前　　　　　　　　　　　　（b）创建后

图 4.364　N 边曲面（三角形）

步骤 1：打开文件 D:\UG 曲面设计\work\ch04.10\N 边曲面 02_ex。

步骤 2：选择命令。单击 曲面 功能选项卡"基本"区域中的"更多"节点，在弹出的下拉列表中选择 网格 区域中的 N边曲面 命令，系统会弹出"N 边曲面"对话框。

步骤 3：选择类型。在"类型"下拉列表中选择 三角形 类型。

步骤 4：选择外环曲线。选取曲面上方的 5 条边线作为外环曲线。

步骤 5：选择约束面。激活 约束面 区域的选择面，选取 5 个侧面曲面作为约束参考面。

步骤6：定义形状控制参数。在 形状控制 区域设置如图4.365所示的参数。

步骤7：单击"确定"按钮完成 N 边曲面的创建，如图4.364所示。

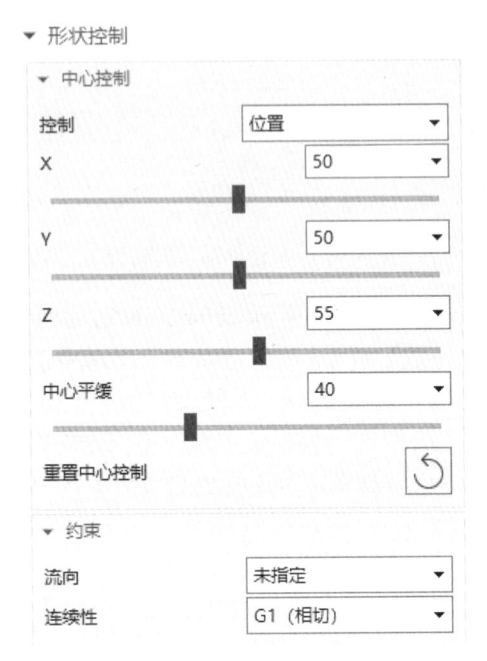

图4.365　形状控制区域参数

4.11　桥接曲面

使用桥接曲面命令可以在两个曲面间建立一个过渡曲面，并且可以在桥接和定义面之间指定相切连续性或曲率连续性，还可以选择侧面、线串或拖动选项来控制桥接片体的形状。

下面以如图4.366所示的桥接曲面为例，介绍创建桥接曲面的一般操作过程。

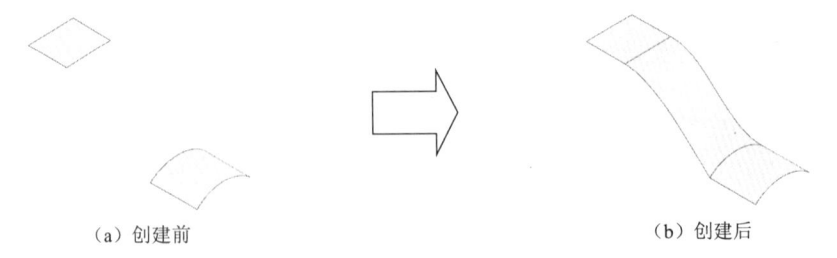

（a）创建前　　　　　　　　　　（b）创建后

图4.366　桥接曲面

步骤1：打开文件 D:\UG 曲面设计\work\ch04.11\桥接曲面_ex。

步骤2：选择命令。单击 曲面 功能选项卡"基本"区域中的"更多"节点，在弹出的下拉列表中选择 圆角 区域中的 桥接 命令，系统会弹出"桥接曲面"对话框。

步骤 3：定义桥接边线。选取如图 4.367 所示的边线 1 与边线 2 作为参考。

步骤 4：单击"确定"按钮完成桥接曲面的创建，如图 4.366 所示。

创建桥接曲面时的注意事项如下：

（1）选取边线时需要注意选择的位置，尽量靠近一侧选取，确保方向一致，如果方向出错，则会出现如图 4.368 所示的扭曲问题。

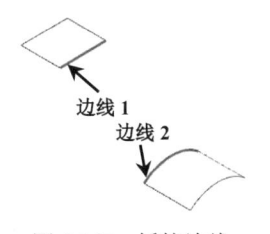

图 4.367　桥接边线　　　　　　　　　图 4.368　方向不一致

（2）桥接的连续性可以为 G0（位置）（如图 4.369 所示）、G1（相切）（如图 4.370 所示）、G2（曲率）（如图 4.371 所示）与 G3（流）（如图 4.372 所示）。

图 4.369　G0 位置　　　　　　　　　图 4.370　G1 相切

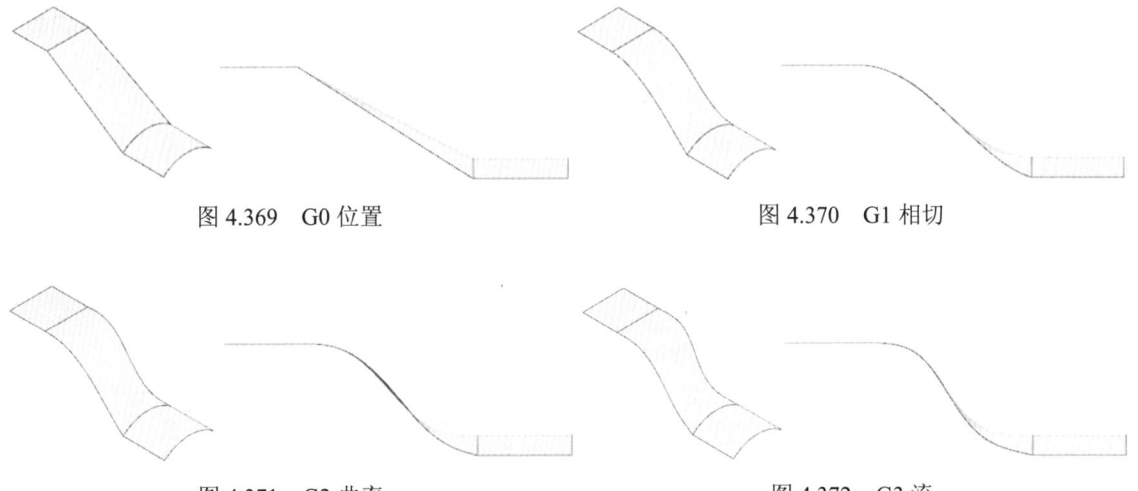

图 4.371　G2 曲率　　　　　　　　　图 4.372　G3 流

（3）桥接的边线既可以选择全部，也可以选择部分，用户可以在"桥接曲面"对话框"边限制"区域设置起始与终止的百分比，如图 4.373 所示。

图 4.373　部分边线桥接

4.12 偏置曲面

4.12.1 偏置曲面的一般操作

偏置曲面是将选定曲面沿其法线方向偏移后所生成的曲面，下面以如图 4.374 所示的偏置曲面为例，介绍创建偏置曲面的一般操作过程。

步骤 1：打开文件 D:\UG 曲面设计\work\ch04.12\偏置曲面-ex。

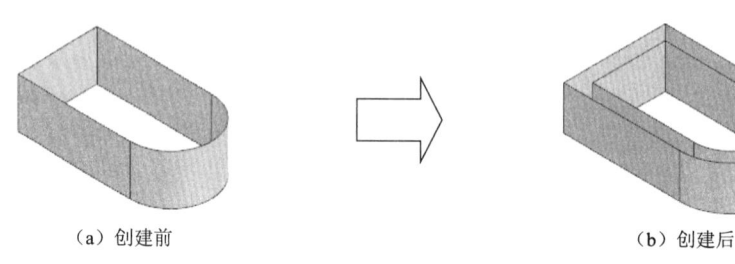

（a）创建前　　　　　　　　　　　　　　（b）创建后

图 4.374　偏置曲面

步骤 2：选择命令。选择 曲面 功能选项卡"基本"区域中的 偏置曲面 命令，系统会弹出"偏置曲面"对话框。

步骤 3：选择偏置对象。在部件导航器中选取拉伸作为要偏置的对象。

说明：在选取偏置对象时在设计树中选取将选取特征的所有面作为偏置对象，如果用户需要选取特征的部分曲面，则可以先将选择过滤器设置为单个面，然后在图形区直接单击选取，如图 4.375 所示。

步骤 4：定义偏置的方向与距离。在"偏置曲面"对话框"偏置 1"文本框中输入值 10，偏置方向向外。

说明：单击 ✕ 按钮可以调整等距的方向，如图 4.376 所示。

步骤 5：完成偏置曲面。在"偏置曲面"对话框中单击"确定"按钮完成曲面的创建。

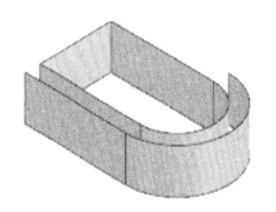

图 4.375　部分曲面偏置　　　　　　　　图 4.376　调整偏置方向

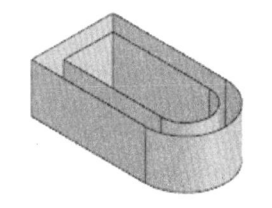

4.12.2 偏置曲面案例：叶轮

叶轮模型的绘制主要利用拉伸特征、偏置曲面与直纹曲面等特征创建主体结构，利用圆角进行局部细化，完成后如图 4.377 所示。

步骤 1：新建文件。选择"快速访问工具条"中的 命令，在"新建"对话框中选择"模型"模板，在名称文本框中输入"叶轮"，将工作目录设置为 D:\UG 曲面设计\work\ch04.12，然后单击"确定"按钮进入零件建模环境。

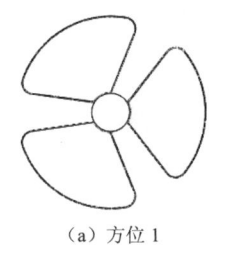

(a) 方位 1　　　　(b) 方位 2

图 4.377　叶轮

步骤 2：创建如图 4.378 所示的拉伸 1。单击 主页 功能选项卡"基本"区域中的 按钮，在系统的提示下选取"XY 平面"作为草图平面，绘制如图 4.379 所示的草图；在"拉伸"对话框"限制"区域的"终止"下拉列表中选择 对称值 选项，在"距离"文本框中输入深度值 40；单击"确定"按钮，完成拉伸 1 的创建。

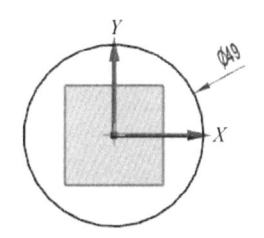

图 4.378　拉伸 1　　　　图 4.379　截面轮廓

步骤 3：创建如图 4.380 所示的偏置曲面 1。选择 曲面 功能选项卡"基本"区域中的 偏置曲面 命令，选取圆柱外表面作为要偏置的面，在"偏置 1"文本框中输入值 100，等距方向向外，单击"确定"按钮完成偏置曲面 1 的创建。

步骤 4：创建如图 4.381 所示的草图 1。单击 主页 功能选项卡"构造"区域中的草图 按钮，选取"XY 平面"作为草图平面，绘制如图 4.382 所示的草图（2 条直线 2 个点）。

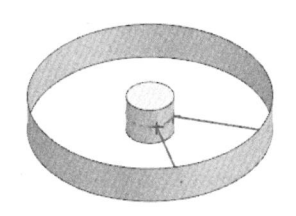

图 4.380　偏置曲面 1　　　　图 4.381　草图 1（三维）　　　　图 4.382　草图 1（平面）

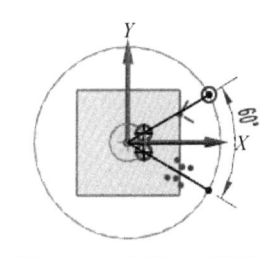

步骤 5：创建如图 4.383 所示的草图 2。单击 主页 功能选项卡"构造"区域中的草图 按钮，选取"YZ 平面"作为草图平面，绘制如图 4.384 所示的草图。

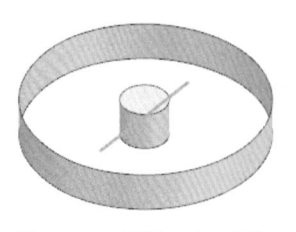

图 4.383　草图 2（三维）　　　　　　　图 4.384　草图 2（平面）

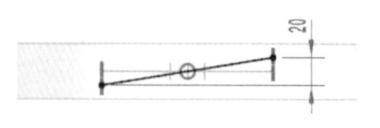

步骤 6：创建如图 4.385 所示的投影曲线 1。单击 曲线 功能选项卡 派生 区域中的 按钮，在部件导航器选取步骤 5 创建的草图作为要投影的曲线，单击鼠标中键确认，选取步骤 3 创建的偏置曲面作为投影面，在 投影方向 区域 方向 的下拉列表中选择 沿向量 选项，选取 XC 轴作为投影方向，在 投影选项 下拉列表中选择 无 选项，单击 < 确定 > 按钮完成投影曲线 1 的创建。

步骤 7：创建如图 4.386 所示的草图 3。单击 主页 功能选项卡"构造"区域中的草图 按钮，选取"YZ 平面"作为草图平面，绘制如图 4.387 所示的草图。

图 4.385　投影曲线 1　　　　图 4.386　草图 3（三维）　　　　图 4.387　草图 3（平面）

步骤 8：创建如图 4.388 所示的投影曲线 2。单击 曲线 功能选项卡 派生 区域中的 按钮，在部件导航器选取步骤 7 创建的草图 3 作为要投影的曲线，单击鼠标中键确认，选取步骤 2 创建的圆柱外表面作为投影面，在 投影方向 区域 方向 的下拉列表中选择 沿向量 选项，选取 XC 轴作为投影方向，在 投影选项 下拉列表中选择 无 选项，单击 < 确定 > 按钮完成投影曲线 2 的创建。

步骤 9：创建如图 4.389 所示的直纹曲面。单击 曲面 功能选项卡"基本"区域中的"更多"节点，在弹出的下拉列表中选择 网格 区域中的 直纹 命令，选取步骤 6 创建的投影曲线 1 作为第一截面，选取步骤 8 创建的投影曲线 2 作为第二截面，单击"确定"按钮完成直纹曲面的创建。

图 4.388　投影曲线 2　　　　　　　　图 4.389　直纹曲面

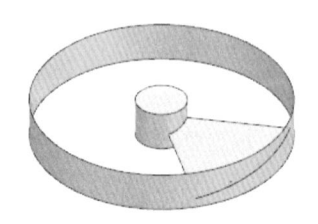

步骤 10：创建如图 4.390 所示的加厚曲面。单击 曲面 功能选项卡"基本"区域中的 加厚 按钮，选取步骤 9 创建的直纹曲面作为加厚对象，在 偏置1 文本框中输入值 1.5，在 偏置2 文本框中输入值-1.5，在"布尔"下拉列表中选择"合并"，单击"确定"按钮完成加厚操作。

步骤 11：创建如图 4.391 所示的边倒圆特征 1。单击 主页 功能选项卡"基本"区域中的 按钮，系统会弹出"边倒圆"对话框，在系统的提示下选取如图 4.392 所示的边线（2 条边线）作为圆角对象，在"边倒圆"对话框的"半径 1"文本框中输入圆角半径值 15，单击"确定"按钮完成边倒圆特征 1 的创建。

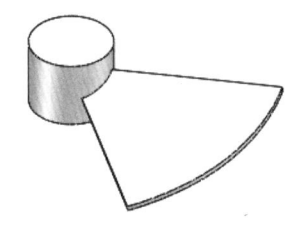

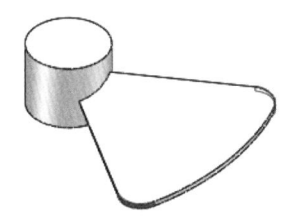

图 4.390　加厚曲面　　　　图 4.391　边倒圆特征 1　　　　图 4.392　圆角对象

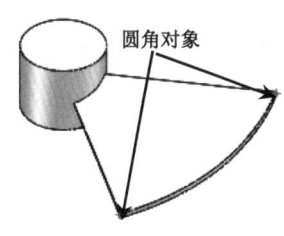

步骤 12：创建如图 4.393 所示的边倒圆特征 2。单击 主页 功能选项卡"基本"区域中的 按钮，系统会弹出"边倒圆"对话框，在系统的提示下选取如图 4.394 所示的边线（2 条边线）作为圆角对象，在"边倒圆"对话框的"半径 1"文本框中输入圆角半径值 1，单击"确定"按钮完成边倒圆特征 2 的创建。

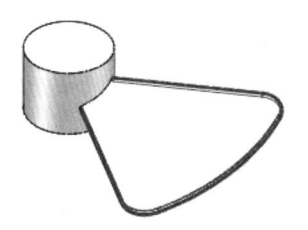

图 4.393　边倒圆特征 2　　　　图 4.394　圆角对象

步骤 13：创建如图 4.395 所示的圆形阵列特征。单击 主页 功能选项卡"基本"区域中的 阵列特征 按钮，系统会弹出"阵列特征"对话框；在"阵列特征"对话框"阵列定义"区域的"布局"下拉列表中选择"圆形"；选取步骤 10 创建的"加厚"特征、步骤 11 与步骤 12 创建的边倒圆特征作为阵列的源对象；在"阵列特征"对话框"旋转轴"区域激活"指定向量"，选取"z 轴"作为阵列中心轴，在"间距"下拉列表中选择"数量和跨度"，在"数量"文本框中输入值 3，在"跨角"文本框中输入值 360；单击"阵列特征"对话框中的"确定"按钮，完成圆形阵列特征的创建。

步骤 14：创建如图 4.396 所示的拉伸 2。单击 主页 功能选项卡"基本"区域中的 按钮，在系统的提示下选取"XY 平面"作为草图平面，绘制如图 4.397 所示的草图；在"拉伸"对话框"限制"区域的"终止"下拉列表中选择 对称值 选项，在"距离"文本框中输入深度值 40，在"布尔"下拉列表中选择"合并"；单击"确定"按钮，完成拉伸 2 的创建。

图 4.395　圆形阵列特征　　　图 4.396　拉伸 2　　　图 4.397　截面轮廓

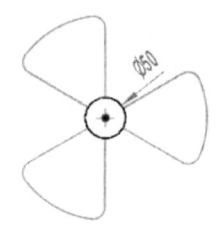

步骤 15：创建如图 4.398 所示的边倒圆特征 3。单击 主页 功能选项卡"基本"区域中的 按钮，系统会弹出"边倒圆"对话框，在系统的提示下选取如图 4.399 所示的边线（3 条边线）作为圆角对象，在"边倒圆"对话框的"半径 1"文本框中输入圆角半径值 1，单击"确定"按钮完成边倒圆特征 3 的创建。

图 4.398　边倒圆特征 3　　　　　　　图 4.399　圆角边线

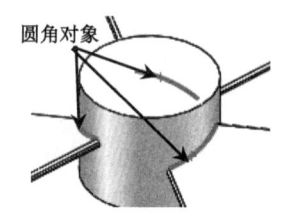

第 5 章　UG 曲面编辑

在完成曲面的创建后，通常需要对现有的曲面进行编辑以满足用户的实际需求。

5.1　曲面的修剪

5.1.1　修剪片体

修剪片体就是将一些曲线和曲面作为边界，对指定的曲面进行修剪，形成新的曲面边界，所选的边界既可以在将要修剪的曲面上，也可以在曲面之外通过投影方向来确定修剪的边界。下面以如图 5.1 所示的曲面为例，介绍创建修剪片体的一般操作过程。

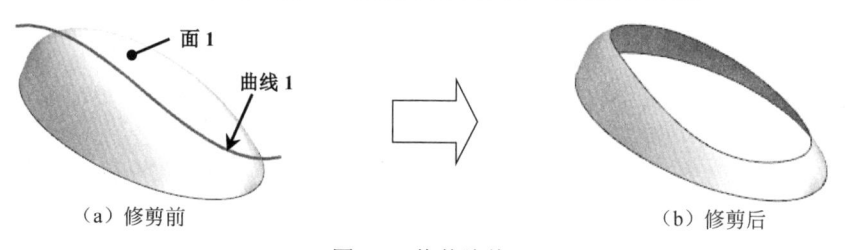

（a）修剪前　　　　　　　（b）修剪后

图 5.1　修剪片体

步骤 1：打开文件 D:\UG 曲面设计\work\ch05.01\修剪片体-ex。
步骤 2：选择命令。单击 曲面 功能选项卡"组合"区域中的 （修剪片体）按钮，系统会弹出如图 5.2 所示的"修剪片体"对话框。
步骤 3：定义剪裁目标。选取如图 5.1 所示的面 1 作为目标对象。
步骤 4：定义剪裁边界。激活 边界 区域中的选择对象，选取如图 5.1 所示的曲线 1 作为边界参考。
步骤 5：定义投影方向。在 投影方向 区域的下拉列表中选择 垂直于曲线平面 类型。
步骤 6：定义保留区域。在 区域 区域选中 保留 单选项，选取如图 5.2 所示的面作为要保留的对象。
步骤 7：完成修剪。在"修剪片体"对话框中单击"确定"按钮完成曲面的修剪，如图 5.3 所示。

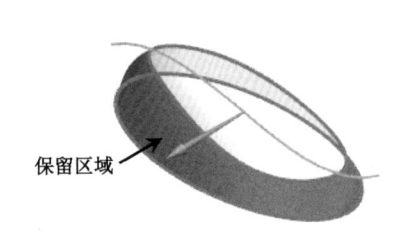

图 5.2　保留选择　　　　　　　　　图 5.3　"修剪片体"对话框

图 5.3 "修剪片体"区域选项的说明如下。

（1）**目标** 区域：用来定义"修剪片体"命令所需要的目标片体面。

（2）**边界** 区域：用来定义"修剪片体"命令所需要的修剪边界。边界既可以为曲线（如图 5.1 所示），也可以是曲面（如图 5.4 所示），用来修剪的片体需要足够大，才能对其他的片体进行修剪，否则会发出警报（如图 5.5 所示）。

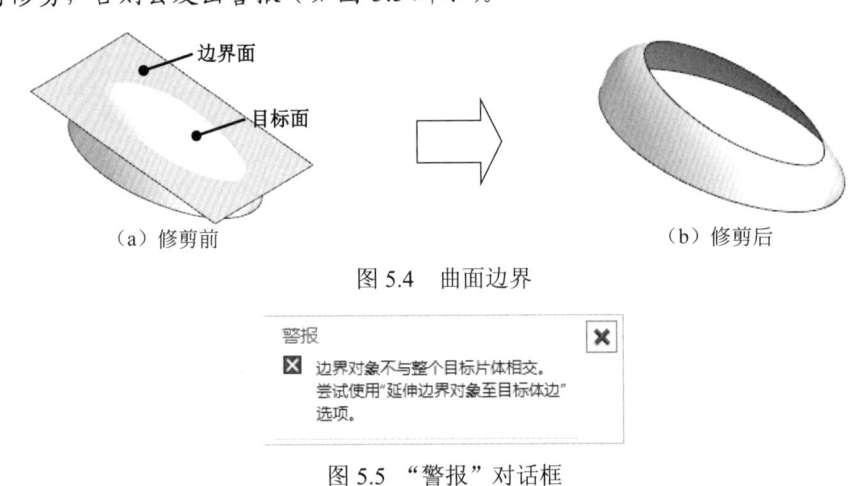

图 5.4　曲面边界

图 5.5　"警报"对话框

（3）**垂直于面** 类型：定义修剪边界投影方向是选定目标面的垂直投影，如图 5.6 所示。

（4）**垂直于曲线平面** 类型：定义修剪边界投影方向是选定边界曲线所在平面的垂直方向，如图 5.7 所示。

(a）修剪前　　　　　　　　　　　(b）修剪后

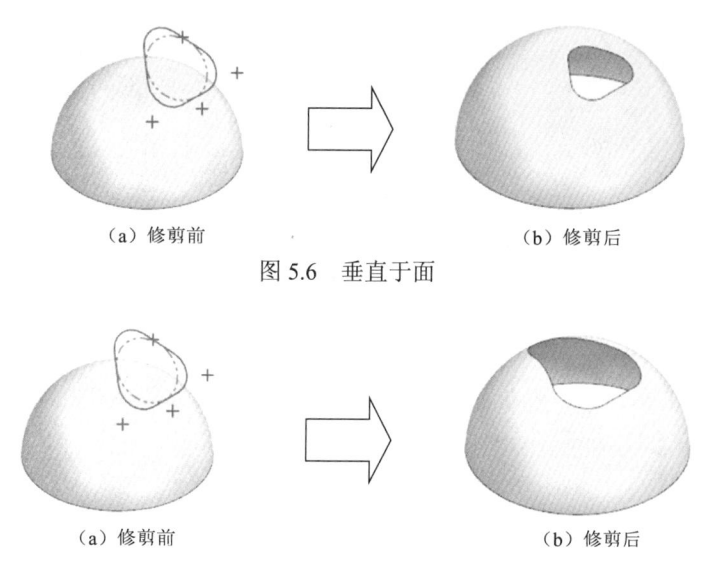

图 5.6　垂直于面

(a）修剪前　　　　　　　　　　　(b）修剪后

图 5.7　垂直于曲线平面

（5）↑ 沿向量 类型：定义修剪边界投影方向是用户指定方向的投影，如图 5.8 所示。

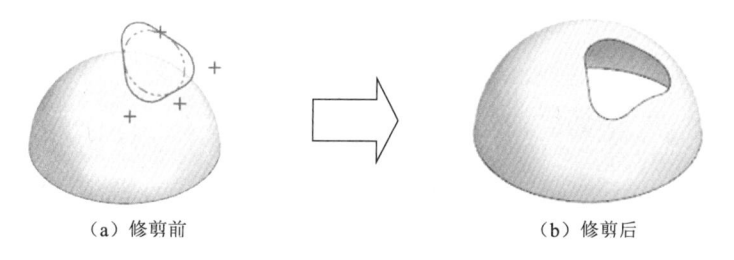

(a）修剪前　　　　　　　　　　　(b）修剪后

图 5.8　沿向量（z 轴）

（6）◉ 保留 类型：用于保留修剪曲面是选定的区域。
（7）◉ 放弃 类型：用于放弃修剪曲面是选定的区域。

5.1.2　修剪与延伸

使用修剪与延伸命令既可以创建修剪曲面，也可以通过延伸所选定的曲面创建拐角，以达到修剪或延伸的目的。

下面以如图 5.9 所示的曲面为例，介绍创建制作拐角类型修剪与延伸的一般操作过程。

步骤 1：打开文件 D:\UG 曲面设计\work\ch05.01\修剪与延伸_ex。

步骤 2：选择命令。单击 曲面 功能选项卡"组合"区域中的 修剪和延伸 按钮，系统会弹出如图 5.10 所示的"修剪和延伸"对话框。

步骤 3：设置类型。在"类型"下拉列表中选择 制作拐角 类型。

(a) 修剪前　　　　　　　　　　　　　　(b) 修剪后

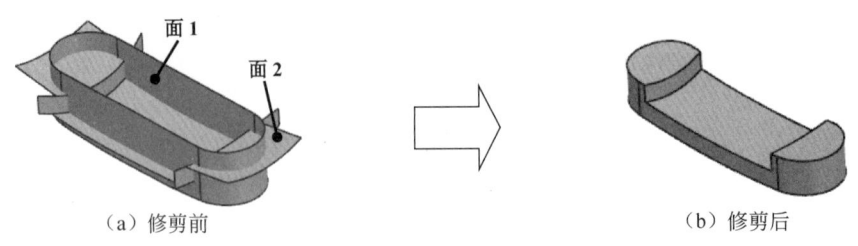

图 5.9　修剪与延伸（拐角类型）

步骤 4：设置目标对象。选取如图 5.9 所示的面 1 作为目标对象，单击 ⊠ 按钮使方向向上，如图 5.10 所示。

步骤 5：设置工具对象。激活 工具 区域中的 ✱ 选择面或边，选取如图 5.9 所示的面 2 作为工具对象，方向如图 5.11 所示。

步骤 6：在 箭头侧 下拉列表中选择 保持 选项，其他参数均采用默认。

步骤 7：单击"确定"按钮完成修剪与延伸的创建。

图 5.10　"修剪和延伸"对话框　　　　图 5.11　修剪方向

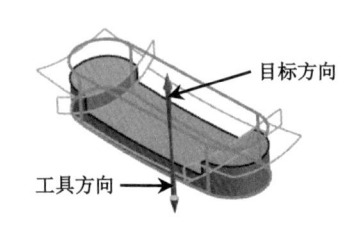

下面以如图 5.12 所示的曲面为例，介绍创建直至选定类型修剪与延伸的一般操作过程。

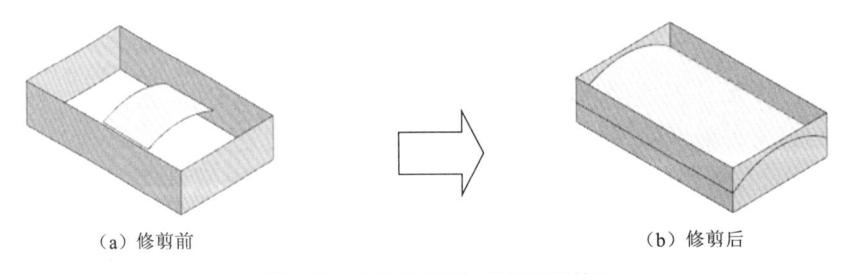

(a) 修剪前　　　　　　　　　　　　　　(b) 修剪后

图 5.12　修剪与延伸（直至延伸）

步骤 1：打开文件 D:\UG 曲面设计\work\ch05.01\修剪与延伸 02_ex。

步骤 2：选择命令。单击 曲面 功能选项卡"组合"区域中的 修剪和延伸 按钮，系统会弹出"修剪和延伸"对话框。

步骤 3：设置类型。在"类型"下拉列表中选择 直至选定 类型。

步骤 4：选择目标边线。选取如图 5.13 所示的边线作为目标参考。

步骤 5：选择工具参考。激活 工具 区域中的 * 选择面或边 ，在部件导航器选取拉伸 1 作为工具对象。

步骤 6：单击"确定"按钮完成修剪与延伸的创建。

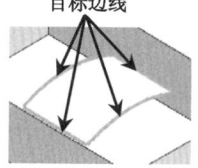

图 5.13 修剪方向

5.1.3 曲面修剪案例：花朵

花朵模型的绘制主要利用旋转曲面、扫掠曲面创建主体结构，利用修剪掉剪裁曲面多余的曲面而得到最终的效果，完成后如图 5.14 所示。

步骤 1：打开文件 D:\UG 曲面设计\work\ch05.01\花朵_ex。

步骤 2：创建如图 5.15 所示的旋转曲面。单击 主页 功能选项卡"基本"区域中的 按钮，在系统的提示下，选取"XY 平面"作为草图平面，绘制如图 5.16 所示的草图，在"旋转"对话框激活"轴"区域的"指定向量"，选取"y 轴"作为旋转轴，在"旋转"对话框的"限制"区域的"起始"下拉列表中选择"值"，然后在"角度"文本框中输入值 0；在"结束"下拉列表中选择"值"，然后在"角度"文本框中输入值 360，在 体类型 下拉列表中选择"片体"，单击"确定"按钮，完成旋转曲面的创建。

图 5.14 花朵　　　　图 5.15 旋转曲面　　　　图 5.16 截面轮廓

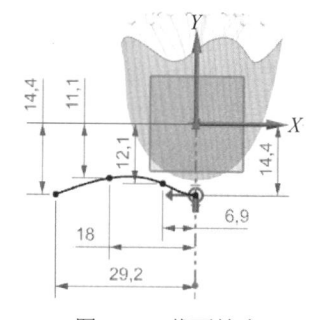

步骤 3：创建如图 5.17 所示的草图 1。单击 主页 功能选项卡"构造"区域中的草图 按钮，在系统的提示下，选取"ZX 平面"作为草图平面，绘制如图 5.18 所示的草图。

步骤 4：创建如图 5.19 所示的剪裁曲面。选择 曲面 功能选项卡"组合"区域中的 命令，选取步骤 2 创建的曲面作为目标对象，选取步骤 3 创建的草图作为剪裁边界，在 投影方向 区域的下拉列表中选择 垂直于曲线平面 类型，在 区域 区域选中 保留 单选项，选取如图 5.20 所示的区域作为要保留的对象。

步骤 5：创建如图 5.21 所示的基准面 1。选择下拉菜单"插入"→"基准"→"基准平面"命令，在"基准平面"对话框"类型"下拉列表中选择"按某一距离"类型，选取"ZX

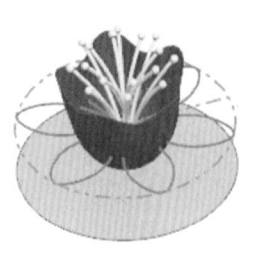

图 5.17　草图 1（三维） 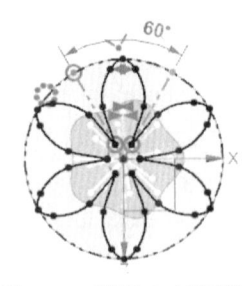　　　图 5.18　草图 1（平面） 　　　图 5.19　剪裁曲面

平面"作为参考，在"偏置"区域的"距离"文本框中输入值 17，方向沿 y 轴负方向，其他参数采用默认，单击"确定"按钮，完成基准面 1 的创建。

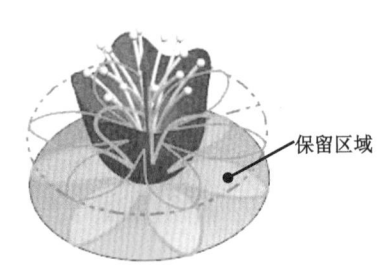

图 5.20　保留选择 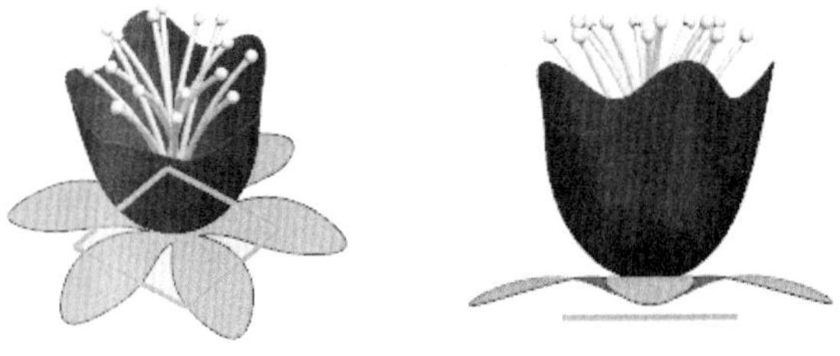　　　　　(a) 方位 1　　　　(b) 方位 2

图 5.21　基准面 1

步骤 6：创建如图 5.22 所示的拉伸 1。单击 主页 功能选项卡"基本"区域中的 按钮，在系统的提示下选取步骤 5 创建的"基准面 1"作为草图平面，绘制如图 5.23 所示的草图；在"拉伸"对话框"限制"区域的"终止"下拉列表中选择 → 直至选定 选项，选取如图 5.22 所示的面作为参考；在"拔模"区域的"拔模"下拉列表中选择"从起始限制"，在"角度"文本框中输入角度值-10；在"设置"区域的"体类型"下拉列表中选择"片体"类型，在"布尔"下拉列表中选择"无"；单击"确定"按钮，完成拉伸 1 的创建。

步骤 7：创建如图 5.24 所示的草图 2。单击 主页 功能选项卡"构造"区域中的草图 按钮，在系统的提示下，选取"XY 平面"作为草图平面，绘制如图 5.25 所示的草图。

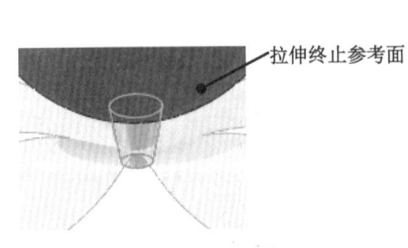

图 5.22　拉伸 1 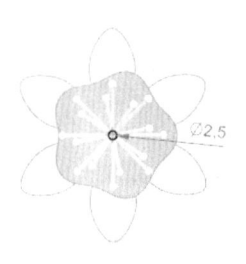　　　　　图 5.23　截面草图 　　　　图 5.24　草图 2（三维）

步骤 8：创建如图 5.26 所示的草图 3。单击 主页 功能选项卡"构造"区域中的草图 按钮，在系统的提示下，选取步骤 3 创建的"基准面 1"作为草图平面，绘制如图 5.27 所示的草图。

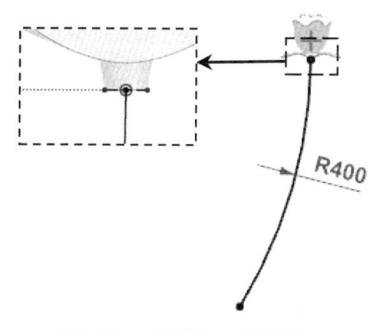

图 5.25　草图 2（平面）　　　图 5.26　草图 3（三维）　　　图 5.27　草图 3（平面）

步骤 9：创建如图 5.28 所示的扫掠 1。单击 曲面 功能选项卡"基本"区域中的 按钮，在系统的提示下选取步骤 8 创建的圆作为扫掠截面，在"扫掠"对话框"引导线"区域激活 选择曲线，选取步骤 7 创建的圆弧作为扫掠引导线，在 体类型 下拉列表中选择 片体 类型，其他参数采用系统默认，单击"确定"按钮，完成扫掠 1 的创建。

步骤 10：创建如图 5.29 所示的有界平面。单击 曲面 功能选项卡"基本"区域中的"更多"节点，在弹出的下拉列表中选择 填充 区域中的 有界平面 命令，选取如图 5.30 所示的两条边界曲线作为参考，单击"确定"按钮，完成有界平面的创建。

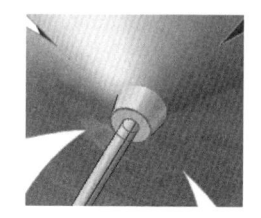

图 5.28　扫掠 1　　　图 5.29　有界平面　　　图 5.30　边界曲线

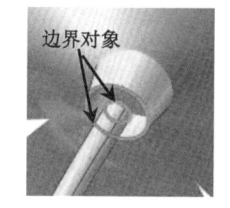

步骤 11：创建如图 5.31 所示的基准面 2。选择下拉菜单"插入"→"基准"→"基准平面"命令，在"基准平面"对话框"类型"下拉列表中选择"按某一距离"类型，选取步骤 5 创建的"基准面 1"作为参考，在"偏置"区域的"距离"文本框中输入值 46，方向沿 y 轴负方向，其他参数采用默认，单击"确定"按钮，完成基准面 2 的创建。

步骤 12：创建如图 5.32 所示的草图 4。单击 主页 功能选项卡"构造"区域中的草图 按钮，在系统的提示下，选取步骤 11 创建的"基准面 2"作为草图平面，绘制如图 5.33 所示的草图（草图的右侧端点与步骤 7 创建的草图重合）。

(a) 方位 1　　　　(b) 方位 2

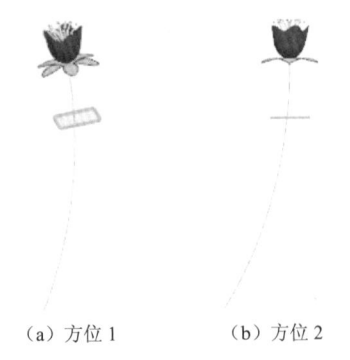

图 5.31　基准面 2　　　　图 5.32　草图 4（三维）　　　　图 5.33　草图 4（平面）

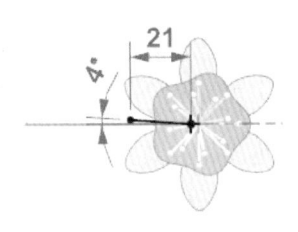

步骤 13：创建如图 5.34 所示的基准面 3。选择下拉菜单"插入"→"基准"→"基准平面"命令，在"基准平面"对话框"类型"下拉列表中选择"成一定角度"类型，选取步骤 11 创建的"基准面 2"作为平面参考，选取步骤 12 创建的草图直线作为轴参考，在"角度选项"下拉列表中选择"垂直"，其他参数采用默认，单击"确定"按钮，完成基准面 3 的创建。

步骤 14：创建如图 5.35 所示的基准面 4。选择下拉菜单"插入"→"基准"→"基准平面"命令，在"基准平面"对话框"类型"下拉列表中选择"曲线和点"类型，在"子类型"下拉列表中选择"点和平面/面"，选取步骤 12 创建的草图的右侧端点作为点参考，选取"YZ 平面"作为平面参考，其他参数采用默认，单击"确定"按钮，完成基准面 4 的创建。

步骤 15：创建如图 5.36 所示的草图 5。单击 主页 功能选项卡"构造"区域中的草图 按钮，在系统的提示下，选取步骤 13 创建的"基准面 3"作为草图平面，绘制如图 5.37 所示的草图（草图的右侧端点与步骤 12 创建的草图右侧端点重合）。

图 5.34　基准面 3　　图 5.35　基准面 4　　图 5.36　草图 5（三维）　　图 5.37　草图 5（平面）

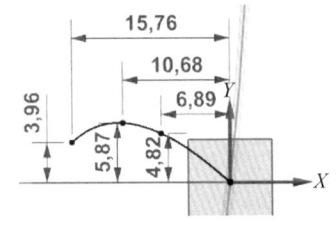

步骤 16：创建如图 5.38 所示的草图 6。单击 主页 功能选项卡"构造"区域中的草图 按钮，在系统的提示下，选取步骤 14 创建的基准面 4 作为草图平面，绘制如图 5.39 所示的草图。

步骤 17：创建如图 5.40 所示的扫掠 2。单击 曲面 功能选项卡"基本"区域中的 按钮，在系统的提示下选取步骤 15 创建的草图作为扫掠截面，在"扫掠"对话框"引导线"区域激活 选择曲线 ，选取步骤 14 创建的草图作为扫掠引导线，在 体类型 下拉列表中选择 片体 类型，其他参数采用系统默认，单击"确定"按钮，完成扫掠 2 的创建。

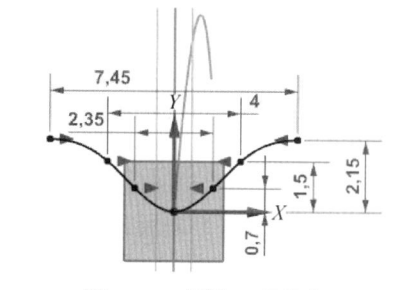

图 5.38　草图 6（三维）　　　图 5.39　草图 6（平面）　　　图 5.40　扫掠 2

步骤 18：创建如图 5.41 所示的草图 7。单击 主页 功能选项卡"构造"区域中的草图 按钮，在系统的提示下，选取步骤 11 创建的"基准面 2"作为草图平面，绘制如图 5.42 所示的草图。

步骤 19：创建如图 5.43 所示的剪裁曲面。选择 曲面 功能选项卡"组合"区域中的 命令，选取步骤 17 创建的曲面作为目标对象，选取步骤 18 创建的草图作为剪裁边界，在 投影方向 区域的下拉列表中选择 垂直于曲线平面 类型，在 区域 区域选中 保留 单选项，选取如图 5.44 所示的区域作为要保留的对象。

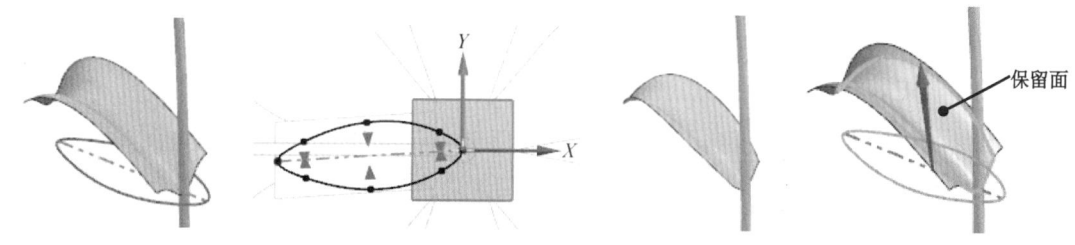

图 5.41　草图 7（三维）　　图 5.42　草图 7（平面）　　图 5.43　剪裁曲面　　图 5.44　保留选择

步骤 20：创建如图 5.45 所示的基准面 5。选择下拉菜单"插入"→"基准"→"基准平面"命令，在"基准平面"对话框"类型"下拉列表中选择"按某一距离"类型，选取步骤 5 创建的"基准面 2"作为参考，在"偏置"区域的"距离"文本框中输入值 10，方向沿 y 轴负方向，其他参数采用默认，单击"确定"按钮，完成基准面 5 的创建。

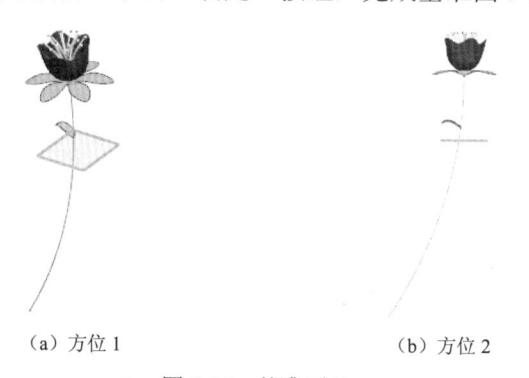

（a）方位 1　　　　　　　　（b）方位 2

图 5.45　基准面 5

步骤 21：创建如图 5.46 所示的草图 8。单击 主页 功能选项卡"构造"区域中的草图 按钮，在系统的提示下，选取步骤 20 创建的"基准面 5"作为草图平面，绘制如图 5.47 所示的草图（草图的左侧端点与步骤 7 创建的草图重合）。

步骤 22：创建如图 5.48 所示的基准面 6。选择下拉菜单"插入"→"基准"→"基准平面"命令，在"基准平面"对话框"类型"下拉列表中选择"成一定角度"类型，选取步骤 20 创建的"基准面 5"作为平面参考，选取步骤 21 创建的草图直线作为轴参考，在"角度选项"下拉列表中选择"垂直"，其他参数采用默认，单击"确定"按钮，完成基准面 6 的创建。

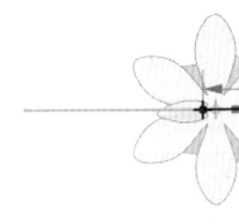

图 5.46　草图 8（三维）　　图 5.47　草图 8（平面）　　图 5.48　基准面 6　　图 5.49　基准面 7

步骤 23：创建如图 5.49 所示的基准面 7。选择下拉菜单"插入"→"基准"→"基准平面"命令，在"基准平面"对话框"类型"下拉列表中选择"曲线和点"类型，在"子类型"下拉列表中选择"点和平面/面"，选取步骤 22 创建的草图的左侧端点作为点参考，选取"YZ 平面"作为平面参考，其他参数采用默认，单击"确定"按钮，完成基准面 7 的创建。

步骤 24：创建如图 5.50 所示的草图 9。单击 主页 功能选项卡"构造"区域中的草图 按钮，在系统的提示下，选取步骤 22 创建的"基准面 6"作为草图平面，绘制如图 5.51 所示的草图（草图的右侧端点与步骤 21 创建的草图的左侧端点重合）。

步骤 25：创建如图 5.52 所示的草图 10。单击 主页 功能选项卡"构造"区域中的草图 按钮，在系统的提示下，选取步骤 23 创建的"基准面 7"作为草图平面，绘制如图 5.53 所示的草图。

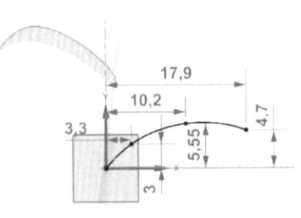

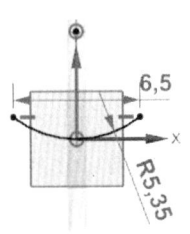

图 5.50　草图 9（三维）　　图 5.51　草图 9（平面）　　图 5.52　草图 10（三维）　　图 5.53　草图 10（平面）

步骤 26：创建如图 5.54 所示的扫掠 3。单击 曲面 功能选项卡"基本"区域中的 按钮，在系统的提示下选取步骤 25 创建的草图作为扫掠截面，在"扫掠"对话框"引导线"区域激活 选择曲线 ，选取步骤 24 创建的草图作为扫掠引导线，在 体类型 下拉列表中选择 片体 类型，其他参数采用系统默认,单击"确定"按钮,完成扫掠3的创建。

步骤27:创建如图5.55所示的草图11。单击 主页 功能选项卡"构造"区域中的草图 按钮,在系统的提示下,选取步骤22创建的"基准面6"作为草图平面,绘制如图5.56所示的草图。

图5.54　扫掠3 　　　　图5.55　草图11(三维) 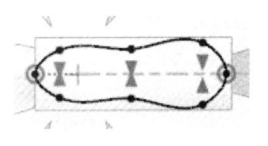　　　　图5.56　草图11(平面)

步骤28:创建如图5.57所示的剪裁曲面。选择 曲面 功能选项卡"组合"区域中的 命令,选取步骤26创建的曲面作为目标对象,选取步骤27创建的草图作为剪裁边界,在 投影方向 区域的下拉列表中选择 垂直于曲线平面 类型,在 区域 区域选中 保留 单选项,选取如图5.58所示的区域作为要保留的对象。

图5.57　剪裁曲面 　　　　　　　　　图5.58　保留选择

5.2　曲面的延伸

曲面延伸是根据用户定义的终止条件和延伸类型来延伸一条或者多条边线或者延伸整个面。下面以如图5.59所示的曲面为例,介绍创建延伸曲面的一般操作过程。

(a) 延伸前　　　　　　　　　　(b) 延伸后

图5.59　曲面的延伸

步骤1：打开文件 D:\UG 曲面设计\work\ch05.02\曲面延伸-ex。

步骤2：选择命令。单击 曲面 功能选项卡"组合"区域中的 ◥ （延伸片体）按钮，系统会弹出"延伸片体"对话框。

步骤3：选择延伸边线。在系统的提示下选取如图5.60所示的曲面边线作为延伸参考。

步骤4：选择终止类型与参考。在 限制 下拉列表中选择 →直至选定 ，选取如图5.60所示的面作为终止参考。

步骤5：设置其他参数。在 设置 区域的 曲面延伸形状 下拉列表中选择 自然曲率 ，在 边延伸形状 下拉列表中选择 自动 ，在 体输出 下拉列表中选择 延伸原片体 ，其他参数均采用默认。

步骤6：单击"确定"按钮完成延伸片体的创建。

"延伸片体"对话框中各选项的说明如下。

（1） 边 区域：用于选择要延伸的对象，既可以是单条边线，如图5.59所示，也可以是多条边线，如图5.61所示，还可以是面，如图5.62所示。

图5.60 延伸与终止参考　　图5.61 多条边线　　图5.62 整个面

（2） 限制 下拉列表：用于设置延伸的类型，可以选择偏置类型，通过设置偏置距离实现曲面延伸，偏置既可以为正值，此时将延伸，也可以为负值，此时将缩短，如图5.63所示；可以选择直至选定类型，此时需要选择一个终止参考对象，如图5.59所示。

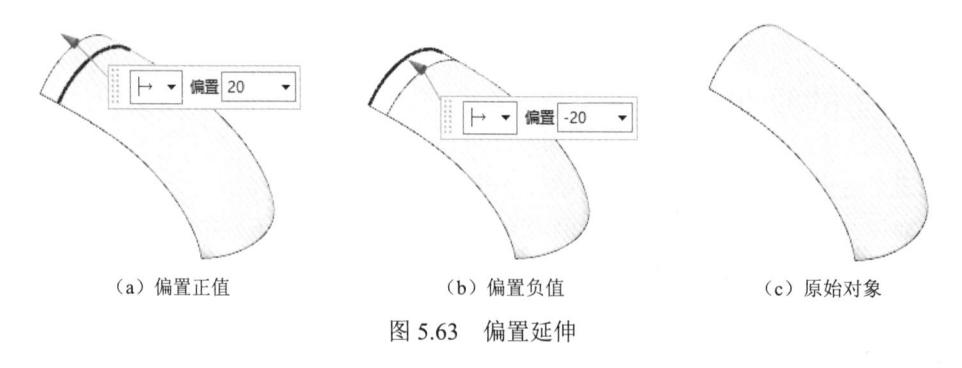

（a）偏置正值　　（b）偏置负值　　（c）原始对象

图5.63 偏置延伸

（3） 曲面延伸形状 下拉列表：用于设置曲面延伸的形状控制；选择 自然曲率 类型，用于在边界处曲率连续的小面积延伸B曲面，然后在该面积以外相切，如图5.59所示；选择 自然相切 类型，用于从边界延伸相切的B曲面，如图5.64所示；选择 镜像 类型，用于通过镜像曲面的曲率连续形状延伸B曲面，如图5.65所示。

图 5.64　自然相切

图 5.65　镜像

5.3　曲面的分割

5.3.1　分割面基本操作

分割面就是用多个分割对象，对现有体的一个面或多个面进行分割，分割对象可以是曲线、边缘、面、基准平面或实体，在这个操作中，要分割的面和分割对象是关联的，即如果任一对象被更改，则结果也会随之更新。下面以如图 5.66 所示的曲面为例，介绍创建分割面的一般操作过程。

（a）创建前　　　　　　　　　　　　　　（b）创建后

图 5.66　分割面

下面以绘制如图 3.218 所示的曲面为例，介绍创建分割面的一般操作过程。

步骤 1：打开文件 D:\UG 曲面设计\work\ch05.03\分割面-ex。

步骤 2：选择命令。单击 曲面 功能选项卡"组合"区域中的"更多"节点，在系统弹出的快捷菜单中选择 分割面 命令，系统会弹出"分割面"对话框。

步骤 3：选择要分割的面。选取如图 5.66 所示的面作为参考。

步骤 4：选择分割工具。在 分割对象 区域的 工具选项 下拉列表中选择"对象"，选取如图 5.66 所示的分割对象。

步骤 5：选择分割其他参数。在 投影方向 区域的下拉列表中选择 垂直于曲线平面，单击 按钮使方向沿 z 轴负方向。

步骤 6：单击"确定"按钮完成分割面的创建。

5.3.2　分割面案例：小猪存钱罐

小猪存钱罐模型的绘制主要利用旋转、拉伸与扫掠等特征创建主体结构，利用分割面创建眼睛与鼻子修饰效果，完成后如图 5.67 所示。

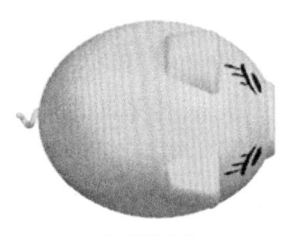

（a）俯视方位　　　　　　　（b）轴测方位　　　　　　　（c）前视方位

图 5.67　小猪存钱罐

步骤 1：新建文件。选择"快速访问工具条"中的 命令，在"新建"对话框中选择"模型"模板，在名称文本框中输入"小猪存钱罐"，将工作目录设置为 D:\UG 曲面设计\work\ch05.03\，然后单击"确定"按钮进入零件建模环境。

步骤 2：创建如图 5.68 所示的旋转 1。单击 主页 功能选项卡"基本"区域中的 按钮，系统会弹出"旋转"对话框，在系统的提示下，选取"ZX 平面"作为草图平面，进入草图环境，绘制如图 5.69 所示的草图，在"旋转"对话框激活"轴"区域的"指定向量"，选取"x 轴"作为旋转轴，在"旋转"对话框的"限制"区域的"起始"下拉列表中选择"值"，然后在"角度"文本框中输入值 0；在"结束"下拉列表中选择"值"，然后在"角度"文本框中输入值 360，单击"确定"按钮，完成旋转 1 的创建。

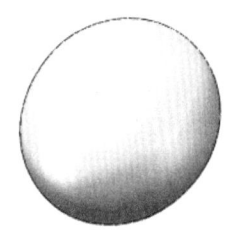

图 5.68　旋转 1 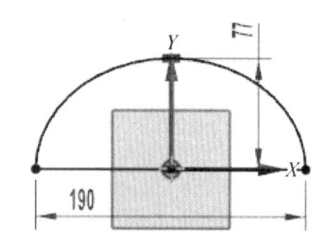　　　　　　　　　　　　图 5.69　截面轮廓

步骤 3：创建如图 5.70 所示的基准面 1。选择下拉菜单"插入"→"基准"→"基准平面"命令，在"基准平面"对话框"类型"下拉列表中选择"按某一距离"类型，选取"YZ

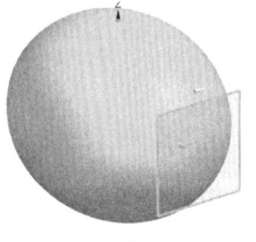

（a）方位 1　　　　　　　　　　　（b）方位 2

图 5.70　基准面 1

平面"作为参考,在"偏置"区域的"距离"文本框中输入值 95,方向沿 x 轴正方向,其他参数采用默认,单击"确定"按钮,完成基准面 1 的创建。

步骤 4:创建如图 5.71 所示的草图 1。单击 主页 功能选项卡"构造"区域中的草图 按钮,选取步骤 3 创建的基准面 1 作为草图平面,绘制如图 5.72 所示的草图。

图 5.71 草图 1(三维) 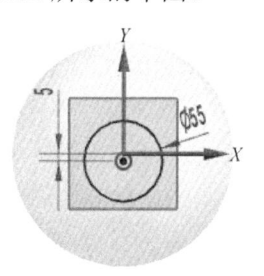　　图 5.72 草图 1(平面)

步骤 5:创建如图 5.73 所示的基准面 2。选择下拉菜单"插入"→"基准"→"基准平面"命令,在"基准平面"对话框"类型"下拉列表中选择"按某一距离"类型,选取"基准面 1"作为参考,在"偏置"区域的"距离"文本框中输入值 15,方向沿 x 轴负方向,其他参数采用默认,单击"确定"按钮,完成基准面 2 的创建。

(a)方位 1 　　(b)方位 2

图 5.73 基准面 2

步骤 6:创建如图 5.74 所示的草图 2。单击 主页 功能选项卡"构造"区域中的草图 按钮,选取步骤 5 创建的基准面 2 作为草图平面,绘制如图 5.75 所示的草图。

步骤 7:创建如图 5.76 所示的直纹 1。单击 曲面 功能选项卡"基本"区域中的"更多"节点,在弹出的下拉列表中选择 网格 区域中的 直纹 命令,选取步骤 4 创建的草图作为第一截面,控制点与方向如图 5.77 所示,选取步骤 6 创建的草图作为第二截面,控制点与方

图 5.74 草图 2(三维) 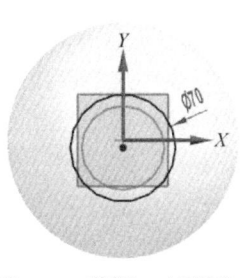　图 5.75 草图 2(平面) 　图 5.76 直纹 1 　图 5.77 控制点与方向

向如图 5.77 所示,单击"确定"按钮完成直纹 1 的创建。

步骤 8:创建合并 1。单击 主页 功能选项卡"基本"区域中的 按钮,系统会弹出"合并"对话框,在系统"选择目标体"的提示下,选取步骤 7 创建的直纹体作为目标体,在系统"选择工具体"的提示下,选取另外一个体作为工具体,在"合并"对话框的"设置"区域中取消选中"保存目标"与"保存工具"复选框,单击"确定"按钮完成操作。

步骤 9:创建如图 5.78 所示的基准面 3。选择下拉菜单"插入"→"基准"→"基准平面"命令,在"基准平面"对话框"类型"下拉列表中选择"按某一距离"类型,选取"基准面 2"作为参考,在"偏置"区域的"距离"文本框中输入值 30,方向沿 x 轴负方向,其他参数采用默认,单击"确定"按钮,完成基准面 3 的创建。

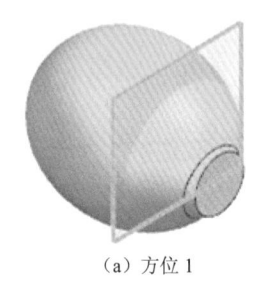

(a)方位 1 (b)方位 2

图 5.78 基准面 3

步骤 10:创建如图 5.79 所示的草图 3。单击 主页 功能选项卡"构造"区域中的草图 按钮,选取步骤 9 创建的基准面 3 作为草图平面,绘制如图 5.80 所示的草图。

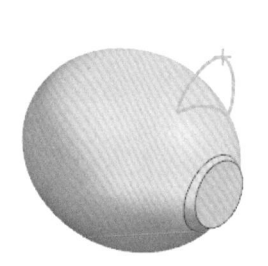

图 5.79 草图 3(三维) 图 5.80 草图 3(平面)

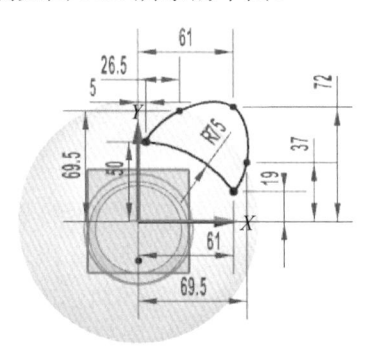

步骤 11:创建如图 5.81 所示的基准面 4。选择下拉菜单"插入"→"基准"→"基准平面"命令,在"基准平面"对话框"类型"下拉列表中选择"按某一距离"类型,选取"基准面 3"作为参考,在"偏置"区域的"距离"文本框中输入 60,方向沿 x 轴负方向,其他参数采用默认,单击"确定"按钮,完成基准面 4 的创建。

步骤 12:创建如图 5.82 所示的草图 4。单击 主页 功能选项卡"构造"区域中的草图 按钮,选取步骤 11 创建的基准面 4 作为草图平面,绘制如图 5.83 所示的草图。

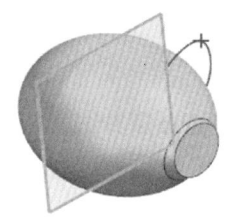

　　　　（a）方位 1 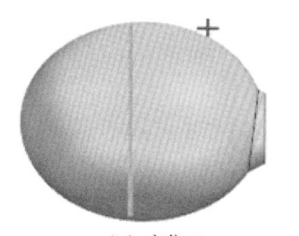　　　　　　　　　　　（b）方位 2

　　　　　　　　　　图 5.81　基准面 4

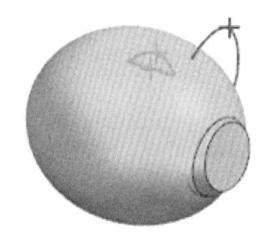

　　　图 5.82　草图 4（三维） 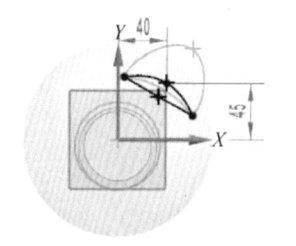　　　　　图 5.83　草图 4（平面）

步骤 13：创建如图 5.84 所示的基准面 5。选择下拉菜单"插入"→"基准"→"基准平面"命令，在"基准平面"对话框"类型"下拉列表中选择"曲线和点"类型，在"子类型"下拉列表中选择"三点"，选取如图 5.84 所示的点作为参考，其他参数采用默认，单击"确定"按钮，完成基准面 5 的创建。

　　　　（a）方位1 　　　　　　　　　　　（b）方位2

　　　　　　　　　　图 5.84　基准面 5

步骤 14：创建如图 5.85 所示的草图 5。单击 主页 功能选项卡"构造"区域中的草图 按钮，选取步骤 13 创建的基准面 5 作为草图平面，绘制如图 5.86 所示的草图。

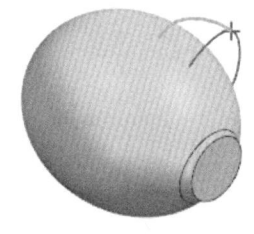

　　　图 5.85　草图 5（三维） 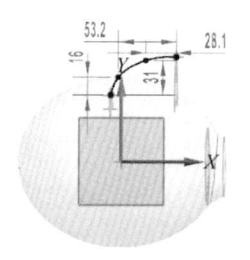　　　　　图 5.86　草图 5（平面）

步骤 15：创建如图 5.87 所示的扫掠 1。单击 曲面 功能选项卡"基本"区域中的 ◊ 按钮，在系统的提示下选取步骤 10 创建的草图 3 与步骤 12 创建的草图 4 作为扫掠截面，在"扫掠"对话框"引导线"区域激活 选择曲线，选取步骤 14 创建的草图作为扫掠引导线，取消选中 □ 保留形状 复选框，其他参数采用系统默认，单击"确定"按钮，完成扫掠 1 的创建。

步骤 16：创建如图 5.88 所示的镜像 1。单击 主页 功能选项卡"基本"区域中的 镜像特征 按钮，系统会弹出"镜像特征"对话框，选取步骤 15 创建的"扫掠"作为要镜像的特征，在"镜像平面"区域的"平面"下拉列表中选择"现有平面"，激活"选择平面"，选取"ZX 平面"作为镜像平面，单击"确定"按钮，完成镜像 1 的创建。

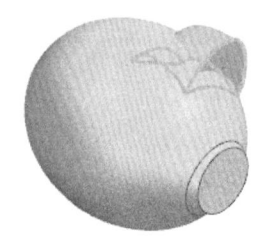

图 5.87　扫掠 1 　　　　　　　　　图 5.88　镜像 1

步骤 17：创建合并 2。单击 主页 功能选项卡"基本"区域中的 ◊ 按钮，系统会弹出"合并"对话框，在系统"选择目标体"的提示下，选取步骤 16 创建的镜像体作为目标体，在系统"选择工具体"的提示下，选取另外两个体作为工具体，在"合并"对话框的"设置"区域中取消选中"保存目标"与"保存工具"复选框，单击"确定"按钮完成操作。

步骤 18：创建如图 5.89 所示的基准面 6。选择下拉菜单"插入"→"基准"→"基准平面"命令，在"基准平面"对话框"类型"下拉列表中选择"按某一距离"类型，选取"XY 平面"作为参考，在"偏置"区域的"距离"文本框中输入值 80，方向沿 z 轴负方向，其他参数采用默认，单击"确定"按钮，完成基准面 6 的创建。

(a) 方位 1　　　　　　　　　(b) 方位 2

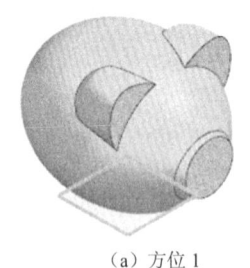

图 5.89　基准面 6

步骤 19：创建如图 5.90 所示的草图 6。单击 主页 功能选项卡"构造"区域中的草图 按钮，选取步骤 18 创建的基准面 6 作为草图平面，绘制如图 5.91 所示的草图。

步骤 20：创建如图 5.92 所示的基准面 7。选择下拉菜单"插入"→"基准"→"基准平面"命令，在"基准平面"对话框"类型"下拉列表中选择"按某一距离"类型，选取"基

第5章　UG曲面编辑　　217

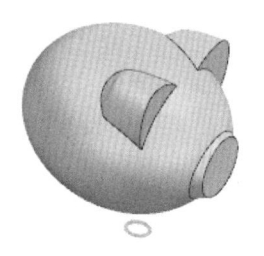

图 5.90　草图 6（三维）　　　　　　　图 5.91　草图 6（平面）

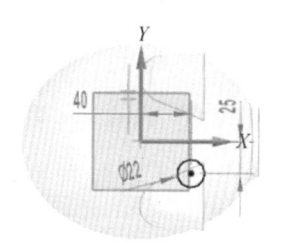

准面 6"作为参考，在"偏置"区域的"距离"文本框中输入值 30，方向沿 z 轴正方向，其他参数采用默认，单击"确定"按钮，完成基准面 7 的创建。

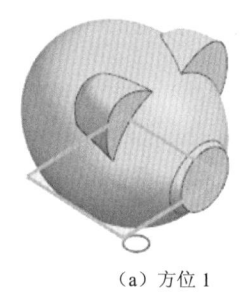

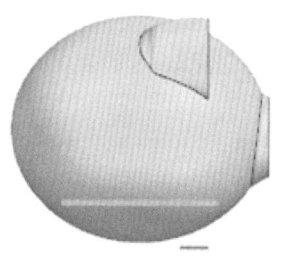

（a）方位 1　　　　　　　　　　　（b）方位 2

图 5.92　基准面 7

步骤 21：创建如图 5.93 所示的草图 7。单击 主页 功能选项卡"构造"区域中的草图 按钮，选取步骤 20 创建的基准面 7 作为草图平面，绘制如图 5.94 所示的草图。

步骤 22：创建如图 5.95 所示的直纹 2。单击 曲面 功能选项卡"基本"区域中的"更多"节点，在弹出的下拉列表中选择 网格 区域中的 直纹 命令，选取步骤 19 创建的草图作为第一截面，控制点与方向如图 5.96 所示，选取步骤 21 创建的草图作为第二截面，控制点与方向如图 5.96 所示，单击"确定"按钮完成直纹 2 的创建。

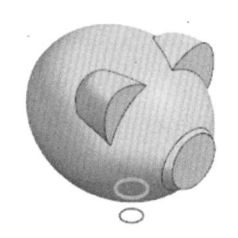

图 5.93　草图 7（三维）　　图 5.94　草图 7（平面）　　图 5.95　直纹 2　　图 5.96　控制点与方向

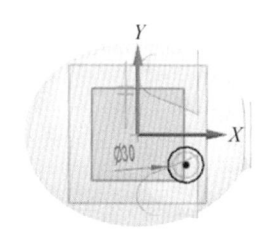

步骤 23：创建如图 5.97 所示的镜像 2。单击 主页 功能选项卡"基本"区域中的 镜像特征 按钮，系统会弹出"镜像特征"对话框，选取步骤 22 创建的"直纹"作为要镜像的特征，在"镜像平面"区域的"平面"下拉列表中选择"现有平面"，激活"选择平面"，选取"ZX 平面"作为镜像平面，单击"确定"按钮，完成镜像 2 的创建。

步骤 24：创建如图 5.98 所示的镜像 3。单击 主页 功能选项卡"基本"区域中的 镜像特征按钮，系统会弹出"镜像特征"对话框，选取步骤 22 创建的直纹与步骤 23 创建的镜像 2 作为要镜像的特征，在"镜像平面"区域的"平面"下拉列表中选择"现有平面"，激活"选择平面"，选取"YZ 平面"作为镜像平面，单击"确定"按钮，完成镜像 3 的创建。

步骤 25：创建合并 3。单击 主页 功能选项卡"基本"区域中的 按钮，系统会弹出"合并"对话框，在系统"选择目标体"的提示下，选取步骤 22 创建的直纹体作为目标体，在系统"选择工具体"的提示下，选取另外 4 个体作为工具体，在"合并"对话框的"设置"区域中取消选中"保存目标"与"保存工具"复选框，单击"确定"按钮完成操作。

步骤 26：创建如图 5.99 所示的边倒圆特征 1。单击 主页 功能选项卡"基本"区域中的 按钮，系统会弹出"边倒圆"对话框，在系统的提示下选取如图 5.100 所示的边线作为圆角对象，在"边倒圆"对话框的"半径 1"文本框中输入圆角半径值 5，单击"确定"按钮完成边倒圆特征 1 的创建。

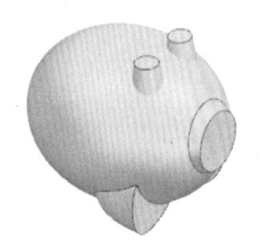

图 5.97　镜像 2 　　　图 5.98　镜像 3 　　　图 5.99　边倒圆特征 1 　　　图 5.100　圆角对象

步骤 27：创建如图 5.101 所示的边倒圆特征 2。单击 主页 功能选项卡"基本"区域中的 按钮，系统会弹出"边倒圆"对话框，在系统的提示下选取如图 5.102 所示的两条边线作为圆角对象，在"边倒圆"对话框的"半径 1"文本框中输入圆角半径值 7，单击"确定"按钮完成边倒圆特征 2 的创建。

步骤 28：创建如图 5.103 所示的边倒圆特征 3。单击 主页 功能选项卡"基本"区域中的 按钮，系统会弹出"边倒圆"对话框，在系统的提示下选取如图 5.104 所示的 4 条边线作为圆角对象，在"边倒圆"对话框的"半径 1"文本框中输入圆角半径值 2，单击"确定"按钮完成边倒圆特征 3 的创建。

图 5.101　边倒圆特征 2 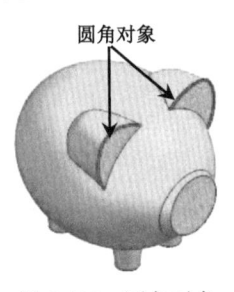　　　图 5.102　圆角对象 　　　图 5.103　边倒圆特征 3 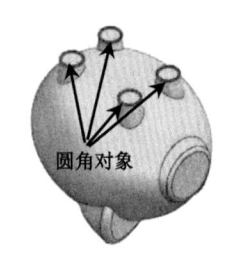　　　图 5.104　圆角对象

步骤 29：创建如图 5.105 所示的边倒圆特征 4。单击 主页 功能选项卡"基本"区域中的

按钮，系统会弹出"边倒圆"对话框，在系统的提示下选取如图 5.106 所示的 4 条边线作为圆角对象，在"边倒圆"对话框的"半径 1"文本框中输入圆角半径值 5，单击"确定"按钮完成边倒圆特征 4 的创建。

步骤 30：创建如图 5.107 所示的抽壳特征。单击 主页 功能选项卡"基本"区域中的 抽壳 按钮，系统会弹出"抽壳"对话框，在"抽壳"对话框"类型"下拉列表中选择"封闭"类型，选取整个实体作为要抽壳的对象，在"抽壳"对话框的"厚度"文本框中输入抽壳的厚度值 5，在"抽壳"对话框中单击"确定"按钮，完成抽壳特征的创建。

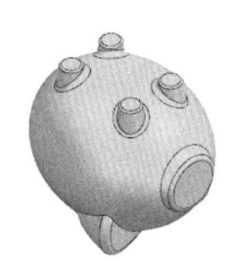

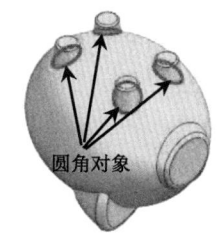

图 5.105　边倒圆特征 4　　图 5.106　圆角对象　　　　图 5.107　抽壳特征

步骤 31：创建如图 5.108 所示的拉伸 1。单击 主页 功能选项卡"基本"区域中的 按钮，在系统的提示下选取"XY 平面"作为草图平面，绘制如图 5.109 所示的草图；在"拉伸"对话框"限制"区域的"终止"下拉列表中选择 贯通 选项，方向沿 z 轴正方向，在"布尔"下拉列表中选择"减去"；单击"确定"按钮，完成拉伸 1 的创建。

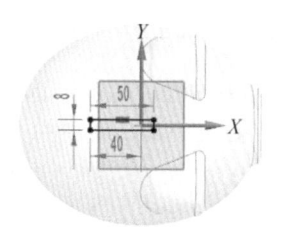

图 5.108　拉伸 1　　　　　　　　　　图 5.109　截面轮廓

步骤 32：创建如图 5.110 所示的基准坐标系。选择下拉菜单"插入"→"基准"→"基

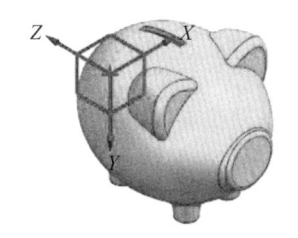

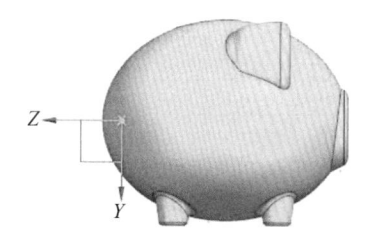

图 5.110　基准坐标系

准坐标系"命令，在"基准坐标系"对话框"类型"下拉列表中选择"x 轴，y 轴，原点"类型，将原点坐标设置为-80，0，0，选取默认的 YC 轴作为 x 轴参考，选取 ZC 负轴作为 y 轴参考，单击"确定"按钮，完成基准坐标系的创建。

步骤 33：创建如图 5.111 所示的螺旋线。选择 曲线 功能选项卡"高级"区域中 命令，在"螺旋"对话框 方位 区域激活 指定坐标系 ，在部件导航器中选取步骤 32 创建的基准坐标系作为方位参考；在 大小 区域选中 半径 单选项，在 规律类型 下拉列表中选择 线性 类型，在 起始值 文本框中输入值 10，在 终止值 文本框中输入值 3；在 步距 区域 规律类型 下拉列表中选择 恒定 类型，在 值 文本框中输入值 15；在 长度 区域 方法 下拉列表中选择 圈数 类型，在 圈数 文本框中输入值 2；单击 < 确定 > 按钮完成螺旋线的创建。

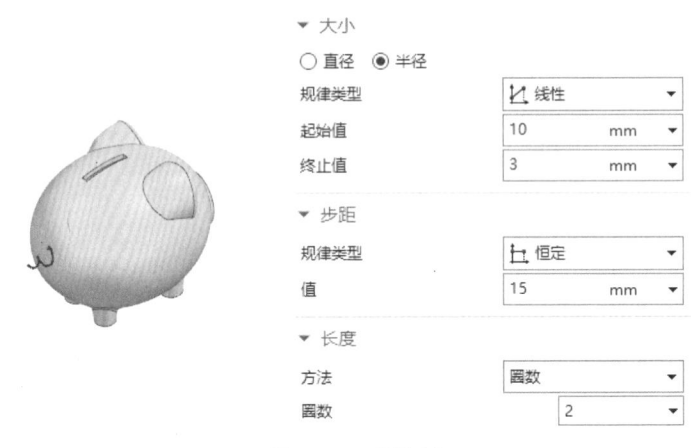

图 5.111　螺旋线

步骤 34：创建如图 5.112 所示的管 1。单击 曲面 功能选项卡"基本"区域中的"更多"节点，在系统弹出的快捷列表中选择"扫掠"区域的 管 命令，选取步骤 33 创建的螺旋线作为管道路径，在 横截面 区域的"外径"文本框中输入值 5，在"内径"文本框中输入值 0，在"布尔"下拉列表中选择"合并"，在"设置"区域的"输出"下拉列表中选择"单段"，单击"确定"按钮完成管 1 的创建。

步骤 35：创建如图 5.113 所示的球 1。单击 主页 功能选项卡"基本"区域中的"更多"节点，在弹出的下拉列表中选择 球 命令，在"类型"下拉列表中选择 中心点和直径 类型，选取如图 5.114 所示的圆心作为中心点参考，在"直径"文本框中输入值 5，在"布尔"下拉列表

图 5.112　管 1 　　　　　　图 5.113　球 1 　　　　　　图 5.114　中心点参考

中选择"合并",单击"确定"按钮完成球1的创建。

步骤36：创建如图5.115所示的分割草图1。单击 主页 功能选项卡"构造"区域中的草图 按钮,选取如图5.115所示的模型表面作为草图平面,绘制如图5.116所示的草图。

步骤37：创建如图5.117所示的分割面1。单击 曲面 功能选项卡"组合"区域中的"更多"节点,在系统弹出的快捷菜单中选择 分割面 命令,选取如图5.115所示的模型表面作为要分割的面,在 分割对象 区域的 工具选项 下拉列表中选择"对象",选取步骤36创建的草图作为分割对象,在 投影方向 区域的下拉列表中选择 垂直于曲线平面,单击"确定"按钮完成分割面1的创建。

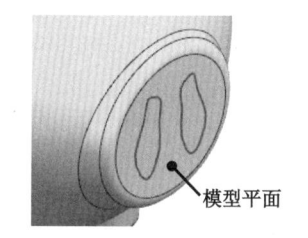

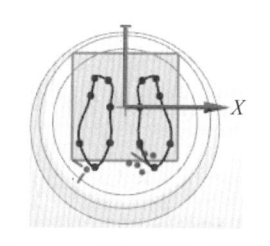

图 5.115　分割草图（三维）　　图 5.116　分割草图（平面）　　图 5.117　分割面 1

步骤38：创建如图5.118所示的分割草图2。单击 主页 功能选项卡"构造"区域中的草图 按钮,选取如图5.118所示的模型表面作为草图平面,绘制如图5.119所示的草图。

步骤39：创建如图5.120所示的分割面2。单击 曲面 功能选项卡"组合"区域中的"更多"节点,在系统弹出的快捷菜单中选择 分割面 命令,选取如图5.120所示的模型表面作为要分割的面,在 分割对象 区域的 工具选项 下拉列表中选择"对象",选取步骤38创建的草图作为分割对象,在 投影方向 区域的下拉列表中选择 垂直于曲线平面,方向沿 x 轴负方向,单击"确定"按钮完成分割面2的创建。

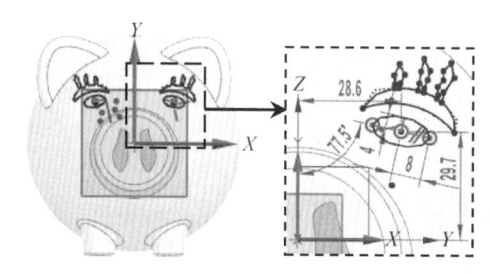

图 5.118　分割草图（三维）　　图 5.119　分割草图（平面）　　图 5.120　分割面 2

5.4　曲面的缝合

5.4.1　曲面缝合的一般操作

曲面缝合可以将两个或者多个相邻不相交的曲面组合为一个曲面。曲面必须在边线处接合。如果生成的缝合曲面是一个封闭的曲面，系统则可以将其直接转换成实体。下面以如图 5.121 所示的曲面为例，介绍创建缝合曲面的一般操作过程。

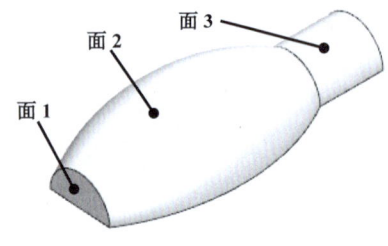

图 5.121 缝合曲面

步骤 1：打开文件 D:\UG 曲面设计\work\ch05.04\\缝合-ex。
步骤 2：选择命令。单击 曲面 功能选项卡"组合"区域中的 按钮，系统会弹出"缝合"对话框。
步骤 3：选择类型。在"类型"下拉列表中选择 片体 类型。
步骤 4：选择目标对象。选取如图 5.121 所示的面 1 作为目标对象。
步骤 5：选择工具对象。选取如图 5.121 所示的面 2、面 3 作为目标对象。
步骤 6：完成缝合。在"缝合"对话框中单击"确定"按钮完成曲面的缝合。

5.4.2 曲面缝合案例：门把手

门把手模型的整体思路是采用封闭曲面实体化的方式得到，创建曲面所需的线框均通过投影或者相交的方式得到，需要注意曲面的封闭性，完成后如图 5.122 所示。

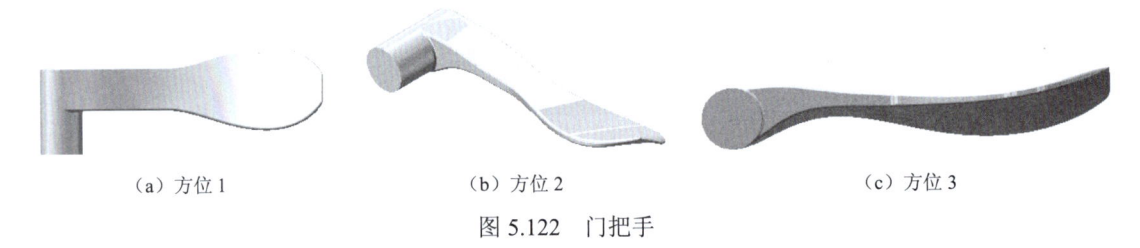

(a) 方位 1　　　　　　　　(b) 方位 2　　　　　　　　(c) 方位 3

图 5.122 门把手

步骤 1：新建文件。选择"快速访问工具条"中的 命令，在"新建"对话框中选择"模型"模板，在名称文本框中输入"门把手"，将工作目录设置为 D:\UG 曲面设计\work\ch05.04\，然后单击"确定"按钮进入零件建模环境。
步骤 2：创建如图 5.123 所示的拉伸 1。单击 主页 功能选项卡"基本"区域中的 按钮，在系统的提示下选取"ZX 平面"作为草图平面，绘制如图 5.124 所示的草图；在"拉伸"对话框"限制"区域的"终止"下拉列表中选择 值 选项，在"距离"文本框中输入深度值 20，方向沿 y 轴负方向；单击"确定"按钮，完成拉伸 1 的创建。

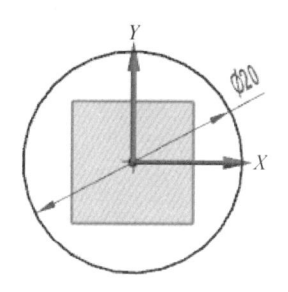

图 5.123　拉伸 1　　　　　　　　　　　图 5.124　截面草图

步骤 3：创建如图 5.125 所示的基准面 1。选择下拉菜单"插入"→"基准"→"基准平面"命令，在"基准平面"对话框"类型"下拉列表中选择"按某一距离"类型，选取"ZX 平面"作为参考，在"偏置"区域的"距离"文本框中输入值 20，方向沿 y 轴正方向，其他参数采用默认，单击"确定"按钮，完成基准面 1 的创建。

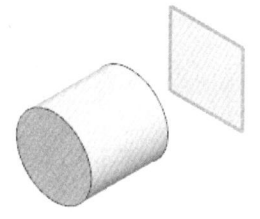

（a）方位 1　　　　　　　　　（b）方位 2

图 5.125　基准面 1

步骤 4：创建如图 5.126 所示的草图 1。单击 主页 功能选项卡"构造"区域中的草图 按钮，选取步骤 3 创建的基准面 1 作为草图平面，绘制如图 5.127 所示的草图。

图 5.126　草图 1（三维）　　　　　　　图 5.127　草图 1（平面）

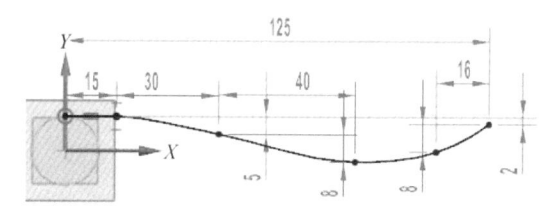

步骤 5：创建如图 5.128 所示的草图 2。单击 主页 功能选项卡"构造"区域中的草图 按钮，选取步骤 3 创建的"基准面 1"作为草图平面，绘制如图 5.129 所示的草图。

步骤 6：创建如图 5.130 所示的草图 3。单击 主页 功能选项卡"构造"区域中的草图 按钮，选取"ZX 平面"作为草图平面，绘制如图 5.131 所示的草图。

步骤 7：创建如图 5.132 所示的草图 4。单击 主页 功能选项卡"构造"区域中的草图 按钮，选取"ZX 平面"作为草图平面，绘制如图 5.133 所示的草图。

图 5.128　草图 2（三维）

图 5.129　草图 2（平面）

图 5.130　草图 3（三维）

图 5.131　草图 3（平面）

图 5.132　草图 4（三维）

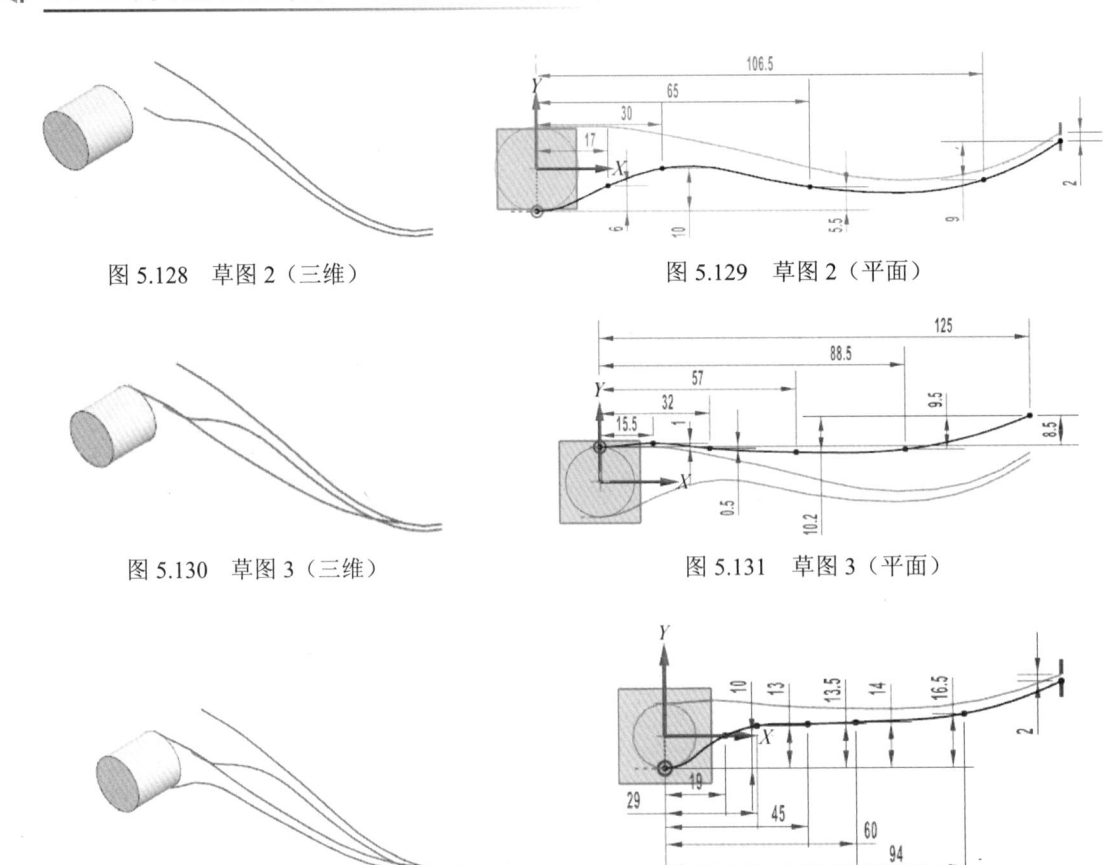

图 5.133　草图 4（平面）

步骤 8：创建如图 5.134 所示的基准面 2。选择下拉菜单"插入"→"基准"→"基准平面"命令，在"基准平面"对话框"类型"下拉列表中选择"相切"类型，在"子类型"下拉列表中选择"与平面成一定角度"，选取如图 5.134 所示的圆柱面作为切面参考，选取"XY 平面"作为平面参考，在"角度"区域的"角度选项"下拉列表中选择"平行"，单击 按钮使基准面在上方，其他参数采用默认，单击"确定"按钮，完成基准面 2 的创建。

(a) 方位 1

(b) 方位 2

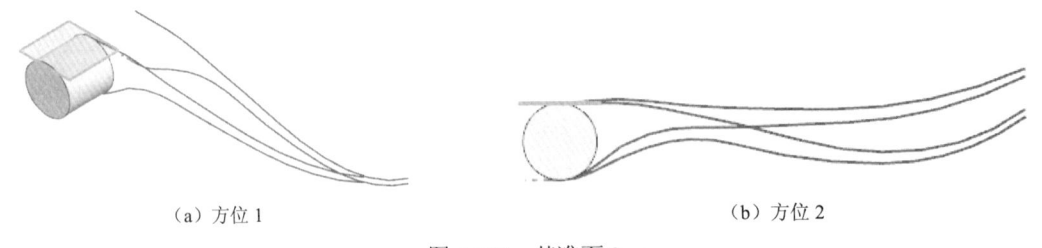

图 5.134　基准面 2

步骤 9：创建如图 5.135 所示的草图 5。单击 主页 功能选项卡"构造"区域中的草图按钮，选取步骤 8 创建的"基准面 2"作为草图平面，绘制如图 5.136 所示的草图。

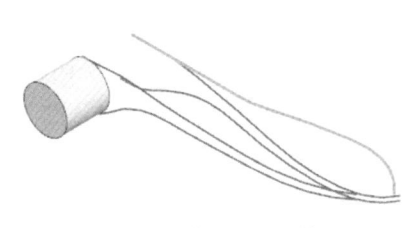

图 5.135　草图 5（三维）　　　　　　　图 5.136　草图 5（平面）

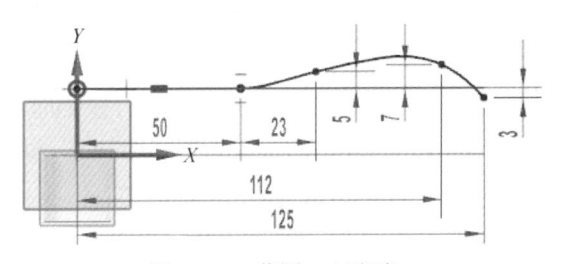

步骤 10：创建如图 5.137 所示的草图 6。单击 主页 功能选项卡"构造"区域中的草图 ✎ 按钮，选取步骤 8 创建的"基准面 2"作为草图平面，绘制如图 5.138 所示的草图。

图 5.137　草图 6（三维）　　　　　　　图 5.138　草图 6（平面）

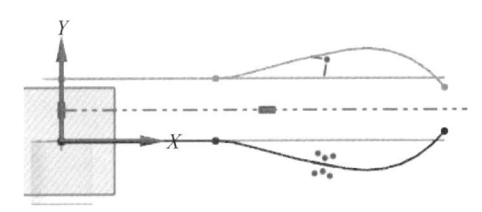

步骤 11：创建如图 5.139 所示的组合投影曲线 1。单击 曲线 功能选项卡 派生 区域中的"更多"按钮，在系统弹出的下拉菜单中选择 组合投影 命令，选取步骤 4 创建的草图 1 作为第 1 个投影对象，并按鼠标中键确认，在 投影方向 1 区域的 投影方向 下拉列表中选择 垂直于曲线平面 类型，选取步骤 9 创建的草图 5 作为第 2 个投影对象，在 投影方向 2 区域的 投影方向 下拉列表中选择 垂直于曲线平面 类型，单击 <确定> 按钮完成组合投影曲线 1 的创建。

步骤 12：创建如图 5.140 所示的组合投影曲线 2。单击 曲线 功能选项卡 派生 区域中的"更多"按钮，在系统弹出的下拉菜单中选择 组合投影 命令，选取步骤 5 创建的草图 2 作为第 1 个投影对象，并按鼠标中键确认，在 投影方向 1 区域的 投影方向 下拉列表中选择 垂直于曲线平面 类型，选取步骤 9 创建的草图 5 作为第 2 个投影对象，在 投影方向 2 区域的 投影方向 下拉列表中选择 垂直于曲线平面 类型，单击 <确定> 按钮完成组合投影曲线 2 的创建。

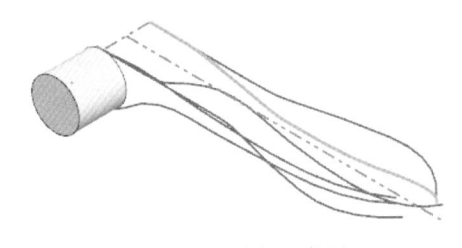

图 5.139　组合投影曲线 1　　　　　　　图 5.140　组合投影曲线 2

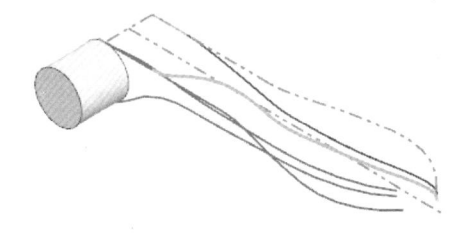

步骤 13：创建如图 5.141 所示的组合投影曲线 3。单击 曲线 功能选项卡 派生 区域中的"更多"按钮，在系统弹出的下拉菜单中选择 组合投影 命令，选取步骤 6 创建的草图 3 作为第 1 个投影对象，并按鼠标中键确认，在 投影方向 1 区域的 投影方向 下拉列表中选择

◆ 垂直于曲线平面 类型，选取步骤 10 创建的草图 6 作为第 2 个投影对象，在 投影方向 2 区域的 投影方向 下拉列表中选择 ◆ 垂直于曲线平面 类型，单击 < 确定 > 按钮完成组合投影曲线 3 的创建。

步骤 14：创建如图 5.142 所示的组合投影曲线 4。单击 曲线 功能选项卡 派生 区域中的 "更多"按钮，在系统弹出的下拉菜单中选择 ⊗ 组合投影 命令，选取步骤 7 创建的草图 4 作为第 1 个投影对象，并按鼠标中键确认，在 投影方向 1 区域的 投影方向 下拉列表中选择 ◆ 垂直于曲线平面 类型，选取步骤 10 创建的草图 6 作为第 2 个投影对象，在 投影方向 2 区域的 投影方向 下拉列表中选择 ◆ 垂直于曲线平面 类型，单击 < 确定 > 按钮完成组合投影曲线 4 的创建。

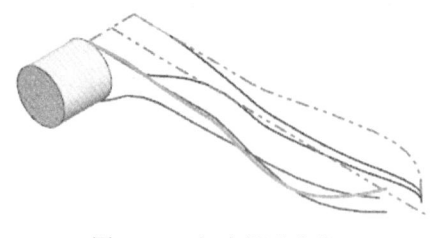

图 5.141　组合投影曲线 3　　　　　　　图 5.142　组合投影曲线 4

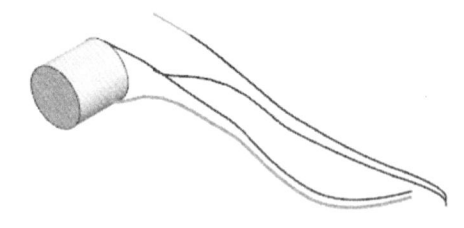

步骤 15：创建如图 5.143 所示的空间直线 1。选择 曲线 功能选项卡"基本"区域中的 ╱ 直线 命令，绘制如图 5.143 所示的空间直线 1。

图 5.143　空间直线 1

步骤 16：创建如图 5.144 所示的空间直线 2。选择 曲线 功能选项卡"基本"区域中的 ╱ 直线 命令，绘制如图 5.144 所示的空间直线 2。

图 5.144　空间直线 2

步骤 17：创建如图 5.145 所示的空间直线 3。选择 曲线 功能选项卡"基本"区域中的 ╱ 直线 命令，绘制如图 5.145 所示的空间直线 3。

步骤 18：创建如图 5.146 所示的空间直线 4。选择 曲线 功能选项卡"基本"区域中的 ╱ 直线 命令，绘制如图 5.146 所示的空间直线 4。

图 5.145　空间直线 3

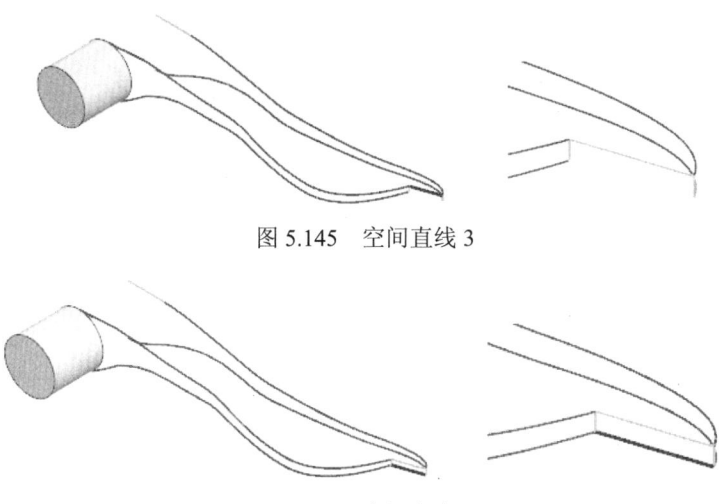

图 5.146　空间直线 4

步骤 19：创建如图 5.147 所示的空间直线 5。选择 曲线 功能选项卡"基本"区域中的 直线 命令，绘制如图 5.147 所示的空间直线 5。

步骤 20：创建如图 5.148 所示的空间直线 6。选择 曲线 功能选项卡"基本"区域中的 直线 命令，绘制如图 5.148 所示的空间直线 6。

步骤 21：创建如图 5.149 所示的空间直线 7。选择 曲线 功能选项卡"基本"区域中的 直线 命令，绘制如图 5.149 所示的空间直线 7。

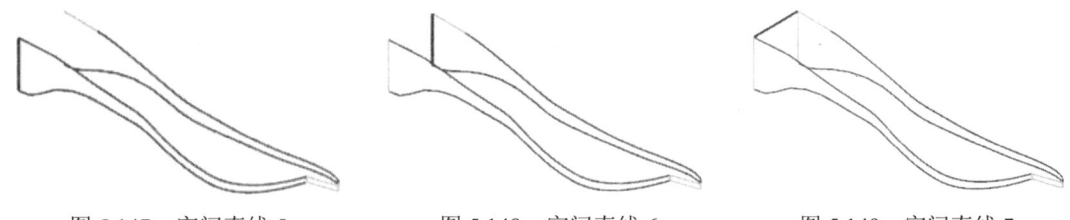

图 5.147　空间直线 5　　　　图 5.148　空间直线 6　　　　图 5.149　空间直线 7

步骤 22：创建如图 5.150 所示的空间直线 8。选择 曲线 功能选项卡"基本"区域中的 直线 命令，绘制如图 5.150 所示的空间直线 8。

步骤 23：创建如图 5.151 所示的通过曲线网格曲面 1。选择 曲面 功能选项卡"基本"区域中的 命令，选取如图 5.152 所示的主曲线 1 与主曲线 2，并分别单击鼠标中键确认，起点与方向如图 5.152 所示，按鼠标中键完成主线串的选取，然后选取如图 5.152 所示的交叉曲线 1 与交叉曲线 2，并分别单击鼠标中键确认，起点与方向如图 5.152 所示，单击"确定"按钮完成通过曲线网格曲面 1 的创建。

步骤 24：创建如图 5.153 所示的通过曲线网格曲面 2。选择 曲面 功能选项卡"基本"区域中的 命令，选取如图 5.154 所示的主曲线 1 与主曲线 2，并分别单击鼠标中键确认，起点与方向如图 5.154 所示，按鼠标中键完成主线串的选取，然后选取如图 5.154 所示的交叉

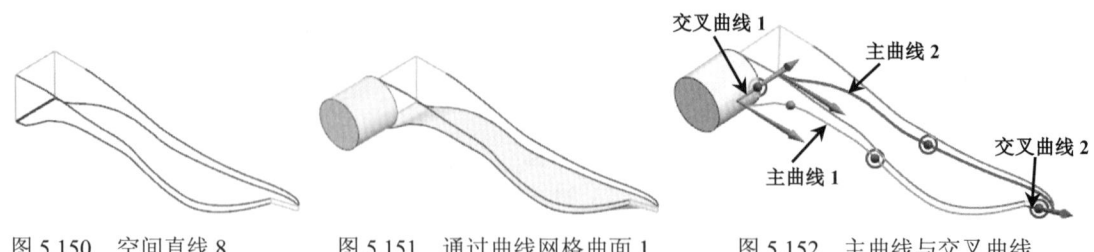

图 5.150　空间直线 8　　　图 5.151　通过曲线网格曲面 1　　　图 5.152　主曲线与交叉曲线

曲线 1 与交叉曲线 2，并分别单击鼠标中键确认，起点与方向如图 5.154 所示，单击"确定"按钮完成通过曲线网格曲面 2 的创建。

图 5.153　通过曲线网格曲面 2 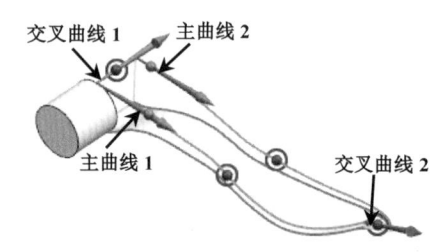　　　图 5.154　主曲线与交叉曲线

步骤 25：创建如图 5.155 所示的通过曲线网格曲面 3。选择 曲面 功能选项卡"基本"区域中的 命令，选取如图 5.156 所示的主曲线 1 与主曲线 2，并分别单击鼠标中键确认，起点与方向如图 5.156 所示，按鼠标中键完成主线串的选取，然后选取如图 5.156 所示的交叉曲线 1 与交叉曲线 2，并分别按鼠标中键确认，起点与方向如图 5.156 所示，单击"确定"按钮完成通过曲线网格曲面 3 的创建。

图 5.155　通过曲线网格曲面 3 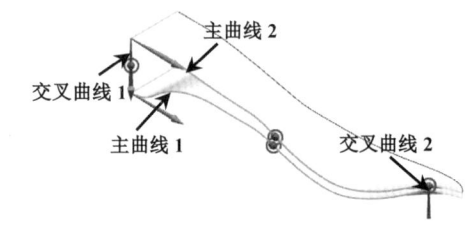　　　图 5.156　主曲线与交叉曲线

步骤 26：创建如图 5.157 所示的通过曲线网格曲面 4。选择 曲面 功能选项卡"基本"区域中的 命令，选取如图 5.158 所示的主曲线 1 与主曲线 2，并分别单击鼠标中键确认，起点与方向如图 5.158 所示，按鼠标中键完成主线串的选取，然后选取如图 5.158 所示的交叉曲线 1 与交叉曲线 2，并分别单击鼠标中键确认，起点与方向如图 5.158 所示，单击"确定"按钮完成通过曲线网格曲面 4 的创建。

步骤 27：创建如图 5.159 所示的通过曲线网格曲面 5。选择 曲面 功能选项卡"基本"区域中的 命令，选取如图 5.160 所示的主曲线 1 与主曲线 2，并分别单击鼠标中键确认，起点与方向如图 5.160 所示，按鼠标中键完成主线串的选取，然后选取如图 5.160 所示的交叉

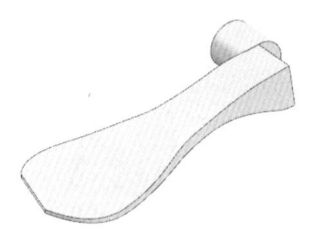

图 5.157　通过曲线网格曲面 4 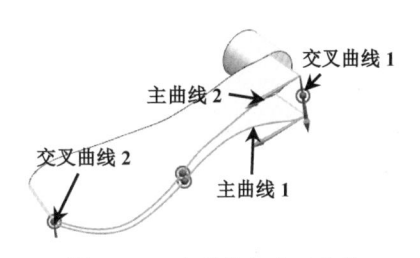　　　　　　图 5.158　主曲线与交叉曲线

曲线 1 与交叉曲线 2，并分别单击鼠标中键确认，起点与方向如图 5.160 所示，单击"确定"按钮完成通过曲线网格曲面 5 的创建。

图 5.159　通过曲线网格曲面 5 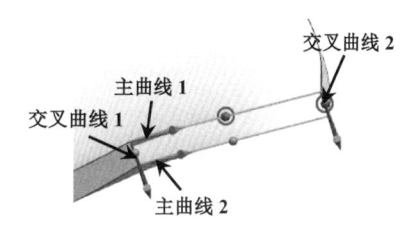　　　　　　图 5.160　主曲线与交叉曲线

步骤 28：创建如图 5.161 所示的拉伸 2。单击 主页 功能选项卡"基本"区域中的 按钮，在系统的提示下选取"ZX 平面"作为草图平面，绘制如图 5.162 所示的草图；在"拉伸"对话框"限制"区域的"终止"下拉列表中选择 值 选项，在"距离"文本框中输入深度值 20，方向沿 y 轴正方向；单击"确定"按钮，完成拉伸 2 的创建。

步骤 29：创建如图 5.163 所示的有界平面 1。单击 曲面 功能选项卡"基本"区域中的"更多"节点，在弹出的下拉列表中选择 填充 区域中的 有界平面 命令，在图形区选择如图 5.164 所示的边线作为参考对象，单击"确定"按钮完成有界平面 1 的创建。

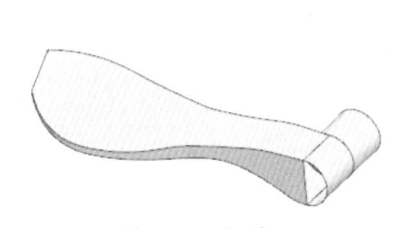

图 5.161　拉伸 2 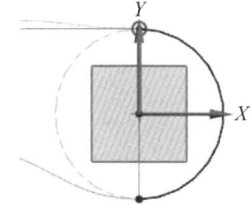　　　　图 5.162　截面草图 　　　　图 5.163　有界平面 1

步骤 30：创建如图 5.165 所示的有界平面 2。单击 曲面 功能选项卡"基本"区域中的"更多"节点，在弹出的下拉列表中选择 填充 区域中的 有界平面 命令，在图形区选择如图 5.166 所示的边线作为参考对象，单击"确定"按钮完成有界平面 2 的创建。

步骤 31：创建缝合曲面 1。单击 曲面 功能选项卡"组合"区域中的 按钮，选取步骤 30 创建的有界平面作为目标对象，选取其余的所有曲面（共 7 个）作为工具对象，在"设置"区域的"体类型"下拉列表中选择"实体"类型；单击"确定"按钮，完成缝合曲面 1 的创建。

图 5.164　填充边界　　　　　图 5.165　有界平面 2　　　　　图 5.166　填充边界

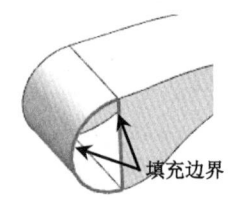

步骤 32：创建合并 1。单击 主页 功能选项卡"基本"区域中的 按钮，系统会弹出"合并"对话框，在系统"选择目标体"的提示下，选取步骤 31 创建的缝合实体作为目标体，在系统"选择工具体"的提示下，选取步骤 2 创建的拉伸实体作为工具体，在"合并"对话框的"设置"区域中取消选中"保存目标"与"保存工具"复选框，单击"确定"按钮完成操作。

步骤 33：创建如图 5.167 所示的边倒圆特征 1。单击 主页 功能选项卡"基本"区域中的 按钮，系统会弹出"边倒圆"对话框，在系统的提示下选取如图 5.168 所示的边线（2 条边线）作为圆角对象，在"边倒圆"对话框的"半径 1"文本框中输入圆角半径值 6，单击"确定"按钮完成边倒圆特征 1 的创建。

图 5.167　边倒圆特征 1　　　　　　　　　　图 5.168　圆角边线

步骤 34：创建如图 5.169 所示的边倒圆特征 2。单击 主页 功能选项卡"基本"区域中的 按钮，系统会弹出"边倒圆"对话框，在系统的提示下选取如图 5.170 所示的边线作为圆角对象，在"边倒圆"对话框的"半径 1"文本框中输入圆角半径值 0.5，单击"确定"按钮完成边倒圆特征 2 的创建。

图 5.169　边倒圆特征 2　　　　　　　　　　图 5.170　圆角边线

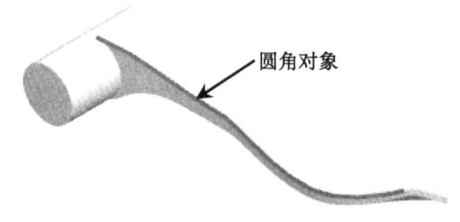

步骤 35：创建如图 5.171 所示的边倒圆特征 3。单击 主页 功能选项卡"基本"区域中的 按钮，系统会弹出"边倒圆"对话框，在系统的提示下选取如图 5.172 所示的边线作为圆角对象，在"边倒圆"对话框的"半径 1"文本框中输入圆角半径值 1，单击"确定"按钮完

成边倒圆特征 3 的创建。

图 5.171 边倒圆特征 3 　　　　图 5.172 圆角边线

5.5 曲面的删除

曲面删除可以把现有的多个面删除，并且可以根据实际需要对删除面后的曲面进行修补或者填补。下面以如图 5.173 所示的曲面为例，介绍创建曲面删除的一般操作过程。

步骤 1：打开文件 D:\UG 曲面设计\work\ch05.05\曲面删除-ex。

步骤 2：选择命令。单击 主页 功能选项卡"同步建模"区域中的 （删除）按钮，系统会弹出"删除面"对话框。

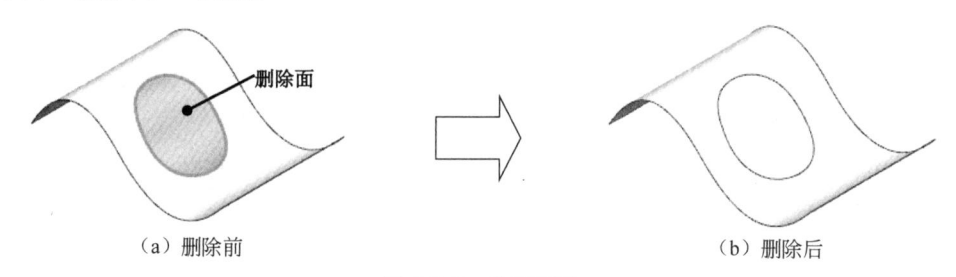

（a）删除前　　　　（b）删除后

图 5.173 曲面删除

步骤 3：定义类型。在"类型"下拉列表中选择"面"。
步骤 4：定义要删除的面。选取如图 5.173 所示的面作为要删除的面。
步骤 5：完成删除。在"删除面"对话框中单击"确定"按钮完成曲面的删除。

5.6 规律延伸

使用规律延伸可以动态或者根据距离和角度为现有的基本片体创建规律控制的延伸曲面。规律延伸具有面和向量两种方式，下面分别进行介绍。

下面以如图 5.174 所示的曲面为例，介绍创建通过面方式延伸曲面的一般操作过程。
步骤 1：打开文件 D:\UG 曲面设计\work\ch05.06\规律延伸 01-ex。

(a) 延伸前　　　　　　　　　　　　　　　(b) 延伸后

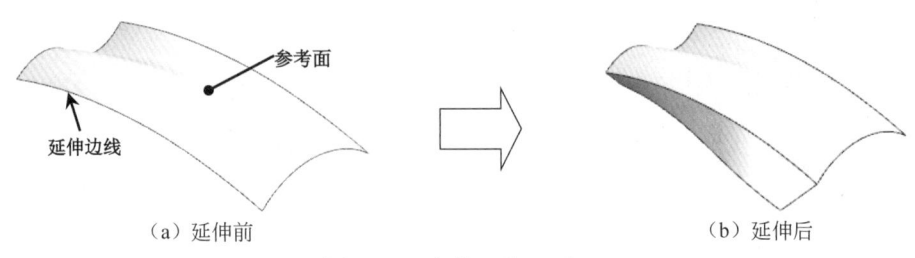

图 5.174　规律延伸（面）

步骤 2：选择命令。选择 曲面 功能选项卡 "基本" 区域中的 规律延伸 命令，系统会弹出 "规律延伸" 对话框。

步骤 3：定义类型。在 "类型" 下拉列表中选择 面 类型。

步骤 4：选择延伸边线。在系统的提示下选取如图 5.174 所示的模型边线作为要延伸的曲线参考。

步骤 5：选择曲面参考。激活 面 区域中的 选择面，选取如图 5.174 所示的面作为参考。

步骤 6：定义延伸长度规律。在 "长度规律" 区域的 规律类型 下拉列表中选择 线性 类型，在 起点 文本框中输入值 20，在 终点 文本框中输入值 40。

步骤 7：定义延伸角度规律。在 "角度规律" 区域的 规律类型 下拉列表中选择 线性 类型，在 起点 文本框中输入值 -90，在 终点 文本框中输入值 30。

步骤 8：完成延伸。在 "规律延伸" 对话框中单击 "确定" 按钮完成曲面规律延伸。

下面以如图 5.175 所示的曲面为例，介绍创建通过向量方式延伸曲面的一般操作过程。

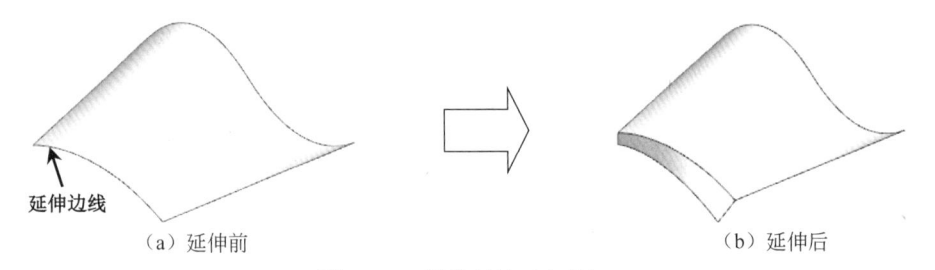

(a) 延伸前　　　　　　　　　　　　　　　(b) 延伸后

图 5.175　规律延伸（向量）

步骤 1：打开文件 D:\UG 曲面设计\work\ch05.06\规律延伸 02-ex。

步骤 2：选择命令。选择 曲面 功能选项卡 "基本" 区域中的 规律延伸 命令，系统会弹出 "规律延伸" 对话框。

步骤 3：定义类型。在 "类型" 下拉列表中选择 向量 类型。

步骤 4：选择延伸边线。在系统的提示下选取如图 5.175 所示的模型边线作为要延伸的曲线参考。

步骤 5：选择向量参考。在 "参考向量" 区域的下拉列表中选择 ZC 轴负方向。

步骤 6：定义延伸长度规律。在 "长度规律" 区域的 规律类型 下拉列表中选择 线性 类型，在 起点 文本框中输入值 15，在 终点 文本框中输入值 30。

步骤 7：定义延伸角度规律。在"角度规律"区域的 规律类型 下拉列表中选择 线性 类型，在 起点 文本框中输入值 0，在 终点 文本框中输入值-60。

步骤 8：完成延伸。在"规律延伸"对话框中单击"确定"按钮完成曲面规律延伸。

5.7 扩大曲面

扩大曲面可以对曲面的大小进行调整，编辑后的曲面将丢失参数，输入非参数化的编辑功能。下面以如图 5.176 所示的曲面为例，介绍创建扩大曲面的一般操作过程。

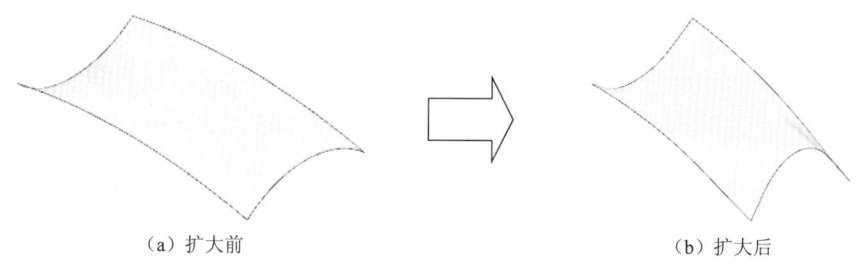

（a）扩大前　　　　　　　　　　　　（b）扩大后

图 5.176　扩大曲面

步骤 1：打开文件 D:\UG 曲面设计\work\ch05.07\扩大曲面-ex。

步骤 2：选择命令。选择 曲面 功能选项卡"编辑"区域中的"更多"节点，在弹出的下拉列表中选择 扩大 命令，系统会弹出如图 5.177 所示的"扩大"对话框。

步骤 3：选择扩大曲面。在系统的提示下选取如图 5.176（a）所示的面作为扩大面，图形区将显示如图 5.178 所示的可沿 UV 方向拖动的控制点。

图 5.177　"扩大"对话框

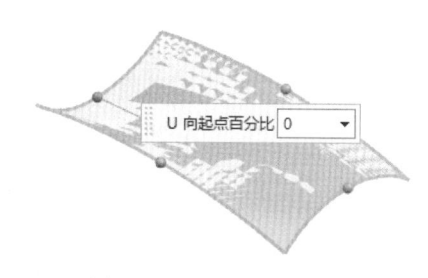

图 5.178　UV 方向控制点

步骤4：定义扩大曲面参数。在"扩大"对话框 调整大小参数 区域设置如图 5.177 所示的参数。
步骤5：在"设置"区域取消选中 □ 编辑副本 复选框，其他参数采用默认。
步骤6：完成扩大操作。在"扩大"对话框中单击"确定"按钮完成曲面扩大操作。
如图 5.177 所示的"扩大"对话框中部分选项的说明如下。

（1）调整大小参数 区域：用于设置扩大面的大小参数。

（2）☑ 全部 复选框：当选中该复选框后，调整下方任意数值，其他值均会同时修改，如图 5.179 所示。

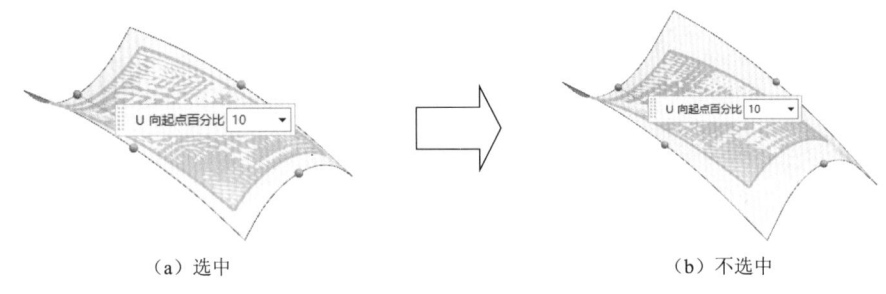

(a) 选中　　(b) 不选中

图 5.179　"全部"复选框

（3）U 向起点百分比 文本框：用于设置 U 方向的起始值，值既可以为正值，也可以为负值，如图 5.180 所示。

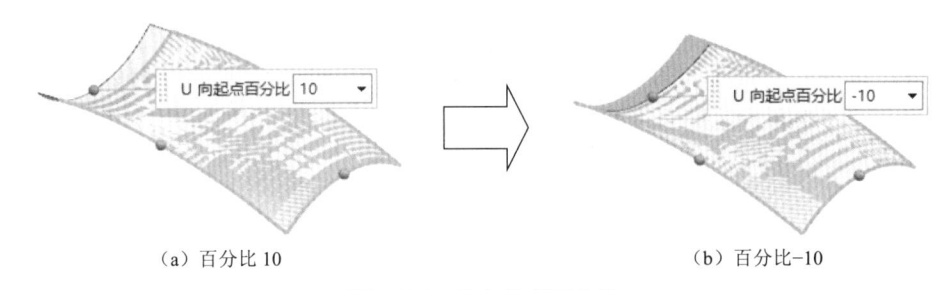

(a) 百分比 10　　(b) 百分比-10

图 5.180　U 向起点百分比

（4）U 向终点百分比 文本框：用于设置 U 方向的终点值，值既可以为正值，也可以为负值。
（5）V 向起点百分比 文本框：用于设置 V 方向的起始值，值既可以为正值，也可以为负值。
（6）V 向终点百分比 文本框：用于设置 V 方向的终点值，值既可以为正值，也可以为负值。
（7）⊙ 线性：用于沿着线性的方向延伸扩大曲面，如图 5.181 所示。

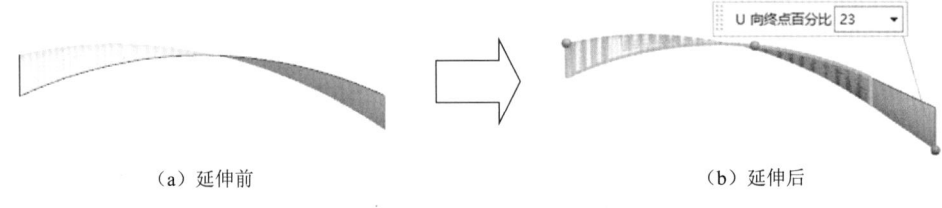

(a) 延伸前　　(b) 延伸后

图 5.181　线性

（8）⊙ 自然：用于自然地延伸扩大片体的边，如图5.182所示。

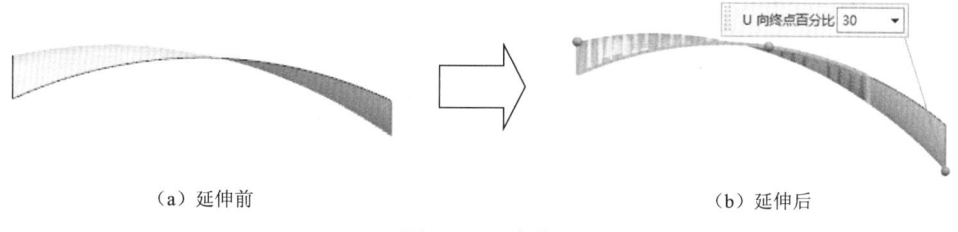

（a）延伸前　　　　　　　　　　　　　　（b）延伸后

图5.182　自然

（9）□ 编辑副本：取消选中复选框所得到的结果是一个不可再编辑的曲面，选中此复选框，将从源曲面复制出一个曲面进行扩大，并且扩大后的曲面可以再次进行编辑，如图5.183所示。

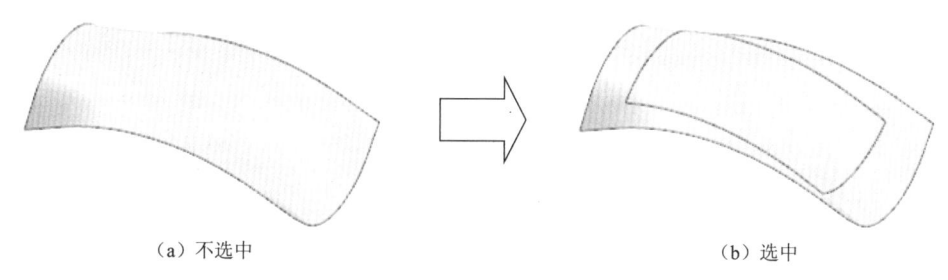

（a）不选中　　　　　　　　　　　　　　（b）选中

图5.183　编辑副本

5.8　曲面圆角

曲面圆角是指可以在曲面对象间倒圆角，其基本操作与实体建模中的圆角基本相同。下面以如图5.184所示的曲面圆角为例，介绍创建曲面圆角的一般操作过程。

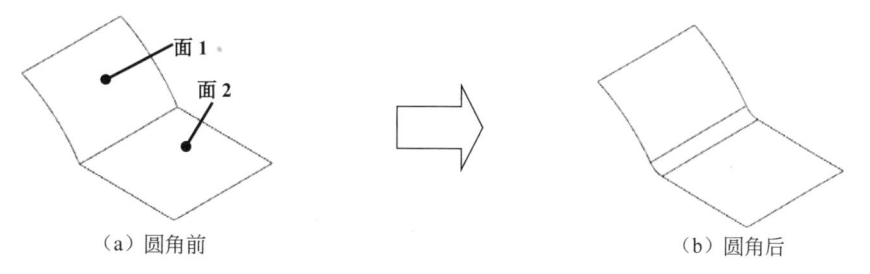

（a）圆角前　　　　　　　　　　　　　　（b）圆角后

图5.184　曲面圆角

步骤1：打开文件D:\UG 曲面设计\work\ch05.08\曲面圆角-ex。
步骤2：选择命令。单击 主页 功能选项卡"基本"区域中的 下的 · 按钮，选择 面倒圆 命令，系统会弹出"面倒圆"对话框。
步骤3：定义圆角类型。在"面倒圆"对话框的"类型"下拉列表中选择"双面"。

步骤4：定义圆角对象。在"圆角"对话框中激活"选择面1"区域，选取如图5.184（a）所示的面1，然后激活"选择面2"区域，选取如图5.184（a）所示的面2。

步骤5：定义圆角参数。在"横截面"区域中的"半径"文本框中输入圆角半径值15。

步骤6：完成操作。在"面倒圆"对话框中单击"确定"按钮，完成圆角的定义。

5.9 曲面展平

曲面展开是指将一个曲面展平为一个平面，对于可展曲面可以生成无变形的平面，对于不可展曲面可以生成变形的平面，对于比较复杂的曲面钣金零件的展开可以采用曲面展平方式实现。下面以如图5.185所示的曲面展平为例，介绍创建曲面展平的一般操作过程。

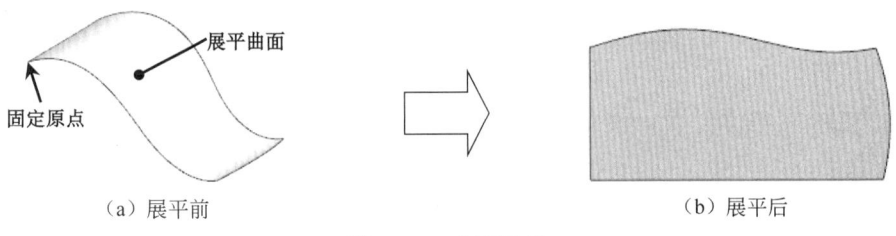

图 5.185 曲面展平

步骤1：打开文件 D:\UG 曲面设计\work\ch05.09\曲面展平-ex。

步骤2：选择命令。选择 曲面 功能选项卡"编辑"区域中的"更多"节点，在弹出的下拉列表中选择 展平和成形 命令，系统会弹出"展平和成形"对话框。

步骤3：选择类型。在"类型"下拉列表中选择"展平"类型。

步骤4：选择展平面。在系统的提示下选取如图5.185（a）所示的面作为展平曲面。

步骤5：定义展平方位。激活 展平方位 区域中的"指定原点"，选取如图5.185（a）所示的固定原点作为参考，选取 XC 方向作为 U 向方向，其他参数采用默认。

步骤6：完成操作。在"展平和成形"对话框中单击"确定"按钮，完成曲面展平的定义。

第 6 章

UG NX 曲面实体化

由于创建曲面的最终目的是生成实体,所以曲面实体化在曲面设计中非常重要,曲面实体化一般分为以下几种情况:开放曲面实体化、封闭曲面实体化,使用修剪体创建局部的曲面结构。

6.1 开放曲面实体化

21min

使用曲面加厚可以对开放的曲面进行偏置加厚,从而得到实体效果。下面以如图 6.1 所示的鼠标盖模型为例,介绍开放曲面实体化的一般操作过程。

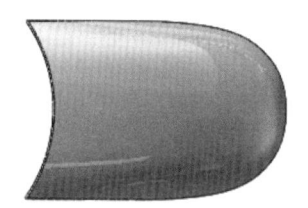

(a)方位 1   (b)方位 2   (c)方位 3

图 6.1 鼠标盖

步骤 1:新建文件。选择"快速访问工具条"中的 命令,在"新建"对话框中选择"模型"模板,在名称文本框中输入"鼠标盖",将工作目录设置为 D:\UG 曲面设计\work\ch06.01\,然后单击"确定"按钮进入零件建模环境。

步骤 2:创建如图 6.2 所示的草图 1。单击 主页 功能选项卡"构造"区域中的草图 按钮,选取"XY 平面"作为草图平面,绘制如图 6.3 所示的草图。

步骤 3:创建如图 6.4 所示的基准面 1。选择下拉菜单"插入"→"基准"→"基准平面"命令,在"基准平面"对话框"类型"下拉列表中选择"曲线和点"类型,在"子类型"下拉列表中选择"点和平面/面",选取如图 6.5 所示的点作为点参考,选取"ZX 平面"作为平面参考,单击"确定"按钮,完成基准面 1 的创建。

步骤 4:创建如图 6.6 所示的草图 2。单击 主页 功能选项卡"构造"区域中的草图 按钮,选取步骤 3 创建的"基准面 1"作为草图平面,绘制如图 6.7 所示的草图。

图 6.2 草图 1（三维）　　　图 6.3 草图 1（平面）　　　图 6.4 基准面 1

图 6.5 基准参考　　　图 6.6 草图 2　　　图 6.7 平面草图

步骤 5：创建如图 6.8 所示的镜像曲线。单击 曲线 功能选项卡 派生 区域中的"更多"按钮，在系统弹出的下拉菜单中选择 镜像曲线 命令，选取步骤 4 创建的草图作为镜像源对象，选取"ZX 平面"作为镜像中心平面，单击 <确定> 按钮完成镜像曲线的创建。

步骤 6：创建如图 6.9 所示的草图 3。单击 主页 功能选项卡"构造"区域中的草图 按钮，选取"ZX 平面"作为草图平面，绘制如图 6.10 所示的草图。

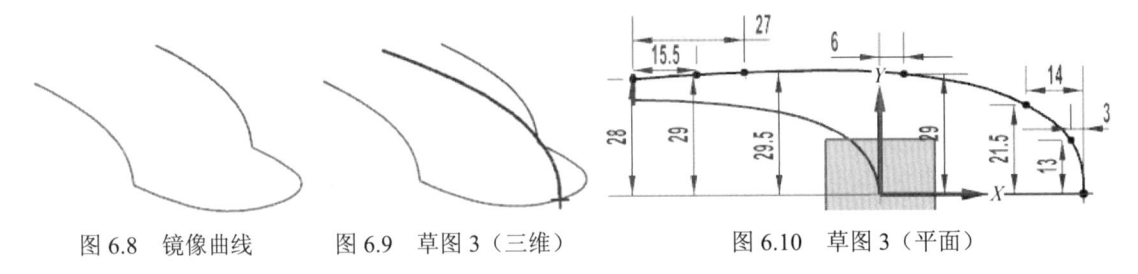

图 6.8 镜像曲线　　　图 6.9 草图 3（三维）　　　图 6.10 草图 3（平面）

步骤 7：创建如图 6.11 所示的基准面 2。选择下拉菜单"插入"→"基准"→"基准平面"命令，在"基准平面"对话框"类型"下拉列表中选择"曲线和点"类型，在"子类型"下拉列表中选择"点和平面/面"，选取如图 6.12 所示的点作为点参考，选取"YZ 平面"作为平面参考，单击"确定"按钮，完成基准面 2 的创建。

步骤 8：创建如图 6.13 所示的草图 4。单击 主页 功能选项卡"构造"区域中的草图 按钮，选取步骤 7 创建的"基准面 2"作为草图平面，绘制如图 6.14 所示的草图。

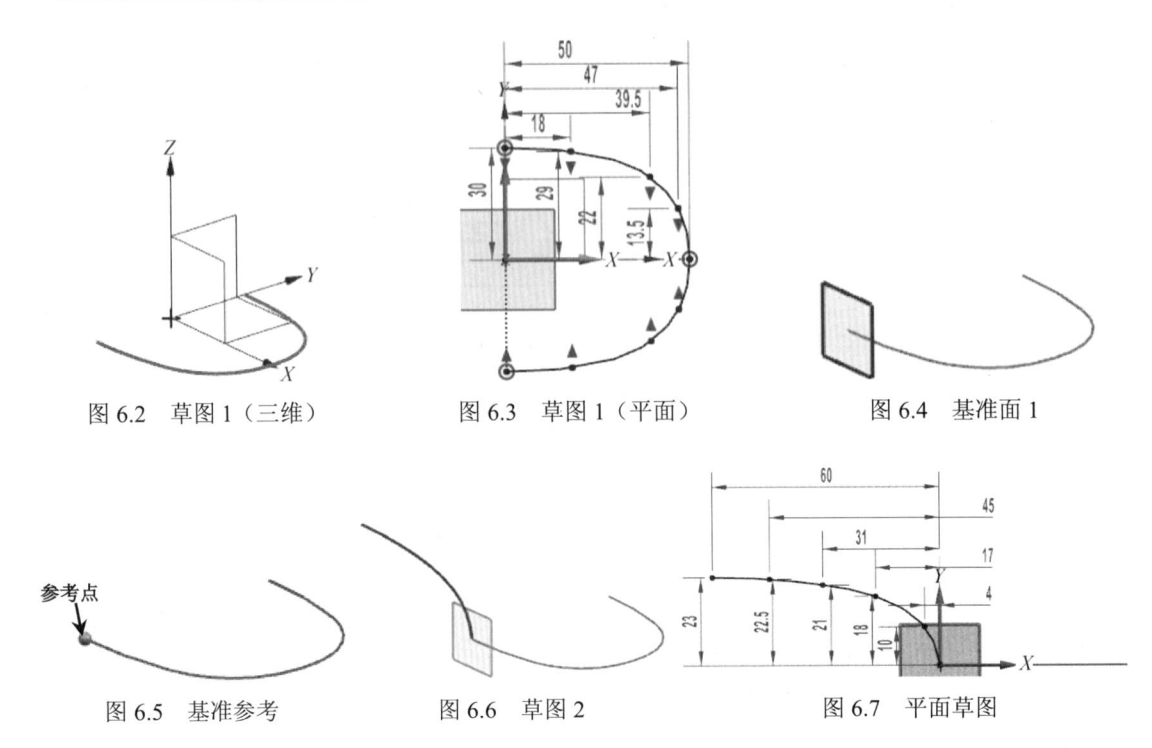

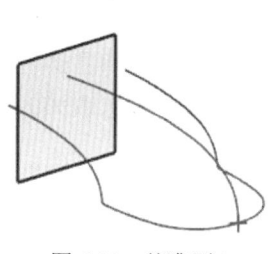

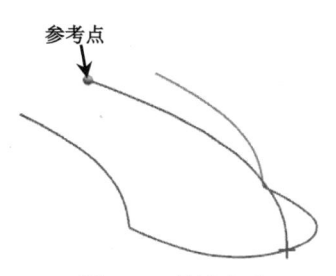

图 6.11　基准面 2　　　　图 6.12　基准参考　　　　图 6.13　草图 4（三维）

步骤 9：创建如图 6.15 所示的通过曲线网格 1。选择 曲面 功能选项卡"基本"区域中的 命令，选取如图 6.16 所示的主曲线 1、主曲线 2 与主曲线 3，并分别单击鼠标中键确认，起点与方向如图 6.16 所示，按鼠标中键完成主线串的选取，然后选取如图 6.16 所示的交叉曲线 1 与交叉曲线 2，并分别单击鼠标中键确认，起点与方向如图 6.16 所示，单击"确定"按钮完成通过曲线网格 1 的创建。

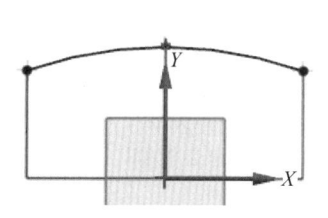

图 6.14　草图 4（平面）　　　图 6.15　通过曲线网格 1　　　图 6.16　主曲线与交叉曲线

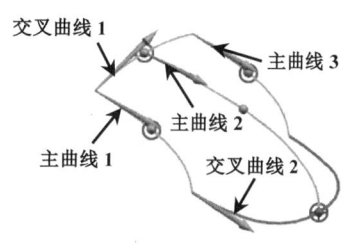

步骤 10：创建如图 6.17 所示的草图 5。单击 主页 功能选项卡"构造"区域中的草图 按钮，选取步骤 3 创建的"基准面 1"作为草图平面，绘制如图 6.18 所示的草图。

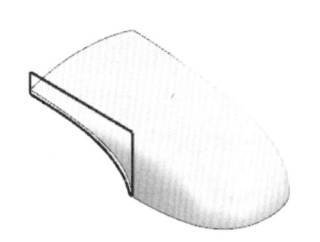

图 6.17　草图 5（三维）　　　　　　图 6.18　草图 5（平面）

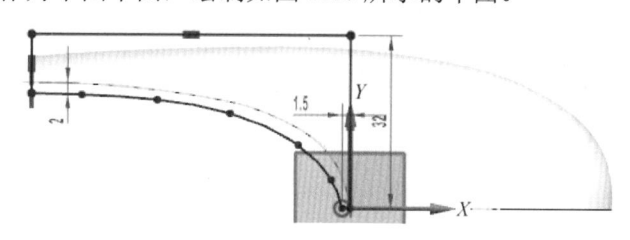

步骤 11：创建如图 6.19 所示的有界平面 1。单击 曲面 功能选项卡"基本"区域中的"更多"节点，在弹出的下拉列表中选择 填充 区域中的 有界平面 命令，在图形区选择步骤 10 创建的封闭草图作为参考对象，单击"确定"按钮完成有界平面 1 的创建。

步骤 12：创建如图 6.20 所示的镜像几何体。选中 主页 功能选项卡"基本"区域中的"更多"节点，在弹出的下拉列表中选择 镜像几何体 命令，选取步骤 11 创建的有界平面作为要镜像的几何体，选取"ZX 平面"作为镜像中心平面，单击"确定"按钮，完成镜像几何体的创建。

步骤 13：创建如图 6.21 所示的剪裁曲面 1。选择 曲面 功能选项卡"组合"区域中的 ❧ 命令，选取步骤 11 创建的曲面作为目标对象，选取步骤 9 创建的曲面作为剪裁边界，在 投影方向 区域的下拉列表中选择 ❧ 垂直于面 类型，在 区域 区域选中 ⊙ 放弃 单选项，选取如图 6.22 所示的区域作为要保留的对象（两个面）。

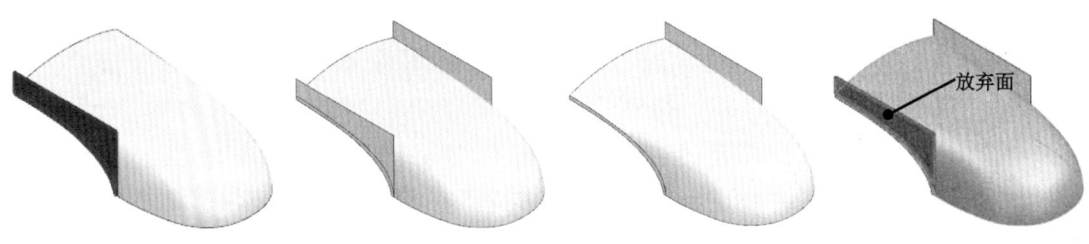

图 6.19　有界平面 1　　图 6.20　镜像几何体　　图 6.21　剪裁曲面 1　　图 6.22　放弃选择

步骤 14：创建如图 6.23 所示的剪裁曲面 2。选择 曲面 功能选项卡"组合"区域中的 ❧ 命令，选取步骤 12 创建的镜像几何体作为目标对象，选取步骤 9 创建的曲面作为剪裁边界，在 投影方向 区域的下拉列表中选择 ❧ 垂直于面 类型，在 区域 区域选中 ⊙ 放弃 单选项，选取如图 6.24 所示的区域作为要保留的对象（两个面）。

步骤 15：创建缝合曲面。单击 曲面 功能选项卡"组合"区域中 ❧ 缝合 按钮，选取步骤 9 创建的曲面作为目标对象，选取另外两个曲面作为工具对象，单击"确定"按钮，完成缝合曲面的创建。

步骤 16：创建如图 6.25 所示的加厚曲面。单击 曲面 功能选项卡"基本"区域中的 ❧ 加厚 按钮，选取步骤 15 创建的缝合曲面作为加厚对象，在 偏置 1 文本框中输入值 1.5，在 偏置 2 文本框中输入值 0，在"布尔"下拉列表中选择"无"类型，单击 ❌ 按钮使方向向内，单击"确定"按钮完成加厚操作。

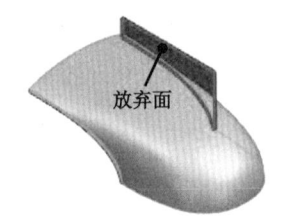

图 6.23　剪裁曲面 2　　图 6.24　放弃选择　　图 6.25　加厚曲面

步骤 17：创建如图 6.26 所示的拉伸 1。单击 主页 功能选项卡"基本"区域中的 ❧ 按钮，在系统的提示下选取"XY 平面"作为草图平面，绘制如图 6.27 所示的草图；在"拉伸"对话框"限制"区域的"终止"下拉列表中选择 ❧ 贯通 选项，沿 z 轴正方向；在"布尔"下拉列表中选择"减去"类型；单击"确定"按钮，完成拉伸 1 的创建。

步骤 18：创建如图 6.28 所示的边倒圆特征 1。单击 主页 功能选项卡"基本"区域中的 ❧ 按钮，系统会弹出"边倒圆"对话框，在系统的提示下选取如图 6.29 所示的边线（2 条边线）

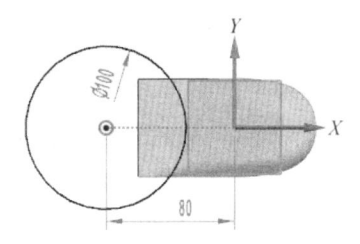

图 6.26　拉伸 1　　　　　　图 6.27　截面轮廓　　　　　图 6.28　边倒圆特征 1

作为圆角对象，在"边倒圆"对话框的"半径 1"文本框中输入圆角半径值 2，单击"确定"按钮完成边倒圆特征 1 的创建。

步骤 19：创建如图 6.30 所示的边倒圆特征 2。单击 主页 功能选项卡"基本"区域中的 按钮，系统会弹出"边倒圆"对话框，在系统的提示下选取如图 6.31 所示的边线（2 条边线）作为圆角对象，在"边倒圆"对话框的"半径 1"文本框中输入圆角半径值 1，单击"确定"按钮完成边倒圆特征 2 的创建。

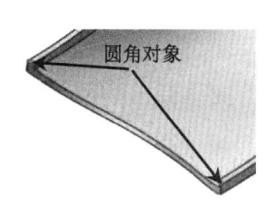

图 6.29　圆角边线　　　　　图 6.30　边倒圆特征 2　　　　图 6.31　圆角边线

步骤 20：创建如图 6.32 所示的边倒圆特征 3。单击 主页 功能选项卡"基本"区域中的 按钮，系统会弹出"边倒圆"对话框，在系统的提示下选取如图 6.33 所示的边线作为圆角对象，在"边倒圆"对话框的"半径 1"文本框中输入圆角半径值 0.5，单击"确定"按钮完成边倒圆特征 3 的创建。

图 6.32　边倒圆特征 3　　　　　　　　　　图 6.33　圆角边线

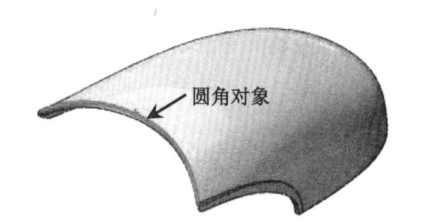

6.2　封闭曲面实体化

缝合曲面命令可以将封闭的曲面缝合成一个面，并可以将其转换为实心实体。下面以如图 6.34 所示的涡轮模型为例，介绍封闭曲面实体化的一般操作过程。

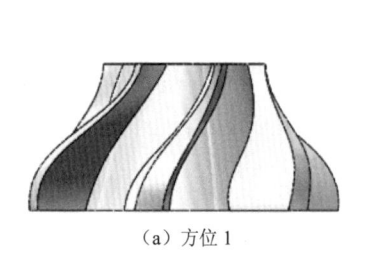

(a) 方位1　　　　　　　　　(b) 方位2　　　　　　　　　(c) 方位3

图 6.34　涡轮

步骤 1：新建文件。选择"快速访问工具条"中的 ![] 命令，在"新建"对话框中选择"模型"模板，在名称文本框中输入"涡轮"，将工作目录设置为 D:\UG 曲面设计\work\ch06.02\，然后单击"确定"按钮进入零件建模环境。

步骤 2：创建如图 6.35 所示的旋转 1。单击 主页 功能选项卡"基本"区域中的 ![] 按钮，系统会弹出"旋转"对话框，在系统的提示下选取"ZX 平面"作为草图平面，绘制如图 6.36 所示的草图，在"旋转"对话框激活"轴"区域的"指定向量"，选取"z 轴"作为旋转轴，在"旋转"对话框的"限制"区域的"起始"下拉列表中选择"值"，然后在"角度"文本框中输入值 0；在"结束"下拉列表中选择"值"，然后在"角度"文本框中输入值 360，单击"确定"按钮，完成旋转 1 的创建。

步骤 3：创建如图 6.37 所示的偏置曲面 1。选择 曲面 功能选项卡"基本"区域中的 ![偏置曲面] 命令，选取模型外表面作为要偏置的面，在"偏置 1"文本框中输入值 0，单击"确定"按钮完成偏置曲面 1 的创建。

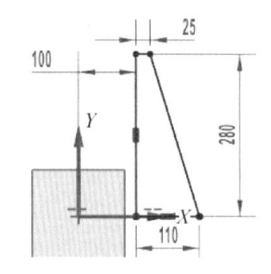

图 6.35　旋转 1　　　　　　图 6.36　截面轮廓　　　　　　图 6.37　偏置曲面 1

步骤 4：创建如图 6.38 所示的草图 1。单击 主页 功能选项卡"构造"区域中的草图 ![] 按钮，选取"ZX 平面"作为草图平面，绘制如图 6.39 所示的草图。

步骤 5：创建如图 6.40 所示的投影曲线 1。单击 曲线 功能选项卡 派生 区域中的 ![] 按钮，在部件导航器选取步骤 4 创建的草图作为要投影的曲线，单击鼠标中键确认，选取步骤 3 创建的偏置曲面作为投影面，在 投影方向 区域 方向 的下拉列表中选择沿向量选项，选取 YC 负轴作为投影方向，在 投影选项 下拉列表中选择无 选项，单击 <确定> 按钮完成投影曲线 1 的创建。

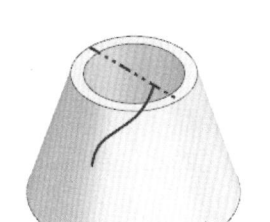

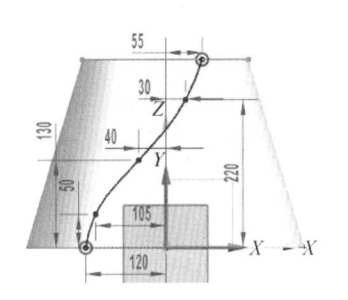

图 6.38　草图 1（三维）　　　图 6.39　草图 1（平面）　　　图 6.40　投影曲线 1

步骤 6：创建如图 6.41 所示的草图 2。单击 主页 功能选项卡"构造"区域中的草图 按钮，选取"ZX 平面"作为草图平面，绘制如图 6.42 所示的草图。

步骤 7：创建如图 6.43 所示的投影曲线 2。单击 曲线 功能选项卡 派生 区域中的 按钮，在部件导航器选取步骤 6 创建的草图作为要投影的曲线，单击鼠标中键确认，选取步骤 3 创建的偏置曲面作为投影面，在 投影方向 区域 方向 的下拉列表中选择沿向量选项，选取 YC 负轴作为投影方向，在 投影选项 下拉列表中选择 无 选项，单击 <确定> 按钮完成投影曲线 2 的创建。

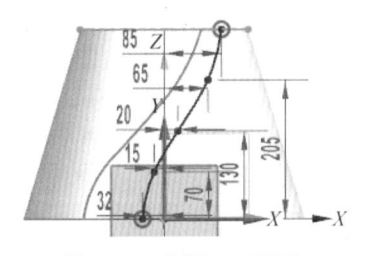

图 6.41　草图 2（三维）　　　图 6.42　草图 2（平面）　　　图 6.43　投影曲线 2

步骤 8：创建如图 6.44 所示的修剪曲面 1。选择 曲面 功能选项卡"组合"区域中的 命令，选取步骤 3 创建的曲面作为要修剪的目标对象并按鼠标中键确认，选取步骤 5 与步骤 7 创建的投影曲线作为修剪的边界，在 投影方向 区域的 投影方向 下拉列表中选择 垂直于面，在 区域 区域选中 保留 单选项，选取如图 6.45 所示的面作为要保留的区域，单击"确定"按钮完成修剪创建。

步骤 9：创建如图 6.46 所示的旋转 2。单击 主页 功能选项卡"基本"区域中的 按钮，

保留面

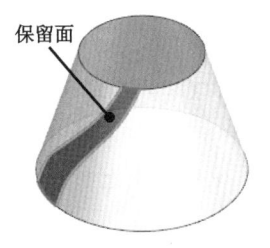

图 6.44　修剪曲面 1　　　图 6.45　保留对象　　　图 6.46　旋转 2

系统会弹出"旋转"对话框，在系统的提示下选取"YZ平面"作为草图平面，绘制如图 6.47 所示的草图，在"旋转"对话框激活"轴"区域的"指定向量"，选取"z 轴"作为旋转轴，在"旋转"对话框的"限制"区域的"结束"下拉列表中选择"对称值"，然后在"角度"文本框中输入值 180，在"体类型"下拉列表中选中"片体"，单击"确定"按钮，完成旋转 2 的创建。

步骤 10：创建如图 6.48 所示的草图 3。单击 主页 功能选项卡"构造"区域中的草图 按钮，选取"ZX 平面"作为草图平面，绘制如图 6.49 所示的草图。

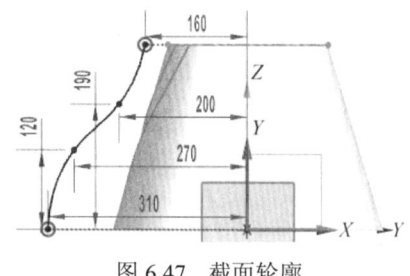

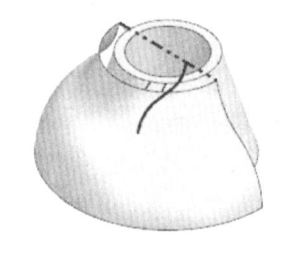

图 6.47　截面轮廓　　　　图 6.48　草图 3（三维）　　　　图 6.49　草图 3（平面）

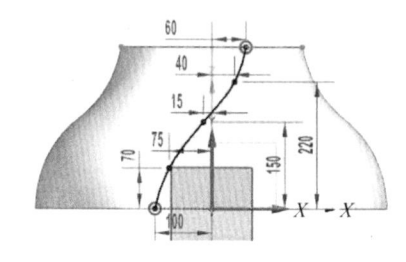

步骤 11：创建如图 6.50 所示的投影曲线 3。单击 曲线 功能选项卡 派生 区域中的 按钮，在部件导航器选取步骤 10 创建的草图作为要投影的曲线，单击鼠标中键确认，选取步骤 9 创建的旋转曲面作为投影面，在 投影方向 区域 方向 的下拉列表中选择沿向量选项，选取 YC 负轴作为投影方向，在 投影选项 下拉列表中选择无 选项，单击 <确定> 按钮完成投影曲线 3 的创建。

步骤 12：创建如图 6.51 所示的草图 4。单击 主页 功能选项卡"构造"区域中的草图 按钮，选取"ZX 平面"作为草图平面，绘制如图 6.52 所示的草图。

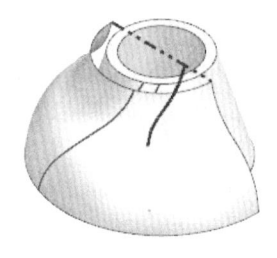

图 6.50　投影曲线 3　　　　图 6.51　草图 4（三维）　　　　图 6.52　草图 4（平面）

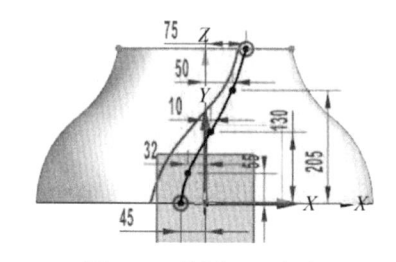

步骤 13：创建如图 6.53 所示的投影曲线 4。单击 曲线 功能选项卡 派生 区域中的 按钮，在部件导航器选取步骤 12 创建的草图作为要投影的曲线，单击鼠标中键确认，选取步骤 10 创建的旋转曲面作为投影面，在 投影方向 区域 方向 的下拉列表中选择沿向量选项，选取 YC 负轴作为投影方向，在 投影选项 下拉列表中选择无 选项，单击 <确定> 按钮完成投影曲线 4 的创建。

步骤 14：创建如图 6.54 所示的修剪曲面 2。选择 曲面 功能选项卡"组合"区域中的 命令，选取步骤 10 创建的曲面作为要修剪的目标对象并按鼠标中键确认，选取步骤 11 与步骤

13 创建的投影曲线作为修剪的边界，在 投影方向 区域的 投影方向 下拉列表中选择 垂直于面，在 区域 区域选中 ⊙ 保留 单选项，选取如图 6.55 所示的面作为要保留的区域，单击"确定"按钮完成修剪曲面 2 的创建。

图 6.53　投影曲线 4 　　　图 6.54　修剪曲面 2 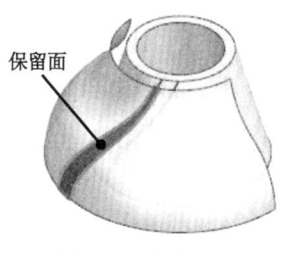　　　图 6.55　保留对象

步骤 15：创建如图 6.56 所示的直纹曲面 1。单击 曲面 功能选项卡"基本"区域中的"更多"节点，在弹出的下拉列表中选择 网格 区域中的 直纹 命令，选取如图 6.57 所示的曲线串 1 作为第一截面，控制点与方向如图 6.57 所示，按鼠标中键确认，选取如图 6.57 所示的曲线串 2 作为第二截面，控制点与方向如图 6.57 所示，按鼠标中键确认完成直纹曲面 1 的创建。

步骤 16：创建如图 6.58 所示的直纹曲面 2。单击 曲面 功能选项卡"基本"区域中的"更多"节点，在弹出的下拉列表中选择 网格 区域中的 直纹 命令，选取如图 6.59 所示的曲线串 1 作为第一截面，控制点与方向如图 6.59 所示，按鼠标中键确认，选取如图 6.59 所示的曲线串 2 作为第二截面，控制点与方向如图 6.59 所示，单击"确定"按钮，完成直纹曲面 2 的创建。

图 6.56　直纹曲面 1 　　　图 6.57　放样截面 　　　图 6.58　直纹曲面 2 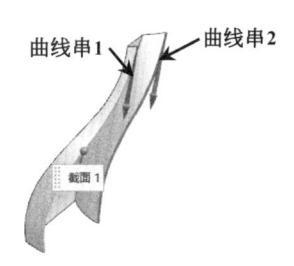　　　图 6.59　放样截面

步骤 17：创建如图 6.60 所示的有界平面 1。单击 曲面 功能选项卡"基本"区域中的"更多"节点，在弹出的下拉列表中选择 填充 区域中的 有界平面 命令，在图形区选择如图 6.61 所示的边线作为参考对象，单击"确定"按钮，完成有界平面 1 的创建。

步骤 18：创建如图 6.62 所示的有界平面 2。单击 曲面 功能选项卡"基本"区域中的"更多"节点，在弹出的下拉列表中选择 填充 区域中的 有界平面 命令，在图形区选择如图 6.63 所示的边线作为参考对象，单击"确定"按钮，完成有界平面 2 的创建。

步骤 19：创建缝合曲面。单击 曲面 功能选项卡"组合"区域中 缝合 按钮，选取步骤 18 创建的有界平面作为目标对象，选取另外 5 个曲面作为工具对象，单击"确定"按钮，完成

图 6.60　有界平面 1 　　图 6.61　填充边界 　　图 6.62　有界平面 2 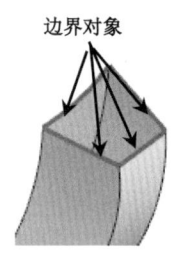　　图 6.63　填充边界

缝合曲面的创建（缝合后为实体）。

步骤 20：创建如图 6.64 所示的圆形阵列。单击 主页 功能选项卡"基本"区域中的更多节点，在弹出的列表中选择"复制"区域中的 阵列几何特征 命令，系统会弹出"阵列几何特征"对话框；在"阵列几何特征"对话框"阵列定义"区域的"布局"下拉列表中选择"圆形"；选取步骤 19 创建的"缝合曲面"作为阵列的源对象；选择 z 轴作为阵列中心轴，在"间距"下拉列表中选择"数量和跨度"，在"数量"文本框中输入值 6，在"跨角"文本框中输入值 360；单击"阵列特征"对话框中的"确定"按钮，完成圆形阵列的创建。

图 6.64　圆形阵列

步骤 21：创建合并 1。单击 主页 功能选项卡"基本"区域中的 按钮，系统会弹出"合并"对话框，在系统"选择目标体"的提示下，选取步骤 2 创建的旋转实体作为目标体，在系统"选择工具体"的提示下，选取另外 6 个体作为工具体，在"合并"对话框的"设置"区域中取消选中"保存目标"与"保存工具"复选框，单击"确定"按钮完成操作。

6.3　修剪体

12min

使用修剪体是以曲面或者基准面为切除工具来切除实体模型，从而得到局部的曲面结构。需要注意的是使用修剪体所选取的面必须贯穿被切除的实体。下面以如图 6.65 所示的塑料旋钮模型为例，介绍使用曲面切除的一般操作过程。

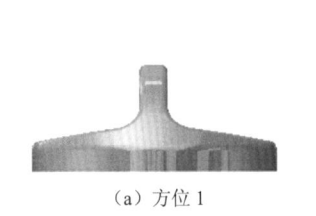

(a) 方位 1　　(b) 方位 2　　(c) 方位 3

图 6.65　塑料旋钮

步骤 1：新建文件。选择"快速访问工具条"中的 命令，在"新建"对话框中选择"模型"模板，在名称文本框中输入"塑料旋钮"，将工作目录设置为 D:\UG 曲面设计

\work\ch06.03\,然后单击"确定"按钮进入零件建模环境。

步骤 2：创建如图 6.66 所示的旋转 1。单击 主页 功能选项卡"基本"区域中的 按钮，在系统的提示下选取"ZX 平面"作为草图平面，绘制如图 6.67 所示的草图，选取"z 轴"作为旋转轴，在"旋转"对话框的"限制"区域的"起始"下拉列表中选择"值"，然后在"角度"文本框中输入值 0；在"结束"下拉列表中选择"值"，然后在"角度"文本框中输入值 360，单击"确定"按钮，完成旋转 1 的创建。

图 6.66　旋转 1

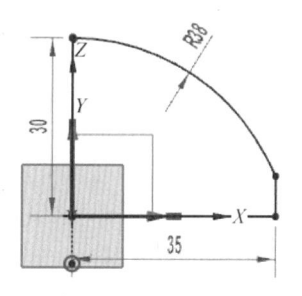

图 6.67　旋转截面

步骤 3：创建如图 6.68 所示的草图 1。单击 主页 功能选项卡"构造"区域中的草图 按钮，选取"ZX 平面"作为草图平面，绘制如图 6.69 所示的草图。

图 6.68　草图 1（三维）

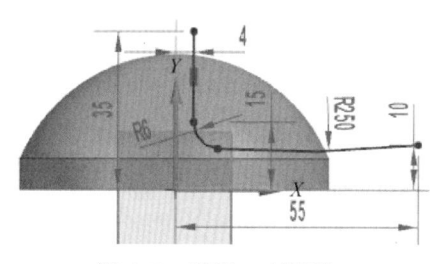

图 6.69　草图 1（平面）

步骤 4：创建如图 6.70 所示的基准面 1。选择下拉菜单"插入"→"基准"→"基准平面"命令，系统会弹出"基准平面"对话框；在"类型"下拉列表中选择"按某一距离"类型，选取"ZX 平面"作为参考，在"偏置"区域的"距离"文本框中输入值 40，方向沿 y 轴正方向，其他参数采用默认，单击"确定"按钮，完成基准面 1 的创建。

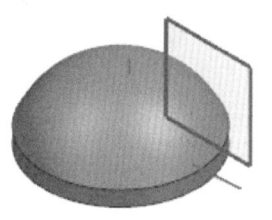

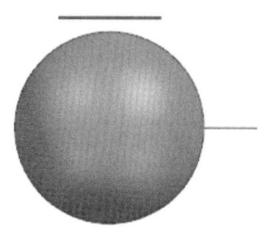

（a）方位 1　　　　　　　　　（b）方位 2

图 6.70　基准面 1

步骤 5：创建如图 6.71 所示的草图 2。单击 主页 功能选项卡"构造"区域中的草图 按钮，选取步骤 4 创建的"基准面 1"作为草图平面，绘制如图 6.72 所示的草图。

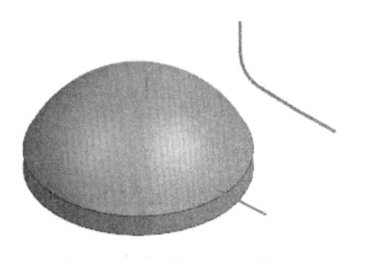

图 6.71　草图 2（三维）　　　　　　图 6.72　草图 2（平面）

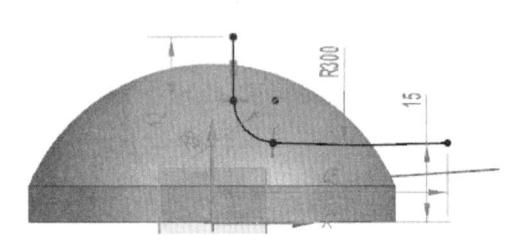

步骤 6：创建如图 6.73 所示的镜像曲线。单击 曲线 功能选项卡 派生 区域中的"更多"按钮，在系统弹出的下拉菜单中选择 镜像曲线 命令，选取步骤 5 创建的草图作为镜像源对象，选取"ZX 平面"作为镜像中心平面，单击 <确定> 按钮完成镜像曲线的创建。

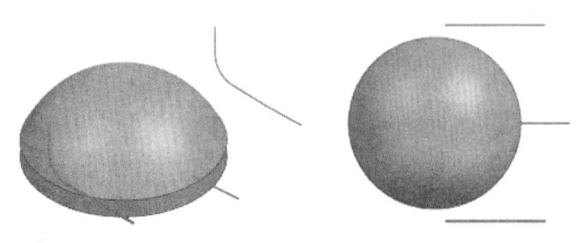

图 6.73　镜像曲线

步骤 7：创建如图 6.74 所示的通过曲线组曲面。选择 曲面 功能选项卡"基本"区域中的 命令，在系统的提示下，选取如图 6.75 所示的截面 1、截面 2 与截面 3（均在箭头所指的一侧选取截面），在 对齐 区域选中 保留形状 复选框，在 对齐 下拉列表中选中 参数 选项，在 连续性 区域的 第一个截面 与 最后一个截面 下拉列表中均选择 G0（位置），单击"确定"按钮完成通过曲线组曲面的创建。

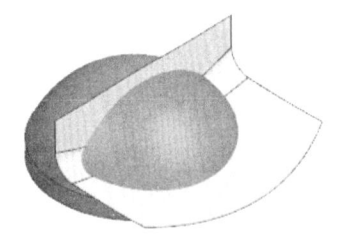

图 6.74　通过曲线组曲面　　　　　　图 6.75　截面曲线

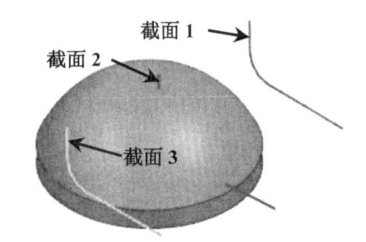

步骤 8：创建如图 6.76 所示的镜像几何体。选中 主页 功能选项卡"基本"区域中的"更多"节点，在弹出的下拉列表中选择 镜像几何体 命令，选取步骤 7 创建的通过曲线组曲面作为要镜像的几何体，选取"YZ 平面"作为镜像中心平面，单击"确定"按钮，完成镜像几

何体的创建。

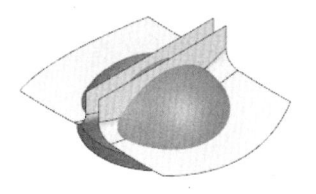

图 6.76 镜像几何体

步骤 9：创建如图 6.77 所示的修剪体 1。选择 主页 功能选项卡"基本"区域中的 命令，选取步骤 2 创建的旋转实体作为目标对象，在 工具选项 下拉列表中选择 面或平面 类型，选取步骤 7 创建的通过曲线组曲面作为工具对象，单击 按钮使方向如图 6.78 所示，单击"确定"按钮完成修剪体 1 的创建。

步骤 10：创建如图 6.79 所示的修剪体 2。选择 主页 功能选项卡"基本"区域中的 命令，选取步骤 2 创建的旋转实体作为目标对象，在 工具选项 下拉列表中选择 面或平面 类型，选取步骤 8 创建的镜像曲面作为工具对象，单击 按钮使方向如图 6.80 所示，单击"确定"按钮完成修剪体 2 的创建。

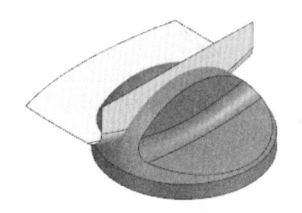

图 6.77 修剪体 1 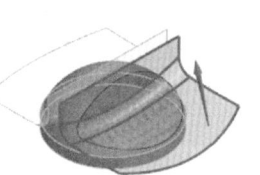　　图 6.78 修剪方向 　　图 6.79 修剪体 2 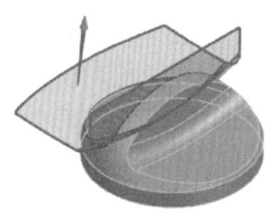　　图 6.80 修剪方向

步骤 11：创建如图 6.81 所示的边倒圆特征 1。单击 主页 功能选项卡"基本"区域中的 按钮，系统会弹出"边倒圆"对话框，在系统的提示下选取如图 6.82 所示的边线（2 条边线）作为圆角对象，在"边倒圆"对话框的"半径 1"文本框中输入圆角半径值 2，单击"确定"按钮完成边倒圆特征 1 的创建。

步骤 12：创建如图 6.83 所示的边倒圆特征 2。单击 主页 功能选项卡"基本"区域中的 按钮，系统会弹出"边倒圆"对话框，在系统的提示下选取如图 6.84 所示的边线作为圆角

图 6.81 边倒圆特征 1 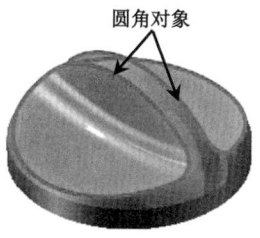　　图 6.82 圆角边线 　　图 6.83 边倒圆特征 2 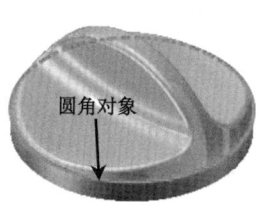　　图 6.84 圆角边线

对象，在"边倒圆"对话框的"半径1"文本框中输入圆角半径值6，单击"确定"按钮完成边倒圆特征2的创建。

步骤13：创建如图6.85所示的抽壳特征。单击 主页 功能选项卡"基本"区域中的 抽壳 按钮，系统会弹出"抽壳"对话框，在"抽壳"对话框"类型"下拉列表中选择"开放"类型，选取如图6.86所示的移除面，在"抽壳"对话框的"厚度"文本框中输入抽壳的厚度值1，在"抽壳"对话框中单击"确定"按钮，完成抽壳特征的创建。

图6.85 抽壳特征

图6.86 移除面

6.4 替换

可以使用现有曲面替代实体表面，替换面不要求与实体表面具有相同的边界。下面以如图6.87所示的模型为例，介绍使用曲面替换的一般操作过程。

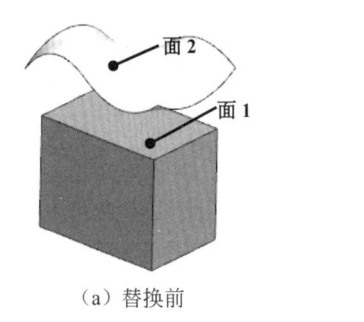

图6.87 替换

步骤1：打开文件D:\UG 曲面设计\work\ch06.04\替换-ex。

步骤2：选择命令。单击 主页 功能选项卡"同步建模"区域中的 （替换）按钮，系统会弹出"替换面"对话框。

步骤3：选择原始面。在系统的提示下选取如图6.87所示的面1作为原始面。

步骤4：选择替换面与参数。在"替换面"对话框激活 替换面 区域中的 选择面(0) ，选取如图6.87所示的面2作为参考，在 偏置 文本框中输入值20，方向向上。

步骤5：完成替换。在"替换面"对话框中单击"确定"按钮完成曲面的替换。

第 7 章　UG NX 特殊曲面创建专题

在实际进行曲面造型的过程中，有一些特殊的曲面结构很难通过传统的曲面设计方法进行顺利创建，对于特殊的曲面结构一般有特殊的曲面建模思路与方法，本章主要向大家介绍渐消曲面与多边曲面的常用创建方法。

7.1 渐消曲面设计专题

15min

渐消曲面是指造型曲面的一端逐渐消失于一个点，也可以理解为造型曲面从有到无逐渐消失的过渡面。在 3C 产品或者一般的家用电器产品中经常会出现渐消曲面，渐消曲面可以使产品外观更活泼更具有灵活性，往往可以提升产品的质感，吸引消费者的目光，增强购买欲望，因此受到广大产品设计人员的青睐。

创建渐消曲面的一般思路如下：

（1）剪裁出渐消曲面区域。

（2）做出必要的渐消曲面控制曲线。

（3）利用曲面创建工具创建渐消曲面（注意连接处的连接条件）。

下面以如图 7.1 所示的耐克标志模型为例，介绍创建渐消曲面的一般操作过程。

　　　　（a）方位 1　　　　　　　（b）方位 2　　　　　　　（c）方位 3

图 7.1　耐克标志

步骤 1：打开文件 D:\UG 曲面设计\work\ch07.01\耐克标志-ex。

步骤 2：定义如图 7.2 所示的剪裁渐消区域草图。单击 主页 功能选项卡"构造"区域中的草图 按钮，选取"XY 平面"作为草图平面，绘制如图 7.3 所示的草图。

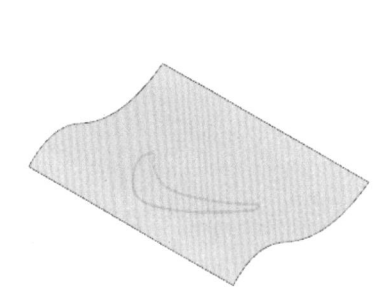

图 7.2 裁剪草图（三维） 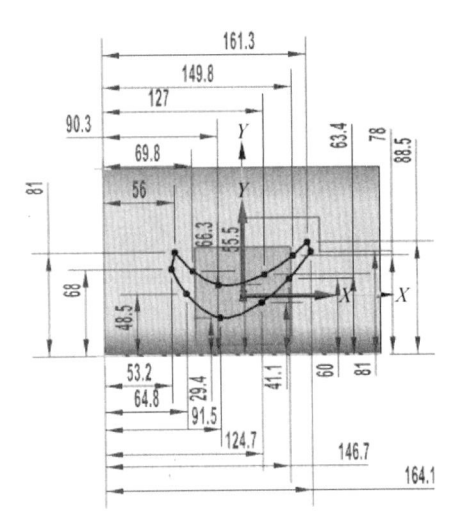　　　　　图 7.3 裁剪草图（平面）

步骤 3：创建如图 7.4 所示的剪裁曲面。选择 曲面 功能选项卡"组合"区域中的 命令，选取如图 7.4 所示的面 1 作为目标对象，选取步骤 2 创建的草图作为剪裁边界，在 投影方向 区域的下拉列表中选择 垂直于曲线平面 类型，在 区域 区域选中 ⦿ 保留 单选项，选取如图 7.5 所示的区域作为要保留的对象。

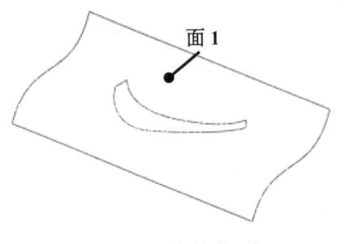

图 7.4 剪裁曲面 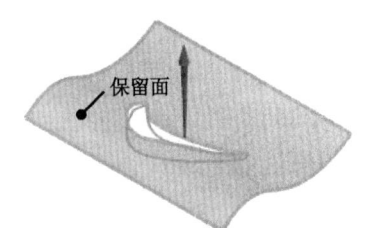　　　　　图 7.5 保留区域

步骤 4：创建基准面 1。单击 主页 功能选项卡"构造"区域 下的 · 按钮，选择 基准平面 命令，在"类型"下拉列表中选择"按某一距离"类型，选取"YZ 平面"作为参考平面，在"偏置"区域的"距离"文本框中输入偏置距离值 15，方向沿 x 轴负方向，单击"确定"按钮，完成基准面 1 的定义，如图 7.6 所示。

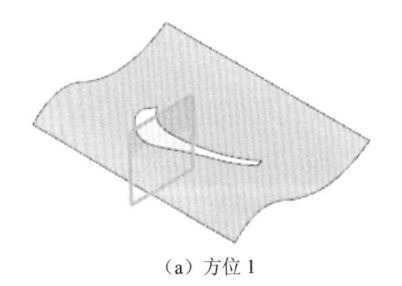

(a) 方位 1 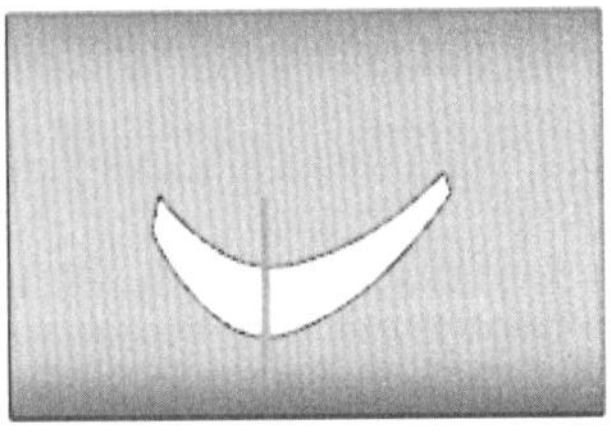　　　　　(b) 方位 2

图 7.6 基准面 1

步骤 5：创建如图 7.7 所示的曲面控制草图。单击 主页 功能选项卡"构造"区域中的草图 按钮，选取步骤 4 创建的"基准面 1"作为草图平面，绘制如图 7.8 所示的草图。

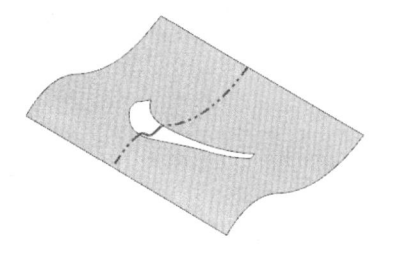

图 7.7　曲面控制草图（三维）

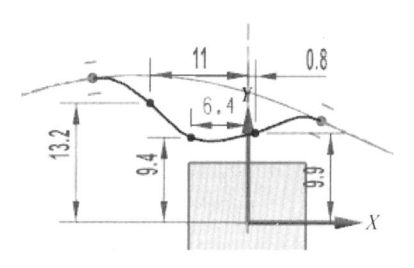

图 7.8　曲面控制草图（平面）

步骤 6：创建如图 7.9 所示的通过曲线网格曲面。选择 曲面 功能选项卡"基本"区域中的 命令，选取如图 7.10 所示的主曲线 1、主曲线 2、主曲线 3 与主曲线 4，并分别单击鼠标中键确认，起点与方向如图 7.10 所示，按鼠标中键完成主线串的选取，然后选取如图 7.10 所示的交叉曲线 1 与交叉曲线 2，并分别单击鼠标中键确认，起点与方向如图 7.10 所示，在 连续性 区域的 第一个截面 、 最后一个截面 、 第一交叉线串 与 最后交叉线串 下拉列表中均选择 G1（相切），选取如图 7.9 所示的面 1 作为参考，单击"确定"按钮完成通过曲线网格曲面的创建。

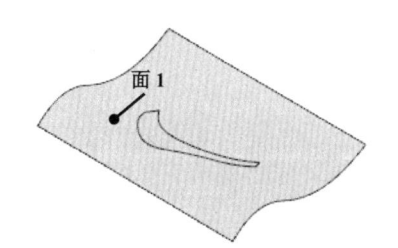

图 7.9　通过曲线网格曲面

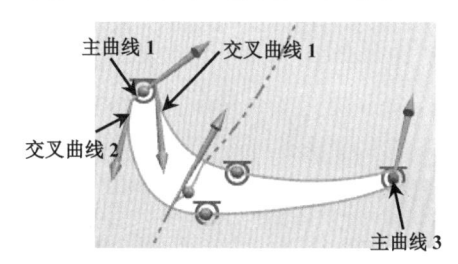

图 7.10　主曲线与交叉曲线

步骤 7：创建缝合曲面 1。单击 曲面 功能选项卡"组合"区域中 缝合 按钮，选取步骤 6 创建的曲面作为目标对象，选取步骤 3 创建的剪裁曲面作为工具对象，单击"确定"按钮，完成缝合曲面 1 的创建。

7.2　曲面的拆分与修补

40min

在前面曲面创建章节所学习的曲面创建工具中大多创建的曲面为四边曲面，对于三角面、五边面、六边面等多边曲面很难通过传统的曲面创建方式得到一个高质量的曲面，因此对于非四边的曲面一般需要通过拆分的方式拆分为多个四边面，然后利用传统曲面创建功能填补曲面即可。

下面以如图 7.11 所示的水龙头模型为例，介绍创建曲面拆分与修补的一般操作过程。

步骤 1：新建文件。选择"快速访问工具条"中的 命令，在"新建"对话框中选择"模型"模板，在名称文本框中输入"水龙头"，将工作目录设置为 D:\UG 曲面设计\work\

ch07.02，然后单击"确定"按钮进入零件建模环境。

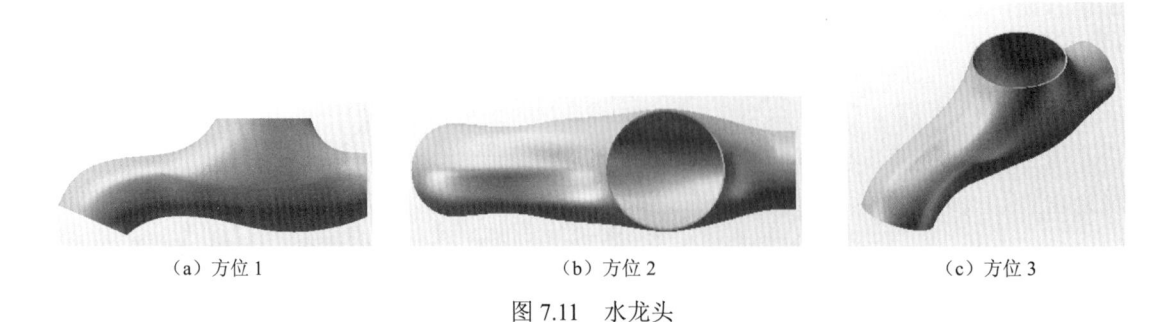

(a) 方位 1　　　　　　　　(b) 方位 2　　　　　　　　(c) 方位 3

图 7.11　水龙头

步骤 2：定义如图 7.12 所示的草图 1。单击 主页 功能选项卡"构造"区域中的草图 按钮，选取"ZX 平面"作为草图平面，绘制如图 7.13 所示的草图。

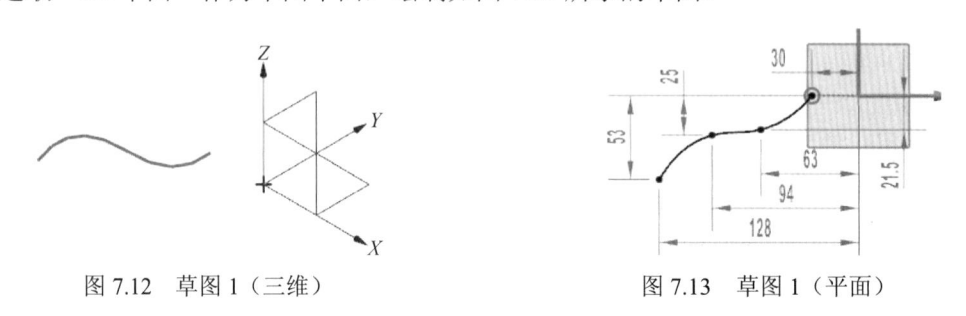

图 7.12　草图 1（三维）　　　　　　　　图 7.13　草图 1（平面）

步骤 3：定义如图 7.14 所示的草图 2。单击 主页 功能选项卡"构造"区域中的草图 按钮，选取"ZX 平面"作为草图平面，绘制如图 7.15 所示的草图。

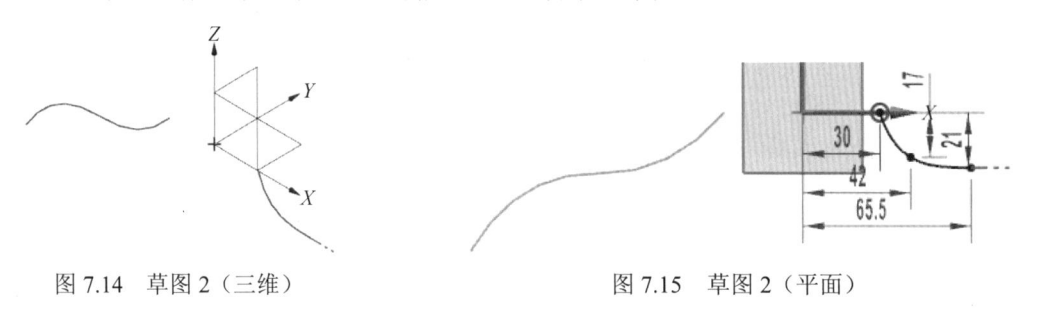

图 7.14　草图 2（三维）　　　　　　　　图 7.15　草图 2（平面）

步骤 4：定义如图 7.16 所示的草图 3。单击 主页 功能选项卡"构造"区域中的草图 按钮，选取"ZX 平面"作为草图平面，绘制如图 7.17 所示的草图。

步骤 5：定义如图 7.18 所示的草图 4。单击 主页 功能选项卡"构造"区域中的草图 按钮，选取"XY 平面"作为草图平面，绘制如图 7.19 所示的草图。

步骤 6：创建如图 7.20 所示的基准面 1。选择下拉菜单"插入"→"基准"→"基准平面"命令，在"基准平面"对话框"类型"下拉列表中选择"曲线和点"类型，在"子类型"下拉列表中选择"点和平面/面"，选取如图 7.21 所示的点作为点参考，选取"YZ 平面"作为平面参考,单击"确定"按钮,完成基准面 1 的创建。

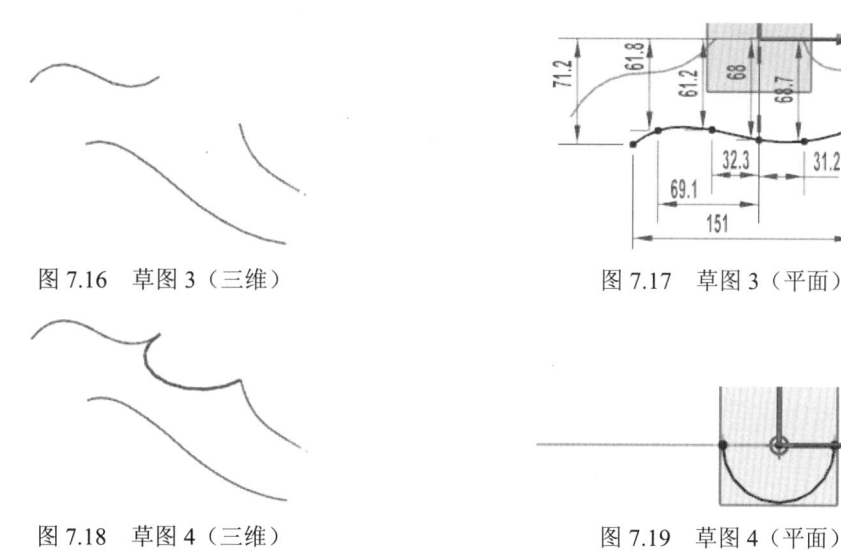

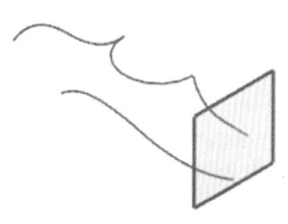

图 7.16　草图 3（三维）

图 7.17　草图 3（平面）

图 7.18　草图 4（三维）

图 7.19　草图 4（平面）

图 7.20　基准面 1

图 7.21　基准参考

步骤 7：定义如图 7.22 所示的草图 5。单击 主页 功能选项卡"构造"区域中的草图 按钮,选取步骤 6 创建的"基准面 1"作为草图平面,绘制如图 7.23 所示的草图。

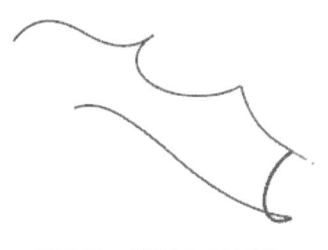

图 7.22　草图 5（三维）

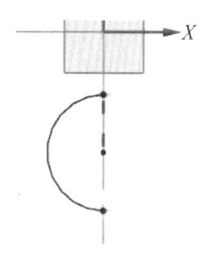

图 7.23　草图 5（平面）

步骤 8：创建如图 7.24 所示的空间直线。选择 曲线 功能选项卡"基本"区域中的 直线 命令,绘制如图 7.24 所示的直线（直线长度随意）。

步骤 9：创建如图 7.25 所示的基准面 2。选择下拉菜单"插入"→"基准"→"基准平面"命令,在"基准平面"对话框"类型"下拉列表中选择"曲线和点"类型,在"子类型"下拉列表中选择"点和曲线/轴",选取如图 7.26 所示的点作为点参考,选取如图 7.26 所示的直线作为轴参考,单击"确定"按钮,完成基准面2的创建。

图 7.24　空间直线 1　　　　图 7.25　基准面 2　　　　图 7.26　基准参考

步骤 10：定义如图 7.27 所示的草图 6。单击 主页 功能选项卡"构造"区域中的草图 按钮,选取步骤 9 创建的"基准面 2"作为草图平面,绘制如图 7.28 所示的草图。

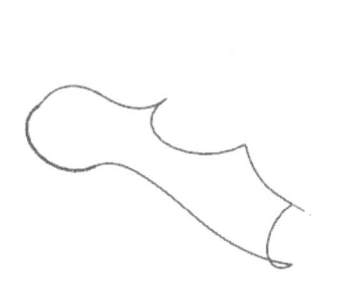

图 7.27　草图 6（三维）　　　　图 7.28　草图 6（平面）

步骤 11：定义如图 7.29 所示的草图 7。单击 主页 功能选项卡"构造"区域中的草图 按钮,选取"YZ 平面"作为草图平面,绘制如图 7.30 所示的草图。

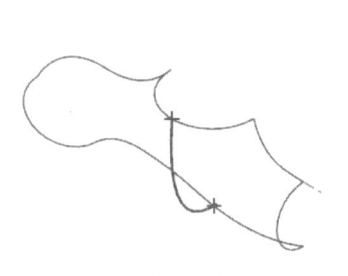

图 7.29　草图 7（三维）　　　　图 7.30　草图 7（平面）

步骤 12：定义如图 7.31 所示的草图 8。单击 主页 功能选项卡"构造"区域中的草图 按钮,选取"ZX 平面"作为草图平面,绘制如图 7.32 所示的草图。

步骤 13：创建如图 7.33 所示的拉伸 1。单击 主页 功能选项卡"基本"区域中的 按钮,在系统的提示下选取步骤 12 创建的草图作为拉伸截面；在"拉伸"对话框"限制"区域的"终止"下拉列表中选择 值 选项,在"距离"文本框中输入深度值 60；在"设置"区域的"体类型"下拉列表中选择"片体"类型；单击"确定"按钮。

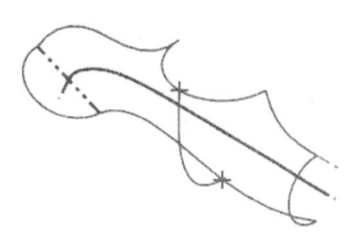

图 7.31　草图 8（三维） 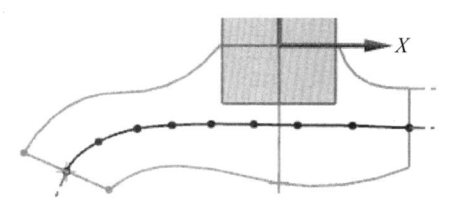　　　　　　　图 7.32　草图 8（平面）

步骤 14：创建如图 7.34 所示的点 1。选择 曲线 功能选项卡"基本"区域中的 ➕ 点 命令，在"类型"下拉列表中选择 ↑ 交点，选取步骤 13 创建的曲面作为第一参考，选取步骤 11 创建的草图 7 作为第二参考。

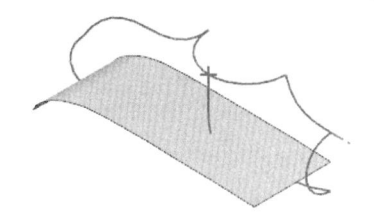

图 7.33　拉伸 1 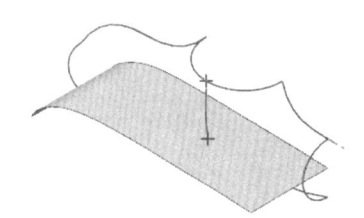　　　　　　　图 7.34　点 1

步骤 15：定义如图 7.35 所示的草图 9。单击 主页 功能选项卡"构造"区域中的草图 ✏️ 按钮，选取"XY 平面"作为草图平面，绘制如图 7.36 所示的草图（注意两端的相切约束的添加，中间位置与点 1 投影点的重合）。

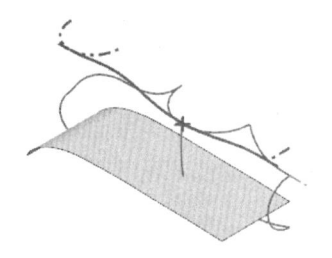

图 7.35　草图 9（三维） 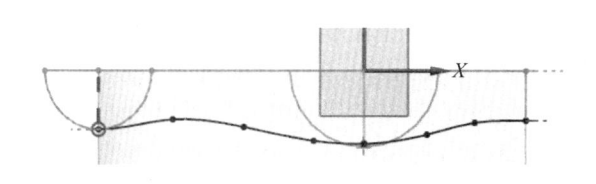　　　　　　　图 7.36　草图 9（平面）

步骤 16：创建如图 7.37 所示的拉伸 2。单击 主页 功能选项卡"基本"区域中的 🏠 按钮，在系统的提示下选取步骤 15 创建的草图作为拉伸截面；在"拉伸"对话框"限制"区域的"终止"下拉列表中选择 ↦ 值 选项，在"距离"文本框中输入深度值 80，方向沿 z 轴负方向；在"设置"区域的"体类型"下拉列表中选择"片体"类型；单击"确定"按钮。

步骤 17：创建如图 7.38 所示的相交曲线 1。单击 曲线 功能选项卡 派生 区域中的 🔗 按钮，在部件导航器选取步骤 13 创建的"拉伸 1"作为第 1 组相交面，按鼠标中键确认，在部件导航器选取步骤 16 创建的"拉伸 2"作为第 2 组相交面，单击 < 确定 > 按钮完成相交曲线的创建。

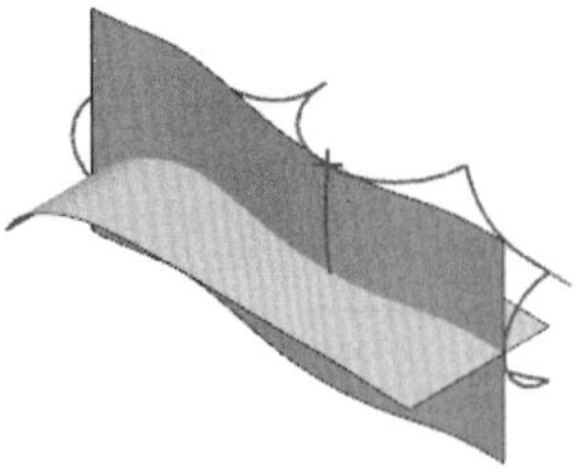

图 7.37　拉伸 2 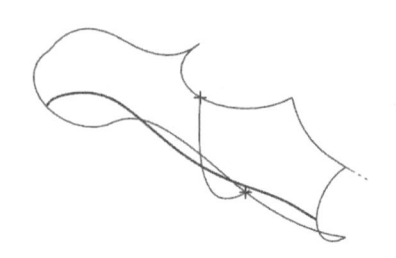　　　　　　　　　　　图 7.38　相交曲线

步骤 18：定义如图 7.39 所示的草图 10。单击 主页 功能选项卡"构造"区域中的草图 按钮，选取"ZX 平面"作为草图平面，绘制如图 7.40 所示的草图。

图 7.39　草图 10（三维） 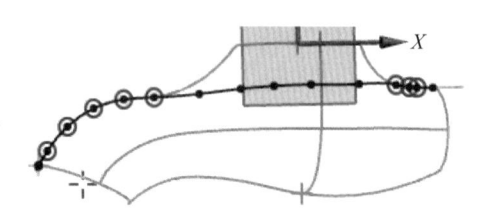　　　　　　　图 7.40　草图 10（平面）

步骤 19：创建如图 7.41 所示的拉伸 3。单击 主页 功能选项卡"基本"区域中的 按钮，在系统的提示下选取步骤 18 创建的草图作为拉伸截面；在"拉伸"对话框"限制"区域的"终止"下拉列表中选择 值 选项，在"距离"文本框中输入深度值 60，方向沿 y 轴正方向；在"设置"区域的"体类型"下拉列表中选择"片体"类型；单击"确定"按钮。

步骤 20：创建如图 7.42 所示的拉伸 4。单击 主页 功能选项卡"基本"区域中的 按钮，在系统的提示下选取步骤 4 创建的草图 3 作为拉伸截面；在"拉伸"对话框"限制"区域的"终止"下拉列表中选择 值 选项，在"距离"文本框中输入深度值 60，方向沿 y 轴正方向；在"设置"区域的"体类型"下拉列表中选择"片体"类型；单击"确定"按钮。

图 7.41　拉伸 3 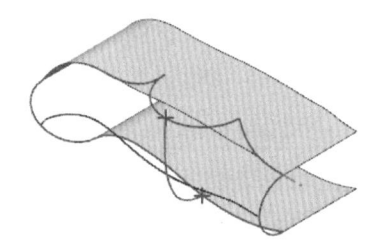　　　　　　　　　　　图 7.42　拉伸 4

步骤 21：定义如图 7.43 所示的草图 11。单击 主页 功能选项卡"构造"区域中的草图 按钮，选取"YZ 平面"作为草图平面，绘制如图 7.44 所示的草图（草图经过步骤 14 创建的点 1）。

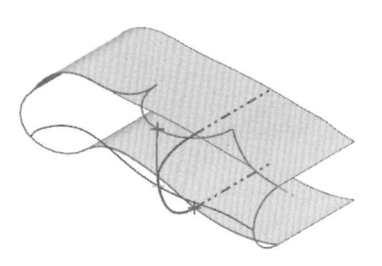

图 7.43　草图 11（三维）　　　　　　图 7.44　草图 11（平面）

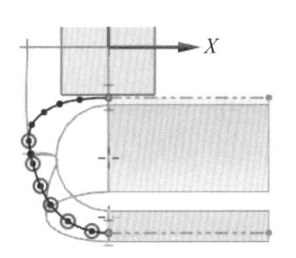

步骤 22：创建如图 7.45 所示的通过曲线网格曲面 1。选择 曲面 功能选项卡"基本"区域中的 命令，选取如图 7.46 所示的主曲线 1、主曲线 2 与主曲线 3，并分别单击鼠标中键确认，起点与方向如图 7.46 所示，按鼠标中键完成主线串的选取，然后选取如图 7.46 所示的交叉曲线 1、交叉曲线 2 与交叉曲线 3，并分别单击鼠标中键确认，起点与方向如图 7.46 所示，在 连续性 区域的 第一主线串 下拉列表中选择 G1 (相切)，选取如图 7.46 所示的面 1 作为相切参考，在 最后主线串 下拉列表中选择 G1 (相切)，选取如图 7.46 所示的面 2 作为相切参考，在 第一交叉线串 与 最后交叉线串 下拉列表中均选择 G0 (位置)，单击"确定"按钮完成通过曲线网格曲面 1 的创建。

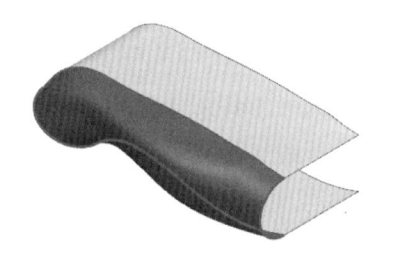

图 7.45　通过曲线网格曲面 1　　　　　图 7.46　主曲线与交叉曲线

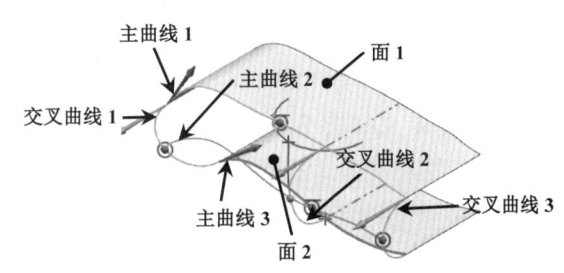

步骤 23：定义如图 7.47 所示的草图 12。单击 主页 功能选项卡"构造"区域中的草图 按钮，选取"ZX 平面"作为草图平面，绘制如图 7.48 所示的草图。

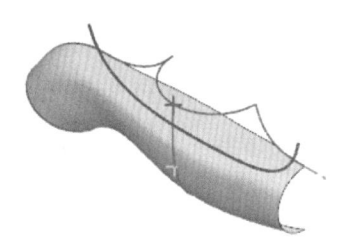

图 7.47　草图 12（三维）　　　　　　图 7.48　草图 12（平面）

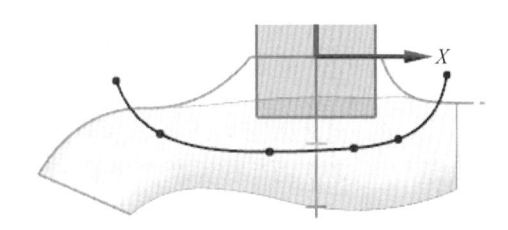

步骤 24：创建如图 7.49 所示的剪裁曲面。选择 曲面 功能选项卡"组合"区域中的 命令，选取步骤 22 创建的曲面作为目标对象，选取步骤 23 创建的草图作为剪裁边界，在 投影方向 区域的下拉列表中选择 垂直于曲线平面 类型，方向沿 y 轴负方向，在 区域 区域选中 ⊙ 保留 单选项，选取如图 7.50 所示的区域作为要保留的对象。

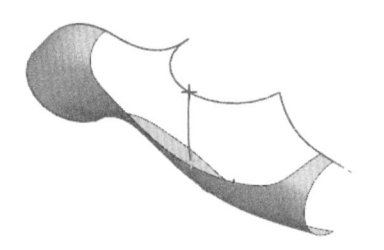

图 7.49　剪裁曲面　　　　　　　　　图 7.50　保留选择

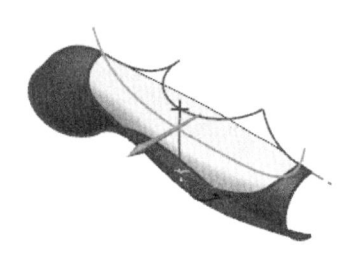

步骤 25：定义如图 7.51 所示的草图 13。单击 主页 功能选项卡"构造"区域中的草图 按钮，选取"ZX 平面"作为草图平面，绘制如图 7.52 所示的草图（草图形状与步骤 2 创建的草图 1 接近，左端与步骤 24 创建的剪裁面的边线相切）。

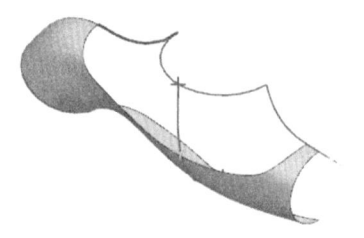

图 7.51　草图 13（三维）　　　　　　图 7.52　草图 13（平面）

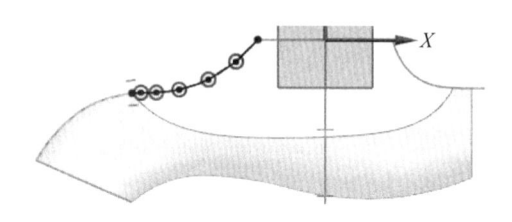

步骤 26：定义如图 7.53 所示的草图 14。单击 主页 功能选项卡"构造"区域中的草图 按钮，选取"ZX 平面"作为草图平面，绘制如图 7.54 所示的草图（草图形状与步骤 3 创建的草图 2 接近，右端与步骤 24 创建的剪裁面的边线相切）。

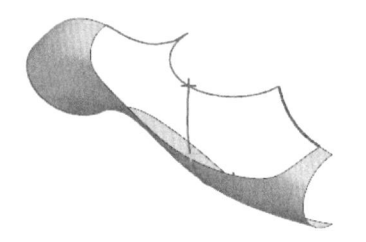

图 7.53　草图 14（三维）　　　　　　图 7.54　草图 14（平面）

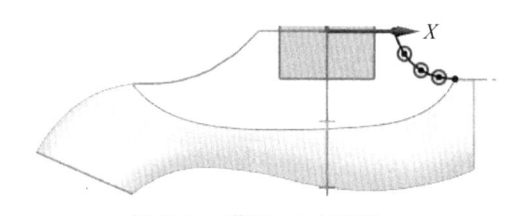

步骤 27：定义如图 7.55 所示的草图 15。单击 主页 功能选项卡"构造"区域中的草图 按钮，选取"YZ 平面"作为草图平面，绘制如图 7.56 所示的草图（草图形状与步骤 11 创建的草图 7 接近，下方与"YZ 平面"和步骤 24 创建的剪裁面的相交曲线相切）。

步骤 28：创建如图 7.57 所示的拉伸 5。单击 主页 功能选项卡"基本"区域中的 按钮，在系统的提示下选取步骤 25 创建的草图作为拉伸截面；在"拉伸"对话框"限制"区域的"终止"下拉列表中选择 值 选项，在"距离"文本框中输入深度值 40，方向沿 y 轴正方向；在"设置"区域的"体类型"下拉列表中选择"片体"类型；单击"确定"按钮。

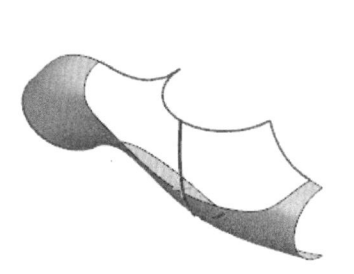

第 7 章　UG NX特殊曲面创建专题

图 7.55　草图 15（三维）

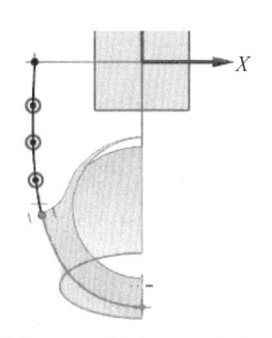

图 7.56　草图 15（平面）

步骤 29：创建如图 7.58 所示的拉伸 6。单击 主页 功能选项卡"基本"区域中的 按钮，在系统的提示下选取步骤 26 创建的草图作为拉伸截面；在"拉伸"对话框"限制"区域的"终止"下拉列表中选择 值 选项，在"距离"文本框中输入深度值 40，方向沿 y 轴正方向；在"设置"区域的"体类型"下拉列表中选择"片体"类型；单击"确定"按钮。

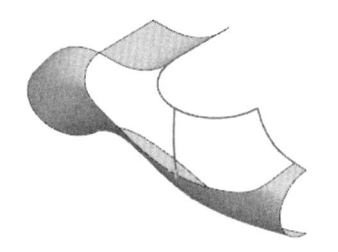

图 7.57　拉伸 5

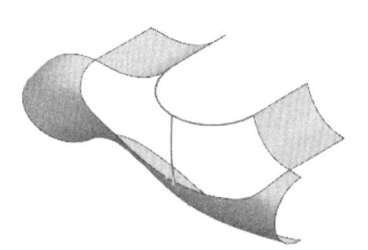

图 7.58　拉伸 6

步骤 30：创建如图 7.59 所示的通过曲线网格曲面 2。选择 曲面 功能选项卡"基本"区域中的 命令，选取如图 7.60 所示的主曲线 1、主曲线 2 与主曲线 3，并分别单击鼠标中键确认，起点与方向如图 7.60 所示，按鼠标中键完成主线串的选取，然后选取如图 7.60 所示的交叉曲线 1 与交叉曲线 2，并分别单击鼠标中键确认，起点与方向如图 7.60 所示，在 连续性 区域的 第一主线串 下拉列表中选择 G1 (相切)，选取如图 7.60 所示的面 1 作为相切参考，在 最后主线串 下拉列表中选择 G1 (相切)，选取如图 7.60 所示的面 2 作为相切参考，在 第一交叉线串 下拉列表中选择 G0 (位置)，在 最后交叉线串 下拉列表中选择 G1 (相切)，选取如图 7.60 所示的面 3 作为相切参考，单击"确定"按钮完成通过曲线网格曲面 2 的创建。

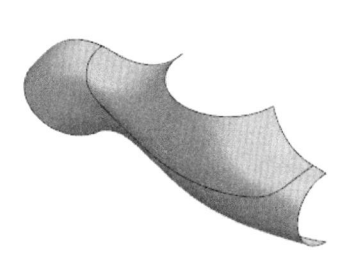

图 7.59　通过曲线网格曲面 2

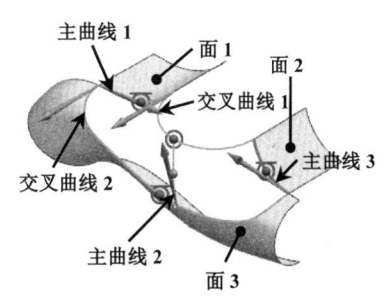

图 7.60　主曲线与交叉曲线

步骤 31：创建缝合曲面 1。单击 曲面 功能选项卡"组合"区域中 ⬨缝合 按钮，选取如图 7.61 所示的面 1 作为目标对象，选取面 2 作为工具对象，单击"确定"按钮，完成缝合曲面 1 的创建。

步骤 32：创建如图 7.62 所示的镜像几何体。选中 主页 功能选项卡"基本"区域中的"更多"节点，在弹出的下拉列表中选择 镜像几何体 命令，选取步骤 31 创建的缝合曲面作为要镜像的几何体，选取"ZX 平面"作为镜像中心平面，单击"确定"按钮，完成镜像的创建。

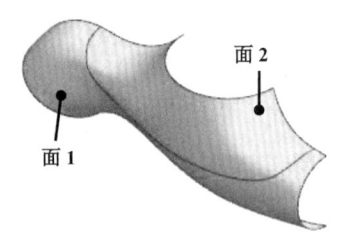

图 7.61　缝合曲面 1　　　　　　　　图 7.62　镜像几何体

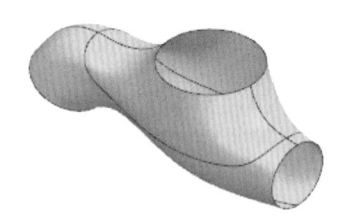

步骤 33：创建缝合曲面 2。单击 曲面 功能选项卡"组合"区域中的 ⬨缝合 按钮，选取步骤 31 创建的缝合曲面作为目标对象，选取步骤 32 创建的镜像几何体作为工具对象，单击"确定"按钮，完成缝合曲面 2 的创建。

步骤 34：创建如图 7.63 所示的加厚曲面。单击 曲面 功能选项卡"基本"区域中的 ⬨加厚 按钮，选取步骤 33 创建的缝合曲面作为加厚对象，在 偏置1 文本框中输入值 2，在 偏置2 文本框中输入值 0，单击"确定"按钮完成加厚操作。

图 7.63　加厚曲面

第 8 章 自顶向下的设计方法

8.1 自顶向下设计基本概述

装配设计分为自下向顶设计（Down_Top Design）和自顶向下设计（Top_Down Design）两种设计方法。

自下向顶设计是一种从局部到整体的设计方法，主要设计思路是先设计零部件，然后将零部件插入装配体文件中进行组装，从而得到整个装配体。这种方法在零件之间不存在任何参数关联，仅存在简单的装配关系，如图 8.1 所示。

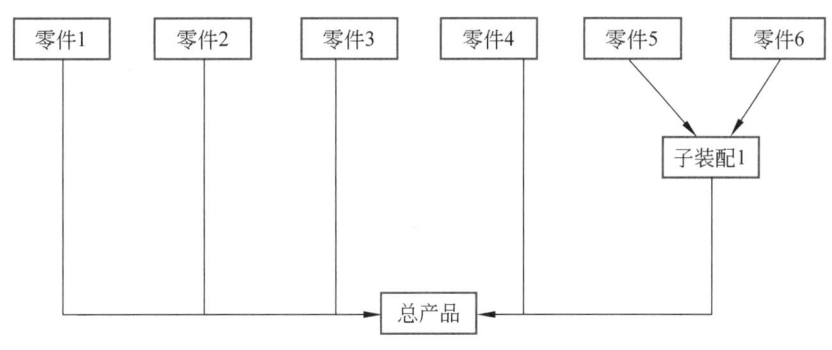

图 8.1　自下向顶设计

自下向顶设计举例：如图 8.2 所示的快速夹钳产品模型使用自下向顶方法设计。

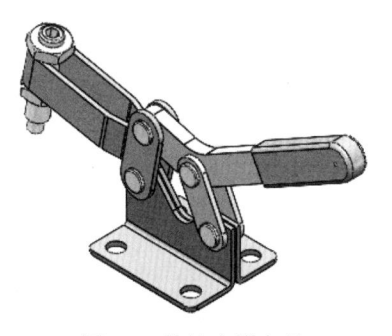

图 8.2　快速夹钳产品

步骤1：首先设计快速夹钳中的各个零件，如图8.3所示。

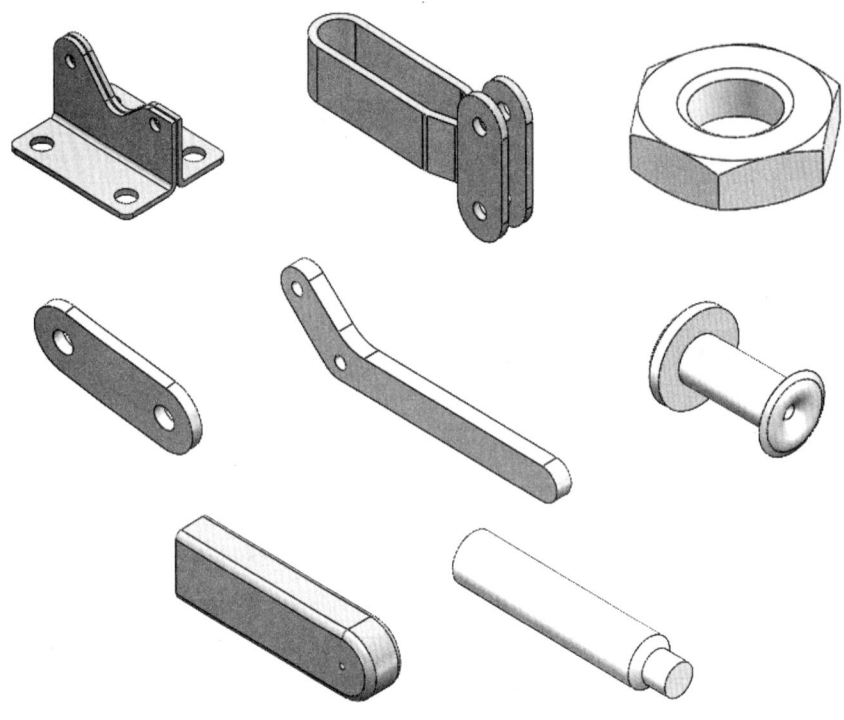

图8.3　快速夹钳各零件

步骤2：对于结构比较复杂的产品，可以根据产品结构的特点先将部分零部件组装成子装配，如图8.4所示。

图8.4　手柄子装配

步骤3：使用子装配和其他零件组装成总装配，得到的最终产品模型如图8.5所示。

自顶向下设计是一种从整体到局部的设计方法，主要思路是：首先，创建一个反映装配体整体构架的一级控件，所谓控件就是控制元件，用于控制模型的外观及尺寸等，在设计中起承上启下的作用，最高级别称为一级控件；其次，根据一级控件来分配各个零件间的位置关系和结构，根据分配好零件间的关系，完成各零件的设计，如图8.6所示。

图 8.5　自下向顶设计

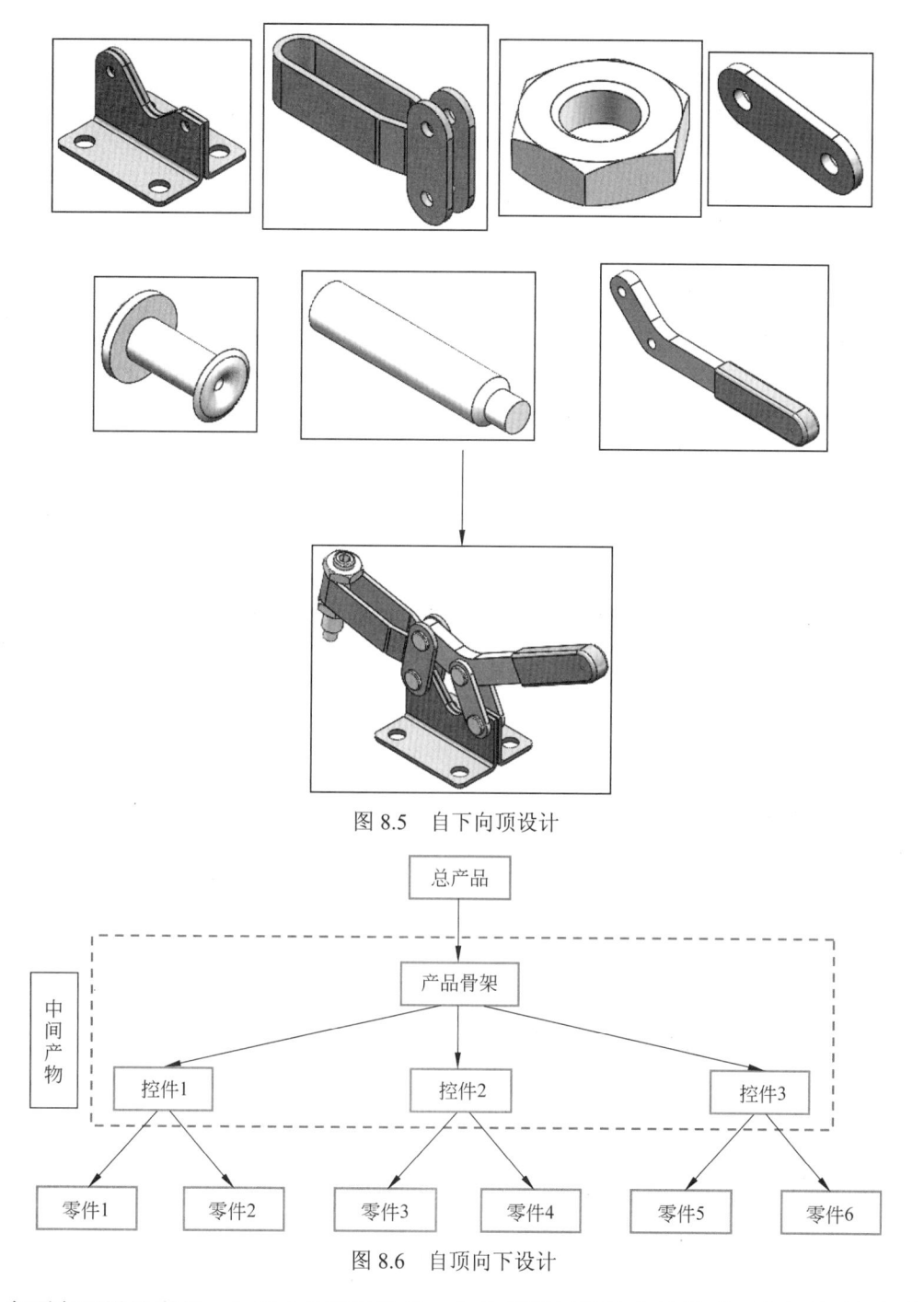

图 8.6　自顶向下设计

自顶向下设计举例：如图 8.7 所示的是一个儿童塑料玩具产品模型，该产品结构的特点是表面造型比较复杂且呈流线型，各零部件之间配合紧密，但是各部件上的很多细节尺寸是无法得知的，像这样的产品就可以使用自顶向下的方法来设计。

步骤1：首先根据总体设计参数及设计要求信息创建一级控件，如图 8.8 所示。

步骤2：根据产品结构，对一级控件进行分割划分，并进行一定程度的细化，从而得到二级控件，如图 8.9 和图 8.10 所示。

图 8.7　儿童塑料玩具

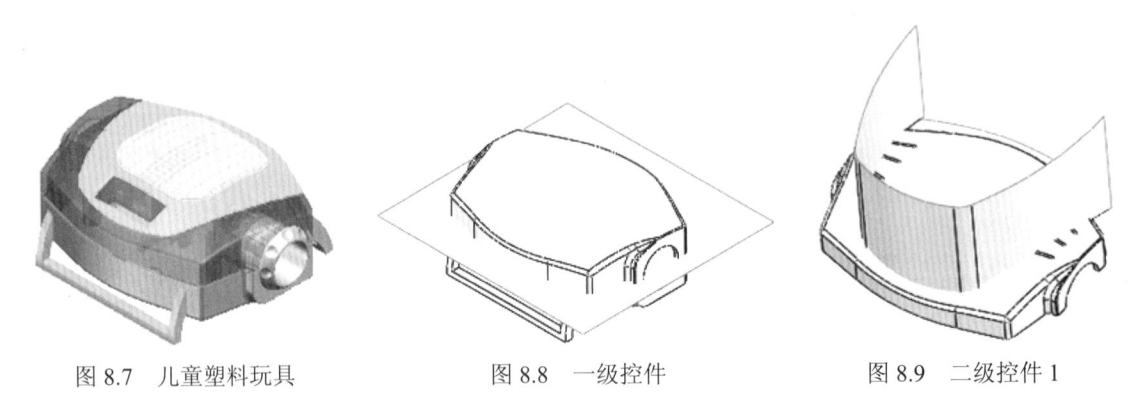

图 8.8　一级控件

图 8.9　二级控件 1

步骤3：根据产品结构，对二级控件 1 进行分割划分，并进行一定程度的细化，从而得到三级控件，如图 8.11 所示。

步骤4：对二级控件 01 进一步地进行分割和细化，从而得到上盖零件，如图 8.12 所示。

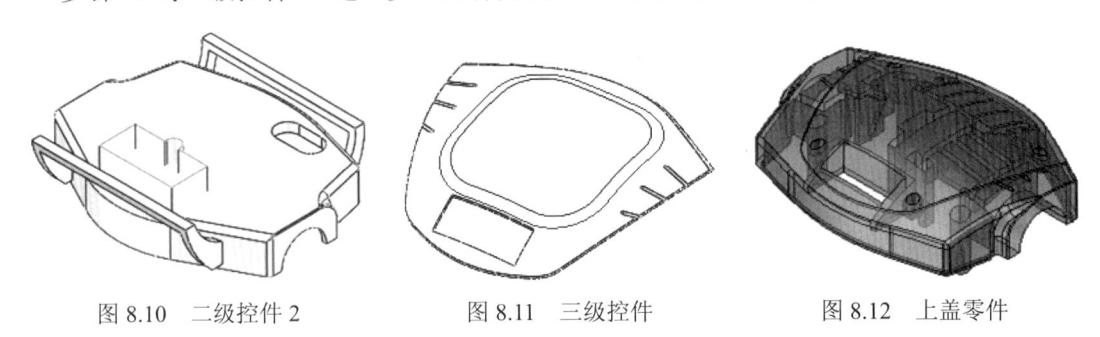

图 8.10　二级控件 2

图 8.11　三级控件

图 8.12　上盖零件

步骤5：根据产品结构，对二级控件 2 进行分割划分，并进行一定程度的细化，从而得到下盖（如图 8.13 所示）与电池盖（如图 8.14 所示）。

步骤6：根据产品结构，对三级控件进行分割划分，并进行一定程度的细化，从而得到上盖面（如图 8.15 所示）与屏幕（如图 8.16 所示）。

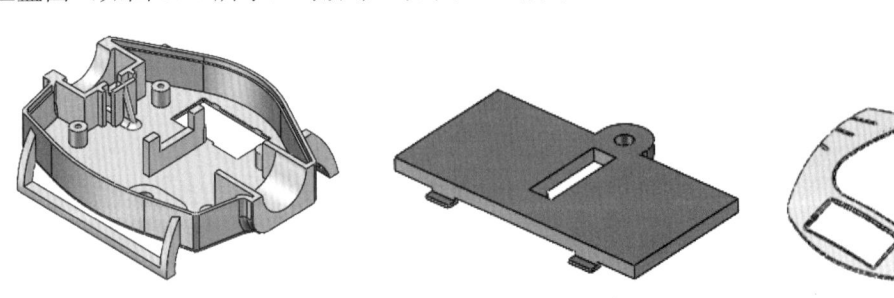

图 8.13　下盖

图 8.14　电池盖零件

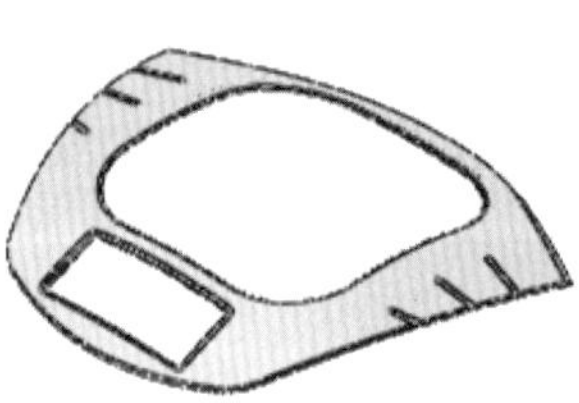

图 8.15　上盖面

步骤 7：根据产品结构及一级控件得到左侧旋钮（如图 8.17 所示）与右侧旋钮（如图 8.18 所示）。

图 8.16　电池盖零件　　　　　图 8.17　左侧旋钮　　　　　图 8.18　右侧旋钮

8.2　自顶向下设计案例：轴承

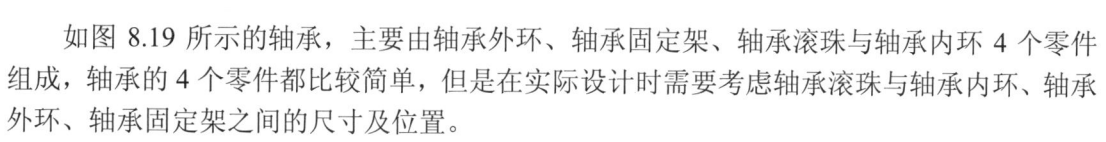

如图 8.19 所示的轴承，主要由轴承外环、轴承固定架、轴承滚珠与轴承内环 4 个零件组成，轴承的 4 个零件都比较简单，但是在实际设计时需要考虑轴承滚珠与轴承内环、轴承外环、轴承固定架之间的尺寸及位置。

1. 创建轴承一级控件

步骤 1：新建模型文件，选择"快速访问工具条"中的 命令，在"新建"对话框中选择"模型"模板，在名称文本框中输入"轴承"，将工作目录设置为 D:\UG 曲面设计\work\ch08.02\，然后单击"确定"按钮进入零件建模环境。

步骤 2：绘制控件草图。单击 主页 功能选项卡"构造"区域中的草图 按钮，选取"ZX 平面"作为草图平面，绘制如图 8.20 所示的草图。

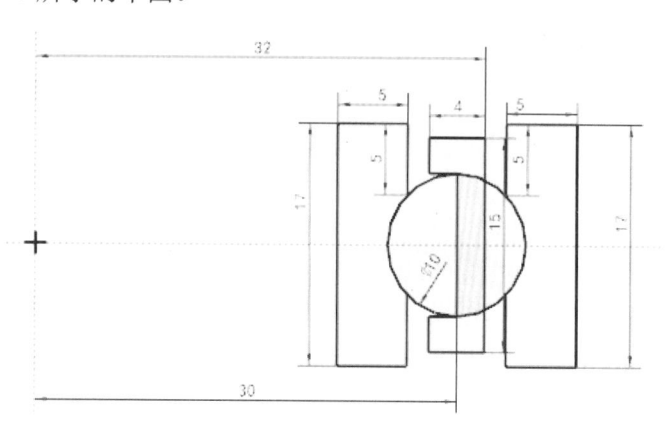

图 8.19　轴承　　　　　　　　　　图 8.20　控件草图

2. 创建轴承内环

步骤 1：加载 WAVE 模式。在"装配导航器"空白位置右击，在弹出的快捷菜单中选中 ✓ WAVE 模式 。

步骤 2：新建层。在"装配导航器"中右击 轴承 节点，在系统弹出的快捷菜单中依次选择 WAVE → 新建层 命令，系统会弹出如图 8.21 所示的"新建层"对话框。

步骤 3：指定部件名称。在"新建层"对话框中单击 指定部件名 命令，在系统弹出的"选择部件名"对话框中选择合适的保存位置，在 文件名(N): 文本框中输入"轴承内环"，单击 确定 按钮完成部件名称的指定。

步骤 4：定义关联复制的对象。在"新建层"对话框中单击 类选择 按钮，系统会弹出"WAVE 部件间复制"对话框，在图形区选取草图对象与基准坐标系作为要关联复制的对象，单击 确定 按钮完成关联复制操作。

步骤 5：单击"新建层"对话框中的 确定 按钮完成新建与复制操作，装配导航器如图 8.22 所示。

图 8.21 "新建层"对话框

图 8.22 装配导航器

步骤 6：单独打开轴承内环零件。在装配导航器右击"轴承内环"，选择 在窗口中打开(D) 命令。

步骤 7：创建如图 8.23 所示的旋转特征 1。单击 主页 功能选项卡"基本"区域中的 按钮，系统会弹出"旋转"对话框，在系统 选择要绘制的平的面，或为截面选择曲线 的提示下，选取如图 8.24 所示的截面曲线作为旋转特征的旋转截面进行使用，激活"旋转"对话框 轴 区域中的 指定向量，选取 z 轴作为旋转特征的旋转轴，在"旋转"对话框的"限制"区域的"起始"下拉列表中选择"值"，然后在"角度"文本框中输入值 0；在"结束"下拉列表中选择"值"，然后在"角度"文本框中输入值 360，单击"确定"按钮，完成旋转特征 1 的创建。

图 8.23 旋转特征 1

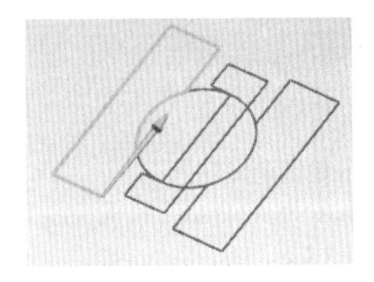

图 8.24 旋转截面

步骤 8：保存文件。选择"快速访问工具栏"中的"保存"命令，完成保存操作。
步骤 9：将窗口切换到"轴承"。

3. 创建轴承外环

步骤 1：新建层。在"装配导航器"中右击 ☑️ 轴承 节点，在系统弹出的快捷菜单中依次选择 WAVE ▶ → 新建层 命令，系统会弹出"新建层"对话框。

步骤 2：指定部件名称。在"新建层"对话框中单击 指定部件名 命令，在系统弹出的"选择部件名"对话框中选择合适的保存位置，在 文件名(N): 文本框中输入"轴承外环"，单击 确定 按钮完成部件名称的指定。

步骤 3：定义关联复制的对象。在"新建层"对话框中单击 类选择 按钮，系统会弹出"WAVE 部件间复制"对话框，在图形区选取草图对象与基准坐标系作为要关联复制的对象，单击 确定 按钮完成关联复制操作。

步骤 4：单击"新建层"对话框中的 确定 按钮完成新建与复制操作。

步骤 5：单独打开轴承外环零件。在装配导航器右击"轴承外环"，选择 ◉ 在窗口中打开(D) 命令。

步骤 6：创建如图 8.25 所示的旋转特征 1。单击 主页 功能选项卡"基本"区域中的 🗞 按钮，系统会弹出"旋转"对话框，在系统 选择要绘制的平面，或为截面选择曲线 的提示下，选取如图 8.26 所示的截面曲线作为旋转特征的旋转截面进行使用，激活"旋转"对话框 轴 区域中的 指定向量，选取 z 轴作为旋转特征的旋转轴，在"旋转"对话框的"限制"区域的"起始"下拉列表中选择"值"，然后在"角度"文本框中输入值 0；在"结束"下拉列表中选择"值"，然后在"角度"文本框中输入值 360，单击"确定"按钮，完成旋转的创建。

图 8.25　旋转特征 1　　　　　　　图 8.26　旋转截面

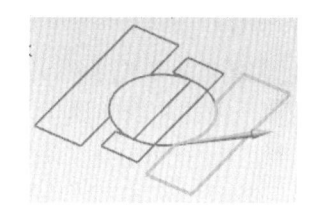

步骤 7：保存文件。选择"快速访问工具栏"中的"保存"命令，完成保存操作。
步骤 8：将窗口切换到"轴承"。

4. 创建轴承固定架

步骤 1：新建层。在"装配导航器"中右击 ☑️ 轴承 节点，在系统弹出的快捷菜单中依次选择 WAVE ▶ → 新建层 命令，系统会弹出"新建层"对话框。

步骤 2：指定部件名称。在"新建层"对话框中单击 指定部件名 命令，在系统弹出的"选择部件名"对话框中选择合适的保存位置，在 文件名(N): 文本框中输入"轴承固定架"，单击 确定 按钮完成部件名称的指定。

步骤 3：定义关联复制的对象。在"新建层"对话框中单击 类选择 按钮，系统会弹出"WAVE

部件间复制"对话框，在图形区选取草图对象与基准坐标系作为要关联复制的对象，单击 确定 按钮完成关联复制操作。

步骤4：单击"新建层"对话框中的 确定 按钮完成新建与复制操作。

步骤5：单独打开轴承固定架零件。在装配导航器上右击"轴承固定架"，选择 在窗口中打开(D) 命令。

步骤6：创建如图8.27所示的旋转特征1。单击 主页 功能选项卡"基本"区域中的 按钮，系统会弹出"旋转"对话框，在系统 选择要绘制的平的面，或为截面选择曲线 的提示下，选取如图8.28所示的截面曲线作为旋转特征的旋转截面进行使用，激活"旋转"对话框 轴 区域中的 指定 向量，选取z轴作为旋转特征的旋转轴，在"旋转"对话框的"限制"区域的"起始"下拉列表中选择"值"，然后在"角度"文本框中输入值0；在"结束"下拉列表中选择"值"，然后在"角度"文本框中输入值360，单击"确定"按钮，完成旋转特征1的创建。

图8.27　旋转特征1　　　　　　　图8.28　旋转截面

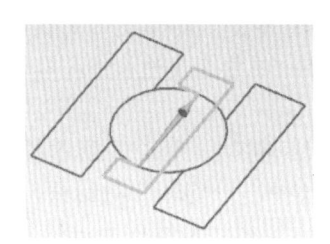

步骤7：创建如图8.29所示的旋转特征2。单击 主页 功能选项卡"基本"区域中的 按钮，系统会弹出"旋转"对话框，在系统 选择要绘制的平的面，或为截面选择曲线 的提示下，选取如图8.30所示的截面曲线作为旋转特征的旋转截面进行使用，激活"旋转"对话框 轴 区域中的 指定 向量，选取如图8.30所示的直线作为旋转特征的旋转轴，在"旋转"对话框的"限制"区域的"起始"下拉列表中选择"值"，然后在"角度"文本框中输入值0；在"结束"下拉列表中选择"值"，然后在"角度"文本框中输入值360，在 布尔 下拉列表中选择 减去，单击"确定"按钮，完成旋转特征2的创建。

步骤8：创建如图8.31所示的圆形阵列特征1。单击 主页 功能选项卡"基本"区域中的 阵列特征 按钮，系统会弹出"阵列特征"对话框；在"阵列特征"对话框"阵列定义"区域的"布局"下拉列表中选择"圆形"；选取步骤7创建的"旋转"特征作为阵列的源对象；在"阵列特征"对话框"旋转轴"区域激活"指定向量"，选取z轴作为阵列中心轴，在"间距"下

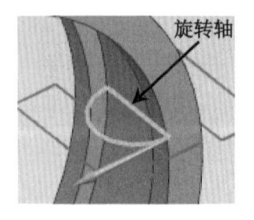

图8.29　旋转特征2　　　　　图8.30　旋转截面　　　　　图8.31　圆形阵列特征1

拉列表中选择"数量和跨度",在"数量"文本框中输入值12,在"跨角"文本框中输入值360;单击"阵列特征"对话框中的"确定"按钮,完成阵列特征的创建。

步骤9:保存文件。选择"快速访问工具栏"中的"保存"命令,完成保存操作。

步骤10:将窗口切换到"轴承"。

5. 创建轴承滚珠

步骤1:新建层。在"装配导航器"中右击 ☑ 📄 轴承 节点,在系统弹出的快捷菜单中依次选择 WAVE ▶→ 新建层 命令,系统会弹出"新建层"对话框。

步骤2:指定部件名称。在"新建层"对话框中单击 指定部件名 命令,在系统弹出的"选择部件名"对话框中选择合适的保存位置,在 文件名(N): 文本框中输入"轴承滚珠",单击 确定 按钮完成部件名称的指定。

步骤3:定义关联复制的对象。在"新建层"对话框中单击 类选择 按钮,系统会弹出"WAVE部件间复制"对话框,在图形区选取草图对象作为要关联复制的对象,单击 确定 按钮完成关联复制操作。

步骤4:单击"新建层"对话框中的 确定 按钮完成新建与复制操作。

步骤5:单独打开轴承滚珠零件。在装配导航器上右击"轴承滚珠",选择 🗖 在窗口中打开(O) 命令。

步骤6:创建如图8.32所示的旋转特征1。单击 主页 功能选项卡"基本"区域中的 💿 按钮,系统会弹出"旋转"对话框,在系统 选择要绘制的平的面,或为截面选择曲线 的提示下,选取如图8.33所示的截面曲线作为旋转特征的旋转截面进行使用,激活"旋转"对话框 轴 区域中的 指定 向量,选取如图8.33所示的直线作为旋转特征的旋转轴,在"旋转"对话框的"限制"区域的"起始"下拉列表中选择"值",然后在"角度"文本框中输入值 0;在"结束"下拉列表中选择"值",然后在"角度"文本框中输入值360,单击"确定"按钮,完成旋转特征1的创建。

步骤7:保存文件。选择"快速访问工具栏"中的"保存"命令,完成保存操作。

步骤8:将窗口切换到"轴承"。

步骤9:阵列轴承滚珠零件。选择 装配 功能选项卡"组件"区域中的 🔂 阵列组件 命令,在"阵列定义"区域的"布局"下拉列表中选择"参考",在"阵列组件"对话框中确认"要形成阵列的组件"区域的"选择组件"被激活,选取轴承滚珠作为要阵列的组件,激活 参考 区域的 选择阵列 (0) ,选取轴承固定架上的阵列孔作为参考,然后选取轴承滚珠位置的实例手柄点,单击 确定 按钮完成阵列的创建,完成后如图8.34所示。

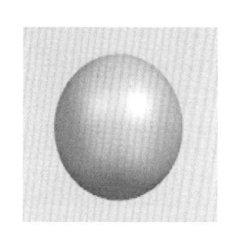

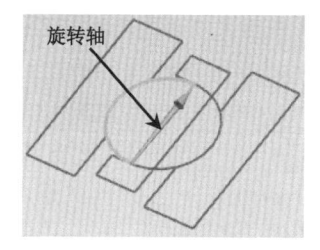

图 8.32 旋转特征 1　　　　　图 8.33 旋转截面　　　　　图 8.34 阵列轴承滚珠

6. 验证关联性

步骤1：在 部件导航器 中将草图修改至如图8.35所示。

步骤2：更新完成后如图8.36所示（测量验证结果）。

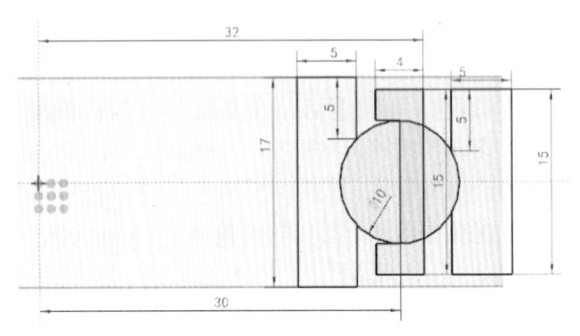

图8.35　修改一级控件草图

图8.36　轴承装配自动更新

8.3　自顶向下设计案例：鼠标

如图8.37所示的鼠标产品主要由鼠标上盖、鼠标下盖、鼠标左右键、鼠标滚轮等零件组成，由于整体形状呈流线型，各零件之间的形状与配合要求较高，因此采用自顶向下的设计方式更合适。

(a) 方位1　　　　　　　　(b) 方位2　　　　　　　　(c) 方位3

图8.37　鼠标

1. 创建鼠标一级控件

创建鼠标一级控件，如图8.38所示。

步骤1：新建模型文件，选择"快速访问工具条"中的 命令，在"新建"对话框中选择"模型"模板，在名称文本框中输入"鼠标"，将工作目录设置为 D:\UG 曲面设计\work\ch08.03，然后单击"确定"按钮进入零件建模环境。

步骤2：创建如图8.39所示的拉伸1。单击 主页 功能选项卡"基本"区域中的 按钮，在系统的提示下选取"XY平面"作为草图平面，绘制如图8.40所示的草图；在"拉伸"对话框"限制"区域的"终止"下拉列表中选择 值选项，在"距离"文本框中输入深度值40；单击"确定"按钮，完成拉伸1的创建。

步骤3：定义如图8.41所示的草图1。单击 主页 功能选项卡"构造"区域中的草图 按钮，选取如图8.41所示的模型表面作为草图平面，绘制如图8.42所示的草图。

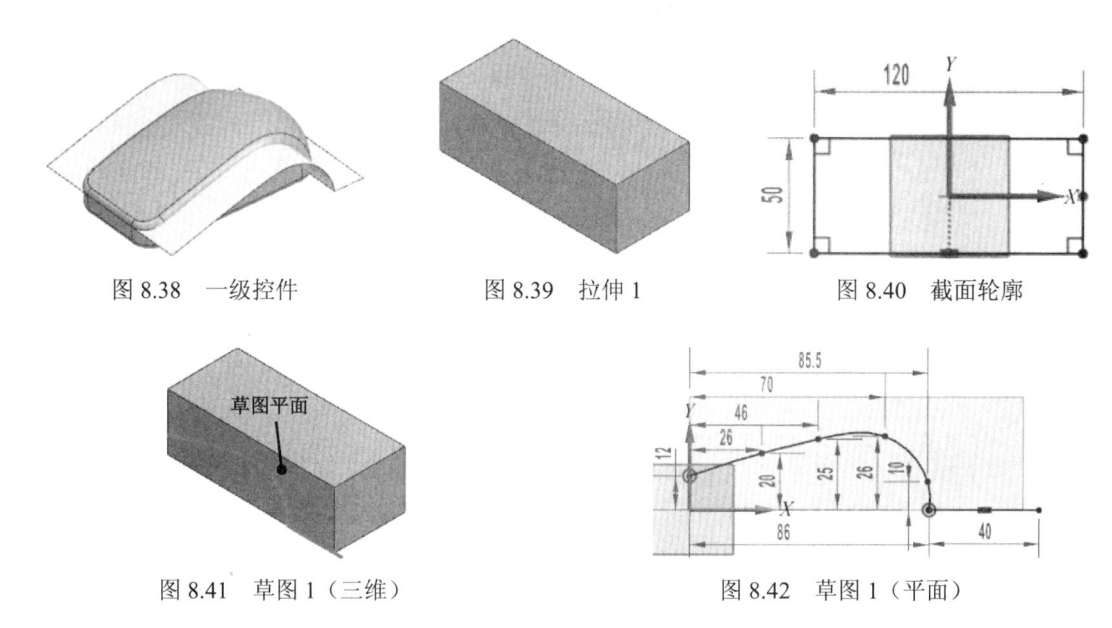

图 8.38　一级控件　　　　　图 8.39　拉伸 1　　　　　图 8.40　截面轮廓

图 8.41　草图 1（三维）　　　　　　　图 8.42　草图 1（平面）

步骤 4：定义如图 8.43 所示的草图 2。单击 主页 功能选项卡"构造"区域中的草图 按钮，选取"ZX 平面"作为草图平面，绘制如图 8.44 所示的草图。

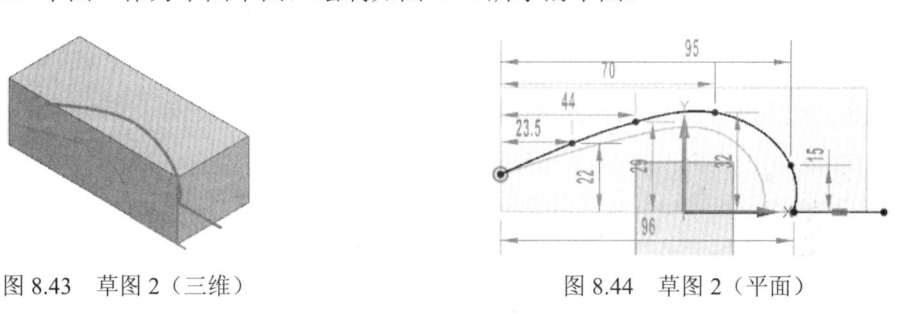

图 8.43　草图 2（三维）　　　　　　　图 8.44　草图 2（平面）

步骤 5：创建如图 8.45 所示的镜像曲线。单击 曲线 功能选项卡 派生 区域中的"更多"按钮，在系统弹出的下拉菜单中选择 镜像曲线 命令，选取步骤 3 创建的草图作为镜像源对象，选取"ZX 平面"作为镜像中心平面，单击 <确定> 按钮完成镜像曲线的创建。

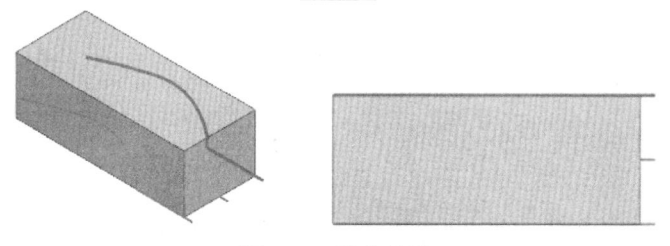

图 8.45　镜像曲线

步骤 6：创建如图 8.46 所示的通过曲线组曲面。选择 曲面 功能选项卡"基本"区域中的命令，在系统的提示下，选取如图 8.47 所示的截面 1、截面 2 与截面 3（均在箭头所指的一侧选取截面），在 对齐 区域选中 ☑保留形状 复选框，在 对齐 下拉列表中选中 参数 选项，单击"确定"按钮完成通过曲线组曲面的创建。

步骤 7：创建如图 8.48 所示的修剪体 1。选择 主页 功能选项卡"基本"区域中的 命令，选取步骤 2 创建的拉伸实体作为目标对象，在 工具选项 下拉列表中选择 面或平面 类型，选取步骤 6 创建的通过曲线组曲面作为工具对象，单击 ✗ 按钮使方向如图 8.49 所示，单击"确定"按钮完成修剪体 1 的创建。

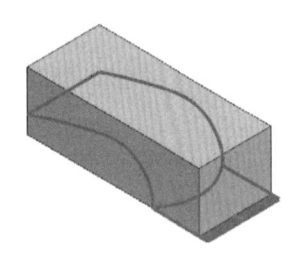

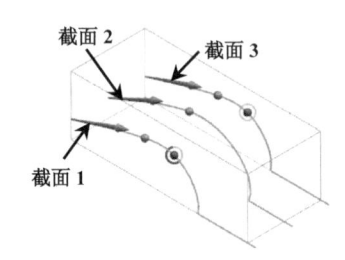

图 8.46　通过曲线组曲面　　　图 8.47　截面曲线　　　图 8.48　修剪体 1

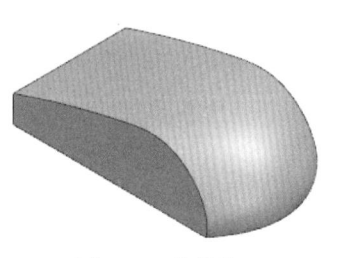

步骤 8：创建如图 8.50 所示的边倒圆特征 1。单击 主页 功能选项卡"基本"区域中的 按钮，系统会弹出"边倒圆"对话框，在系统的提示下选取如图 8.51 所示的两条边线作为倒角对象，在"边倒圆"对话框的"半径 1"文本框中输入圆角半径值 10，单击"确定"按钮完成边倒圆特征 1 的创建。

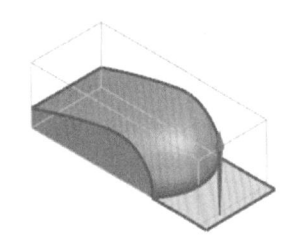

图 8.49　修剪方向　　　图 8.50　边倒圆特征 1　　　图 8.51　圆角对象

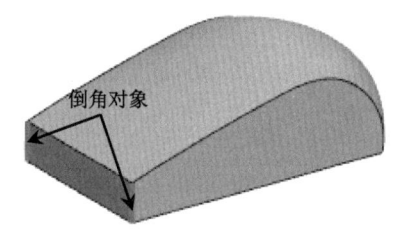

步骤 9：创建如图 8.52 所示的边倒圆特征 2（变化圆角）。单击 主页 功能选项卡"基本"区域中的 按钮，在系统的提示下选取如图 8.53 所示的边线作为圆角对象，在"圆角"对话框的"变半径"区域激活"指定半径点"，选取如图 8.53 所示的"点 1"，然后在弹出的对话框的半径文本框中输入值 10，选取如图 8.53 所示的"点 2"，将半径设置为 10，选取如图 8.53 所示的"点 3"，将半径设置为 3，选取如图 8.53 所示的"点 4"，将半径设置为 3，单击"确定"按钮完成变化圆角的创建。

步骤 10：创建如图 8.54 所示的边倒圆特征 3。单击 主页 功能选项卡"基本"区域中的 按钮，系统会弹出"边倒圆"对话框，在系统的提示下选取如图 8.55 所示的边线作为圆角对象，在"边倒圆"对话框的"半径 1"文本框中输入圆角半径值 3，单击"确定"按钮完成边倒圆特征 3 的创建。

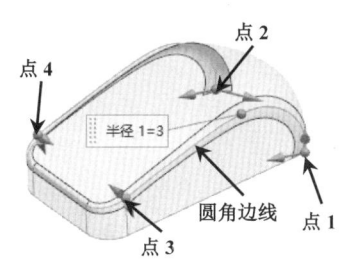

图 8.52 变化圆角　　　　图 8.53 圆角对象　　　　图 8.54 边倒圆特征 3

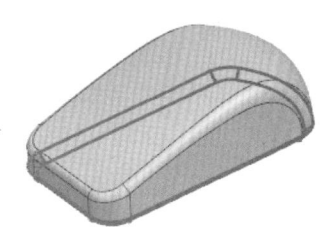

步骤 11：创建如图 8.56 所示的拉伸 2。单击 主页 功能选项卡"基本"区域中的 按钮，在系统的提示下选取"ZX 平面"作为草图平面，绘制如图 8.57 所示的草图；在"拉伸"对话框"限制"区域的"终止"下拉列表中选择 对称值 选项，在"距离"文本框中输入深度值 86，在"设置"区域的"体类型"下拉列表中选择"片体"类型；单击"确定"按钮，完成拉伸 2 的创建。

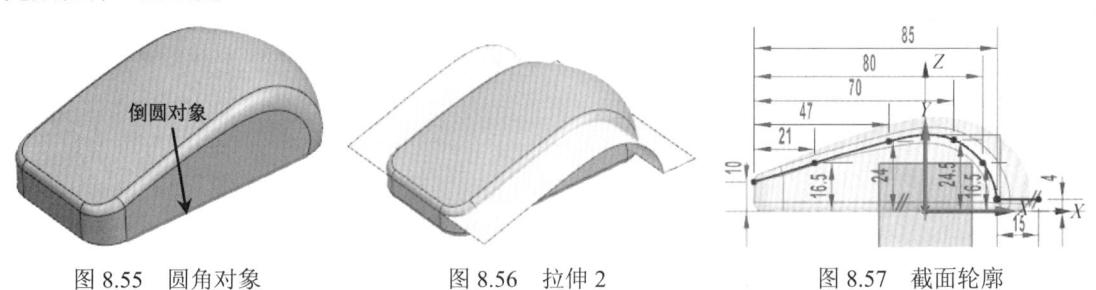

图 8.55 圆角对象　　　　图 8.56 拉伸 2　　　　图 8.57 截面轮廓

2. 创建鼠标二级控件

创建鼠标二级控件，如图 8.58 所示。

步骤 1：新建层。在"装配导航器"中右击 鼠标 节点，在系统弹出的快捷菜单中依次选择 WAVE ▶ → 新建层 命令，系统会弹出"新建层"对话框。

步骤 2：指定部件名称。在"新建层"对话框中单击 指定部件名 命令，在系统弹出的"选择部件名"对话框中将保存位置设置为 D:\UG 曲面设计\work\ch08.03，在 文件名(N): 文本框中输入"二级控件"，单击 确定 按钮完成部件名称的指定。

步骤 3：定义关联复制的对象。在"新建层"对话框中单击 类选择 按钮，系统会弹出"WAVE 部件间复制"对话框，在图形区选取实体、上一节步骤 11 创建的拉伸曲面及基准坐标系作为要关联复制的对象，单击 确定 按钮完成关联复制操作。

步骤 4：单击"新建层"对话框中的 确定 按钮完成新建与复制操作。

步骤 5：单独打开二级控件零件。在装配导航器上右击 二级控件 ，选择 在窗口中打开(D) 命令。

步骤 6：创建如图 8.59 所示的修剪体 1。选择 主页 功能选项卡"基本"区域中的 命令，选取实体作为目标对象，在 工具选项 下拉列表中选择 面或平面 类型，选取如图 8.60 所示的面作为工具对象，单击 按钮使方向如图 8.60 所示，单击"确定"按钮完成修剪体 1 创建。

图 8.58　二级控件　　　　图 8.59　修剪体 1　　　　图 8.60　修剪方向

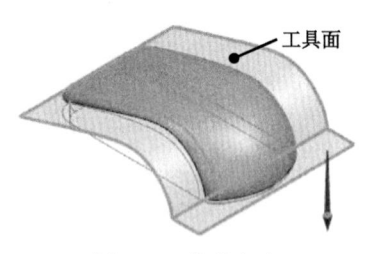

步骤 7：创建如图 8.61 所示的拉伸 1。单击 主页 功能选项卡"基本"区域中的 按钮，在系统的提示下选取"XY 平面"作为草图平面，绘制如图 8.62 所示的草图；在"拉伸"对话框"限制"区域的"终止"下拉列表中选择 值 选项，在"距离"文本框中输入深度值 47，方向沿 z 轴正方向，在"设置"区域的"体类型"下拉列表中选择"片体"类型；单击"确定"按钮，完成拉伸 1 的创建。

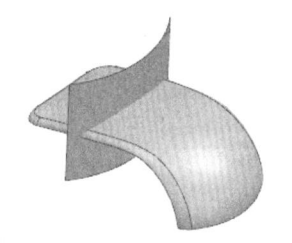

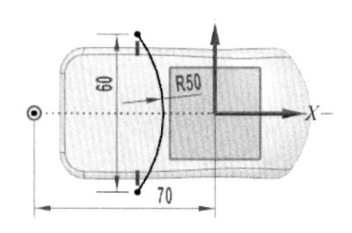

图 8.61　拉伸 1　　　　　　　　　　图 8.62　截面轮廓

3. 创建鼠标三级控件

创建鼠标三级控件，如图 8.63 所示。

步骤 1：新建层。在"装配导航器"中右击 二级控件 节点，在系统弹出的快捷菜单中依次选择 WAVE → 新建层 命令，系统会弹出"新建层"对话框。

步骤 2：指定部件名称。在"新建层"对话框中单击 指定部件名 命令，在系统弹出的"选择部件名"对话框中将保存位置设置为 D:\UG 曲面设计\work\ch08.03，在 文件名(N): 文本框中输入"三级控件"，单击 确定 按钮完成部件名称的指定。

步骤 3：定义关联复制的对象。在"新建层"对话框中单击 类选择 按钮，系统会弹出"WAVE 部件间复制"对话框，在图形区选取实体、上一节步骤 7 创建的拉伸曲面及基准坐标系作为要关联复制的对象，单击 确定 按钮完成关联复制操作。

步骤 4：单击"新建层"对话框中的 确定 按钮完成新建与复制操作。

步骤 5：单独打开三级控件零件。在装配导航器上右击 三级控件，选择 在窗口中打开(D) 命令。

步骤 6：创建如图 8.64 所示的修剪体 1。选择 主页 功能选项卡"基本"区域中的 命令，选取实体作为目标对象，在 工具选项 下拉列表中选择 面或平面 类型，选取如图 8.65 所示的面作为工具对象，单击 按钮使方向如图 8.65 所示，单击"确定"按钮完成修剪体 1 的创建。

第8章　自顶向下的设计方法　　277

图 8.63　三级控件　　　　　图 8.64　修剪体 1　　　　　图 8.65　修剪方向

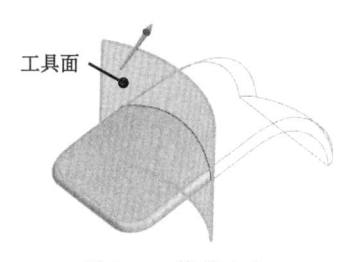

步骤 7：创建如图 8.66 所示的抽壳特征。单击 主页 功能选项卡 "基本" 区域中的 抽壳 按钮，在 "抽壳" 对话框 "类型" 下拉列表中选择 "开放" 类型，选取如图 8.67 所示的两个移除面，在 "抽壳" 对话框的 "厚度" 文本框中输入抽壳的厚度值 2，单击 "确定" 按钮，完成抽壳特征的创建。

步骤 8：创建如图 8.68 所示的旋转特征 1。单击 主页 功能选项卡 "基本" 区域中的 按钮，在系统的提示下，选取 "ZX 平面" 作为草图平面，绘制如图 8.69 所示的草图，选取如图 8.69 所示的直线作为旋转特征旋转轴，在 "限制" 区域的 "起始" 下拉列表中选择 "值"，然后在 "角度" 文本框中输入值 0；在 "结束" 下拉列表中选择 "值"，然后在 "角度" 文本框中输入值 360，在 "布尔" 下拉列表中选择 "减去"，单击 "确定" 按钮，完成旋转特征 1 的创建。

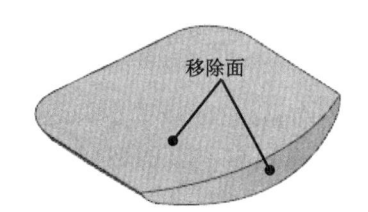

图 8.66　抽壳特征　　　　　图 8.67　移除面　　　　　图 8.68　旋转特征 1

步骤 9：创建如图 8.70 所示的拉伸 1。单击 主页 功能选项卡 "基本" 区域中的 按钮，在系统的提示下选取 "XY 平面" 作为草图平面，绘制如图 8.71 所示的草图；在 "拉伸" 对话框 "限制" 区域的 "终止" 下拉列表中选择 选项，在 "距离" 文本框中输入深度值 40，方向沿 z 轴正方向，在 "设置" 区域的 "体类型" 下拉列表中选择 "片体" 类型；单击 "确定" 按钮，完成拉伸 1 的创建。

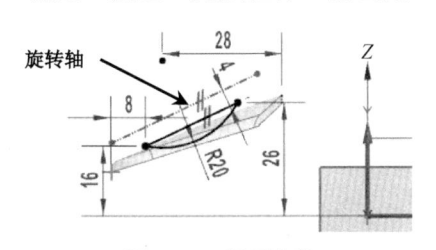

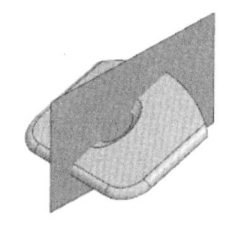

图 8.69　截面轮廓　　　　　图 8.70　拉伸 1　　　　　图 8.71　截面轮廓

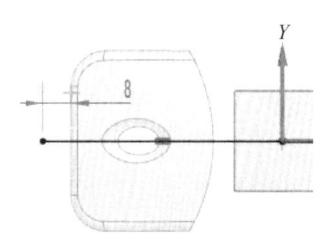

步骤 10：定义如图 8.72 所示的草图 1。单击 主页 功能选项卡"构造"区域中的草图 按钮，选取"XY 平面"作为草图平面，绘制如图 8.73 所示的草图。

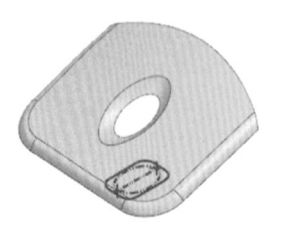

图 8.72　草图 1（三维）　　　　　　图 8.73　草图 1（平面）

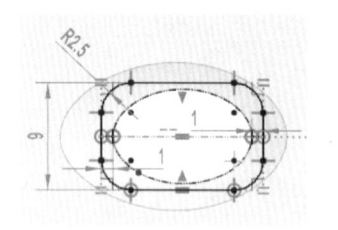

步骤 11：将窗口切换到"鼠标"。

4. 创建鼠标底座

创建鼠标底座，如图 8.74 所示。

步骤 1：新建层。在"装配导航器"中右击 鼠标 节点，在系统弹出的快捷菜单中依次选择 WAVE → 新建层 命令，系统会弹出"新建层"对话框。

步骤 2：指定部件名称。在"新建层"对话框中单击 指定部件名 命令，在系统弹出的"选择部件名"对话框中将保存位置设置为 D:\UG 曲面设计\work\ch08.03，在 文件名(N): 文本框中输入"鼠标底座"，单击 确定 按钮完成部件名称的指定。

步骤 3：定义关联复制的对象。在"新建层"对话框中单击 类选择 按钮，系统会弹出 "WAVE 部件间复制"对话框，在图形区选取如图 8.75 所示的实体、曲面及基准坐标系作为要关联复制的对象，单击 确定 按钮完成关联复制操作。

步骤 4：单击"新建层"对话框中的 确定 按钮完成新建与复制操作。

步骤 5：单独打开鼠标底座零件。在装配导航器上右击 鼠标底座 ，选择 在窗口中打开(D) 命令。

步骤 6：创建如图 8.76 所示的修剪体 1。选择 主页 功能选项卡"基本"区域中的 命令，选取实体作为目标对象，在 工具选项 下拉列表中选择 面或平面 类型，选取如图 8.77 所示的面作为工具对象，单击 按钮使方向如图 8.77 所示，单击"确定"按钮完成修剪体 1 的创建。

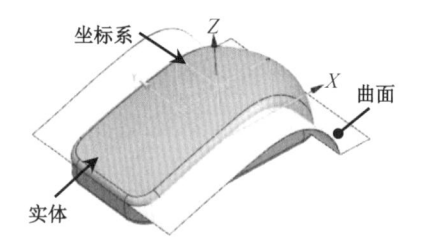

图 8.74　鼠标底座　　　　图 8.75　关联复制对象　　　　图 8.76　修剪体 1

步骤 7：创建如图 8.78 所示的抽壳特征。单击 主页 功能选项卡"基本"区域中的 抽壳 按钮，在"抽壳"对话框"类型"下拉列表中选择"开放"类型，选取如图 8.79 所示的两个

移除面，在"抽壳"对话框的"厚度"文本框中输入抽壳的厚度值 2，单击"确定"按钮，完成抽壳特征的创建。

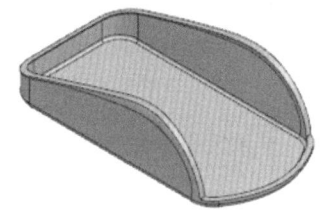

图 8.77 修剪方向　　　图 8.78 抽壳特征　　　图 8.79 移除面

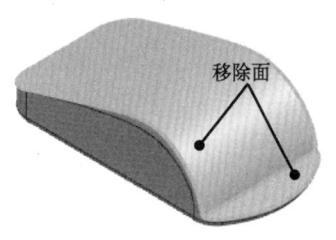

步骤 8：创建如图 8.80 所示的拉伸 1。单击 主页 功能选项卡"基本"区域中的 按钮，在系统的提示下选取"XY 平面"作为草图平面，绘制如图 8.81 所示的草图；在"拉伸"对话框"限制"区域的"终止"下拉列表中选择 贯通 选项，方向沿 z 轴正方向，在"布尔"下拉列表中选择"减去"；单击"确定"按钮，完成拉伸 1 的创建。

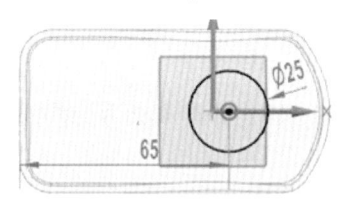

图 8.80 拉伸 1　　　图 8.81 截面轮廓

步骤 9：将窗口切换到"二级控件"。

5. 创建鼠标上盖

创建鼠标上盖，如图 8.82 所示。

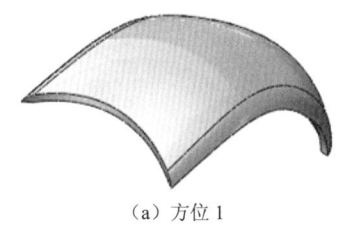

(a) 方位 1　　　(b) 方位 2

图 8.82 鼠标上盖

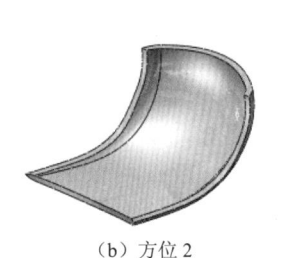

步骤 1：新建层。在"装配导航器"中右击 ☑ 二级控件 节点，在系统弹出的快捷菜单中依次选择 WAVE → 新建层 命令，系统会弹出"新建层"对话框。

步骤 2：指定部件名称。在"新建层"对话框中单击 指定部件名 命令，在系统弹出的"选择部件名"对话框中将保存位置设置为 D:\UG 曲面设计\work\ch08.03，在 文件名(N): 文本框中输入"鼠标上盖"，单击 确定 按钮完成部件名称的指定。

步骤 3：定义关联复制的对象。在"新建层"对话框中单击 类选择 按钮，系统会弹出

"WAVE 部件间复制"对话框,在图形区选取如图 8.83 所示的实体、曲面及基准坐标系作为要关联复制的对象,单击 确定 按钮完成关联复制操作。

步骤 4:单击"新建层"对话框中的 确定 按钮完成新建与复制操作。

步骤 5:单独打开鼠标上盖零件。在装配导航器上右击 ☑ 🗇 鼠标上盖,选择 🗐 在窗口中打开(D) 命令。

步骤 6:创建如图 8.84 所示的修剪体 1。选择 主页 功能选项卡"基本"区域中的 🗇 命令,选取实体作为目标对象,在 工具选项 下拉列表中选择 面或平面 类型,选取如图 8.85 所示的面作为工具对象,单击 ✕ 按钮使方向如图 8.85 所示,单击"确定"按钮完成修剪体 1 的创建。

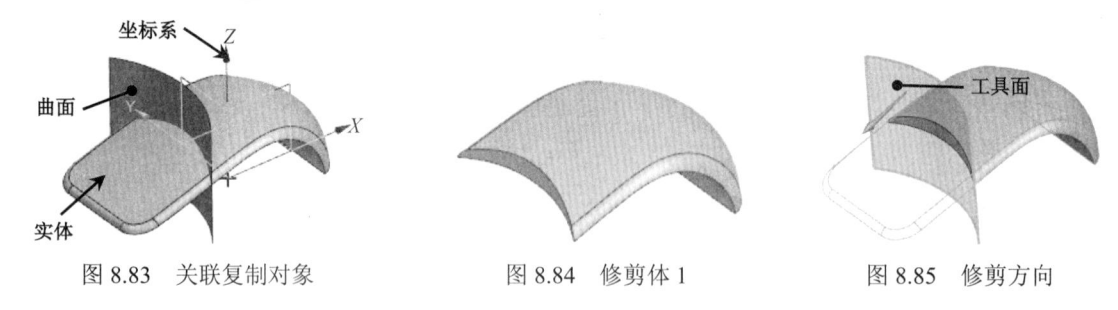

图 8.83　关联复制对象　　　　图 8.84　修剪体 1　　　　图 8.85　修剪方向

步骤 7:创建如图 8.86 所示的抽壳特征。单击 主页 功能选项卡"基本"区域中的 🗇 抽壳 按钮,在"抽壳"对话框"类型"下拉列表中选择"开放"类型,选取如图 8.87 所示的 3 个移除面,在"抽壳"对话框的"厚度"文本框中输入抽壳的厚度值 2,单击"确定"按钮,完成抽壳特征的创建。

图 8.86　抽壳特征　　　　　　　　图 8.87　移除面

步骤 8:将窗口切换到"三级控件"。

6. 创建鼠标左键

创建鼠标左键,如图 8.88 所示。

步骤 1:新建层。在"装配导航器"中右击 ☑ 🗇 三级控件 节点,在系统弹出的快捷菜单中依次选择 WAVE ▶→ 新建层 命令,系统会弹出"新建层"对话框。

步骤 2:指定部件名称。在"新建层"对话框中单击 指定部件名 命令,在系统弹出的"选择部件名"对话框中将保存位置设置为 D:\UG 曲面设计\work\ch08.03,在 文件名(N): 文本框中输入"鼠标左键",单击 确定 按钮完成部件名称的指定。

步骤 3:定义关联复制的对象。在"新建层"对话框中单击 类选择 按钮,系统会弹出"WAVE

部件间复制"对话框,在图形区选取如图 8.89 所示的实体、曲面与草图作为要关联复制的对象,单击 确定 按钮完成关联复制操作。

步骤 4:单击"新建层"对话框中的 确定 按钮完成新建与复制操作。

步骤 5:单独打开鼠标左键零件。在装配导航器上右击 ☑ 鼠标左键,选择 在窗口中打开(D) 命令。

步骤 6:创建如图 8.90 所示的修剪体 1。选择 主页 功能选项卡"基本"区域中的 命令,选取实体作为目标对象,在 工具选项 下拉列表中选择 面或平面 类型,选取如图 8.91 所示的面作为工具对象,单击 ☒ 按钮使方向如图 8.91 所示,单击"确定"按钮完成修剪体 1 的创建。

图 8.88　鼠标左键

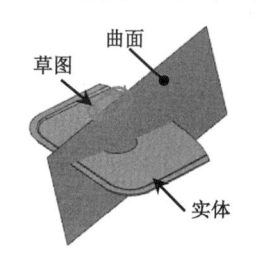

图 8.89　关联复制对象

图 8.90　修剪体 1

步骤 7:创建如图 8.92 所示的拉伸 1。单击 主页 功能选项卡"基本"区域中的 按钮,在系统的提示下选取步骤 3 复制的草图作为截面;在"拉伸"对话框"限制"区域的"终止"下拉列表中选择 贯通 选项,在"布尔"下拉列表中选择"减去";单击"确定"按钮,完成拉伸 1 的创建。

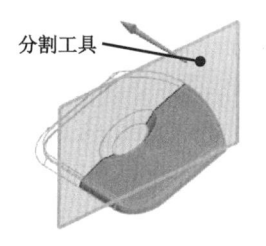

图 8.91　修剪方向

图 8.92　拉伸 1

步骤 8:创建如图 8.93 所示的边倒圆特征 1。单击 主页 功能选项卡"基本"区域中的 按钮,系统会弹出"边倒圆"对话框,在系统的提示下选取如图 8.94 所示的边线作为圆角

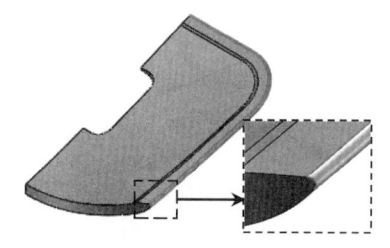

图 8.93　边倒圆特征 1

图 8.94　圆角对象

对象，在"边倒圆"对话框的"半径 1"文本框中输入圆角半径值 0.3，单击"确定"按钮完成边倒圆特征 1 的创建。

步骤 9：创建如图 8.95 所示的边倒圆特征 2。单击 主页 功能选项卡"基本"区域中的 🍩 按钮，系统会弹出"边倒圆"对话框，在系统的提示下选取如图 8.96 所示的边线作为圆角对象，在"边倒圆"对话框的"半径 1"文本框中输入圆角半径值 0.3，单击"确定"按钮完成边倒圆特征 2 的创建。

步骤 10：将窗口切换到"三级控件"。

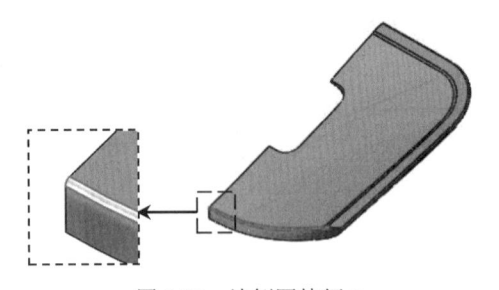

图 8.95 边倒圆特征 2

图 8.96 圆角对象

7. 创建鼠标右键

创建鼠标右键，如图 8.97 所示。

步骤 1：新建层。在"装配导航器"中右击 ☑ 🗀 三级控件 节点，在系统弹出的快捷菜单中依次选择 WAVE ▶ → 新建层 命令，系统会弹出"新建层"对话框。

步骤 2：指定部件名称。在"新建层"对话框中单击 指定部件名 命令，在系统弹出的"选择部件名"对话框中将保存位置设置为 D:\UG 曲面设计\work\ch08.03，在 文件名(N): 文本框中输入"鼠标右键"，单击 确定 按钮完成部件名称的指定。

步骤 3：定义关联复制的对象。在"新建层"对话框中单击 类选择 按钮，系统会弹出"WAVE 部件间复制"对话框，在图形区选取如图 8.98 所示的实体、曲面与草图作为要关联复制的对象，单击 确定 按钮完成关联复制操作。

步骤 4：单击"新建层"对话框中的 确定 按钮完成新建与复制操作。

步骤 5：单独打开鼠标右键零件。在装配导航器上右击 ☑ 🗀 鼠标右键 ，选择 🗔 在窗口中打开(D) 命令。

步骤 6：创建如图 8.99 所示的修剪体 1。选择 主页 功能选项卡"基本"区域中的 🍩 命令，

图 8.97 鼠标右键

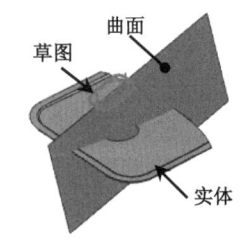

图 8.98 关联复制对象

图 8.99 修剪体 1

选取实体作为目标对象，在 工具选项 下拉列表中选择 面或平面 类型，选取如图 8.100 所示的面作为工具对象，单击 ⊠ 按钮使方向如图 8.100 所示，单击"确定"按钮完成修剪体 1 的创建。

步骤 7：创建如图 8.101 所示的拉伸 1。单击 主页 功能选项卡"基本"区域中的 按钮，在系统的提示下选取步骤 3 复制的草图作为截面；在"拉伸"对话框"限制"区域的"终止"下拉列表中选择 贯通 选项，在"布尔"下拉列表中选择"减去"；单击"确定"按钮，完成拉伸 1 的创建。

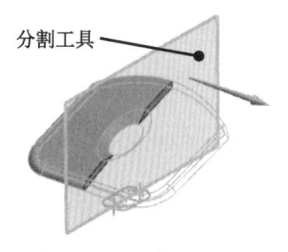

图 8.100　修剪方向

图 8.101　拉伸 1

步骤 8：创建如图 8.102 所示的边倒圆特征 1。单击 主页 功能选项卡"基本"区域中的 按钮，系统会弹出"边倒圆"对话框，在系统的提示下选取如图 8.103 所示的边线作为圆角对象，在"边倒圆"对话框的"半径 1"文本框中输入圆角半径值 0.3，单击"确定"按钮完成边倒圆特征 1 的创建。

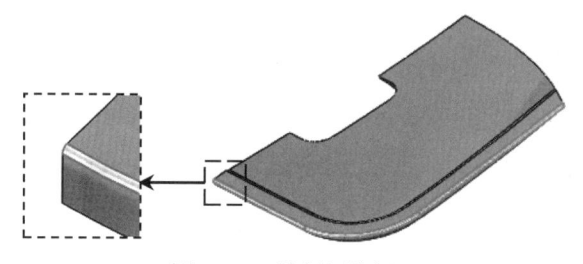

图 8.102　边倒圆特征 1

图 8.103　圆角对象

步骤 9：创建如图 8.104 所示的边倒圆特征 2。单击 主页 功能选项卡"基本"区域中的 按钮，系统会弹出"边倒圆"对话框，在系统的提示下选取如图 8.105 所示的边线作为圆角

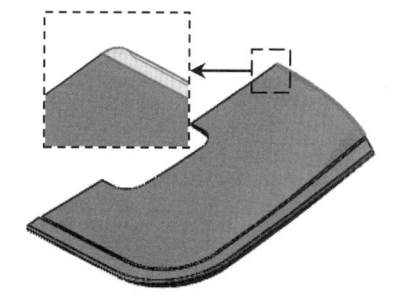

图 8.104　边倒圆特征 2

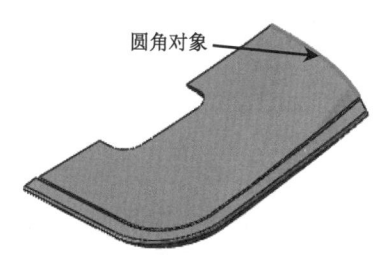

图 8.105　圆角对象

对象，在"边倒圆"对话框的"半径 1"文本框中输入圆角半径值 0.3，单击"确定"按钮完成边倒圆特征 2 的创建。

步骤 10：将窗口切换到"鼠标"。

8. 装配鼠标滚轮

装配鼠标滚轮，如图 8.106 所示。

步骤 1：引入鼠标滚轮组件。选择 装配 功能选项卡"基本"区域中的 "添加组件"命令，在"添加组件"对话框中单击 "打开"按钮，系统会弹出"部件名"对话框，选中"鼠标滚轮"组件，然后单击"确定"按钮。

步骤 2：调整鼠标滚轮组件位置。在"放置"区域选中"移动"单选项，确认"指定方位"被激活，此时在图形区可以看到调整的坐标系，通过拖动方向箭头与旋转球将模型值调整至如图 8.107 所示的大概方位，单击"确定"按钮完成操作。

步骤 3：定义中心约束。选择 装配 功能选项卡"位置"区域中的 "装配约束"命令，在"约束"区域选中 （中心）类型，在"子类型"下拉列表中选择 2 对 1，在绘图区选取鼠标滚轮左右两侧的端面与"ZX 平面"作为约束面，完成重合约束的添加，如图 8.108 所示，单击"确定"按钮完成约束的添加。

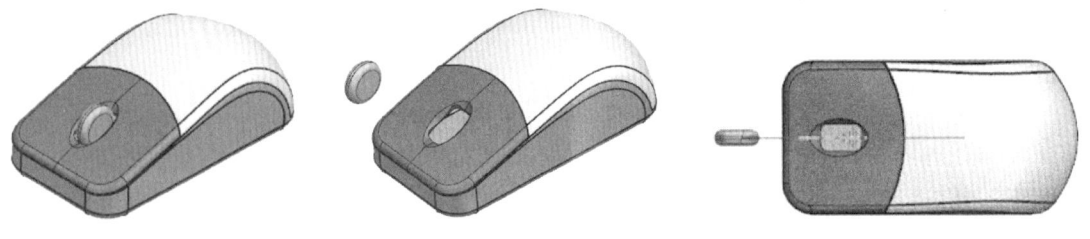

图 8.106　装配鼠标滚轮　　　图 8.107　引入鼠标滚轮组件　　　图 8.108　添加中心约束

步骤 4：定义距离约束 1。在"约束"区域选中 （距离）类型，在绘图区选取鼠标滚轮零件的"ZX 平面"与装配文件的"YZ 平面"作为约束面，在"距离"文本框中输入值 41，完成距离约束的添加，如图 8.109 所示。

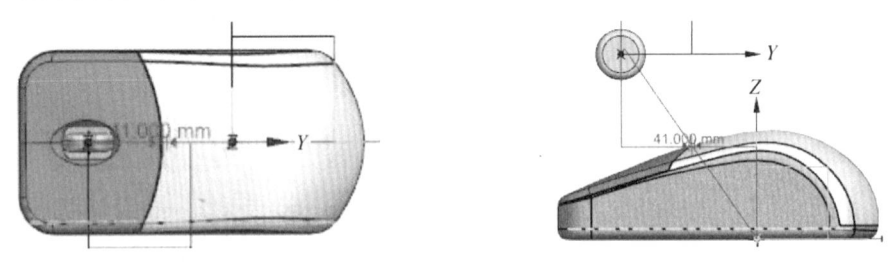

图 8.109　添加距离约束 1

步骤 5：定义距离约束 2。在"约束"区域选中 （距离）类型，在绘图区选取鼠标滚轮零件的"XY 平面"与装配文件的"XY 平面"作为约束面，在"距离"文本框中输入值 19，完成距离约束的添加，如图 8.110 所示，单击"确定"按钮完成约束的添加。

第8章 自顶向下的设计方法 285

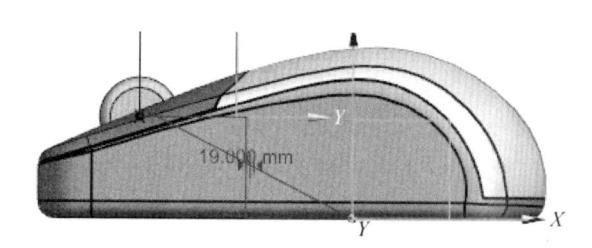

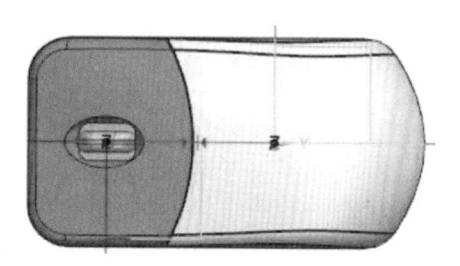

图 8.110 添加距离约束 2

第 9 章 UG NX 曲面设计综合案例

9.1 曲面设计综合案例：电话座机

案例概述：

本案例将介绍电话座机的创建过程。电话座机主要包含上盖、下盖、听筒键、上按键、下按键及电池盖等，各零件之间的配合要求与关联性相对较强，因此采用自顶向下的设计方法完成此产品。在创建各零件时主要使用拉伸、旋转、直纹、拔模、倒角、圆角、筋板、基准、投影曲线、修剪体等实体与曲面建模常用功能。电话座机主机如图 9.1 所示。

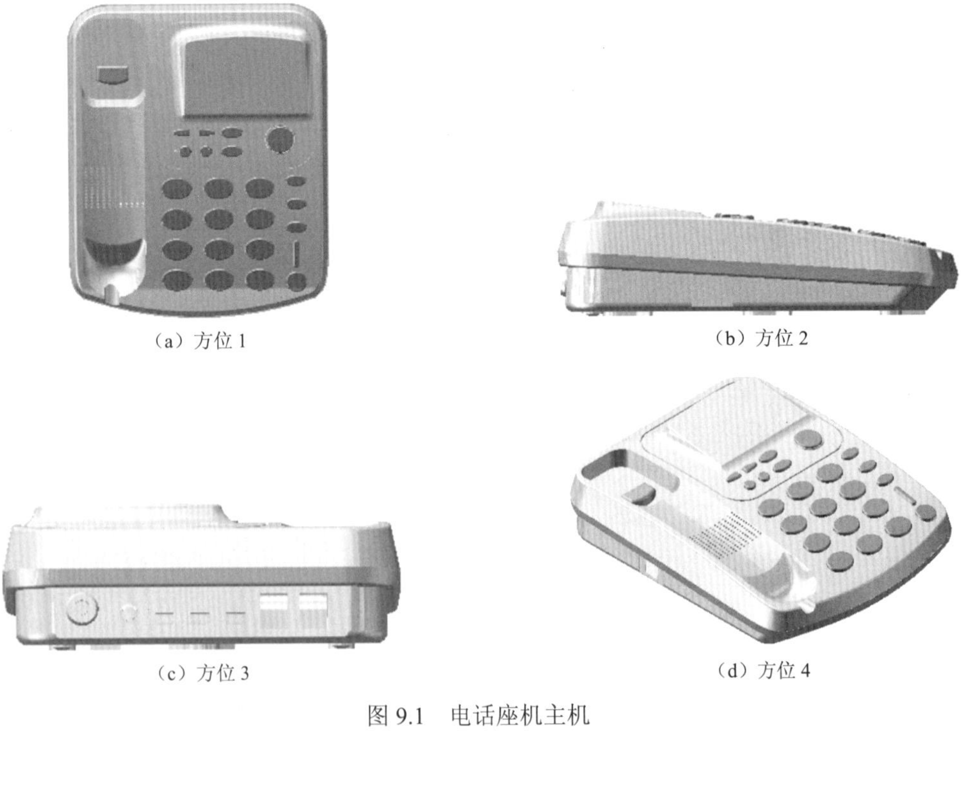

(a) 方位 1

(b) 方位 2

(c) 方位 3

(d) 方位 4

图 9.1 电话座机主机

第9章　UG NX曲面设计综合案例

1. 创建电话座机一级控件

创建电话座机一级控件，如图9.2所示。

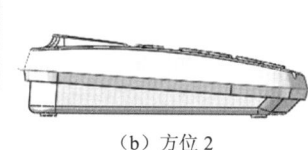

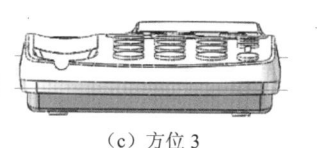

(a) 方位1　　(b) 方位2　　(c) 方位3　　(d) 方位4

图9.2　一级控件

步骤1：新建文件。选择"快速访问工具条"中的 命令，在"新建"对话框中选择"模型"模板，在名称文本框中输入"电话座机"，将工作目录设置为 D:\UG 曲面设计\work\ch09.01，然后单击"确定"按钮进入零件建模环境。

步骤2：定义如图9.3所示的草图1。单击 主页 功能选项卡"构造"区域中的草图 按钮，选取"XY平面"作为草图平面，绘制如图9.4所示的草图。

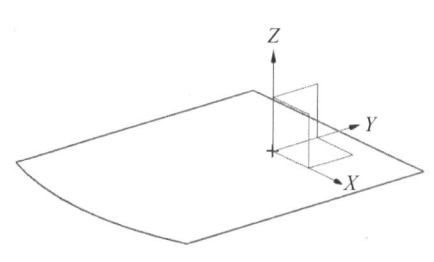

图9.3　草图1（三维）　　图9.4　草图1（平面）

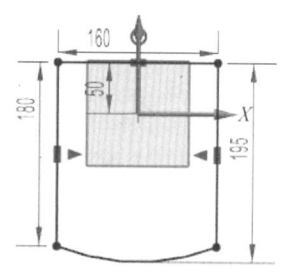

步骤3：创建基准面1。单击 主页 功能选项卡"构造"区域 下的 按钮，选择 基准平面 命令，在"类型"下拉列表中选择"按某一距离"类型，选取"XY平面"作为参考平面，在"偏置"区域的"距离"文本框中输入偏置距离值12，方向沿 z 轴正方向，单击"确定"按钮，完成基准面1的定义，如图9.5所示。

步骤4：定义如图9.6所示的草图2。单击 主页 功能选项卡"构造"区域中的草图 按钮，选取步骤2创建的基准面1作为草图平面，绘制如图9.7所示的草图。

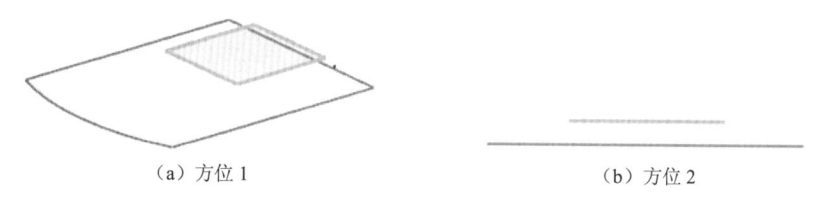

(a) 方位1　　(b) 方位2

图9.5　基准面1

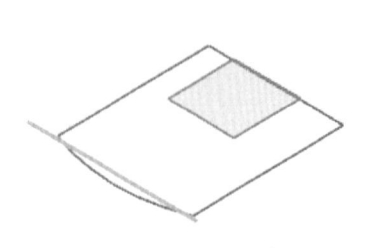

图 9.6　草图 2（三维）　　　　　　　　　图 9.7　草图 2（平面）

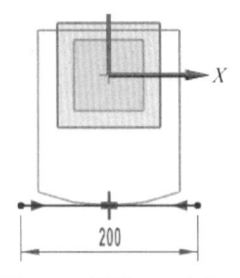

步骤 5：创建基准面 2。单击 主页 功能选项卡"构造"区域 ◇ 下的 · 按钮，选择 ◇ 基准平面 命令，在"类型"下拉列表中选择"成一角度"，选取步骤 3 创建的基准面 1 作为参考平面，选取步骤 4 创建的直线作为轴线参考，在"角度选项"下拉列表中选中"值"，在"角度"文本框中输入角度值 -3.5，方向如图 9.8 所示，单击"确定"按钮，完成基准面 2 的定义，如图 9.8 所示。

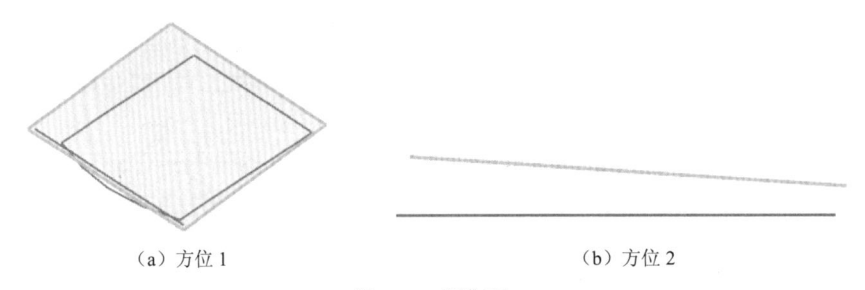

(a) 方位 1　　　　　　　　　　　　　(b) 方位 2

图 9.8　基准面 2

步骤 6：定义如图 9.9 所示的草图 3。单击 主页 功能选项卡"构造"区域中的草图 ❑ 按钮，选取步骤 5 创建的基准面 2 作为草图平面，绘制如图 9.10 所示的草图。

步骤 7：创建如图 9.11 所示的直纹 1。单击 曲面 功能选项卡"基本"区域中的"更多"节点，在弹出的下拉列表中选择 网格 区域中的 ◇ 直纹 命令，选取步骤 2 创建的草图 1 作为第一截面，控制点与方向如图 9.12 所示，选取步骤 6 创建的草图 3 作为第二截面，控制点与方向如图 9.12 所示，单击"确定"按钮，完成直纹 1 的创建。

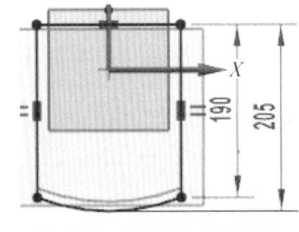

图 9.9　草图 3（三维）　　　图 9.10　草图 3（平面）　　　图 9.11　直纹 1

步骤 8：创建如图 9.13 所示的边倒圆特征 1。单击 主页 功能选项卡"基本"区域中的 ❑ 按钮，系统会弹出"边倒圆"对话框，在系统的提示下选取如图 9.14 所示的两条边线作为

圆角对象,在"边倒圆"对话框的"半径 1"文本框中输入圆角半径值 20,单击"确定"按钮,完成边倒圆特征 1 的创建。

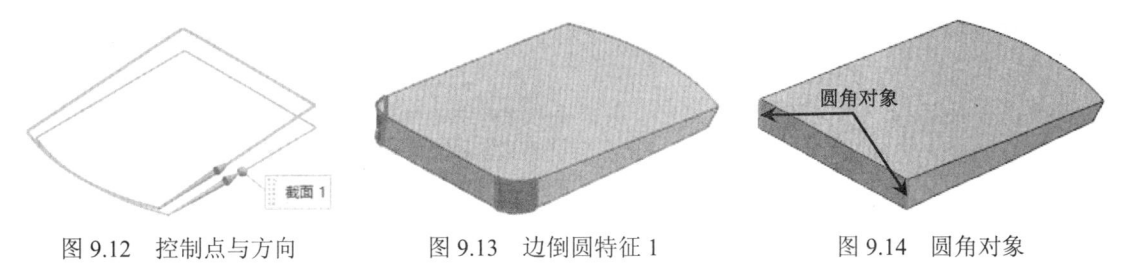

图 9.12 控制点与方向　　　图 9.13 边倒圆特征 1　　　图 9.14 圆角对象

步骤 9:创建如图 9.15 所示的边倒圆特征 2。单击 主页 功能选项卡"基本"区域中的 按钮,系统会弹出"边倒圆"对话框,在系统的提示下选取如图 9.16 所示的两条边线作为圆角对象,在"边倒圆"对话框的"半径 1"文本框中输入圆角半径值 10,单击"确定"按钮,完成边倒圆特征 2 的创建。

步骤 10:创建如图 9.17 所示的拉伸 1。单击 主页 功能选项卡"基本"区域中的 按钮,在系统的提示下选取如图 9.18 所示的模型表面作为草图平面,绘制如图 9.19 所示的草图;在"拉伸"对话框"限制"区域的"终止"下拉列表中选择 选项,在"距离"文本框中输入深度值 8,在"布尔"下拉列表中选择"合并";单击"确定"按钮,完成拉伸 1 的创建。

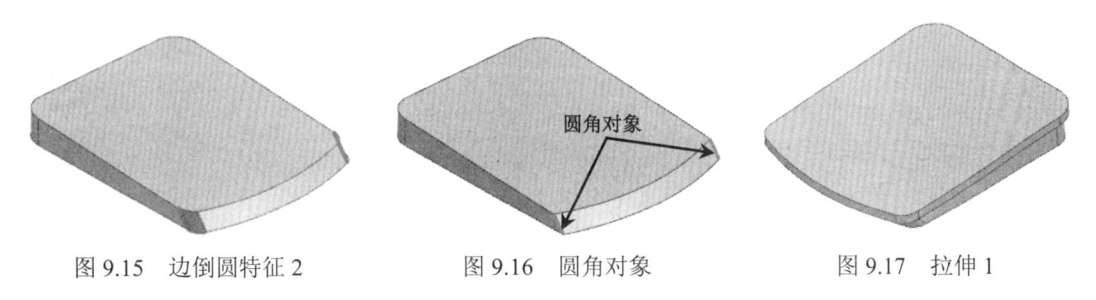

图 9.15 边倒圆特征 2　　　图 9.16 圆角对象　　　图 9.17 拉伸 1

步骤 11:创建如图 9.20 所示的拔模特征 1。单击 主页 功能选项卡"基本"区域中的 拔模 按钮,在"类型"下拉列表中选择"面",采用系统默认的拔模方向(方向沿 z 轴正方向),

图 9.18 草图平面　　　图 9.19 截面草图　　　图 9.20 拔模特征 1

在"拔模方法"下拉列表中选择"固定面",激活"选择固定面",选取如图 9.21 所示的面作为固定面,激活"要拔模的面"区域的"选择面",选取如图 9.21 所示的面作为拔模面(过滤器类型为相切面),在"拔模"对话框"角度1"文本框中输入拔模角度值-10(方向向外),单击"确定"按钮,完成拔模特征1的创建。

步骤12:创建如图 9.22 所示的拉伸 2。单击 主页 功能选项卡"基本"区域中的 按钮,在系统的提示下选取"YZ 平面"作为草图平面,绘制如图 9.23 所示的草图;在"拉伸"对话框"限制"区域的"终止"下拉列表中选择 对称值 选项,在"距离"文本框中输入深度值200,在"体类型"下拉列表中选择"片体",在"布尔"下拉列表中选择"无";单击"确定"按钮,完成拉伸 2 的创建。

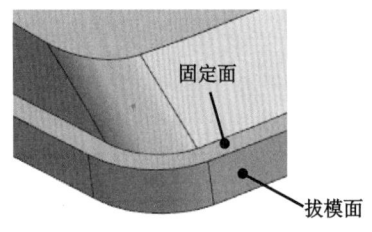

图 9.21 中性面与拔模面　　　　　　图 9.22 拉伸 2

步骤13:定义如图 9.24 所示的草图 4。单击 主页 功能选项卡"构造"区域中的草图 按钮,选取如图 9.24 所示的模型表面作为草图平面,绘制如图 9.25 所示的草图。

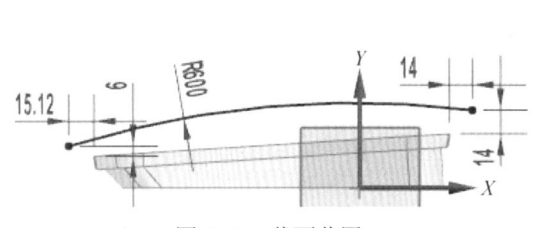

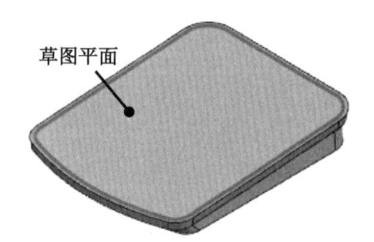

图 9.23 截面草图　　　　　　图 9.24 草图 4(三维)

步骤14:创建如图 9.26 所示的修剪曲面 1。选择 曲面 功能选项卡"组合"区域中的 命令,选取步骤 12 创建的曲面作为要修剪的目标对象并按鼠标中键确认,选取步骤 13 创建的草图 4 作为修剪的边界,在 投影方向 区域的 投影方向 下拉列表中选择 垂直于曲线平面,在 区域 区域选中 保留 单选项,确认中间部分作为要保留的区域,单击"确定"按钮,完成修剪曲面 1 的创建。

步骤15:创建如图 9.27 所示的直纹 2。单击 曲面 功能选项卡"基本"区域中的"更多"节点,在弹出的下拉列表中选择 网格 区域中的 直纹 命令,选取如图 9.28 所示面 1 的边作为第一截面,控制点与方向如图 9.28 所示,选取如图 9.28 所示的面 2 的边作为第二截面,控制点与方向如图 9.28 所示,单击"确定"按钮,完成直纹 2 的创建。

步骤16:创建如图 9.29 所示的有界平面 1。单击 曲面 功能选项卡"基本"区域中的"更

图 9.25 草图 4（平面）　　　图 9.26 修剪曲面 1　　　图 9.27 直纹 2

多"节点，在弹出的下拉列表中选择 填充 区域中的 有界平面 命令，在图形区选择如图 9.30 所示的边线作为参考对象，单击"确定"按钮，完成有界平面 1 的创建。

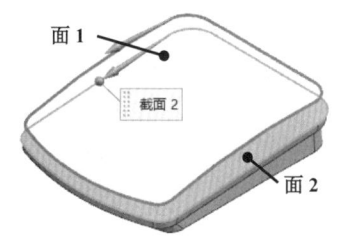

图 9.28 控制点与方向　　　图 9.29 有界平面 1　　　图 9.30 填充边界

步骤 17：创建缝合曲面 1。单击 曲面 功能选项卡"组合"区域中的 按钮，选取步骤 16 创建的有界平面作为目标对象，选取步骤 14 创建的修剪曲面与步骤 15 创建的直纹曲面作为工具对象，单击"确定"按钮，完成缝合曲面 1 的创建。

步骤 18：创建合并 1。单击 主页 功能选项卡"基本"区域中的 按钮，系统会弹出"合并"对话框，在系统"选择目标体"的提示下，选取如图 9.31 所示的实体 1 作为目标体，在系统"选择工具体"的提示下，选取如图 9.31 所示的实体 2 作为工具体，在"合并"对话框的"设置"区域中取消选中"保存目标"与"保存工具"复选框，单击"确定"按钮完成操作。

步骤 19：创建基准面 3。单击 主页 功能选项卡"构造"区域 下的 按钮，选择 基准平面 命令，在"类型"下拉列表中选择"按某一距离"，选取"XY 平面"作为参考平面，在"偏置"区域的"距离"文本框中输入偏置距离值 52，方向沿 z 轴正方向，单击"确定"按钮，完成基准面 3 的定义，如图 9.32 所示。

步骤 20：定义如图 9.33 所示的草图 5。单击 主页 功能选项卡"构造"区域中的草图 按钮，选取步骤 19 创建的基准面 3 作为草图平面，绘制如图 9.34 所示的草图。

步骤 21：创建基准面 4。单击 主页 功能选项卡"构造"区域 下的 按钮，选择 基准平面 命令，在"类型"下拉列表中选择"成一角度"，选取步骤 19 创建的基准面 3 作为参考平面，选取步骤 20 创建的直线作为轴线参考，在"角度选项"下拉列表中选中"值"，在"角度"

图 9.31 合并 1

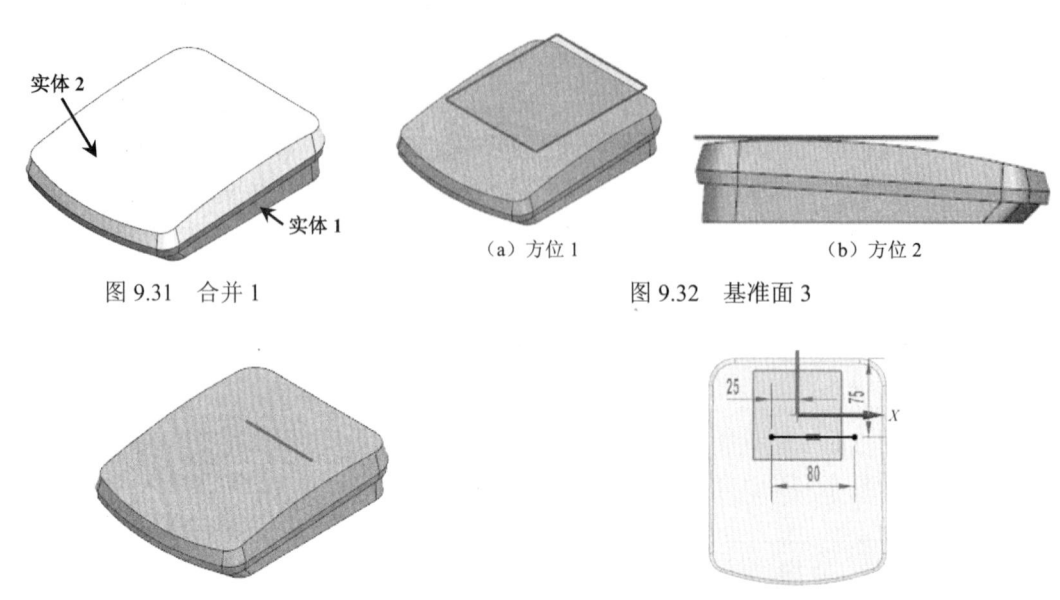

（a）方位 1　　　（b）方位 2

图 9.32 基准面 3

图 9.33 草图 5（三维）　　　图 9.34 草图 5（平面）

文本框中输入角度值-7，方向如图 9.35 所示，单击"确定"按钮，完成基准面 4 的定义。

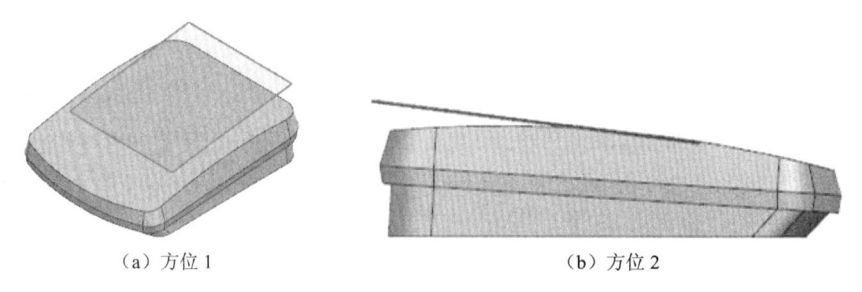

（a）方位 1　　　（b）方位 2

图 9.35 基准面 4

步骤 22：创建如图 9.36 所示的拉伸 3。单击 主页 功能选项卡"基本"区域中的 按钮，在系统的提示下选取步骤 21 创建的基准面 4 作为草图平面，绘制如图 9.37 所示的草图；在

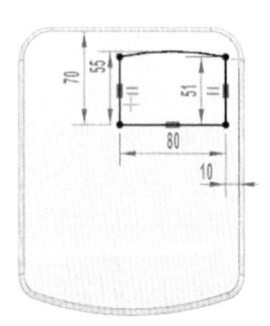

图 9.36 拉伸 3　　　图 9.37 截面草图

"拉伸"对话框"限制"区域的"终止"下拉列表中选择 直至下一个 选项,方向朝向实体,在"布尔"下拉列表中选择"合并";单击"确定"按钮,完成拉伸3的创建。

步骤23:创建如图9.38所示的拉伸4。单击 主页 功能选项卡"基本"区域中的 按钮,在系统的提示下选取步骤21创建的基准面4作为草图平面,绘制如图9.39所示的草图;拉伸方向朝向实体;在"限制"区域的"起始"下拉列表中选择 值,在"距离"文本框中输入值-5,在"终止"下拉列表中选择 偏离所选项 选项,选取如图9.38所示的面作为参考,在"距离"文本框中输入值2,在"布尔"下拉列表中选择"减去";在"偏置"区域的"偏置"下拉列表中选择"对称",在"结束"文本框中输入值1;单击"确定"按钮,完成拉伸4的创建。

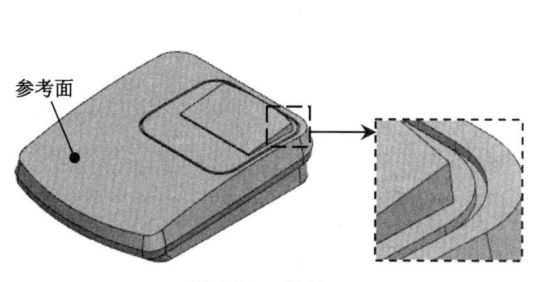

图9.38 拉伸4

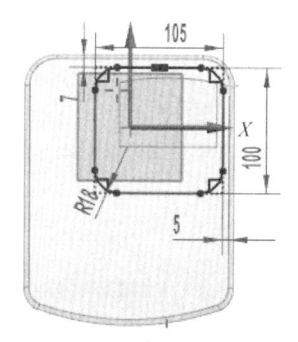

图9.39 截面草图

步骤24:创建如图9.40所示的边倒圆特征3。单击 主页 功能选项卡"基本"区域中的 按钮,系统会弹出"边倒圆"对话框,在系统的提示下选取如图9.41所示的边线(2条边线)作为圆角对象,在"边倒圆"对话框的"半径1"文本框中输入圆角半径值1,单击"确定"按钮完成边倒圆特征3的创建。

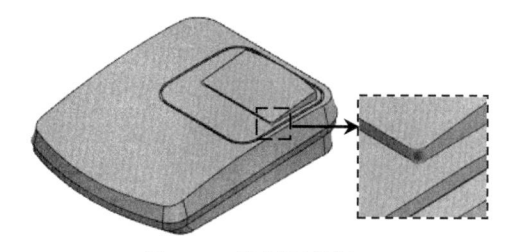

图9.40 边倒圆特征3

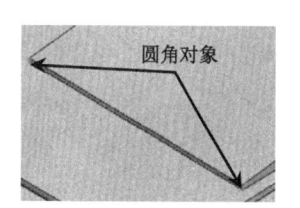

图9.41 圆角边线

步骤25:创建如图9.42所示的边倒圆特征4。单击 主页 功能选项卡"基本"区域中的 按钮,系统会弹出"边倒圆"对话框,在系统的提示下选取如图9.43所示的边线(2条边线)作为圆角对象,在"边倒圆"对话框的"半径1"文本框中输入圆角半径值5,单击"确定"按钮,完成边倒圆特征4的创建。

步骤26:创建如图9.44所示的边倒圆特征5。单击 主页 功能选项卡"基本"区域中的 按钮,系统会弹出"边倒圆"对话框,在系统的提示下选取如图9.45所示的边线作为圆角

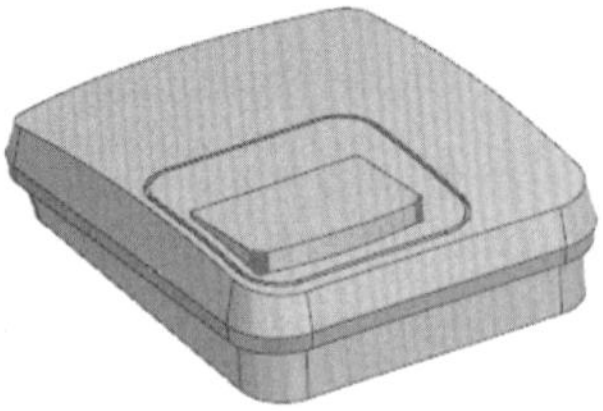

图9.42 边倒圆特征4 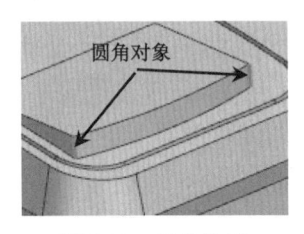　　　图9.43 圆角边线 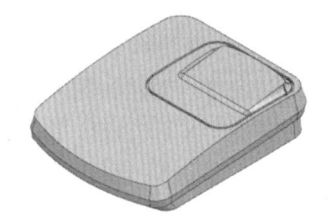　　　图9.44 边倒圆特征5

对象，在"边倒圆"对话框的"半径1"文本框中输入圆角半径值10，单击"确定"按钮，完成边倒圆特征5的创建。

步骤27：创建如图9.46所示的边倒圆特征6。单击 主页 功能选项卡"基本"区域中的 按钮，系统会弹出"边倒圆"对话框，在系统的提示下选取如图9.47所示的边线作为圆角对象，在"边倒圆"对话框的"半径1"文本框中输入圆角半径值1.5，单击"确定"按钮，完成边倒圆特征6的创建。

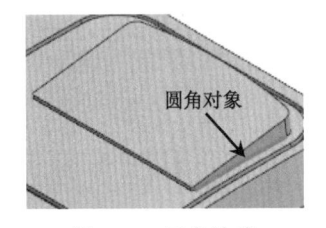

图9.45 圆角边线 　　　图9.46 边倒圆特征6 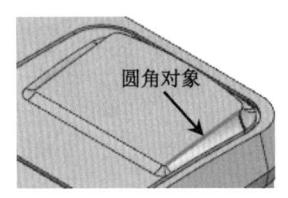　　　图9.47 圆角边线

步骤28：创建基准面5。单击 主页 功能选项卡"构造"区域 下的·按钮，选择 基准平面 命令，在"类型"下拉列表中选择"按某一距离"类型，选取"XY平面"作为参考平面，在"偏置"区域的"距离"文本框中输入偏置距离70，方向沿z轴正方向，单击"确定"按钮，完成基准面5的定义，如图9.48所示。

步骤29：创建如图9.49所示的拉伸5。单击 主页 功能选项卡"基本"区域中的 按钮，在系统的提示下选取步骤28创建的基准面5作为草图平面，绘制如图9.50所示的草图；在"拉伸"对话框"限制"区域的"起始"下拉列表中选择 值，在"距离"文本框中输入值0，在"终止"下拉列表中选择 直至下一个 选项，方向朝向实体，在"布尔"下拉列表中选

(a) 方位1 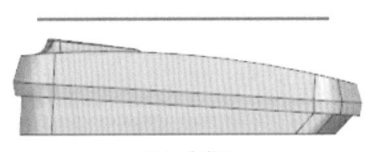　　　　　　　　(b) 方位2

图9.48 基准面5　　　　　　　　　　　　图9.49 拉伸5

择"无";单击"确定"按钮,完成拉伸 5 的创建。

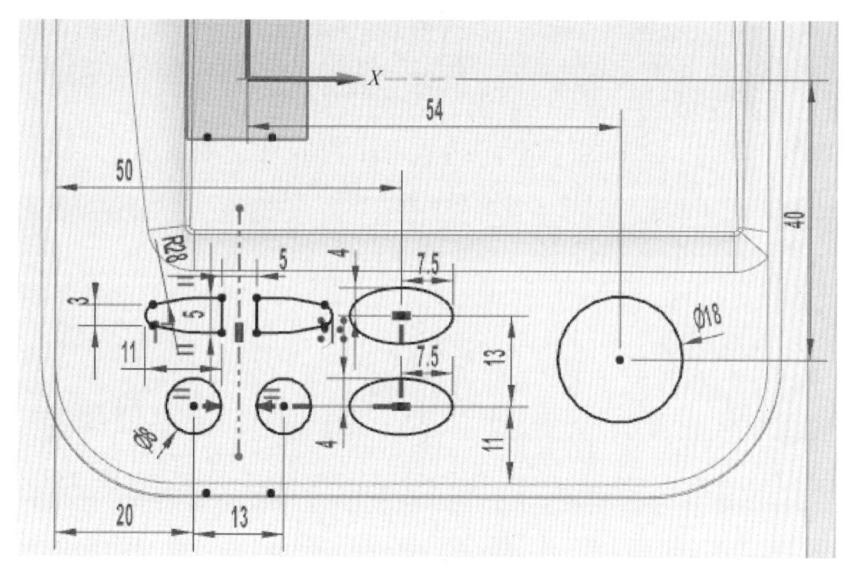

图 9.50 截面草图

步骤 30:创建如图 9.51 所示的偏置曲面 1。选择 曲面 功能选项卡"基本"区域中的 偏置曲面 命令,选取如图 9.52 所示的模型外表面作为要偏置的面,在"偏置 1"文本框中输入值 2,等距方向向外,单击"确定"按钮,完成偏置曲面 1 的创建。

（a）方位 1　　　　　　　　（b）方位 2

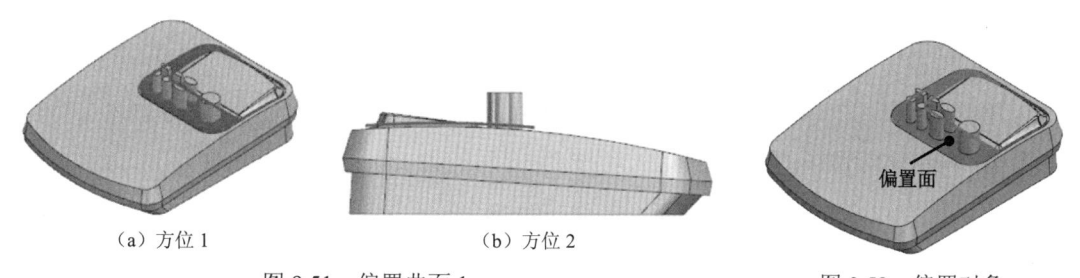

图 9.51　偏置曲面 1　　　　　　　　图 9.52　偏置对象

步骤 31:创建如图 9.53 所示的修剪体 1。选择 主页 功能选项卡"基本"区域中的 命令,选取步骤 29 创建的拉伸实体（共计 7 个）作为目标对象,在 工具选项 下拉列表中选择 面或平面 类型,选取步骤 30 创建的偏置曲面 1 作为工具对象,单击 按钮使方向如图 9.54 所示,单击"确定"按钮,完成修剪体 1 的创建。

步骤 32:创建合并 2。单击 主页 功能选项卡"基本"区域中的 按钮,系统会弹出"合并"对话框,在系统"选择目标体"的提示下,选取任意实体作为目标体,在系统"选择工具体"的提示下,框选其余的 7 个实体作为工具体,在"合并"对话框的"设置"区域中取消选中"保存目标"与"保存工具"复选框,单击"确定"按钮,完成操作。

步骤 33:创建如图 9.55 所示的拉伸 6。单击 主页 功能选项卡"基本"区域中的 按钮,在系统的提示下选取步骤 28 创建的基准面 5 作为草图平面，绘制如图 9.56 所示的草图；在"拉伸"对话框"限制"区域的"终止"下拉列表中选择 直至下一个 选项，方向朝向实体，在"布尔"下拉列表中选择"无"；单击"确定"按钮，完成拉伸 6 的创建。

步骤 34：创建如图 9.57 所示的偏置曲面 2。选择 曲面 功能选项卡"基本"区域中的 偏置曲面 命令，选取如图 9.58 所示的模型外表面作为要偏置的面，在"偏置 1"文本框中输入值 2，等距方向向外，单击"确定"按钮，完成偏置曲面 2 的创建。

图 9.53　修剪体 1　　　　图 9.54　修剪方向　　　　图 9.55　拉伸 6

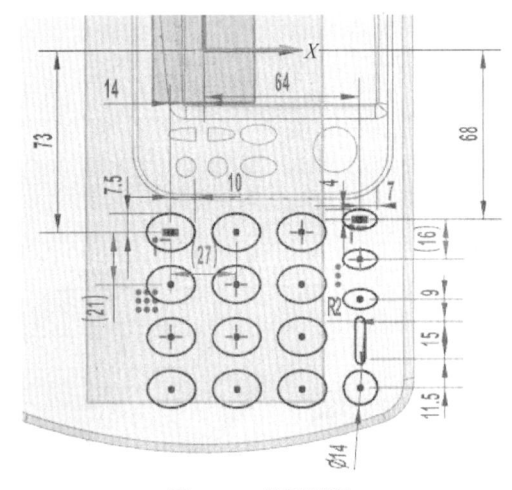

图 9.56　截面草图　　　　　　　　　　图 9.57　偏置曲面 2

步骤 35：创建如图 9.59 所示的修剪体 2。选择 主页 功能选项卡"基本"区域中的 命令，选取步骤 33 创建的拉伸实体（共计 17 个）作为目标对象，在 工具选项 下拉列表中选择 面或平面 类型，选取步骤 34 创建的偏置曲面 2 作为工具对象，单击 × 按钮使方向如图 9.60 所

图 9.58　偏置对象　　　　图 9.59　修剪体 2　　　　图 9.60　修剪方向

示，单击"确定"按钮，完成修剪体 2 的创建。

步骤 36：创建合并 3。单击 主页 功能选项卡"基本"区域中的 按钮，系统会弹出"合并"对话框，在系统"选择目标体"的提示下，选取任意实体作为目标体，在系统"选择工具体"的提示下，框选其余的 17 个实体作为工具体，在"合并"对话框的"设置"区域中取消选中"保存目标"与"保存工具"复选框，单击"确定"按钮，完成操作。

步骤 37：创建基准面 6。单击 主页 功能选项卡"构造"区域 下的·按钮，选择 基准平面 命令，在"类型"下拉列表中选择"按某一距离"类型，选取"XY 平面"作为参考平面，在"偏置"区域的"距离"文本框中输入偏置距离值 35，方向沿 z 轴正方向，单击"确定"按钮，完成基准面 6 的定义，如图 9.61 所示。

步骤 38：定义如图 9.62 所示的草图 6。单击 主页 功能选项卡"构造"区域中的草图 按钮，选取步骤 37 创建的基准面 6 作为草图平面，绘制如图 9.63 所示的草图。

（a）方位 1　　　　　　（b）方位 2

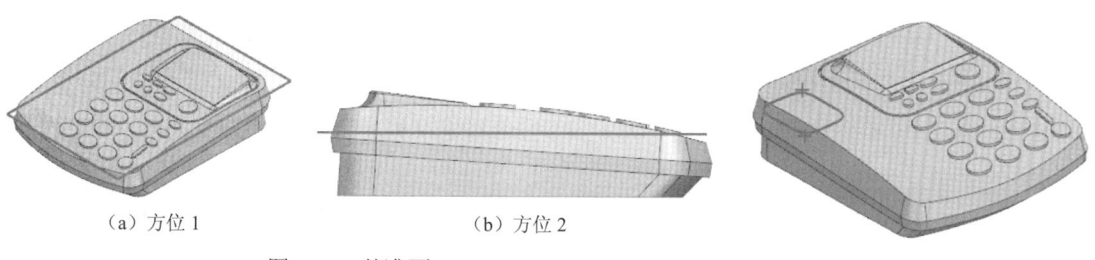

图 9.61　基准面 6　　　　　　图 9.62　草图 6（三维）

步骤 39：创建基准面 7。单击 主页 功能选项卡"构造"区域 下的·按钮，选择 基准平面 命令，在"类型"下拉列表中选择"按某一距离"，选取"XY 平面"作为参考平面，在"偏置"区域的"距离"文本框中输入偏置距离值 53，方向沿 z 轴正方向，单击"确定"按钮，完成基准面 7 的创建，如图 9.64 所示。

（a）方位 1　　　　　　（b）方位 2

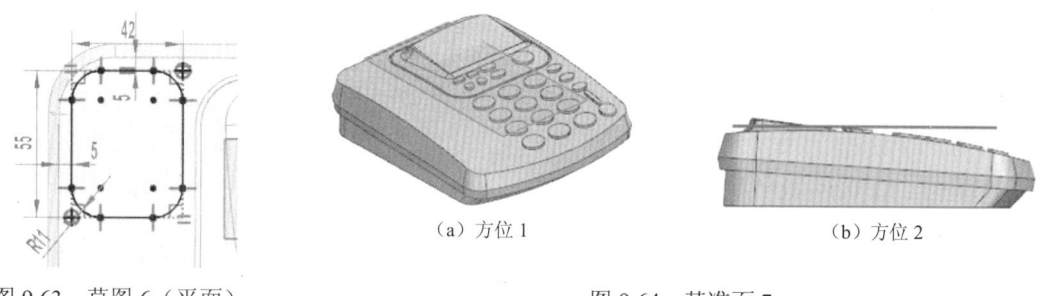

图 9.63　草图 6（平面）　　　　　　图 9.64　基准面 7

步骤 40：定义如图 9.65 所示的草图 7。单击 主页 功能选项卡"构造"区域中的草图 按钮，选取步骤 39 创建的基准面 7 作为草图平面，绘制如图 9.66 所示的草图。

步骤 41：创建如图 9.67 所示的直纹 3。单击 曲面 功能选项卡"基本"区域中的"更多"节点，在弹出的下拉列表中选择 网格 区域中的 直纹 命令，选取步骤 40 创建的草图 7 作为第一截面，控制点与方向如图 9.68 所示，选取步骤 38 创建的草图 6 作为第二截面，控制点与方向如图 9.68 所示，单击"确定"按钮，完成直纹 3 的创建。

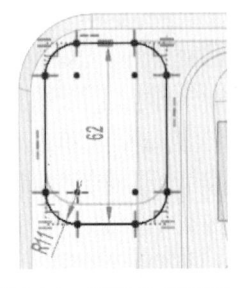

图 9.65　草图 7（三维）　　　图 9.66　草图 7（平面）　　　图 9.67　直纹 3

步骤 42：创建如图 9.69 所示的减去 1。单击 主页 功能选项卡"基本"区域中的 按钮，系统会弹出"减去"对话框，在系统"选择目标体"的提示下，选取如图 9.70 所示的实体 1 作为目标体，在系统"选择工具体"的提示下，选取如图 9.70 所示的实体 2 作为工具体，在"减去"对话框的"设置"区域中取消选中"保存目标"与"保存工具"复选框，单击"确定"按钮，完成操作。

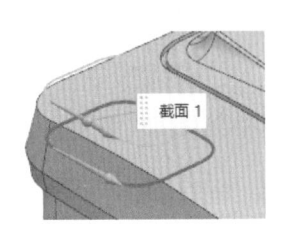

图 9.68　控制点与方向　　　图 9.69　减去 1　　　图 9.70　目标与工具体

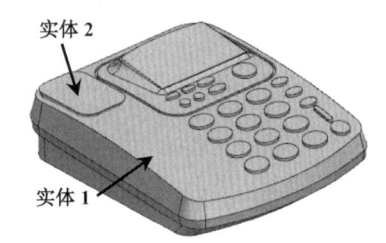

步骤 43：创建如图 9.71 所示的拉伸 7。单击 主页 功能选项卡"基本"区域中的 按钮，在系统的提示下选取步骤 28 创建的基准面 5 作为草图平面，绘制如图 9.72 所示的草图；在"拉伸"对话框"限制"区域的"终止"下拉列表中选择 值 选项，在"距离"文本框中输入深度值 65，方向朝向实体，在"体类型"下拉列表中选择"片体"；单击"确定"按钮，完成拉伸 7 的创建。

步骤 44：创建如图 9.73 所示的相交曲线 1。单击 曲线 功能选项卡 派生 区域中的 按

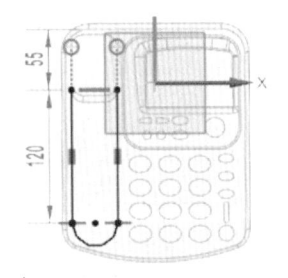

图 9.71　拉伸 7　　　图 9.72　截面草图　　　图 9.73　相交曲线 1

钮，选取如图 9.74 所示的面 1 与面 2（过滤器类型为单面）作为第 1 组相交面，按鼠标中键确认，选取如图 9.74 所示的面 3（过滤器类型为单面）作为第 2 组相交面，按鼠标中键确认，单击 <确定> 按钮，完成相交曲线 1 的创建。

步骤 45：创建如图 9.75 所示的基准面 8。单击 主页 功能选项卡"构造"区域 ◇ 下的 · 按钮，选择 ◇ 基准平面 命令，在"类型"下拉列表中选择"两直线"类型，选取如图 9.76 所示的直线 1 与直线 2 作为参考，单击"确定"按钮，完成基准面 8 的定义。

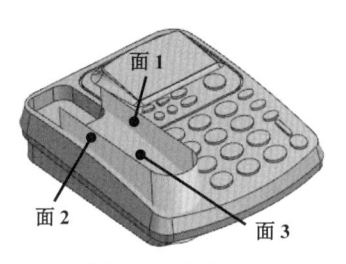

图 9.74 相交面

（a）方位 1　　（b）方位 2

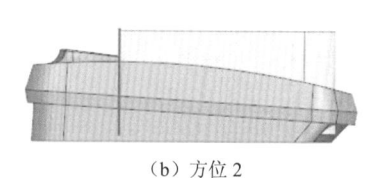

图 9.75 基准面 8

步骤 46：定义如图 9.77 所示的草图 8。单击 主页 功能选项卡"构造"区域中的草图 ✎ 按钮，选取步骤 45 创建的基准面 8 作为草图平面，绘制如图 9.78 所示的草图，圆弧的两个端点与步骤 44 创建的相交曲线的端点重合。

图 9.76 基准参考 　　图 9.77 草图 8（三维） 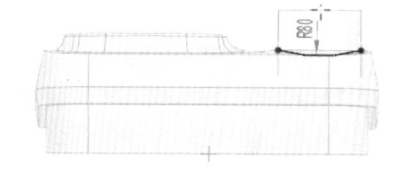　　图 9.78 草图 8（平面）

步骤 47：创建如图 9.79 所示的基准面 9。单击 主页 功能选项卡"构造"区域 ◇ 下的 · 按钮，选择 ◇ 基准平面 命令，在"类型"下拉列表中选择"两直线"类型，选取如图 9.80 所示的直线 1 与直线 2 作为参考，单击"确定"按钮，完成基准面 9 的创建。

（a）方位 1　　（b）方位 2

图 9.79 基准面 9　　图 9.80 基准参考

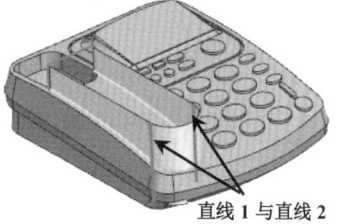

步骤 48：定义如图 9.81 所示的草图 9。单击 主页 功能选项卡"构造"区域中的草图 ✎ 按

钮，选取步骤47创建的基准面9作为草图平面，绘制如图9.82所示的草图，圆弧的两个端点与步骤44创建的相交曲线的端点重合。

步骤49：创建如图9.83所示的通过曲线网格1。选择 曲面 功能选项卡"基本"区域中的 命令，选取如图9.84所示的主曲线1与主曲线2，并分别单击鼠标中键确认，起始点与方向如图9.84所示，按鼠标中键完成主线串的选取，然后选取如图9.84所示的交叉曲线1与交叉曲线2，并分别单击鼠标中键确认，起始点与方向如图9.84所示，在 连续性 区域将所有位置均设置为 G0（位置），单击"确定"按钮，完成通过曲线网格1的创建。

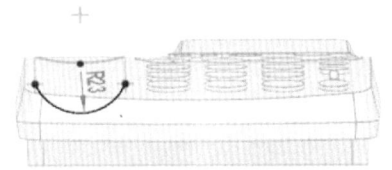

图9.81 草图9（三维）　　图9.82 草图9（平面）　　图9.83 通过曲线网格1

步骤50：创建如图9.85所示的相交曲线2。单击 曲线 功能选项卡 派生 区域中的 按钮，选取如图9.86所示的面1（过滤器类型为单面）作为第1组相交面，按鼠标中键确认，选取如图9.86所示的面2（过滤器类型为单面）作为第2组相交面，按鼠标中键确认，单击 <确定> 按钮，完成相交曲线2的创建。

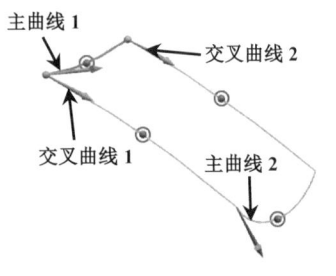

图9.84 主曲线与交叉曲线　　图9.85 相交曲线2　　图9.86 相交面

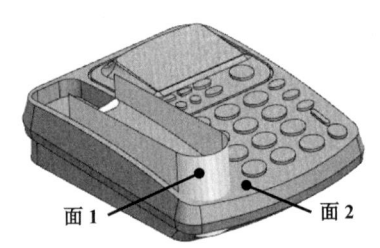

步骤51：创建如图9.87所示的通过曲线组曲面。选择 曲面 功能选项卡"基本"区域中的 命令，在系统的提示下，选取如图9.87所示的截面1与截面2（均在箭头所指的一侧

图9.87 通过曲线组曲面

选取截面），在 对齐 区域选中☑保留形状 复选框，在 对齐 下拉列表中选中 参数 选项，在 连续性 区域的 第一个截面 下拉列表中选择 G1 (相切)，选取如图 9.87 所示的面 1 作为参考，在 最后一个截面 下拉列表中选择 G0 (位置)，单击"确定"按钮，完成通过曲线组曲面的创建。

步骤 52：创建如图 9.88 所示的拉伸 8。单击 主页 功能选项卡"基本"区域中的 按钮，在系统的提示下选取"YZ 平面"作为草图平面，绘制如图 9.89 所示的草图；在"拉伸"对话框"限制"区域的"终止"下拉列表中选择 ⊢ 值 选项，在"距离"文本框中输入深度值 108，方向沿 x 轴负方向，在"体类型"下拉列表中选择"片体"；单击"确定"按钮，完成拉伸 8 的创建。

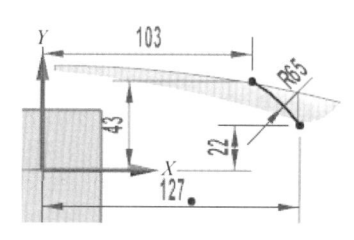

图 9.88　拉伸 8

图 9.89　截面草图

步骤 53：创建如图 9.90 所示的扫掠曲面 1。单击 曲面 功能选项卡"基本"区域中的 按钮，在系统的提示下选取如图 9.90 所示的边线 1 作为扫掠截面，在"扫掠"对话框"引导线"区域激活 选择曲线，选取如图 9.90 所示的边线 2 与边线 3 作为扫掠引导线，其他参数采用系统默认，单击"确定"按钮，完成扫掠曲面 1 的创建。

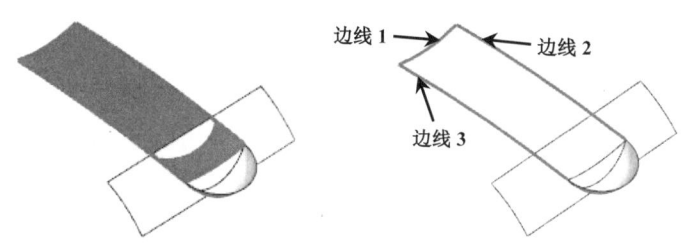

图 9.90　扫掠曲面 1

步骤 54：创建如图 9.91 所示的修剪曲面 1。选择 曲面 功能选项卡"组合"区域中的 命令，选取步骤 53 创建的扫掠曲面 1 作为要修剪的目标对象并按鼠标中键确认，选取步骤 52 创建的拉伸曲面作为修剪的边界，在 投影方向 区域的 投影方向 下拉列表中选择 垂直于面，在 区域 区域选中◉ 保留 单选项，确认左侧部分作为要保留的区域，单击"确定"按钮，完成修剪曲面 1 的创建。

步骤 55：创建如图 9.92 所示的修剪曲面 2。选择 曲面 功能选项卡"组合"区域中的 修剪和延伸 命令，在"类型"下拉列表中选择 制作拐角 类型，选取如图 9.93 所示的面 1 作为目标对象，方向如图 9.93 所示，选取如图 9.93 所示的面 2 作为工具对象，方向如图 9.93 所示，单击"确定"按钮，完成修剪与延伸的创建。

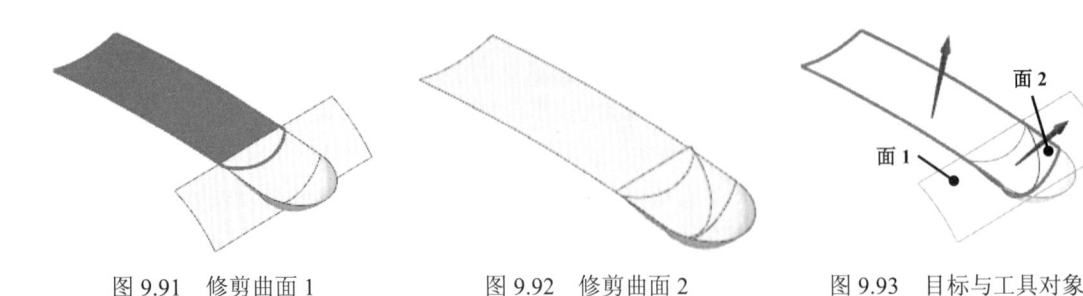

图 9.91　修剪曲面 1　　　　　图 9.92　修剪曲面 2　　　　　图 9.93　目标与工具对象

步骤 56：创建如图 9.94 所示的修剪曲面 3。选择 曲面 功能选项卡"组合"区域中的 命令，选取步骤 55 创建的修剪曲面 2 作为要修剪的目标对象并按鼠标中键确认，选取步骤 54 创建的修剪曲面 1 作为修剪的边界，在 投影方向 区域的 投影方向 下拉列表中选择 垂直于面 ，在 区域 区域选中 保留 单选项，确认下方部分作为要保留的区域，单击"确定"按钮，完成修剪曲面 3 的创建。

步骤 57：创建缝合曲面 1。单击 曲面 功能选项卡"组合"区域中的 缝合 按钮，选取如图 9.94 所示的面 1 作为目标对象，选取如图 9.94 所示的面 2、面 3 作为工具对象，单击"确定"按钮，完成缝合曲面 1 的创建。

步骤 58：创建如图 9.95 所示的修剪曲面 4。选择 曲面 功能选项卡"组合"区域中的 命令，选取步骤 43 创建的拉伸曲面 1 作为要修剪的目标对象并按鼠标中键确认，选取步骤 57 创建的缝合曲面 1 作为修剪的边界，在 投影方向 区域的 投影方向 下拉列表中选择 垂直于面 ，在 区域 区域选中 保留 单选项，选取上方部分作为要保留的区域，在"设置"区域的"公差"文本框中输入值 0.5，单击"确定"按钮完成修剪曲面 4 的创建。

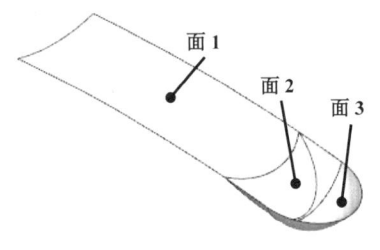

图 9.94　修剪曲面 3　　　　　　　　　　　图 9.95　修剪曲面 4

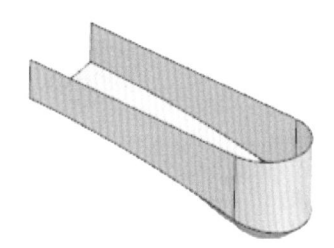

步骤 59：创建缝合曲面 2。单击 曲面 功能选项卡"组合"区域中 缝合 按钮，选取步骤 58 创建的修剪曲面 4 作为目标对象，选取步骤 57 创建的缝合曲面 1 作为工具对象，单击"确定"按钮，完成缝合曲面 2 的创建。

步骤 60：创建如图 9.96 所示的修剪体 3。选择 主页 功能选项卡"基本"区域中的 命令，选取图形区的实体作为目标对象，在 工具选项 下拉列表中选择 面或平面 类型，选取步骤 59 创建的缝合曲面 2 作为工具对象，方向如图 9.97 所示，单击"确定"按钮，完成修剪体 3 的创建。

图 9.96　修剪体 3　　　　　　　　　　图 9.97　修剪方向

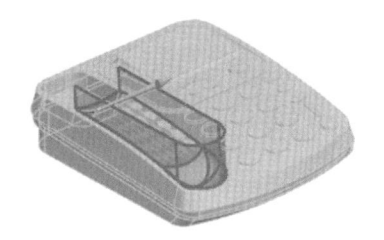

步骤 61：创建如图 9.98 所示的基准面 10。单击 主页 功能选项卡"构造"区域 下的·按钮，选择 基准平面 命令，在"类型"下拉列表中选择"按某一距离"类型，选取如图 9.99 所示的参考基准面，在"偏置"区域的"距离"文本框中输入偏置距离值 140，方向沿 y 轴负方向，单击"确定"按钮，完成基准面 10 的定义。

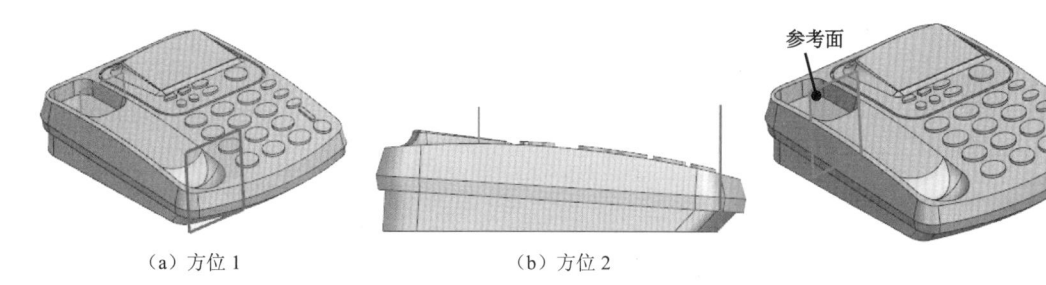

(a) 方位 1　　　　(b) 方位 2

图 9.98　基准面 10　　　　　　　　　　图 9.99　参考面

步骤 62：创建如图 9.100 所示的拉伸 9。单击 主页 功能选项卡"基本"区域中的 按钮，在系统的提示下选取步骤 61 创建的基准面 10 作为草图平面，绘制如图 9.101 所示的草图；在"拉伸"对话框"限制"区域的"终止"下拉列表中选择 对称值 选项，在"距离"文本框中输入深度值 30，在"布尔"下拉列表中选择"减去"；单击"确定"按钮，完成拉伸 9 的创建。

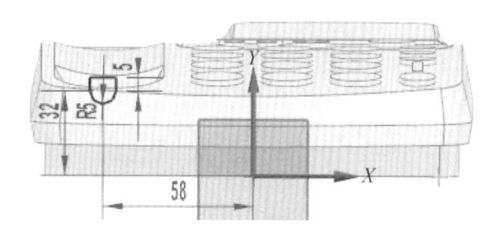

图 9.100　拉伸 9　　　　　　　　　　图 9.101　截面轮廓

步骤 63：创建如图 9.102 所示的边倒圆特征 7。单击 主页 功能选项卡"基本"区域中的 按钮，系统会弹出"边倒圆"对话框，在系统的提示下选取如图 9.103 所示的边线作为圆角对象，在"边倒圆"对话框的"半径 1"文本框中输入圆角半径值 5，单击"确定"按钮，完成边倒圆特征 7 的创建。

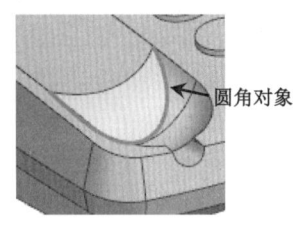

图 9.102　边倒圆特征 7　　　　图 9.103　圆角对象　　　　图 9.104　边倒圆特征 8

步骤 64：创建如图 9.104 所示的边倒圆特征 8。单击 主页 功能选项卡"基本"区域中的 ◎ 按钮，系统会弹出"边倒圆"对话框，在系统的提示下选取如图 9.105 所示的边线作为圆角对象，在"边倒圆"对话框的"半径 1"文本框中输入圆角半径值 2，单击"确定"按钮，完成边倒圆特征 8 的创建。

步骤 65：创建如图 9.106 所示的边倒圆特征 9。单击 主页 功能选项卡"基本"区域中的 ◎ 按钮，系统会弹出"边倒圆"对话框，在系统的提示下选取如图 9.107 所示的边线作为圆角对象，在"边倒圆"对话框的"半径 1"文本框中输入圆角半径值 1，单击"确定"按钮，完成边倒圆特征 9 的创建。

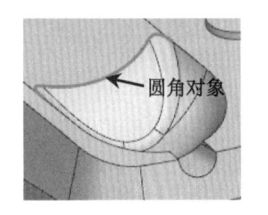

图 9.105　圆角对象　　　　图 9.106　边倒圆特征 9　　　　图 9.107　圆角对象

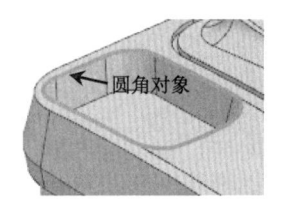

步骤 66：创建如图 9.108 所示的边倒圆特征 10。单击 主页 功能选项卡"基本"区域中的 ◎ 按钮，系统会弹出"边倒圆"对话框，在系统的提示下选取如图 9.109 所示的边线作为圆角对象，在"边倒圆"对话框的"半径 1"文本框中输入圆角半径值 2，单击"确定"按钮，完成边倒圆特征 10 的创建。

步骤 67：创建如图 9.110 所示的边倒圆特征 11。单击 主页 功能选项卡"基本"区域中的 ◎ 按钮，系统会弹出"边倒圆"对话框，在系统的提示下选取如图 9.111 所示的边线作为圆角对象，在"边倒圆"对话框的"半径 1"文本框中输入圆角半径值 5，单击"确定"按

图 9.108　边倒圆特征 10　　　　图 9.109　圆角对象　　　　图 9.110　边倒圆特征 11

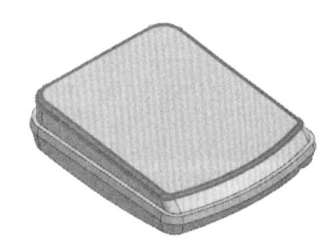

钮，完成边倒圆特征 11 的创建。

步骤 68：创建如图 9.112 所示的拉伸 10。单击 主页 功能选项卡"基本"区域中的 按钮，在系统的提示下选取如图 9.112 所示的模型表面作为草图平面，绘制如图 9.113 所示的草图；在"拉伸"对话框"限制"区域的"终止"下拉列表中选择 值 选项，在"距离"文本框中输入深度值 2，在"布尔"下拉列表中选择"合并"；单击"确定"按钮，完成拉伸 10 的创建。

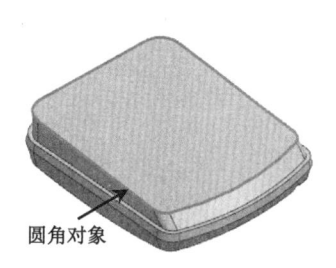

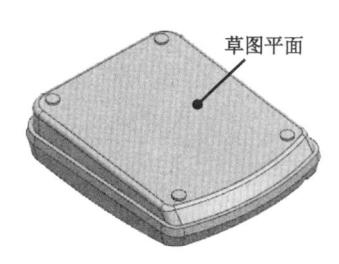

图 9.111　圆角对象　　　　图 9.112　拉伸 10　　　　图 9.113　截面轮廓

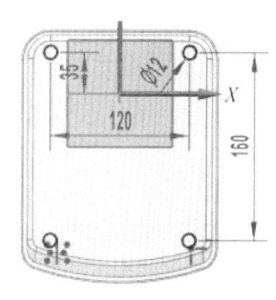

步骤 69：创建如图 9.114 所示的拉伸 11。单击 主页 功能选项卡"基本"区域中的 按钮，在系统的提示下选取"YZ 平面"作为草图平面，绘制如图 9.115 所示的草图；在"拉伸"对话框"限制"区域的"终止"下拉列表中选择 对称值 选项，在"距离"文本框中输入深度值 240，在"体类型"下拉列表中选择"片体"，在"布尔"下拉列表中选择"无"；单击"确定"按钮，完成拉伸 11 的创建。

图 9.114　拉伸 11　　　　　　　图 9.115　截面草图

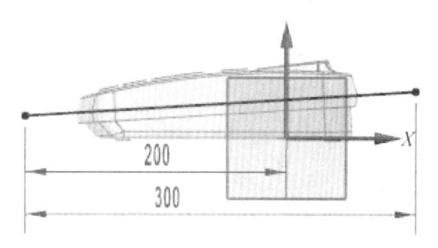

2. 创建电话座机二级控件

创建电话座机二级控件，如图 9.116 所示。

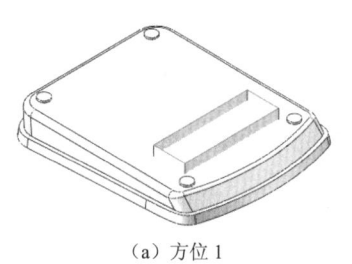

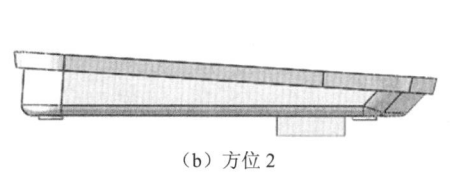

（a）方位 1　　　　　　（b）方位 2　　　　　　（c）方位 3

图 9.116　二级控件

步骤 1：新建层。在"装配导航器"中右击 ☑️📱电话座机 节点，在系统弹出的快捷菜单中依次选择 WAVE ▶→ 新建层 命令，系统会弹出"新建层"对话框。

步骤 2：指定部件名称。在"新建层"对话框中单击 指定部件名 命令，在系统弹出的"选择部件名"对话框中将保存位置设置为 D:\UG 曲面设计\work\ch09.01，在 文件名(N): 文本框中输入"二级控件"，单击 确定 按钮，完成部件名称的指定。

步骤 3：定义关联复制的对象。在"新建层"对话框中单击 类选择 按钮，系统会弹出"WAVE 部件间复制"对话框，在图形区选取实体、上一节步骤 69 创建的拉伸曲面及基准坐标系作为要关联复制的对象，单击 确定 按钮，完成关联复制操作。

步骤 4：单击"新建层"对话框中的 确定 按钮完成新建与复制操作。

步骤 5：单独打开二级控件零件。在装配导航器上右击 ☑️📄二级控件，选择 📄 在窗口中打开(D) 命令。

步骤 6：创建如图 9.117 所示的修剪体 1。选择 主页 功能选项卡"基本"区域中的 🔷命令，选取实体作为目标对象，在 工具选择 下拉列表中选择 面或平面 类型，选取如图 9.118 所示的面作为工具对象，单击 ✖ 按钮使方向如图 9.118 所示，单击"确定"按钮，完成修剪体 1 的创建。

步骤 7：创建如图 9.119 所示的拉伸 1。单击 主页 功能选项卡"基本"区域中的 🏠 按钮，在系统的提示下选取如图 9.119 所示的模型表面作为草图平面，绘制如图 9.120 所示的草图；在"拉伸"对话框"限制"区域的"起始"下拉列表中选择 ⊢ 值 选项，在"距离"文本框中输入深度值-2，在"终止"下拉列表中选择 ⊢ 值 选项，在"距离"文本框中输入深度值 10，在"体类型"下拉列表中选择"片体"；单击"确定"按钮，完成拉伸 1 的创建。

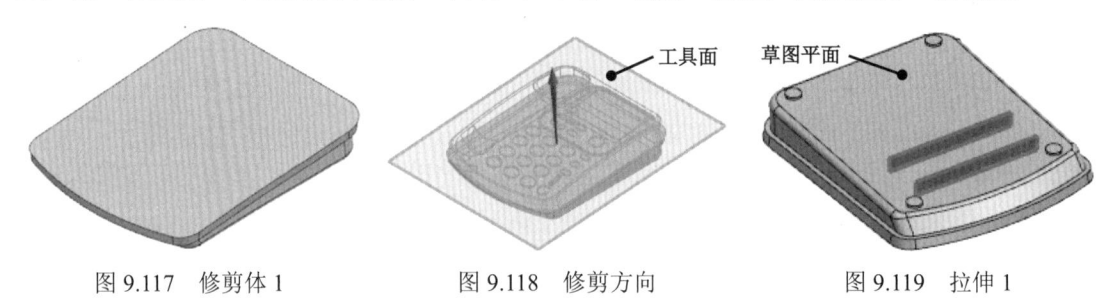

图 9.117　修剪体 1　　　　图 9.118　修剪方向　　　　图 9.119　拉伸 1

步骤 8：创建如图 9.121 所示的拉伸 2。单击 主页 功能选项卡"基本"区域中的 🏠 按钮，在系统的提示下选取"YZ 平面"作为草图平面，绘制如图 9.122 所示的草图；在"拉伸"对话框"限制"区域的"终止"下拉列表中选择 ⊣⊢ 对称值 选项，在"距离"文本框中输入深度值 105，在"体类型"下拉列表中选择"片体"；单击"确定"按钮，完成拉伸 2 的创建。

步骤 9：创建如图 9.123 所示的基准面 1。单击 主页 功能选项卡"构造"区域 ◇ 下的·按钮，选择 ◇ 基准平面 命令，在"类型"下拉列表中选择"两直线"，选取如图 9.124 所示的直线 1 与直线 2 作为参考，单击"确定"按钮，完成基准面 1 的创建。

步骤 10：定义如图 9.125 所示的有界平面草图 1。单击 主页 功能选项卡"构造"区域中的草图 ✏️ 按钮，选取步骤 9 创建的"基准面 1"作为草图平面，绘制如图 9.126 所示的草图。

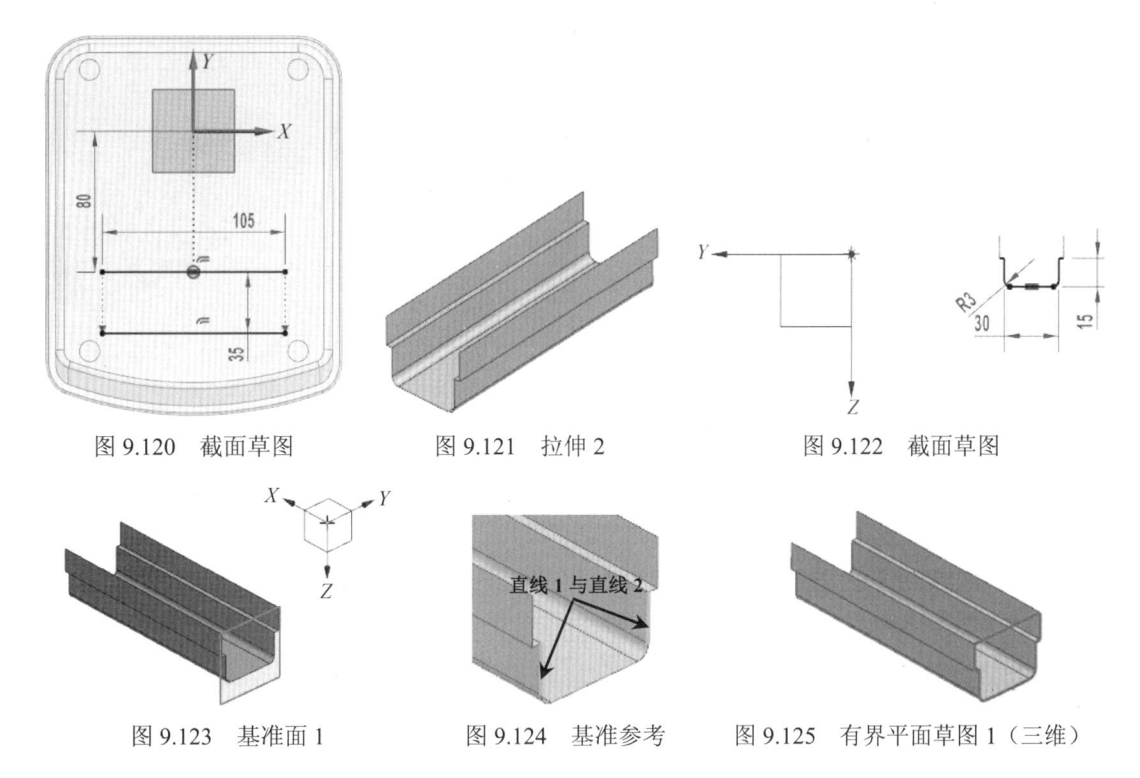

第9章　UG NX曲面设计综合案例　307

图 9.120　截面草图　　图 9.121　拉伸 2　　图 9.122　截面草图

图 9.123　基准面 1　　图 9.124　基准参考　　图 9.125　有界平面草图 1（三维）

步骤 11：创建如图 9.127 所示的有界平面 1。单击 曲面 功能选项卡"基本"区域中的"更多"节点，在弹出的下拉列表中选择 填充 区域中的 有界平面 命令，在图形区选择步骤 10 创建的有界平面草图 1 作为参考对象，单击"确定"按钮完成有界平面 1 的创建。

步骤 12：创建如图 9.128 所示的基准面 2。单击 主页 功能选项卡"构造"区域 下的 · 按钮，选择 基准平面 命令，在"类型"下拉列表中选择"两直线"类型，选取如图 9.129 所示的直线 1 与直线 2 作为参考，单击"确定"按钮，完成基准面 2 的定义。

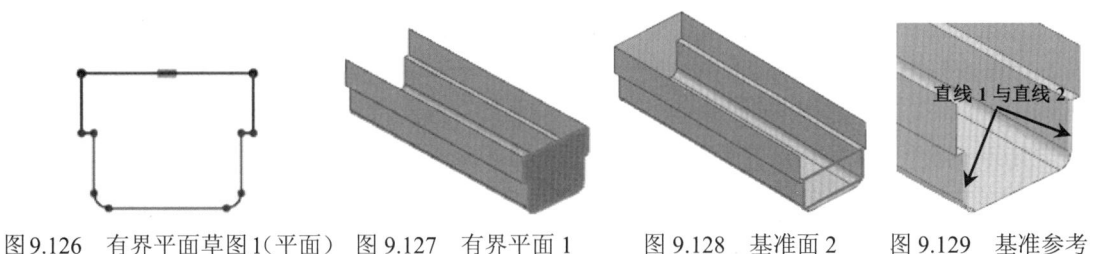

图 9.126　有界平面草图1（平面）　图 9.127　有界平面 1　图 9.128　基准面 2　图 9.129　基准参考

步骤 13：定义如图 9.130 所示的有界平面草图 2。单击 主页 功能选项卡"构造"区域中的草图 按钮，选取步骤 12 创建的"基准面 2"作为草图平面，绘制如图 9.131 所示的有界平面草图 2。

步骤 14：创建如图 9.132 所示的有界平面 2。单击 曲面 功能选项卡"基本"区域中的"更多"节点，在弹出的下拉列表中选择 填充 区域中的 有界平面 命令，在图形区选择步骤 13

创建的有界平面草图 2 作为参考对象，单击"确定"按钮，完成有界平面 2 的创建。

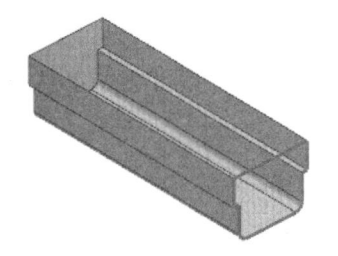

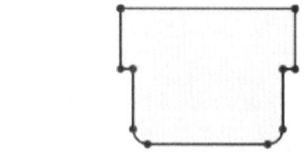

图 9.130　有界平面草图 2（三维）　　图 9.131　有界平面草图 2（平面）　　图 9.132　有界平面 2

步骤 15：创建缝合曲面 1。单击 曲面 功能选项卡"组合"区域中的 缝合 按钮，选取步骤 8 创建的拉伸曲面作为目标对象，选取步骤 7 创建的拉伸曲面、步骤 11 与步骤 14 创建的有界平面作为工具对象；单击"确定"按钮，完成缝合曲面 1 的创建。

步骤 16：将窗口切换到"电话座机"。

3. 创建电话座机上盖零件

创建电话座机上盖零件，如图 9.133 所示。

步骤 1：新建层。在"装配导航器"中右击 电话座机 节点，在系统弹出的快捷菜单中依次选择 WAVE → 新建层 命令，系统会弹出"新建层"对话框。

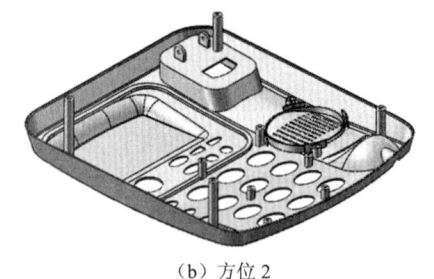

(a) 方位 1　　(b) 方位 2

图 9.133　上盖零件

步骤 2：指定部件名称。在"新建层"对话框中单击 指定部件名 命令，在系统弹出的"选择部件名"对话框中将保存位置设置为 D:\UG 曲面设计\work\ch09.01，在 文件名(N): 文本框中输入"电话座机上盖"，单击 确定 按钮，完成部件名称的指定。

步骤 3：定义关联复制的对象。在"新建层"对话框中单击 类选择 按钮，系统会弹出"WAVE 部件间复制"对话框，在图形区选取如图 9.134 所示的实体、拉伸曲面及基准坐标系作为要关联复制的对象，单击 确定 按钮完成关联复制操作。

步骤 4：单击"新建层"对话框中的 确定 按钮完成新建与复制操作。

步骤 5：单独打开电话座机上盖零件。在装配导航器上右击 电话座机上盖，选择 在窗口中打开(D) 命令。

步骤 6：创建如图 9.135 所示的修剪体 1。选择 主页 功能选项卡"基本"区域中的 命令，选取实体作为目标对象，在 工具选项 下拉列表中选择 面或平面 类型，选取如图 9.134 所示的曲面作为工具对象，单击☒按钮使方向如图 9.136 所示，单击"确定"按钮，完成修剪体 1 的创建。

图 9.134　关联复制对象　　　　图 9.135　修剪体 1　　　　图 9.136　修剪方向

步骤 7：创建偏置曲面 1。选择 曲面 功能选项卡"基本"区域中的 ◆偏置曲面 命令，选取如图 9.137 所示的按键表面作为要偏置的面，在"偏置 1"文本框中输入值 0，单击"确定"按钮，完成偏置曲面 1 的创建。

步骤 8：创建基准面 1。单击 主页 功能选项卡"构造"区域 ◇ 下的·按钮，选择 ◇ 基准平面 命令，在"类型"下拉列表中选择"按某一距离"，选取"XY 平面"作为参考平面，在"偏置"区域的"距离"文本框中输入偏置距离值 100，方向沿 z 轴正方向，单击"确定"按钮，完成基准面 1 的定义，如图 9.138 所示。

（a）方位 1　　　　　　　（b）方位 2

图 9.137　偏置曲面（隐藏实体后）　　　　图 9.138　基准面 1

步骤 9：创建如图 9.139 所示的拉伸 1。单击 主页 功能选项卡"基本"区域中的 按钮，在系统的提示下选取步骤 8 创建的"基准面 1"作为草图平面，绘制如图 9.140 所示的草图；在"拉伸"对话框"限制"区域的"终止"下拉列表中选择 直至延伸部分 选项，选取如图 9.139 所示的面作为参考，在"布尔"下拉列表中选择"减去"；单击"确定"按钮，完成拉伸 1 的创建。

步骤 10：创建如图 9.141 所示的拉伸 2。单击 主页 功能选项卡"基本"区域中的 按钮，在系统的提示下选取步骤 8 创建的"基准面 1"作为草图平面，绘制如图 9.142 所示的草图；在"拉伸"对话框"限制"区域的"终止"下拉列表中选择 直至延伸部分 选项，选取如图 9.141 所示的面作为参考，在"布尔"下拉列表中选择"减去"；单击"确定"按钮，完成拉伸 2 的创建。

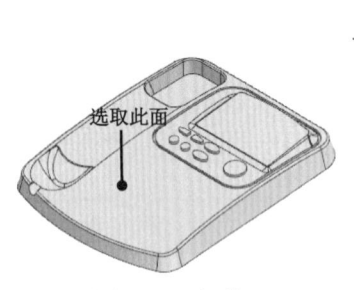

图 9.139　拉伸 1　　　　　图 9.140　截面轮廓　　　　　图 9.141　拉伸 2

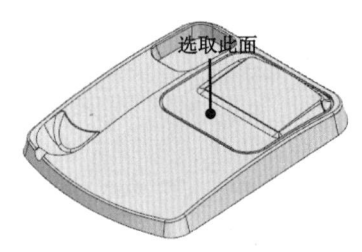

步骤 11：创建如图 9.143 所示的抽壳特征。单击 主页 功能选项卡"基本"区域中的 抽壳 按钮，在"抽壳"对话框"类型"下拉列表中选择"开放"，选取如图 9.144 所示的移除面，在"抽壳"对话框的"厚度"文本框中输入抽壳的厚度值 1，单击"确定"按钮，完成抽壳特征的创建。

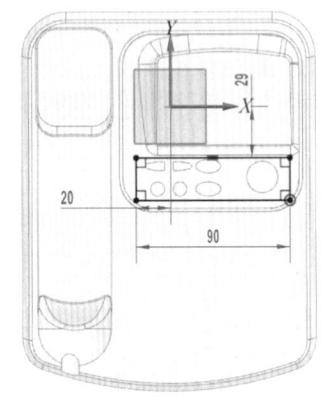

图 9.142　截面轮廓　　　　　图 9.143　抽壳特征　　　　　图 9.144　移除面

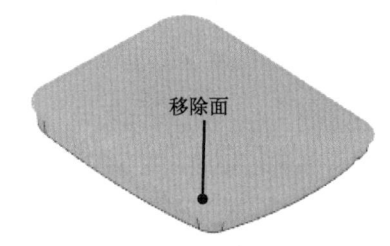

步骤 12：创建如图 9.145 所示的拉伸 3。单击 主页 功能选项卡"基本"区域中的 按钮，在系统的提示下选取"XY 平面"作为草图平面，绘制如图 9.146 所示的草图；在"拉伸"

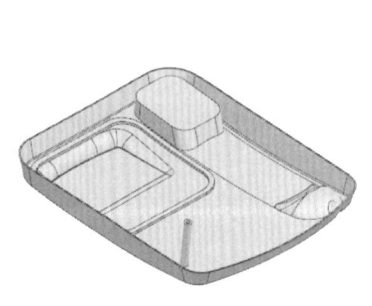

图 9.145　拉伸 3　　　　　　　　　图 9.146　截面轮廓

对话框"限制"区域的"终止"下拉列表中选择 ⊥ 直至下一个 选项，方向朝向实体，在"布尔"下拉列表中选择"合并"；在 偏置 下拉列表中选择"两侧"类型，将开始值设置为 0，将结束值设置为-1.5（方向向内）；单击"确定"按钮，完成拉伸 3 的创建。

步骤 13：创建如图 9.147 所示的拉伸 4。单击 主页 功能选项卡"基本"区域中的 按钮，在系统的提示下选取"XY 平面"作为草图平面，绘制如图 9.148 所示的草图；在"拉伸"对话框"限制"区域的"起始"下拉列表中选择 ⊢ 值 选项，在"距离"文本框中输入深度值 7，在"终止"下拉列表中选择 ⊥ 直至下一个 选项，方向朝向实体，在"布尔"下拉列表中选择"合并"；在 偏置 下拉列表中选择"两侧"类型，将开始值设置为 0，将结束值设置为-1.5（方向向内）；单击"确定"按钮，完成拉伸 4 的创建。

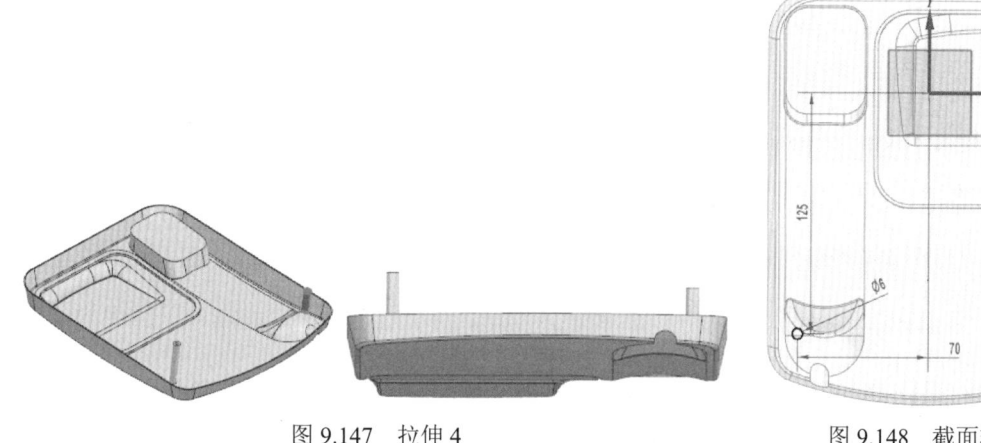

图 9.147　拉伸 4　　　　　　　　　　图 9.148　截面轮廓

步骤 14：创建如图 9.149 所示的拉伸 5。单击 主页 功能选项卡"基本"区域中的 按钮，在系统的提示下选取"XY 平面"作为草图平面，绘制如图 9.150 所示的草图；在"拉伸"对话框"限制"区域的"起始"下拉列表中选择 ⊢ 值 选项，在"距离"文本框中输入深度值 7，在"终止"下拉列表中选择 ⊥ 直至下一个 选项，方向朝向实体，在"布尔"下拉列表中选择"合并"；在 偏置 下拉列表中选择"两侧"类型，将开始值设置为 0，将结束值设置为-1.5（方向向内）；单击"确定"按钮，完成拉伸 5 的创建。

步骤 15：创建如图 9.151 所示的拉伸 6。单击 主页 功能选项卡"基本"区域中的 按钮，在系统的提示下选取"XY 平面"作为草图平面，绘制如图 9.152 所示的草图；在"拉伸"对话框"限制"区域的"起始"下拉列表中选择 ⊢ 值 选项，在"距离"文本框中输入深度值 0，在"终止"下拉列表中选择 ⊥ 直至下一个 选项，方向朝向实体，在"布尔"下拉列表中选择"合并"；在 偏置 下拉列表中选择"两侧"类型，将开始值设置为 0，将结束值设置为-1.5（方向向内）；单击"确定"按钮，完成拉伸 6 的创建。

步骤 16：创建基准面 2。单击 主页 功能选项卡"构造"区域 下的 按钮，选择 基准平面 命令，在"类型"下拉列表中选择"按某一距离"类型，选取"YZ 平面"作为参考平面，在

图 9.149　拉伸 5 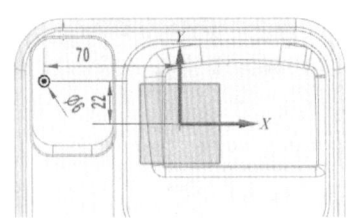　　　　图 9.150　截面轮廓 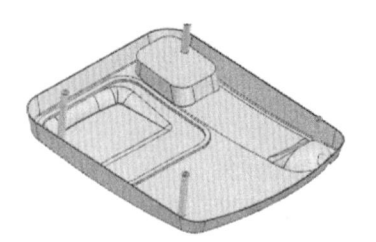　　　　图 9.151　拉伸 6

"偏置"区域的"距离"文本框中输入偏置距离值 56，方向沿 x 轴负方向，单击"确定"按钮，完成基准面 2 的创建，如图 9.153 所示。

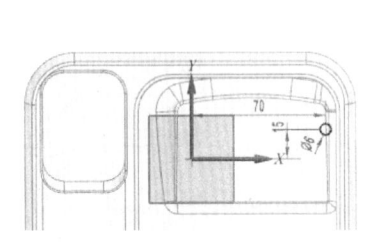

图 9.152　截面轮廓

(a) 方位 1　　　　(b) 方位 2

图 9.153　基准面 2

步骤 17：创建如图 9.154 所示的拉伸 7。单击 主页 功能选项卡"基本"区域中的 按钮，在系统的提示下选取步骤 16 创建的"基准面 2"作为草图平面，绘制如图 9.155 所示的草图；在"拉伸"对话框"限制"区域的"起始"下拉列表中选择 值 选项，在"距离"文本框中输入深度值 10，方向沿 x 轴负方向，在"终止"下拉列表中选择 值 选项，在"距离"文本框中输入深度值 12，在"布尔"下拉列表中选择"合并"；单击"确定"按钮，完成拉伸 7 的创建。

步骤 18：创建如图 9.156 所示的镜像 1。单击 主页 功能选项卡"基本"区域中的 镜像特征 按钮，系统会弹出"镜像特征"对话框，选取步骤 17 创建的拉伸作为要镜像的特征，在"镜像平面"区域的"平面"下拉列表中选择"现有平面"，激活"选择平面"，选取步骤 16 创建的"基准面 2"作为镜像平面，单击"确定"按钮，完成镜像 1 的创建。

图 9.154　拉伸 7 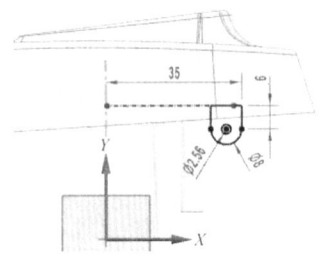　　　　图 9.155　截面轮廓 　　　　图 9.156　镜像 1

第9章　UG NX曲面设计综合案例

步骤19：创建如图9.157所示的拉伸8。单击 主页 功能选项卡"基本"区域中的 按钮，在系统的提示下选取如图9.157所示的模型表面作为草图平面，绘制如图9.158所示的草图；在"拉伸"对话框"限制"区域的"起始"下拉列表中选择 值 选项，在"距离"文本框中输入深度值0，在"终止"下拉列表中选择 直至下一 选项，方向朝向实体，在"布尔"下拉列表中选择"减去"；单击"确定"按钮，完成拉伸8的创建。

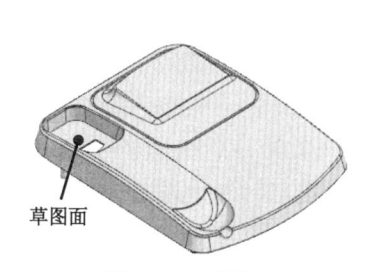

图9.157　拉伸8

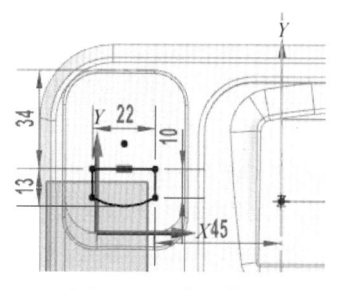

图9.158　截面轮廓

步骤20：创建如图9.159所示的拉伸9。单击 主页 功能选项卡"基本"区域中的 按钮，在系统的提示下选取如图9.159所示的模型表面作为草图平面，绘制如图9.160所示的草图；在"拉伸"对话框"限制"区域的"起始"下拉列表中选择 值 选项，在"距离"文本框中输入深度值0，在"终止"下拉列表中选择 值 选项，在"距离"文本框中输入深度值1，方向朝向实体，在"布尔"下拉列表中选择"减去"；在 偏置 下拉列表中选择"对称"类型，将结束值设置为0.4；单击"确定"按钮，完成拉伸9的创建。

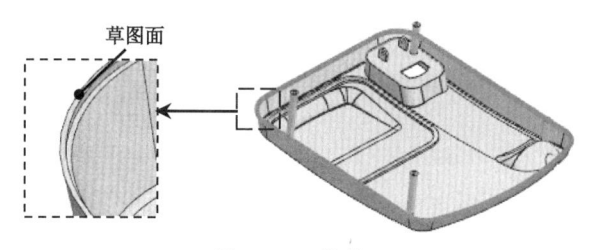

图9.159　拉伸9

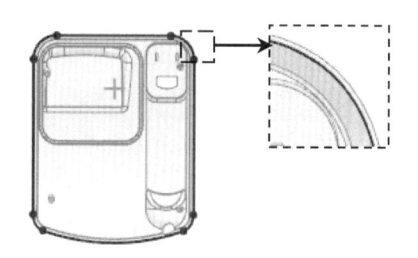

图9.160　截面草图

步骤21：创建基准面3。单击 主页 功能选项卡"构造"区域 下的 按钮，选择 基准平面 命令，在"类型"下拉列表中选择"成一定角度"类型，选取"XY平面"作为参考平面，选取x轴作为参考轴，在"角度选项"下拉列表中选择 值 选项，在"角度"文本框中输入值-8，方向如图9.161所示，单击"确定"按钮，完成基准面3的定义，如图9.161所示。

步骤22：创建如图9.162所示的拉伸10。单击 主页 功能选项卡"基本"区域中的 按钮，在系统的提示下选取步骤21创建的基准面3作为草图平面，绘制如图9.163所示的草图；在"拉伸"对话框"限制"区域的"起始"下拉列表中选择 值 选项，在"距离"文本框中输入深度值50，在"终止"下拉列表中选择 直至下一 选项，方向朝向实体，在"布尔"下拉列表中选择"合并"；在 偏置 下拉列表中选择"两侧"类型，将开始值设置为0，将结束值设置为 0.5（方向向外）；单击"确定"按钮，完成拉伸 10 的创建。

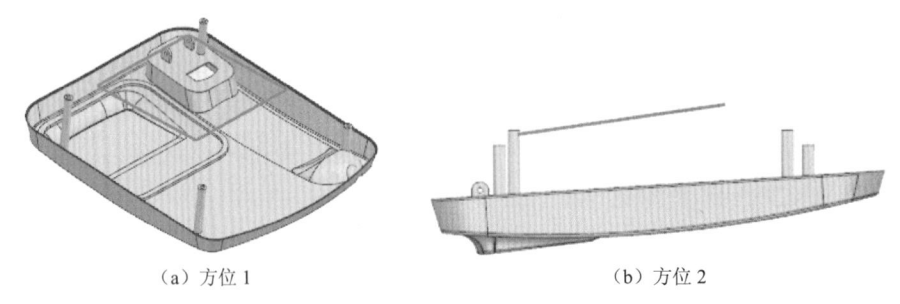

(a) 方位 1　　　　　　　　　(b) 方位 2

图 9.161　基准面 3

步骤 23：创建如图 9.164 所示的拉伸 11。单击 主页 功能选项卡"基本"区域中的 按钮，在系统的提示下选取步骤 21 创建的基准面 3 作为草图平面，绘制如图 9.165 所示的草图；在"拉伸"对话框"限制"区域的"起始"下拉列表中选择 值 选项，在"距离"文本框中输入深度值 48，在"终止"下拉列表中选择 直至下一个 选项，方向朝向实体，在"布尔"下拉列表中选择"合并"；在 偏置 下拉列表中选择"两侧"类型，将开始值设置为 0，将结束值设置为 0.5（方向向外）；单击"确定"按钮，完成拉伸 11 的创建。

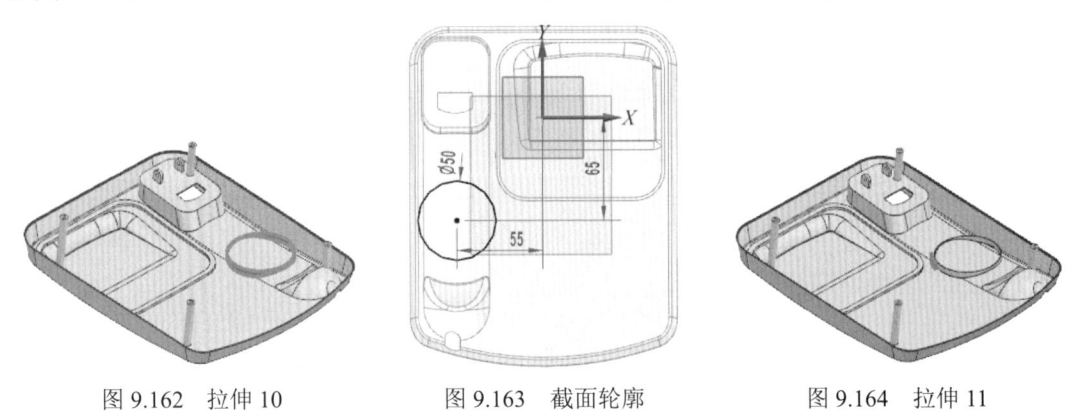

图 9.162　拉伸 10　　　　　图 9.163　截面轮廓　　　　　图 9.164　拉伸 11

步骤 24：创建如图 9.166 所示的拉伸 12。单击 主页 功能选项卡"基本"区域中的 按钮，在系统的提示下选取步骤 21 创建的基准面 3 作为草图平面，绘制如图 9.167 所示的草图；在"拉伸"对话框"限制"区域的"起始"下拉列表中选择 值 选项，在"距离"文

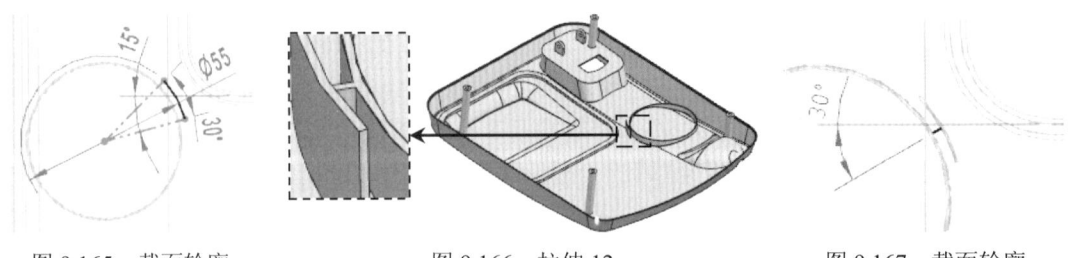

图 9.165　截面轮廓　　　　　图 9.166　拉伸 12　　　　　图 9.167　截面轮廓

第9章　UG NX曲面设计综合案例

本框中输入深度值50，在"终止"下拉列表中选择 直至下一个 选项，方向朝向实体，在"布尔"下拉列表中选择"合并"；在 偏置 下拉列表中选择"对称"类型，将结束值设置为0.25；单击"确定"按钮，完成拉伸12的创建。

步骤25：创建如图9.168所示的圆形阵列1。单击 主页 功能选项卡"基本"区域中的 阵列特征 按钮，系统会弹出"阵列特征"对话框；在"阵列特征"对话框"阵列定义"区域的"布局"下拉列表中选择"圆形"；选取步骤23与步骤24创建的拉伸特征作为阵列的源对象；在"阵列特征"对话框"旋转轴"区域激活"指定向量"，选取如图9.168所示的圆柱面，在"间距"下拉列表中选择"数量和跨度"，在"数量"文本框中输入值4，在"跨角"文本框中输入值360；单击"阵列特征"对话框中的"确定"按钮，完成圆形阵列1的创建。

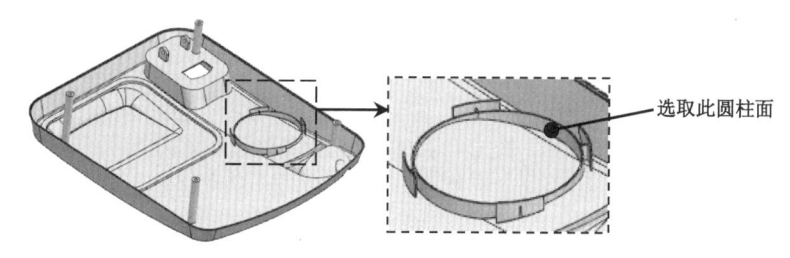

选取此圆柱面

图9.168　圆形阵列1

步骤26：创建如图9.169所示的拉伸13。单击 主页 功能选项卡"基本"区域中的 按钮，在系统的提示下选取"XY平面"作为草图平面，绘制如图9.170所示的草图；在"拉伸"对话框"限制"区域的"起始"下拉列表中选择 值 选项，在"距离"文本框中输入深度值0，在"终止"下拉列表中选择 贯通 选项，方向朝向实体，在"布尔"下拉列表中选择"减去"；单击"确定"按钮，完成拉伸13的创建。

步骤27：创建如图9.171所示的线性阵列1。单击 主页 功能选项卡"基本"区域中的 阵列特征 按钮，在"阵列定义"区域的"布局"下拉列表中选择"线性"，选取步骤26创建的拉伸特征作为阵列的源对象，在"方向1"区域激活"指定向量"，选取XC方向作为参考，在"间距"下拉列表中选择"数量和间隔"，在"数量"文本框中输入值11，在"间隔"文本框中输入

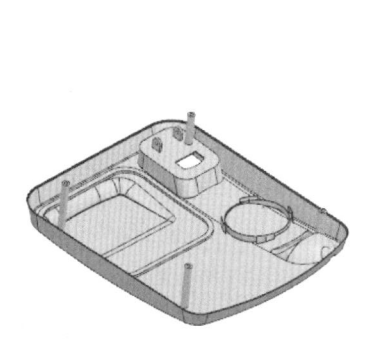

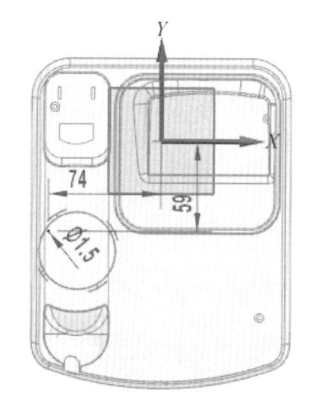

图9.169　拉伸13　　　　图9.170　截面轮廓　　　　图9.171　线性阵列1

值3.8，在"方向2"区域选中☑使用方向2复选框，激活"指定向量"，选取YC轴负方向作为参考，在"间距"下拉列表中选择"数量和间隔"，在"数量"文本框中输入值12，在"间隔"文本框中输入值2.3，单击"确定"按钮，完成线性阵列1的创建。

步骤28：创建如图9.172所示的拉伸14。单击 主页 功能选项卡"基本"区域中的 ⌂ 按钮，在系统的提示下选取步骤21创建的"基准面3"作为草图平面，绘制如图9.173所示的草图；在"拉伸"对话框"限制"区域的"起始"下拉列表中选择 ⊢值 选项，在"距离"文本框中输入深度值48，在"终止"下拉列表中选择 ⊣直至下一个 选项，方向朝向实体，在"布尔"下拉列表中选择"合并"；在 偏置 下拉列表中选择"两侧"类型，将开始值设置为0，将结束值设置为-0.5；单击"确定"按钮，完成拉伸14的创建。

步骤29：创建如图9.174所示的拉伸15。单击 主页 功能选项卡"基本"区域中的 ⌂ 按钮，在系统的提示下选取步骤8创建的"基准面1"作为草图平面，绘制如图9.175所示的草图；在"拉伸"对话框"限制"区域的"起始"下拉列表中选择 ⊢值 选项，在"距离"文本框中输入深度值0，在"终止"下拉列表中选择 ⊣贯通 选项，方向朝向实体，在"布尔"下拉列表中选择"减去"；单击"确定"按钮，完成拉伸15的创建。

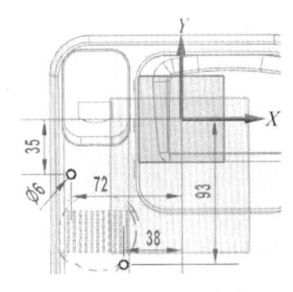

图9.172 拉伸14　　　　图9.173 截面轮廓　　　　图9.174 拉伸15

步骤30：创建基准面4。单击 主页 功能选项卡"构造"区域 ◇ 下的·按钮，选择 ◇ 基准平面 命令，在"类型"下拉列表中选择"按某一距离"，选取"XY平面"作为参考平面，在"偏置"区域的"距离"文本框中输入偏置距离值25，方向沿z轴正方向，单击"确定"按钮，完成基准面4的定义，如图9.176所示。

（a）方位1　　　　（b）方位2

图9.175 截面草图　　　　图9.176 基准面4

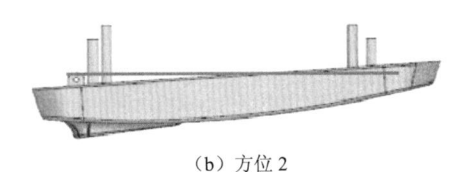

步骤 31：创建如图 9.177 所示的拉伸 16。单击 主页 功能选项卡"基本"区域中的 按钮，在系统的提示下选取步骤 30 创建的基准面 4 作为草图平面，绘制如图 9.178 所示的草图（圆弧圆心在竖直 y 轴上）；在"拉伸"对话框"限制"区域的"起始"下拉列表中选择 值 选项，在"距离"文本框中输入深度值 0，在"终止"下拉列表中选择 直至下一个 选项，方向朝向实体，在"布尔"下拉列表中选择"合并"；在 偏置 下拉列表中选择"两侧"类型，将开始值设置为 0，将结束值设置为-1.5（方向向内）；单击"确定"按钮，完成拉伸 16 的创建。

步骤 32：创建如图 9.179 所示的拉伸 17。单击 主页 功能选项卡"基本"区域中的 按钮，在系统的提示下选取步骤 30 创建的基准面 4 作为草图平面，绘制如图 9.180 所示的草图；在"拉伸"对话框"限制"区域的"起始"下拉列表中选择 值 选项，在"距离"文本框中输入深度值 0，在"终止"下拉列表中选择 直至下一个 选项，方向朝向实体，在"布尔"下拉列表中选择"合并"；在 偏置 下拉列表中选择"两侧"，将开始值设置为 0，将结束值设置为-1.5（方向向内）；单击"确定"按钮，完成拉伸 17 的创建。

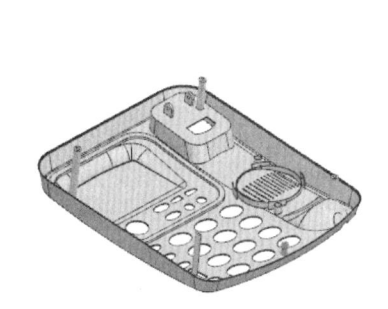

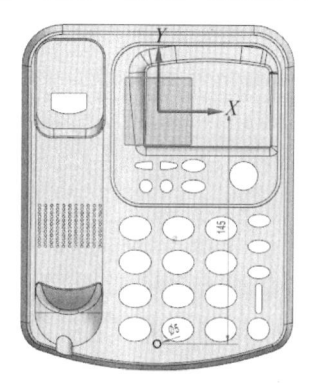

图 9.177　拉伸 16　　　　图 9.178　截面轮廓　　　　图 9.179　拉伸 17

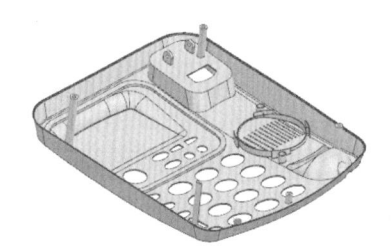

步骤 33：创建如图 9.181 所示的拉伸 18。单击 主页 功能选项卡"基本"区域中的 按钮，在系统的提示下选取步骤 30 创建的基准面 4 作为草图平面，绘制如图 9.182 所示的草图；在"拉伸"对话框"限制"区域的"起始"下拉列表中选择 值 选项，在"距离"文

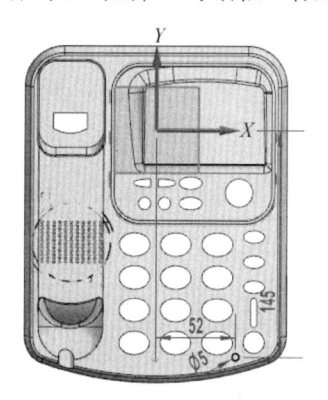

图 9.180　截面轮廓　　　　图 9.181　拉伸 18　　　　图 9.182　截面轮廓

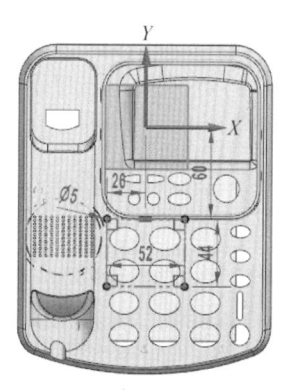

本框中输入深度值 8，在"终止"下拉列表中选择 直至下一个 选项，方向朝向实体，在"布尔"下拉列表中选择"合并"；在 偏置 下拉列表中选择"两侧"，将开始值设置为 0，将结束值设置为–1.5（方向向内）；单击"确定"按钮，完成拉伸 18 的创建。

步骤 34：创建如图 9.183 所示的拉伸 19。单击 主页 功能选项卡"基本"区域中的 按钮，在系统的提示下选取步骤 8 创建的"基准面 1"作为草图平面，绘制如图 9.184 所示的草图；在"拉伸"对话框"限制"区域的"起始"下拉列表中选择 值 选项，在"距离"文本框中输入深度值 0，在"终止"下拉列表中选择 直至延伸部分 选项，选取如图 9.183 所示的面作为参考，在"布尔"下拉列表中选择"无"；在 偏置 下拉列表中选择"两侧"类型，将开始值设置为 0，将结束值设置为 1（方向向外）；单击"确定"按钮，完成拉伸 19 的创建。

步骤 35：创建如图 9.185 所示的偏置曲面 2。选择 曲面 功能选项卡"基本"区域中的 偏置曲面 命令，选取如图 9.186 所示的面作为要偏置的面，在"偏置 1"文本框中输入值 1，等距方向朝向实体，单击"确定"按钮，完成偏置曲面 2 的创建。

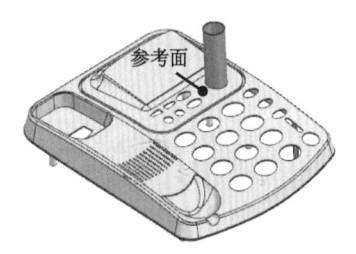

图 9.183　拉伸 19　　　　图 9.184　截面轮廓　　　　图 9.185　偏置曲面 2

步骤 36：创建如图 9.187 所示的曲面延伸 1。单击 曲面 功能选项卡"组合"区域中的 （延伸片体）按钮，选取步骤 35 创建的偏置曲面 2 的边线作为延伸参考，在 限制 下拉列表中选择 偏置 类型，在"偏置"文本框中输入值 5，其他参数采用默认，单击"确定"按钮，完成曲面延伸 1 的创建。

步骤 37：创建如图 9.188 所示的修剪体 2。选择 主页 功能选项卡"基本"区域中的 命令，选取步骤 34 创建的拉伸实体作为目标对象，在 工具选项 下拉列表中选择 面或平面 类型，选取步骤 36 创建的曲面延伸 1 作为工具对象，单击 按钮使方向向上，单击"确定"按钮，完成修剪体 2 的创建。

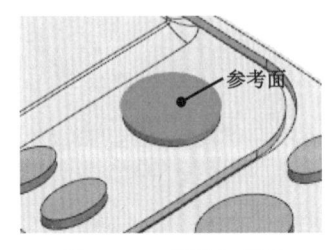

图 9.186　等距参考面　　　　图 9.187　曲面延伸 1　　　　图 9.188　修剪体 2

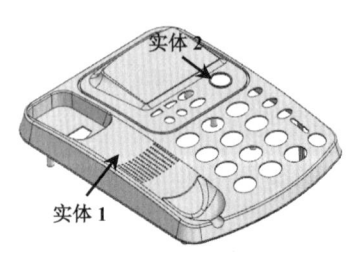

步骤38：创建合并1。单击 主页 功能选项卡"基本"区域中的 按钮，系统会弹出"合并"对话框，在系统"选择目标体"的提示下，选取如图 9.188 所示的实体 1 作为目标体，在系统"选择工具体"的提示下，选取如图 9.188 所示的实体 2 作为工具体，在"合并"对话框的"设置"区域中取消选中"保存目标"与"保存工具"复选框，单击"确定"按钮，完成操作。

步骤39：创建如图 9.189 所示的完全倒圆角1。单击 主页 功能选项卡"基本"区域中的 （面倒圆）按钮，系统会弹出"面倒圆"对话框，在"类型"下拉列表中选择"三面"，选取如图 9.190 所示的面1、面2 与中间面（将过滤器类型设置为单面），单击"确定"按钮，完成完全倒圆角 1 的创建。

步骤40：创建如图 9.191 所示的拉伸 20。单击 主页 功能选项卡"基本"区域中的 按钮，在系统的提示下选取步骤 8 创建的"基准面 1"作为草图平面，绘制如图 9.192 所示的草图；在"拉伸"对话框"限制"区域的"起始"下拉列表中选择 值 选项，在"距离"文本框中输入深度值 0，在"终止"下拉列表中选择 直至延伸部分 选项，选取如图 9.191 所示的面作为参考，在"布尔"下拉列表中选择"无"；在 偏置 下拉列表中选择"两侧"，将开始值设置为 0，将结束值设置为 1（方向向外）；单击"确定"按钮，完成拉伸 20 的创建。

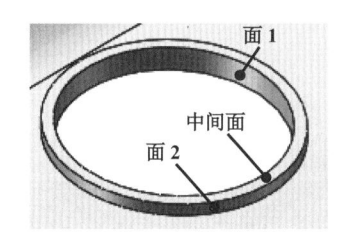

图 9.189　完全倒圆角 1　　　　图 9.190　圆角参考　　　　图 9.191　拉伸 20

步骤41：创建如图 9.193 所示的偏置曲面 3。选择 曲面 功能选项卡"基本"区域中的 偏置曲面 命令，选取如图 9.194 所示的面作为要偏置的面，在"偏置 1"文本框中输入 1，等距方向朝向实体，单击"确定"按钮，完成偏置曲面 3 的创建。

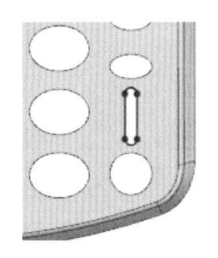

图 9.192　截面轮廓　　　　图 9.193　偏置曲面 3　　　　图 9.194　等距参考面

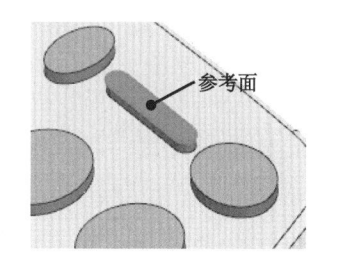

步骤42：创建如图 9.195 所示的曲面延伸 2。单击 曲面 功能选项卡"组合"区域中的 （延伸片体）按钮，选取步骤 41 创建的偏置曲面 3 的边线作为延伸参考，在 限制 下拉列表中选择 偏置 类型，在"偏置"文本框中输入值 5，其他参数采用默认，单击"确定"按钮，

完成曲面延伸 2 的创建。

步骤 43：创建如图 9.196 所示的修剪体 3。选择 主页 功能选项卡"基本"区域中的 命令，选取步骤 40 创建的拉伸实体作为目标对象，在 工具选项 下拉列表中选择 面或平面 类型，选取步骤 42 创建的曲面延伸 2 作为工具对象，单击 按钮使方向向上，单击"确定"按钮，完成修剪体 3 创建。

步骤 44：创建合并 2。单击 主页 功能选项卡"基本"区域中的 按钮，系统会弹出"合并"对话框，在系统"选择目标体"的提示下，选取如图 9.196 所示的实体 1 作为目标体，在系统"选择工具体"的提示下，选取如图 9.196 所示的实体 2 作为工具体，在"合并"对话框的"设置"区域中取消选中"保存目标"与"保存工具"复选框，单击"确定"按钮，完成操作。

步骤 45：创建如图 9.197 所示的拉伸 21。单击 主页 功能选项卡"基本"区域中的 按钮，在系统的提示下选取步骤 8 创建的基准面 1 作为草图平面，绘制如图 9.198 所示的草图；在"拉伸"对话框"限制"区域的"起始"下拉列表中选择 值 选项，在"距离"文本框中输入深度值 0，在"终止"下拉列表中选择 直至延伸部分 选项，选取如图 9.197 所示的面作为参考，在"布尔"下拉列表中选择"无"；在 偏置 下拉列表中选择"两侧"，将开始值设置为 0，将结束值设置为 0.2（方向向外）；单击"确定"按钮，完成拉伸 21 的创建。

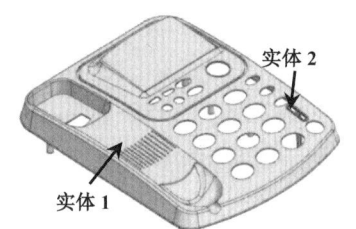

图 9.195　曲面延伸 2　　　　图 9.196　修剪体 3　　　　图 9.197　拉伸 21

步骤 46：创建如图 9.199 所示的偏置曲面 4。选择 曲面 功能选项卡"基本"区域中的 偏置曲面 命令，选取如图 9.200 所示的面作为要偏置的面，在"偏置 1"文本框中输入值 1，等距方向朝向实体，单击"确定"按钮，完成偏置曲面 4 的创建。

图 9.198　截面轮廓　　　　图 9.199　偏置曲面 4　　　　图 9.200　等距参考面

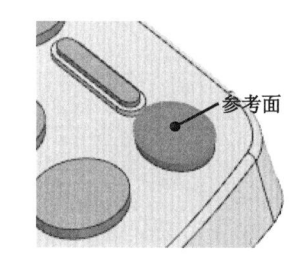

步骤 47：创建如图 9.201 所示的曲面延伸 3。单击 曲面 功能选项卡"组合"区域中的 按钮，选取步骤 46 创建的偏置曲面 4 的边线作为延伸参考，在 限制 下拉列表中选择 偏置

类型，在"偏置"文本框中输入值 5，其他参数采用默认，单击"确定"按钮，完成曲面延伸 3 的创建。

步骤48：创建如图 9.202 所示的修剪体 4。选择 主页 功能选项卡"基本"区域中的 命令，选取步骤 45 创建的拉伸实体作为目标对象，在 工具选项 下拉列表中选择 面或平面 ，选取步骤 47 创建的曲面延伸 3 作为工具对象，单击 按钮使方向向上，单击"确定"按钮，完成修剪体 4 的创建。

步骤49：创建合并 3。单击 主页 功能选项卡"基本"区域中的 按钮，系统会弹出"合并"对话框，在系统"选择目标体"的提示下，选取如图 9.202 所示的实体 1 作为目标体，在系统"选择工具体"的提示下，选取如图 9.202 所示的实体 2 作为工具体，在"合并"对话框的"设置"区域中取消选中"保存目标"与"保存工具"复选框，单击"确定"按钮，完成操作。

步骤50：将窗口切换到"二级控件"。

图 9.201　曲面延伸 3

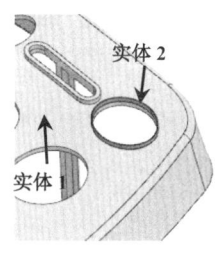

图 9.202　修剪体 4

4. 创建电话座机下盖零件

创建电话座机下盖零件，如图 9.203 所示。

(a) 方位 1

(b) 方位 2

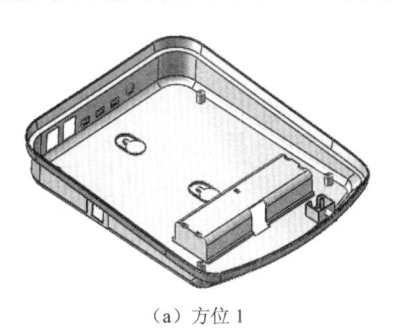

图 9.203　下盖零件

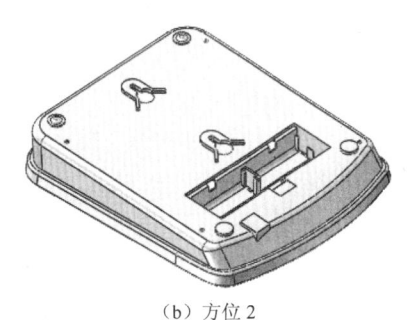

步骤1：新建层。在"装配导航器"中右击 二级控件 节点，在系统弹出的快捷菜单中依次选择 WAVE → 新建层 命令，系统会弹出"新建层"对话框。

步骤2：指定部件名称。在"新建层"对话框中单击 指定部件名 命令，在系统弹出的"选择部件名"对话框中选择合适的保存位置，在 文件名(N): 文本框中输入"电话座机下盖"，单

击 确定 按钮完成部件名称的指定。

步骤 3：定义关联复制的对象。在"新建层"对话框中单击 类选择 按钮，系统会弹出"WAVE 部件间复制"对话框，在图形区选取如图 9.204 所示的实体、曲面与基准坐标系作为要关联复制的对象，单击 确定 按钮完成关联复制操作。

步骤 4：单击"新建层"对话框中的 确定 按钮完成新建与复制操作。

步骤 5：单独打开电话座机下盖零件。在装配导航器上右击"电话座机下盖"选择 在窗口中打开(O) 命令。

步骤 6：创建如图 9.205 所示的修剪体 1。选择 主页 功能选项卡"基本"区域中的 命令，选取实体作为目标对象，在 工具选项 下拉列表中选择 面或平面 类型，选取如图 9.206 所示的面作为工具对象，单击 ⊠ 按钮使方向如图 9.206 所示（向内），单击"确定"按钮完成修剪体 1 的创建。

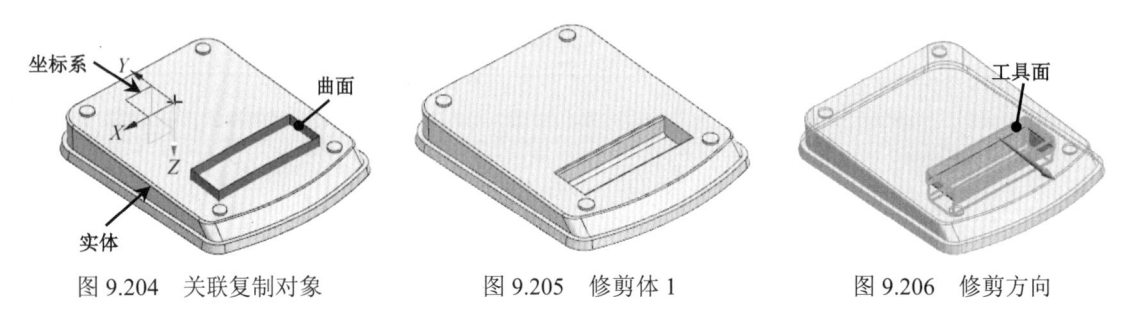

图 9.204　关联复制对象　　图 9.205　修剪体 1　　图 9.206　修剪方向

步骤 7：创建如图 9.207 所示的抽壳特征。单击 主页 功能选项卡"基本"区域中的 抽壳 按钮，在"抽壳"对话框"类型"下拉列表中选择"开放"，选取如图 9.208 所示的移除面，在"抽壳"对话框的"厚度"文本框中输入抽壳的厚度值 1，单击"确定"按钮，完成抽壳特征的创建。

步骤 8：创建如图 9.209 所示的拉伸 1。单击 主页 功能选项卡"基本"区域中的 按钮，在系统的提示下选取如图 9.209 所示的模型表面作为草图平面，绘制如图 9.210 所示的草图；在"拉伸"对话框"限制"区域的"终止"下拉列表中选择 值 选项，在"距离"文本框中输入深度值 2，在"布尔"下拉列表中选择"合并"；单击"确定"按钮，完成拉伸 1 的创建。

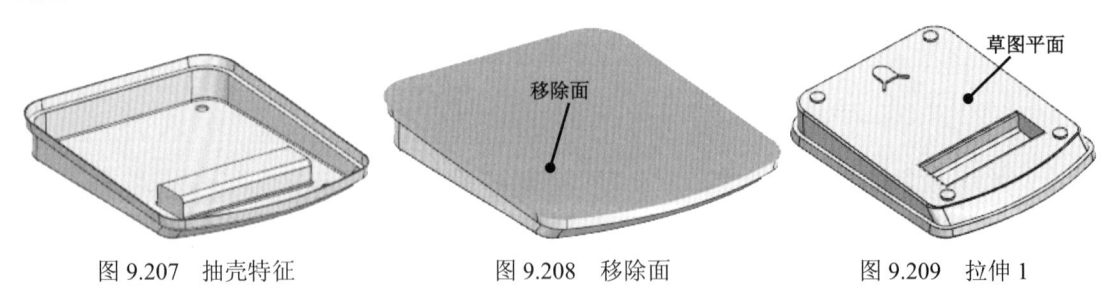

图 9.207　抽壳特征　　图 9.208　移除面　　图 9.209　拉伸 1

步骤 9：创建如图 9.211 所示的拉伸 2。单击 主页 功能选项卡"基本"区域中的 按钮，

在系统的提示下选取如图 9.211 所示的模型表面作为草图平面,绘制如图 9.212 所示的草图;在"拉伸"对话框"限制"区域的"终止"下拉列表中选择 贯通 选项,在"布尔"下拉列表中选择"减去";单击"确定"按钮,完成拉伸 2 的创建。

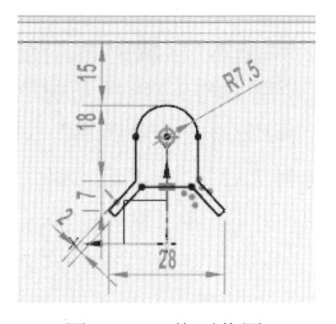

图 9.210 截面草图

图 9.211 拉伸 2

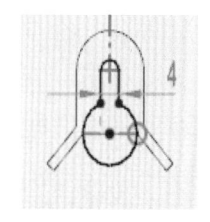

图 9.212 截面草图

步骤 10:创建如图 9.213 所示的拉伸 3。单击 主页 功能选项卡"基本"区域中的 按钮,在系统的提示下选取如图 9.213 所示的模型表面作为草图平面,绘制如图 9.214 所示的草图;在"拉伸"对话框"限制"区域的"终止"下拉列表中选择 值 选项,在"距离"文本框中输入深度值 0.5,在"布尔"下拉列表中选择"减去";单击"确定"按钮,完成拉伸 3 的创建。

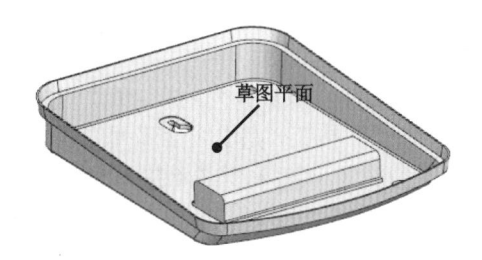

图 9.213 拉伸 3

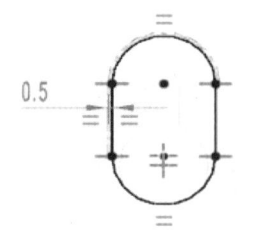

图 9.214 截面草图

步骤 11:创建如图 9.215 所示的拉伸 4。单击 主页 功能选项卡"基本"区域中的 按钮,在系统的提示下选取如图 9.215 所示的模型表面作为草图平面,绘制如图 9.216 所示的草图;在"拉伸"对话框"限制"区域的"起始"下拉列表中选择 值 选项,在"距离"

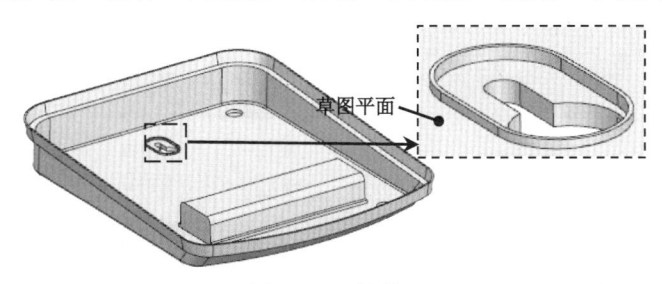

图 9.215 拉伸 4

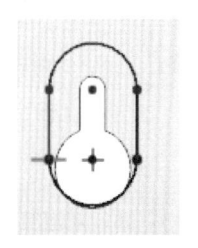

图 9.216 截面轮廓

文本框中输入深度值 0,在"终止"下拉列表中选择 ⊢值 选项,在"距离"文本框中输入深度值 1,方向沿 z 轴正方向,在"布尔"下拉列表中选择"合并";在 偏置 下拉列表中选择"两侧",将开始值设置为 0,将结束值设置为 0.5(方向向外);单击"确定"按钮,完成拉伸 4 的创建。

步骤 12:创建如图 9.217 所示的拉伸 5。单击 主页 功能选项卡"基本"区域中的 按钮,在系统的提示下选取如图 9.217 所示的模型表面作为草图平面,绘制如图 9.218 所示的草图;在"拉伸"对话框"限制"区域的"终止"下拉列表中选择 ⊢值 选项,在"距离"文本框中输入深度值 1,方向沿 z 轴负方向,在"布尔"下拉列表中选择"合并";单击"确定"按钮,完成拉伸 5 的创建。

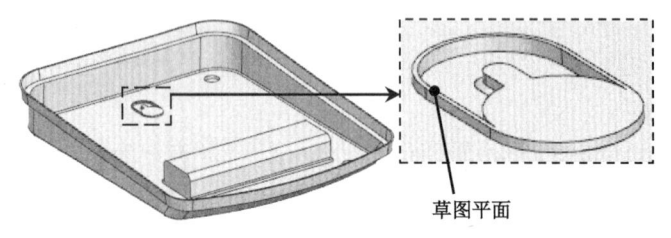

图 9.217　拉伸 5

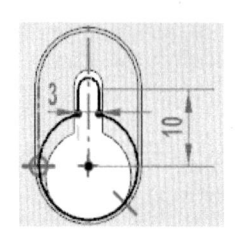

图 9.218　截面草图

步骤 13:创建如图 9.219 所示的线性阵列 1。单击 主页 功能选项卡"基本"区域中的 阵列特征 按钮,在"阵列定义"区域的"布局"下拉列表中选择"线性",选取步骤 8 至步骤 12 创建的拉伸特征(共 5 个)作为阵列的源对象,在"方向 1"区域激活"指定向量",选取如图 9.219 所示的边线作为参考,方向向右,在"间距"下拉列表中选择"数量和间隔",在"数量"文本框中输入值 2,在"间隔"文本框中输入值 75,单击"确定"按钮,完成线性阵列 1 的创建。

步骤 14:创建如图 9.220 所示的基准面 1。选择下拉菜单"插入"→"基准"→"基准平面"命令,在"基准平面"对话框"类型"下拉列表中选择"按某一距离",选取"XY 平面"作为参考,在"偏置"区域的"距离"文本框中输入值 7,方向沿 z 轴正方向,其他参数采用默认,单击"确定"按钮,完成基准面 1 的创建。

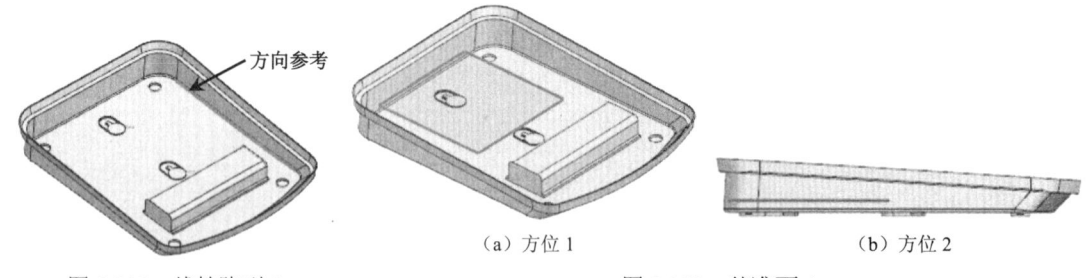

图 9.219　线性阵列 1

(a)方位 1　　(b)方位 2

图 9.220　基准面 1

步骤 15:创建如图 9.221 所示的拉伸 6。单击 主页 功能选项卡"基本"区域中的 按钮,在系统的提示下选取步骤 14 创建的基准面 1 作为草图平面,绘制如图 9.222 所示的草图;在"拉伸"对话框"限制"区域的"终止"下拉列表中选择 直至下一个 选项,方向朝向实体,在"布尔"下拉列表中选择"合并";单击"确定"按钮,完成拉伸 6 的创建。

步骤 16:创建如图 9.223 所示的拉伸 7。单击 主页 功能选项卡"基本"区域中的 按钮,在系统的提示下选取步骤 14 创建的基准面 1 作为草图平面,绘制如图 9.224 所示的草图;在"拉伸"对话框"限制"区域的"终止"下拉列表中选择 直至下一个 选项,方向朝向实体,在"布尔"下拉列表中选择"合并";单击"确定"按钮,完成拉伸 7 的创建。

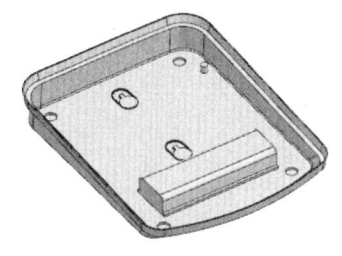

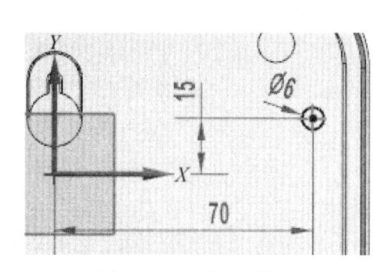

图 9.221　拉伸 6　　　　图 9.222　截面草图　　　　图 9.223　拉伸 7

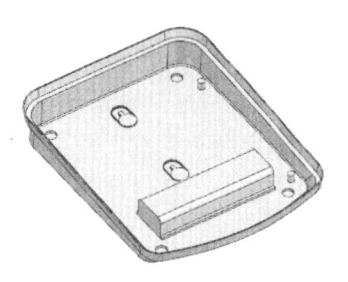

步骤 17:创建如图 9.225 所示的拉伸 8。单击 主页 功能选项卡"基本"区域中的 按钮,在系统的提示下选取步骤 14 创建的基准面 1 作为草图平面,绘制如图 9.226 所示的草图;在"拉伸"对话框"限制"区域的"起始"下拉列表中选择 值 选项,在"距离"文本框中输入深度值-7,在"终止"下拉列表中选择 直至下一个 选项,方向朝向实体,在"布尔"下拉列表中选择"合并";单击"确定"按钮,完成拉伸 8 的创建。

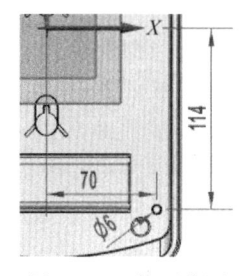

图 9.224　截面草图　　　　图 9.225　拉伸 8　　　　图 9.226　截面草图

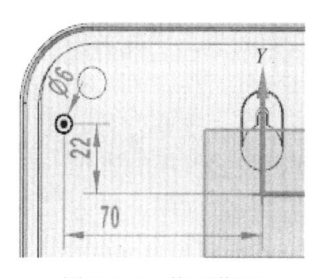

步骤 18:创建如图 9.227 所示的拉伸 9。单击 主页 功能选项卡"基本"区域中的 按钮,在系统的提示下选取步骤 14 创建的基准面 1 作为草图平面,绘制如图 9.228 所示的草图;

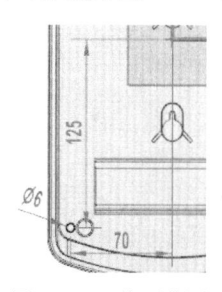

图 9.227　拉伸 9　　　　图 9.228　截面草图

在"拉伸"对话框"限制"区域的"起始"下拉列表中选择⊢值选项,在"距离"文本框中输入深度值−7,在"终止"下拉列表中选择⊣直至下一个选项,方向朝向实体,在"布尔"下拉列表中选择"合并";单击"确定"按钮,完成拉伸9的创建。

步骤19:创建如图9.229所示的孔1。单击 主页 功能选项卡"基本"区域中的 按钮,系统会弹出"孔"对话框,选取如图9.229所示的模型表面作为打孔平面,在打孔面上的任意位置单击(4个点),以确定打孔的初步位置,然后通过添加尺寸与几何约束精确定位孔,如图9.230所示,单击 主页 功能选项卡"草图"区域中的 (完成)按钮退出草图环境;在"孔"对话框的"类型"下拉列表中选择"简单"类型,在"形状"区域的"孔大小"下拉列表中选择"定制",在"孔径"文本框中输入值3;在"限制"区域的"深度限制"下拉列表中选择"贯通体";在"孔"对话框中单击"确定"按钮,完成孔1的创建。

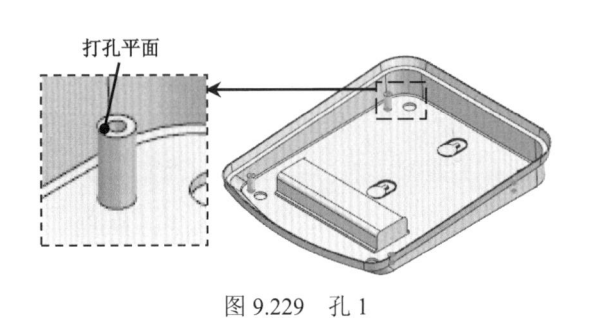

图 9.229　孔 1 　　　　　　　　　　　　图 9.230　精确定位

步骤20:创建如图9.231所示的拉伸10。单击 主页 功能选项卡"基本"区域中的 按钮,在系统的提示下选取如图9.231所示的模型表面作为草图平面,绘制如图9.232所示的草图;在"拉伸"对话框"限制"区域的"起始"下拉列表中选择⊢值选项,在"距离"文本框中输入深度值0,在"终止"下拉列表中选择⊢值选项,在"距离"文本框中输入深度值1,方向朝向实体,在"布尔"下拉列表中选择"减去";单击"确定"按钮,完成拉伸10的创建。

步骤21:创建如图9.233所示的镜像1。单击 主页 功能选项卡"基本"区域中的 镜像特征按钮,系统会弹出"镜像特征"对话框,选取步骤20创建的拉伸作为要镜像的特征,在"镜像平面"区域的"平面"下拉列表中选择"现有平面",激活"选择平面",选取"YZ平面"

图 9.231　拉伸 10 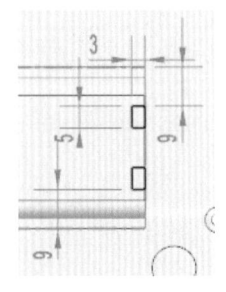　　　　　图 9.232　截面草图 　　　　　图 9.233　镜像 1

作为镜像平面，单击"确定"按钮，完成镜像 1 的创建。

步骤 22：创建如图 9.234 所示的拉伸 11。单击 主页 功能选项卡"基本"区域中的 按钮，在系统的提示下选取如图 9.234 所示的模型表面作为草图平面，绘制如图 9.235 所示的草图；在"拉伸"对话框"限制"区域的"终止"下拉列表中选择 值 选项，在"距离"文本框中输入深度值 0.5，方向朝向实体，在"布尔"下拉列表中选择"减去"；单击"确定"按钮，完成拉伸 11 的创建。

步骤 23：创建如图 9.236 所示的拉伸 12。单击 主页 功能选项卡"基本"区域中的 按钮，在系统的提示下选取如图 9.236 所示的模型表面作为草图平面，绘制如图 9.237 所示的草图；在"拉伸"对话框"限制"区域的"终止"下拉列表中选择 贯通 选项，方向朝向实体，在"布尔"下拉列表中选择"减去"；单击"确定"按钮，完成拉伸 12 的创建。

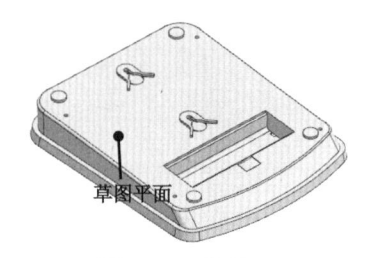

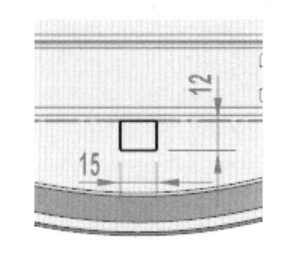

图 9.234　拉伸 11　　　　图 9.235　截面草图　　　　图 9.236　拉伸 12

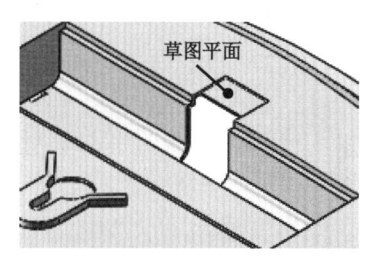

步骤 24：创建如图 9.238 所示的拉伸 13。单击 主页 功能选项卡"基本"区域中的 按钮，在系统的提示下选取如图 9.238 所示的模型表面作为草图平面，绘制如图 9.239 所示的草图；在"拉伸"对话框"限制"区域的"终止"下拉列表中选择 值 选项，在"距离"文本框中输入深度值 10，方向朝向实体，在"布尔"下拉列表中选择"减去"；单击"确定"按钮，完成拉伸 13 的创建。

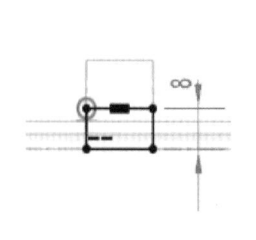

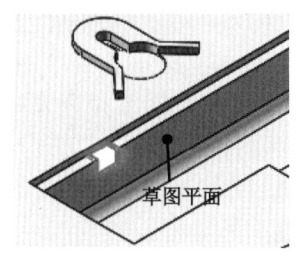

图 9.237　截面草图　　　　图 9.238　拉伸 13　　　　图 9.239　截面草图

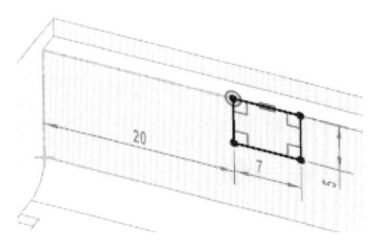

步骤 25：创建如图 9.240 所示的镜像 2。单击 主页 功能选项卡"基本"区域中的 镜像特征 按钮，系统会弹出"镜像特征"对话框，选取步骤 24 创建的拉伸 13 作为要镜像的特征，在"镜像平面"区域的"平面"下拉列表中选择"现有平面"，激活"选择平面"，选取"YZ 平面"作为镜像平面，单击"确定"按钮，完成镜像 2 的创建。

步骤 26：创建如图 9.241 所示的拉伸 14。单击 主页 功能选项卡"基本"区域中的 按钮，在系统的提示下选取如图 9.241 所示的模型表面作为草图平面，绘制如图 9.242 所示的草图；在"拉伸"对话框"限制"区域的"起始"下拉列表中选择 值 选项，在"距离"文本框中输入深度值 14，在"终止"下拉列表中选择 直至下一个 选项，方向朝向实体；在 偏置 下拉列表中选择"对称"类型，将结束值设置为 0.25，在"布尔"下拉列表中选择"合并"；单击"确定"按钮，完成拉伸 14 的创建。

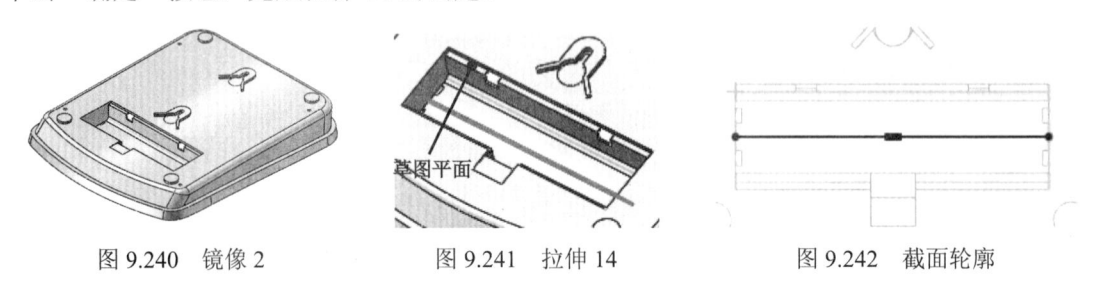

图 9.240　镜像 2　　　　　图 9.241　拉伸 14　　　　　图 9.242　截面轮廓

步骤 27：创建如图 9.243 所示的完全倒圆角 1。单击 主页 功能选项卡"基本"区域中的 （面倒圆）按钮，系统会弹出"面倒圆"对话框，在"类型"下拉列表中选择"三面"，选取如图 9.244 所示的面 1、面 2 与中间面（将过滤器类型设置为单面），单击"确定"按钮，完成完全倒圆角 1 的定义。

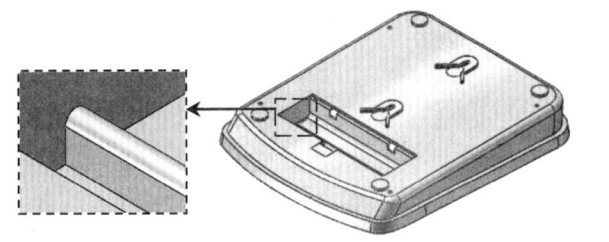

图 9.243　完全倒圆角 1　　　　　　　图 9.244　圆角参考

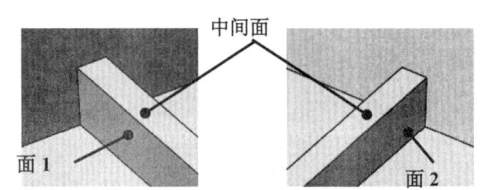

步骤 28：创建如图 9.245 所示的拉伸 15。单击 主页 功能选项卡"基本"区域中的 按钮，在系统的提示下选取如图 9.245 所示的模型表面作为草图平面，绘制如图 9.246 所示的草图；在"拉伸"对话框"限制"区域的"起始"下拉列表中选择 值 选项，在"距离"文本框中输入深度值 3，在"终止"下拉列表中选择 直至下一个 选项，方向朝向实体；在 偏置 下拉列表中选择"对称"类型，将结束值设置为 2，在"布尔"下拉列表中选择"合并"；单击"确定"按钮，完成拉伸 15 的创建。

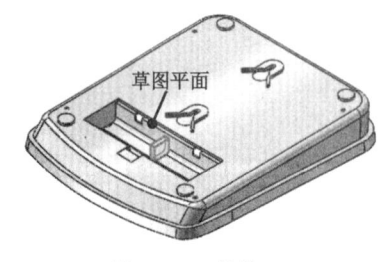

图 9.245　拉伸 15　　　　　　　　　图 9.246　截面轮廓

步骤 29：创建如图 9.247 所示的拉伸 16。单击 主页 功能选项卡"基本"区域中的 按钮，在系统的提示下选取如图 9.247 所示的模型表面作为草图平面，绘制如图 9.248 所示的草图；在"拉伸"对话框"限制"区域的"起始"下拉列表中选择 值 选项，在"距离"文本框中输入深度值 0，在"终止"下拉列表中选择 直至延伸部分 选项，选取如图 9.247 所示的终止面作为参考，在"布尔"下拉列表中选择"减去"；单击"确定"按钮，完成拉伸 16 的创建。

图 9.247　拉伸 16

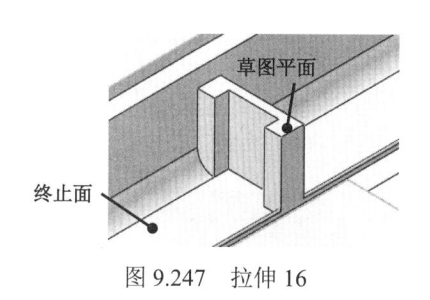

图 9.248　截面草图

步骤 30：创建如图 9.249 所示的拉伸 17。单击 主页 功能选项卡"基本"区域中的 按钮，在系统的提示下选取如图 9.249 所示的模型表面作为草图平面，绘制如图 9.250 所示的草图；在"拉伸"对话框"限制"区域的"起始"下拉列表中选择 值 选项，在"距离"文本框中输入深度值 0，在"终止"下拉列表中选择 值 选项，在"距离"文本框中输入深度值 1，方向沿 x 轴正方向，在"布尔"下拉列表中选择"减去"；单击"确定"按钮，完成拉伸 17 的创建。

步骤 31：创建如图 9.251 所示的拉伸 18。单击 主页 功能选项卡"基本"区域中的 按钮，在系统的提示下选取如图 9.251 所示的模型表面作为草图平面，绘制如图 9.252 所示的草图；在"拉伸"对话框"限制"区域的"终止"下拉列表中选择 值 选项，在"距离"文本框中输入深度值 2.5，方向沿 z 轴正方向，在"布尔"下拉列表中选择"减去"；单击"确定"按钮，完成拉伸 18 的创建。

图 9.249　拉伸 17

图 9.250　截面草图

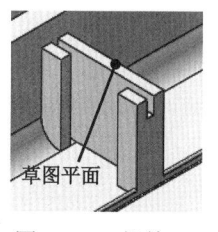

图 9.251　拉伸 18

图 9.252　截面草图

步骤 32：创建如图 9.253 所示的拉伸 19。单击 主页 功能选项卡"基本"区域中的 按钮，在系统的提示下选取如图 9.253 所示的模型表面作为草图平面，绘制如图 9.254 所示的草图；在"拉伸"对话框"限制"区域的"起始"下拉列表中选择 值 选项，在"距离"

文本框中输入深度值 7，在"终止"下拉列表中选择 ┤直至下一个 选项，方向朝向实体；在偏置下拉列表中选择"对称"类型，将结束值设置为 0.2，在"布尔"下拉列表中选择"合并"；单击"确定"按钮，完成拉伸 19 的创建。

步骤 33：创建如图 9.255 所示的拉伸 20。单击 主页 功能选项卡"基本"区域中的 按钮，在系统的提示下选取如图 9.255 所示的模型表面作为草图平面，绘制如图 9.256 所示的草图（草图位于步骤 26 所创建的拉伸 14 结构的中间位置）；在"拉伸"对话框"限制"区域的"起始"下拉列表中选择 ┤值 选项，在"距离"文本框中输入深度值 2，在"终止"下拉列表中选择 ┤直至下一个 选项，方向朝向实体；在偏置下拉列表中选择"对称"类型，将结束值设置为 0.25，在"布尔"下拉列表中选择"合并"；单击"确定"按钮，完成拉伸 20 的创建。

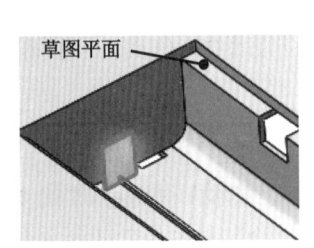

图 9.253　拉伸 19 　　　图 9.254　截面轮廓 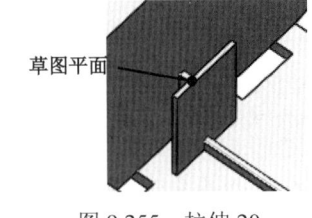　　　图 9.255　拉伸 20 　　　图 9.256　截面轮廓

步骤 34：创建如图 9.257 所示的拉伸 21。单击 主页 功能选项卡"基本"区域中的 按钮，在系统的提示下选取如图 9.257 所示的模型表面作为草图平面，绘制如图 9.258 所示的草图；在"拉伸"对话框"限制"区域的"起始"下拉列表中选择 ┤值 选项，在"距离"文本框中输入深度值 4，在"终止"下拉列表中选择 ┤直至下一个 选项，方向朝向实体；在偏置下拉列表中选择"两侧"类型，将开始值设置为 0，将结束值设置为 -0.5，方向沿 x 轴正方向，在"布尔"下拉列表中选择"合并"；单击"确定"按钮，完成拉伸 21 的创建。

步骤 35：创建如图 9.259 所示的拉伸 22。单击 主页 功能选项卡"基本"区域中的 按钮，在系统的提示下选取如图 9.259 所示的模型表面作为草图平面，绘制如图 9.260 所示的草图；在"拉伸"对话框"限制"区域的"起始"下拉列表中选择 ┤值 选项，在"距离"

图 9.257　拉伸 21 　　　图 9.258　截面轮廓 　　　图 9.259　拉伸 22 　　　图 9.260　截面轮廓

文本框中输入深度值 4，在"终止"下拉列表中选择 直至下一个 选项，方向朝向实体；在 偏置 下拉列表中选择"两侧"类型，将开始值设置为 0，将结束值设置为 0.5，方向沿 x 轴正方向，在"布尔"下拉列表中选择"合并"；单击"确定"按钮，完成拉伸 22 的创建。

步骤 36：创建如图 9.261 所示的镜像 3。单击 主页 功能选项卡"基本"区域中的 镜像特征 按钮，系统会弹出"镜像特征"对话框，选取步骤 32~35 创建的拉伸特征作为要镜像的特征，在"镜像平面"区域的"平面"下拉列表中选择"现有平面"，激活"选择平面"，选取"YZ 平面"作为镜像平面，单击"确定"按钮，完成镜像 3 的创建。

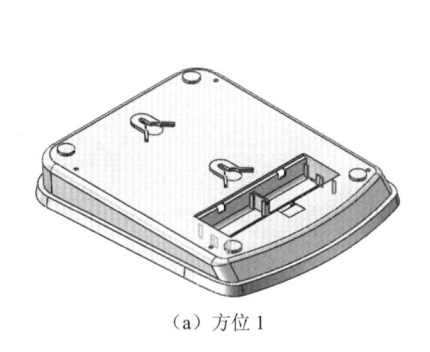

（a）方位 1　　　　　　　（b）方位 2

图 9.261　镜像 3

步骤 37：创建如图 9.262 所示的拉伸 23。单击 主页 功能选项卡"基本"区域中的 按钮，在系统的提示下选取如图 9.262 所示的模型表面作为草图平面，绘制如图 9.263 所示的草图；在"拉伸"对话框"限制"区域的"起始"下拉列表中选择 值 选项，在"距离"文本框中输入深度值 0，在"终止"下拉列表中选择 贯通 选项，方向朝向实体；在"布尔"下拉列表中选择"减去"；单击"确定"按钮，完成拉伸 23 的创建。

步骤 38：创建如图 9.264 所示的拉伸 24。单击 主页 功能选项卡"基本"区域中的 按钮，在系统的提示下选取如图 9.264 所示的模型表面作为草图平面，绘制如图 9.265 所示的草图；在"拉伸"对话框"限制"区域的"终止"下拉列表中选择 直至下一个 选项，方向朝

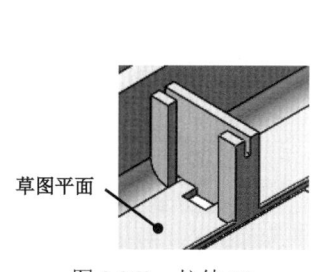

图 9.262　拉伸 23　　　　图 9.263　截面草图　　　　图 9.264　拉伸 24

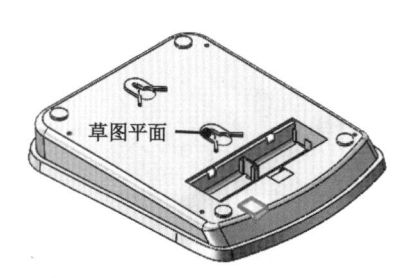

向实体；在"布尔"下拉列表中选择"合并"；单击"确定"按钮，完成拉伸 24 的创建。

步骤 39：创建如图 9.266 所示的拉伸 25。单击 主页 功能选项卡"基本"区域中的 按钮，在系统的提示下选取如图 9.266 所示的模型表面作为草图平面，绘制如图 9.267 所示的草图；在"拉伸"对话框"限制"区域的"起始"下拉列表中选择 值 选项，在"距离"文本框中输入深度值-9，在"终止"下拉列表中选择 直至下一 选项，方向朝向实体；在 偏置 下拉列表中选择"两侧"类型，将开始值设置为 0，将结束值设置为 0.5，方向向外，在"布尔"下拉列表中选择"合并"；单击"确定"按钮，完成拉伸 25 的创建。

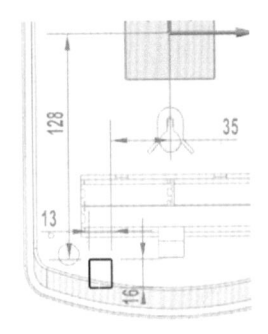

图 9.265 截面草图　　图 9.266 拉伸 25　　图 9.267 截面轮廓

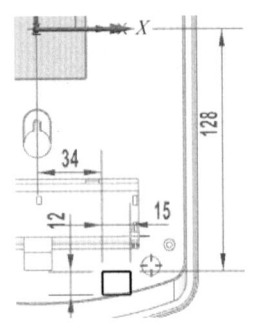

步骤 40：创建如图 9.268 所示的拉伸 26。单击 主页 功能选项卡"基本"区域中的 按钮，在系统的提示下选取如图 9.268 所示的模型表面作为草图平面，绘制如图 9.269 所示的草图；在"拉伸"对话框"限制"区域的"起始"下拉列表中选择 值 选项，在"距离"文本框中输入深度值 0，在"终止"下拉列表中选择 直至下一 选项，方向沿 y 轴正方向；在"布尔"下拉列表中选择"减去"；单击"确定"按钮，完成拉伸 26 的创建。

步骤 41：创建如图 9.270 所示的拉伸 27。单击 主页 功能选项卡"基本"区域中的 按钮，在系统的提示下选取如图 9.270 所示的模型表面作为草图平面，绘制如图 9.271 所示的草图；在"拉伸"对话框"限制"区域的"起始"下拉列表中选择 值 选项，在"距离"文本框中输入深度值 0，在"终止"下拉列表中选择 直至延伸部分 选项，选取如图 9.270 所示的终止面作为参考；在"布尔"下拉列表中选择"合并"；单击"确定"按钮，完成拉伸 27 的创建。

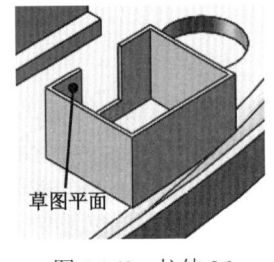

图 9.268 拉伸 26　　图 9.269 截面轮廓　　图 9.270 拉伸 27

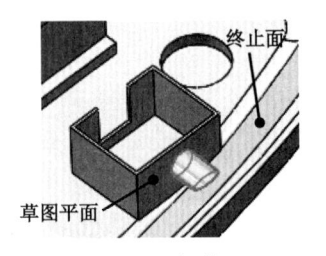

步骤 42：创建如图 9.272 所示的拉伸 28。单击 主页 功能选项卡"基本"区域中的 按

钮，在系统的提示下选取如图 9.272 所示的模型表面作为草图平面，绘制如图 9.273 所示的草图；在"拉伸"对话框"限制"区域的"起始"下拉列表中选择 值 选项，在"距离"文本框中输入深度值 1.5，在"终止"下拉列表中选择 直至下一个 选项，方向朝向实体；在 偏置 下拉列表中选择"对称"类型，将结束值设置为 0.25，在"布尔"下拉列表中选择"合并"；单击"确定"按钮，完成拉伸 28 的创建。

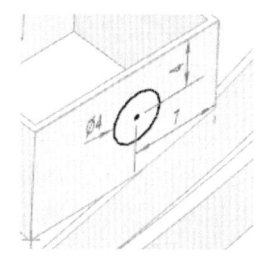

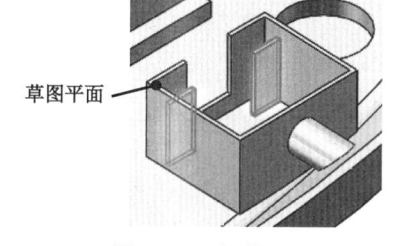

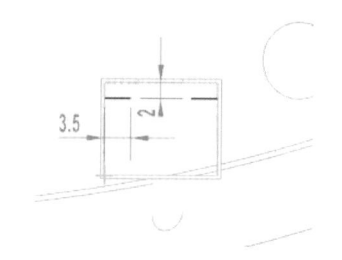

图 9.271　截面草图　　　　图 9.272　拉伸 28　　　　图 9.273　截面轮廓

步骤 43：创建如图 9.274 所示的拉伸 29。单击 主页 功能选项卡"基本"区域中的 按钮，在系统的提示下选取如图 9.274 所示的模型表面作为草图平面，绘制如图 9.275 所示的草图；在"拉伸"对话框"限制"区域的"起始"下拉列表中选择 值 选项，在"距离"文本框中输入深度值 0，在"终止"下拉列表中选择 值 选项，在"距离"文本框中输入深度值 1，方向沿 z 轴正方向；在 偏置 下拉列表中选择"两侧"类型，将开始值设置为 0，将结束值设置为 0.4，方向向外，在"布尔"下拉列表中选择"合并"；单击"确定"按钮，完成拉伸 29 的创建。

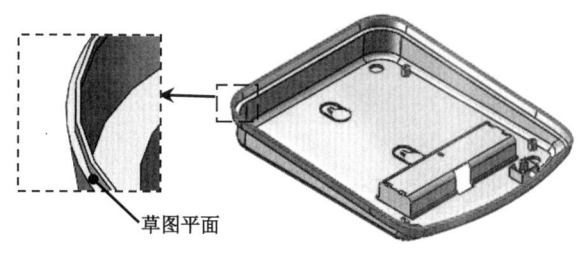

图 9.274　拉伸 29　　　　　　　　　图 9.275　截面轮廓

步骤 44：创建如图 9.276 所示的拉伸 30。单击 主页 功能选项卡"基本"区域中的 按钮，在系统的提示下选取如图 9.276 所示的模型表面作为草图平面，绘制如图 9.277 所示的草图；在"拉伸"对话框"限制"区域的"起始"下拉列表中选择 值 选项，在"距离"文本框中输入深度值 0，在"终止"下拉列表中选择 直至延伸部分 选项，选取如图 9.276 所示的终止面作为参考；在"布尔"下拉列表中选择"减去"；单击"确定"按钮，完成拉伸 30 的创建。

步骤 45：创建如图 9.278 所示的拉伸 31。单击 主页 功能选项卡"基本"区域中的 按钮，在系统的提示下选取如图 9.278 所示的模型表面作为草图平面，绘制如图 9.279 所示的

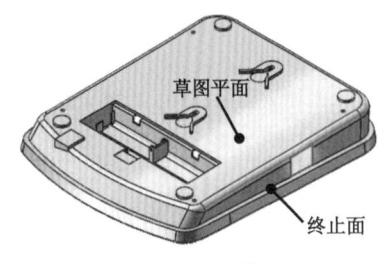

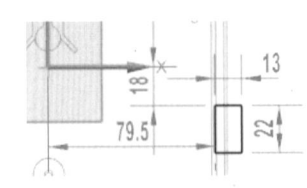

图 9.276　拉伸 30　　　　　　图 9.277　截面轮廓　　　　　　图 9.278　拉伸 31

草图；在"拉伸"对话框"限制"区域的"终止"下拉列表中选择 直至下一个 选项，方向沿 y 轴正方向；在"布尔"下拉列表中选择"减去"；单击"确定"按钮，完成拉伸 31 的创建。

步骤 46：创建如图 9.280 所示的拉伸 32。单击 主页 功能选项卡"基本"区域中的 按钮，在系统的提示下选取如图 9.280 所示的模型表面作为草图平面，绘制如图 9.281 所示的草图；在"拉伸"对话框"限制"区域的"起始"下拉列表中选择 值 选项，在"距离"文本框中输入深度值 0，在"终止"下拉列表中选择 直至延伸部分 选项，选取如图 9.280 所示的终止面作为参考；在"拔模"下拉列表中选择"从起始限制"类型，在"角度"文本框中输入值 4，方向向外，在"布尔"下拉列表中选择"减去"；单击"确定"按钮，完成拉伸 32 的创建。

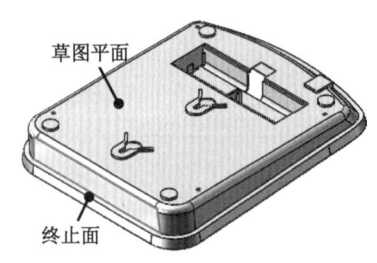

图 9.279　截面轮廓　　　　　　图 9.280　拉伸 32　　　　　　图 9.281　截面轮廓

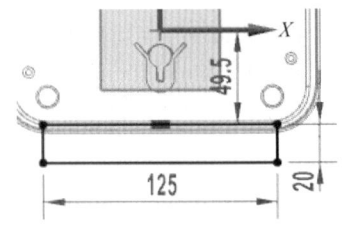

步骤 47：创建如图 9.282 所示的拉伸 33。单击 主页 功能选项卡"基本"区域中的 按钮，在系统的提示下选取如图 9.282 所示的模型表面作为草图平面，绘制如图 9.283 所示的草图；在"拉伸"对话框"限制"区域的"终止"下拉列表中选择 直至下一个 选项，方向朝向实体；在"布尔"下拉列表中选择"减去"；单击"确定"按钮，完成拉伸 33 的创建。

图 9.282　拉伸 33　　　　　　　　　　　　图 9.283　截面轮廓

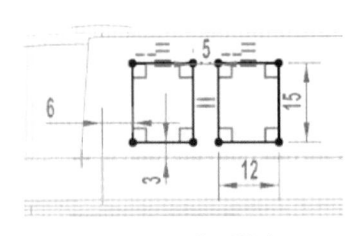

步骤 48：创建如图 9.284 所示的拉伸 34。单击 主页 功能选项卡 "基本" 区域中的 按钮，在系统的提示下选取如图 9.284 所示的模型表面作为草图平面，绘制如图 9.285 所示的草图；在 "拉伸" 对话框 "限制" 区域的 "终止" 下拉列表中选择 值 选项，在 "距离" 文本框中输入深度值 3，方向向外；在 "布尔" 下拉列表中选择 "合并"；单击 "确定" 按钮，完成拉伸 34 的创建。

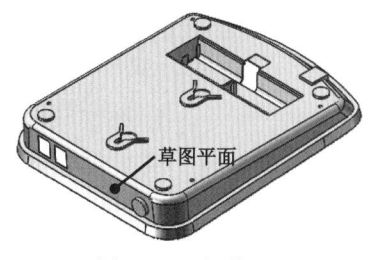

图 9.284　拉伸 34　　　　　　图 9.285　截面草图

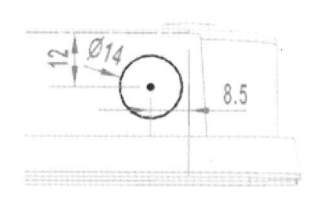

步骤 49：创建如图 9.286 所示的倒斜角 1。单击 主页 功能选项卡 "基本" 区域中的 按钮，系统会弹出 "倒斜角" 对话框，在 "横截面" 下拉列表中选择 "非对称" 类型，在 "距离 1" 文本框中输入倒角距离值 1，在 "距离 2" 文本框中输入倒角距离值 2，在系统的提示下选取如图 9.287 所示的边线作为倒角对象，单击 "确定" 按钮，完成倒斜角 1 的定义。

步骤 50：创建如图 9.288 所示的拉伸 35。单击 主页 功能选项卡 "基本" 区域中的 按钮，在系统的提示下选取如图 9.288 所示的模型表面作为草图平面，绘制如图 9.289 所示的草图；在 "拉伸" 对话框 "限制" 区域的 "终止" 下拉列表中选择 值 选项，在 "距离" 文本框中输入深度值 3，方向朝向实体；在 偏置 下拉列表中选择 "两侧" 类型，将开始值设置为 0，将结束值设置为 -1，方向向内，在 "布尔" 下拉列表中选择 "减去"；单击 "确定" 按钮，完成拉伸 35 的创建。

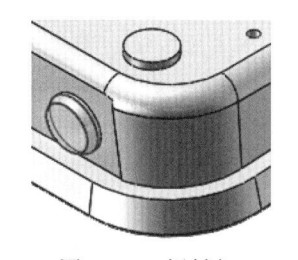

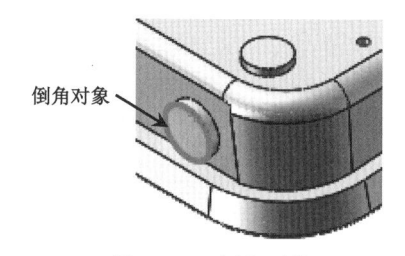

图 9.286　倒斜角 1　　　　图 9.287　倒角对象　　　　图 9.288　拉伸 35

步骤 51：创建如图 9.290 所示的拉伸 36。单击 主页 功能选项卡 "基本" 区域中的 按钮，在系统的提示下选取如图 9.290 所示的模型表面作为草图平面，绘制如图 9.291 所示的草图；在 "拉伸" 对话框 "限制" 区域的 "终止" 下拉列表中选择 直至下一个 选项，方向朝向实体；在 "布尔" 下拉列表中选择 "减去"；单击 "确定" 按钮，完成拉伸 36 的创建。

步骤 52：创建如图 9.292 所示的拉伸 37。单击 主页 功能选项卡 "基本" 区域中的 按钮，在系统的提示下选取如图 9.292 所示的模型表面作为草图平面，绘制如图 9.293 所示的

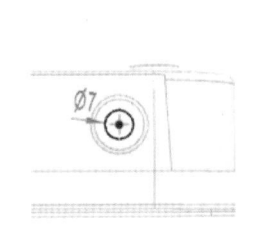

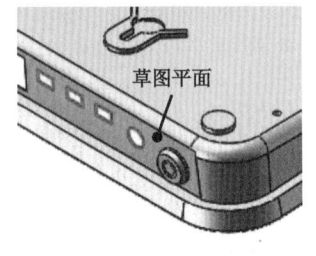

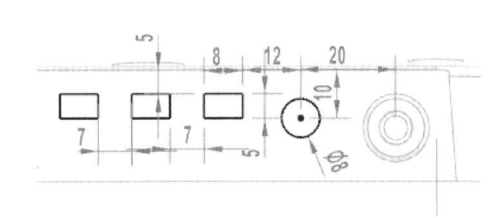

图 9.289　截面轮廓　　　图 9.290　拉伸 36　　　图 9.291　截面轮廓

草图；在"拉伸"对话框"限制"区域的"终止"下拉列表中选择 ⊢值 选项，在"距离"文本框中输入深度值 0.2，方向朝向实体；在"布尔"下拉列表中选择"合并"；单击"确定"按钮，完成拉伸 37 的创建。

步骤 53：创建如图 9.294 所示的线性阵列 2。单击 主页 功能选项卡"基本"区域中的 阵列特征 按钮，在"阵列定义"区域的"布局"下拉列表中选择"线性"，选取步骤 52 创建的拉伸特征作为阵列的源对象，在"方向 1"区域激活"指定向量"，选取如图 9.294 所示的边线作为参考，方向向左，在"间距"下拉列表中选择"数量和间隔"，在"数量"文本框中输入值 3，在"间隔"文本框中输入值 15，单击"确定"按钮，完成线性阵列 2 的创建。

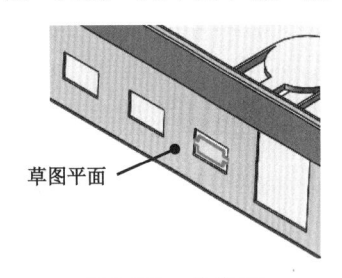

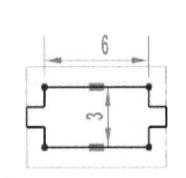

图 9.292　拉伸 37　　　图 9.293　截面草图　　　图 9.294　线性阵列 2

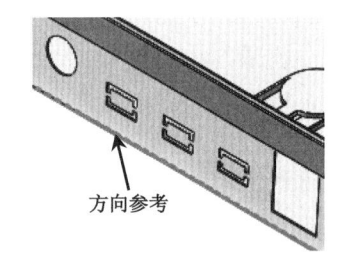

步骤 54：创建如图 9.295 所示的拉伸 38。单击 主页 功能选项卡"基本"区域中的 按钮，在系统的提示下选取如图 9.295 所示的模型表面作为草图平面，绘制如图 9.296 所示的草图；在"拉伸"对话框"限制"区域的"终止"下拉列表中选择 ⊢值 选项，在"距离"文本框中输入深度值 0.2，方向朝向实体；在"布尔"下拉列表中选择"合并"；单击"确定"按钮，完成拉伸 38 的创建。

图 9.295　拉伸 38　　　图 9.296　截面草图

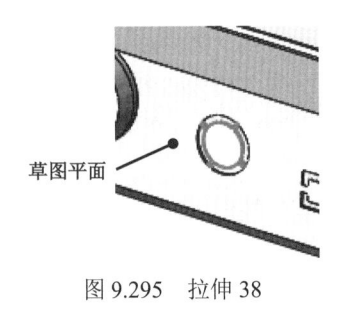

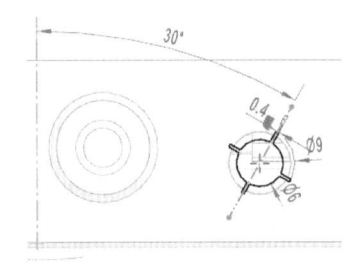

步骤 55：创建如图 9.297 所示的拉伸 39。单击 主页 功能选项卡"基本"区域中的 按钮，在系统的提示下选取如图 9.297 所示的模型表面作为草图平面，绘制如图 9.298 所示的草图；在"拉伸"对话框"限制"区域的"终止"下拉列表中选择 直至下一个 选项，方向朝向实体；在"布尔"下拉列表中选择"合并"；单击"确定"按钮，完成拉伸 39 的创建。

步骤 56：创建图 9.299 所示的基准面 2。选择下拉菜单"插入"→"基准"→"基准平面"命令，在"类型"下拉列表中选择"曲线和点"类型，在"子类型"下拉列表中选取"点和平面/面"，选取如图 9.299 所示的圆弧圆心作为点参考，选取"YZ 平面"作为平面参考，单击"确定"按钮，完成基准面 2 的创建。

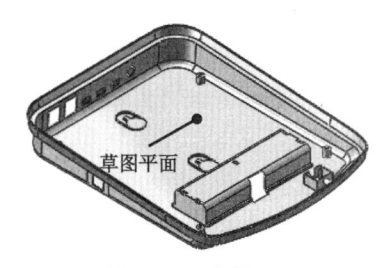

图 9.297 拉伸 39　　　图 9.298 截面草图　　　图 9.299 基准面 2

步骤 57：创建如图 9.300 所示的旋转 1。单击 主页 功能选项卡"基本"区域中的 按钮，系统会弹出"旋转"对话框，在系统的提示下，选取步骤 56 创建的"基准面 2"作为草图平面，绘制如图 9.301 所示的草图，在"旋转"对话框激活"轴"区域的"指定向量"选取如图 9.301 所示的竖直直线作为旋转轴，在"旋转"对话框的"限制"区域的"结束"下拉列表中选择"值"，然后在"角度"文本框中输入值 360，在"布尔"下拉列表中选择"减去"，单击"确定"按钮，完成旋转 1 的创建。

步骤 58：创建如图 9.302 所示的镜像 4。单击 主页 功能选项卡"基本"区域中的 镜像特征 按钮，系统会弹出"镜像特征"对话框，选取步骤 57 创建的"旋转"作为要镜像的特征，在"镜像平面"区域的"平面"下拉列表中选择"现有平面"，激活"选择平面"，选取"YZ 平面"作为镜像平面，单击"确定"按钮，完成镜像 4 的创建。

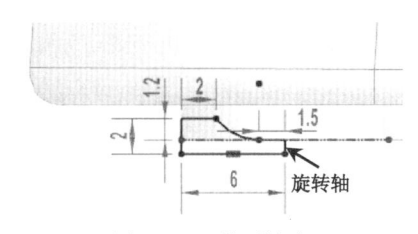

图 9.300 旋转 1　　　图 9.301 截面轮廓　　　图 9.302 镜像 4

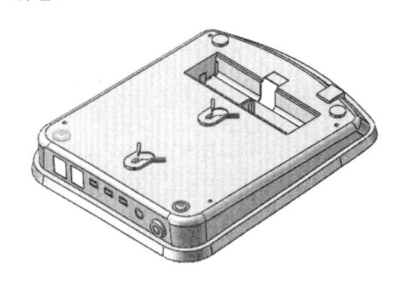

步骤 59：创建如图 9.303 所示的边倒圆特征 1。单击 主页 功能选项卡"基本"区域中的 按钮，系统会弹出"边倒圆"对话框，在系统的提示下选取如图 9.304 所示的边线作为圆

角对象,在"边倒圆"对话框的"半径1"文本框中输入圆角半径值2,单击"确定"按钮,完成边倒圆特征1的创建。

步骤60:将窗口切换到"电话座机上盖"。

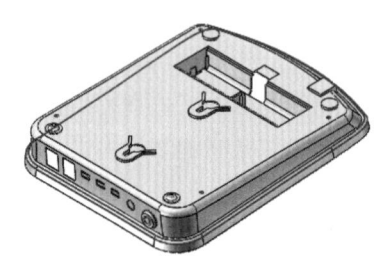

图 9.303　边倒圆特征 1

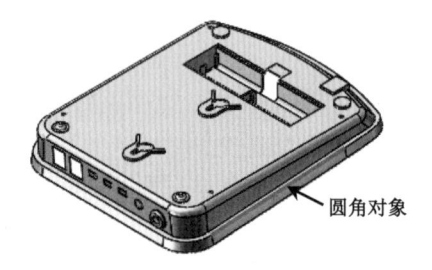

图 9.304　圆角对象

5. 创建电话座机听筒键零件

创建电话座机听筒键零件,如图 9.305 所示。

(a) 方位 1 　　　　(b) 方位 2

图 9.305　听筒键零件

步骤1:新建层。在"装配导航器"中右击 电话座机上盖 节点,在系统弹出的快捷菜单中依次选择 WAVE ▶ → 新建层 命令,系统会弹出"新建层"对话框。

步骤2:指定部件名称。在"新建层"对话框中单击 指定部件名 命令,在系统弹出的"选择部件名"对话框中将保存位置设置为 D:\UG 曲面设计\work\ch09.01,在 文件名(N): 文本框中输入"听筒键",单击 确定 按钮完成部件名称的指定。

步骤3:定义关联复制的对象。在"新建层"对话框中单击 类选择 按钮,系统会弹出"WAVE 部件间复制"对话框,在图形区选取如图 9.306 所示的模型表面(共计 6 个)及基

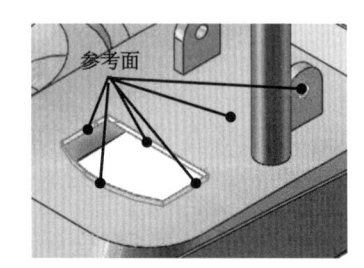

图 9.306　关联复制对象

准坐标系作为要关联复制的对象,单击 [确定] 按钮完成关联复制操作。

步骤4:单击"新建层"对话框中的 [确定] 按钮完成新建与复制操作。

步骤5:单独打开三级控件零件。在装配导航器上右击 ☑⬜听筒键,选择 ⬜在窗口中打开(D) 命令。

步骤6:创建如图9.307所示的拉伸1。单击 [主页] 功能选项卡"基本"区域中的 ⬜ 按钮,在系统的提示下选取如图9.307所示的模型表面作为草图平面,绘制如图9.308所示的草图;在"拉伸"对话框"限制"区域的"终止"下拉列表中选择 ⊢值 选项,在"距离"文本框中输入深度值8,方向沿z轴正方向;在"布尔"下拉列表中选择"无";单击"确定"按钮,完成拉伸1的创建。

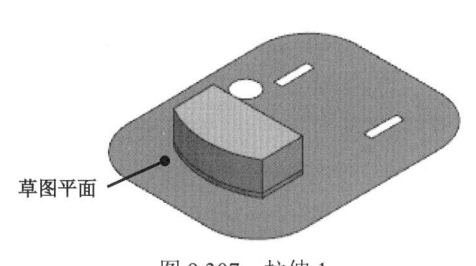

图9.307 拉伸1　　　　　图9.308 截面草图

步骤7:创建如图9.309所示的边倒圆特征1。单击 [主页] 功能选项卡"基本"区域中的 ⬜ 按钮,系统会弹出"边倒圆"对话框,在系统的提示下选取步骤6创建的特征的4条竖直边线作为圆角对象,在"边倒圆"对话框的"半径1"文本框中输入圆角半径值1,单击"确定"按钮,完成边倒圆特征1的创建。

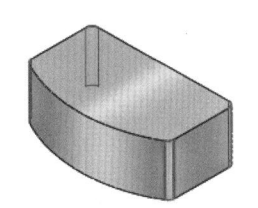

图9.309 边倒圆特征1

步骤8:创建如图9.310所示的边倒圆特征2。单击 [主页] 功能选项卡"基本"区域中的 ⬜ 按钮,系统会弹出"边倒圆"对话框,在系统的提示下选取如图9.311所示的面的边线作为圆角对象,在"边倒圆"对话框的"半径1"文本框中输入圆角半径值2,单击"确定"按钮完成边倒圆特征2的创建。

步骤9:创建如图9.312所示的抽壳特征。单击 [主页] 功能选项卡"基本"区域中的 ⬜抽壳 按钮,系统会弹出"抽壳"对话框,在"抽壳"对话框"类型"下拉列表中选择"开放"类型,选取如图9.313所示的模型表面作为移除面,在"抽壳"对话框的"厚度"文本框中输入抽壳的厚度值1,在"抽壳"对话框中单击"确定"按钮,完成抽壳特征的创建。

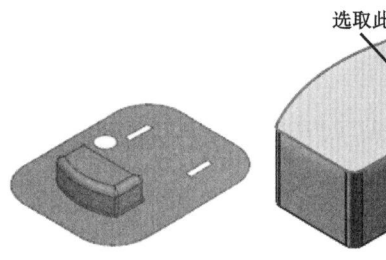

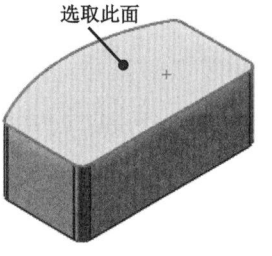

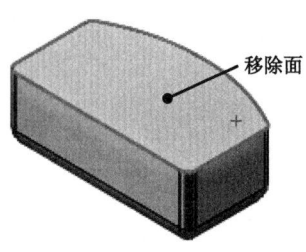

图 9.310　边倒圆特征 2　　图 9.311　倒圆参考　　图 9.312　抽壳特征　　图 9.313　移除面

步骤 10：创建如图 9.314 所示的拉伸 2。单击 主页 功能选项卡 "基本" 区域中的 按钮，在系统的提示下选取如图 9.315 所示的模型表面作为草图平面，绘制如图 9.316 所示的草图；在 "拉伸" 对话框 "限制" 区域的 "终止" 下拉列表中选择 值 选项，在 "距离" 文本框中输入深度值 1，方向沿 z 轴负方向；在 "布尔" 下拉列表中选择 "合并"；单击 "确定" 按钮，完成拉伸 2 的创建。

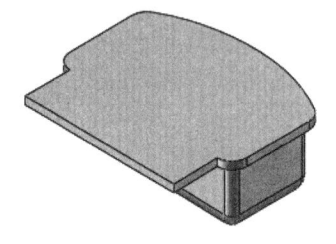

图 9.314　拉伸 2　　图 9.315　草图平面　　图 9.316　截面草图

步骤 11：创建如图 9.317 所示的拉伸 3。单击 主页 功能选项卡 "基本" 区域中的 按钮，在系统的提示下选取如图 9.317 所示的模型表面作为草图平面，绘制如图 9.318 所示的草图；在 "拉伸" 对话框 "限制" 区域的 "终止" 下拉列表中选择 直至下一个 选项，方向沿 z 轴正方向；在 "布尔" 下拉列表中选择 "减去"；单击 "确定" 按钮，完成拉伸 3 的创建。

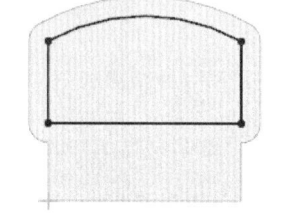

图 9.317　拉伸 3　　图 9.318　截面轮廓

步骤 12：创建如图 9.319 所示的拉伸 4。单击 主页 功能选项卡 "基本" 区域中的 按钮，在系统的提示下选取如图 9.319 所示的模型表面作为草图平面，绘制如图 9.320 所示的草图；在 "拉伸" 对话框 "限制" 区域的 "终止" 下拉列表中选择 值 选项，在 "距离" 文本框中输入深度值 1，方向沿 x 轴正方向；在 "布尔" 下拉列表中选择 "合并"；单击 "确定"

按钮,完成拉伸 4 的创建。

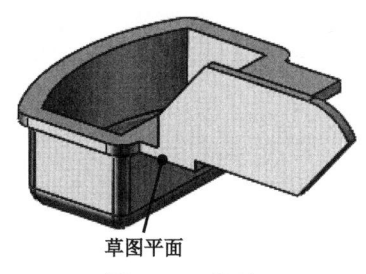

图 9.319 拉伸 4

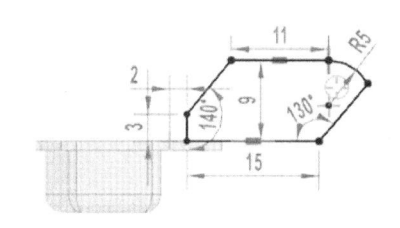

图 9.320 截面草图

步骤 13:创建如图 9.321 所示的拉伸 5。单击 主页 功能选项卡"基本"区域中的 按钮,在系统的提示下选取如图 9.321 所示的模型表面作为草图平面,绘制如图 9.322 所示的草图;在"拉伸"对话框"限制"区域的"终止"下拉列表中选择 值 选项,在"距离"文本框中输入深度值 2.5,方向沿 x 轴负方向;在"布尔"下拉列表中选择"合并";单击"确定"按钮,完成拉伸 5 的创建。

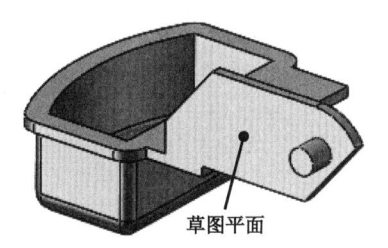

图 9.321 拉伸 5

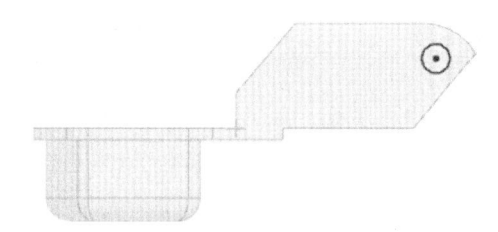

图 9.322 截面草图

步骤 14:创建如图 9.323 所示的基准面 1。选择下拉菜单"插入"→"基准"→"基准平面"命令,在"基准平面"对话框"类型"下拉列表中选择"二等分"类型,选取如图 9.324 所示的面 1 与面 2 作为参考,单击"确定"按钮,完成基准面 1 的创建。

图 9.323 基准面 1

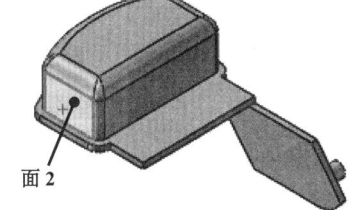

图 9.324 基准参考

步骤 15:创建如图 9.325 所示的镜像 1。单击 主页 功能选项卡"基本"区域中的 镜像特征 按钮,系统会弹出"镜像特征"对话框,选取步骤 12 与步骤 13 创建的拉伸特征作为要镜像的特征,在"镜像平面"区域的"平面"下拉列表中选择"现有平面",激活"选择平面",选取步骤 14 创建的"基准面 1"作为镜像平面,单击"确定"按钮,完成镜像 1 的创建。

步骤16：创建如图9.326所示的拉伸6。单击 主页 功能选项卡"基本"区域中的 按钮，在系统的提示下选取如图9.326所示的模型表面作为草图平面，绘制如图9.327所示的草图；在"拉伸"对话框"限制"区域的"终止"下拉列表中选择 值 选项，在"距离"文本框中输入深度值30，方向沿z轴负方向；在 偏置 下拉列表中选择"两侧"类型，将开始值设置为0，将结束值设置为-1.5，方向向内，在"布尔"下拉列表中选择"合并"；单击"确定"按钮，完成拉伸6的创建。

图9.325　镜像1　　　　图9.326　拉伸6　　　　图9.327　截面轮廓

步骤17：创建如图9.328所示的拉伸7。单击 主页 功能选项卡"基本"区域中的 按钮，在系统的提示下选取如图9.328所示的模型表面作为草图平面，绘制如图9.329所示的草图；在"拉伸"对话框"限制"区域的"终止"下拉列表中选择 值 选项，在"距离"文本框中输入深度值10，方向沿z轴负方向；在"布尔"下拉列表中选择"合并"；单击"确定"按钮，完成拉伸7的创建。

步骤18：创建如图9.330所示的基准面2。选择下拉菜单"插入"→"基准"→"基准平面"命令，在"类型"下拉列表中选择"曲线和点"类型，在"子类型"下拉列表中选取"点和平面/面"，选取如图9.330所示的圆弧圆心作为点参考，选取"ZX平面"作为平面参考，单击"确定"按钮，完成基准面的创建。

图9.328　拉伸7　　　　图9.329　截面草图　　　　图9.330　基准面2

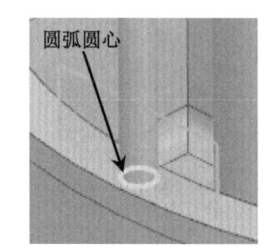

步骤19：创建如图9.331所示的筋板1。单击 主页 功能选项卡"基本"区域中的 下的 （更多）按钮，在"细节特征"区域选择 筋板 命令，在系统的提示下选取步骤18创建的"基准面2"作为草图平面，绘制如图9.332所示的截面草图，在"壁"区域选中 平行于剖切平面 单选项，确认筋板方向是朝向实体的，在 维度 下拉列表中选择"对称"，在 厚度

文本框中输入筋板厚度值 0.4，其他参数采用默认，单击"确定"按钮，完成筋板 1 的创建。

步骤 20：创建如图 9.333 所示的镜像 2。单击 主页 功能选项卡"基本"区域中的 镜像特征 按钮，系统会弹出"镜像特征"对话框，选取步骤 19 创建的筋板特征作为要镜像的特征，在"镜像平面"区域的"平面"下拉列表中选择"现有平面"，激活"选择平面"，选取步骤 14 创建的"基准面 1"作为镜像平面，单击"确定"按钮，完成镜像 2 的创建。

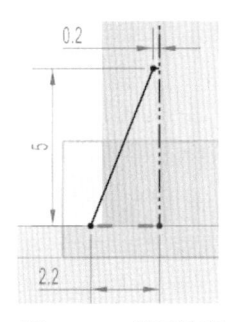

图 9.331　筋板 1　　　　图 9.332　截面轮廓　　　　图 9.333　镜像 2

步骤 21：创建如图 9.334 所示的边倒圆特征 3。单击 主页 功能选项卡"基本"区域中的 按钮，系统会弹出"边倒圆"对话框，在系统的提示下选取如图 9.335 所示的两条边线作为圆角对象，在"边倒圆"对话框的"半径 1"文本框中输入圆角半径值 2，单击"确定"按钮，完成边倒圆特征 3 的创建。

步骤 22：创建如图 9.336 所示的边倒圆特征 4。单击 主页 功能选项卡"基本"区域中的 按钮，系统会弹出"边倒圆"对话框，在系统的提示下选取如图 9.337 所示的两条边线作为圆角对象，在"边倒圆"对话框的"半径 1"文本框中输入圆角半径值 1，单击"确定"按钮，完成边倒圆特征 4 的创建。

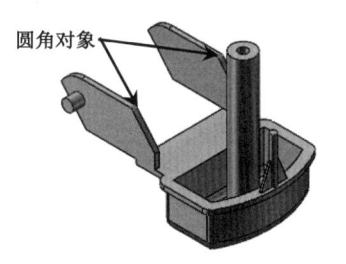

图 9.334　边倒圆特征 3　　　　图 9.335　圆角对象　　　　图 9.336　边倒圆特征 4

步骤 23：创建如图 9.338 所示的完全倒圆角 1。单击 主页 功能选项卡"基本"区域中的 按钮，系统会弹出"面倒圆"对话框，在"类型"下拉列表中选择"三面"，选取如图 9.339 所示的面 1、面 2 与中间面（将过滤器类型设置为单面），单击"确定"按钮，完成完全倒圆角 1 的定义。

步骤 24：创建如图 9.340 所示的完全倒圆角 2，具体操作可参考步骤 23。

图 9.337　圆角对象 　　图 9.338　完全倒圆角 1 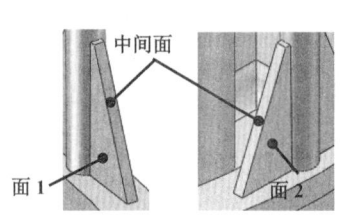　　图 9.339　圆角参考 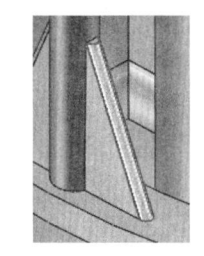　　图 9.340　完全倒圆角 2

步骤 25：创建如图 9.341 所示的边倒圆特征 5。单击 主页 功能选项卡"基本"区域中的 按钮，系统会弹出"边倒圆"对话框，在系统的提示下选取如图 9.342 所示的 4 条边线作为圆角对象，在"边倒圆"对话框的"半径 1"文本框中输入圆角半径值 0.5，单击"确定"按钮，完成边倒圆特征 5 的创建。

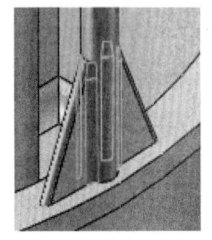

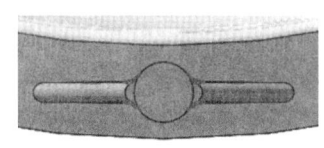

(a) 方位 1　　　　　　　(b) 方位 2

图 9.341　边倒圆特征 5　　　　　　　图 9.342　圆角对象

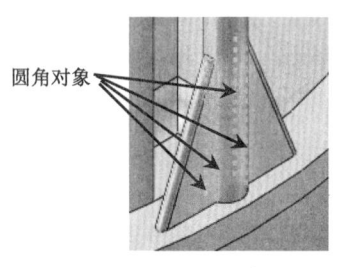

步骤 26：创建如图 9.343 所示的边倒圆特征 6。单击 主页 功能选项卡"基本"区域中的 按钮，系统会弹出"边倒圆"对话框，在系统的提示下选取如图 9.344 所示的两条边线作为圆角对象，在"边倒圆"对话框的"半径 1"文本框中输入圆角半径值 0.1，单击"确定"按钮，完成边倒圆特征 6 的创建。

步骤 27：创建如图 9.345 所示的边倒圆特征 7。单击 主页 功能选项卡"基本"区域中的 按钮，系统会弹出"边倒圆"对话框，在系统的提示下选取如图 9.346 所示的边线作为圆角对象，在"边倒圆"对话框的"半径 1"文本框中输入圆角半径值 0.2，单击"确定"按钮，完成边倒圆特征 7 的创建。

图 9.343　边倒圆特征 6 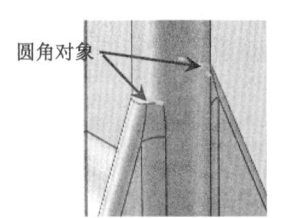　　图 9.344　圆角对象 　　图 9.345　边倒圆特征 7 　　图 9.346　圆角对象

步骤 28：将窗口切换到"二级控件"。

6. 创建电话座机电池盖零件

创建电话座机电池盖零件，如图 9.347 所示。

(a) 方位 1　　　　　　　　　(b) 方位 2

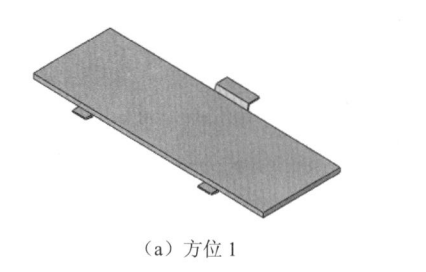

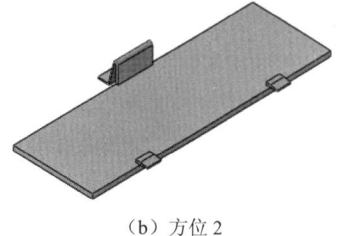

图 9.347　电池盖

步骤 1：新建层。在"装配导航器"中右击 ☑ 二级控件 节点，在系统弹出的快捷菜单中依次选择 WAVE ▶ → 新建层 命令，系统会弹出"新建层"对话框。

步骤 2：指定部件名称。在"新建层"对话框中单击 指定部件名 命令，在系统弹出的"选择部件名"对话框中将保存位置设置为 D:\UG 曲面设计\work\ch09.01，在 文件名(N): 文本框中输入"电池盖"，单击 确定 按钮完成部件名称的指定。

步骤 3：定义关联复制的对象。在"新建层"对话框中单击 类选择 按钮，系统会弹出"WAVE 部件间复制"对话框，在图形区选取如图 9.348 所示的实体、曲面及基准坐标系作为要关联复制的对象，单击 确定 按钮，完成关联复制操作。

步骤 4：单击"新建层"对话框中的 确定 按钮完成新建与复制操作。

步骤 5：单独打开电池盖零件。在装配导航器上右击 ☑ 电池盖，选择 ◉ 在窗口中打开(D) 命令。

步骤 6：创建如图 9.349 所示的修剪体 1。选择 主页 功能选项卡"基本"区域中的 ◈ 命令，选取实体作为目标对象，在 工具选项 下拉列表中选择 面或平面 类型，选取如图 9.350 所示的面作为工具对象，单击 ✕ 按钮使方向如图 9.350 所示（向外），单击"确定"按钮，完成修剪体 1 的创建。

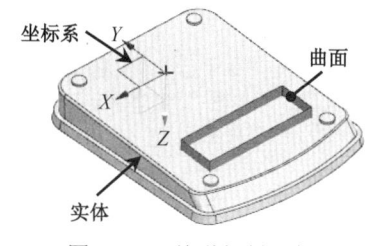

图 9.348　关联复制对象　　　图 9.349　修剪体 1　　　图 9.350　修剪方向

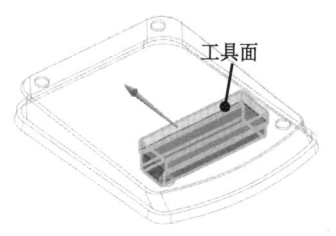

步骤 7：创建如图 9.351 所示的拉伸 1。单击 主页 功能选项卡"基本"区域中的 ⬓ 按钮，在系统的提示下选取如图 9.352 所示的模型表面作为草图平面，绘制如图 9.353 所示的草图；在"拉伸"对话框"限制"区域的"终止"下拉列表中选择 ⇅ 贯通 选项，方向沿 x 轴负方向；在"布尔"下拉列表中选择"减去"；单击"确定"按钮，完成拉伸 1 的创建。

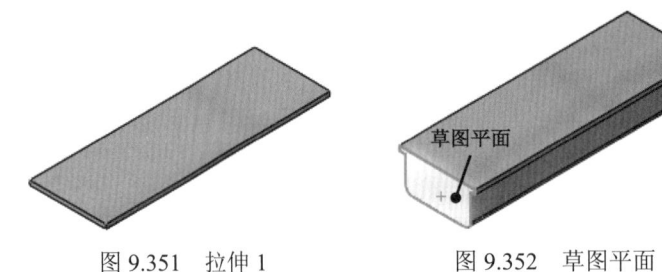

图 9.351　拉伸 1　　　　图 9.352　草图平面 　　　　图 9.353　截面轮廓

步骤 8：创建如图 9.354 所示的拉伸 2。单击 主页 功能选项卡"基本"区域中的 按钮，在系统的提示下选取"YZ 平面"作为草图平面，绘制如图 9.355 所示的草图；在"拉伸"对话框"限制"区域的"起始"下拉列表中选择 值 选项，在"距离"文本框中输入深度值 25.5，在"终止"下拉列表中选择 值 选项，在"距离"文本框中输入深度值 31.5，方向沿 x 轴正方向；在"布尔"下拉列表中选择"合并"；单击"确定"按钮，完成拉伸 2 的创建。

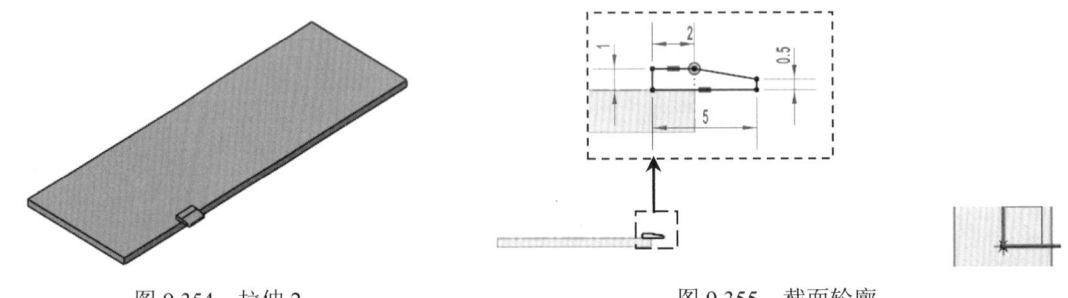

图 9.354　拉伸 2　　　　　　　　　　　图 9.355　截面轮廓

步骤 9：创建如图 9.356 所示的镜像 1。单击 主页 功能选项卡"基本"区域中的 镜像特征 按钮，系统会弹出"镜像特征"对话框，选取步骤 8 创建的"拉伸 2"作为要镜像的特征，在"镜像平面"区域的"平面"下拉列表中选择"现有平面"，激活"选择平面"，选取"YZ 平面"作为镜像平面，单击"确定"按钮，完成镜像 1 的创建。

步骤 10：创建如图 9.357 所示的拉伸 3。单击 主页 功能选项卡"基本"区域中的 按钮，在系统的提示下选取"YZ 平面"作为草图平面，绘制如图 9.358 所示的草图；在"拉伸"对话框"限制"区域的"终止"下拉列表中选择 对称值 选项，在"距离"文本框中输入深度值 15；在"布尔"下拉列表中选择"合并"；单击"确定"按钮，完成拉伸 3 的创建。

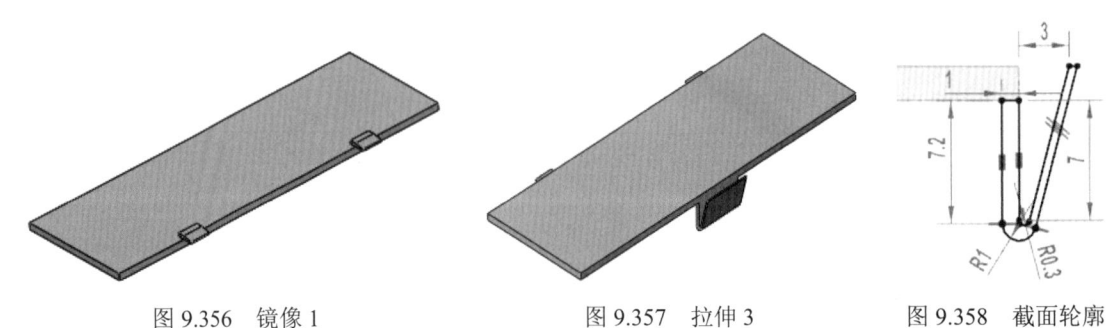

图 9.356　镜像 1　　　　图 9.357　拉伸 3　　　　图 9.358　截面轮廓

步骤 11：创建如图 9.359 所示的拉伸 4。单击 主页 功能选项卡"基本"区域中的 按钮，在系统的提示下选取如图 9.360 所示的模型表面作为草图平面，绘制如图 9.361 所示的草图；在"拉伸"对话框"限制"区域的"起始"下拉列表中选择 值 选项，在"距离"文本框中输入深度值 0，在"终止"下拉列表中选择 值 选项，在"距离"文本框中输入深度值 0.5，方向沿 z 轴正方向；在"布尔"下拉列表中选择"合并"；单击"确定"按钮，完成拉伸 4 的创建。

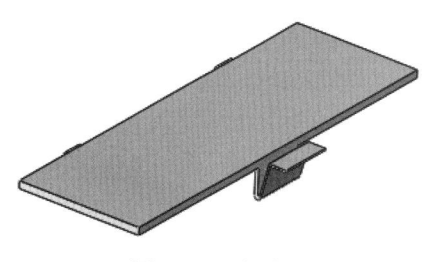

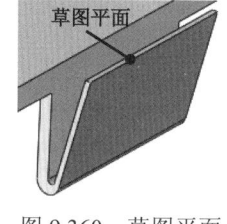

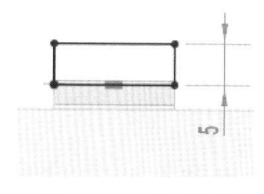

图 9.359　拉伸 4　　　　　　图 9.360　草图平面　　　　　　图 9.361　截面轮廓

步骤 12：将窗口切换到电话座机上盖。

7. 创建电话座机的上按键零件

创建电话座机的上按键零件，如图 9.362 所示。

步骤 1：新建层。在"装配导航器"中右击 电话座机上盖 节点，在系统弹出的快捷菜单中依次选择 WAVE ▶→ 新建层 命令，系统会弹出"新建层"对话框。

步骤 2：指定部件名称。在"新建层"对话框中单击 指定部件名 命令，在系统弹出的"选择部件名"对话框中将保存位置设置为 D:\UG 曲面设计\work\ch09.01，在 文件名(N): 文本框中输入"上按键"，单击 确定 按钮，完成部件名称的指定。

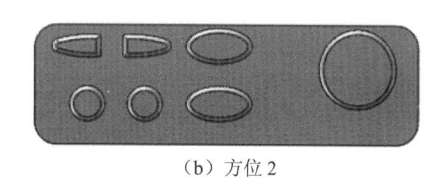

(a) 方位 1　　　　　　　　(b) 方位 2

图 9.362　上按键零件

步骤 3：定义关联复制的对象。在"新建层"对话框中单击 类选择 按钮，系统会弹出"WAVE 部件间复制"对话框，在图形区选取如图 9.363 所示模型表面及基准坐标系作为要关联复制的对象，单击 确定 按钮，完成关联复制操作。

步骤 4：单击"新建层"对话框中的 确定 按钮完成新建与复制操作。

步骤 5：单独打开上按键零件。在装配导航器上右击 ☑ 📄 上按键，选择 📄 在窗口中打开(D) 命令。

步骤 6：创建如图 9.364 所示的拉伸 1。单击 主页 功能选项卡"基本"区域中的 按钮，在系统的提示下选取"XY平面"作为草图平面，绘制如图 9.365 所示的草图；在"拉伸"对话框"限制"区域的"终止"下拉列表中选择 直至延伸部分 选项，选取如图 9.364 所示的面作为参考；在"布尔"下拉列表中选择"无"；单击"确定"按钮，完成拉伸 1 的创建。

图 9.363　关联复制面　　　　　图 9.364　拉伸 1　　　　　图 9.365　截面草图

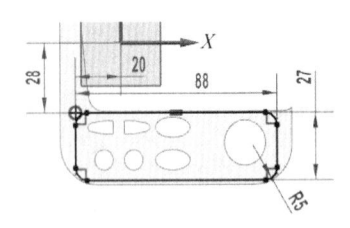

步骤 7：创建如图 9.366 所示的偏置曲面 1。选择 曲面 功能选项卡"基本"区域中的 偏置曲面 命令，选取如图 9.364 所示的终止面作为要偏置的面，在"偏置 1"文本框中输入值 2，等距方向参考如图 9.366 所示，单击"确定"按钮完成偏置曲面 1 的创建。

步骤 8：创建如图 9.367 所示的填充曲面 1。单击 曲面 功能选项卡"基本"区域中的"更多"节点，在弹出的下拉列表中选择 填充 区域中的 填充曲面 命令，在"填充曲面"对话框 设置 区域的 默认边连续性 下拉列表中选择 G1 (相切)，选取如图 9.368 所示的 4 条边线作为边界参考，单击"确定"按钮，完成填充曲面 1 的创建。

图 9.366　偏置曲面 1　　　　　图 9.367　填充曲面 1　　　　　图 9.368　填充边界

步骤 9：参考步骤 8 的操作完成其他位置的填充曲面的创建（共计 6 处），完成后如图 9.369 所示。

步骤 10：创建缝合曲面。单击 曲面 功能选项卡"组合"区域中的 缝合 按钮，选取步骤 7 创建的偏置曲面作为目标对象，选取步骤 8 与步骤 9 创建的填充曲面（共计 6 个）作为工具对象，单击"确定"按钮，完成缝合曲面的创建。

步骤 11：创建如图 9.370 所示的修剪体 1。选择 主页 功能选项卡"基本"区域中的 命令，选取实体作为目标对象，在 工具选项 下拉列表中选择 面或平面 类型，选取步骤 10 创建的缝合曲面作为工具对象，单击 按钮使方向如图 9.371 所示（向下），单击"确定"按钮，完成修剪体 1 的创建。

图 9.369　其他填充曲面　　　图 9.370　修剪体 1　　　图 9.371　修剪方向

步骤 12：创建如图 9.372 所示的偏置曲面 2。选择 曲面 功能选项卡 "基本" 区域中的 偏置曲面 命令，选取如图 9.373 所示的面作为要偏置的面，在 "偏置 1" 文本框中输入 2，等距方向参考如图 9.372 所示，单击 "确定" 按钮，完成偏置曲面 2 的创建。

图 9.372　偏置曲面 2　　　　　　　　　图 9.373　偏置参考面

步骤 13：创建如图 9.374 所示的拉伸 2。单击 主页 功能选项卡 "基本" 区域中的 按钮，在系统的提示下选取 "XY 平面" 作为草图平面，绘制如图 9.375 所示的草图；在 "拉伸" 对话框 "限制" 区域的 "终止" 下拉列表中选择 值 选项，在 "距离" 文本框中输入值 90，在 "布尔" 下拉列表中选择 "合并"；单击 "确定" 按钮，完成拉伸 2 的创建。

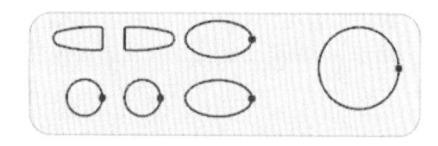

图 9.374　拉伸 2　　　　　　　　　图 9.375　截面草图

步骤 14：创建如图 9.376 所示的修剪体 2。选择 主页 功能选项卡 "基本" 区域中的 命令，选取实体作为目标对象，在 工具选项 下拉列表中选择 面或平面 类型，选取步骤 10 创建的缝合曲面作为工具对象，单击 按钮使方向向下，单击 "确定" 按钮完成修剪体 2 的创建。

步骤 15：创建如图 9.377 所示的修剪体 3。选择 主页 功能选项卡 "基本" 区域中的 命令，选取实体作为目标对象，在 工具选项 下拉列表中选择 面或平面 类型，选取步骤 12 创建的偏置曲面作为工具对象，单击⊠按钮使方向向上，单击"确定"按钮，完成修剪体 3 的创建。

步骤 16：创建如图 9.378 所示的边倒圆特征 1。单击 主页 功能选项卡"基本"区域中的 按钮，系统会弹出"边倒圆"对话框，在系统的提示下选取如图 9.379 所示的面的边作为圆角对象，在"边倒圆"对话框的"半径 1"文本框中输入圆角半径值 1，单击"确定"按钮，完成边倒圆特征 1 的创建。

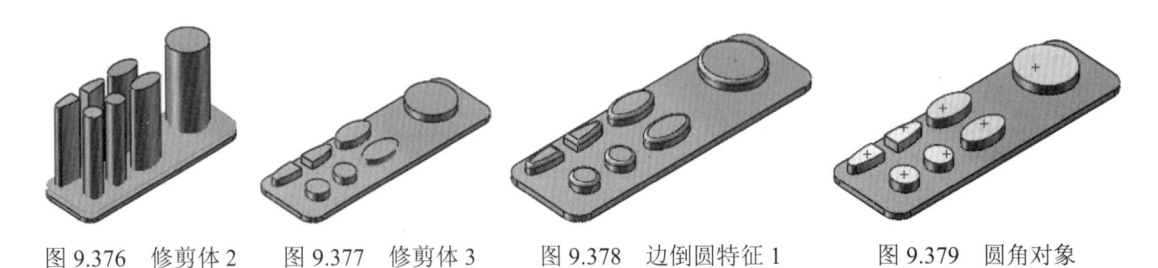

图 9.376　修剪体 2　　图 9.377　修剪体 3　　图 9.378　边倒圆特征 1　　图 9.379　圆角对象

步骤 17：将窗口切换到"电话座机上盖"。

8. 创建电话座机的下按键零件

创建电话座机的下按键零件，如图 9.380 所示。

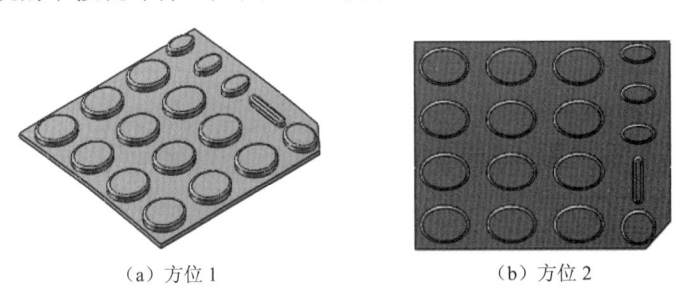

(a) 方位 1　　(b) 方位 2

图 9.380　下按键零件

步骤 1：新建层。在"装配导航器"中右击 电话座机上盖 节点，在系统弹出的快捷菜单中依次选择 WAVE ▶ → 新建层 命令，系统会弹出"新建层"对话框。

步骤 2：指定部件名称。在"新建层"对话框中单击 指定部件名 命令，在系统弹出的"选择部件名"对话框中将保存位置设置为 D:\UG 曲面设计\work\ch09.01，在 文件名(N): 文本框中输入"下按键"，单击 确定 按钮完成部件名称的指定。

步骤 3：定义关联复制的对象。在"新建层"对话框中单击 类选择 按钮，系统会弹出"WAVE 部件间复制"对话框，在图形区选取如图 9.381 所示模型表面及基准坐标系作为要关联复制的对象，单击 确定 按钮完成关联复制操作。

步骤 4：单击"新建层"对话框中的 确定 按钮完成新建与复制操作。

步骤 5：单独打开上按键零件。在装配导航器上右击 ☑ 下按键 ，选择 ◉ 在窗口中打开(W) 命令。

步骤 6：创建如图 9.382 所示的拉伸 1。单击 主页 功能选项卡"基本"区域中的 按钮，

在系统的提示下选取"XY平面"作为草图平面,绘制如图9.383所示的草图;在"拉伸"对话框"限制"区域的"终止"下拉列表中选择 直至延伸部分 选项,选取如图9.382所示的面作为参考;在"布尔"下拉列表中选择"无";单击"确定"按钮,完成拉伸1的创建。

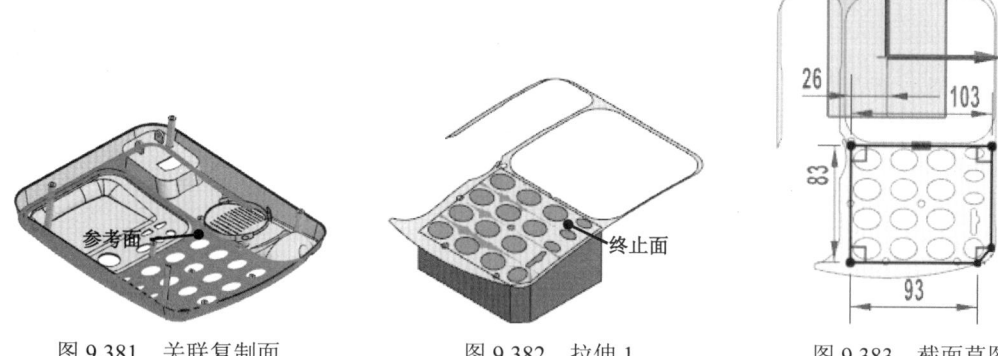

图9.381 关联复制面　　　图9.382 拉伸1　　　图9.383 截面草图

步骤7:创建如图9.384所示的偏置曲面1。选择 曲面 功能选项卡"基本"区域中的 偏置曲面 命令,选取如图9.385所示的面作为要偏置的面,在"偏置1"文本框中输入2,等距方向沿实体内部,单击"确定"按钮,完成偏置曲面1的创建。

步骤8:创建如图9.386所示的延伸曲面1。单击 曲面 功能选项卡"组合"区域中的 按钮,在系统的提示下选取如图9.387所示的曲面边线作为延伸参考,在 限制 下拉列表中选择 偏置,在"偏置"文本框中输入值5,在 设置 区域的 曲面延伸形状 下拉列表中选择 自然相切,其他参数均采用默认,单击"确定"按钮,完成延伸曲面1的创建。

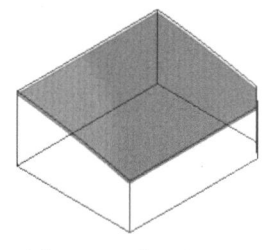

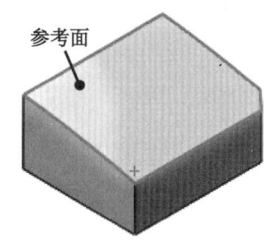

图9.384 偏置曲面1　　　图9.385 等距参考面　　　图9.386 延伸曲面1

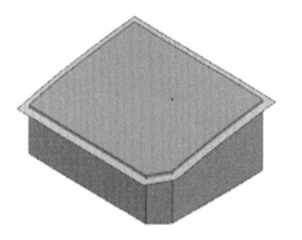

步骤9:创建如图9.388所示的修剪体1。选择 主页 功能选项卡"基本"区域中的 命令,选取实体作为目标对象,在 工具选项 下拉列表中选择 面或平面 类型,选取步骤8创建的延伸曲面作为工具对象,单击 X 按钮使方向如图9.389所示(向下),单击"确定"按钮,完成修剪体1的创建。

步骤10:创建如图9.390所示的偏置曲面2。选择 曲面 功能选项卡"基本"区域中的 偏置曲面 命令,选取如图9.391所示的面作为要偏置的面,在"偏置1"文本框中输入值2,等距方向参考如图9.390所示(偏离实体),单击"确定"按钮,完成偏置曲面2的创建。

图 9.387 延伸边　　　图 9.388 修剪体 1　　　图 9.389 修剪方向

图 9.390 偏置曲面 2　　　图 9.391 偏置参考面

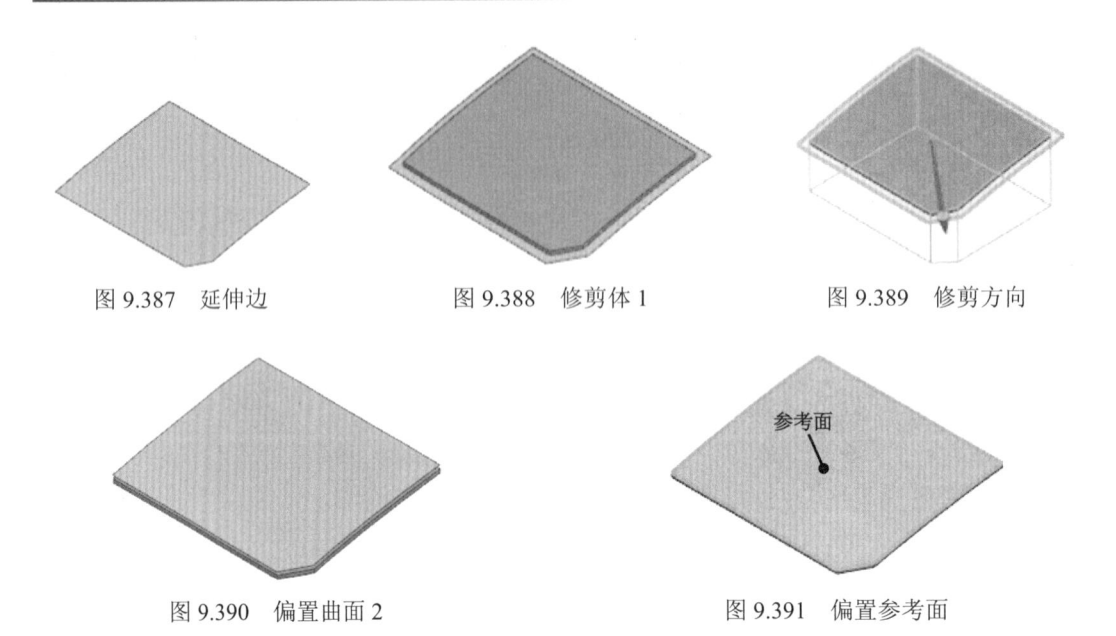

步骤 11：创建如图 9.392 所示的拉伸 2。单击 主页 功能选项卡"基本"区域中的 按钮，在系统的提示下选取"*XY* 平面"作为草图平面，绘制如图 9.393 所示的草图；在"拉伸"对话框"限制"区域的"终止"下拉列表中选择 值 选项，在"距离"文本框中输入值 90，在"布尔"下拉列表中选择"合并"；单击"确定"按钮，完成拉伸 2 的创建。

步骤 12：创建如图 9.394 所示的修剪体 2。选择 主页 功能选项卡"基本"区域中的 命令，选取实体作为目标对象，在 工具选项 下拉列表中选择 面或平面 类型，选取步骤 8 创建的延伸曲面作为工具对象，单击 按钮使方向向下，单击"确定"按钮完成修剪体 2 的创建。

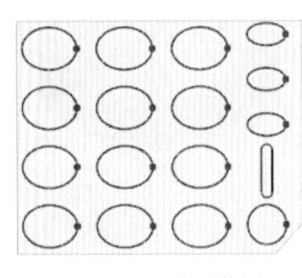

图 9.392 拉伸 2　　　图 9.393 截面草图　　　图 9.394 修剪体 2

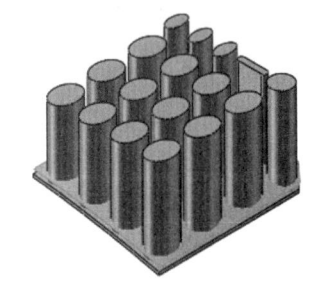

步骤 13：创建如图 9.395 所示的修剪体 3。选择 主页 功能选项卡"基本"区域中的 命令，选取实体作为目标对象，在 工具选项 下拉列表中选择 面或平面 类型，选取步骤 10 创建的偏置曲面作为工具对象，单击 按钮使方向向上，单击"确定"按钮，完成修剪体 3 的创建。

步骤 14：创建如图 9.396 所示的边倒圆特征 1。单击 主页 功能选项卡"基本"区域中的 按钮，系统会弹出"边倒圆"对话框，在系统的提示下选取如图 9.397 所示的面的边作为圆角对象，在"边倒圆"对话框的"半径 1"文本框中输入圆角半径值 1，单击"确定"按钮,完成边倒圆特征 1 的创建。

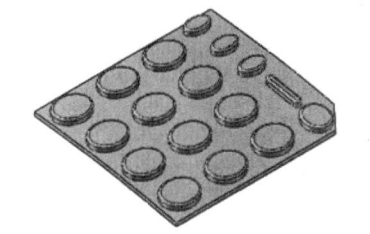

图 9.395 修剪体 3　　　图 9.396 边倒圆特征 1　　　图 9.397 圆角对象

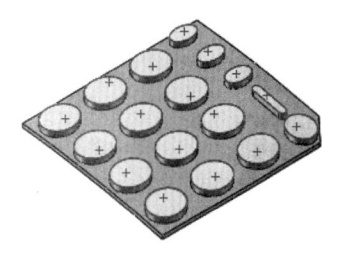

9.2 曲面设计综合案例:电话听筒

142min

案例概述:

本案例将介绍电话听筒的创建过程,由于电话听筒的整体形状相对复杂,配合要求相对较高,所以此案例依然采用自顶向下方法进行设计,产品在创建的过程中主要使用了拉伸曲面、偏置曲面、直纹曲面、修剪片体、拉伸、旋转、圆角、镜像、阵列、修剪体等功能。该产品如图 9.398 所示。

1. 创建电话听筒一级控件

创建电话听筒一级控件,如图 9.399 所示。

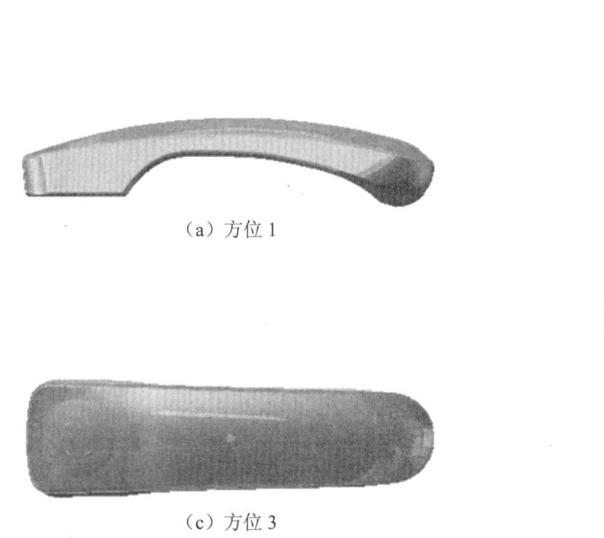

(a) 方位 1　　　(b) 方位 2

(c) 方位 3　　　(d) 方位 4

图 9.398 电话听筒

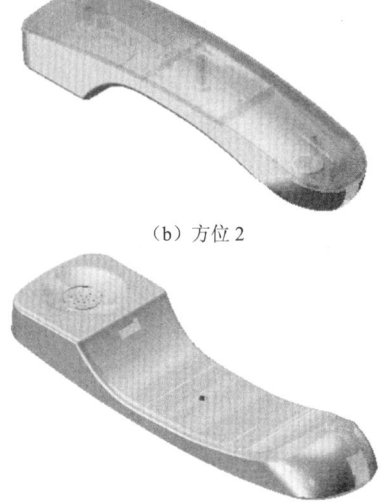

步骤 1:新建文件。选择"快速访问工具条"中的 命令,在"新建"对话框中选择"模型"模板,在名称文本框中输入"电话听筒",将工作目录设置为 D:\UG 曲面设计\

work\ch09.02，然后单击"确定"按钮进入零件建模环境。

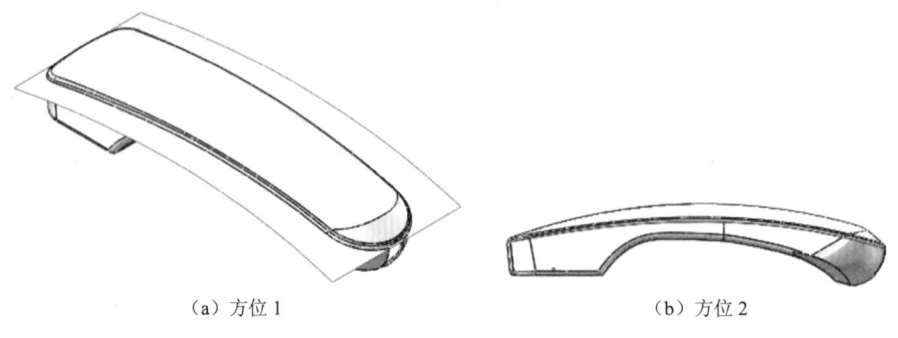

（a）方位1　　　　　　　　　（b）方位2

图 9.399　电话听筒

步骤2：创建如图9.400所示的拉伸1。单击 主页 功能选项卡"基本"区域中的 按钮，在系统的提示下选取"YZ平面"作为草图平面，绘制如图9.401所示的截面草图；在"拉伸"对话框"限制"区域的"终止"下拉列表中选择 对称值 选项，在"距离"文本框中输入深度值56；在"设置"区域的"体类型"下拉列表中选择"片体"类型；单击"确定"按钮，完成拉伸1的创建。

图 9.400　拉伸1

图 9.401　截面轮廓

步骤3：定义如图9.402所示的草图1。单击 主页 功能选项卡"构造"区域中的草图 按钮，选取"XY平面"作为草图平面，绘制如图9.403所示的草图。

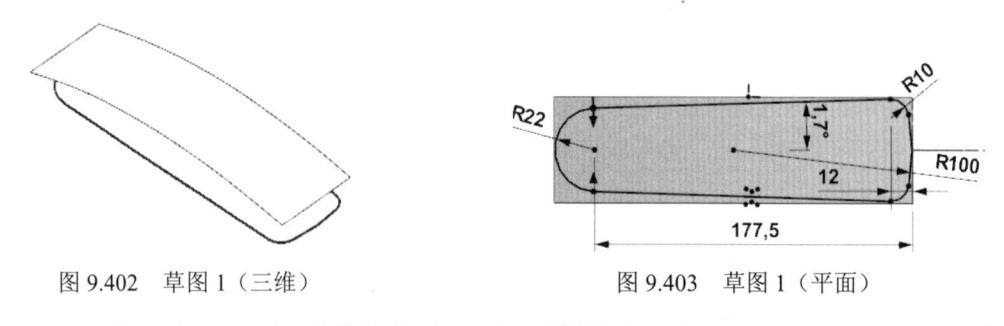

图 9.402　草图1（三维）

图 9.403　草图1（平面）

步骤4：创建如图9.404所示的剪裁曲面1。选择 曲面 功能选项卡"组合"区域中的 命令，选取步骤 2 创建的曲面作为目标对象，选取步骤 3 创建的草图作为剪裁边界，在 投影方向 区域的下拉列表中选择 垂直于曲线平面 类型，在 区域 选中 保留 单选项，选取如图9.405所示的区域作为要保留的对象。

图 9.404　剪裁曲面 1

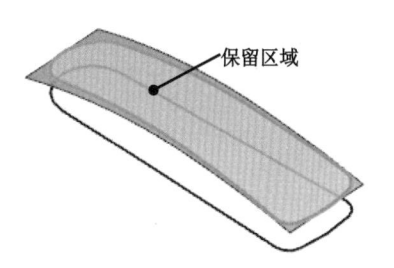

图 9.405　保留选择

步骤 5：创建如图 9.406 所示的偏置曲面 1。选择 曲面 功能选项卡"基本"区域中的 偏置曲面 命令，选取步骤 4 创建的剪裁曲面作为要偏置的面，在"偏置 1"文本框中输入值 2，等距方向向外，单击"确定"按钮，完成偏置曲面 1 的创建。

图 9.406　偏置曲面 1

步骤 6：创建如图 9.407 所示的偏置曲线 1。选择 曲线 功能选项卡"派生"区域中的 在面上偏置 命令，在"类型"下拉列表中选择"恒定"类型，在"偏置距离"下拉列表中选择 值 选项，选取步骤 5 创建的偏置曲面的边线作为偏置曲线，在 截面线1:偏置1 文本框中输入值 1，方向向内，激活"面或平面"区域中的"选择面或平面"，选取步骤 5 创建的偏置曲面作为参考，单击"确定"按钮，完成偏置曲线 1 的创建。

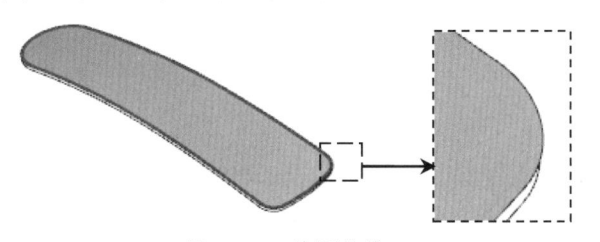

图 9.407　偏置曲线 1

步骤 7：创建如图 9.408 所示的修剪曲面。选择 曲面 功能选项卡"组合"区域中的 命令，选取步骤 5 创建的偏置曲面作为目标对象，选取步骤 6 创建的偏置曲线作为剪裁边界，在 投影方向 区域的下拉列表中选择 垂直于面 类型，在 区域 区域选中 保留 单选项，选取如图 9.409 所示的区域作为要保留的对象。

步骤 8：创建如图 9.410 所示的直纹曲面。单击 曲面 功能选项卡"基本"区域中的"更多"节点，在弹出的下拉列表中选择 网格 区域中的 直纹 命令，选取步骤 4 创建的曲面的边作为第一截面，控制点与方向如图 9.411 所示，选取步骤 7 创建的曲面的边作为第二截面，

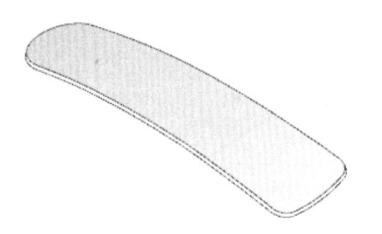

图 9.408　修剪曲面 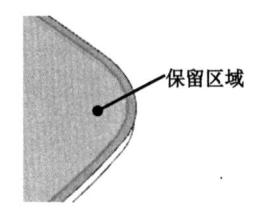　　　　　　　　　　　图 9.409　保留选择

控制点与方向如图 9.411 所示，选中 ☐ 保留形状 复选框，在"体类型"下拉列表中选择"片体"类型，单击"确定"按钮，完成直纹曲面的创建。

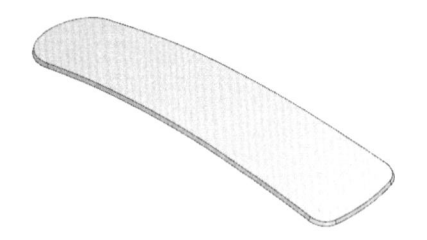

图 9.410　直纹曲面 　　　　　　　　　　　图 9.411　控制点与方向

步骤 9：创建如图 9.412 所示的草图 1。单击 主页 功能选项卡"构造"区域中的草图 按钮，选取"YZ 平面"作为草图平面，绘制如图 9.413 所示的草图（两端创建交点并加重合）。

步骤 10：创建基准面 1。单击 主页 功能选项卡"构造"区域 下的 按钮，选择 基准平面 命令，在"类型"下拉列表中选择"按某一距离"类型，选取"ZX 平面"作为参考平面，在"偏置"区域的"距离"文本框中输入偏置距离值 100，方向沿 y 轴负方向，单击"确定"按钮，完成基准面 1 的定义，如图 9.414 所示。

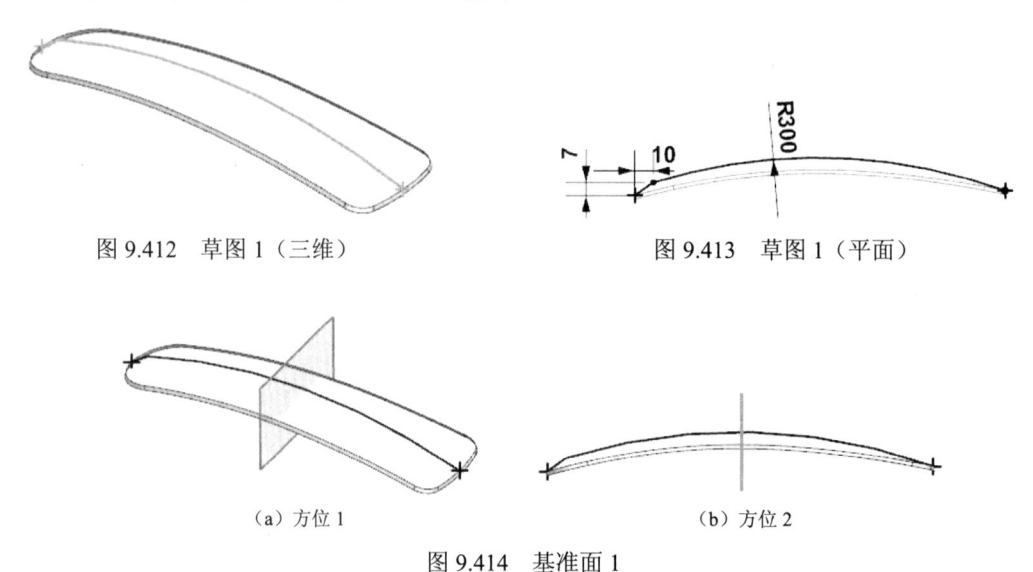

图 9.412　草图 1（三维）　　　　　　　　图 9.413　草图 1（平面）

（a）方位 1　　　　　　　　　　　　　　（b）方位 2

图 9.414　基准面 1

步骤 11：创建如图 9.415 所示的草图 2。单击 主页 功能选项卡"构造"区域中的草图 按钮，选取步骤 10 创建的"基准面 1"作为草图平面，绘制如图 9.416 所示的草图（由 3 个交点创建圆弧）。

图 9.415　草图 2（三维）　　　　图 9.416　草图 2（平面）

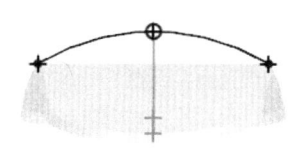

步骤 12：创建如图 9.417 所示的扫掠曲面 1。单击 曲面 功能选项卡"基本"区域中的 按钮，在系统的提示下选取如图 9.418 所示的扫掠截面，在"扫掠"对话框"引导线"区域激活 选择曲线 ，选取如图 9.418 所示的扫掠引导线（共计 3 条），其他参数采用系统默认，单击"确定"按钮，完成扫掠曲面 1 的创建。

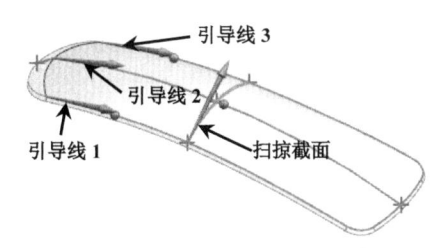

图 9.417　扫掠曲面 1　　　　图 9.418　截面与引导线

步骤 13：创建如图 9.419 所示的扫掠曲面 2。单击 曲面 功能选项卡"基本"区域中的 按钮，在系统的提示下选取如图 9.420 所示的扫掠截面，在"扫掠"对话框"引导线"区域激活 选择曲线 ，选取如图 9.420 所示的扫掠引导线（共计两条），其他参数采用系统默认，单击"确定"按钮，完成扫掠曲面 2 的创建。

图 9.419　扫掠 2　　　　图 9.420　截面与引导线

步骤 14：创建如图 9.421 所示的草图 3。单击 主页 功能选项卡"构造"区域中的草图 按钮，选取"YZ 平面"作为草图平面，绘制如图 9.422 所示的草图。

图 9.421　草图 3（三维）　　　　　图 9.422　草图 3（平面）

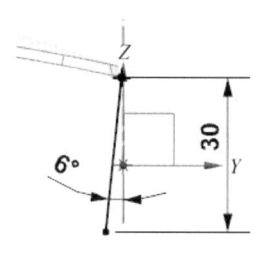

步骤 15：创建如图 9.423 所示的扫掠曲面 3。单击 曲面 功能选项卡"基本"区域中的 按钮，在系统的提示下选取步骤 14 创建的草图直线作为扫掠截面，在"扫掠"对话框"引导线"区域激活 选择曲线 ，选取如图 9.424 所示的扫掠引导线，其他参数采用系统默认，单击"确定"按钮，完成扫掠曲面 3 的创建。

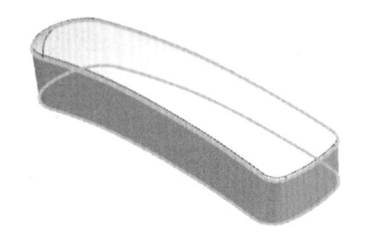

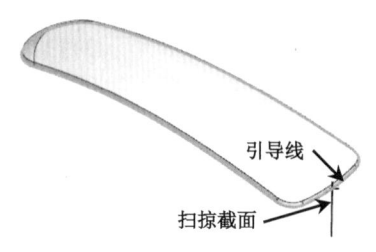

图 9.423　扫掠曲面 3　　　　　图 9.424　截面与引导线

步骤 16：创建如图 9.425 所示的拉伸 2。单击 主页 功能选项卡"基本"区域中的 按钮，在系统的提示下选取"YZ 平面"作为草图平面，绘制如图 9.426 所示的截面轮廓；在"拉伸"对话框"限制"区域的"终止"下拉列表中选择 对称值 选项，在"距离"文本框中输入深度值 140；在"设置"区域的"体类型"下拉列表中选择"片体"类型；单击"确定"按钮，完成拉伸 2 的创建。

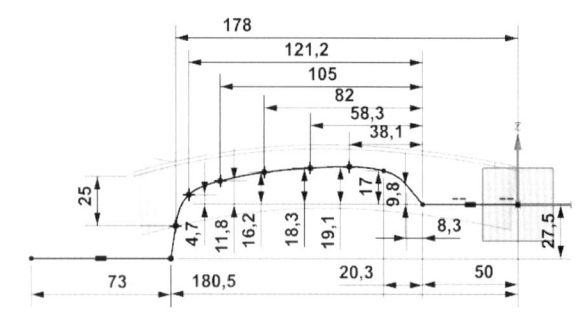

图 9.425　拉伸 2　　　　　图 9.426　截面轮廓

步骤 17：创建如图 9.427 所示的修剪曲面 2。单击 曲面 功能选项卡"组合"区域中的 修剪和延伸 按钮，在"类型"下拉列表中选择 制作拐角 类型，选取步骤 15 创建的扫掠曲面作为目标对象，方向如图 9.428 所示，激活 工具 区域中的 选择面或边 ，选取步骤 16 创建的拉伸曲面作为工具对象,方向如图 9.428 所示,单击"确定"按钮,完成修剪曲面 2 的创建。

图 9.427 修剪曲面 2

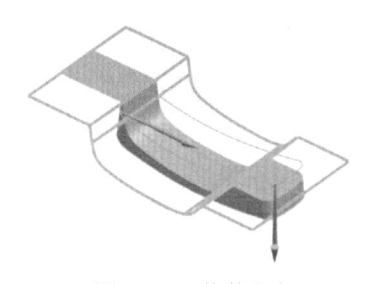

图 9.428 修剪方向

步骤 18:创建如图 9.429 所示的拉伸 3。单击 主页 功能选项卡"基本"区域中的 按钮,在系统的提示下选取"YZ 平面"作为草图平面,绘制如图 9.430 所示的截面轮廓;在"拉伸"对话框"限制"区域的"终止"下拉列表中选择 对称值 选项,在"距离"文本框中输入深度值 140;在"设置"区域的"体类型"下拉列表中选择"片体"类型;单击"确定"按钮,完成拉伸 3 的创建。

图 9.429 拉伸 3

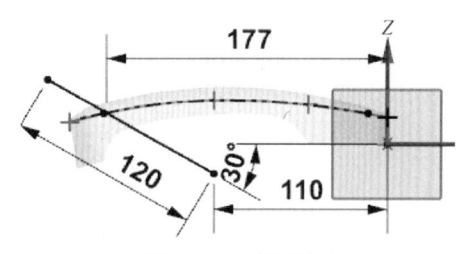

图 9.430 截面轮廓

步骤 19:创建如图 9.431 所示的修剪曲面 3。选择 曲面 功能选项卡"组合"区域中的 命令,选取步骤 17 创建的修剪曲面作为目标对象,选取步骤 18 创建的拉伸曲面作为剪裁边界,在 投影方向 区域的下拉列表中选择 垂直于面 类型,在 区域 选中 保留 单选项,选取如图 9.432 所示的区域作为要保留的对象。

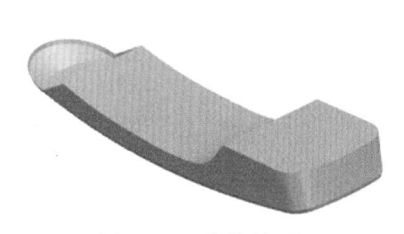

图 9.431 修剪曲面 3

图 9.432 保留选择

步骤 20:创建如图 9.433 所示的草图 4。单击 主页 功能选项卡"构造"区域中的草图 按钮,选取"YZ 平面"作为草图平面,绘制如图 9.434 所示的草图。

图 9.433　草图 4（三维） 　　　　　　　图 9.434　草图 4（平面）

步骤 21：创建如图 9.435 所示的空间艺术样条。选择 曲线 功能选项卡"基本"区域中的 （艺术样条）命令，依次选取如图 9.436 所示的点 1、点 2 与点 3 作为参考，在点 1 与点 3 处添加曲率的连续过渡。

图 9.435　空间样条曲线 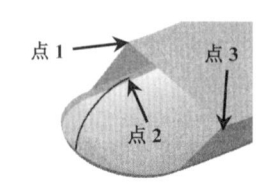　　　　　　　图 9.436　放样截面与引导线

步骤 22：创建如图 9.437 所示的通过曲线网格曲面 1。选择 曲面 功能选项卡"基本"区域中的 命令，选取如图 9.438 所示的主曲线 1 与主曲线 2，并分别单击鼠标中键确认，起点与方向如图 9.438 所示，按鼠标中键完成主线串的选取，然后选取如图 9.438 所示的交叉曲线 1、交叉曲线 2 与交叉曲线 3，并分别单击鼠标中键确认，起始点与方向如图 9.438 所示，在 连续性 区域的 第一交叉线串 下拉列表中选择 G1 (相切)，选取如图 9.438 所示的面 1 作为相切参考，在 最后交叉线串 下拉列表中选择 G1 (相切)，选取如图 9.438 所示的面 2 作为相切参考，在 第一个截面 与 最后一个截面 下拉列表中均选择 G0 (位置)，单击"确定"按钮，完成通过曲线网格曲面 1 的创建。

图 9.437　通过曲线网格曲面 1 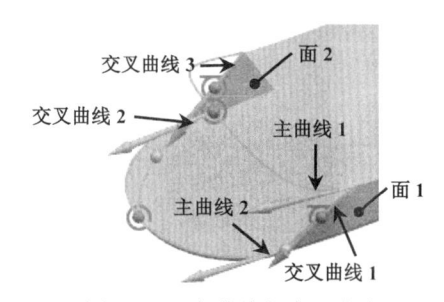　　　　　图 9.438　主曲线与交叉曲线

步骤 23：创建如图 9.439 所示的拉伸 4。单击 主页 功能选项卡"基本"区域中的 按钮，在系统的提示下选取"YZ 平面"作为草图平面，绘制如图 9.440 所示的截面轮廓；在"拉伸"

对话框"限制"区域的"终止"下拉列表中选择 ┼ 对称值 选项，在"距离"文本框中输入深度值 100；在"设置"区域的"体类型"下拉列表中选择"片体"类型；单击"确定"按钮，完成拉伸 4 的创建。

图 9.439　拉伸 4

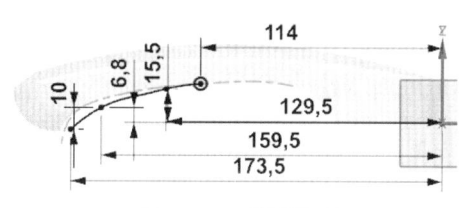

图 9.440　截面轮廓

步骤 24：创建如图 9.441 所示的草图 5。单击 主页 功能选项卡"构造"区域中的草图 按钮，选取"XY 平面"作为草图平面，绘制如图 9.442 所示的草图。

图 9.441　草图 5（三维）

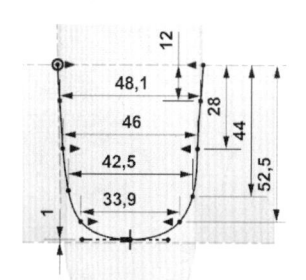

图 9.442　草图 5（平面）

步骤 25：创建如图 9.443 所示的修剪曲面 4。选择 曲面 功能选项卡"组合"区域中的 命令，选取步骤 23 创建的拉伸曲面作为目标对象，选取步骤 24 创建的草图为剪裁边界，在 投影方向 区域的下拉列表中选择 ⇩ 垂直于曲线平面 类型，在 区域 区域选中 ⊙ 保留 单选项，选取如图 9.444 所示的区域为要保留的对象。

图 9.443　修剪曲面 4

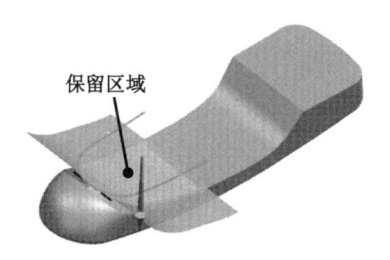

图 9.444　保留选择

步骤 26：创建如图 9.445 所示的通过曲线组曲面 1。选择 曲面 功能选项卡"基本"区域中的 命令，选取如图 9.446 所示的截面 1 与截面 2，并分别按鼠标中键确认，起点与方向如图 9.446 所示，在 连续性 区域均选择 G0（位置），单击"确定"按钮，完成通过曲线组曲面 1 的创建。

图 9.445　通过曲线组曲面 1

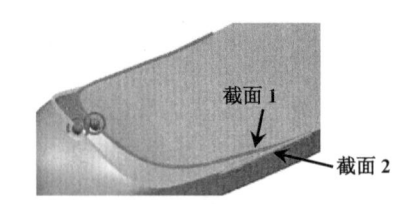

图 9.446　主曲线与交叉曲线

步骤 27：创建缝合曲面 1。单击 曲面 功能选项卡"组合"区域中 缝合 按钮，选取如图 9.447 所示的曲面 1 作为目标对象，选取曲面 2 作为工具对象，单击"确定"按钮，完成缝合曲面 1 的创建。

步骤 28：创建缝合曲面 2。单击 曲面 功能选项卡"组合"区域中 缝合 按钮，选取如图 9.448 所示的曲面 1 作为目标对象，选取曲面 2 作为工具对象，单击"确定"按钮，完成缝合曲面 2 的创建。

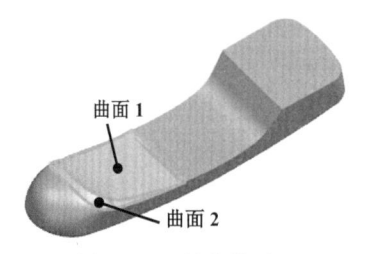

图 9.447　缝合曲面 1

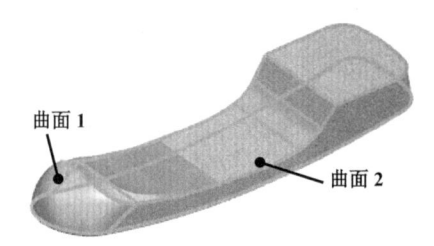

图 9.448　缝合曲面 2

步骤 29：创建如图 9.449 所示的修剪曲面 4。选择 曲面 功能选项卡"组合"区域中的 命令，选取步骤 28 创建的缝合曲面 2 作为目标对象，选取步骤 27 创建的缝合曲面 1 作为剪裁边界，在 投影方向 区域的下拉列表中选择 垂直于面 类型，在 区域 区域选中 保留 单选项，选取如图 9.450 所示的区域作为要保留的对象。

图 9.449　修剪曲面 5（隐藏缝合曲面 1）

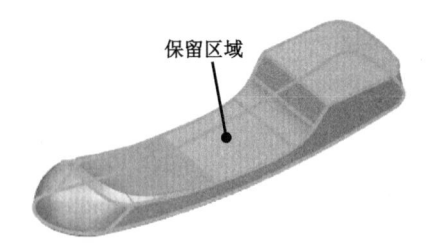

图 9.450　保留选择

步骤 30：创建缝合曲面 3。单击 曲面 功能选项卡"组合"区域中的 缝合 按钮，选取如图 9.451 所示的曲面 1 作为目标对象，选取曲面 2 作为工具对象，单击"确定"按钮，完成缝合曲面 3 的创建。

步骤 31：创建缝合曲面 4。单击 曲面 功能选项卡"组合"区域中的 缝合 按钮，选取如

第9章　UG NX曲面设计综合案例

图 9.452 所示的曲面 1 作为目标对象，选取曲面 2、曲面 3 与曲面 4 作为工具对象，单击"确定"按钮，完成缝合曲面 4 的创建（缝合后将变成实体）。

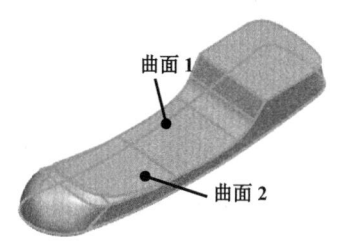

图 9.451　缝合曲面 3

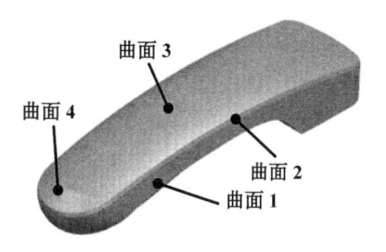

图 9.452　缝合曲面 4

步骤 32：创建如图 9.453 所示的边倒圆特征 1。单击 主页 功能选项卡"基本"区域中的 按钮，系统会弹出"边倒圆"对话框，在系统的提示下选取如图 9.454 所示的边线作为圆角对象，在"边倒圆"对话框的"半径 1"文本框中输入圆角半径值 3，单击"确定"按钮，完成边倒圆特征 1 的创建。

图 9.453　边倒圆特征 1

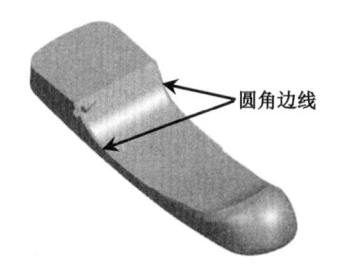

图 9.454　圆角对象

步骤 33：创建如图 9.455 所示的旋转特征 1。单击 主页 功能选项卡"基本"区域中的 按钮，在系统的提示下，选取"YZ 平面"作为草图平面，绘制如图 9.456 所示的草图，选取截面中的竖直直线作为旋转特征旋转轴，在"限制"区域的"结束"下拉列表中选择"值"，然后在"角度"文本框中输入值 360，在"布尔"下拉列表中选择"减去"，单击"确定"按钮，完成旋转特征 1 的创建。

图 9.455　旋转特征 1

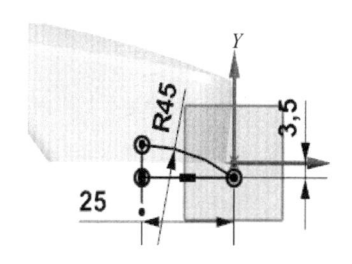

图 9.456　截面草图

步骤 34：创建如图 9.457 所示的基准面 2。选择下拉菜单"插入"→"基准"→"基准平面"命令，在"基准平面"对话框"类型"下拉列表中选择"按某一距离"类型，选取"ZX

平面"作为参考,在"偏置"区域的"距离"文本框中输入值 57,方向沿 y 轴负方向,其他参数采用默认,单击"确定"按钮,完成基准面 2 的创建。

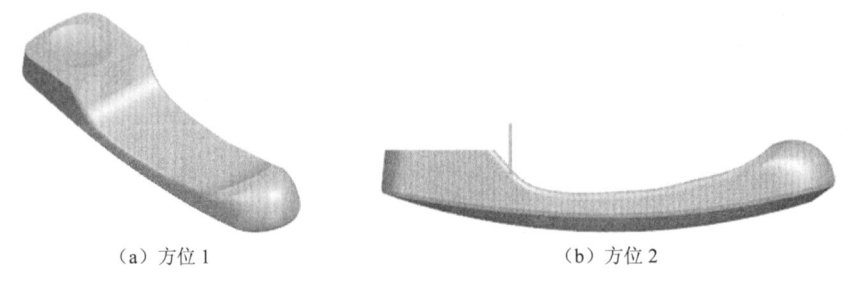

(a) 方位 1　　　　　　　　　　　(b) 方位 2

图 9.457　基准面 2

步骤 35:创建如图 9.458 所示的拉伸 5。单击 主页 功能选项卡"基本"区域中的 按钮,在系统的提示下选取步骤 34 创建的"基准面 2"作为草图平面,绘制如图 9.459 所示的截面轮廓;在"拉伸"对话框"限制"区域的"终止"下拉列表中选择 值 选项,在"距离"文本框中输入深度值 7,方向沿 y 轴正方向;在"布尔"区域的"布尔"下拉列表中选择"减去"类型;单击"确定"按钮,完成拉伸 5 的创建。

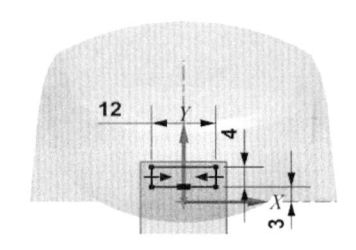

图 9.458　拉伸 5　　　　　　　　图 9.459　截面草图

步骤 36:创建如图 9.460 所示的边倒圆特征 2。单击 主页 功能选项卡"基本"区域中的 按钮,系统会弹出"边倒圆"对话框,在系统的提示下选取如图 9.461 所示的边线作为圆角对象,在"边倒圆"对话框的"半径 1"文本框中输入圆角半径值 2,单击"确定"按钮,完成边倒圆特征 2 的创建。

图 9.460　边倒圆特征 2　　　　　图 9.461　圆角对象

步骤 37:创建如图 9.462 所示的边倒圆特征 3。单击 主页 功能选项卡"基本"区域中的

◎按钮，系统会弹出"边倒圆"对话框，在系统的提示下选取如图 9.463 所示的边线作为圆角对象，在"边倒圆"对话框的"半径 1"文本框中输入圆角半径值 2，单击"确定"按钮，完成边倒圆特征 3 的创建。

图 9.462　边倒圆特征 3

图 9.463　圆角对象

步骤 38：创建如图 9.464 所示的边倒圆特征 4。单击 主页 功能选项卡"基本"区域中的 ◎按钮，系统会弹出"边倒圆"对话框，在系统的提示下选取如图 9.465 所示的边线作为圆角对象，在"边倒圆"对话框的"半径 1"文本框中输入圆角半径值 5，单击"确定"按钮，完成边倒圆特征 4 的创建。

图 9.464　边倒圆特征 4

图 9.465　圆角对象

步骤 39：创建如图 9.466 所示的抽壳。单击 主页 功能选项卡"基本"区域中的 抽壳 按钮，在"抽壳"对话框"类型"下拉列表中选择"封闭"类型，选取实体作为抽壳对象，在"抽壳"对话框的"厚度"文本框中输入抽壳的厚度值 1，单击"确定"按钮，完成抽壳的创建。

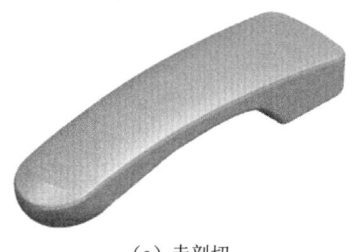

（a）未剖切

（b）剖切后

图 9.466　抽壳

步骤 40：创建如图 9.467 所示的边倒圆特征 5。单击 主页 功能选项卡"基本"区域中的按钮，系统会弹出"边倒圆"对话框，在系统的提示下选取如图 9.468 所示的边线作为圆角对象，在"边倒圆"对话框的"半径 1"文本框中输入圆角半径值 1，单击"确定"按钮，完成边倒圆特征 5 的创建。

图 9.467 边倒圆特征 5

图 9.468 圆角对象

步骤 41：创建如图 9.469 所示的基准面 3。选择下拉菜单"插入"→"基准"→"基准平面"命令，在"基准平面"对话框"类型"下拉列表中选择"按某一距离"类型，选取"ZX 平面"作为参考，在"偏置"区域的"距离"文本框中输入值 210，方向沿 y 轴负方向，其他参数采用默认，单击"确定"按钮，完成基准面 3 的创建。

（a）方位 1

（b）方位 2

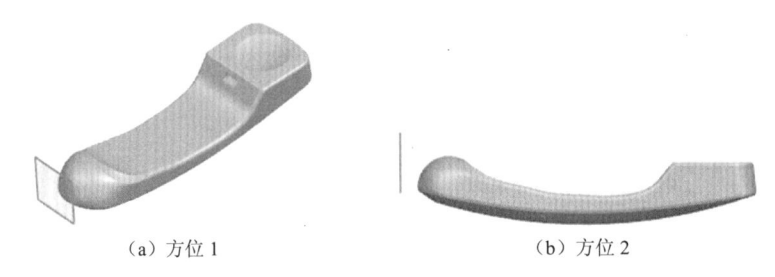

图 9.469 基准面 3

步骤 42：创建如图 9.470 所示的拉伸 6。单击 主页 功能选项卡"基本"区域中的 按钮，在系统的提示下选取步骤 41 创建的"基准面 3"作为草图平面，绘制如图 9.471 所示的截面轮廓；在"拉伸"对话框"限制"区域的"终止"下拉列表中选择 ⊢值 选项，在"距离"文本框中输入深度值 30，方向朝向实体；在"布尔"区域的"布尔"下拉列表中选择"减去"类型；单击"确定"按钮，完成拉伸 6 的创建。

图 9.470 拉伸 6

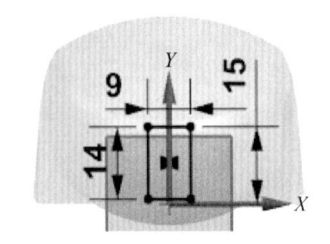

图 9.471 截面草图

步骤 43：创建如图 9.472 所示的拉伸 7。单击 主页 功能选项卡"基本"区域中的 按钮，在系统的提示下选取"XY平面"作为草图平面，绘制如图9.473所示的截面轮廓；在"拉伸"对话框"限制"区域的"终止"下拉列表中选择 ⇢ 偏离所选项 选项，选取如图9.472所示的面作为参考，在"距离"文本框中输入深度值0.5，方向朝向实体；在"布尔"区域的"布尔"下拉列表中选择"减去"类型；单击"确定"按钮，完成拉伸7的创建。

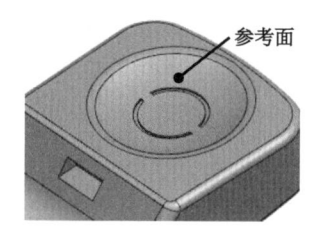

图9.472　拉伸7

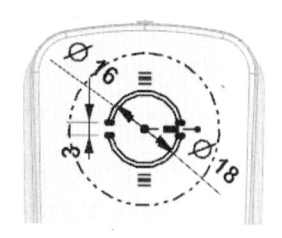

图9.473　截面草图

步骤44：创建如图9.474所示的拉伸8。单击 主页 功能选项卡"基本"区域中的 按钮，在系统的提示下选取"XY平面"作为草图平面，绘制如图9.475所示的截面轮廓；在"拉伸"对话框"限制"区域的"终止"下拉列表中选择 ⇢ 偏离所选项 选项，选取如图9.474所示的面作为参考，在"距离"文本框中输入深度值0.5，方向朝向实体；在"布尔"区域的"布尔"下拉列表中选择"减去"类型；单击"确定"按钮，完成拉伸8的创建。

步骤45：创建如图9.476所示的阵列特征。单击 主页 功能选项卡"基本"区域中的 阵列特征 按钮，系统会弹出"阵列特征"对话框；在"阵列特征"对话框"阵列定义"区域的"布局"下拉列表中选择"圆形"；选取步骤44创建的拉伸特征作为阵列的源对象；在"阵列特征"对话框"旋转轴"区域激活"指定向量"，选取步骤44创建的结构的圆柱面，在"间距"下拉列表中选择"数量和跨度"，在"数量"文本框中输入值5，在"跨角"文本框中输入值360，在"辐射"区域选中 创建同心成员 与 包含第一个圆 ，在"间距"下拉列表中选择"数量和间隔"，在"数量"文本框中输入值3，在"间隔"文本框中输入值2.5；单击"阵列特征"对话框中的"确定"按钮，完成阵列特征的创建。

图9.474　拉伸8

图9.475　截面草图

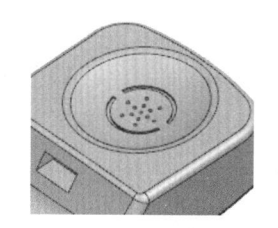

图9.476　阵列特征

步骤46：创建如图9.477所示的拉伸9。单击 主页 功能选项卡"基本"区域中的 按钮，在系统的提示下选取"XY平面"作为草图平面，绘制如图9.478所示的截面轮廓；在"拉伸"对话框"限制"区域的"终止"下拉列表中选择 ⊢ 值 选项，在"距离"文本框中输入深度值10，方向朝向实体；在"布尔"区域的"布尔"下拉列表中选择"减去"类型；单击"确定"按钮，完成拉伸9的创建。

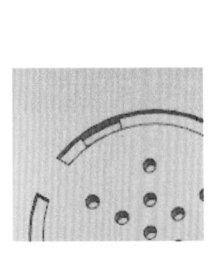

图 9.477　拉伸 9 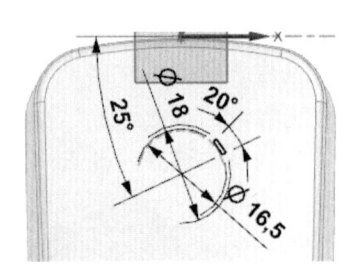　　　　　　　　　图 9.478　截面草图

步骤 47：创建如图 9.479 所示的镜像 1。单击 主页 功能选项卡"基本"区域中的 镜像特征 按钮，系统会弹出"镜像特征"对话框，选取步骤 46 创建的"拉伸"作为要镜像的特征，在"镜像平面"区域的"平面"下拉列表中选择"现有平面"，激活"选择平面"，选取"YZ 平面"作为镜像平面，单击"确定"按钮，完成镜像 1 的创建。

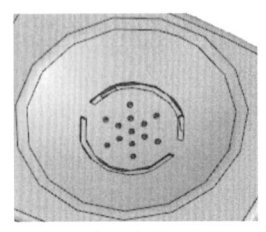

（a）方位 1 　　　　　　　　　　　（b）方位 2

图 9.479　镜像 1

步骤 48：创建如图 9.480 所示的基准面 4。选择下拉菜单"插入"→"基准"→"基准平面"命令，在"基准平面"对话框"类型"下拉列表中选择"按某一距离"类型，选取"ZX 平面"作为参考，在"偏置"区域的"距离"文本框中输入值 25，方向沿 y 轴负方向，其他参数采用默认，单击"确定"按钮，完成基准面 4 的创建。

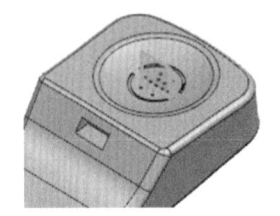

（a）方位 1 　　　　　　　　　　　（b）方位 2

图 9.480　基准面 4

步骤 49：创建如图 9.481 所示的镜像 2。单击 主页 功能选项卡"基本"区域中的 镜像特征 按钮，系统会弹出"镜像特征"对话框，选取步骤 46 创建的拉伸 9 与步骤 47 创建的镜像 1 作为要镜像的特征，在"镜像平面"区域的"平面"下拉列表中选择"现有平面"，激活"选择平面"，选取步骤 48 创建的基准面 4 作为镜像平面，单击"确定"按钮，完成镜像 2 的创建。

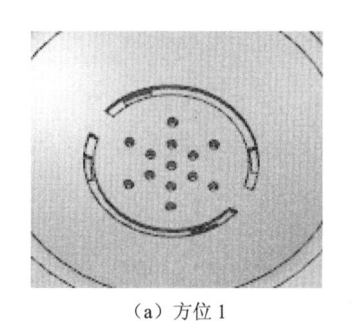

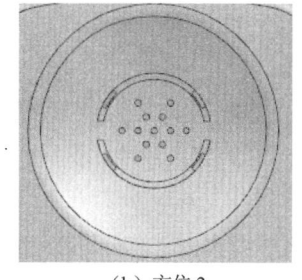

(a）方位 1　　　　　　　　　　　　　　（b）方位 2

图 9.481　镜像 2

步骤 50：创建如图 9.482 所示的拉伸 10。单击 主页 功能选项卡 "基本" 区域中的 按钮，在系统的提示下选取 "YZ 平面" 作为草图平面，绘制如图 9.483 所示的截面轮廓；在 "拉伸" 对话框 "限制" 区域的 "终止" 下拉列表中选择 对称值 选项，在 "距离" 文本框中输入深度值 80；在 "设置" 区域的 "体类型" 下拉列表中选择 "片体" 类型，在 "布尔" 下拉列表中选择 "无"；单击 "确定" 按钮，完成拉伸 10 的创建。

图 9.482　拉伸 10　　　　　　　　　图 9.483　截面轮廓

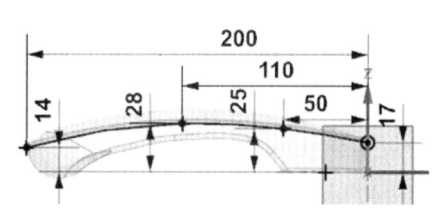

2. 创建电话听筒上盖零件

创建电话听筒上盖零件，如图 9.484 所示。

(a）方位 1　　　　　　　　　　　　　　（b）方位 2

图 9.484　上盖零件

步骤 1：新建层。在 "装配导航器" 中右击 电话听筒 节点，在系统弹出的快捷菜单中依次选择 WAVE ▶ → 新建层 命令，系统会弹出 "新建层" 对话框。

步骤 2：指定部件名称。在 "新建层" 对话框中单击 指定部件名 命令，在系统弹出的 "选择部件名" 对话框中将保存位置设置为 D:\UG 曲面设计\work\ch09.02，在 文件名(N): 文本框中输入 "上盖"，单击 确定 按钮，完成部件名称的指定。

步骤 3：定义关联复制的对象。在"新建层"对话框中单击 类选择 按钮，系统会弹出"WAVE 部件间复制"对话框，在图形区选取实体、上一节步骤 50 创建的拉伸曲面及基准坐标系作为要关联复制的对象，单击 确定 按钮，完成关联复制操作。

步骤 4：单击"新建层"对话框中的 确定 按钮，完成新建与复制操作。

步骤 5：单独打开上盖零件。在装配导航器上右击 ☑️🗂上盖，选择 🗂 在窗口中打开(D) 命令。

步骤 6：创建如图 9.485 所示的修剪体 1。选择 主页 功能选项卡"基本"区域中的 🗂命令，选取实体作为目标对象，在 工具选项 下拉列表中选择 面或平面 类型，选取如图 9.486 所示的面作为工具面，单击 ☒ 按钮使方向如图 9.486 所示，单击"确定"按钮完成修剪体 1 的创建。

图 9.485　修剪体 1

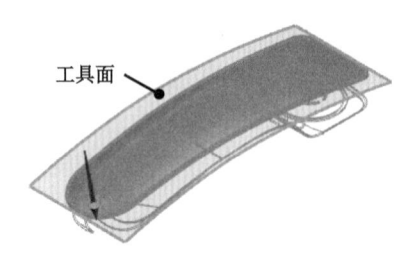

图 9.486　修剪方向

步骤 7：创建如图 9.487 所示的拉伸 1。单击 主页 功能选项卡"基本"区域中的 🗂按钮，在系统的提示下选取"XY 平面"作为草图平面，绘制如图 9.488 所示的草图；在"拉伸"对话框"限制"区域的"起始"下拉列表中选择 ⊢ 值 选项，在"距离"文本框中输入深度值 18，在"终止"下拉列表中选择 ⅃直至下一个 选项，方向朝向实体；在 偏置 下拉列表中选择"两侧"类型，将开始值设置为 0，将结束值设置为-1，方向向内，在"布尔"下拉列表中选择"合并"；单击"确定"按钮，完成拉伸 1 的创建。

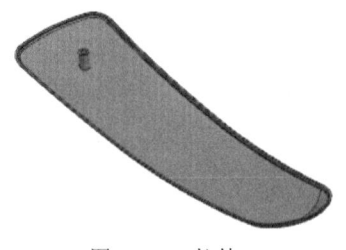

图 9.487　拉伸 1

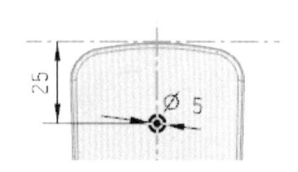

图 9.488　截面轮廓

步骤 8：创建如图 9.489 所示的拉伸 2。单击 主页 功能选项卡"基本"区域中的 🗂按钮，在系统的提示下选取"XY 平面"作为草图平面，绘制如图 9.490 所示的草图；在"拉伸"对话框"限制"区域的"起始"下拉列表中选择 ⊢ 值 选项，在"距离"文本框中输入深度值 22，在"终止"下拉列表中选择 ⅃直至下一个 选项，方向朝向实体；在 偏置 下拉列表中选择"两侧"类型，将开始值设置为 0，将结束值设置为-1，方向向内，在"布尔"下拉列表中选择"合并"；单击"确定"按钮，完成拉伸 2 的创建。

图 9.489　拉伸 2　　　　　　　　　图 9.490　截面轮廓

步骤 9：创建如图 9.491 所示的拉伸 3。单击 主页 功能选项卡"基本"区域中的 按钮，在系统的提示下选取"XY 平面"作为草图平面，绘制如图 9.492 所示的草图；在"拉伸"对话框"限制"区域的"起始"下拉列表中选择 值 选项，在"距离"文本框中输入深度值 20，在"终止"下拉列表中选择 直至下一个 选项，方向朝向实体；在 偏置 下拉列表中选择"对称"类型，将开始值设置为 0，将结束值设置为 -1，方向向内，在"布尔"下拉列表中选择"合并"；单击"确定"按钮，完成拉伸 3 的创建。

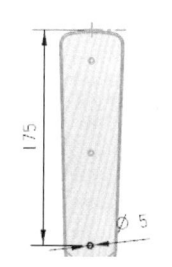

图 9.491　拉伸 3　　　　　　　　　图 9.492　截面轮廓

步骤 10：创建如图 9.493 所示的拉伸 4。单击 主页 功能选项卡"基本"区域中的 按钮，在系统的提示下选取"YZ 平面"作为草图平面，绘制如图 9.494 所示的草图；在"拉伸"对话框"限制"区域的"起始"下拉列表中选择 值 选项，在"距离"文本框中输入深度值 0，在"终止"下拉列表中选择 对称值 选项，在"距离"文本框中输入深度值 2；在"布尔"下拉列表中选择"合并"；单击"确定"按钮，完成拉伸 4 的创建。

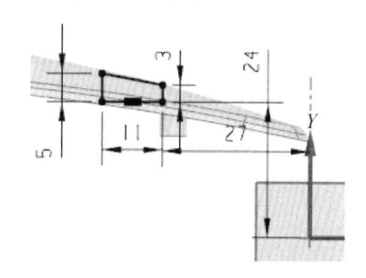

图 9.493　拉伸 4　　　　　　　　　图 9.494　截面轮廓

步骤 11：创建如图 9.495 所示的拉伸 5。单击 主页 功能选项卡"基本"区域中的 按钮，在系统的提示下选取"YZ 平面"作为草图平面，绘制如图 9.496 所示的草图；在"拉伸"

对话框"限制"区域的"终止"下拉列表中选择 ┿ 对称值选项，在"距离"文本框中输入深度值20；在"布尔"下拉列表中选择"合并"；单击"确定"按钮，完成拉伸5的创建。

图 9.495　拉伸 5

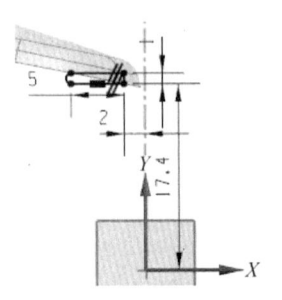

图 9.496　截面轮廓

步骤 12：创建如图 9.497 所示的基准面 1。选择下拉菜单"插入"→"基准"→"基准平面"命令，在"基准平面"对话框"类型"下拉列表中选择"按某一距离"类型，选取"ZX 平面"作为参考，在"偏置"区域的"距离"文本框中输入值 19，方向沿 y 轴负方向，其他参数采用默认，单击"确定"按钮，完成基准面 1 的创建。

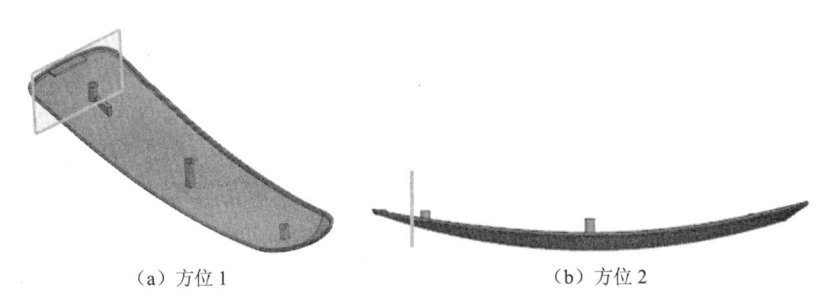

（a）方位 1　　　　（b）方位 2

图 9.497　基准面 1

步骤 13：创建如图 9.498 所示的拉伸 6。单击 主页 功能选项卡"基本"区域中的 按钮，在系统的提示下选取步骤 12 创建的"基准面 1"作为草图平面，绘制如图 9.499 所示的草图；在"拉伸"对话框"限制"区域的"终止"下拉列表中选择 ┿ 对称值选项，在"距离"文本框中输入深度值 1；在"布尔"下拉列表中选择"合并"；单击"确定"按钮，完成拉伸 6 的创建。

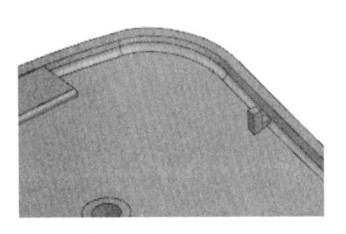

图 9.498　拉伸 6

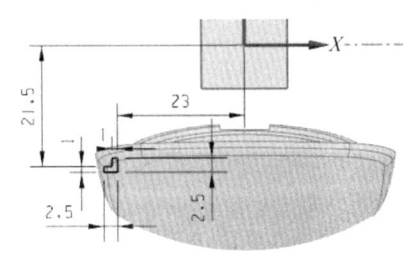

图 9.499　截面轮廓

步骤 14：创建如图 9.500 所示的沿曲线阵列 1。单击 主页 功能选项卡"基本"区域中的 阵列特征 按钮，在"阵列特征"对话框"阵列定义"区域的"布局"下拉列表中选择"沿"，选取步骤 13 创建的"拉伸"特征作为阵列的源对象，在"路径方法"下拉列表中选择"偏置"类型，选取如图 9.500 所示的边线作为参考，在"间距"下拉列表中选择"数量和跨度"，在"数量"文本框中输入值 4，在"位置"下拉列表中选择"弧长百分比"，在"跨距百分比"文本框中输入值 85；单击"阵列特征"对话框中的"确定"按钮，完成沿曲线阵列 1 的创建。

步骤 15：创建如图 9.501 所示的镜像 1。单击 主页 功能选项卡"基本"区域中的 镜像特征 按钮，系统会弹出"镜像特征"对话框，选取步骤 13 创建的"拉伸"与步骤 14 创建的"沿曲线阵列"作为要镜像的特征，在"镜像平面"区域的"平面"下拉列表中选择"现有平面"，激活"选择平面"，选取"YZ 平面"作为镜像平面，单击"确定"按钮，完成镜像 1 的创建。

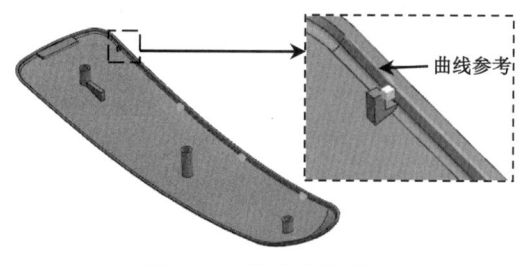

图 9.500　沿曲线阵列 1　　　　　　图 9.501　镜像 1

步骤 16：创建如图 9.502 所示的拉伸 7。单击 主页 功能选项卡"基本"区域中的 按钮，在系统的提示下选取"XY 平面"作为草图平面，绘制如图 9.503 所示的草图；在"拉伸"对话框"限制"区域的"起始"下拉列表中选择 值 选项，在"距离"文本框中输入深度值 16，在"终止"下拉列表中选择 直至下一个 选项，方向朝向实体；在"布尔"下拉列表中选择"合并"；单击"确定"按钮，完成拉伸 7 的创建。

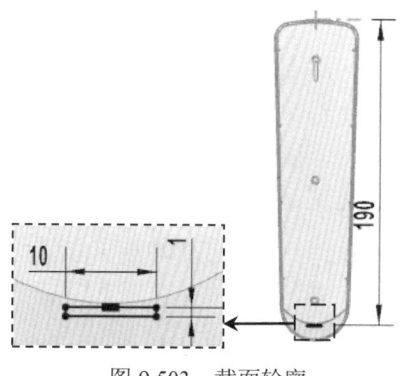

图 9.502　拉伸 7　　　　　　图 9.503　截面轮廓

步骤 17：创建如图 9.504 所示的拉伸 8。单击 主页 功能选项卡"基本"区域中的 按钮，在系统的提示下选取"YZ 平面"作为草图平面，绘制如图 9.505 所示的草图；在"拉伸"对话框"限制"区域的"起始"下拉列表中选择 ├ 值 选项,在"距离"文本框中输入深度值 0,在"终止"下拉列表中选择 ┽ 对称值 选项,在"距离"文本框中输入深度值 1;在"布尔"下拉列表中选择"合并";单击"确定"按钮,完成拉伸 8 的创建。

图 9.504 拉伸 8

图 9.505 截面轮廓

步骤 18:创建如图 9.506 所示的拉伸 9。单击 主页 功能选项卡"基本"区域中的 按钮,在系统的提示下选取"XY 平面"作为草图平面,绘制如图 9.507 所示的草图;在"拉伸"对话框"限制"区域的"起始"下拉列表中选择 ├ 值 选项,在"距离"文本框中输入深度值 16,在"终止"下拉列表中选择 ├ 值 选项,在"距离"文本框中输入深度值 17,方向朝向实体;在"布尔"下拉列表中选择"合并";单击"确定"按钮,完成拉伸 9 的创建。

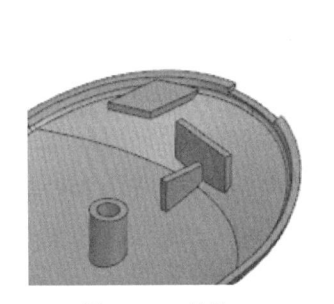

图 9.506 拉伸 9

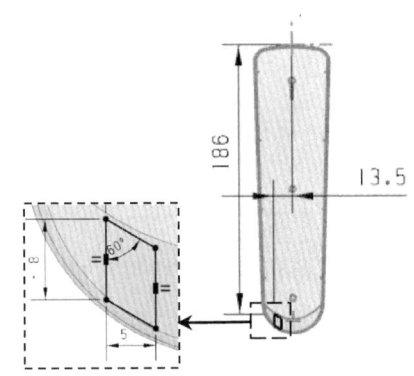

图 9.507 截面轮廓

步骤 19:创建如图 9.508 所示的完全倒圆角 1。单击 主页 功能选项卡"基本"区域中的 按钮,系统会弹出"面倒圆"对话框,在"类型"下拉列表中选择"三面",选取如图 9.509 所示的面 1、面 2 与中间面(将过滤器类型设置为单面),单击"确定"按钮,完成完全倒圆角 1 的定义。

图 9.508 完全倒圆角 1

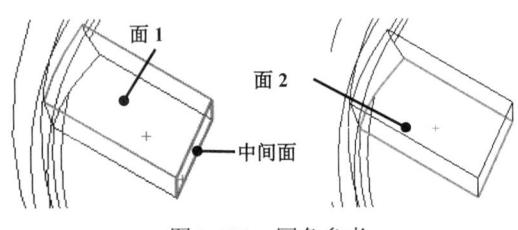

图 9.509 圆角参考

步骤20：创建如图9.510所示的镜像2。单击 主页 功能选项卡"基本"区域中的 镜像特征 按钮，系统会弹出"镜像特征"对话框，选取步骤18创建的"拉伸"与步骤19创建的"圆角"作为要镜像的特征，在"镜像平面"区域的"平面"下拉列表中选择"现有平面"，激活"选择平面"，选取"YZ平面"作为镜像平面，单击"确定"按钮，完成镜像2的创建。

图9.510 镜像2

步骤21：创建如图9.511所示的完全倒圆角2。单击 主页 功能选项卡"基本"区域中的 按钮，系统会弹出"面倒圆"对话框，在"类型"下拉列表中选择"三面"，选取如图9.512所示的面1、面2与中间面（将过滤器类型设置为单面），单击"确定"按钮，完成完全倒圆角2的定义。

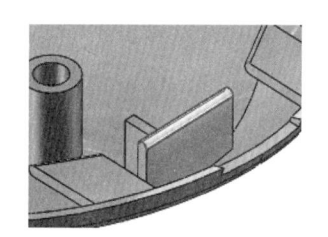

图9.511 完全倒圆角2　　　　图9.512 圆角参考

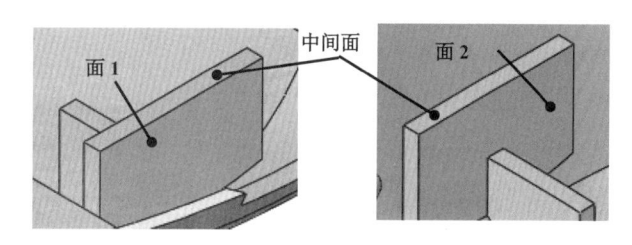

步骤22：将窗口切换到"电话听筒"。

3. 创建电话听筒的下盖零件

创建电话听筒的下盖零件，如图9.513所示。

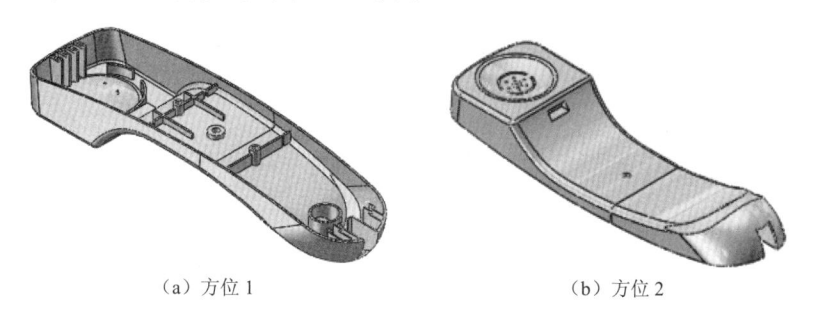

(a) 方位1　　　　(b) 方位2

图9.513 下盖零件

步骤1：新建层。在"装配导航器"中右击 电话听筒 节点，在系统弹出的快捷菜单中依次选择 WAVE → 新建层 命令，系统会弹出"新建层"对话框。

步骤 2：指定部件名称。在"新建层"对话框中单击 指定部件名 命令，在系统弹出的"选择部件名"对话框中将保存位置设置为 D:\UG 曲面设计\work\ch09.02，在 文件名(N): 文本框中输入"下盖"，单击 确定 按钮，完成部件名称的指定。

步骤 3：定义关联复制的对象。在"新建层"对话框中单击 类选择 按钮，系统会弹出"WAVE 部件间复制"对话框，在图形区选取实体、上一节步骤 50 创建的拉伸曲面及基准坐标系为要关联复制的对象，单击 确定 按钮完成关联复制操作。

步骤 4：单击"新建层"对话框中的 确定 按钮完成新建与复制操作。

步骤 5：单独打开下盖零件。在装配导航器上右击 ☑⊕下盖 ，选择 ⊙ 在窗口中打开(D) 命令。

步骤 6：创建如图 9.514 所示的修剪体 1。选择 主页 功能选项卡"基本"区域中的 ⊙ 命令，选取实体作为目标对象，在 工具选项 下拉列表中选择 面或平面 类型，选取如图 9.515 所示的面作为工具对象，单击 ☒ 按钮使方向如图 9.515 所示，单击"确定"按钮完成修剪体 1 的创建。

图 9.514　修剪体 1　　　　　　　图 9.515　修剪方向

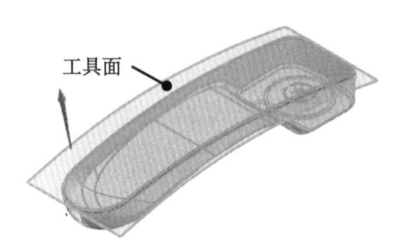

步骤 7：创建如图 9.516 所示的拉伸 1。单击 主页 功能选项卡"基本"区域中的 ⊙ 按钮，在系统的提示下选取"XY 平面"作为草图平面，绘制如图 9.517 所示的草图；在"拉伸"对话框"限制"区域的"起始"下拉列表中选择 ⊢ 值 选项，在"距离"文本框中输入深度值 −22，在"终止"下拉列表中选择 ⊣ 直至下一个 选项，方向沿 z 轴负方向；在"布尔"下拉列表中选择"合并"；单击"确定"按钮，完成拉伸 1 的创建。

步骤 8：创建如图 9.518 所示的孔 1。单击 主页 功能选项卡"基本"区域中的 ⊙ 按钮，系统会弹出"孔"对话框，捕捉步骤 7 创建的圆柱的圆心作为打孔位置；在"孔"对话框的"类型"下拉列表中选择"简单"类型，在"形状"区域的"孔大小"下拉列表中选择"定制"，在"孔径"文本框中输入值 4；在"限制"区域的"深度限制"下拉列表中选择"贯通体"；在"孔"对话框中单击"确定"按钮，完成孔 1 的创建。

图 9.516　拉伸 1　　　　图 9.517　截面轮廓　　　　图 9.518　孔 1

第9章 UG NX曲面设计综合案例

步骤9：创建如图9.519所示的拉伸2。单击 主页 功能选项卡"基本"区域中的 按钮，在系统的提示下选取"XY平面"作为草图平面，绘制如图9.520所示的草图；在"拉伸"对话框"限制"区域的"起始"下拉列表中选择 值 选项，在"距离"文本框中输入深度值−23，在"终止"下拉列表中选择 直至下一个 选项，方向沿z轴负方向；在 偏置 下拉列表中选择"对称"类型，将结束值设置为1，在"布尔"下拉列表中选择"合并"；单击"确定"按钮，完成拉伸2的创建。

步骤10：创建如图9.521所示的拉伸3。单击 主页 功能选项卡"基本"区域中的 按钮，在系统的提示下选取"XY平面"作为草图平面，绘制如图9.522所示的草图；在"拉伸"对话框"限制"区域的"起始"下拉列表中选择 值 选项，在"距离"文本框中输入深度值−23，在"终止"下拉列表中选择 直至下一个 选项，方向沿z轴负方向；在 偏置 下拉列表中选择"对称"类型，将结束值设置为1，在"布尔"下拉列表中选择"合并"；单击"确定"按钮，完成拉伸3的创建。

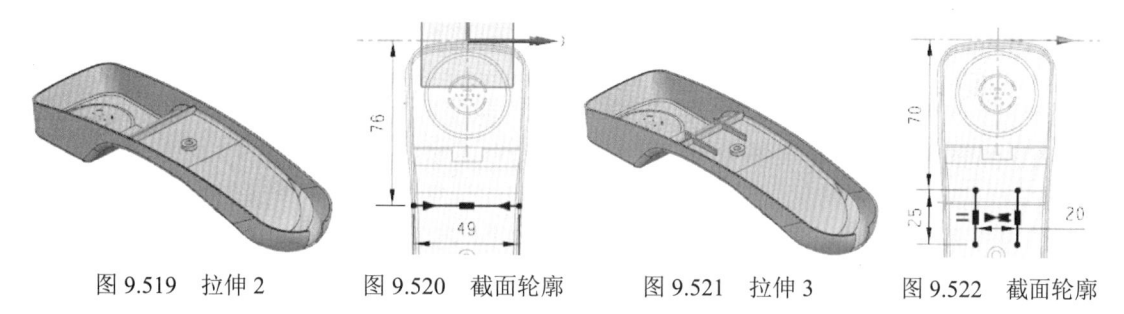

图 9.519　拉伸 2　　图 9.520　截面轮廓　　图 9.521　拉伸 3　　图 9.522　截面轮廓

步骤11：创建如图9.523所示的拉伸4。单击 主页 功能选项卡"基本"区域中的 按钮，在系统的提示下选取"XY平面"作为草图平面，绘制如图9.524所示的草图；在"拉伸"对话框"限制"区域的"起始"下拉列表中选择 值 选项，在"距离"文本框中输入深度值−23，在"终止"下拉列表中选择 直至下一个 选项，方向沿z轴负方向；在 偏置 下拉列表中选择"对称"类型，将结束值设置为1，在"布尔"下拉列表中选择"合并"；单击"确定"按钮，完成拉伸4的创建。

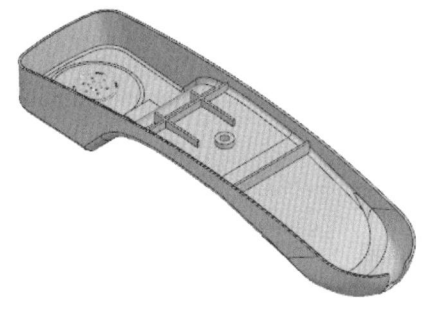

图 9.523　拉伸 4 　　　　　　　　图 9.524　截面轮廓

步骤12：创建如图9.525所示的拉伸5。单击 主页 功能选项卡"基本"区域中的 按

钮，在系统的提示下选取如图 9.525 所示的面作为草图平面，绘制如图 9.526 所示的草图；在"拉伸"对话框"限制"区域的"起始"下拉列表中选择 ⊢ 值 选项，在"距离"文本框中输入深度值 0，在"终止"下拉列表中选择 ⊣ 直至延伸部分 选项，选取如图 9.525 所示的终止面作为参考，方向沿 z 轴负方向；在 偏置 下拉列表中选择"对称"类型，将结束值设置为 1，在"布尔"下拉列表中选择"减去"；单击"确定"按钮，完成拉伸 5 的创建。

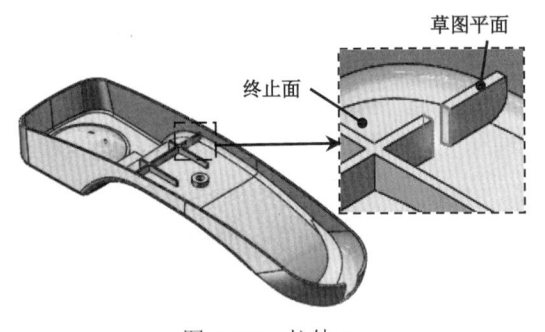

图 9.525　拉伸 5

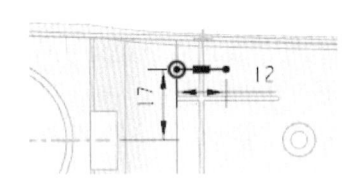

图 9.526　截面草图

步骤 13：创建如图 9.527 所示的拉伸 6。单击 主页 功能选项卡"基本"区域中的 按钮，在系统的提示下选取如图 9.527 所示的面作为草图平面，绘制如图 9.528 所示的草图；在"拉伸"对话框"限制"区域的"终止"下拉列表中选择 ⊣ 直至延伸部分 选项，选取如图 9.527 所示的终止面作为参考，方向沿 z 轴负方向；在 偏置 下拉列表中选择"对称"类型，将结束值设置为 1，在"布尔"下拉列表中选择"减去"；单击"确定"按钮，完成拉伸 6 的创建。

步骤 14：创建如图 9.529 所示的镜像 1。单击 主页 功能选项卡"基本"区域中的 镜像特征 按钮，系统会弹出"镜像特征"对话框，选取步骤 12 与步骤 13 创建的"拉伸"作为要镜像的特征，在"镜像平面"区域的"平面"下拉列表中选择"现有平面"，激活"选择平面"，选取"YZ 平面"作为镜像平面，单击"确定"按钮，完成镜像 1 的创建。

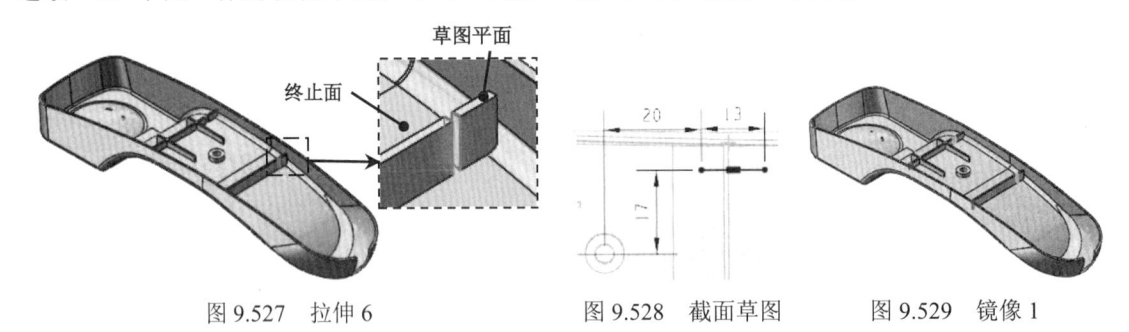

图 9.527　拉伸 6

图 9.528　截面草图

图 9.529　镜像 1

步骤 15：创建如图 9.530 所示的拉伸 7。单击 主页 功能选项卡"基本"区域中的 按钮，在系统的提示下选取如图 9.530 所示的面作为草图平面，绘制如图 9.531 所示的草图；在"拉伸"对话框"限制"区域的"起始"下拉列表中选择 ⊢ 值 选项，在"距离"文本框中输入深度值-2，在"终止"下拉列表中选择 ⊣ 直至延伸部分 选项，选取如图 9.530 所示的终止面作

第9章　UG NX曲面设计综合案例　379

为参考，方向沿 z 轴负方向；在"布尔"下拉列表中选择"合并"；单击"确定"按钮，完成拉伸 7 的创建。

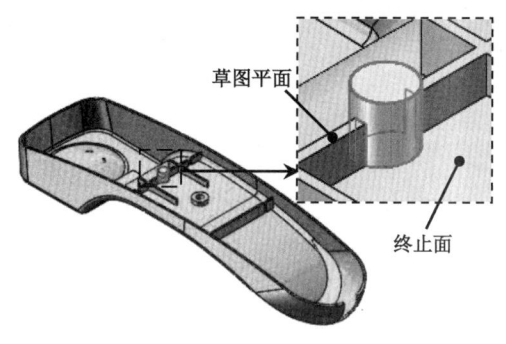

图 9.530　拉伸 7

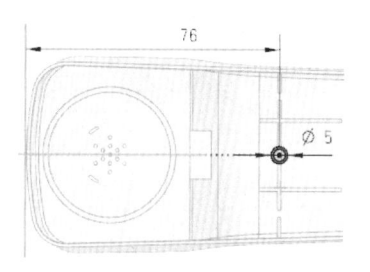

图 9.531　截面轮廓

步骤 16：创建如图 9.532 所示的拉伸 8。单击 主页 功能选项卡"基本"区域中的 按钮，在系统的提示下选取如图 9.532 所示的面作为草图平面，绘制如图 9.533 所示的草图；在"拉伸"对话框"限制"区域的"起始"下拉列表中选择 值 选项，在"距离"文本框中输入深度值-2，在"终止"下拉列表中选择 直至延伸部分 选项，选取如图 9.532 所示的终止面作为参考，方向沿 z 轴负方向；在"布尔"下拉列表中选择"合并"；单击"确定"按钮，完成拉伸 8 的创建。

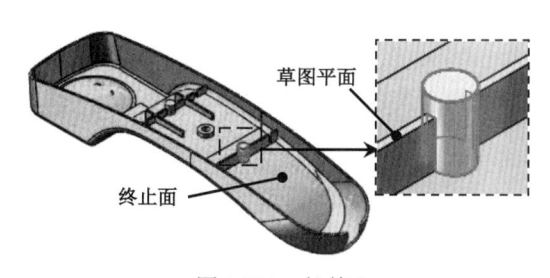

图 9.532　拉伸 8

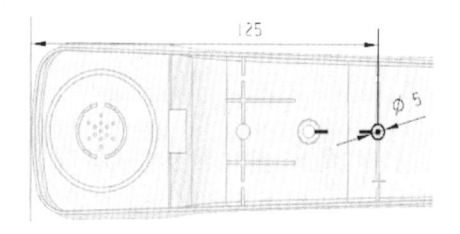

图 9.533　截面轮廓

步骤 17：创建如图 9.534 所示的孔 2。单击 主页 功能选项卡"基本"区域中的 按钮，系统会弹出"孔"对话框，捕捉步骤 15 与步骤 16 创建的圆柱的圆心作为打孔位置；在"孔"对话框的"类型"下拉列表中选择"简单"类型，在"形状"区域的"孔大小"下拉列表中选择"定制"，在"孔径"文本框中输入值 3；在"限制"区域的"深度限制"下拉列表中选择"值"，输入深度值 4；在"孔"对话框中单击"确定"按钮，完成孔 2 的创建。

步骤 18：创建如图 9.535 所示的拉伸 9。单击 主页 功能选项卡"基本"区域中的 按钮，在系统的提示下选取如图 9.535 所示的面作为草图平面，绘制如图 9.536 所示的草图；在"拉伸"对话框"限制"区域的"起始"下拉列表中选择 值 选项，在"距离"文本框中输入深度值 0，在"终止"下拉列表中选择 值 选项，在"距离"文本框中输入深度值 5，方向沿 z 轴正方向；在 偏置 下拉列表中选择"对称"类型，将结束值设置为 1，在"布尔"下拉列表中选择"合并";单击"确定"按钮,完成拉伸 9 的创建。

图 9.534　孔 2　　　　　图 9.535　拉伸 9　　　　　图 9.536　截面轮廓

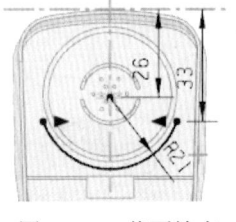

步骤 19:创建如图 9.537 所示的拉伸 10。单击 主页 功能选项卡"基本"区域中的 按钮,在系统的提示下选取如图 9.537 所示的面作为草图平面,绘制如图 9.538 所示的草图;在"拉伸"对话框"限制"区域的"起始"下拉列表中选择 值 选项,在"距离"文本框中输入深度值 0,在"终止"下拉列表中选择 值 选项,在"距离"文本框中输入深度值 5,方向沿 z 轴正方向;在 偏置 下拉列表中选择"对称"类型,将结束值设置为 1,在"布尔"下拉列表中选择"合并";单击"确定"按钮,完成拉伸 10 的创建。

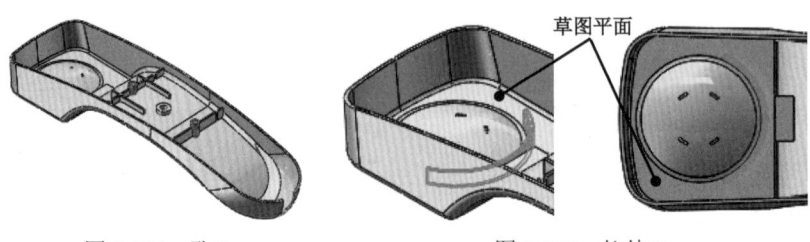

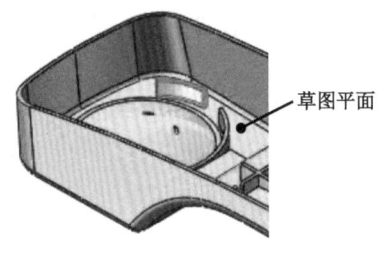

图 9.537　拉伸 10　　　　　　　　　图 9.538　截面轮廓

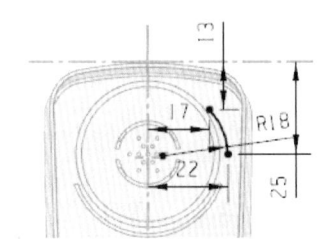

步骤 20:创建如图 9.539 所示的拉伸 11。单击 主页 功能选项卡"基本"区域中的 按钮,在系统的提示下选取"YZ 平面"作为草图平面,绘制如图 9.540 所示的草图;在"拉伸"对话框"限制"区域的"起始"下拉列表中选择 值 选项,在"距离"文本框中输入深度值 9,在"终止"下拉列表中选择 值 选项,在"距离"文本框中输入深度值 8,方向沿 x 轴负方向;在"布尔"下拉列表中选择"合并";单击"确定"按钮,完成拉伸 11 的创建。

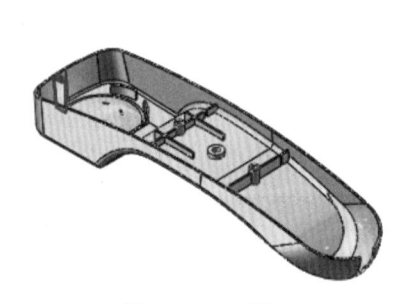

图 9.539　拉伸 11　　　　　　　　　图 9.540　截面轮廓

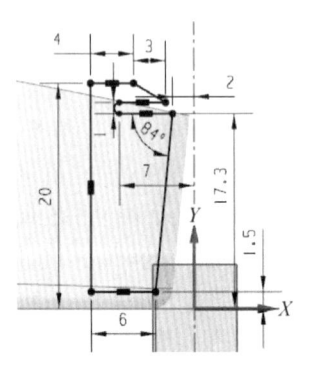

步骤 21：创建如图 9.541 所示的线性阵列 1。单击 主页 功能选项卡"基本"区域中的 阵列特征 按钮，系统会弹出"阵列特征"对话框；在"阵列特征"对话框"阵列定义"区域的"布局"下拉列表中选择"线性"；选取步骤 19 创建的"拉伸"特征作为阵列的源对象；在"阵列特征"对话框"方向 1"区域激活"指定向量"，选取 XC 方向作为参考，在"间距"下拉列表中选择"数量和间隔"，在"数量"文本框中输入值 4，在"间隔"文本框中输入值 5；单击"阵列特征"对话框中的"确定"按钮，完成线性阵列 1 的创建。

步骤 22：创建如图 9.542 所示的拉伸 12。单击 主页 功能选项卡"基本"区域中的 按钮，在系统的提示下选取"XY 平面"作为草图平面，绘制如图 9.543 所示的草图；在"拉伸"对话框"限制"区域的"起始"下拉列表中选择 值 选项，在"距离"文本框中输入深度值-12，方向沿 z 轴负方向，在"终止"下拉列表中选择 直至下一个 选项；在 偏置 下拉列表中选择"两侧"类型，将开始值设置为 0，将结束值设置为-1，方向向内，在"布尔"下拉列表中选择"合并"；单击"确定"按钮，完成拉伸 12 的创建。

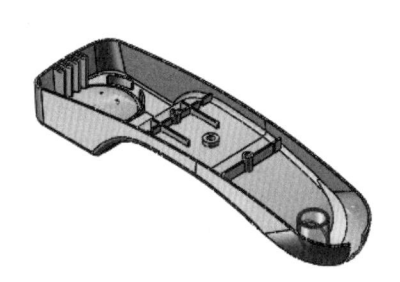

图 9.541　线性阵列 1　　　　图 9.542　拉伸 12　　　　图 9.543　截面轮廓

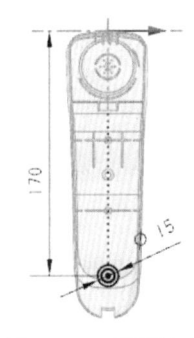

步骤 23：创建如图 9.544 所示的拉伸 13。单击 主页 功能选项卡"基本"区域中的 按钮，在系统的提示下选取"XY 平面"作为草图平面，绘制如图 9.545 所示的草图；在"拉伸"对话框"限制"区域的"起始"下拉列表中选择 值 选项，在"距离"文本框中输入深度值-14，方向沿 z 轴负方向，在"终止"下拉列表中选择 直至下一个 选项；在 偏置 下拉列表中选择"两侧"类型，将开始值设置为 0，将结束值设置为 0.5，方向向外，在"布尔"下拉列表中选择"合并"；单击"确定"按钮，完成拉伸 13 的创建。

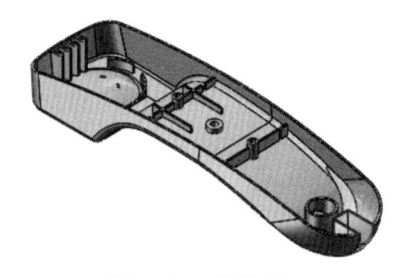

图 9.544　拉伸 13　　　　图 9.545　截面轮廓

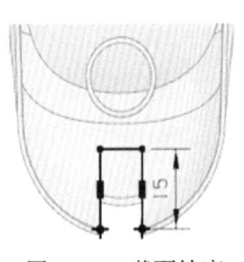

步骤 24：创建如图 9.546 所示的拉伸 14。单击 主页 功能选项卡"基本"区域中的 按钮，在系统的提示下选取如图 9.546 所示的模型表面作为草图平面，绘制如图 9.547 所示的草图；在"拉伸"对话框"限制"区域的"起始"下拉列表中选择 值 选项，在"距离"文本框中输入深度值 0，在"终止"下拉列表中选择 直至下一个 选项，方向朝向实体；在"布尔"下拉列表选择"减去"；单击"确定"按钮，完成拉伸 14 的创建。

步骤 25：创建如图 9.548 所示的拉伸 15。单击 主页 功能选项卡"基本"区域中的 按钮，在系统的提示下选取"XY 平面"作为草图平面，绘制如图 9.549 所示的草图；在"拉伸"对话框"限制"区域的"起始"下拉列表中选择 值 选项，在"距离"文本框中输入深度值 0，在"终止"下拉列表中选择 直至下一个 选项，方向沿 z 轴负方向；在 偏置 下拉列表中选择"对称"类型，将结束值设置为 0.25，在"布尔"下拉列表中选择"合并"；单击"确定"按钮，完成拉伸 15 的创建。

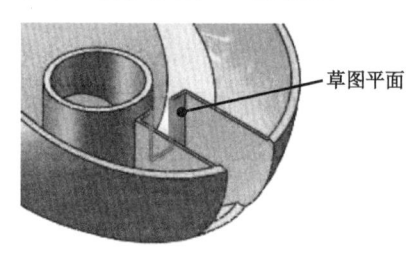

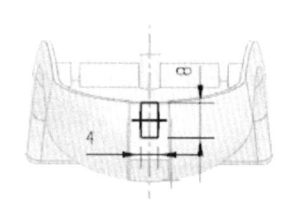

图 9.546　拉伸 14　　　　　图 9.547　截面草图　　　　　图 9.548　拉伸 15

步骤 26：创建如图 9.550 所示的拉伸 16。单击 主页 功能选项卡"基本"区域中的 按钮，在系统的提示下选取"XY 平面"作为草图平面，绘制如图 9.551 所示的草图；在"拉伸"对话框"限制"区域的"起始"下拉列表中选择 值 选项，在"距离"文本框中输入深度值-18，在"终止"下拉列表中选择 直至下一个 选项，方向沿 z 轴负方向；在 偏置 下拉列表中选择"对称"类型，将结束值设置为 0.25，在"布尔"下拉列表中选择"合并"；单击"确定"按钮，完成拉伸 16 的创建。

图 9.549　截面轮廓　　　　　图 9.550　拉伸 16　　　　　图 9.551　截面轮廓

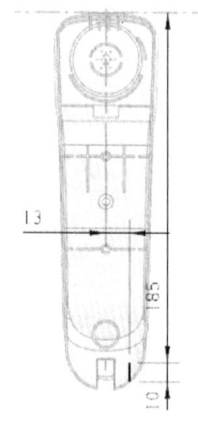

步骤 27：创建如图 9.552 所示的拉伸 17。单击 主页 功能选项卡"基本"区域中的 按钮，在系统的提示下选取如图 9.552 所示的模型表面作为草图平面，绘制如图 9.553 所示的草图；在"拉伸"对话框"限制"区域的"起始"下拉列表中选择 值 选项，在"距离"文本框中输入深度值 0，在"终止"下拉列表中选择 直至下一个 选项，方向沿 x 轴正方向；在"布尔"下拉列表中选择"减去"；单击"确定"按钮，完成拉伸 17 的创建。

图 9.552　拉伸 17

图 9.553　截面草图

步骤 28：创建如图 9.554 所示的拉伸 18。单击 主页 功能选项卡"基本"区域中的 按钮，在系统的提示下选取"XY 平面"作为草图平面，绘制如图 9.555 所示的草图；在"拉伸"对话框"限制"区域的"起始"下拉列表中选择 值 选项，在"距离"文本框中输入深度值 -18，在"终止"下拉列表中选择 直至下一个 选项，方向沿 z 轴负方向；在 偏置 下拉列表中选择"对称"类型，将结束值设置为 0.5，在"布尔"下拉列表中选择"合并"；单击"确定"按钮，完成拉伸 18 的创建。

图 9.554　拉伸 18

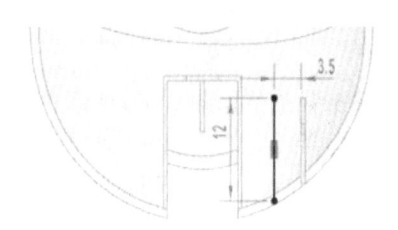

图 9.555　截面轮廓

步骤 29：创建如图 9.556 所示的拉伸 19。单击 主页 功能选项卡"基本"区域中的 按钮，在系统的提示下选取如图 9.556 所示的模型表面作为草图平面，绘制如图 9.557 所示的草图；在"拉伸"对话框"限制"区域的"起始"下拉列表中选择 值 选项，在"距离"文本框中输入深度值 0，在"终止"下拉列表中选择 直至下一个 选项，方向沿 x 轴正方向；在"布尔"下拉列表中选择"减去"；单击"确定"按钮，完成拉伸 19 的创建。

步骤 30：创建如图 9.558 所示的拉伸 20。单击 主页 功能选项卡"基本"区域中的 按钮，在系统的提示下选取如图 9.558 所示的模型表面作为草图平面，绘制如图 9.559 所示的草图；在"拉伸"对话框"限制"区域的"起始"下拉列表中选择 值 选项，在"距离"文本框中输入深度值 0，在"终止"下拉列表中选择 值 选项，在"距离"文本框中输入深

图 9.556　拉伸 19　　　　　　　　　图 9.557　截面草图

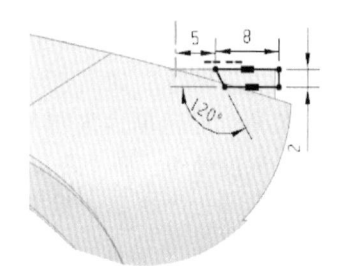

度值 1，方向沿 z 轴正方向；在"布尔"下拉列表中选择"减去"；单击"确定"按钮，完成拉伸 20 的创建。

图 9.558　拉伸 20　　　　　　　　　图 9.559　截面草图

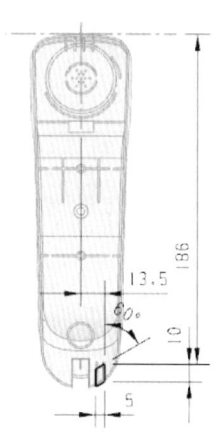

步骤 31：创建如图 9.560 所示的完全倒圆角 1。单击 主页 功能选项卡"基本"区域中的 按钮，系统会弹出"面倒圆"对话框，在"类型"下拉列表中选择"三面"，选取如图 9.561 所示的面 1、面 2 与中间面（将过滤器类型设置为单面），单击"确定"按钮，完成完全倒圆角 1 的定义。

图 9.560　完全倒圆角 1　　　　　　图 9.561　圆角参考

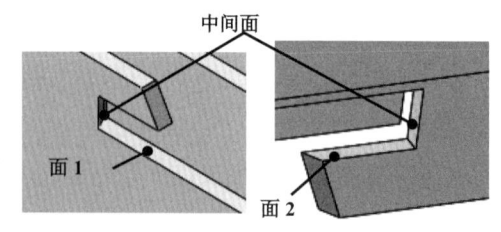

步骤 32：创建如图 9.562 所示的完全倒圆角 2。单击 主页 功能选项卡"基本"区域中的 按钮，系统会弹出"面倒圆"对话框，在"类型"下拉列表中选择"三面"，选取如图 9.563 所示的面 1、面 2 与中间面（将过滤器类型设置为单面），单击"确定"按钮，完成完全倒

圆角 2 的定义。

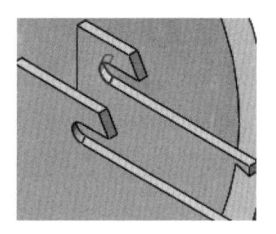

图 9.562 完全倒圆角 2

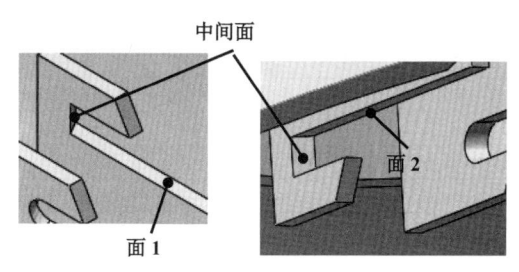

图 9.563 圆角参考

步骤 33：创建如图 9.564 所示的镜像 2。单击 主页 功能选项卡"基本"区域中的 镜像特征 按钮，系统会弹出"镜像特征"对话框，选取步骤 25～步骤 31 创建的特征作为要镜像的特征，在"镜像平面"区域的"平面"下拉列表中选择"现有平面"，激活"选择平面"，选取 "YZ 平面"作为镜像平面，单击"确定"按钮，完成镜像 2 的创建。

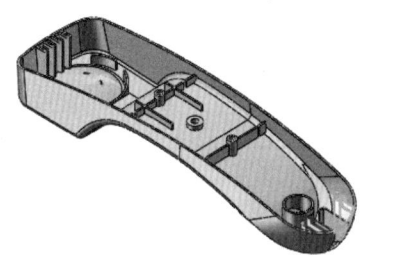

图 9.564 镜像 2

步骤 34：创建如图 9.565 所示的拉伸 21。单击 主页 功能选项卡"基本"区域中的 按钮，在系统的提示下选取如图 9.565 所示的模型表面作为草图平面，绘制如图 9.566 所示的草图；在"拉伸"对话框"限制"区域的"起始"下拉列表中选择 值 选项，在"距离"文本框中输入深度值 -30，在"终止"下拉列表中选择 直至延伸部分 选项，选取如图 9.565 所示的终止面作为参考，方向沿 z 轴负方向；在"布尔"下拉列表中选择"减去"；单击"确定"按钮，完成拉伸 21 的创建。

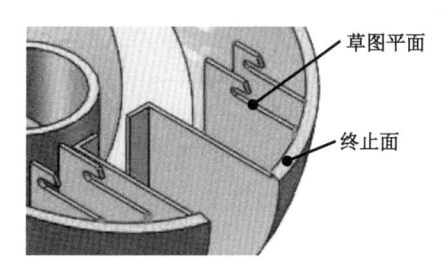

图 9.565 拉伸 21

图 9.566 截面草图

图 书 推 荐

书 名	作 者
数字 IC 设计入门（微课视频版）	白栎旸
ARM MCU 嵌入式开发——基于国产 GD32F10x 芯片（微课视频版）	高延增、魏辉、侯跃恩
华为 HCIA 路由与交换技术实战（第 2 版·微课视频版）	江礼教
华为 HCIP 路由与交换技术实战	江礼教
AI 芯片开发核心技术详解	吴建明、吴一昊
鲲鹏架构入门与实战	张磊
5G 网络规划与工程实践（微课视频版）	许景渊
5G 核心网原理与实践	易飞、何宇、刘子琦
移动 GIS 开发与应用——基于 ArcGIS Maps SDK for Kotlin	董昱
数字电路设计与验证快速入门——Verilog+SystemVerilog	马骁
UVM 芯片验证技术案例集	马骁
LiteOS 轻量级物联网操作系统实战（微课视频版）	魏杰
openEuler 操作系统管理入门	陈争艳、刘安战、贾玉祥 等
OpenHarmony 开发与实践——基于瑞芯微 RK2206 开发板	陈鲤文、陈婧、叶伟华
OpenHarmony 轻量系统从入门到精通 50 例	戈帅
自动驾驶规划理论与实践——Lattice 算法详解（微课视频版）	樊胜利、卢盛荣
物联网——嵌入式开发实战	连志安
边缘计算	方娟、陆帅冰
巧学易用单片机——从零基础入门到项目实战	王良升
Altium Designer 20 PCB 设计实战（视频微课版）	白军杰
ANSYS Workbench 结构有限元分析详解	汤晖
Octave GUI 开发实战	于红博
Octave AR 应用实战	于红博
AR Foundation 增强现实开发实战（ARKit 版）	汪祥春
AR Foundation 增强现实开发实战（ARCore 版）	汪祥春
SOLIDWORKS 高级曲面设计方法与案例解析（微课视频版）	赵勇成、毕晓东、邵为龙
CATIA V5-6 R2019 快速入门与深入实战（微课视频版）	邵为龙
SOLIDWORKS 2023 快速入门与深入实战（微课视频版）	赵勇成、邵为龙
Creo 8.0 快速入门教程（微课视频版）	邵为龙
UG NX 2206 快速入门与深入实战（微课视频版）	毕晓东、邵为龙
UG NX 快速入门教程（微课视频版）	邵为龙
HoloLens 2 开发入门精要——基于 Unity 和 MRTK	汪祥春
数据分析实战——90 个精彩案例带你快速入门	汝思恒
从数据科学看懂数字化转型——数据如何改变世界	刘通
Java+OpenCV 高效入门	姚利民
Java+OpenCV 案例佳作选	姚利民
R 语言数据处理及可视化分析	杨德春
Python 应用轻松入门	赵会军
Python 概率统计	李爽
前端工程化——体系架构与基础建设（微课视频版）	李恒谦
LangChain 与新时代生产力——AI 应用开发之路	陆梦阳、朱剑、孙罗庚、韩中俊

续表

书　名	作　者
仓颉语言实战（微课视频版）	张磊
仓颉语言核心编程——入门、进阶与实战	徐礼文
仓颉语言程序设计	董昱
仓颉程序设计语言	刘安战
仓颉语言元编程	张磊
仓颉语言极速入门——UI 全场景实战	张云波
HarmonyOS 移动应用开发（ArkTS 版）	刘安战、余雨萍、陈争艳 等
公有云安全实践（AWS 版·微课视频版）	陈涛、陈庭暄
Vue+Spring Boot 前后端分离开发实战（第 2 版·微课视频版）	贾志杰
TypeScript 框架开发实践（微课视频版）	曾振中
精讲 MySQL 复杂查询	张方兴
Kubernetes API Server 源码分析与扩展开发（微课视频版）	张海龙
编译器之旅——打造自己的编程语言（微课视频版）	于东亮
Spring Boot+Vue.js+uni-app 全栈开发	夏运虎、姚晓峰
Selenium 3 自动化测试——从 Python 基础到框架封装实战（微课视频版）	栗任龙
Unity 编辑器开发与拓展	张寿昆
跟我一起学 uni-app——从零基础到项目上线（微课视频版）	陈斯佳
Python Streamlit 从入门到实战——快速构建机器学习和数据科学 Web 应用（微课视频版）	王鑫
Java 项目实战——深入理解大型互联网企业通用技术（基础篇）	廖志伟
Java 项目实战——深入理解大型互联网企业通用技术（进阶篇）	廖志伟
HuggingFace 自然语言处理详解——基于 BERT 中文模型的任务实战	李福林
动手学推荐系统——基于 PyTorch 的算法实现（微课视频版）	於方仁
轻松学数字图像处理——基于 Python 语言和 NumPy 库（微课视频版）	侯伟、马燕芹
自然语言处理——基于深度学习的理论和实践（微课视频版）	杨华 等
Diffusion AI 绘图模型构造与训练实战	李福林
图像识别——深度学习模型理论与实战	于浩文
深度学习——从零基础快速入门到项目实践	文青山
AI 驱动下的量化策略构建（微课视频版）	江建武、季枫、梁举
Python Streamlit 从入门到实战——快速构建机器学习和数据科学 Web 应用（微课视频版）	王鑫
编程改变生活——用 Python 提升你的能力（基础篇·微课视频版）	邢世通
编程改变生活——用 Python 提升你的能力（进阶篇·微课视频版）	邢世通
编程改变生活——用 PySide6/PyQt6 创建 GUI 程序（基础篇·微课视频版）	邢世通
编程改变生活——用 PySide6/PyQt6 创建 GUI 程序（进阶篇·微课视频版）	邢世通
Python 语言实训教程（微课视频版）	董运成 等
Python 量化交易实战——使用 vn.py 构建交易系统	欧阳鹏程
Android Runtime 源码解析	史宁宁
恶意代码逆向分析基础详解	刘晓阳
网络攻防中的匿名链路设计与实现	杨昌家
深度探索 Go 语言——对象模型与 runtime 的原理、特性及应用	封幼林
深入理解 Go 语言	刘丹冰
Spring Boot 3.0 开发实战	李西明、陈立为